Alla mia famiglia

*Che giova all'uomo guadagnare il mondo
intero, se poi perde se stesso?*

Mc. 8, 36

Andrea Pascucci

Calcolo stocastico
per la finanza

ANDREA PASCUCCI
Dipartimento di Matematica, Bologna

In copertina: Tonino Guerra "Presenze sul mare" (2007). Affresco acrilico su tela. Collezione privata. Per gentile concessione dell'autore.

ISBN 978-88-470-0600-3

Springer Milan Berlin Heidelberg New York

Springer-Verlag fa parte di Springer Science+Business Media
springer.com
© Springer-Verlag Italia, Milano 2008

Quest'opera è protetta dalla legge sul diritto d'autore. Tutti i diritti, in particolare quelli relativi alla traduzione, alla ristampa, all'uso di figure e tabelle, alla citazione orale, alla trasmissione radiofonica o televisiva, alla riproduzione su microfilm o in database, alla diversa riproduzione in qualsiasi altra forma (stampa oelettronica) rimangono riservati anche nel caso di utilizzo parziale. Una riproduzione di quest'opera, oppure di parte di questa, è anche nel caso specifico solo ammessa nei limiti stabiliti dalla legge sul diritto d'autore ed è soggetta all'autorizzazione dell'Editore. La violazione delle norme comporta sanzioni previste dalla legge. L'utilizzo di denominazioni generiche, nomi commerciali, marchi registrati, ecc., in quest'opera, anche in assenza di particolare indicazione, non consente di considerare tali denominazioni o marchi liberamente utilizzabili da chiunque ai sensi della legge sul marchio.

9 8 7 6 5 4 3 2 1

Impianti: PTP-Berlin GmbH Protago TeX Production, www.ptp-berlin.eu
Progetto grafico della copertina: Simona Colombo, Milano
Stampa: Signum, Bollate (Mi)

Springer-Verlag Italia srl – Via Decembrio 28 – 20137 Milano

Prefazione

Questo libro è principalmente rivolto a studenti di corsi universitari e di specializzazione post-laurea, ma spero possa interessare anche ricercatori e professionisti dell'industria finanziaria. Il calcolo stocastico e le applicazioni alla valutazione d'arbitraggio dei derivati finanziari costituiscono il tema centrale. Nel presentare questi argomenti ormai classici, ho scelto di porre l'enfasi sugli aspetti quantitativi, matematici e numerici, piuttosto che su quelli economico-finanziari.

È doveroso riconoscere che la letteratura in questo campo è ormai vasta: fra le monografie i cui contenuti si sovrappongono con quelli del presente testo, appaiono Avellaneda e Laurence [5], Benth [18], Björk [20], Dana e Jeanblanc [33], Dewynne, Howison e Wilmott [170], Dothan [47], Duffie [48], Elliott e Kopp [54], Epps [55], Follmer e Schied [59], Glasserman [71], Huang e Litzenberger [79], Ingersoll [81], Karatzas [90, 92], Lamberton e Lapeyre [108], Lipton [116], Merton [121], Musiela e Rutkowski [125], Neftci [127], Shreve [152, 153], Steele [156], Zhu, Wu e Chern [175].

Questo testo si distingue dalla maggior parte delle pubblicazioni precedenti per il tentativo di presentare la materia attribuendo uguale peso al punto di vista probabilistico, fondato sulla teoria delle martingale, e a quello analitico, basato sulle equazioni alle derivate parziali. Non è mia intenzione descrivere gli sviluppi più recenti della finanza matematica, obiettivo che appare assai ambizioso, vista la velocità dell'avanzare della ricerca in questo campo. Al contrario ho scelto di sviluppare solo alcune delle idee essenziali della teoria classica della valutazione per dedicare spazio ai fondamentali strumenti matematici e numerici ove essi emergano. In questo modo spero di fornire un insieme minimo di conoscenze di base che consenta di affrontare in maniera autonoma anche lo studio delle problematiche e dei modelli più recenti.

La parte centrale del libro è costituita dalla teoria del calcolo stocastico in tempo continuo: i Capitoli 4 sui processi stocastici, 5 sull'integrazione Browniana e 9 sulle equazioni differenziali stocastiche possono costituire il materiale per un corso semestrale o annuale dedicato ad un'introduzione al calcolo stocastico. In questa parte ho cercato di affiancare costantemente ai concetti teorici l'intuizione sul significato finanziario per rendere la presentazione meno astratta e più motivata: molti concetti, da quello di processo adattato a quello di integrale stocastico, si prestano naturalmente ad una interpretazione economica estremamente intuitiva e significativa.

L'origine di questo libro è legata al Corso di Alta Formazione in Finanza Matematica dell'Università di Bologna che, insieme a Sergio Polidoro, ho diretto a partire dal 2004. Nella prima edizione del corso, per iniziativa di alcuni allievi, gli appunti della serie di lezioni che ho svolto sono stati raccolti in forma di dispensa; in questi anni ho riordinato e completato tale materiale fino alla versione attuale che, pur essendo molto più ampia, mantiene essenzialmente inalterata la struttura originaria.

Sono molti i colleghi e amici a cui vanno i miei ringraziamenti per l'aiuto, i suggerimenti e gli utili commenti con cui hanno sostenuto e incoraggiato la stesura del testo. In particolare vorrei esprimere la mia profonda gratitudine a Ermanno Lanconelli, Wolfgang J. Runggaldier, Sergio Polidoro, Paolo Foschi, Antonio Mura, Piero Foscari, Alessandra Cretarola, Marco Di Francesco, Valentina Prezioso e Valeria Volpe.

Infine mi assumo la responsabilità di eventuali errori nel testo: spero che questi, insieme ad altri commenti, mi vengano prontamente segnalati dai lettori. Un elenco costantemente aggiornato delle correzioni è disponibile nella mia pagina web all'indirizzo
http://www.dm.unibo.it/~pascucci/

Bologna
5 Novembre 2007

Andrea Pascucci

Indice

Notazioni generali XIII

1 Derivati e arbitraggi 1
  1.1 Opzioni 1
      1.1.1 Finalità 3
      1.1.2 Problemi 4
      1.1.3 Leggi di capitalizzazione 4
      1.1.4 Arbitraggi e formula di Put-Call Parity 5
  1.2 Prezzo neutrale al rischio e valutazione d'arbitraggio 7
      1.2.1 Prezzo neutrale al rischio 7
      1.2.2 Probabilità neutrale al rischio 8
      1.2.3 Prezzo d'arbitraggio 8
      1.2.4 Una generalizzazione della Put-Call Parity 10
      1.2.5 Un esempio di mercato incompleto 11

2 Elementi di probabilità ed equazione del calore 15
  2.1 Spazi di probabilità 15
      2.1.1 Variabili aleatorie e distribuzioni 20
      2.1.2 Valore atteso e varianza 22
      2.1.3 Alcuni esempi 26
      2.1.4 Disuguaglianza di Markov 30
      2.1.5 σ-algebre e informazioni 31
  2.2 Indipendenza 33
      2.2.1 Misura prodotto e distribuzione congiunta 36
  2.3 Equazioni paraboliche a coefficienti costanti 38
      2.3.1 Il caso $b=0$ e $a=0$ 40
      2.3.2 Il caso generale 44
      2.3.3 Dato iniziale localmente sommabile 45
      2.3.4 Problema di Cauchy non omogeneo 46
      2.3.5 Operatore aggiunto 47
  2.4 Distribuzione multi-normale e funzione caratteristica 49

2.5 Teorema di Radon-Nikodym 53
2.6 Attesa condizionata 54
   2.6.1 Proprietà dell'attesa condizionata 57
   2.6.2 Attesa condizionata in L^2 60
   2.6.3 Attesa condizionata e cambio di misura di probabilità . . 61
2.7 Processi stocastici discreti e martingale 62
   2.7.1 Tempi d'arresto 66
   2.7.2 Disuguaglianza di Doob 70

3 Modelli di mercato a tempo discreto 75
3.1 Mercati discreti e arbitraggi 75
   3.1.1 Arbitraggi e strategie ammissibili 79
   3.1.2 Misura martingala 80
   3.1.3 Derivati e prezzo d'arbitraggio 83
   3.1.4 Prova dei teoremi fondamentali della valutazione 86
   3.1.5 Cambio di numeraire 90
3.2 Modello binomiale 91
   3.2.1 Proprietà di Markov 93
   3.2.2 Misura martingala 95
   3.2.3 Completezza 98
   3.2.4 Algoritmo binomiale 104
   3.2.5 Calibrazione 109
   3.2.6 Modello binomiale e formula di Black&Scholes 112
   3.2.7 Equazione differenziale di Black&Scholes 119
3.3 Modello trinomiale 122
   3.3.1 Valutazione in un mercato incompleto 125
3.4 Opzioni Americane 128
   3.4.1 Prezzo d'arbitraggio 129
   3.4.2 Relazioni con le opzioni Europee 135
   3.4.3 Algoritmo binomiale per opzioni Americane 137
   3.4.4 Problema a frontiera libera per opzioni Americane ... 140
   3.4.5 Put Americana e Put Europea nel modello binomiale . . 143

4 Processi stocastici a tempo continuo 147
4.1 Processi stocastici e moto Browniano reale 147
   4.1.1 Legge di un processo continuo 150
   4.1.2 Equivalenza di processi 153
   4.1.3 Processi adattati e progressivamente misurabili 155
4.2 Proprietà di Markov 155
   4.2.1 Moto Browniano ed equazione del calore 157
   4.2.2 Distribuzioni finito-dimensionali del moto Browniano . . 158
4.3 Integrale di Riemann-Stieltjes 160
   4.3.1 Funzioni a variazione limitata 161
   4.3.2 Integrazione di Riemann-Stieltjes e formula di Itô 165
   4.3.3 Regolarità delle traiettorie di un moto Browniano 168

4.4 Martingale 171
    4.4.1 Alcuni esempi 172
    4.4.2 Disuguaglianza di Doob 173
    4.4.3 Spazi di martingale: $\mathscr{M}^2$ e $\mathscr{M}_c^2$ 175
    4.4.4 Ipotesi usuali 177
    4.4.5 Tempi d'arresto e martingale 180
    4.4.6 Variazione quadratica e decomposizione di Doob-Meyer 185
    4.4.7 Martingale a variazione limitata 188

5 Integrale stocastico 191
5.1 Integrale stocastico di funzioni deterministiche 192
5.2 Integrale stocastico di processi semplici 194
5.3 Integrale di processi in $\mathbb{L}^2$ 198
    5.3.1 Integrale di Itô e integrale di Riemann-Stieltjes 202
    5.3.2 Integrale di Itô e tempi d'arresto 204
    5.3.3 Processo variazione quadratica 207
5.4 Integrale di processi in $\mathbb{L}^2_{\mathrm{loc}}$ 208
    5.4.1 Martingale locali 210
    5.4.2 Localizzazione e variazione quadratica 212
5.5 Processi di Itô 215
5.6 Formula di Itô-Doeblin 217
    5.6.1 Formula di Itô per il moto Browniano 218
    5.6.2 Formulazione generale 222
    5.6.3 Martingale ed equazioni paraboliche 223
    5.6.4 Moto Browniano geometrico 224
5.7 Processi e formula di Itô multi-dimensionale 227
    5.7.1 Formula di Itô multi-dimensionale 230
    5.7.2 Alcuni esempi 234
    5.7.3 Moto Browniano correlato e martingale 236
5.8 Estensioni della formula di Itô 239
    5.8.1 Formula di Itô e derivate deboli 239
    5.8.2 Tempo locale e formula di Tanaka 242
    5.8.3 Formula di Tanaka per processi di Itô 246
    5.8.4 Tempo locale e formula di Black&Scholes 246

6 Equazioni paraboliche a coefficienti variabili: unicità 249
6.1 Principio del massimo e problema di Cauchy-Dirichlet 252
6.2 Principio del massimo e problema di Cauchy 254
6.3 Soluzioni non-negative del problema di Cauchy 259

7 Modello di Black&Scholes 263
7.1 Strategie autofinanzianti 264
7.2 Strategie Markoviane ed equazione di Black&Scholes 266
7.3 Valutazione 269
    7.3.1 Dividendi e parametri dipendenti dal tempo 272

7.3.2 Ammissibilità e assenza d'arbitraggi 273
7.3.3 Analisi di Black&Scholes: approcci euristici 275
7.3.4 Prezzo di mercato del rischio 277
7.4 Copertura 279
7.4.1 Le greche 280
7.4.2 Robustezza del modello 288
7.4.3 Gamma e vega hedging 290
7.5 Opzioni Asiatiche 292
7.5.1 Media aritmetica 293
7.5.2 Media geometrica 295

8 Equazioni paraboliche a coefficienti variabili: esistenza 297
8.1 Soluzione fondamentale e problema di Cauchy 298
8.1.1 Metodo della parametrice di Levi 300
8.1.2 Stime Gaussiane e operatore aggiunto 302
8.2 Problema con ostacolo 303
8.2.1 Soluzioni forti 305
8.2.2 Metodo della penalizzazione 308
8.2.3 Problema con ostacolo sulla striscia di $\mathbb{R}^{N+1}$ 313

9 Equazioni differenziali stocastiche 315
9.1 Soluzioni forti 316
9.1.1 Unicità 318
9.1.2 Esistenza 320
9.1.3 Proprietà delle soluzioni 323
9.2 Soluzioni deboli 326
9.2.1 Esempio di Tanaka 326
9.2.2 Esistenza: il problema delle martingale 327
9.2.3 Unicità 330
9.3 Stime massimali 332
9.3.1 Stime massimali per martingale 333
9.3.2 Stime massimali per diffusioni 336
9.4 Formule di rappresentazione di Feynman-Kač 338
9.4.1 Tempo di uscita da un dominio limitato 340
9.4.2 Equazioni ellittico-paraboliche e problema di Dirichlet . 341
9.4.3 Equazioni di evoluzione e problema di Cauchy-Dirichlet 345
9.4.4 Soluzione fondamentale e densità di transizione 346
9.4.5 Problema con ostacolo e arresto ottimo 348
9.5 Equazioni stocastiche lineari 353
9.5.1 Condizione di Kalman 357
9.5.2 Equazioni di Kolmogorov e condizione di Hörmander ... 362
9.5.3 Esempi 365

10 Modelli di mercato a tempo continuo 367
- 10.1 Cambio di misura di probabilità 367
  - 10.1.1 Martingale esponenziali 367
  - 10.1.2 Teorema di Girsanov 370
- 10.2 Rappresentazione delle martingale Browniane 373
- 10.3 Valutazione 378
  - 10.3.1 Misure martingale e prezzi di mercato del rischio 379
  - 10.3.2 Esistenza di una misura martingala equivalente 382
  - 10.3.3 Strategie ammissibili e arbitraggi 386
  - 10.3.4 Valutazione d'arbitraggio 389
  - 10.3.5 Formule di parity 391
- 10.4 Mercati completi 392
  - 10.4.1 Caso Markoviano 394
- 10.5 Analisi della volatilità 397
  - 10.5.1 Volatilità locale e volatilità stocastica 401

11 Opzioni Americane 407
- 11.1 Valutazione e copertura nel modello di Black&Scholes 407
- 11.2 Call e put Americane nel modello di Black&Scholes 413
- 11.3 Valutazione e copertura in un mercato completo 416

12 Metodi numerici 421
- 12.1 Metodo di Eulero per equazioni ordinarie 421
  - 12.1.1 Schemi di ordine superiore 425
- 12.2 Metodo di Eulero per equazioni stocastiche 426
  - 12.2.1 Schema di Milstein 429
- 12.3 Metodo delle differenze finite per equazioni paraboliche 430
  - 12.3.1 Localizzazione 430
  - 12.3.2 θ-schemi per il problema di Cauchy-Dirichlet 432
  - 12.3.3 Problema a frontiera libera 437
- 12.4 Metodo Monte Carlo 438
  - 12.4.1 Simulazione 441
  - 12.4.2 Calcolo delle greche 443
  - 12.4.3 Analisi dell'errore 444

13 Introduzione al calcolo di Malliavin 447
- 13.1 Derivata stocastica 448
  - 13.1.1 Esempi 450
  - 13.1.2 Regola della catena 452
- 13.2 Dualità 456
  - 13.2.1 Formula di Clark-Ocone 459
  - 13.2.2 Integrazione per parti e calcolo delle greche 460
  - 13.2.3 Altri esempi 465

Appendice 469
   A.1 Teoremi di Dynkin 469
   A.2 Topologie e σ-algebre 473
   A.3 Generalizzazioni del concetto di derivata 475
        A.3.1 Derivata debole in $\mathbb{R}$ 476
        A.3.2 Spazi di Sobolev e teoremi di immersione 479
        A.3.3 Distribuzioni 480
        A.3.4 Mollificatori 485
   A.4 Trasformata di Fourier 487
   A.5 Convergenza di variabili aleatorie 490
        A.5.1 Funzione caratteristica e convergenza 491
        A.5.2 Uniforme integrabilità 495
   A.6 Separazione di convessi 497

Bibliografia 499

Indice analitico 511

Notazioni generali

- $\mathbb{N} = \{1, 2, 3, \ldots\}$ è l'insieme dei numeri naturali
- $\mathbb{N}_0 = \{0, 1, 2, 3, \ldots\}$ è l'insieme dei numeri interi non-negativi
- $\mathbb{Q}$ è l'insieme dei numeri razionali
- $\mathbb{R}$ è l'insieme dei numeri reali
- $\mathbb{R}_+ =]0, +\infty[$
- $\mathcal{S}_T =]0, T[\times \mathbb{R}^N$ è una striscia in $\mathbb{R}^{N+1}$
- $\mathscr{B} = \mathscr{B}(\mathbb{R}^N)$ è la σ-algebra dei Borelliani di $\mathbb{R}^N$
- $|H|$ e $m(H)$ indicano indifferentemente la misura di Lebesgue di $H \in \mathscr{B}$
- $\mathbb{1}_H$ è la funzione indicatrice dell'insieme H, p.18
- $\partial_x = \frac{\partial}{\partial x}$ è la derivata parziale rispetto a x

Dati $a, b \in \mathbb{R}$:

- $a \wedge b = \min\{a, b\}$
- $a \vee b = \max\{a, b\}$
- $a^+ = \max\{a, 0\}$
- $a^- = \max\{-a, 0\}$

Abbreviazioni

- $A := B$ significa "per definizione, A è uguale a B"
- v.a. = variabile aleatoria
- p.s. = processo stocastico
- q.s. = quasi sicuramente
- q.o. = quasi ovunque
- i.i.d. = indipendenti e identicamente distribuite (riferito ad una famiglia di variabili aleatorie)
- mg = martingala
- PDE = equazione alle derivate parziali (Partial Differential Equation)
- SDE = equazione differenziale stocastica (Stochastic Differential Equation)

Spazi di funzioni

- $m\mathscr{B}$ (risp. $m\mathscr{B}_b$) è lo spazio delle funzioni $\mathscr{B}$-misurabili (e limitate), p.20
- BV è lo spazio delle funzioni a variazione limitata, p.161
- Lip (risp. Lip_{loc}) è lo spazio delle funzioni (localmente) Lipschitziane, p.477
- C^k (risp. C^k_b) è lo spazio delle funzioni differenziabili con derivate continue fino all'ordine $k \in \mathbb{N}_0$ (limitate assieme alle loro derivate)
- $C^{k+\alpha}$ (risp. $C^{k+\alpha}_{\text{loc}}$) è lo spazio delle funzioni differenziabili fino all'ordine $k \in \mathbb{N}_0$ con derivate (localmente) Hölderiane di esponente $\alpha \in]0,1[$
- C^∞_0 è lo spazio delle funzioni test, funzioni a supporto compatto e con derivate continue di ogni ordine, p.476
- L^p (risp. L^p_{loc}) è lo spazio delle funzioni (localmente) sommabili di ordine p, p.24, p.476
- $W^{k,p}$ (risp. $W^{k,p}_{\text{loc}}$) è lo spazio di Sobolev delle funzioni che ammettono derivate deboli fino all'ordine k in L^p (risp. L^p_{loc}), p.477
- $C^{1,2}$ è lo spazio delle funzioni $u = u(t,x)$ che ammettono derivate continue del second'ordine nelle variabili "spaziali" $x \in \mathbb{R}^N$ e derivata continua del prim'ordine nella variabile "temporale" t, p.39
- C^α_P (risp. $C^{2+\alpha}_P$) è lo spazio delle funzioni Hölderiane paraboliche di esponente α (risp. con le derivate del second'ordine in x e del prim'ordine in t Hölderiane), p.298
- S^p è lo spazio di Sobolev parabolico delle funzioni che ammettono derivate deboli del second'ordine in L^p, p.305

Spazi di processi

- $\mathbb{L}^p$ è lo spazio dei processi progressivamente misurabili in $L^p([0,T] \times \Omega)$, p.194
- $\mathbb{L}^p_{\text{loc}}$ è lo spazio dei processi X progressivamente misurabili e tali che $X(\omega) \in L^p([0,T])$ per quasi ogni ω, p.215
- $\mathcal{A}_c$ è lo spazio dei processi $(X_t)_{t \in [0,T]}$ continui, $\mathcal{F}_t$-adattati e tali che

$$[\![X]\!]_T = \sqrt{E\left[\sup_{0 \leq t \leq T} X_t^2\right]}$$

è finito, p.317
- $\mathscr{M}^2$ è lo spazio vettoriale delle martingale continue a destra $(M_t)_{t \in [0,T]}$ tali che $M_0 = 0$ q.s. e $E\left[M_T^2\right]$ è finita, p.175
- $\mathscr{M}^2_c$ è il sotto-spazio delle martingale continue di $\mathscr{M}^2$, p.175
- $\mathscr{M}_{c,\text{loc}}$ è lo spazio delle martingale locali continue tali che $M_0 = 0$ q.s., 210

Norme e prodotti scalari

Il punto $x \in \mathbb{R}^N$ è identificato col vettore colonna $N \times 1$. Per il prodotto scalare Euclideo utilizziamo indifferentemente le notazioni

$$x^*y = \langle x, y \rangle = x \cdot y = \sum_{i=1}^{N} x_i y_i,$$

dove x^* è il trasposto di x.

- $|\cdot|$ è la norma Euclidea in $\mathbb{R}^N$
- $\|\cdot\|_p = \|\cdot\|_{L^p}$ è la norma nello spazio L^p, $1 \leq p \leq \infty$, p.24
- $[\![\cdot]\!]_T$ è la semi-norma nello spazio $\mathcal{A}_c$, p.317

Sia $A = (a_{ij})$ una matrice di dimensione $N \times d$:

- A^* è la trasposta di A
- $\mathrm{tr} A$ è la traccia di A
- $\mathrm{rank} A$ è il rango di A
- $|A| = \sqrt{\sum_{i=1}^{N} \sum_{j=1}^{d} a_{ij}^2}$
- $\|A\| = \sup_{|x|=1} |Ax|$

Ricordiamo che $\|A\| \leq |A|$.

1
Derivati e arbitraggi

Opzioni – Prezzo neutrale al rischio e valutazione d'arbitraggio

Un derivato finanziario è un contratto il cui valore dipende da uno o più titoli o beni, detti sottostanti. Tipicamente il sottostante è un'azione, un tasso di interesse, un tasso di cambio di valute, la quotazione di un bene come oro, petrolio o grano.

1.1 Opzioni

L'opzione è l'esempio più semplice di strumento derivato. Un'opzione è un contratto che dà il diritto (ma non l'obbligo) a chi lo detiene di comprare o vendere una certa quantità di un titolo sottostante, ad una data futura e ad un prezzo prefissati. In un contratto di opzione sono quindi specificati:

- un sottostante;
- un prezzo d'esercizio K, detto *strike*;
- una data T, detta *scadenza*.

Un'opzione è di tipo *Call* se dà il diritto di acquistare, ed è di tipo *Put* se dà il diritto di vendere. Un'opzione è di tipo *Europeo* se il diritto può essere esercitato solo alla scadenza, ed è di tipo *Americano* se il diritto può essere esercitato in un qualsiasi momento entro la scadenza.

Consideriamo una Call Europea con strike K, scadenza T e indichiamo con S_T il prezzo del sottostante a scadenza. Al tempo T si hanno due eventualità (cfr. Figura 1.1): se $S_T > K$, il valore finale (payoff) dell'opzione è pari a $S_T - K$ corrispondente al ricavo che si ottiene esercitando l'opzione (ossia acquistando il sottostante al prezzo K e rivendendolo al prezzo di mercato S_T). Se $S_T < K$, non conviene esercitare l'opzione e il payoff è nullo. In definitiva il payoff di una Call Europea è pari a

$$(S_T - K)^+ = \max\{S_T - K, 0\}.$$

La Figura 1.2 rappresenta il grafico del payoff come funzione di S_T. È chiaro

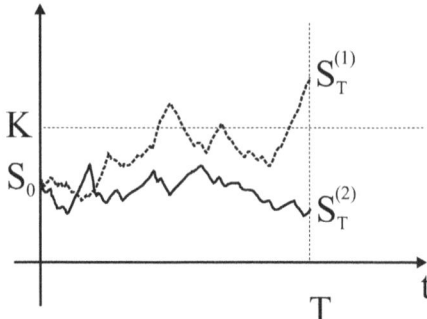

Fig. 1.1. Payoff di un'opzione Call Europea in differenti scenari

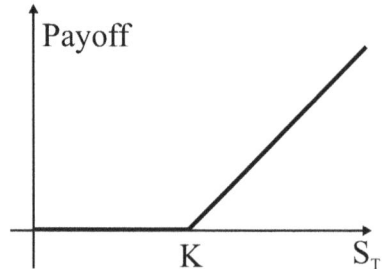

Fig. 1.2. Payoff di un'opzione Call Europea

che il payoff aumenta con S_T e offre un guadagno potenzialmente illimitato. Con un ragionamento analogo si vede che il payoff di una Put Europea è pari a
$$(K - S_T)^+ = \max\{K - S_T, 0\}.$$
Le opzioni Call e Put sono gli esempi più semplici di strumenti derivati e

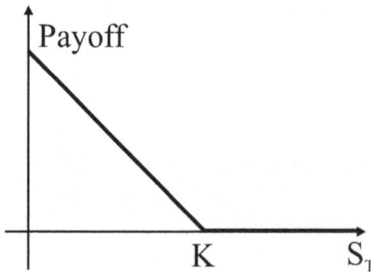

Fig. 1.3. Payoff di un'opzione Put Europea

per questo motivo sono anche chiamate opzioni *plain vanilla*. È molto facile costruire nuovi derivati combinando questo tipo di opzioni: per esempio, acquistando una Call e una Put con medesimi sottostante, strike e scadenza, si

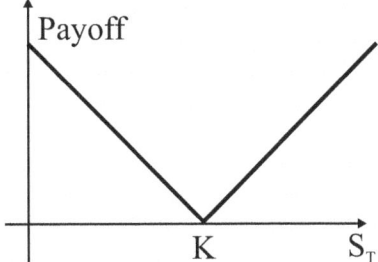

Fig. 1.4. Payoff di uno Straddle

ottiene un derivato, detto Straddle, che ha un payoff tanto maggiore quanto S_T è lontano dallo strike. Si può essere interessati a questo tipo di strumento quando si confida in un ampio movimento del prezzo del sottostante pur non potendone prevedere la direzione. Chiaramente la valutazione di questa opzione è facilmente riconducibile alla valutazione di opzioni plain vanilla. Nei mercati reali esiste tuttavia una grande varietà di derivati (solitamente detti *esotici*) che possono avere strutture molto complesse: il mercato di questi derivati è in continuo sviluppo ed espansione. Si veda, per esempio, Zhang [173] per una trattazione enciclopedica dei derivati esotici.

1.1.1 Finalità

L'utilizzo di derivati ha essenzialmente due scopi:

- l'immunizzazione o gestione del rischio;
- la speculazione.

Per esempio, consideriamo un investitore che possiede un titolo azionario S: comprando un'opzione Put su S, egli si assicura il diritto di vendere in futuro S al prezzo strike. In questo modo l'investitore si protegge dal rischio di crollo della quotazione di S. Analogamente, un'industria che utilizza come materia prima il petrolio, può comprare un'opzione Call per assicurarsi il diritto di acquistare in futuro tale bene al prezzo strike prefissato: in questo modo l'industria si immunizza dal rischio di crescita del prezzo del petrolio.

Da alcuni anni i derivati stanno assumendo un ruolo sempre più pervasivo: se fino a pochi anni fa, un mutuo per la casa era disponibile solo nella versione "tasso fisso" o "tasso variabile", ora l'offerta è molto più ampia. Per esempio, non è difficile trovare mutui "protetti" a tasso variabile con un tetto massimo: questo tipo di prodotto strutturato contiene chiaramente uno o più strumenti derivati la cui valutazione non è assolutamente banale.

I derivati hanno anche una finalità speculativa: osserviamo ad esempio che acquistare opzioni Put è il metodo più semplice per guadagnare scommettendo sul crollo del mercato. Notiamo anche che, a parità di investimento, le opzioni offrono rendimenti (e perdite) percentuali molto maggiori rispetto al sottostante. Per esempio, indichiamo con S_0 il prezzo attuale del sottostante e assumiamo che $1 sia il prezzo di una Call con $K = S_0 = \$10$ e scadenza un anno. Supponiamo che a scadenza $S_T = \$13$: comprando un'unità del sottostante, ossia investendo $10, si ha un profitto di $3 (pari al 30%); comprando una Call, ossia investendo solo $1, si ha un profitto di $2 (pari al 200%). D'altra parte si deve anche tener conto del fatto che nel caso in cui $S_T = \$10$, investendo nella Call perderebbe tutto!

1.1.2 Problemi

Un'opzione è un contratto di cui è stabilito il valore finale in dipendenza dal prezzo del sottostante a scadenza che è incognito. Si pone dunque il problema non banale della *valutazione*, ossia della determinazione del prezzo "equo" dell'opzione: tale prezzo è il *premio* che chi compra l'opzione deve pagare al tempo iniziale per acquisire il diritto stabilito nei termini del contratto.

Il secondo problema è quello della *replicazione*: abbiamo osservato che un'opzione Call ha un payoff potenzialmente illimitato e di conseguenza chi *vende* una Call si espone al rischio di una perdita illimitata. Una banca che vende un derivato ha dunque il problema di determinare una strategia di investimento che, utilizzando il premio (i soldi ricevuti vendendo il derivato), riesca a replicare a scadenza il payoff, qualsiasi sia il valore finale del sottostante.

Come vedremo fra breve, i problemi della valutazione e replicazione sono intimamente legati.

1.1.3 Leggi di capitalizzazione

Prima di procedere è bene ricordare alcune nozioni di base sul *valore del tempo* in finanza: ricevere $1 oggi non è come riceverlo fra un mese. Ricordiamo che è usuale considerare come unità di tempo l'anno e quindi, per esempio, $T = .5$ corrisponde a sei mesi.

Le leggi di capitalizzazione esprimono la dinamica di un investimento con tasso di interesse fissato e privo di rischio, corrispondente in parole povere al lasciare i soldi sul conto corrente in banca. In tutti i modelli finanziari si assume l'esistenza di un titolo (localmente[1]) privo di rischio, solitamente chiamato *bond*. Se B_t è il valore del bond al tempo $t \in [0,T]$, la seguente formula di capitalizzazione semplice con tasso di interesse annuale r

$$B_T = B_0(1 + rT),$$

esprime il fatto che il valore finale B_T è uguale al valore iniziale B_0 rivalutato degli interessi $B_0 rT$ pari alla percentuale rT (corrispondente al tasso

---

[1] Nel senso che il tasso ufficiale d'interesse è garantito e privo di rischio per un breve periodo (per esempio, qualche settimana), ma nel lungo periodo è anch'esso aleatorio.

di interesse per periodo $[0,T])$ del capitale iniziale. Dunque in un regime di capitalizzazione semplice *l'interesse è pagato sul capitale iniziale*.

Al contrario nella capitalizzazione composta l'interesse viene pagato sul capitale continuamente rivalutato. Intuitivamente possiamo considerare il periodo $[0,T]$, suddividerlo in N intervalli $[t_{n-1}, t_n]$ di uguale lunghezza pari a $\frac{T}{N}$ e calcolare gli interessi semplici alla fine di ogni intervallo: si ottiene

$$B_T = B_{t_{N-1}}\left(1+r\frac{T}{N}\right) = B_{t_{N-2}}\left(1+r\frac{T}{N}\right)^2 = \cdots = B_0\left(1+r\frac{T}{N}\right)^N.$$

Passando al limite per $N \to \infty$ ossia pensando di pagare gli interessi semplici sempre più frequentemente, si ottiene la formula di capitalizzazione continuamente composta con tasso di interesse annuale r:

$$B_T = B_0 \, e^{rT}. \tag{1.1}$$

La (1.1) esprime il capitale finale in termini di quello iniziale. Viceversa, è chiaro che per ottenere un capitale finale (al tempo T) pari a B, è necessario investire al tempo iniziale la somma Be^{-rT}: tale somma viene anche detta *valore scontato o attualizzato* di B.

Mentre nella pratica si utilizza la capitalizzazione semplice, in ambito teorico e soprattutto nei modelli a tempo continuo è più usuale l'utilizzo della capitalizzazione composta.

1.1.4 Arbitraggi e formula di Put-Call Parity

Genericamente un arbitraggio è un'opportunità di compiere operazioni finanziarie a costo zero che producono un profitto privo di rischio. Nei mercati reali gli arbitraggi esistono anche se hanno generalmente vita breve perché sono sfruttati in modo da ristabilire istantaneamente l'equilibrio del mercato. In ambito teorico è chiaro che in un modello finanziario sensato deve escludere tali forme di profitto. In effetti il principio di assenza d'arbitraggi è diventato il criterio dominante per la valutazione dei derivati finanziari.

Alla base della valutazione in assenza d'arbitraggio c'è l'idea che se due strumenti finanziari hanno *con certezza* lo stesso valore[2] in una data futura, allora anche attualmente devono avere lo stesso prezzo. Se così non fosse, si creerebbe un'ovvia possibilità d'arbitraggio: vendendo lo strumento più costoso e comprando quello meno costoso si avrebbe un profitto immediato e privo di rischio poiché la posizione di vendita *(posizione corta)* sul titolo più costoso è destinata ad annullarsi con la posizione di acquisto *(posizione lunga)* sul titolo meno costoso. Sinteticamente, possiamo esprimere il principio di assenza d'arbitraggi nel modo seguente:

$$X_T \leq Y_T \quad \implies \quad X_t \leq Y_t, \quad \forall t \leq T, \tag{1.2}$$

---

[2] Notiamo che non si richiede di conoscere i valori futuri dei due strumenti finanziari, ma solo che siano uguali con certezza.

dove X_t e Y_t indicano rispettivamente il valore i due generici strumenti finanziari. Dalla (1.2) segue in particolare

$$X_T = Y_T \quad \Longrightarrow \quad X_t = Y_t, \quad \forall t \leq T. \tag{1.3}$$

Consideriamo un modello di mercato finanziario libero da arbitraggi, composto da un'azione S, sottostante di un'opzione call c e una put p Europee entrambe con scadenza T e strike K:

$$c_T = (S_T - K)^+, \qquad p_T = (K - S_T)^+.$$

Indichiamo con r il tasso di interesse composto annuale, privo di rischio e assumiamo la dinamica (1.1) per l'investimento localmente non rischioso. In base ad argomenti d'arbitraggio ricaviamo la classica *formula di Put-Call parity* che lega i prezzi c e p, e alcune stime inferiori e superiori per tali prezzi. È significativo il fatto che le seguenti formule siano "universali" ossia indipendenti dal modello considerato e basate unicamente sul principio generale di assenza di arbitraggi.

Corollario 1.1 (Put-Call parity). *Nelle ipotesi precedenti, vale*

$$c_t = p_t + S_t - Ke^{-r(T-t)}, \qquad t \in [0, T]. \tag{1.4}$$

Dimostrazione. È sufficiente osservare che gli investimenti

$$X_t = c_t + \frac{K}{B_T} B_t \quad \text{e} \quad Y_t = p_t + S_t,$$

hanno lo stesso valore finale

$$X_T = Y_T = \max\{K, S_T\}.$$

La tesi è conseguenza della (1.3). □

Nel caso in cui il sottostante paghi un dividendo D in una data compresa fra t e T, la formula di Put-Call parity diventa

$$c_t = p_t + S_t - D - Ke^{-r(T-t)}.$$

Corollario 1.2 (Stime inferiori e superiori per opzioni Europee). *Per ogni $t \in [0, T]$ vale*

$$\begin{aligned} \left(S_t - Ke^{-r(T-t)}\right)^+ &< c_t < S_t, \\ \left(Ke^{-r(T-t)} - S_t\right)^+ &< p_t < Ke^{-r(T-t)}. \end{aligned} \tag{1.5}$$

Dimostrazione. Per la (1.2) si ha

$$c_t, p_t > 0. \qquad (1.6)$$

Di conseguenza dalla (1.4) si ha

$$c_t > S_t - Ke^{-r(T-t)}.$$

Inoltre, essendo $c_t > 0$, si ottiene la prima stima dal basso. Infine $c_T < S_T$ e quindi per la (1.2) si ha la prima stima dall'alto. La seconda stima si prova in maniera analoga ed è lasciata per esercizio. □

1.2 Prezzo neutrale al rischio e valutazione d'arbitraggio

Per mettere in luce le idee cruciali della valutazione di derivati basata su argomenti d'arbitraggio è utile esaminare un modello estremamente semplificato in cui consideriamo solo due istanti di tempo, la data iniziale 0 e la scadenza T. Assumiamo al solito che esista un bond con tasso r e valore iniziale $B_0 = 1$. Supponiamo inoltre che ci sia un titolo rischioso S il cui valore finale dipenda da un evento casuale: per semplificare al massimo il modello, assumiamo che l'evento abbia solo due stati possibili E_1 e E_2 in cui S_T assuma rispettivamente il valore S^+ e S^-. Per fissare le idee, consideriamo l'esito del lancio di un dado e poniamo, per esempio,

$$E_1 = \{1, 2, 3, 4\}, \qquad E_2 = \{5, 6\}.$$

In questo caso S rappresenta una scommessa sull'esito del lancio del dado: se il lancio corrisponde ad un numero compreso fra 1 e 4 la scommessa paga S^+, altrimenti paga S^-. Il modello è riassunto nel seguente schema

Tempo	0	T
Bond	1	e^{rT}
Titolo rischioso	?	$S_T = \begin{cases} S^+ & \text{se } E_1, \\ S^- & \text{se } E_2. \end{cases}$

Il problema è di determinare il valore S_0 ovvero il prezzo della scommessa.

1.2.1 Prezzo neutrale al rischio

Il primo approccio è quello di assegnare una probabilità agli eventi:

$$P(E_1) = p \quad \text{e} \quad P(E_2) = 1 - p, \qquad (1.7)$$

dove $p \in\,]0,1[$. Per esempio, nel caso del lancio del dado, sembra naturale porre $p = \frac{4}{6}$. In questo modo si può dare una stima del valore "medio" finale della scommessa
$$S_T = pS^+ + (1-p)S^-.$$
Scontando tale valore al tempo attuale si ottiene il cosiddetto *prezzo neutrale al rischio*:
$$\widetilde{S}_0 = e^{-rT}\left(pS^+ + (1-p)S^-\right). \tag{1.8}$$
Tale prezzo esprime il valore che un investitore neutrale al rischio attribuisce al titolo rischioso (alla scommessa): infatti il prezzo attuale è pari al profitto atteso futuro e scontato. In base a tale valutazione (che dipende dalla probabilità p attribuita all'evento E_1), l'investitore non è propenso né avverso ad acquistare il titolo.

1.2.2 Probabilità neutrale al rischio

Supponiamo ora che S_0 sia il prezzo stabilito dal mercato e, come tale, sia noto. Il fatto che S_0 sia osservabile fornisce informazioni sull'evento casuale che si sta considerando. Infatti, imponendo che $S_0 = \widetilde{S}_0$ ossia che valga la formula di valutazione neutrale al rischio rispetto ad una certa probabilità definita in termini di $q \in\,]0,1[$ come in (1.7), si ha
$$S_0 = e^{-rT}\left(qS^+ + (1-q)S^-\right),$$
da cui si ricava
$$q = \frac{e^{rT}S_0 - S^-}{S^+ - S^-}, \qquad 1 - q = \frac{S^+ - e^{rT}S_0}{S^+ - S^-}. \tag{1.9}$$
Chiaramente $q \in\,]0,1[$ solo se
$$S^- < e^{rT}S_0 < S^+,$$
e d'altra parte, se così non fosse, ci sarebbero ovvie possibilità di arbitraggio. La probabilità definita in (1.9) è detta *probabilità neutrale al rischio e rappresenta l'unica probabilità da assegnare agli eventi* E_1, E_2 *in modo tale che il prezzo di mercato* S_0 *sia un prezzo neutrale al rischio.*

In questo semplice modello esiste dunque una relazione biunivoca fra prezzi e probabilità neutrali al rischio: stimando la probabilità degli eventi, si determina un prezzo "equo" del titolo rischioso; viceversa dato un prezzo di mercato, esiste un'unica stima della probabilità degli eventi che è "coerente" con tale prezzo osservato.

1.2.3 Prezzo d'arbitraggio

Supponiamo ora che ci siano due titoli rischiosi S e C:

1.2 Prezzo neutrale al rischio e valutazione d'arbitraggio

Tempo	0	T
Bond	1	e^{rT}
Titolo rischioso S	S_0	$S_T = \begin{cases} S^+ & \text{se } E_1, \\ S^- & \text{se } E_2, \end{cases}$
Titolo rischioso C	?	$C_T = \begin{cases} C^+ & \text{se } E_1, \\ C^- & \text{se } E_2. \end{cases}$

Per fissare le idee, si può pensare a C come un'opzione con sottostante il titolo rischioso S. Se il prezzo S_0 è quotato dal mercato, possiamo ricavare la corrispondente probabilità q neutrale al rischio definita in (1.9) e attribuire a C il prezzo neutrale al rischio nella probabilità q:

$$\widetilde{C}_0 = e^{-rT} \left(qC^+ + (1-q)C^- \right). \tag{1.10}$$

Tale procedura di valutazione sembra ragionevole e coerente col prezzo di mercato del sottostante. Sottolineiamo il fatto che *il prezzo $\widetilde{C}_0$ in (1.10) non dipende dalla nostra personale stima delle probabilità degli eventi E_1, E_2, ma è contenuto implicitamente nella quotazione di mercato del sottostante.* In particolare, questo metodo di valutazione *non richiede di stimare preliminarmente la probabilità degli eventi casuali*. Diremo che $\widetilde{C}_0$ è il *prezzo neutrale al rischio* del derivato C.

Un approccio alternativo è basato sull'ipotesi di assenza di arbitraggi. Ricordiamo che i due principali problemi della teoria (e pratica) dei derivati sono la valutazione e la replicazione. Supponiamo di essere in grado di determinare una strategia di investimento su bond e titolo rischioso S che replichi il payoff di C. Indicando con V il valore di tale strategia, per la condizione di replicazione si ha

$$V_T = C_T. \tag{1.11}$$

Dalla condizione (1.3) di non-arbitraggio deduciamo che

$$C_0 = V_0$$

è l'unico prezzo che garantisce di non creare opportunità di arbitraggio. In altri termini per valutare correttamente (senza dar luogo ad arbitraggi) uno strumento finanziario, è sufficiente *determinare una strategia di investimento che ne riproduca il valore finale* (payoff): per definizione il *prezzo d'arbitraggio* dello strumento finanziario considerato è il valore attuale della strategia replicante. Tale prezzo può anche essere inteso come il premio che la banca riceve vendendo il derivato e che coincide col valore da investire nel portafoglio replicante.

Vediamo ora come costruire una strategia replicante nel nostro semplice modello. Si ha

$$V = \alpha S + \beta,$$

dove α e β rappresentano rispettivamente le quote di titolo rischioso e bond. Imponendo la condizione di replicazione (1.11) si ha

$$\begin{cases} \alpha S^+ + \beta e^{rT} = C^+ & \text{(se } E_1\text{)}, \\ \alpha S^- + \beta e^{rT} = C^- & \text{(se } E_2\text{)}, \end{cases}$$

che è un sistema lineare, risolubile univocamente sotto l'ipotesi $S^+ \neq S^-$. La soluzione del sistema è

$$\alpha = \frac{C^+ - C^-}{S^+ - S^-}, \qquad \beta = e^{-rT} \frac{S^+ C^- - C^+ S^-}{S^+ - S^-};$$

pertanto il prezzo di arbitraggio di C è pari a

$$\begin{aligned} C_0 = \alpha S_0 + \beta &= S_0 \frac{C^+ - C^-}{S^+ - S^-} + e^{-rT} \frac{S^+ C^- - C^+ S^-}{S^+ - S^-} \\ &= e^{-rT} \left(C^+ \frac{e^{rT} S_0 - S^-}{S^+ - S^-} + C^- \frac{S^+ - e^{rT} S_0}{S^+ - S^-} \right) = \end{aligned}$$

(ricordando l'espressione (1.9) della probabilità neutrale al rischio)

$$= e^{-rT} \left(C^+ q + C^- (1-q) \right) = \widetilde{C}_0,$$

dove $\widetilde{C}_0$ è il prezzo neutrale al rischio in (1.10). I risultati fin qui ottenuti si possono esprimere dicendo che *in un mercato libero da arbitraggi e completo (ossia in cui ogni strumento finanziario sia replicabile), i prezzi d'arbitraggio e neutrale al rischio coincidono: essi sono determinati dalla quotazione S_0 osservabile sul mercato.*

In particolare *il prezzo d'arbitraggio non dipende dalla stima soggettiva della probabilità p dell'evento E_1.* Intuitivamente, la scelta di p è legata alla visione soggettiva sull'andamento futuro del titolo rischioso: il fatto di scegliere p pari al 50% oppure al 99% è dovuto a differenti valutazioni sugli eventi E_1, E_2. Come abbiamo visto, scelte diverse di p inducono prezzi diversi per S e C in base alla formula (1.8) di valutazione neutrale al rischio. Tuttavia l'unica scelta di p che è coerente col prezzo di mercato S_0 è quella corrispondente a $p = q$. Tale scelta è anche l'unica che evita l'introduzione di opportunità d'arbitraggio.

1.2.4 Una generalizzazione della Put-Call Parity

Consideriamo nuovamente un mercato con due titoli rischiosi S e C, ma supponiamo che S_0 e C_0 non siano quotati:

1.2 Prezzo neutrale al rischio e valutazione d'arbitraggio

Tempo	0	T
Bond	1	e^{rT}
Titolo rischioso S	?	$S_T = \begin{cases} S^+ & \text{se } E_1, \\ S^- & \text{se } E_2, \end{cases}$
Titolo rischioso C	?	$C_T = \begin{cases} C^+ & \text{se } E_1, \\ C^- & \text{se } E_2. \end{cases}$

Consideriamo un investimento sui titoli rischiosi

$$V = \alpha S + \beta C$$

e imponiamo che replichi a scadenza il bond, $V_T = e^{rT}$:

$$\begin{cases} \alpha S^+ + \beta C^+ = e^{rT} & (\text{se } E_1), \\ \alpha S^- + \beta C^- = e^{rT} & (\text{se } E_2). \end{cases}$$

Come in precedenza otteniamo un sistema lineare che ha soluzione unica (a meno che S e C non coincidano):

$$\bar{\alpha} = e^{rT} \frac{C^+ - C^-}{C^+ S^- - C^- S^+}, \qquad \bar{\beta} = -e^{rT} \frac{S^+ - S^-}{C^+ S^- - C^- S^+}.$$

Per la condizione di non-arbitraggio (1.3), deve valere $V_0 = 1$ ossia

$$\bar{\alpha} S_0 + \bar{\beta} C_0 = 1. \tag{1.12}$$

La condizione (1.12) fornisce un legame fra i prezzi dei due titoli rischiosi che deve sussistere affinché non si creino opportunità di arbitraggio. Fissato S_0, il prezzo C_0 è univocamente determinato dalla (1.12), confermando i risultati della sezione precedente. Questo fatto non deve sorprendere: poiché i due titoli "dipendono" dallo stesso fenomeno casuale, i relativi prezzi devono muoversi in modo coerente.

La (1.12) suggerisce anche il fatto che *la valutazione di un derivato non richiede necessariamente la quotazione del sottostante, ma può essere fatta a partire dalla quotazione di un altro derivato sullo stesso sottostante*. Un caso particolare della (1.12) è la formula di Put-Call parity che esprime il legame fra il prezzo di una Put e di una Call sullo stesso sottostante.

1.2.5 Un esempio di mercato incompleto

Riprendiamo l'esempio del lancio di un dado e supponiamo che i titoli rischiosi abbiano valore finale descritto dalla seguente tabella:

1 Derivati e arbitraggi

Tempo	0	T
Bond	1	e^{rT}
Titolo rischioso S	S_0	$S_T = \begin{cases} S^+ & \text{se } \{1,2,3,4\}, \\ S^- & \text{se } \{5,6\}, \end{cases}$
Titolo rischioso C	?	$C_T = \begin{cases} C^+ & \text{se } \{1,2\}, \\ C^- & \text{se } \{3,4,5,6\}. \end{cases}$

Conviene ora porre

$$E_1 = \{1,2\}, \qquad E_2 = \{3,4\}, \qquad E_3 = \{5,6\}.$$

Se supponiamo di poter attribuire le probabilità agli eventi

$$P(E_1) = p_1, \qquad P(E_2) = p_2, \qquad P(E_3) = 1 - p_1 - p_2,$$

dove $p_1, p_2 > 0$ e $p_1 + p_2 < 1$, allora i prezzi neutrali al rischio dei titoli si definiscono come nella Sezione 1.2.1:

$$\begin{aligned}
\widetilde{S}_0 &= e^{-rT}\left(p_1 S^+ + p_2 S^+ + (1 - p_1 - p_2)S^-\right) \\
&= e^{-rT}\left((p_1 + p_2) S^+ + (1 - p_1 - p_2)S^-\right) \\
\widetilde{C}_0 &= e^{-rT}\left(p_1 C^+ + p_2 C^- + (1 - p_1 - p_2)C^-\right) \\
&= e^{-rT}\left(p_1 C^+ + (1 - p_1)C^-\right).
\end{aligned}$$

Viceversa, se S_0 è quotato sul mercato, imponendo $S_0 = \widetilde{S}_0$, si ottiene la relazione

$$S_0 = e^{-rT}\left(q_1 S^+ + q_2 S^+ + (1 - q_1 - q_2)S^-\right)$$

e dunque *esistono infinite probabilità neutrali al rischio*.

Analogamente, procedendo come nella Sezione 1.2.3 per determinare una strategia replicante per C, si ottiene

$$\begin{cases} \alpha S^+ + \beta e^{rT} = C^+ & \text{(se } E_1\text{)}, \\ \alpha S^+ + \beta e^{rT} = C^- & \text{(se } E_2\text{)}, \\ \alpha S^- + \beta e^{rT} = C^- & \text{(se } E_3\text{)}. \end{cases} \qquad (1.13)$$

Tale sistema non è in generale risolubile, quindi *il titolo C non è replicabile e si dice che il modello di mercato è incompleto*. In questo caso non è possibile valutare C in base ad argomenti di replicazione: potendo risolvere solo due equazioni su tre, non si riesce a costruire una strategia che replichi C in tutti i casi possibili e *la copertura del rischio è solo parziale*.

Notiamo che se (α, β) risolve la prima e la terza equazione del sistema (1.13) il valore finale V_T della corrispondente strategia è pari a

1.2 Prezzo neutrale al rischio e valutazione d'arbitraggio

$$V_T = \begin{cases} C^+ & \text{(se } E_1), \\ C^+ & \text{(se } E_2), \\ C^- & \text{(se } E_3). \end{cases}$$

Con questa scelta (e assumendo che $C^+ > C^-$) otteniamo una strategia che *super-replica* C.

Riassumendo:

- *in un modello di mercato libero da arbitraggi e completo, da un parte esiste ed è unica la probabilità neutrale al rischio; dall'altra parte per ogni derivato esiste una strategia replicante. Di conseguenza esiste un unico prezzo neutrale al rischio ed esso coincide col prezzo d'arbitraggio;*
- *in un modello di mercato libero da arbitraggi e incompleto, da un parte esistono infinite probabilità neutrali al rischio; dall'altra parte non tutti i derivati sono replicabili. Di conseguenza esistono infiniti prezzi neutrali al rischio ma non è in generale possibile definire un prezzo d'arbitraggio.*

2
Elementi di probabilità ed equazione del calore

Spazi di probabilità – Indipendenza – Equazioni paraboliche a coefficienti costanti – Distribuzione multi-normale e funzione caratteristica – Teorema di Radon-Nikodym – Attesa condizionata – Processi stocastici discreti e martingale

In questo capitolo sono raccolti gli elementi di base della teoria della probabilità e sono messi in luce i legami con le equazioni differenziali paraboliche a coefficienti costanti. Lo scopo è di introdurre alcune nozioni elementari supponendo nota la teoria del calcolo differenziale e integrale di una o più variabili reali. In particolare assumiamo la conoscenza della teoria dell'integrazione di Riemann e Lebesgue. Alcuni dei risultati più classici sono presentati senza dimostrazione e vengono fornite opportune indicazioni bibliografiche.

2.1 Spazi di probabilità

Indichiamo con Ω un insieme non vuoto, $\Omega \neq \emptyset$.

Definizione 2.1. *Una σ-algebra $\mathcal{F}$ è una famiglia di sottoinsiemi di Ω tale che:*

i) $\emptyset \in \mathcal{F}$;
ii) se $F \in \mathcal{F}$ allora[1] $F^c := (\Omega \setminus F) \in \mathcal{F}$;
iii) per ogni successione $(F_n)_{n \in \mathbb{N}}$ di elementi di $\mathcal{F}$, $\bigcup_{n=1}^{\infty} F_n \in \mathcal{F}$.

Notiamo che l'intersezione di σ-algebre è ancora una σ-algebra. Data una famiglia $\mathcal{M}$ di sottoinsiemi di Ω, poniamo

$$\sigma(\mathcal{M}) := \bigcap_{\substack{\mathcal{F}\ \sigma-algebra \\ \mathcal{F} \supseteq \mathcal{M}}} \mathcal{F},$$

e diciamo che $\sigma(\mathcal{M})$ è la *σ-algebra generata da $\mathcal{M}$*. Essendo l'intersezione di tutte le σ-algebre contenenti $\mathcal{M}$, $\sigma(\mathcal{M})$ è la più piccola σ-algebra contenente $\mathcal{M}$.

---
[1] La scrittura $A := B$ significa che A è per definizione uguale B.

Esempio 2.2. La σ-algebra dei Borelliani $\mathscr{B}(\mathbb{R}^N)$ è la σ-algebra generata dalla topologia Euclidea di $\mathbb{R}^N$, ossia

$$\mathscr{B}(\mathbb{R}^N) = \sigma(\{A \mid A \text{ aperto di } \mathbb{R}^N\}).$$

Ove non ci sia confusione, scriveremo semplicemente $\mathscr{B} = \mathscr{B}(\mathbb{R}^N)$.

Posto

$$\mathcal{I} = \{\,]a,b[\,\mid a,b \in \mathbb{Q},\ a < b\}, \qquad \mathcal{J} = \{\,]-\infty,b]\mid b \in \mathbb{Q}\},$$

non è difficile provare che

$$\sigma(\mathcal{I}) = \sigma(\mathcal{J}) = \mathscr{B}(\mathbb{R}).$$

Dato un intervallo non banale $I \subseteq \mathbb{R}$, poniamo anche $\mathscr{B}(I) = \sigma(\{\,]a,b[\,\mid a,b \in I,\ a < b\})$. □

Definizione 2.3. *Una misura sulla σ-algebra $\mathcal{F}$ di Ω è un'applicazione*

$$P : \mathcal{F} \to [0, +\infty]$$

tale che:

i) $P(\emptyset) = 0$;
ii) per ogni successione $(F_n)_{n \in \mathbb{N}}$ *di elementi di $\mathcal{F}$, a due a due disgiunti, vale*

$$P\left(\bigcup_{n \geq 1} F_n\right) = \sum_{n \geq 1} P(F_n).$$

Se $P(\Omega) < \infty$, diciamo che P è una misura finita. Inoltre, se vale
iii) $P(\Omega) = 1$,
allora diciamo che P è una misura di probabilità.

Dalla definizione segue che se $E, F \in \mathcal{F}$ allora

$$E \subseteq F \quad \Longrightarrow \quad P(E) \leq P(F).$$

Enunciamo[2] un utile risultato di unicità.

Proposizione 2.4. *Sia $\mathcal{I}$ una famiglia di sottoinsiemi di Ω chiusa rispetto all'intersezione, ossia tale che*

$$E, F \in \mathcal{I} \quad \Rightarrow \quad E \cap F \in \mathcal{I}.$$

Siano P, Q misure finite definite su $\sigma(\mathcal{I})$, tali che $P(\Omega) = Q(\Omega)$ e

$$P(E) = Q(E), \qquad E \in \mathcal{I}.$$

Allora $P = Q$.

---
[2] Per la dimostrazione, rimandiamo alla Proposizione A.5.

Per esempio, le famiglie $\mathcal{I}$ e $\mathcal{J}$ dell'Esempio 2.2 sono chiuse rispetto all'intersezione e generano $\mathscr{B}$. Come conseguenza della proposizione precedente, per provare che due misure di probabilità P, Q su $\mathscr{B}$ sono uguali è *sufficiente verificare che*
$$P(]a,b[) = Q(]a,b[), \qquad a, b \in \mathbb{Q}, \ a < b,$$
oppure che
$$P(]-\infty, b]) = Q(]-\infty, b]), \qquad b \in \mathbb{Q}.$$
Un analogo risultato vale in dimensione maggiore di uno.

Definizione 2.5. *Uno spazio di probabilità è una terna* $(\Omega, \mathcal{F}, P)$ *con* $\mathcal{F}$ σ-*algebra su* Ω *e* P *misura di probabilità su* $\mathcal{F}$.

L'insieme Ω è detto *spazio campione* (o spazio dei risultati): si può pensare ad ogni elemento ω di Ω come al risultato di un esperimento o allo stato di un fenomeno, per esempio la posizione di una particella nello spazio o il prezzo di un titolo azionario. Un elemento E di $\mathcal{F}$ è chiamato *evento* e $P(E)$ è detta *probabilità dell'evento* E. Per fissare le idee, se $\Omega = \mathbb{R}_+ :=]0, +\infty[$ è lo spazio campione che rappresenta l'insieme dei possibili prezzi di un titolo rischioso, allora $P(]a, b[)$ rappresenta la probabilità che il prezzo sia maggiore di a e minore di b.

Diciamo che $E \in \mathcal{F}$ è un evento *trascurabile* (rispettivamente, *certo*) se $P(E) = 0$ (risp. $P(E) = 1$).

Notazione 2.6 *Indichiamo con* $\mathcal{N}$ *la famiglia degli eventi trascurabili di* $(\Omega, \mathcal{F}, P)$.

Un ruolo particolarmente importante giocano le misure di probabilità definite sullo spazio Euclideo.

Definizione 2.7. *Una misura di probabilità definita su* $(\mathbb{R}^N, \mathscr{B})$ *è detta distribuzione.*

Il prossimo risultato è diretta conseguenza di alcune ben note proprietà dell'integrale di Lebesgue: esso mostra come sia relativamente facile costruire una distribuzione a partire dalla misura di Lebesgue.

Proposizione 2.8. *Sia* $f : \mathbb{R} \to \mathbb{R}$ *una funzione* $\mathscr{B}$-*misurabile (ossia tale che* $f^{-1}(H) \in \mathscr{B}$ *per ogni* $H \in \mathscr{B}$*), non-negativa e tale che*
$$\int_{\mathbb{R}} f(x)dx = 1.$$
Allora P *definita da*
$$P(H) = \int_H f(x)dx, \qquad H \in \mathscr{B}, \tag{2.1}$$
è una distribuzione. Diciamo che f *è la densità di* P *rispetto alla misura di Lebesgue.*

Esempio 2.9 (Distribuzione uniforme). Dati $a, b \in \mathbb{R}$ con $a < b$, la distribuzione con densità
$$f(x) = \frac{1}{b-a} \mathbb{1}_{[a,b]}(x), \qquad x \in \mathbb{R}, \tag{2.2}$$
è detta distribuzione uniforme su $[a, b]$. In (2.2), $\mathbb{1}_A$ denota la funzione indicatrice dell'insieme A, definita da
$$\mathbb{1}_A(x) = \begin{cases} 1, & x \in A, \\ 0, & x \notin A. \end{cases}$$

Nel seguito indichiamo indifferentemente con $|H|$ o $m(H)$ la misura di Lebesgue del Borelliano H. Allora si ha
$$P(H) = \frac{1}{b-a} |H \cap [a,b]|, \qquad H \in \mathscr{B}.$$

Intuitivamente, P distribuisce uniformemente su $[a, b]$ la probabilità che una "particella" (o il prezzo di un titolo) si trovi in $[a, b]$: è invece impossibile che la particella sia fuori da $[a, b]$. □

Per una distribuzione P della forma (2.1) vale necessariamente
$$|H| = 0 \implies P(H) = 0. \tag{2.3}$$

La (2.7) si esprime dicendo che P è *assolutamente continua rispetto alla misura di Lebesgue*.

Esempio 2.10 (Delta di Dirac). Non tutte le distribuzioni sono del tipo (2.1) ossia non tutte le distribuzioni hanno densità rispetto alla misura di Lebesgue. Per esempio, dato $x_0 \in \mathbb{R}^N$, consideriamo la distribuzione Delta di Dirac concentrata in x_0 definita da
$$\delta_{x_0}(H) = \begin{cases} 1, & x_0 \in H, \\ 0, & x_0 \notin H, \end{cases}$$
per $H \in \mathscr{B}$. Intuitivamente, con tale distribuzione rappresentiamo la certezza di "trovare la particella" nella posizione x_0. Questa distribuzione non ha densità rispetto a m, poiché non si annulla se valutata nell'evento $\{x_0\}$ che ha misura di Lebesgue nulla, contraddicendo la (2.3). □

Consideriamo ora altri esempi di distribuzioni definite specificando la densità rispetto alla misura di Lebesgue.

Esempio 2.11 (Distribuzione esponenziale). Dato $\lambda > 0$, la distribuzione con densità
$$f_\lambda(x) = \lambda e^{-\lambda x} \mathbb{1}_{\mathbb{R}_+}(x), \qquad x \in \mathbb{R},$$
è detta distribuzione esponenziale (di parametro λ). □

Esempio 2.12 (Distribuzione di Cauchy). La distribuzione con densità

$$f(x) = \frac{1}{\pi} \frac{1}{1+x^2}, \qquad x \in \mathbb{R},$$

è detta distribuzione di Cauchy.

□

Esempio 2.13 (Distribuzione normale reale). Dati $\mu \in \mathbb{R}$ e $\sigma > 0$, poniamo

$$\Gamma(t,x) = \frac{1}{\sqrt{2\pi t}} \exp\left(-\frac{x^2}{2t}\right), \qquad x \in \mathbb{R},\ t > 0. \tag{2.4}$$

Una distribuzione con densità della forma $f(x) = \Gamma(\sigma^2, x - \mu)$ è detta distribuzione normale o di Gauss in $\mathbb{R}$.

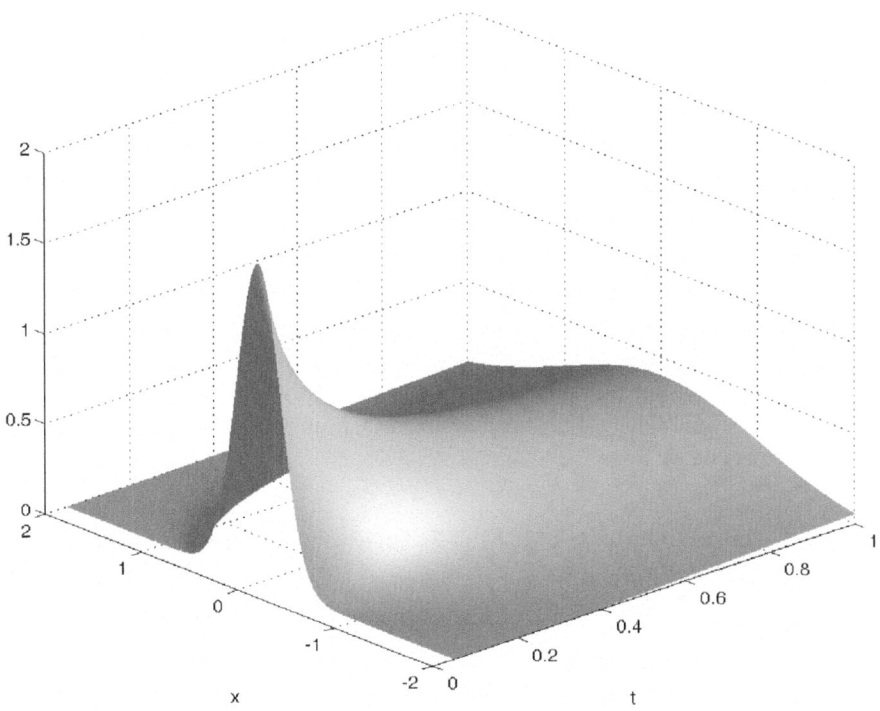

Fig. 2.1. Grafico della densità Gaussiana $\Gamma(t,x)$

Notazione 2.14 *Indichiamo con N_{μ,σ^2} la distribuzione normale di parametri μ, σ:*

$$N_{\mu,\sigma^2}(H) = \int_H \Gamma(\sigma^2, x - \mu) dx$$
$$= \int_H \frac{1}{\sigma\sqrt{2\pi}} \exp\left(-\frac{(x-\mu)^2}{2\sigma^2}\right) dx, \quad H \in \mathscr{B}.$$

Poniamo anche $N_{\mu,\sigma^2} = \delta_\mu$ per $\sigma = 0$.

□

Notiamo che le funzioni degli esempi precedenti sono densità, nel senso che sono $\mathscr{B}$-misurabili, non-negative e hanno integrale su $\mathbb{R}$ pari a 1.

2.1.1 Variabili aleatorie e distribuzioni

Definizione 2.15. *Una variabile aleatoria (nel seguito v.a.) sullo spazio di probabilità $(\Omega, \mathcal{F}, P)$, è una funzione misurabile X da Ω a valori in $\mathbb{R}^N$, ossia una funzione*

$$X : \Omega \to \mathbb{R}^N \quad t.c. \quad X^{-1}(H) \in \mathcal{F}, \quad H \in \mathscr{B}.$$

Nel caso $N = 1$, X è detta v.a. reale.

Notazione 2.16 *Indichiamo con $m\mathscr{B}$ (rispettivamente, $m\mathscr{B}_b$) la famiglia delle funzioni su $\mathbb{R}^N$ a valori reali, $\mathscr{B}$-misurabili (risp., e limitate).*

Osservazione 2.17. Sia
$$X : (\Omega, \mathcal{F}) \longrightarrow (\widetilde{\Omega}, \widetilde{\mathcal{F}}),$$
con $\widetilde{\mathcal{F}} = \sigma(\mathscr{M})$ dove $\mathscr{M}$ è una (qualsiasi) famiglia di sottoinsiemi di $\widetilde{\Omega}$. Osserviamo che se vale
$$X^{-1}(\mathscr{M}) \subseteq \mathcal{F}$$
allora X è misurabile ossia $X^{-1}(\widetilde{\mathcal{F}}) \subseteq \mathcal{F}$. Un caso particolarmente significativo è $\widetilde{\Omega} = \mathbb{R}$ e $\mathscr{M} = \{[a,b] \mid a < b\}$.

Infatti
$$\mathcal{G} = \{F \in \widetilde{\mathcal{F}} \mid X^{-1}(F) \in \mathcal{F}\}$$
è una σ-algebra, poiché
$$X^{-1}(F)^c = X^{-1}(F^c), \quad \text{e} \quad X^{-1}\left(\bigcup_{n\geq 1} F_n\right) = \bigcup_{n\geq 1} X^{-1}(F_n).$$

Inoltre $\mathscr{M}$ è inclusa in $\mathcal{G}$ e di conseguenza anche $\widetilde{\mathcal{F}} = \sigma(\mathscr{M}) \subseteq \mathcal{G}$ ossia X è misurabile.

□

Definizione 2.18. *Data una v.a. X, definiamo l'applicazione*

$$P^X : \mathscr{B} \to [0,1]$$

ponendo

$$P^X(H) = P(X^{-1}(H)), \qquad H \in \mathscr{B}.$$

È facile verificare che P^X è una distribuzione detta distribuzione (o legge) di X e scriviamo

$$X \sim P^X.$$

Notazione 2.19 *Essendo*

$$X^{-1}(H) = \{\omega \in \Omega \mid X(\omega) \in H\},$$

nel seguito utilizziamo la scrittura più intuitiva $P(X \in H)$ per indicare $P(X^{-1}(H))$. Dunque

$$P^X(H) = P(X \in H),$$

indica la probabilità che la v.a. X appartenga al Borelliano H.

Esempio 2.20. Nell'esempio classico del lancio di due dadi poniamo

$$\Omega = \{(m,n) \in \mathbb{N} \times \mathbb{N} \mid 1 \leq m, n \leq 6\},$$

$\mathcal{F} = \mathscr{P}(\Omega)$ e definiamo la misura P con $P(\{(m,n)\}) = \frac{1}{36}$ per ogni $(m,n) \in \Omega$. Consideriamo la v.a. $X(m,n) = m+n$: allora si ha

$$P^X(\{7\}) = P(X=7) = P(X^{-1}(\{7\})) = \frac{6}{36},$$

poiché 6 sono le combinazioni di lanci con cui si ottiene 7 rispetto ai 36 lanci possibili. Analogamente si ha:

$$P(3 \leq X < 6) = P\left(X^{-1}([3,6[)\right) = \frac{2+3+4}{36} = \frac{1}{4}.$$

$\square$

Definizione 2.21. *Sia X una v.a. su $(\Omega, \mathcal{F}, P)$ a valori in $\mathbb{R}^N$. La funzione di distribuzione di X è la funzione*

$$\Phi^X : \mathbb{R}^N \to [0,1]$$

definita da

$$\Phi^X(y) = P(X \leq y), \qquad y \in \mathbb{R}^N,$$

dove $X \leq y$ significa $X_i \leq y_i$ per ogni $i = 1, \ldots, N$.

Osservazione 2.22. In base alla Proposizione 2.4 e alla successiva osservazione, la funzione di distribuzione Φ^X determina univocamente la distribuzione P^X. In particolare, nel caso $N = 1$, se P^X ha densità f allora

$$\Phi^X(y) = \int_{-\infty}^{y} f(x)dx$$

e quindi se f è continua nel punto x_0 allora Φ^X è derivabile in x_0 e vale

$$\frac{d}{dy}\Phi^X(x_0) = f(x_0). \qquad (2.5)$$

Più in generale, essendo f sommabile e non-negativa, la (2.5) vale in senso debole (cfr. Proposizione A.19). □

Notiamo che diverse v.a. (anche definite su spazi di probabilità differenti) possono avere la stessa distribuzione. Per esercizio, si provi che una v.a. X definita sullo spazio di probabilità $(\Omega, \mathcal{F}, P)$ ha la stessa distribuzione P^X della v.a. identità id, $id(y) = y$, definita su $(\mathbb{R}, \mathcal{B}, P^X)$. Si provi anche che se $A, B \in \mathcal{F}$ hanno la stessa probabilità, $P(A) = P(B)$, allora le v.a. $\mathbb{1}_A$ e $\mathbb{1}_B$ hanno la stessa distribuzione.

Come vedremo in seguito, nella maggior parte delle applicazioni e in particolare in finanza, è *spesso sufficiente conoscere la distribuzione di una v.a. X piuttosto che la sua espressione esplicita e lo spazio di probabilità su cui è definita.*

2.1.2 Valore atteso e varianza

Uno dei concetti fondamentali associati a una v.a. X è quello di *valore atteso*: intuitivamente esso corrisponde ad una media dei valori assunti da X, pesati rispetto alla probabilità P. Per introdurre rigorosamente questa nozione, occorre definire l'integrale di X nello spazio $(\Omega, \mathcal{F}, P)$:

$$\int_{\Omega} X dP. \qquad (2.6)$$

La costruzione dell'integrale in (2.6) è analoga a quella dell'integrale di Lebesgue su $\mathbb{R}^N$ e ne diamo un breve cenno in modo schematico:

[I passo] cominciamo col definire l'integrale di v.a. reali semplici. Diciamo che una v.a. $X : \Omega \to \mathbb{R}$ è semplice se la cardinalità di $X(\Omega)$ è finita, ossia

$$X(\Omega) = \{\alpha_1, \dots, \alpha_n\}.$$

In tal caso, posto $A_k = X^{-1}(\alpha_k) \in \mathcal{F}$ per $k = 1, \dots, n$, vale

$$X = \sum_{k=1}^{n} \alpha_k \mathbb{1}_{A_k} \qquad (2.7)$$

ossia X è una combinazione lineare di funzioni indicatrici. Affinché sia

$$\int_\Omega \mathbb{1}_A dP = P(A), \qquad A \in \mathcal{F},$$

e l'integrale sia un funzionale lineare, è naturale definire

$$\int_\Omega X dP = \sum_{k=1}^n \alpha_k P(A_k). \tag{2.8}$$

[II passo] consideriamo una v.a. reale non-negativa ossia tale che $X(\omega) \geq 0$ per ogni $\omega \in \Omega$ e poniamo

$$\int_\Omega X dP = \sup\left\{ \int_\Omega Y dP \mid Y \text{ v.a. semplice}, \, 0 \leq Y \leq X \right\}. \tag{2.9}$$

Chiaramente la definizione (2.9) coincide con la (2.8) per le v.a. semplici e non-negative, ma in generale $\int_\Omega X dP \leq +\infty$ ossia non è detto che l'integrale di X converga. Questa definizione è simile a quella di integrale di Riemann, considerando che il concetto v.a. semplice è analogo a quello di funzione costante a tratti in $\mathbb{R}$.

[III passo] data X, v.a. reale, poniamo

$$X^+ = \max\{0, X\} \qquad \text{e} \qquad X^- = \max\{0, -X\}.$$

Allora X^+ e X^- sono v.a. non-negative e vale $X = X^+ - X^-$. Se almeno uno fra $\int_\Omega X^+ dP$ e $\int_\Omega X^- dP$ (definiti nel passo II) è finito, diciamo che X è *P-integrabile* e definiamo

$$\int_\Omega X dP = \int_\Omega X^+ dP - \int_\Omega X^- dP.$$

In generale $\int_\Omega X dP$ può essere finito o infinito ($\pm\infty$). Se entrambi $\int_\Omega X^+ dP$ e $\int_\Omega X^- dP$ sono finiti, diciamo che X è *P-sommabile* e scriviamo $X \in L^1(\Omega, P)$: in questo caso

$$\int_\Omega |X| dP = \int_\Omega X^+ dP + \int_\Omega X^- dP < \infty.$$

[IV passo] infine se $X : \Omega \to \mathbb{R}^N$ è una v.a. e $X = (X_1, \ldots, X_N)$, poniamo

$$\int_\Omega X dP = \left(\int_\Omega X_1 dP, \ldots, \int_\Omega X_N dP \right).$$

Con questa definizione di integrale tutti i principali risultati della teoria dell'integrazione di Lebesgue su $\mathbb{R}^N$ rimangono validi: in particolare valgono i teoremi di passaggio al limite sotto al segno di integrale, di Beppo Levi, di Fatou e della convergenza dominata di Lebesgue.

Definizione 2.23. *Dato $p \geq 1$, indichiamo con $L^p = L^p(\Omega, \mathcal{F}, P)$ lo spazio delle funzioni reali $\mathcal{F}$-misurabili e P-sommabili di ordine p, ossia tali che*

$$\|X\|_p := \left(\int_\Omega |X|^p dP\right)^{\frac{1}{p}} < \infty.$$

Notiamo che $\|\cdot\|_p$ è una seminorma[3] in L^p.

Notazione 2.24 *Per mettere in evidenza la variabile di integrazione, a volte usiamo la notazione*

$$\int_\Omega X dP = \int_\Omega X(\omega) P(d\omega).$$

Per esempio, se al solito m indica la misura di Lebesgue, allora scriviamo indifferentemente

$$\int_{\mathbb{R}^N} f(x) dx = \int_{\mathbb{R}^N} f \, dm = \int_{\mathbb{R}^N} f(x) m(dx).$$

Definizione 2.25. *Data una v.a. $X : \Omega \to \mathbb{R}^N$ sommabile, il valore atteso di X è il vettore di $\mathbb{R}^N$*

$$E[X] := \int_\Omega X dP.$$

Notiamo che il valore atteso di X, essendo una media, in generale non coincide con il valore più probabile di X. Questo è vero nel caso particolare della distribuzione normale ma non nel caso della distribuzione uniforme oppure della distribuzione bimodale in Fig. 2.2.

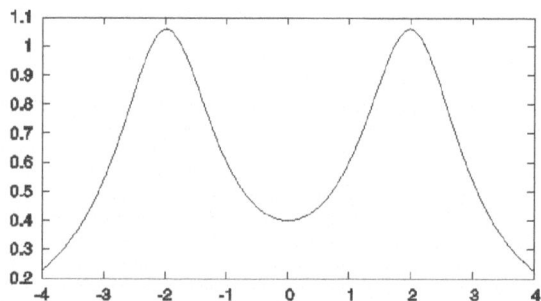

Fig. 2.2. Densità della distribuzione bimodale

Un'altra fondamentale nozione relativa ad una variabile aleatoria è quella di varianza.

---
[3] In particolare $\|X\|_p = 0$ se e solo se $X = 0$ q.s.

Definizione 2.26. *La varianza di una v.a. reale X è definita da*

$$\operatorname{var}(X) = E\left[(X - E[X])^2\right]. \qquad (2.10)$$

La covarianza di due v.a. reali X, Y è definita da

$$\operatorname{cov}(X, Y) = E\left[(X - E[X])(Y - E[Y])\right], \qquad (2.11)$$

ammesso che $(X - E[X])(Y - E[Y])$ sia integrabile.

Nel caso in cui $X = (X_1, \ldots, X_N)$ sia una v.a. a valori in $\mathbb{R}^N$, la matrice di covarianza $\operatorname{Cov}(X) = (c_{ij})$ è definita da

$$c_{ij} = \operatorname{cov}(X_i, X_j), \qquad i, j = 1, \ldots, N,$$

e in forma matriciale,

$$\operatorname{Cov}(X) = E\left[(X - E[X])(X - E[X])^*\right].$$

La varianza fornisce una stima di quanto X si discosta in media dal proprio valore atteso. Notiamo che, per X, Y reali,

$$\operatorname{var}(X) = E\left[X^2\right] - E[X]^2, \qquad (2.12)$$

e

$$\operatorname{var}(X + Y) = \operatorname{var}(X) + \operatorname{var}(Y) + 2\operatorname{cov}(X, Y). \qquad (2.13)$$

Osservazione 2.27. Se X è una v.a. reale e $\alpha, \beta \in \mathbb{R}$, allora per la linearità del valore atteso, è immediato provare che

$$E[\alpha X + \beta] = \alpha E[X] + \beta, \qquad \operatorname{var}(\alpha X + \beta) = \alpha^2 \operatorname{var}(X).$$

Più in generale, se X è una v.a. in $\mathbb{R}^N$, α è una matrice $d \times N$ e $\beta \in \mathbb{R}^d$, allora

$$E[\alpha X + \beta] = \alpha E[X] + \beta, \qquad \operatorname{Cov}(\alpha X + \beta) = \alpha \operatorname{Cov}(X) \alpha^*. \qquad (2.14)$$

$\square$

Vediamo ora come è possibile calcolare il valore atteso e la varianza di variabili aleatorie di cui è nota la distribuzione.

Teorema 2.28. *Siano $X : \Omega \to \mathbb{R}^N$ una v.a sullo spazio di probabilità $(\Omega, \mathcal{F}, P)$ e $g : \mathbb{R}^N \to \mathbb{R}^n$ una funzione misurabile. Allora*

$$g \circ X \in L^1(\Omega, P) \iff g \in L^1(\mathbb{R}^N, P^X)$$

e in tal caso vale

$$\int_\Omega g(X) dP = \int_{\mathbb{R}^N} g\, dP^X. \qquad (2.15)$$

Dimostrazione (Cenni). Anzitutto è sufficiente considerare il caso $N = n = 1$. La dimostrazione è basata sul cosiddetto[4] "metodo standard" che riconduce il problema a considerare solo il caso in cui g sia una funzione indicatrice. Se $g = \mathbb{1}_H$ con $H \in \mathscr{B}$, vale

$$\int_\Omega \mathbb{1}_H(X)dP = \int_{X^{-1}(H)} dP = P(X \in H)$$
$$= P^X(H) = \int_H dP^X = \int_\mathbb{R} \mathbb{1}_H dP^X.$$

Avendo dimostrato la tesi per le funzioni indicatrici, dalla linearità dell'integrale segue la tesi anche per g semplice e misurabile. Applicando il teorema di Beppo Levi proviamo poi la tesi anche per g misurabile a valori non negativi. Infine in generale scomponiamo g in parte positiva e parte negativa e utilizziamo ancora una volta la linearità dell'integrale per concludere la prova. □

Osservazione 2.29. Supponiamo che la distribuzione di X sia assolutamente continua rispetto alla misura di Lebesgue e quindi P^X sia della forma (2.1) con densità f: allora una semplice applicazione del "metodo standard" mostra che la (2.15) diventa

$$\int_\Omega g(X)dP = \int_{\mathbb{R}^N} g(x)f(x)dx. \tag{2.16}$$

Per esempio, se X ha distribuzione esponenziale con densità $\lambda e^{-\lambda x}$ su $\mathbb{R}_+$, allora

$$\int_\Omega g(X)dP = \lambda \int_0^{+\infty} g(x)e^{-\lambda x}dx.$$

□

2.1.3 Alcuni esempi

Utilizziamo il Teorema 2.28 per calcolare valore atteso e varianza relative alle distribuzioni introdotte precedentemente.

Esempio 2.30 (Distribuzione uniforme). Sia X una v.a. con distribuzione uniforme su $[a, b]$:

$$X \sim \frac{1}{b-a} \mathbb{1}_{[a,b]}(y)dy.$$

Il valore atteso di X vale

$$E[X] = \int_\Omega X dP = \int_\mathbb{R} y P^X(dy) = \int_\mathbb{R} \frac{y}{b-a} \mathbb{1}_{[a,b]}(y)dy = \frac{a+b}{2}.$$

---
[4] Terminologia adottata da Williams [169], Cap.5.

2.1 Spazi di probabilità 27

Inoltre si ha

$$\text{var}(X) = \int_\Omega (X - E[X])^2 dP = \int_\mathbb{R} \left(y - \frac{a+b}{2} \right)^2 P^X(dy) = \frac{(a-b)^2}{12}.$$

□

Esempio 2.31 (Distribuzione di Dirac). Se $X \sim \delta_{x_0}$ allora

$$E[X] = \int_\mathbb{R} y\delta_{x_0}(dy) = \int_{\{x_0\}} y\delta_{x_0}(dy) = x_0\, \delta_{x_0}(\{x_0\}) = x_0,$$

$$\text{var}(X) = \int_\mathbb{R} (y - x_0)^2 \delta_{x_0}(dy) = 0.$$

□

Esempio 2.32 (Distribuzione esponenziale). Se $X \sim \lambda e^{-\lambda y} \mathbb{1}_{\mathbb{R}_+}(y) dy$, allora

$$E[X] = \int_0^{+\infty} y\lambda e^{-\lambda y} dy = \frac{1}{\lambda}, \quad \text{var}(X) = \frac{1}{\lambda^2}.$$

□

Esempio 2.33 (Distribuzione di Cauchy). Poiché la funzione $g(y) = y$ non è integrabile rispetto alla distribuzione di Cauchy, il valore atteso di una v.a. con distribuzione di Cauchy non è definito. □

Esempio 2.34 (Distribuzione normale). Se $X \sim N_{\mu,\sigma^2}$ allora

$$E[X] = \int_\mathbb{R} y N_{\mu,\sigma^2}(dy) = \int_\mathbb{R} \frac{y}{\sigma\sqrt{2\pi}} \exp\left(-\frac{(y-\mu)^2}{2\sigma^2} \right) dy =$$

(col cambio di variabili $z = \frac{y-\mu}{\sigma\sqrt{2}}$)

$$= \frac{1}{\sqrt{\pi}} \int_\mathbb{R} z e^{-z^2} dz + \frac{\mu}{\sqrt{\pi}} \int_\mathbb{R} e^{-z^2} dy = \mu.$$

Inoltre

$$\text{var}(X) = \int_\Omega (X - \mu)^2 dP = \int_\mathbb{R} \frac{(y-\mu)^2}{\sigma\sqrt{2\pi}} \exp\left(-\frac{(y-\mu)^2}{2\sigma^2} \right) dy =$$

(col cambio di variabili $z = \frac{y-\mu}{\sigma\sqrt{2}}$)

$$= \sigma^2 \int_\mathbb{R} \frac{2z^2}{\sqrt{\pi}} e^{-z^2} dz = \sigma^2.$$

Verificare per esercizio l'ultima uguaglianza, integrando per parti. □

Osservazione 2.35. Dati $X \sim N_{\mu,\sigma^2}$ e $\alpha,\beta \in \mathbb{R}$, si ha che $(\alpha X + \beta) \sim N_{\alpha\mu+\beta,\,\alpha^2\sigma^2}$. Infatti per $\alpha = 0$ il risultato è ovvio, mentre se $\alpha \neq 0$ allora, per il Teorema 2.28, per ogni $H \in \mathscr{B}$ si ha

$$P((\alpha X + \beta) \in H) = \int_\Omega \mathbb{1}_H(\alpha X + \beta) dP = \int_\mathbb{R} \frac{\mathbb{1}_H(\alpha y + \beta)}{\sigma\sqrt{2\pi}} e^{-(y-\mu)^2/2\sigma^2} dy =$$

(col cambio di variabili $z = \alpha y + \beta$)

$$= \int_H \frac{1}{\sigma\alpha\sqrt{2\pi}} e^{-(z-\alpha\mu-\beta)^2/2\alpha^2\sigma^2} dz = N_{\alpha\mu+\beta,\,\alpha^2\sigma^2}(H).$$

In particolare

$$\frac{X-\mu}{\sigma} \sim N_{0,1} \qquad (2.17)$$

dove $N_{0,1}$ è detta *distribuzione normale standard*. Inoltre vale

$$P(X \leq y) = P\left(\frac{X-\mu}{\sigma} \leq \frac{y-\mu}{\sigma}\right) = \Phi\left(\frac{y-\mu}{\sigma}\right) \qquad (2.18)$$

dove

$$\Phi(x) = \frac{1}{\sqrt{2\pi}} \int_{-\infty}^x e^{-\frac{y^2}{2}} dy, \qquad (2.19)$$

è detta *funzione di distribuzione normale standard*. È facile verificare la seguente utile proprietà di Φ:

$$\Phi(-x) = 1 - \Phi(x), \qquad x \in \mathbb{R}. \qquad (2.20)$$

□

Osservazione 2.36. Siano X una variabile aleatoria reale con densità f e $F \in C^1(\mathbb{R})$ una funzione monotona strettamente crescente. Allora la variabile aleatoria $Y = F(X)$ ha densità

$$f(G(y))G'(y), \qquad y \in F(\mathbb{R}),$$

dove $G = F^{-1}$ è la funzione inversa di F. Infatti, per ogni $\varphi \in m\mathscr{B}_b$, si ha

$$E[\varphi(Y)] = E[\varphi(F(X))] = \int_\mathbb{R} \varphi(F(x))f(x)dx =$$

(col cambio di variabili $x = G(y)$)

$$= \int_{F(\mathbb{R})} \varphi(y)f(G(y))G'(y)dy.$$

□

Esempio 2.37 (Distribuzione log-normale). Se $X = e^Z$ con $Z \sim N_{\mu,\sigma^2}$ allora diciamo che X ha distribuzione log-normale. Se $W \sim N_{0,1}$ allora si ha

$$E\left[e^{\sigma W}\right] = \frac{1}{\sqrt{2\pi}} \int_\mathbb{R} e^{\sigma x - \frac{x^2}{2}} dx = \frac{e^{\frac{\sigma^2}{2}}}{\sqrt{2\pi}} \int_\mathbb{R} e^{-\frac{(x-\sigma)^2}{2}} dx = e^{\frac{\sigma^2}{2}},$$

e quindi vale
$$E[X] = e^{\mu + \frac{\sigma^2}{2}}, \qquad (2.21)$$

e
$$\mathrm{var}(X) = E\left[X^2\right] - E[X]^2 = e^{2\mu + \sigma^2}\left(e^{\sigma^2} - 1\right). \qquad (2.22)$$

□

Esempio 2.38 (Distribuzione chi-quadro). Sia $X \sim N_{0,1}$. La distribuzione χ^2 è la distribuzione della v.a. X^2. Chiaramente, per $y \leq 0$, si ha

$$P(X^2 \leq 0) = 0;$$

invece, per $y > 0$, vale

$$P(X^2 \leq y) = P\left(-\sqrt{y} \leq X \leq \sqrt{y}\right)$$
$$= \frac{1}{\sqrt{2\pi}} \int_{-\sqrt{y}}^{\sqrt{y}} e^{-\frac{x^2}{2}} dx = \frac{1}{\sqrt{2\pi}} \int_0^{\sqrt{y}} 2 e^{-\frac{x^2}{2}} dx =$$

(col cambio di variabile $\xi = x^2$)

$$= \frac{1}{\sqrt{2\pi}} \int_0^y \frac{e^{-\frac{\xi}{2}}}{\sqrt{\xi}} d\xi.$$

In definitiva, ricordando la (2.5), la densità della χ^2 è data da

$$f(y) = \begin{cases} 0, & y \leq 0, \\ \frac{1}{\sqrt{2\pi y}} e^{-\frac{y}{2}}, & y > 0. \end{cases}$$

Se Y ha distribuzione χ^2 allora
$$E[Y] = E\left[X^2\right] = 1$$

e
$$\mathrm{var}(Y) = E\left[Y^2\right] - E[Y]^2 = E\left[X^4\right] - 1 = 2.$$

□

Esercizio 2.39. Consideriamo una v.a. X con distribuzione una combinazione lineare di Delta di Dirac:

$$X \sim p\delta_u + (1-p)\delta_d,$$

dove $p \in {]}0,1[$ e $u,d \in \mathbb{R}$, $d < u$. Dunque X può assumere solo due valori: u con probabilità p e d con probabilità $1-p$. Per la (2.8), si ha

$$E[X] = pu + (1-p)d.$$

Provare che

$$\text{var}(X) = (u-d)^2 p(1-p) = (u - E[X])(E[X] - d), \qquad (2.23)$$

e

$$E[X^2] = (u+d)E[X] - ud. \qquad (2.24)$$

2.1.4 Disuguaglianza di Markov

Proviamo un risultato utile a stimare l'attesa di una variabile aleatoria.

Proposizione 2.40. *Siano X una v.a. e $f \in C^1([0,+\infty[)$ tale che $f' \geq 0$ oppure $f' \in L^1(\mathbb{R}_+, P^{|X|})$. Allora vale*

$$E[f(|X|)] = f(0) + \int_0^{+\infty} f'(\lambda) P(|X| \geq \lambda) d\lambda. \qquad (2.25)$$

Dimostrazione. Vale

$$E[f(|X|)] = \int_0^{+\infty} f(y) P^{|X|}(dy) =$$
$$= \int_0^{+\infty} \left(f(0) + \int_0^y f'(\lambda) d\lambda \right) P^{|X|}(dy) =$$

(scambiando l'ordine di integrazione, per il Teorema 2.58 di Fubini)

$$= f(0) + \int_0^{+\infty} f'(\lambda) \int_\lambda^{+\infty} P^{|X|}(dy) d\lambda =$$
$$= f(0) + \int_0^{+\infty} f'(\lambda) P(|X| \geq \lambda) d\lambda.$$

$\square$

Esempio 2.41. Se $f(x) = x^p$, $p \geq 1$, per la (2.25) si ha

$$E[|X|^p] = p \int_0^{+\infty} \lambda^{p-1} P(|X| \geq \lambda) d\lambda.$$

Di conseguenza, per dimostrare la sommabilità di ordine p di X è sufficiente disporre di una stima di $P(|X| \geq \lambda)$, almeno per λ grande.

La seguente classica disuguaglianza di Markov fornisce una stima nella direzione opposta.

Proposizione 2.42 (Disuguaglianza di Markov). *Siano X una variabile aleatoria, $\lambda \in \mathbb{R}_+$ e $1 \leq p < +\infty$. Allora vale*

$$P(|X| \geq \lambda) \leq \frac{E\left[|X|^p\right]}{\lambda^p}. \qquad (2.26)$$

In particolare, se X è una v.a. reale, vale

$$P(|X - E[X]| \geq \lambda) \leq \frac{\mathrm{var}(X)}{\lambda^2}. \qquad (2.27)$$

Dimostrazione. Proviamo solo la (2.26). Vale

$$E\left[|X|^p\right] \geq \int_{\{|X|\geq\lambda\}} |X|^p dP \geq \lambda^p P(|X| \geq |\lambda|).$$

$\square$

In seguito sarà utile il seguente "principio di identità".

Proposizione 2.43. *Sia X una v.a. con densità strettamente positiva su $H \in \mathscr{B}$. Se $g \in m\mathscr{B}$ è tale che $g(X) = 0$ q.s. (rispettivamente $g(X) \geq 0$ q.s.) allora $g = 0$ (risp. $g \geq 0$) quasi ovunque (rispetto alla misura di Lebesgue) su H. In particolare se g è continua allora $g = 0$ (risp. $g \geq 0$) su H.*

Dimostrazione. Poniamo

$$H_n = \left\{ x \in H \mid |g(x)| \geq \frac{1}{n} \right\}, \qquad n \in \mathbb{N},$$

e indichiamo con f la densità di X. Supponiamo che $g(X) = 0$ q.s. Allora si ha

$$0 = E\left[|g(X)|\right] \geq \frac{1}{n} P(X \in H_n) = \frac{1}{n} \int_{H_n} f(x) dx$$

e quindi, essendo per ipotesi f strettamente positiva, H_n deve avere misura di Lebesgue nulla. Si conclude osservando che

$$\{g \neq 0\} = \bigcup_{n \in \mathbb{N}} H_n.$$

Nel caso in cui $g(X) \geq 0$ q.s., si procede in maniera analoga considerando la successione di insiemi $H_n = \{g(t, \cdot) < -\frac{1}{n}\}$, $n \in \mathbb{N}$. $\square$

2.1.5 σ-algebre e informazioni

Definizione 2.44. *Data una v.a. X sullo spazio di probabilità $(\Omega, \mathcal{F}, P)$, indichiamo con $\sigma(X)$ la σ-algebra generata da X ossia la σ-algebra generata dalle contro-immagini mediante X dei Borelliani: più precisamente*

$$\sigma(X) = \sigma\left(\{X^{-1}(H) \mid H \in \mathscr{B}\}\right).$$

Ovviamente $\sigma(X) \subseteq \mathcal{F}$ e vale

$$\sigma(X) = X^{-1}(\mathscr{B}) = \{X^{-1}(H) \mid H \in \mathscr{B}\}.$$

Nel seguito, specialmente per le applicazioni finanziarie, è utile pensare ad una σ-algebra come ad un *insieme di informazioni*. Per chiarire questa affermazione che per ora risulta abbastanza oscura, consideriamo il seguente semplice esempio.

Esempio 2.45. Consideriamo un modello per studiare la probabilità che lanciando un dado il risultato sia un numero pari oppure dispari: sia $\Omega = \{n \in \mathbb{N} \mid 1 \le n \le 6\}$, $\mathcal{F}$ la famiglia di tutti i sottoinsiemi di Ω e

$$X(n) = \begin{cases} 1, & \text{se } n \text{ è pari,} \\ -1, & \text{se } n \text{ è dispari.} \end{cases}$$

Allora si ha

$$\sigma(X) = \{\{2,4,6\},\{1,3,5\},\emptyset,\Omega\}.$$

In questo caso $\sigma(X)$ è strettamente contenuta in $\mathcal{F}$: gli eventi di $\sigma(X)$ sono quelli di cui è necessario conoscere la probabilità al fine di studiare il fenomeno descritto da X. In questo senso $\sigma(X)$ contiene le informazioni su X. □

Siano X, Y variabili aleatorie su $(\Omega, \mathcal{F})$: per fissare le idee, pensiamo a X e Y come al prezzo di due titoli rischiosi. La condizione "X è $\sigma(Y)$-misurabile" si esprime spesso dicendo che X *dipende dalle informazioni su Y* (o semplicemente da Y). Matematicamente questo è giustificato dalla Proposizione A.8 che afferma che X è $\sigma(Y)$-misurabile se e solo se esiste una funzione $\mathscr{B}$-misurabile f tale che $X = f(Y)$, ossia X è funzione di Y. Più in generale, se $\mathcal{G}$ è una σ-algebra e X è $\mathcal{G}$-misurabile, allora diciamo che X *dipende dalle informazioni contenute in $\mathcal{G}$*.

Esempio 2.46. Se X è misurabile rispetto alla σ-algebra banale $\mathcal{F} = \{\emptyset, \Omega\}$, allora X è costante. Infatti dato $\bar{\omega} \in \Omega$ poniamo $a = X(\bar{\omega})$. Allora $X^{-1}(\{a\}) \neq \emptyset$ ma, per ipotesi, $X^{-1}(\{a\}) \in \mathcal{F}$ e quindi $X^{-1}(\{a\}) = \Omega$ ossia $X(\omega) = a$ per ogni $\omega \in \Omega$.

Più in generale, se X è misurabile rispetto alla σ-algebra $\sigma(\mathcal{N})$ che contiene solo eventi certi o trascurabili, allora X è costante quasi sicuramente. Dimostrare questo fatto nei dettagli è un po' meno immediato. Poiché

$$\Omega = \bigcup_{n \ge 1} X^{-1}([-n,n])$$

e X è $\sigma(\mathcal{N})$-misurabile per ipotesi, esiste $\bar{n} \in \mathbb{N}$ tale che $P(X^{-1}([-\bar{n},\bar{n}])) = 1$. Ora possiamo costruire due successioni a_n, b_n tali che

$$-\bar{n} \le a_n \le a_{n+1} < b_{n+1} \le b_n \le \bar{n}, \qquad n \in \mathbb{N},$$

e
$$\lim_{n \to 0} a_n = \lim_{n \to 0} b_n =: \ell$$
con $P(A_n) = 1$ per ogni $n \in \mathbb{N}$ dove $A_n := X^{-1}([a_n, b_n])$. Infine $P(A) = 1$ dove
$$A = X^{-1}(\{\ell\}) = \bigcap_{n \geq 1} A_n$$
che prova la tesi. □

2.2 Indipendenza

Definizione 2.47. *Sia dato uno spazio di probabilità $(\Omega, \mathcal{F}, P)$ e un evento B non trascurabile. La probabilità $P(\cdot \mid B)$ condizionata a B è la misura di probabilità su $(\Omega, \mathcal{F})$ definita da*
$$P(A|B) = \frac{P(A \cap B)}{P(B)}, \quad A \in \mathcal{F}.$$

Intuitivamente la probabilità condizionata $P(A|B)$ rappresenta la probabilità che avvenga l'evento A, ammesso che sia avvenuto anche B. È facile verificare che $P(\cdot \mid B)$ è una misura di probabilità su $(\Omega, \mathcal{F})$.

Definizione 2.48. *Diciamo che due eventi $A, B \in \mathcal{F}$ sono indipendenti se:*
$$P(A \cap B) = P(A)P(B). \tag{2.28}$$

Nel caso in cui $P(B) > 0$, la (2.28) equivale a $P(A|B) = P(A)$ ossia la probabilità dell'evento A è indipendente dal fatto che B sia accaduto o meno. Osserviamo che la proprietà di indipendenza dipende dalla misura di probabilità considerata: in altri termini due eventi possono essere indipendenti in una misura e non esserlo in un'altra.

Per esercizio, provare che se due eventi A, B sono indipendenti, allora lo sono anche i complementari A^c, B^c. Inoltre anche A^c e B sono indipendenti.

Definizione 2.49. *Diciamo che due famiglie $\mathcal{G}, \mathcal{H}$ di eventi di Ω sono indipendenti se:*
$$P(A \cap B) = P(A)P(B), \quad A \in \mathcal{G}, \ B \in \mathcal{H}.$$

Diciamo che due v.a. X, Y su $(\Omega, \mathcal{F}, P)$ sono indipendenti se lo sono le corrispondenti σ-algebre $\sigma(X)$ e $\sigma(Y)$.

Osserviamo che non è possibile stabilire se due v.a. sono indipendenti a partire dalla loro distribuzione.

Il seguente semplice esercizio risulterà utile in seguito, pertanto consigliamo di svolgerlo ora.

Esercizio 2.50. Siano X,Y v.a. indipendenti. Provare che:

i) se Z è una v.a. $\sigma(Y)$-misurabile, allora X e Z sono indipendenti;

ii) se f,g sono funzioni reali $\mathscr{B}$-misurabili, allora le v.a. $f(X)$ e $g(Y)$ sono indipendenti.

Osservazione 2.51. Se X,Y sono variabili aleatorie indipendenti e X è $\sigma(Y)$-misurabile, allora X è costante q.s. Infatti
$$P(A\cap B)=P(A)P(B), \qquad A\in\sigma(X),\ B\in\sigma(Y),$$
e poiché $\sigma(X)\subseteq\sigma(Y)$, allora si ha
$$P(A)=P(A)^2, \qquad A\in\sigma(X).$$
Dunque $\sigma(X)\subseteq\sigma(\mathcal{N})$. La tesi segue dall'Esercizio 2.46. □

Nella pratica, per verificare se due σ-algebre o due v.a. sono indipendenti è utile il seguente risultato, conseguenza del primo teorema di Dynkin, Teorema A.4.

Lemma 2.52. *Consideriamo le σ-algebre $\mathcal{G}=\sigma(\mathcal{I})$ e $\mathcal{H}=\sigma(\mathcal{J})$ generate dalle famiglie di eventi $\mathcal{I},\mathcal{J}$ e supponiamo che $\mathcal{I},\mathcal{J}$ siano $\cap$-stabili. Allora $\mathcal{G}$ e $\mathcal{H}$ sono indipendenti se e solo se lo sono $\mathcal{I}$ e $\mathcal{J}$.*

Dimostrazione. Supponiamo che $\mathcal{I},\mathcal{J}$ siano indipendenti. Fissato $I\in\mathcal{I}$, le misure
$$H\mapsto P(I\cap H), \qquad H\mapsto P(I)P(H),$$
sono uguali per $H\in\mathcal{J}$, verificano le ipotesi della Proposizione 2.4 e dunque coincidono su $\mathcal{H}=\sigma(\mathcal{J})$. Data l'arbitrarietà di I abbiamo provato che
$$P(I\cap H)=P(I)P(H), \qquad I\in\mathcal{I},\ H\in\mathcal{H}.$$
Ora, fissato $H\in\mathcal{H}$, applichiamo nuovamente la Proposizione 2.4 per provare che le misure
$$G\mapsto P(G\cap H), \qquad G\mapsto P(G)P(H), \qquad G\in\mathcal{G},$$
coincidono e concludere la prova. □

Vediamo un utilizzo pratico: proviamo che due v.a. reali X,Y su $(\Omega,\mathcal{F},P)$ sono indipendenti se e solo se
$$P(X\leq x, Y\leq y)=P(X\leq x)P(Y\leq y), \qquad x,y\in\mathbb{R}.$$
Infatti, posto $\mathcal{I}=\{X^{-1}(]-\infty,x])\mid x\in\mathbb{R}\}$ e $\mathcal{J}=\{Y^{-1}(]-\infty,y])\mid y\in\mathbb{R}\}$, la tesi è conseguenza del Lemma 2.52, una volta verificato che $\mathcal{I},\mathcal{J}$ sono chiusi rispetto all'intersezione e inoltre $\sigma(X)=\sigma(\mathcal{I})$ e $\sigma(Y)=\sigma(\mathcal{J})$.

Proviamo ora un'importante proprietà delle v.a. indipendenti: l'attesa del prodotto di v.a. indipendenti è uguale al prodotto delle attese.

Teorema 2.53. *Se $X, Y \in L^1(\Omega, P)$ sono v.a. reali indipendenti, allora*
$$XY \in L^1(\Omega, P), \qquad E[XY] = E[X]E[Y].$$

Dimostrazione. Con un procedimento analogo a quello utilizzato nella prova del Teorema 2.28, è sufficiente dare la prova nel caso di funzioni indicatrici: $X = \mathbb{1}_E$, $Y = \mathbb{1}_F$ con $E, F \in \mathcal{F}$. Per ipotesi X, Y sono indipendenti e quindi anche E, F sono indipendenti. Allora si ha
$$\int_\Omega XY \, dP = \int_{E \cap F} dP = P(E \cap F) = P(E)P(F) = E[X]E[Y].$$
□

Esercizio 2.54. Dare un esempio di v.a. $X, Y \in L^1(\Omega, P)$ tali che $XY \notin L^1(\Omega, P)$.

Come conseguenza del teorema precedente, se X, Y sono indipendenti, allora
$$\mathrm{cov}(X, Y) = 0.$$
In particolare, ricordando la (2.13), si ha
$$\mathrm{var}(X + Y) = \mathrm{var}(X) + \mathrm{var}(Y).$$
Non vale il viceversa: in generale due v.a. X, Y tali che $\mathrm{cov}(X, Y) = 0$ possono non essere indipendenti.

Estendiamo il concetto di indipendenza al caso di n variabili aleatorie nel modo seguente.

Definizione 2.55. *Diciamo che le famiglie di eventi $\mathcal{H}_1, \ldots, \mathcal{H}_n$ sono indipendenti se*
$$P(H_{i_1} \cap \cdots \cap H_{i_k}) = P(H_{i_1}) \cdots P(H_{i_k}),$$
per ogni scelta di $H_{i_j} \in \mathcal{H}_{i_j}$ e differenti indici $1 \le i_1, \ldots, i_k \le n$. Diciamo che le v.a. $X_1, \ldots, X_n$ sono indipendenti se lo sono le relative σ-algebre $\sigma(X_1), \ldots, \sigma(X_n)$.

Per esempio, tre eventi E, F, G sono indipendenti se

i) sono a due a due indipendenti;
ii) $P(E \cap F \cap G) = P(E)P(F)P(G)$.

In particolare notiamo che E, F, G possono essere a due a due indipendenti senza necessariamente essere indipendenti.

Il seguente risultato generalizza il Teorema 2.53.

Teorema 2.56. *Siano $X_1, \ldots, X_N \in L^1(\Omega, P)$ v.a. reali indipendenti. Allora*
$$X_1 \cdots X_N \in L^1(\Omega, P), \qquad E[X_1 \cdots X_N] = E[X_1] \cdots E[X_N],$$
e
$$\mathrm{var}(X_1 + \cdots + X_N) = \mathrm{var}(X_1) + \cdots + \mathrm{var}(X_N).$$

2.2.1 Misura prodotto e distribuzione congiunta

Date due v.a.
$$X : \Omega \longrightarrow \mathbb{R}^N, \qquad Y : \Omega \longrightarrow \mathbb{R}^M,$$
sullo spazio $(\Omega, \mathcal{F})$, in questa sezione esaminiamo la relazione fra le distribuzioni di X, Y e della v.a.
$$(X, Y) : \Omega \longrightarrow \mathbb{R}^N \times \mathbb{R}^M.$$

La distribuzione di (X, Y) viene solitamente detta *distribuzione congiunta* di X e Y; viceversa le distribuzioni di X e Y vengono dette *distribuzioni marginali* di (X, Y). Per esempio, proveremo (cfr. Proposizione 2.91) che le distribuzioni marginali di una v.a. multi-normale sono normali.

Per trattare l'argomento con maggiore generalità richiamiamo la definizione e alcune basilari proprietà della misura prodotto nel caso bidimensionale. I risultati di questa sezione si estendono in modo naturale al caso di più di due variabili aleatorie.

Dati due spazi con misura *finita* $(O_1, \mathcal{G}_1, \mu_1)$ e $(O_2, \mathcal{G}_2, \mu_2)$, definiamo
$$\mathcal{G} = \mathcal{G}_1 \otimes \mathcal{G}_2 := \sigma(\{H \times K \mid H \in \mathcal{G}_1,\ K \in \mathcal{G}_2\}),$$
la σ-algebra prodotto di $\mathcal{G}_1$ e $\mathcal{G}_2$. Chiaramente $\mathcal{G}$ è una σ-algebra sul prodotto cartesiano $O := O_1 \times O_2$.

Esercizio 2.57. Provare che $\mathscr{B}(\mathbb{R}^2) = \mathscr{B}(\mathbb{R}) \otimes \mathscr{B}(\mathbb{R})$.

Il seguente teorema contiene la definizione di misura prodotto di μ_1 e μ_2.

Teorema 2.58. *Esiste un'unica misura di probabilità μ su $\mathcal{G}$ tale che*
$$\mu(H \times K) = \mu_1(H)\mu_2(K), \qquad H \in \mathcal{G}_1,\ K \in \mathcal{G}_2. \tag{2.29}$$

μ *è detta misura prodotto di μ_1 e μ_2 e scriviamo $\mu = \mu_1 \otimes \mu_2$.*

Per l'esistenza si veda, per esempio, il Cap.8 in Williams [169]. L'unicità è conseguenza della Proposizione 2.4 e del fatto che la famiglia $\{H \times K \mid H \in \mathcal{G}_1,\ K \in \mathcal{G}_2\}$ è chiusa rispetto all'intersezione.

Di seguito enunciamo il classico teorema di Fubini e Tonelli.

Teorema 2.59 (Teorema di Fubini e Tonelli). *Sia $f = f(\omega_1, \omega_2) : O_1 \times O_2 \longrightarrow \mathbb{R}$ una funzione $\mathcal{G}$-misurabile. Allora*

i) *per ogni $\omega_1 \in O_1$ la funzione $\omega_2 \mapsto f(\omega_1, \omega_2)$ è $\mathcal{G}_2$-misurabile e la funzione $\omega_1 \mapsto \int_{O_2} f(\omega_1, \omega_2)\mu_2(d\omega_2)$ è $\mathcal{G}_1$-misurabile (e un risultato analogo vale scambiando il ruolo di ω_1 e ω_2);*

ii) *se $f \geq 0$ oppure se $f \in L^1(O, \mu)$ allora si ha*
$$\int_O f d\mu = \int_{O_1} \left(\int_{O_2} f(\omega_1, \omega_2)\mu_2(d\omega_2) \right) \mu_1(d\omega_1)$$
$$= \int_{O_2} \left(\int_{O_1} f(\omega_1, \omega_2)\mu_1(d\omega_1) \right) \mu_2(d\omega_2).$$

Osservazione 2.60. I Teoremi 2.58 e 2.59 valgono più in generale nel caso di misure σ-finite. Ricordiamo che una misura μ su $(\Omega, \mathcal{F})$ si dice σ-*finita* se esiste una successione $(\Omega_n)_{n \in \mathbb{N}}$ in $\mathcal{F}$ tale che

$$\Omega = \bigcup_{n \in \mathbb{N}} \Omega_n \quad e \quad \mu(\Omega_n) < \infty, \quad n \in \mathbb{N}.$$

Per esempio, la misura di Lebesgue su $\mathbb{R}^N$ è σ-finita ma non finita. □

Corollario 2.61. *Supponiamo che la distribuzione congiunta $\mu_{(X,Y)}$ delle v.a. X, Y abbia densità $f_{(X,Y)}$. Allora*

$$f_X(z) := \int_{\mathbb{R}^N} f_{(X,Y)}(z, \zeta) d\zeta \quad e \quad f_Y(\zeta) := \int_{\mathbb{R}^M} f_{(X,Y)}(z, \zeta) dz,$$

sono rispettivamente le densità delle distribuzioni di X e Y.

Dimostrazione. Segue dal Teorema 2.59. □

La seguente proposizione risponde al problema di ricostruire la distribuzione congiunta dalle marginali nel caso significativo di v.a. indipendenti.

Proposizione 2.62. *Le seguenti affermazioni sono equivalenti*[5]:

i) X *e* Y *sono indipendenti su* $(\Omega, \mathcal{F}, P)$;
ii) $P^{(X,Y)} = P^X \otimes P^Y$;
iii) $\Phi^{(X,Y)} = \Phi^X \Phi^Y$;

Inoltre, se X, Y hanno densità congiunta $f_{(X,Y)}$ allora i) è equivalente a

iv) $f_{(X,Y)} = f_X f_Y$.

Dimostrazione. Proviamo solo che i) implica ii): il resto è lasciato per esercizio. Per ogni $H, K \in \mathscr{B}$ si ha

$$P^{(X,Y)}(H \times K) = P((X,Y) \in H \times K) = P(X^{-1}(H) \cap Y^{-1}(K)) =$$

(essendo X, Y v.a. indipendenti)

$$= P(X \in H) P(Y \in K) = P^X(H) P^Y(K).$$

La tesi è allora conseguenza dell'unicità della misura prodotto. □

Come applicazione della proposizione precedente, abbiamo il seguente risultato per la densità della somma di due v.a. indipendenti.

---

[5] Ricordiamo che P^X e Φ^X indicano rispettivamente la distribuzione e la funzione di distribuzione della v.a. X.

Corollario 2.63. *Siano $X, Y : \Omega \longrightarrow \mathbb{R}$ v.a. con densità congiunta f. Allora la v.a. $X + Y$ ha densità*

$$f_{X+Y}(z) = \int_{\mathbb{R}} f(\zeta, z - \zeta) d\zeta.$$

In particolare, se X e Y sono indipendenti allora

$$f_{X+Y}(z) = (f_X * f_Y)(z) := \int_{\mathbb{R}} f_X(\zeta) f_Y(z - \zeta) d\zeta. \tag{2.30}$$

Dimostrazione. Per ogni $z \in \mathbb{R}$, si ha

$$P(X + Y \leq z) = \iint_{x+y \leq z} f(x, y) dx dy =$$

(col cambio di variabili $\zeta = x + y$ e per il Teorema di Fubini)

$$= \int_{-\infty}^{z} \left(\int_{\mathbb{R}} f(x, x - \zeta) dx \right) d\zeta.$$

Poiché la famiglia $\{]-\infty, z] \mid z \in \mathbb{R} \}$ è chiusa rispetto all'intersezione e genera $\mathscr{B}$, per il Teorema di Dynkin si ha la tesi. In particolare la (2.30) è conseguenza della Proposizione 2.62. □

Esercizio 2.64. Determinare la densità della somma di due v.a. normali indipendenti.

2.3 Equazioni paraboliche a coefficienti costanti

Siano $\mathcal{C} = (c_{jk})$ una matrice $N \times N$ *simmetrica e definita positiva*[6], $b = (b_1, \ldots, b_N)$ un vettore di $\mathbb{R}^N$ e $a \in \mathbb{R}$. Indichiamo con (t, x) il punto in $\mathbb{R} \times \mathbb{R}^N$ e consideriamo la seguente equazione differenziale alle derivate parziali

$$Lu := \frac{1}{2} \sum_{j,k=1}^{N} c_{jk} \partial_{x_j x_k} u + \sum_{j=1}^{N} b_j \partial_{x_j} u - au - \partial_t u = 0. \tag{2.31}$$

Il fattore $\frac{1}{2}$ nella parte del second'ordine appare semplicemente per ottenere un'espressione coerente con le notazioni probabilistiche (in particolare in riferimento alla distribuzione multi-normale, cfr. Paragrafo 2.4). In questo paragrafo assumiamo che c_{jk}, b_j, a siano reali e costanti: sotto queste ipotesi

---

[6] Una matrice $\mathcal{C}$, di dimensione $N \times N$, è definita positiva (scriviamo $\mathcal{C} > 0$) se vale

$$\langle \mathcal{C}x, x \rangle > 0, \qquad x \in \mathbb{R}^N \setminus \{0\}.$$

2.3 Equazioni paraboliche a coefficienti costanti

diciamo che (2.31) è un'equazione differenziale di tipo parabolico a coefficienti costanti. Il prototipo di tale classe di equazioni, corrispondente al caso in cui $\mathcal{C}$ è la matrice identità, b e a sono nulli, è l'equazione del calore

$$\frac{1}{2}\triangle u - \partial_t u = 0, \qquad (2.32)$$

dove

$$\triangle := \sum_{j=1}^{N} \partial_{x_j x_j}$$

è l'operatore differenziale di Laplace. L'equazione del calore è ben nota in fisica poiché interviene nella descrizione del processo di diffusione del calore in un materiale.

Consideriamo il classico *problema di Cauchy* per l'operatore L in (2.31)

$$\begin{cases} Lu = 0, & \text{in }]0,+\infty[\times\mathbb{R}^N, \\ u(0,x) = \varphi(x), & x \in \mathbb{R}^N, \end{cases} \qquad (2.33)$$

dove φ è un'assegnata una funzione continua e limitata su $\mathbb{R}^N$, $\varphi \in C_b(\mathbb{R}^N)$, detta *dato iniziale* del problema.

Notazione 2.65 *Indichiamo con $C^{1,2}$ la classe delle funzioni che ammettono derivate continue del second'ordine nelle variabili x e derivata continua del prim'ordine nella variabile t.*

Una *soluzione classica* del problema di Cauchy è una funzione

$$u \in C^{1,2}(]0,+\infty[\times\mathbb{R}^N) \cap C([0,+\infty[\times\mathbb{R}^N)$$

che soddisfa (2.33). Nel caso in cui L sia l'operatore del calore, $u(t,x)$ rappresenta la temperatura, al tempo t e nel punto x, di un materiale di cui è nota la temperatura iniziale φ al tempo $t = 0$.

Definizione 2.66. *Soluzione fondamentale per L è una funzione $\Gamma(t,x)$, definita su $]0,+\infty[\times\mathbb{R}^N$, tale che per ogni $\varphi \in C_b(\mathbb{R}^N)$, la funzione definita da*

$$u(t,x) = \begin{cases} \int_{\mathbb{R}^N} \Gamma(t,x-y)\varphi(y)dy, & t > 0, \ x \in \mathbb{R}^N, \\ \varphi(x), & t = 0, \ x \in \mathbb{R}^N, \end{cases} \qquad (2.34)$$

è soluzione classica del problema di Cauchy (2.33).

Presentiamo ora un metodo classico, basato sull'utilizzo della trasformata di Fourier, per costruire una soluzione fondamentale per L. Rimandiamo al Paragrafo A.4 dell'Appendice per alcuni brevi richiami sulla definizione e sulle proprietà fondamentali della trasformata di Fourier.

2.3.1 Il caso $b=0$ e $a=0$

Consideriamo prima il caso in cui i coefficienti b, a siano nulli. Come vedremo, in generale possiamo ricondurci a questo caso particolare con un opportuno cambio di variabili.

Procediamo formalmente (ossia senza giustificare i passaggi in modo rigoroso) per ricavare una formula risolutiva che, a posteriori, verificheremo essere esatta. Applicando la trasformata di Fourier $\mathcal{F}(u) = \hat{u}$ solo nelle variabili x, all'equazione (2.31) e utilizzando la (A.24), otteniamo:

$$\mathcal{F}\left(\frac{1}{2}\sum_{j,k=1}^{N} c_{jk}\partial_{x_j x_k} u(t,x) - \partial_t u(t,x)\right)(\xi)$$

$$= -\frac{1}{2}\sum_{j,k=1}^{N} c_{jk}\xi_j\xi_k \hat{u}(t,\xi) - \partial_t \hat{u}(t,\xi) = 0,$$

o, in altri termini,

$$\partial_t \hat{u}(t,\xi) = -\frac{1}{2}\langle \mathcal{C}\xi, \xi\rangle \hat{u}(t,\xi), \qquad (2.35)$$

a cui associamo la condizione iniziale

$$\hat{u}(0,\xi) = \hat{\varphi}(\xi), \qquad \xi \in \mathbb{R}^N. \qquad (2.36)$$

Il problema di Cauchy ordinario (2.35)-(2.36) ha soluzione

$$\hat{u}(t,\xi) = \hat{\varphi}(\xi) e^{-\frac{t}{2}\langle \mathcal{C}\xi, \xi\rangle}.$$

Dunque, usando la i) del Teorema A.36, otteniamo[7]:

$$u(t,x) = \mathcal{F}^{-1}\left(\hat{\varphi}(\xi) e^{-\frac{t}{2}\langle \mathcal{C}\xi, \xi\rangle}\right) = \left(\mathcal{F}^{-1}\left(e^{-\frac{t}{2}\langle \mathcal{C}\xi, \xi\rangle}\right) * \varphi\right)(x), \qquad (2.37)$$

dove "$*$" indica l'operazione di convoluzione. Utilizziamo ora il seguente lemma di cui rimandiamo la prova alla fine della sezione.

Lemma 2.67. *Posto*

$$\Gamma(t,x) = \frac{1}{\sqrt{(2\pi t)^N \det \mathcal{C}}} \exp\left(-\frac{1}{2t}\langle \mathcal{C}^{-1} x, x\rangle\right), \qquad x \in \mathbb{R}^N,\ t>0, \quad (2.38)$$

vale

$$\mathcal{F}(\Gamma(t,\cdot))(\xi) = e^{-\frac{t}{2}\langle \mathcal{C}\xi, \xi\rangle}. \qquad (2.39)$$

Nel Lemma 2.67, l'ipotesi $\mathcal{C} > 0$ gioca un ruolo cruciale. Notiamo che per $N=1$ e $\mathcal{C}=1$, Γ è la densità della distribuzione normale in (2.4). In base alla (2.39), la (2.37) diventa

---
[7] Qui scriviamo formalmente $u = \mathcal{F}^{-1}(v)$ per indicare che $v = \mathcal{F}(u)$.

$$u(t,x) = \int_{\mathbb{R}^N} \Gamma(t, x-y)\varphi(y)dy$$

$$= \frac{1}{\sqrt{(2\pi t)^N \det \mathcal{C}}} \int_{\mathbb{R}^N} \exp\left(-\frac{1}{2t}\langle \mathcal{C}^{-1}(x-y), (x-y)\rangle\right) \varphi(y)dy,$$
(2.40)

per $x \in \mathbb{R}^N$ e $t > 0$. Possiamo ora provare in modo rigoroso che la (2.40) fornisce una formula di rappresentazione di una soluzione classica del problema di Cauchy (2.33).

Finora abbiamo considerato $\varphi \in C_b$, tuttavia nelle applicazioni concrete si ha spesso la necessità di considerare dati iniziali più generali, possibilmente non limitati. In effetti la convergenza dell'integrale in (2.40) richiede molto meno della limitatezza di φ: è sufficiente imporre un'opportuna condizione sulla crescita di φ all'infinito. Infatti, per ogni fissato $(t,x) \in \,]0, +\infty[\times \mathbb{R}^N$, si ha

$$\exp\left(-\frac{1}{2t}\langle \mathcal{C}^{-1}(x-y), (x-y)\rangle\right) \leq e^{-c|x-y|^2}, \qquad y \in \mathbb{R}^N,$$

dove $c = \frac{\lambda}{2t} > 0$ e λ è il minimo autovalore di $\mathcal{C}^{-1}$. Dunque è sufficiente[8] assumere che esistano delle costanti positive c_1, c_2, γ con $\gamma < 2$ tali che

$$|\varphi(y)| \leq c_1 e^{c_2 |y|^\gamma}, \qquad y \in \mathbb{R}^N,$$
(2.42)

per assicurare che l'integrale in (2.40) sia convergente per ogni $(t,x) \in \,]0, +\infty[\times \mathbb{R}^N$.

Teorema 2.68. *Se φ è continua e verifica la condizione (2.42), allora la funzione u definita in (2.34) è soluzione classica del problema di Cauchy (2.33). In particolare Γ in (2.38) è soluzione fondamentale di L in (2.31).*

Dimostrazione. Per semplicità consideriamo solo il caso dell'operatore del calore. Anzitutto verifichiamo che la funzione

$$\Gamma(t,x) = \frac{1}{(2\pi t)^{\frac{N}{2}}} \exp\left(-\frac{|x|^2}{2t}\right), \qquad x \in \mathbb{R}^N, \ t > 0,$$

é soluzione dell'equazione del calore: per $k = 1, \ldots, N$, si ha

$$\partial_{x_k}\Gamma(t,x) = -\frac{x_k}{t}\Gamma(t,x),$$
$$\partial_{x_k x_k}\Gamma(t,x) = \left(\frac{x_k^2}{t^2} - \frac{1}{t}\right)\Gamma(t,x), \qquad (2.43)$$
$$\partial_t \Gamma(t,x) = \frac{1}{2}\left(\frac{|x|^2}{t^2} - \frac{N}{t}\right)\Gamma(t,x),$$

---

[8] Basterebbe assumere l'esistenza di due costanti positive c_1, c_2 tali che

$$|\varphi(y)| \leq c_1 e^{c_2 |y|^2}, \qquad y \in \mathbb{R}^N, \qquad (2.41)$$

per assicurare che l'integrale in (2.40) sia finito almeno per $t < \frac{\lambda}{2c_2}$.

e dunque segue immediatamente che $\frac{1}{2}\triangle\Gamma(t,x) = \partial_t\Gamma(t,x)$.

Per provare che u in (2.40) è soluzione dell'equazione del calore, è sufficiente utilizzare un teorema di scambio derivata-integrale e verificare che

$$\left(\frac{1}{2}\triangle - \partial_t\right)u(t,x) = \int_{\mathbb{R}^N}\left(\frac{1}{2}\triangle - \partial_t\right)\Gamma(t,x-y)\varphi(y)dy = 0, \qquad (2.44)$$

per ogni $x \in \mathbb{R}^N$ e $t > 0$. Ora, fissati $\bar{x} \in \mathbb{R}^N$ e $t, \delta > 0$, si ha

$$\partial_{x_k}\Gamma(t,x-y)\varphi(y) = \left(\frac{x_k - y_k}{t}\Gamma(t,x-y)e^{\frac{|y|^2}{\delta}}\right)\left(\varphi(y)e^{-\frac{|y|^2}{\delta}}\right)$$

dove $\varphi(y)e^{-\frac{|y|^2}{\delta}}$ é sommabile su $\mathbb{R}^N$ grazie alla condizione (2.42), e assumendo che $\delta > 4t$ e x appartenga ad un intorno limitato del punto $\bar{x}$, la funzione

$$\frac{x_k - y_k}{t}\Gamma(t,x-y)e^{\frac{|y|^2}{\delta}}$$

è limitata. Allora il Teorema della convergenza dominata assicura che

$$\partial_{x_k}u(t,\bar{x}) = \int_{\mathbb{R}^N}\partial_{x_k}\Gamma(t,\bar{x}-y)\varphi(y)dy.$$

In modo analogo mostriamo che

$$\partial_{x_k x_k}u(t,x) = \int_{\mathbb{R}^N}\partial_{x_k x_k}\Gamma(t,x-y)\varphi(y)dy,$$

$$\partial_t u(t,x) = \int_{\mathbb{R}^N}\partial_t\Gamma(t,x-y)\varphi(y)dy,$$

per ogni $x \in \mathbb{R}^N$ e $t > 0$. Questo conclude la prova di (2.44).

Rimane ora da provare che la funzione u è continua fino a $t = 0$: precisamente mostriamo che, per ogni fissato $\bar{x} \in \mathbb{R}^N$, si ha

$$\lim_{\substack{(t,x)\to(0,\bar{x})\\ t>0}} u(t,x) = \varphi(\bar{x}).$$

Poiché

$$\int_{\mathbb{R}^N}\Gamma(t,x-y)dy = 1, \qquad x \in \mathbb{R}^N, \ t > 0,$$

si ha

$$|u(t,x) - \varphi(\bar{x})| \leq \frac{1}{(2\pi t)^{\frac{N}{2}}}\int_{\mathbb{R}^N}\exp\left(-\frac{|x-y|^2}{2t}\right)|\varphi(y) - \varphi(\bar{x})|dy =$$

(col cambio di variabile $\eta = \frac{x-y}{\sqrt{2t}}$)

$$= \frac{1}{\pi^{\frac{N}{2}}}\int_{\mathbb{R}^N}e^{-|\eta|^2}|\varphi(x - \eta\sqrt{2t}) - \varphi(\bar{x})|dy. \qquad (2.45)$$

In base alla condizione (2.42), per ogni (t,x) in un intorno di $(0,\bar{x})$, si ha

$$e^{-|\eta|^2}|\varphi(x-\eta\sqrt{2t})-\varphi(\bar{x})|\leq ce^{-\frac{|\eta|^2}{2}}, \qquad \eta\in\mathbb{R}^N,$$

per una certa costante c, e quindi la tesi segue applicando il Teorema della convergenza dominata, passando al limite in (2.45) per $(t,x)\to(0,\bar{x})$ con $t>0$. □

Esempio 2.69. Consideriamo il problema di Cauchy in $\mathbb{R}^2$:

$$\begin{cases} \frac{1}{2}\partial_{xx}u(t,x)-\partial_t u(t,x)=0, & (t,x)\in\mathbb{R}\times]0,+\infty[, \\ u(x,0)=e^x & x\in\mathbb{R}. \end{cases}$$

In base alla (2.40) e calcolando l'integrale come nell'Esempio 2.34, abbiamo semplicemente

$$u(t,x)=\frac{1}{\sqrt{2\pi t}}\int_{\mathbb{R}}e^{-\frac{|x-y|^2}{2t}+y}dy=$$

(col cambio di variabile $\eta=\frac{x-y}{\sqrt{2t}}$)

$$=\frac{e^{x+\frac{t}{2}}}{\sqrt{\pi}}\int_{\mathbb{R}}e^{-\left(\eta+\frac{t}{2}\right)^2}d\eta = e^{x+\frac{t}{2}}.$$

□

Esercizio 2.70. Determinare la soluzione del problema di Cauchy

$$\begin{cases} \frac{1}{2}\partial_{xx}u(t,x)-\partial_t u(t,x)=0, & (t,x)\in\mathbb{R}\times]0,+\infty[, \\ u(x,0)=(e^x-1)^+, & x\in\mathbb{R}, \end{cases}$$

dove φ^+ indica la parte positiva della funzione φ.

Dimostrazione (del Lemma 2.67). Poniamo

$$\widetilde{\Gamma}(t,\xi)=\mathcal{F}(\Gamma(t,\cdot))(\xi)$$

con Γ definita in (2.38). Indicando con $\nabla_\xi=(\partial_{\xi_1},\ldots,\partial_{\xi_N})$ il gradiente in $\mathbb{R}^N$, per la proprietà (A.25) si ha

$$\nabla_\xi\widetilde{\Gamma}(t,\xi)=i\mathcal{F}\left(\frac{x}{\sqrt{(2\pi t)^N\det\mathcal{C}}}\exp\left(-\frac{1}{2t}\langle\mathcal{C}^{-1}x,x\rangle\right)\right)(\xi)$$

$$=-it\mathcal{F}\left(-\mathcal{C}\frac{\mathcal{C}^{-1}x}{t}\Gamma(t,x)\right)(\xi)=$$

(essendo $\nabla_x\langle\mathcal{C}^{-1}x,x\rangle=2\mathcal{C}^{-1}x$)

$$=-it\mathcal{F}\left(\mathcal{C}\nabla_x\Gamma(t,x)\right)(\xi)=$$

(per la proprietà (A.24))
$$= -t\mathcal{C}\xi\,\widetilde{\Gamma}(t,\xi).$$
In definitiva, per ogni t positivo, $\widetilde{\Gamma}(t,\cdot)$ è soluzione del problema di Cauchy
$$\begin{cases} \nabla_\xi \widetilde{\Gamma}(t,\xi) = -t\mathcal{C}\xi\,\widetilde{\Gamma}(t,\xi), \\ \widetilde{\Gamma}(t,0) = \int_{\mathbb{R}^N} \Gamma(t,x)dx = 1, \end{cases}$$
e di conseguenza, per l'unicità della soluzione, si ha la tesi:
$$\widetilde{\Gamma}(t,\xi) = e^{-\frac{t}{2}\langle \mathcal{C}\xi,\xi\rangle}.$$

È possibile provare la formula (2.39) anche con un calcolo diretto utilizzando la definizione di trasformata di Fourier (si veda, per esempio, Lanconelli [111] Cap.4). □

2.3.2 Il caso generale

Consideriamo ora l'operatore L nella sua forma più generale (2.31). Mostriamo che con una semplice sostituzione ci possiamo ricondurre al caso precedente: fissati $\alpha \in \mathbb{R}$ e $\beta = (\beta_1,\ldots,\beta_N)$, poniamo
$$v(t,x) = e^{\alpha t + \beta \cdot x} u(t,x).$$
Per $j,k = 1,\ldots,N$, si ha
$$\partial_t v(t,x) = e^{\alpha t + \beta \cdot x}(\alpha u(t,x) + \partial_t u(t,x)),$$
$$\partial_{x_j} v(t,x) = e^{\alpha t + \beta \cdot x}(\beta_j u(t,x) + \partial_{x_j} u(t,x)),$$
$$\partial_{x_j x_k} v(t,x) = e^{\alpha t + \beta \cdot x}(\beta_j \beta_k u(t,x) + \beta_j \partial_k u(t,x) + \beta_k \partial_j u(t,x) + \partial_{x_j x_k} u(t,x)),$$
quindi, posto
$$L_0 = \frac{1}{2}\sum_{j,k=1}^N c_{jk}\partial_{x_j x_k} - \partial_t$$
si ha
$$L_0 v(t,x) = e^{\alpha t + \beta \cdot x}\left(L_0 u(t,x) + \left(\frac{1}{2}\langle \mathcal{C}\beta,\beta\rangle - \alpha\right)u(t,x) + \langle \mathcal{C}\beta,\nabla_x u(t,x)\rangle\right).$$
In definitiva, con la scelta
$$\alpha = \frac{1}{2}\langle \mathcal{C}^{-1}b,b\rangle + a, \qquad \beta = \mathcal{C}^{-1}b, \tag{2.46}$$
otteniamo che u è soluzione del problema di Cauchy (2.33) se e solo se v è soluzione di
$$\begin{cases} L_0 v = 0, & \text{in } \mathbb{R}_+ \times \mathbb{R}^N, \\ v(0,x) = e^{\beta \cdot x}\varphi(x), & x \in \mathbb{R}^N. \end{cases}$$
Come conseguenza del Teorema 2.68 vale

2.3 Equazioni paraboliche a coefficienti costanti

Teorema 2.71. *La soluzione fondamentale dell'operatore L è data da*

$$\Gamma(t,x) = e^{-\alpha t - \beta \cdot x} \Gamma_0(t,x), \qquad (t,x) \in \mathbb{R}_+ \times \mathbb{R}^N,$$

dove α, β sono definiti in (2.46) e Γ_0 è la soluzione fondamentale di L_0 (la cui espressione è data in (2.38)).

Se φ è una funzione continua che verifica la condizione (2.42), allora la funzione u definita da

$$u(t,x) = \int_{\mathbb{R}} \Gamma(t, x-y) \varphi(y) dy, \qquad (t,x) \in \mathbb{R}_+ \times \mathbb{R}^N, \qquad (2.47)$$

e da $u(x,0) = \varphi(x)$ per $x \in \mathbb{R}^N$, è soluzione classica del problema di Cauchy.

Osservazione 2.72. Per ogni $s \in \mathbb{R}$ e $\varphi \in C_b$, la funzione

$$u(t,x) = \int_{\mathbb{R}} \Gamma(t,x;s,y) \varphi(y) dy, \qquad t > s, \; x \in \mathbb{R}^N,$$

è soluzione classica del problema di Cauchy

$$\begin{cases} Lu = 0, & \text{in }]s, +\infty[\times \mathbb{R}^N, \\ u(s,x) = \varphi(x), & x \in \mathbb{R}^N. \end{cases}$$

Per questo motivo la funzione

$$\Gamma(t,x;s,y) = \Gamma(t-s, x-y), \qquad t > s,$$

è usualmente detta *soluzione fondamentale di L con polo in (s,y) e calcolata in (t,x).* $\square$

2.3.3 Dato iniziale localmente sommabile

La formula

$$u(t,x) = \int_{\mathbb{R}} \Gamma(t,x;0,y) \varphi(y) dy, \qquad t > 0, \; x \in \mathbb{R}^N, \qquad (2.48)$$

definisce una soluzione del problema di Cauchy anche sotto deboli ipotesi sulla regolarità del dato iniziale: assumiamo che $\varphi \in L^1_{\text{loc}}(\mathbb{R}^N)$ ed esistano delle costanti positive c, R, β con $\gamma < 2$ tali che

$$|\varphi(x)| \leq c e^{c|x|^\gamma}, \qquad (2.49)$$

per quasi tutti gli $x \in \mathbb{R}^N$ con $|x| \geq R$. Questa estensione ha interesse per esempio nel caso di opzioni digitali la cui valutazione può essere ricondotta alla risoluzione di un problema di Cauchy con dato iniziale discontinuo

$$\varphi(x) = \begin{cases} 1, & x \geq 0, \\ 0, & x < 0. \end{cases}$$

Definizione 2.73. *Si dice che* $u \in C^{1,2}(]0,T[\times\mathbb{R}^N)$ *assume il dato iniziale* φ *nel senso di* L^1_{loc} *se per ogni compatto* K *di* $\mathbb{R}^N$ *vale*

$$\lim_{t\to 0^+} \|u(t,\cdot) - \varphi\|_{L^1(K)} = \lim_{t\to 0^+} \int_K |u(t,x) - \varphi(x)|dx = 0.$$

Ci limitiamo ad enunciare il seguente risultato di esistenza: per la dimostrazione si veda, per esempio, DiBenedetto [44], pag. 240.

Teorema 2.74. *Se* $\varphi \in L^1_{\text{loc}}(\mathbb{R}^N)$ *soddisfa la condizione* (2.49), *allora la funzione* u *in* (2.48) *è soluzione classica dell'equazione* $Lu = 0$ *in* $]0,+\infty[\times\mathbb{R}^N$ *e assume il dato iniziale* φ *nel senso di* L^1_{loc}.

Osservazione 2.75. La convergenza nel senso di L^1_{loc} implica la convergenza puntuale

$$\lim_{t\to 0^+} u(t,x) = 0,$$

per quasi ogni $x \in \mathbb{R}$. Tuttavia l'assunzione del dato iniziale nel senso della convergenza puntuale non è sufficiente a garantire l'unicità della soluzione del problema di Cauchy, come mostra l'Esempio 6.8. Notiamo che per ogni $R > 0$ si ha

$$\int_{-R}^{R} \frac{x}{t^{\frac{3}{2}}} e^{-\frac{x^2}{2t}} dx = \frac{1 - e^{-\frac{R^2}{t}}}{\sqrt{t}}$$

e dunque la funzione dell'Esempio 6.8 non assume il dato iniziale nullo nel senso di L^1_{loc}.

Anche la soluzione fondamentale del calore $\Gamma(t,x)$ tende a zero per $t \to 0^+$ in $\mathbb{R}^N \setminus \{0\}$. Chiaramente, poiché per ogni $R > 0$ vale

$$\int_{|x|<R} \Gamma(t,x)dx = \pi^{-\frac{N}{2}} \int_{|y|<\frac{R}{2\sqrt{t}}} e^{-|y|^2} dy \xrightarrow[t\to 0^+]{} 1,$$

Γ non assume il dato iniziale nullo nel senso di L^1_{loc}. $\square$

2.3.4 Problema di Cauchy non omogeneo

Consideriamo il problema di Cauchy non omogeneo

$$\begin{cases} Lu = f, & \text{in }]0,T[\times\mathbb{R}^N, \\ u(0,\cdot) = \varphi, & \text{in } \mathbb{R}^N, \end{cases} \qquad (2.50)$$

dove $\varphi \in L^1_{\text{loc}}(\mathbb{R}^N)$ soddisfa la condizione (2.49) e f è continua e verifica la condizione di crescita

$$|f(t,x)| \le ce^{c|x|^\gamma}, \qquad (t,x) \in]0,T[\times\mathbb{R}^N, \qquad (2.51)$$

con c, γ costanti positive e $\gamma < 2$. Assumiamo inoltre che f sia localmente Hölderiana in x, uniformemente rispetto a t, ossia per ogni compatto K di $\mathbb{R}^N$ valga

$$|f(t,x) - f(t,y)| \leq c_K |x-y|^\beta, \qquad t \in]0,T[, \ x,y \in K,$$

con β, c_K costanti positive. Allora vale il seguente

Teorema 2.76. *La funzione definita su* $]0,T[\times\mathbb{R}^N$ *da*

$$u(t,x) = \int_{\mathbb{R}^N} \Gamma(t,x;y,0)\varphi(y)dy - \int_0^t \int_{\mathbb{R}^N} \Gamma(t,x;s,y)f(s,y)dyds, \quad (2.52)$$

appartiene a $C^{1,2}(]0,T[\times\mathbb{R}^N)$ *ed è soluzione del problema di Cauchy* (2.50).

Dimostrazione (Cenni). Posto

$$F(t,x) = \int_0^t \int_{\mathbb{R}^N} \Gamma(t,x;s,y)f(s,y)dyds,$$

la tesi è provata una volta che abbiamo verificato che

$$\lim_{\substack{(t,x)\to(\bar{x},0) \\ t>0}} F(t,x) = 0, \tag{2.53}$$

$$LF(t,x) = -f(t,x), \qquad (t,x) \in]0,T[\times\mathbb{R}^N. \tag{2.54}$$

La (2.53) è immediata poiché vale la stima

$$\left| \int_{\mathbb{R}^N} \Gamma(t,x;s,y)f(s,y)dy \right| \leq Ce^{C|x|^2},$$

che si prova procedendo come nell'Osservazione 6.16. Per quanto riguarda la (2.54), formalmente si ha

$$LF(t,x) = \int_0^t \int_{\mathbb{R}^N} \underbrace{L\Gamma(t,x;s,y)}_{=0} f(s,y)dyds$$

$$- \int_{\mathbb{R}^N} \underbrace{\Gamma(t,x;t,y)}_{=\delta_x(y)} f(t,y)dy = -f(t,x).$$

Per giustificare i passaggi precedenti è necessario un accurato studio di alcuni integrali singolari in cui compaiono le derivate seconde della soluzione fondamentale: la dimostrazione non è banale e si basa sull'ipotesi cruciale di Hölderianità di f: rimandiamo a DiBenedetto [44] per i dettagli. □

2.3.5 Operatore aggiunto

Sia L l'operatore differenziale in (2.31). Per ogni $u,v \in C^2(\mathbb{R}^{N+1})$ a supporto compatto, integrando per parti si ottiene la seguente relazione

$$\int_{\mathbb{R}^{N+1}} uLv = \int_{\mathbb{R}^{N+1}} vL^*u,$$

dove
$$L^* = \frac{1}{2} \sum_{j,k=1}^{N} c_{jk} \partial_{x_j x_k} - \sum_{j=1}^{N} b_j \partial_{x_j} - a + \partial_t \tag{2.55}$$

è detto *operatore aggiunto di* L. Per esempio, l'operatore aggiunto del calore è
$$\frac{1}{2}\Delta + \partial_t.$$

Definizione 2.77. *Una soluzione fondamentale dell'operatore L^* è una funzione $\Gamma^*(t,x;T,y)$ definita per ogni $x,y \in \mathbb{R}^N$ e $t < T$, tale che per ogni funzione $\varphi \in C_b(\mathbb{R}^N)$, la funzione*
$$v(t,x) = \int_{\mathbb{R}} \Gamma^*(t,x;T,y)\varphi(y)dy, \qquad t < T,\ x \in \mathbb{R}^N,$$

è soluzione classica del problema di Cauchy
$$\begin{cases} L^* v = 0, & \text{in }]-\infty, T[\,\times\mathbb{R}^N, \\ v(T,x) = \varphi(x), & x \in \mathbb{R}^N. \end{cases} \tag{2.56}$$

Notiamo che L^* è un operatore retrogrado, nel senso che nel problema (2.56) per L^* è assegnato *il dato finale* di v. Il seguente risultato stabilisce il legame di dualità fra le soluzioni fondamentali di L e L^*.

Teorema 2.78. *Vale*
$$\Gamma^*(t,x;T,y) = \Gamma(T,y;t,x), \qquad x,y \in \mathbb{R}^N,\ t < T.$$

Dimostrazione. È una verifica diretta, come nella prova del Teorema 2.68. □

Osservazione 2.79. Il problema retrogrado per l'operatore del calore è equivalente, a meno di un semplice cambio di variabili, al corrispondente problema diretto: u è soluzione di
$$\begin{cases} \frac{1}{2}\Delta u - \partial_t u = 0, & \text{in }]0,+\infty[\,\times\mathbb{R}^N, \\ u(0,x) = \varphi(x), & x \in \mathbb{R}^N, \end{cases}$$

se e solo se $v(t,x) := u(T-t,x)$ è soluzione di
$$\begin{cases} \frac{1}{2}\Delta v + \partial_t v = 0, & \text{in }]-\infty, T[\,\times\mathbb{R}^N, \\ v(T,x) = \varphi(x), & x \in \mathbb{R}^N. \end{cases}$$

□

Osservazione 2.80. Il problema per l'equazione del calore con dato *finale*
$$\begin{cases} \frac{1}{2}\Delta u(t,x) - \partial_t u(t,x) = 0, & (t,x) \in]0,T[\,\times\mathbb{R}^N, \\ u(T,x) = \varphi(x) & x \in \mathbb{R}^N, \end{cases} \tag{2.57}$$

in generale è mal posto e non risolubile. Più precisamente, anche in corrispondenza ad un dato $\varphi \in C^\infty$ limitato, la soluzione può diventare irregolare per T arbitrariamente piccolo. Per rendersi conto di ciò è sufficiente considerare la soluzione di (2.57) con $\varphi(x) = \Gamma(t, x)$ essendo Γ la soluzione fondamentale dell'operatore del calore.

Questo fatto corrisponde al fenomeno fisico secondo cui la diffusione del calore non è in generale reversibile e non è possibile determinare lo stato iniziale a partire dalla conoscenza della temperatura al tempo finale. □

2.4 Distribuzione multi-normale e funzione caratteristica

Diciamo che una v.a. X su $(\Omega, \mathcal{F}, P)$ a valori in $\mathbb{R}^N$, è multi-normale se ha densità della forma

$$\frac{1}{\sqrt{(2\pi)^N \det \mathcal{C}}} \exp\left(-\frac{1}{2} \langle \mathcal{C}^{-1}(x - \mu), (x - \mu) \rangle \right), \qquad x \in \mathbb{R}^N, \qquad (2.58)$$

dove μ è un vettore fissato di $\mathbb{R}^N$ e $\mathcal{C} = (c_{jk})$ è una matrice $N \times N$ simmetrica e definita positiva: in questo caso utilizziamo la notazione $X \sim N_{\mu, \mathcal{C}}$ (si veda anche l'Osservazione 2.88). Analogamente all'Esempio 2.34, un calcolo diretto mostra che

$$E[X] = \mu, \qquad \operatorname{cov}(X_j, X_k) := E\left[(X_j - \mu_j)(X_k - \mu_k)\right] = c_{jk},$$

per $j, k = 1, \ldots, N$, dove $X = (X_1, \ldots, X_N)$. Dunque μ rappresenta il valore atteso di X e $\mathcal{C}$ è la matrice, di dimensione $N \times N$, di covarianza di X:

$$\mathcal{C} = E\left[(X - \mu)(X - \mu)^*\right]. \qquad (2.59)$$

Osservazione 2.81. Sia φ una funzione limitata e continua su $\mathbb{R}^N$. In base alla formula di rappresentazione (2.40) e al Teorema 2.68, la soluzione classica del problema di Cauchy

$$\begin{cases} \frac{1}{2} \sum_{j,k=1}^N c_{jk} \partial_{x_j x_k} u - \partial_t u = 0, & (t, x) \in]0, +\infty[\times \mathbb{R}^N, \\ u(0, x) = \varphi(x), & x \in \mathbb{R}^N, \end{cases}$$

ha la seguente rappresentazione probabilistica

$$u(t, x) = E\left[\varphi(X^{t,x})\right]$$

dove $X^{t,x} \sim N_{x, t\mathcal{C}}$. □

Introduciamo il concetto di funzione caratteristica di una variabile aleatoria.

Definizione 2.82. *La funzione caratteristica della v.a. X in $\mathbb{R}^N$ è la funzione*
$$\varphi_X : \mathbb{R}^N \longrightarrow \mathbb{C}$$
definita da
$$\varphi_X(\xi) = E\left[e^{i\langle \xi, X \rangle}\right], \qquad \xi \in \mathbb{R}^N.$$

In altri termini poiché
$$\varphi_X(\xi) = \int_{\mathbb{R}^N} e^{i\langle \xi, y \rangle} P^X(dy), \qquad \xi \in \mathbb{R}^N,$$

semplicemente φ_X è la trasformata di Fourier della distribuzione P^X di X. In particolare, se P^X ha densità f, allora $\varphi_X = \mathcal{F}(f)$.

Come conseguenza della Proposizione A.34 e del Teorema A.36, valgono le seguenti semplici proprietà della funzione caratteristica, la cui dimostrazione è lasciata come utile esercizio.

Lemma 2.83. *Se X è una v.a. in $\mathbb{R}^N$ allora φ_X è una funzione continua e*
$$|\varphi_X(\xi)| \leq 1, \qquad \xi \in \mathbb{R}^N.$$
Se X è una v.a. reale in $L^p(\Omega, P)$, con $p \in \mathbb{N}$, allora φ_X è derivabile p volte e vale
$$\frac{d^p}{d\xi^p} \varphi_X(\xi)|_{\xi=0} = i^p E[X^p]; \tag{2.60}$$

Esempio 2.84. Come caso particolare della (2.60) si ha
$$\varphi_X(0) = 1, \quad \text{e} \quad \varphi_X'(0) = iE[X].$$

Se $X \sim N_{\mu, \sigma^2}$ allora, utilizzando il Lemma 2.67, è immediato riconoscere che
$$\varphi_X(\xi) = e^{i\mu\xi - \frac{(\sigma\xi)^2}{2}}. \tag{2.61}$$

Se $X \sim \delta_\mu$, $\mu \in \mathbb{R}^N$, allora
$$\varphi_X(\xi) = \int_{\mathbb{R}} e^{i\xi \cdot x} \delta_{x_0}(dx) = e^{i\mu \cdot \xi};$$

in questo caso $|\varphi_X(\xi)| = 1$ e quindi φ_X *non è sommabile*. $\square$

Il prossimo importante risultato afferma che la distribuzione di una v.a. è individuata dalla funzione caratteristica (per la dimostrazione si veda, per esempio, Chung [28] Cap.6.2).

Teorema 2.85. *Vale $\varphi_X(\xi) = \varphi_Y(\xi)$ per ogni $\xi \in \mathbb{R}^N$ se e solo se $P^X = P^Y$. Inoltre se $\varphi_X \in L^1(\mathbb{R}^N)$ allora la distribuzione della v.a. X ha densità $f \in C(\mathbb{R}^N)$ definita da*
$$f(x) = \frac{1}{(2\pi)^N} \int_{\mathbb{R}^N} e^{-i\langle x, \xi \rangle} \varphi_X(\xi) d\xi. \tag{2.62}$$

2.4 Distribuzione multi-normale e funzione caratteristica

La funzione caratteristica è uno strumento indispensabile in svariati ambiti. Fra i suoi possibili utilizzi mettiamo in evidenza i seguenti:

i) identificazione di v.a. normali (cfr. Teorema 2.87);
ii) calcolo della distribuzione del limite di una successioni di v.a. (cfr. Teorema A.43 di Lévy).

Corollario 2.86. *Le variabili aleatorie $X_1, \ldots, X_m$ sono indipendenti se e solo se*

$$\varphi_{(X_1,\ldots,X_m)}(\xi_1,\ldots,\xi_m) = \varphi_{X_1}(\xi) \cdots \varphi_{X_m}(\xi), \qquad \xi_1,\ldots,\xi_m \in \mathbb{R}^N.$$

Dimostrazione. Proviamo la tesi solo nel caso $m = 2$. Per la Proposizione 2.62 X, Y sono indipendenti se e solo se $P^{(X,Y)} = P^X \otimes P^Y$. Ora per $\xi, \eta \in \mathbb{R}^N$, si ha

$$\varphi_{(X,Y)}(\xi,\eta) = \iint_{\mathbb{R}^N \times \mathbb{R}^N} e^{i(\langle \xi, x\rangle + \langle \eta, y\rangle)} P^{(X,Y)}(dxdy),$$

$$\varphi_X(\xi)\varphi_Y(\eta) = \iint_{\mathbb{R}^N \times \mathbb{R}^N} e^{i(\langle \xi, x\rangle + \langle \eta, y\rangle)} P^X \otimes P^Y(dxdy),$$

e dunque la tesi segue dal Teorema 2.85. □

Diamo ora un'utile caratterizzazione delle v.a. multi-normali.

Teorema 2.87. *La v.a. X è multi-normale, $X \sim N_{\mu, \mathcal{C}}$, se e solo se*

$$\varphi_X(\xi) = \exp\left(i\langle \xi, \mu\rangle - \frac{1}{2}\langle \mathcal{C}\xi, \xi\rangle\right), \qquad \xi \in \mathbb{R}^N. \tag{2.63}$$

Dimostrazione. La tesi è diretta conseguenza del Teorema 2.85 e si prova procedendo come nella dimostrazione di (2.39). □

Osservazione 2.88. La (2.63) è una caratterizzazione della distribuzione multi-normale che ha senso anche se $\mathcal{C}$ è simmetrica e *semi-definita*[9] positiva. Possiamo allora generalizzare la definizione di v.a. multi-normale: diciamo che $X \sim N_{\mu, \mathcal{C}}$, essendo $\mu \in \mathbb{R}^N$ e $\mathcal{C} = (c_{jk})$ una matrice $N \times N$ simmetrica e semi-definita positiva, se vale la (2.63). Per esempio, nel caso $\mathcal{C} = 0$ allora ritroviamo $X \sim \delta_\mu$ poiché $\varphi_X(\xi) = \mathcal{F}(\delta_\mu)(\xi) = \exp\left(i\langle \xi, \mu\rangle\right)$ per $\xi \in \mathbb{R}^N$. □

Esercizio 2.89. Siano X, Y v.a. reali indipendenti con distribuzione normale: $X \sim N_{\mu, \sigma^2}$ e $Y \sim N_{\nu, \varrho^2}$. Provare che

$$X + Y \sim N_{\mu+\nu,\, \sigma^2+\varrho^2}.$$

---

[9] Una matrice $\mathcal{C}$, di dimensione $N \times N$, è semi-definita positiva (scriviamo $\mathcal{C} \geq 0$) se vale
$$\langle \mathcal{C}x, x\rangle \geq 0, \qquad x \in \mathbb{R}^N.$$

Soluzione. Essendo X, Y indipendenti, per il Lemma 2.83, si ha

$$\varphi_{X+Y}(\xi) = \varphi_X(\xi)\varphi_Y(\xi) =$$

(per la (2.61))

$$= e^{i(\mu+\nu)\xi - \frac{\xi^2}{2}(\sigma^2+\varrho^2)},$$

e la tesi segue dal Teorema 2.87. □

Osservazione 2.90. Estendiamo l'Osservazione 2.35 nel modo seguente: siano $X \sim N_{\mu,\mathcal{C}}$, $\beta \in \mathbb{R}^d$ e $\alpha = (\alpha_{ij})$ una generica matrice costante $d \times N$. Allora la v.a. $\alpha X + \beta$ è multi-normale con media $\alpha\mu + \beta$ e matrice di covarianza $\alpha \mathcal{C} \alpha^*$, dove α^* indica la matrice trasposta di α, ossia:

$$\alpha X + \beta \sim N_{\alpha\mu+\beta, \alpha\mathcal{C}\alpha^*}.$$

Verificare per esercizio che $\alpha \mathcal{C} \alpha^*$ è una matrice $d \times d$ simmetrica e semidefinita positiva. □

Diamo un'ulteriore caratterizzazione delle v.a. multi-normali.

Proposizione 2.91. *La v.a. X è multi-normale se e solo se $\langle \lambda, X \rangle$ è normale per ogni $\lambda \in \mathbb{R}^N$. Più precisamente $X \sim N_{\mu,\mathcal{C}}$ se e solo se*

$$\langle \lambda, X \rangle = \sum_{j=1}^{N} \lambda_j X_j \sim N_{\langle \lambda, \mu \rangle, \langle \mathcal{C}\lambda, \lambda \rangle}, \qquad (2.64)$$

per ogni $\lambda \in \mathbb{R}^N$.

Dimostrazione. Se $X \sim N_{\mu,\mathcal{C}}$ allora per ogni $\xi \in \mathbb{R}$ vale

$$\varphi_{\langle \lambda, X \rangle}(\xi) = E\left[e^{i\xi\langle \lambda, X \rangle}\right] = e^{i\xi\langle \lambda, \mu \rangle - \frac{\xi^2}{2}\langle \mathcal{C}\lambda, \lambda \rangle},$$

cosicché, per il Teorema 2.87, $\langle \lambda, X \rangle \sim N_{\langle \lambda, \mu \rangle, \langle \mathcal{C}\lambda, \lambda \rangle}$.

Viceversa, se $\langle \lambda, X \rangle \sim N_{m, \sigma^2}$ allora, per la (2.61), si ha

$$\varphi_X(\lambda) = E\left[e^{i\langle \lambda, X \rangle}\right] = \varphi_{\langle \lambda, X \rangle}(1) = e^{im - \frac{\sigma^2}{2}}$$

dove $m = \langle \lambda, E[X] \rangle$ e, posto $\mu_i = E[X_i]$, si ha

$$\sigma^2 = E\left[(\langle \lambda, X \rangle - \langle \lambda, E[X] \rangle)^2\right]$$
$$= E\left[(\langle \lambda, X - E[X] \rangle)^2\right] = \sum_{i,j=1}^{N} \lambda_i \lambda_j E\left[(X_i - \mu_i)(X_j - \mu_j)\right],$$

pertanto X ha distribuzione multi-normale, in base al Teorema 2.87. □

2.5 Teorema di Radon-Nikodym

Date due qualsiasi misure P,Q su $(\Omega, \mathcal{F})$, diciamo che Q è P-*assolutamente continua su* $\mathcal{F}$ se, per ogni $A \in \mathcal{F}$ tale che $P(A) = 0$ si ha $Q(A) = 0$. In tal caso scriviamo $Q \ll P$ oppure $Q \ll_{\mathcal{F}} P$ se vogliamo mettere in evidenza la σ-algebra che si sta considerando. È chiaro che l'assoluta continuità dipende dalla σ-algebra considerata: se $\mathcal{G} \subseteq \mathcal{F}$ sono σ-algebre, allora $Q \ll_{\mathcal{G}} P$ non implica che $Q \ll_{\mathcal{F}} P$.

Se $Q \ll_{\mathcal{F}} P$ allora gli eventi di $\mathcal{F}$ *trascurabili* per P lo sono anche per Q, ma non è detto il viceversa. Ovviamente se $Q \ll_{\mathcal{F}} P$, allora per ogni $A \in \mathcal{F}$ tale che $P(A) = 1$ vale $Q(A) = 1$, ossia gli eventi in $\mathcal{F}$ *certi* per P lo sono anche per Q, ma non è detto il viceversa.

Se $Q \ll P$ e $P \ll Q$ allora diciamo che le misure P e Q sono *equivalenti* e scriviamo $P \sim Q$.

Esempio 2.92. Abbiamo già visto in (2.3) che, per $\sigma > 0$, N_{μ,σ^2} è assolutamente continua rispetto alla misura di Lebesgue m in $(\mathbb{R}, \mathscr{B})$. Provare per esercizio che $m \ll N_{\mu,\sigma^2}$.

Inoltre la distribuzione δ_{x_0} non è assolutamente continua rispetto alla misura di Lebesgue poiché $m(\{x_0\}) = 0$ ma $\delta_{x_0}(\{x_0\}) = 1$. □

Se P è una distribuzione del tipo (2.1), con densità rispetto alla misura di Lebesgue m, allora $P \ll m$. Possiamo chiederci se *tutte* le misure P tali che $P \ll m$ sono della forma (2.1). Il seguente importante risultato dà una risposta affermativa (si veda anche la successiva Osservazione 2.94). Per la dimostrazione rimandiamo a Williams [169].

Teorema 2.93 (Teorema di Radon-Nikodym). *Sia $(\Omega, \mathcal{F}, P)$ uno spazio con misura finita. Se Q è una misura finita su $(\Omega, \mathcal{F})$ e $Q \ll_{\mathcal{F}} P$, allora esiste $L : \Omega \to [0, +\infty[$ tale che*

i) L è $\mathcal{F}$-misurabile;
ii) L è P-sommabile;
iii) $Q(A) = \int_A L \, dP$ per ogni $A \in \mathcal{F}$.

Inoltre L è unica P-quasi sicuramente (ossia se L' verifica le stesse proprietà di L allora $P(L = L') = 1$). Diciamo che L è la densità di Q rispetto a P su $\mathcal{F}$ o anche la derivata di Radon-Nikodym di Q rispetto a P su $\mathcal{F}$ e scriviamo indifferentemente $L = \frac{dQ}{dP}$ oppure $dQ = L \, dP$ oppure $Q(d\omega) = L(\omega) P(d\omega)$. Per mettere in evidenza la dipendenza da $\mathcal{F}$, scriviamo anche

$$L = \frac{dQ}{dP}\bigg|_{\mathcal{F}}. \tag{2.65}$$

Siano P, Q misure di probabilità sullo spazio $(\Omega, \mathcal{F})$ con $Q \ll P$. Utilizzando il metodo standard (cfr. dimostrazione del Teorema 2.28), possiamo provare che se $L = \frac{dQ}{dP}$ e $X \in L^1(\Omega, Q)$, allora $XL \in L^1(\Omega, P)$ e vale

$$E^Q[X] = E^P[XL], \qquad (2.66)$$

dove E^P e E^Q indicano rispettivamente le attese nelle misure di probabilità P e Q. In altri termini

$$\int_\Omega X dQ = \int_\Omega X \left(\frac{dQ}{dP}\right) dP$$

e questo giustifica la notazione (2.65).

Osservazione 2.94. Il Teorema 2.93 si estende al caso in cui P, Q siano σ-finite, a meno del punto ii). Ne viene in particolare che le distribuzioni con densità rispetto alla misura di Lebesgue m sono solo quelle m-assolutamente continue. □

2.6 Attesa condizionata

Nelle applicazioni finanziarie il prezzo di un titolo è generalmente descritto da una v.a. X e l'insieme di informazioni disponibili è descritto da una σ-algebra $\mathcal{G}$: di conseguenza risulta naturale introdurre la nozione di *valore atteso di X condizionato a $\mathcal{G}$*, usualmente indicato con

$$E[X \mid \mathcal{G}].$$

Scopo di questo paragrafo è di introdurne gradualmente la definizione precisa. Chi è già familiare con questa nozione può andare direttamente alla Definizione 2.96.

Data una v.a. reale sommabile X e un evento B di probabilità positiva, definiamo *l'attesa di X condizionata all'evento B* come l'attesa di X rispetto alla misura $P(\cdot \mid B)$ (cfr. Definizione 2.47):

$$E[X|B] = \frac{1}{P(B)} \int_B X dP.$$

Dato $B \in \mathcal{F}$ tale che $0 < P(B) < 1$, indichiamo con $\mathcal{G}$ la σ-algebra generata da B:

$$\mathcal{G} = \{\emptyset, \Omega, B, B^c\}. \qquad (2.67)$$

L'attesa di X condizionata a $\mathcal{G}$, $E[X \mid \mathcal{G}]$, è definita da

$$E[X|\mathcal{G}](\omega) = \begin{cases} E[X|B], & \omega \in B, \\ E[X|B^c], & \omega \in B^c. \end{cases} \qquad (2.68)$$

Notiamo che $E[X \mid \mathcal{G}]$ è *una variabile aleatoria*.

Osservazione 2.95. Con una verifica diretta si prova che

i) $E[X|\mathcal{G}]$ è $\mathcal{G}$-misurabile;
ii) $\int_G X dP = \int_G E[X|\mathcal{G}] dP$ per ogni $G \in \mathcal{G}$.

Inoltre se Y è una v.a. che verifica le suddette proprietà, allora $Y = E[X|\mathcal{G}]$ P-q.s., ossia i) e ii) caratterizzano $E[X|\mathcal{G}]$ con probabilità 1. Infatti $G = \{Y > E[X \mid \mathcal{G}]\}$ è un evento $\mathcal{G}$-misurabile e dalla ii) si ricava

$$\int_G (Y - E[X \mid \mathcal{G}]) dP = 0$$

che implica $P(G) = 0$. □

Sottolineiamo il fatto che $E[X|\mathcal{G}]$ è $\mathcal{G}$-misurabile anche se X non lo è. Intuitivamente $E[X|\mathcal{G}]$ rappresenta il "valore atteso di X note le informazioni di $\mathcal{G}$", ossia la migliore approssimazione di X in base alle informazioni di $\mathcal{G}$.

Possiamo generalizzare la definizione precedente al caso di una generica σ-algebra nel modo seguente.

Definizione 2.96. *Sia X una v.a. reale sommabile sullo spazio di probabilità $(\Omega, \mathcal{F}, P)$ e sia $\mathcal{G}$ una σ-algebra contenuta in $\mathcal{F}$. Sia Y una v.a. tale che*

i) Y è sommabile e $\mathcal{G}$-misurabile;
ii) $\int_A X dP = \int_A Y dP$ per ogni $A \in \mathcal{G}$.

Allora diciamo che Y è una versione dell'attesa (o più semplicemente, l'attesa) di X condizionata a $\mathcal{G}$ e scriviamo $Y = E[X \mid \mathcal{G}]$.

Notazione 2.97 *Se $Y = E[X \mid \mathcal{G}]$ e Z è una v.a. $\mathcal{G}$-misurabile[10] tale che $Z = Y$ q.s. allora anche $Z = E[X \mid \mathcal{G}]$. Dunque il valore atteso di X è definito a meno di un evento trascurabile: l'espressione $Y = E[X \mid \mathcal{G}]$ non deve essere intesa come un'uguaglianza di variabili aleatorie bensì come una notazione che indica che Y è una v.a. che gode delle proprietà i) e ii) della definizione precedente. Per convenzione, la scrittura*

$$E[X \mid \mathcal{G}] = E[Y \mid \mathcal{G}] \quad (\text{rispettivamente } E[X \mid \mathcal{G}] \leq E[Y \mid \mathcal{G}])$$

significa che se $A = E[X \mid \mathcal{G}]$ e $B = E[Y \mid \mathcal{G}]$ allora

$$A = B \quad q.s. \quad (\text{risp. } A \leq B \quad q.s.).$$

Nel seguito usiamo anche la notazione

$$E[X \mid Y] := E[X \mid \sigma(Y)].$$

Osservazione 2.98. Come conseguenza del Teorema A.7 di Dynkin, la ii) della Definizione 2.96 è equivalente al fatto che

$$E(XW) = E(YW), \qquad (2.69)$$

per ogni v.a. W limitata e $\mathcal{G}$-misurabile. □

---
[10] Notiamo che se $Z = Y$ q.s. e $Y = E[X \mid \mathcal{G}]$ non è detto che Z sia $\mathcal{G}$-misurabile e quindi che sia $Z = E[X \mid \mathcal{G}]$.

56   2 Elementi di probabilità ed equazione del calore

Infine, affinché la Definizione 2.96 sia ben posta occorre provare esistenza e "unicità" dell'attesa condizionata.

Teorema 2.99. *Sia X una v.a. reale sommabile sullo spazio di probabilità $(\Omega, \mathcal{F}, P)$ e sia $\mathcal{G}$ una σ-algebra contenuta in $\mathcal{F}$. Allora esiste una v.a. Y che soddisfa i),ii) della Definizione 2.96. Inoltre tali proprietà caratterizzano Y nel senso che se Z è un'altra v.a. che soddisfa i),ii) della Definizione 2.96, allora $Y = Z$ q.s.*

Dimostrazione. Una dimostrazione semplice (ma indiretta[11]) è basata sul Teorema di Radon-Nikodym. Anzitutto è sufficiente provare la tesi nel caso in cui X sia una v.a. reale, non negativa. Essendo $X \in L^1(\Omega, P)$, la posizione

$$Q(G) = \int_G X dP, \qquad G \in \mathcal{G},$$

definisce una misura finita Q su $\mathcal{G}$. Inoltre $Q \ll P$ in $\mathcal{G}$ e quindi per il Teorema 2.93 esiste Y v.a. $\mathcal{G}$-misurabile tale che $Q(G) = \int_G Y dP$ per ogni $G \in \mathcal{G}$. Per concludere e provare l'unicità si procede come nell'Osservazione 2.95. □

Osservazione 2.100. Se Y è $\mathcal{G}$-misurabile e vale

$$\int_A Y dP \geq \int_A X dP, \qquad A \in \mathcal{G}, \tag{2.70}$$

allora
$$Y \geq E[X \mid \mathcal{G}].$$

Infatti, se $Z = E[X \mid \mathcal{G}]$ e, per assurdo, $A := \{Y < Z\} \in \mathcal{G}$ non fosse trascurabile, allora si avrebbe

$$\int_A Y dP < \int_A Z dP = \int_A X dP,$$

contro l'ipotesi (2.70). □

Esercizio 2.101. Sia X una v.a. reale sommabile sullo spazio di probabilità $(\Omega, \mathcal{F}, P)$ e sia $\mathcal{G}$ una σ-algebra contenuta in $\mathcal{F}$. Procedendo come nella dimostrazione della Proposizione A.5, provare che $Y = E[X \mid \mathcal{G}]$ se e solo se:
i) Y è $\mathcal{G}$-misurabile;
ii) $\int_A X dP = \int_A Y dP$ per ogni $A \in \mathcal{A}$ con $\mathcal{A}$ famiglia $\cap$-stabile, contenente Ω e tale che $\mathcal{G} = \sigma(\mathcal{A})$.

---

[11] Rimandiamo alla Sezione 2.6.2 per una dimostrazione più diretta.

2.6.1 Proprietà dell'attesa condizionata

Le seguenti proprietà sono conseguenze immediate della definizione e costruzione dell'attesa condizionata. Per ogni $X, Y \in L^1(\Omega, \mathcal{F}, P)$ e $a, b \in \mathbb{R}$ si ha:

(1) se X è $\mathcal{G}$-misurabile allora $X = E[X|\mathcal{G}]$;
(2) se X e $\mathcal{G}$ sono indipendenti (ossia se lo sono $\sigma(X)$ e $\mathcal{G}$) allora $E[X] = E[X|\mathcal{G}]$. In particolare $E[X] = E[X|\sigma(\mathcal{N})]$;
(3) $E[X] = E[E[X|\mathcal{G}]]$;
(4) [linearità] $aE[X|\mathcal{G}] + bE[Y|\mathcal{G}] = E[aX + bY|\mathcal{G}]$;
(4-bis) [linearità] $E^{\lambda P + (1-\lambda)Q}[X|\mathcal{G}] = \lambda E^P[X|\mathcal{G}] + (1-\lambda)E^Q[X|\mathcal{G}]$ per ogni P, Q misure di probabilità e $\lambda \in [0, 1]$;
(5) [monotonia] se $X \leq Y$ q.s. allora $E[X|\mathcal{G}] \leq E[Y|\mathcal{G}]$.

La seguente proposizione contiene ulteriori proprietà dell'attesa condizionata, molte delle quali sono richiamano analoghe proprietà dell'integrale.

Proposizione 2.102. *Siano $X, Y \in L^1(\Omega, \mathcal{F}, P)$ e $\mathcal{G}, \mathcal{H} \subseteq \mathcal{F}$ σ-algebre di Ω. Allora si ha:*

(6) se Y è indipendente da $\sigma(X, \mathcal{G})$ allora $E[XY|\mathcal{G}] = E[X|\mathcal{G}]E[Y]$;
(7) se Y è $\mathcal{G}$-misurabile e limitata allora $YE[X|\mathcal{G}] = E[XY|\mathcal{G}]$;
(8) se $\mathcal{H} \subseteq \mathcal{G}$ allora $E[E[X|\mathcal{G}]|\mathcal{H}] = E[X|\mathcal{H}]$;
(9) [Beppo-Levi] se $(X_n)_{n \in \mathbb{N}}$, con $0 \leq X_n \in L^1(\Omega, P)$, è una successione monotona crescente che converge puntualmente a X q.s. e $Z_n = E[X_n|\mathcal{G}]$, allora $\lim_{n \to +\infty} Z_n = E[X|\mathcal{G}]$;
(10) [Fatou] sia $(X_n)_{n \in \mathbb{N}}$ una successione di v.a. nonnegative in $L^1(\Omega, P)$; allora posto $Z_n = E[X_n|\mathcal{G}]$ e $X = \liminf_{n \to +\infty} X_n$, si ha $\liminf_{n \to +\infty} Z_n \geq E[X|\mathcal{G}]$;
(11) [Convergenza dominata] sia $(X_n)_{n \in \mathbb{N}}$ una successione che converge puntualmente a X q.s. ed esiste $Y \in L^1(\Omega, P)$ tale che $|X_n| \leq Y$ q.s. Posto $Z_n = E[X_n|\mathcal{G}]$, allora $\lim_{n \to +\infty} Z_n = E[X|\mathcal{G}]$;
(12) [Disuguaglianza di Jensen] se φ è una funzione convessa tale che $\varphi(X) \in L^1(\Omega, P)$ allora
$$E[\varphi(X) \mid \mathcal{G}] \geq \varphi(E[X \mid \mathcal{G}]).$$

Dimostrazione. (6) $E[X|\mathcal{G}]E[Y]$ è $\mathcal{G}$-misurabile e, per ogni W limitata e $\mathcal{G}$-misurabile, vale
$$E[WE[X|\mathcal{G}]E[Y]] = E[WE[X|\mathcal{G}]]E[Y] =$$
(per l'Osservazione 2.98)
$$= E[WX]E[Y] =$$
(per l'ipotesi di indipendenza)
$$= E[WXY],$$

e questo prova la tesi.

(7) $YE[X|\mathcal{G}]$ è $\mathcal{G}$-misurabile per ipotesi e, per ogni W limitata e $\mathcal{G}$-misurabile, vale
$$E[(WY)E[X|\mathcal{G}]] = E[WYX],$$
per l'Osservazione 2.98, essendo WY $\mathcal{G}$-misurabile e limitata.

(8) $E[E[X|\mathcal{G}]|\mathcal{H}]$ è $\mathcal{H}$-misurabile e per ogni W, limitata e $\mathcal{H}$-misurabile (e quindi anche $\mathcal{G}$-misurabile), vale
$$E[WE[E[X|\mathcal{G}]|\mathcal{H}]] = E[WE[X|\mathcal{G}]] = E[WX].$$

(9) Per (5) si ha che (Z_n) è una successione crescente di v.a. $\mathcal{G}$-misurabili e non-negative, quindi $Z := \sup_{n \in \mathbb{N}} Z_n$ è una v.a. $\mathcal{G}$-misurabile. Inoltre per ogni $G \in \mathcal{G}$, applicando due volte il Teorema di Beppo-Levi, si ha
$$\int_G Z dP = \lim_{n \to \infty} \int_G Z_n dP = \lim_{n \to \infty} \int_G X_n dP = \int_G X dP.$$

(10-11) La prova è analoga a quella di (9).

(12) Basta procedere come nella prova della classica disuguaglianza di Jensen. Ricordiamo che ogni funzione convessa φ coincide con l'inviluppo superiore delle funzioni lineari $\ell \leq \varphi$, ossia vale
$$\varphi(x) = \sup_{\ell \in \mathcal{L}} \ell(x), \qquad x \in \mathbb{R},$$
dove
$$\mathcal{L} = \{\ell : \mathbb{R} \to \mathbb{R} \mid \ell(x) = ax + b, \ \ell \leq \varphi\}.$$
Allora si ha:
$$E[\varphi(X) \mid \mathcal{G}] = E\left[\sup_{\ell \in \mathcal{L}} \ell(X) \mid \mathcal{G}\right] \geq$$
(per la (5))
$$\geq \sup_{\ell \in \mathcal{L}} E[\ell(X) \mid \mathcal{G}] =$$
(per la (4))
$$= \sup_{\ell \in \mathcal{L}} \ell(E[X \mid \mathcal{G}]) = \varphi([X \mid \mathcal{G}]).$$

□

Esercizio 2.103. Provare che
$$\operatorname{var}(E[X \mid \mathcal{G}]) \leq \operatorname{var}(X).$$
ossia *condizionando si riduce la varianza*. Provare inoltre che se $X_n \to X$ per $n \to \infty$ in $L^1(\Omega, P)$, allora
$$\lim_{n \to \infty} E[X_n \mid \mathcal{G}] = E[X \mid \mathcal{G}] \qquad \text{in } L^1(\Omega, P).$$

Il seguente risultato sarà utilizzato nella prova della proprietà di Markov.

Lemma 2.104. *Siano X, Y v.a. su uno spazio di probabilità $(\Omega, \mathcal{F}, P)$. Sia $\mathcal{G} \subseteq \mathcal{F}$ una σ-algebra tale che*

i) X è indipendente da $\mathcal{G}$;
ii) Y è $\mathcal{G}$-misurabile.

Allora, per ogni funzione h $\mathscr{B}$-misurabile e limitata (oppure non-negativa), vale

$$E[h(X, Y) \mid \mathcal{G}] = g(Y), \qquad \text{dove} \quad g(y) = E[h(X, y)]. \tag{2.71}$$

Nel seguito, scriveremo la (2.71) nella forma più compatta

$$E[h(X, Y) \mid \mathcal{G}] = E[h(X, y) \mid \mathcal{G}]\,|_{y=Y}. \tag{2.72}$$

Dimostrazione. Occorre provare che la v.a. $g(Y)$ è una versione dell'attesa condizionata di $h(X, Y)$. Usando la notazione P^W per indicare la distribuzione di una data v.a. W, si ha

$$g(y) = \int_{\mathbb{R}} h(x, y) P^X(dx).$$

Allora, per il Teorema di Fubini e Tonelli, g è una funzione $\mathscr{B}$-misurabile: di conseguenza, per l'ipotesi ii), $g(Y)$ è $\mathcal{G}$-misurabile.

Inoltre, dato $G \in \mathcal{G}$ e posto $Z = \mathbb{1}_G$, si ha

$$\int_G h(X,Y) dP = \int_\Omega h(X,Y) Z dP = \iiint h(x,y) z \, P^{(X,Y,Z)}(d(x,y,z)) =$$

(per l'ipotesi di indipendenza i) e la Proposizione 2.62)

$$= \iiint h(x,y) z \, P^X(dx) P^{(Y,Z)}(d(y,z)) =$$

(per il Teorema di Fubini)

$$= \iint g(y) z \, P^{(Y,Z)}(d(y,z)) = \int_G g(Y) dP.$$

□

Osservazione 2.105. Nelle ipotesi del lemma precedente, in base alla (2.71), si ha anche

$$E[h(X, Y) \mid \mathcal{G}] = E[h(X, Y) \mid Y].$$

Infatti, se $Z = E[h(X, Y) \mid \mathcal{G}]$, essendo la funzione g in (2.71) $\mathscr{B}$-misurabile, si ha che Z è $\sigma(Y)$-misurabile. Inoltre

$$\int_G Z dP = \int_G h(X, Y) dP, \qquad G \in \sigma(Y),$$

per definizione di Z e poiché $\sigma(Y) \subseteq \mathcal{G}$.

□

Concludiamo la sezione con la seguente utile

Proposizione 2.106. *Siano X una v.a. in $\mathbb{R}^N$ e $\mathcal{G} \subseteq \mathcal{F}$ una σ-algebra. Allora X e $\mathcal{G}$ sono indipendenti se e solo se*

$$E\left[e^{i\langle \xi, X\rangle}\right] = E\left[e^{i\langle \xi, X\rangle} \mid \mathcal{G}\right], \qquad \xi \in \mathbb{R}^N. \tag{2.73}$$

Dimostrazione. Proviamo che se vale la (2.73) allora X è indipendente da ogni v.a. $Y \in m\mathcal{G}$. Per ogni $\xi, \eta \in \mathbb{R}^N$ si ha

$$\varphi_{(X,Y)}(\xi, \eta) = E\left[e^{i(\langle \xi, X\rangle + \langle \eta, Y\rangle)}\right] = E\left[e^{i\langle \eta, Y\rangle} E\left[e^{i\langle \xi, X\rangle} \mid \mathcal{G}\right]\right] =$$

(per ipotesi)

$$= E\left[e^{i\langle \xi, X\rangle}\right] E\left[e^{i\langle \eta, Y\rangle}\right].$$

La tesi segue dal Corollario 2.86. □

2.6.2 Attesa condizionata in L^2

Consideriamo lo spazio $L^p(\mathcal{F}) := L^p(\Omega, \mathcal{F}, P)$ con $p \geq 1$. Data una sotto-σ-algebra $\mathcal{G}$ di $\mathcal{F}$, si ha che $L^p(\mathcal{G})$ è un sotto-spazio vettoriale di $L^p(\mathcal{F})$ e per ogni $X \in L^p(\mathcal{F})$ vale

$$\|E[X \mid \mathcal{G}]\|_p \leq \|X\|_p. \tag{2.74}$$

Infatti, per la disuguaglianza di Jensen con $\varphi(x) = |x|^p$, si ha

$$E[|E[X \mid \mathcal{G}]|^p] \leq E[E[|X|^p \mid \mathcal{G}]] = E[|X|^p].$$

Per la (2.74) l'attesa condizionata $E[\cdot \mid \mathcal{G}]$ è un operatore lineare e continuo da $L^p(\mathcal{F})$ a $L^p(\mathcal{G})$: in altri termini, se $\lim_{n \to \infty} X_n = X$ in L^p, ossia se

$$\lim_{n \to \infty} \|X_n - X\|_p = 0,$$

e poniamo $Y = E[X \mid \mathcal{G}]$, $Y_n = E[X_n \mid \mathcal{G}]$, allora come conseguenza della (2.74) vale

$$\lim_{n \to \infty} \|Y_n - Y\|_p = 0.$$

È di particolare importanza il caso $p = 2$. Se $X, Y \in L^2$, indichiamo con

$$\langle X, Y \rangle_{L^2} = \int_\Omega XY \, dP,$$

il prodotto scalare[12] che induce la semi-norma $\|\cdot\|_2$.

---

[12] Poiché $\langle X, X \rangle_{L^2} = 0$ se e solo se $X = 0$ q.s., $\langle \cdot, \cdot \rangle_{L^2}$ è un prodotto scalare a meno di identificare le variabili aleatorie uguali q.s.

Proposizione 2.107. *Per ogni $X \in L^2(\mathcal{F})$ e $W \in L^2(\mathcal{G})$ si ha*

$$\langle X - E[X \mid \mathcal{G}], W \rangle_{L^2} = 0. \tag{2.75}$$

Dimostrazione. In base alla (2.69), la (2.75) vale per ogni W limitata $\mathcal{G}$-misurabile. La tesi segue da un usuale argomento di densità. □

Per la (2.75), $X - E[X \mid \mathcal{G}]$ è *ortogonale al sotto-spazio* $L^2(\mathcal{G})$: in altri termini, *l'attesa condizionata $E[X \mid \mathcal{G}]$ è la proiezione di X su $L^2(\mathcal{G})$.* Infatti, se $Z = E[X \mid \mathcal{G}]$, si ha che $Z \in L^2(\mathcal{G})$ e per ogni $W \in L^2(\mathcal{G})$ vale

$$\|X - W\|_2^2 = \langle X - Z + Z - W, X - Z + Z - W \rangle_{L^2}$$
$$= \|X - Z\|_2^2 + \|Z - W\|_2^2 + 2\underbrace{\langle X - Z, Z - W \rangle_{L^2}}_{=0} \geq$$

(il doppio prodotto è nullo poiché $X - Z$ è ortogonale a $Z - W \in L^2(\mathcal{G})$)

$$\geq \|X - Z\|_2^2.$$

Dunque $E[X \mid \mathcal{G}]$ realizza la minima distanza di X da $L^2(\mathcal{G})$ e quindi rappresenta geometricamente la migliore approssimazione di X in $L^2(\mathcal{G})$. La caratterizzazione dell'attesa condizionata in termini di proiezione nello spazio L^2 può essere utilizzata per dare un dimostrazione diretta e costruttiva del Teorema 2.99 (si veda, per esempio, Williams [169]).

2.6.3 Attesa condizionata e cambio di misura di probabilità

Nello spazio di probabilità $(\Omega, \mathcal{F}, P)$ consideriamo una sotto-σ-algebra $\mathcal{G}$ di $\mathcal{F}$ e una misura di probabilità $Q \ll_{\mathcal{F}} P$ (e quindi anche $Q \ll_{\mathcal{G}} P$). Indichiamo con $L^{\mathcal{F}}$ (risp. $L^{\mathcal{G}}$) la derivata di Radon-Nikodym di Q rispetto a P su $\mathcal{F}$ (risp. su $\mathcal{G}$). In generale $L^{\mathcal{F}} \neq L^{\mathcal{G}}$ poiché non è detto che $L^{\mathcal{F}}$ sia $\mathcal{G}$-misurabile. D'altra parte si ha

$$L^{\mathcal{G}} = E^P \left[L^{\mathcal{F}} \mid \mathcal{G} \right]. \tag{2.76}$$

Infatti $L^{\mathcal{G}}$ è sommabile e $\mathcal{G}$-misurabile e si ha

$$\int_G L^{\mathcal{G}} dP = Q(G) = \int_G L^{\mathcal{F}} dP, \qquad G \in \mathcal{G},$$

essendo $\mathcal{G} \subseteq \mathcal{F}$.

Nel caso dell'attesa condizionata, un risultato di cambio di misura di probabilità analogo alla formula (2.66) è dato dal seguente

Teorema 2.108 (Formula di Bayes). *Siano P, Q misure di probabilità su $(\Omega, \mathcal{F})$ con $Q \ll_{\mathcal{F}} P$. Siano $X \in L^1(\Omega, Q)$ e $\mathcal{G}$ una sotto-σ-algebra di $\mathcal{F}$. Posto $L = \frac{dQ}{dP} \big|_{\mathcal{F}}$ si ha*

$$E^Q[X \mid \mathcal{G}] = \frac{E^P[XL \mid \mathcal{G}]}{E^P[L \mid \mathcal{G}]}.$$

Dimostrazione. Poniamo $A = E^Q[X \mid \mathcal{G}]$ e $B = E^P[L \mid \mathcal{G}]$. Dobbiamo provare che

i) $Q(B > 0) = 1$;
ii) $AB = E^P[XL \mid \mathcal{G}]$.

Per quanto riguarda i): poiché $\{B = 0\} \in \mathcal{G}$, si ha

$$Q(B = 0) = \int_{\{B=0\}} L dP = \int_{\{B=0\}} B dP = 0.$$

Per quanto riguarda ii): AB è ovviamente $\mathcal{G}$-misurabile e per ogni $G \in \mathcal{G}$ si ha

$$\int_G AB dP = \int_G E^P[AL \mid \mathcal{G}] dP = \int_G AL dP$$
$$= \int_G E^Q[X \mid \mathcal{G}] dQ = \int_G X dQ = \int_G XL dP.$$

□

2.7 Processi stocastici discreti e martingale

Nel seguito indichiamo con $\mathbb{N}_0 = \mathbb{N} \cup \{0\}$ l'insieme di numeri interi non-negativi.

Definizione 2.109. *Un processo stocastico discreto (nel seguito p.s.) in $\mathbb{R}^N$ è una famiglia $X = (X_n)_{n \in \mathbb{N}_0}$ di v.a. definite su uno spazio di probabilità $(\Omega, \mathcal{F}, P)$ a valori in $\mathbb{R}^N$:*

$$X_n : \Omega \longrightarrow \mathbb{R}^N, \qquad n \in \mathbb{N}_0.$$

La famiglia di σ-algebre $(\mathcal{F}_n^X)_{n \in \mathbb{N}_0}$ definita da

$$\mathcal{F}_n^X = \sigma(X_k, \ 0 \leq k \leq n),$$

si dice filtrazione naturale per X.

In generale, una filtrazione sullo spazio di probabilità $(\Omega, \mathcal{F}, P)$ è una famiglia $(\mathcal{F}_n)_{n \in \mathbb{N}_0}$ crescente (cioè tale che $\mathcal{F}_n \subseteq \mathcal{F}_{n+1}$ per ogni n) di sotto-σ-algebre di $\mathcal{F}$.

Il processo X si dice adattato alla filtrazione $(\mathcal{F}_n)$, se X_n è $\mathcal{F}_n$-misurabile, o equivalentemente $\mathcal{F}_n^X \subseteq \mathcal{F}_n$, per ogni $n \in \mathbb{N}_0$. Il processo X si dice sommabile se $X_n \in L^1(\Omega, P)$ per ogni $n \in \mathbb{N}_0$.

In molte applicazioni i processi stocastici vengono utilizzati per descrivere l'evoluzione nel tempo di un fenomeno aleatorio e l'indice "n" rappresenta la variabile temporale. Poiché $n \in \mathbb{N}_0$, ci riferiamo spesso a X nella definizione precedente come ad un "processo stocastico a tempo discreto". Il Capitolo 4 sarà dedicato ai processi stocastici a tempo continuo per i quali il parametro "n" assume valori reali.

Per fissare le idee possiamo pensare ad X_n come al prezzo di un titolo rischioso al tempo n: intuitivamente $\mathcal{F}_n^X$ rappresenta le informazioni disponibili sul titolo X al tempo n e la filtrazione $\mathcal{F}^X := (\mathcal{F}_n^X)$ rappresenta il "flusso crescente" di queste informazioni.

Nella teoria della probabilità e nelle applicazioni finanziarie la seguente classe di processi gioca un ruolo centrale.

Definizione 2.110. *Sia $M = (M_n)_{n \in \mathbb{N}_0}$ un processo stocastico sommabile e adattato nello spazio con filtrazione $(\Omega, \mathcal{F}, P, \mathcal{F}_n)$. Diciamo che M è*

- *una martingala discreta (o, semplicemente, martingala) se*

$$M_n = E[M_{n+1} \mid \mathcal{F}_n], \qquad n \in \mathbb{N}_0;$$

- *è una super-martingala se*

$$M_n \geq E[M_{n+1} \mid \mathcal{F}_n], \qquad n \in \mathbb{N}_0;$$

- *è una sub-martingala se*

$$M_n \leq E[M_{n+1} \mid \mathcal{F}_n], \qquad n \in \mathbb{N}_0.$$

È chiaro che la proprietà di martingala dipende dalla filtrazione e dalla probabilità P considerate. Per la linearità dell'attesa condizionata, le martingale formano uno spazio vettoriale. Inoltre le combinazioni lineari a coefficienti non-negativi di super-martingale (risp. sub-martingale) sono ancora super-martingale (risp. sub-martingale).

Se M è una martingala e $n \geq k \geq 0$, vale

$$E[M_n \mid \mathcal{F}_k] = E[E[M_n \mid \mathcal{F}_{n-1}] \mid \mathcal{F}_k] = E[M_{n-1} \mid \mathcal{F}_k] = \cdots = M_k, \quad (2.77)$$

come conseguenza della proprietà (8) dell'attesa condizionata. Inoltre, per ogni n, vale

$$E[M_n] = E[E[M_n \mid \mathcal{F}_0]] = E[M_0], \qquad (2.78)$$

da cui segue che *una martingala è un p.s. che rimane costante in media*. Analogamente una super-martingala è un p.s. che "decresce in media" e una sub-martingala è un p.s. che "cresce in media".

Esempio 2.111. Sia X una variabile aleatoria sommabile nello spazio con filtrazione $(\Omega, \mathcal{F}, P, \mathcal{F}_n)$. Allora il processo M definito da

$$M_n := E[X \mid \mathcal{F}_n]$$

è una martingala: infatti M è chiaramente adattato e sommabile, e si ha

$$E[M_{n+1} \mid \mathcal{F}_n] = E[E[X \mid \mathcal{F}_{n+1}] \mid \mathcal{F}_n] = E[X \mid \mathcal{F}_n] = M_n.$$

□

Definizione 2.112. *Nello spazio di probabilità con filtrazione* $(\Omega, \mathcal{F}, P, \mathcal{F}_n)$, *diciamo che il p.s. A è predicibile se, per ogni $n \geq 1$, A_n è $\mathcal{F}_{n-1}$-misurabile.*

Il seguente risultato, che sarà utilizzato in seguito nello studio delle opzioni Americane, chiarisce la struttura dei processi adattati.

Teorema 2.113 (Teorema di decomposizione di Doob). *Ogni p.s. adattato X si decompone in modo unico[13] nella somma*

$$X = M + A \qquad (2.79)$$

dove M è una martingala tale che $M_0 = X_0$ e A è un p.s. predicibile tale che $A_0 = 0$. Inoltre X è una super-martingala (risp. sub-martingala) se e solo se A è decrescente[14] (risp. crescente).

Dimostrazione. Dato X, poniamo $M_0 = X_0$, $A_0 = 0$ e definiamo

$$\begin{aligned} M_{n+1} &= M_n + X_{n+1} - E\left[X_{n+1} \mid \mathcal{F}_n\right] \\ &= X_0 + \sum_{k=0}^{n} \left(X_{k+1} - E\left[X_{k+1} \mid \mathcal{F}_k\right]\right), \end{aligned} \qquad (2.80)$$

e

$$\begin{aligned} A_{n+1} &= A_n - (X_n - E\left[X_{n+1} \mid \mathcal{F}_n\right]) \\ &= -\sum_{k=0}^{n} \left(X_k - E\left[X_{k+1} \mid \mathcal{F}_k\right]\right). \end{aligned} \qquad (2.81)$$

È facile verificare che M è una martingala, A è predicibile e vale la (2.79).

Per quanto riguarda l'unicità della decomposizione: se vale (2.79) allora si ha anche

$$X_{n+1} - X_n = M_{n+1} - M_n - (A_{n+1} - A_n),$$

e considerando l'attesa condizionata (nell'ipotesi che M sia una martingala e A sia predicibile), si ha

$$E\left[X_{n+1} \mid \mathcal{F}_n\right] - X_n = -(A_{n+1} - A_n),$$

da cui si ha che M, A devono essere definite rispettivamente da (2.80) e (2.81).

Infine, per la (2.81) è chiaro che $A_{n+1} \geq A_n$ q.s. se e solo se X è una super-martingala. □

Osservazione 2.114. Se M è una martingala e φ è una funzione *convessa* su $\mathbb{R}$, tale che $\varphi(M)$ è sommabile, allora $\varphi(M)$ è una sub-martingala. Infatti

---

[13] A meno di un evento trascurabile.
[14] Un processo A è decrescente se $A_n \geq A_{n+1}$ q.s. per ogni n. Un p.s. A è crescente se $-A$ è decrescente.

2.7 Processi stocastici discreti e martingale

$$E\left[\varphi(M_{n+1}) \mid \mathcal{F}_n\right] \geq$$

(per la disuguaglianza di Jensen)

$$\geq \varphi(E\left[M_{n+1} \mid \mathcal{F}_n\right]) = \varphi(M_n).$$

Inoltre se M è una sub-martingala e φ è una funzione convessa e *crescente* su $\mathbb{R}$, tale che $\varphi(M)$ è sommabile, allora $\varphi(M)$ è una sub-martingala. Come casi particolarmente significativi, se M è una martingala allora $|M|$ e M^2 sono sub-martingale. Notiamo che il fatto che M sia una sub-martingala non è sufficiente a concludere che anche $|M|$ e M^2 siano sub-martingale: le funzioni $x \mapsto |x|$ e $x \mapsto x^2$ sono convesse ma non crescenti. □

Definizione 2.115. *Dati due processi adattati α e M, diciamo che*

$$G_n(\alpha, M) := \sum_{k=1}^{n} \alpha_k (M_k - M_{k-1}), \qquad n \in \mathbb{N}, \tag{2.82}$$

è la trasformata di M mediante α.

Il processo $G(\alpha, M)$ è l'analogo discreto dell'integrale stocastico che introdurremo nel Capitolo 5.

Proposizione 2.116. *Se M è una martingala e α è predicibile allora $G(\alpha, M)$ è una martingala con media nulla.*

Viceversa, se per ogni processo predicibile α si ha

$$E\left[G_n(\alpha, M)\right] = 0, \tag{2.83}$$

allora vale

$$[M_k \mid \mathcal{F}_{k-1}] = M_{k-1},$$

per ogni $1 \leq k \leq n$.

Dimostrazione. Chiaramente $G(\alpha, M)$ è un processo adattato. Inoltre, per ogni n, si ha

$$G_{n+1}(\alpha, M) = G_n(\alpha, M) + \alpha_{n+1}(M_{n+1} - M_n),$$

e quindi

$$E\left[G_{n+1}(\alpha, M) \mid \mathcal{F}_n\right] = G_n(\alpha, M) + E\left[\alpha_{n+1}(M_{n+1} - M_n) \mid \mathcal{F}_n\right] =$$

(essendo α predicibile)

$$= G_n(\alpha, M) + \alpha_{n+1} E\left[M_{n+1} - M_n \mid \mathcal{F}_n\right] =$$

(essendo M una martingala)

$$= G_n(\alpha, M).$$

Quindi $G(\alpha, M)$ è una martingala e vale

$$E\left[G_n(\alpha, M)\right] = E\left[G_1(\alpha, M)\right] = E\left[\alpha_1(M_1 - M_0)\right]$$
$$= E\left[\alpha_1 E\left[M_1 - M_0 \mid \mathcal{F}_0\right]\right] = 0.$$

Viceversa, dobbiamo mostrare che

$$E\left[M_k \mathbb{1}_A\right] = E\left[M_{k-1} \mathbb{1}_A\right], \qquad A \in \mathcal{F}_{k-1}.$$

Allora, fissato $A \in \mathcal{F}_{k-1}$, poniamo

$$\alpha_j = \begin{cases} \mathbb{1}_A, & j = k, \\ 0, & j \neq k. \end{cases}$$

Il processo α è predicibile e la tesi segue applicando la (2.83). □

2.7.1 Tempi d'arresto

Definizione 2.117. *Una variabile aleatoria*

$$\nu : \Omega \longrightarrow \mathbb{N}_0 \cup \{+\infty\}$$

tale che

$$\{\nu = n\} \in \mathcal{F}_n, \qquad n \in \mathbb{N}_0, \tag{2.84}$$

si dice tempo d'arresto (o stopping time).

Intuitivamente, si può pensare ad un tempo d'arresto come ad un istante in cui si prende una decisione relativa ad un fenomeno aleatorio (per esempio, la decisione di esercitare un'opzione Americana). Il vincolo è che tale decisione deve dipendere solo dalle informazioni disponibili al momento: questo è il significato della condizione (2.84).

Osservazione 2.118. La (2.84) ha le seguenti semplici conseguenze:

$$\{\nu \leq n\} = \bigcup_{k=0}^{n} \{\nu = k\} \in \mathcal{F}_n, \tag{2.85}$$

$$\{\nu \geq n+1\} = \{\nu < n+1\}^c = \{\nu \leq n\}^c \in \mathcal{F}_n. \tag{2.86}$$

□

Dato un processo stocastico X e un tempo d'arresto ν, definiamo il *processo arrestato*

$$X_n^\nu(\omega) = X_{n \wedge \nu(\omega)}(\omega), \qquad \omega \in \Omega, \tag{2.87}$$

dove abbiamo usato la notazione

$$a \wedge b = \min\{a, b\}.$$

Nel seguito scriveremo anche $X_{\nu \wedge n}$ invece di X_n^ν. Il seguente lemma mostra alcune semplici proprietà dei processi arrestati.

Lemma 2.119. *Vale:*

i) se X è adattato allora anche X^ν lo è;
ii) se X è una martingala allora anche X^ν lo è;
iii) se X è una super-martingala allora anche X^ν lo è.

Dimostrazione. Si ha

$$X_{\nu \wedge n} = X_0 + \sum_{k=1}^{n}(X_k - X_{k-1})\mathbb{1}_{\{\nu \geq k\}}, \qquad n \geq 1. \tag{2.88}$$

Per la (2.86), il processo $Y_k := \mathbb{1}_{\{\nu \geq k\}}$ è predicibile e quindi X^ν è adattato nel caso X lo sia. Inoltre, poiché $X^\nu_{n+1} = X^\nu_n$ su $\{\nu \leq n\}$, si ha

$$E\left[X_{\nu \wedge (n+1)} - X_{\nu \wedge n} \mid \mathcal{F}_n\right] = E\left[(X_{n+1} - X_n)\mathbb{1}_{\{\nu \geq n+1\}} \mid \mathcal{F}_n\right] =$$

(poiché $\mathbb{1}_{\{\nu \geq n+1\}}$ è $\mathcal{F}_n$-misurabile)

$$= \mathbb{1}_{\{\nu \geq n+1\}} E\left[X_{n+1} - X_n \mid \mathcal{F}_n\right], \tag{2.89}$$

da cui segue che se X è una (super-)martingala allora anche X^ν lo è. □

Dato un processo X e un tempo d'arresto ν finito q.s., tranne su un evento trascurabile A, definiamo la variabile aleatoria X_ν ponendo

$$X_\nu(\omega) = X_{\nu(\omega)}(\omega), \qquad \omega \in \Omega \setminus A,$$

e indichiamo con

$$\mathcal{F}_\nu := \{F \in \mathcal{F} \mid F \cap \{\nu \leq n\} \in \mathcal{F}_n \text{ per ogni } n \in \mathbb{N}\}, \tag{2.90}$$

la σ-algebra associata a ν.

Osservazione 2.120. La definizione (2.90) è coerente con la notazione $\mathcal{F}_n$ per la filtrazione: in altri termini, se ν è un tempo d'arresto costante, uguale a $k \in \mathbb{N}$, allora $\mathcal{F}_\nu = \mathcal{F}_k$. Infatti $F \in \mathcal{F}_\nu$ se e solo se

$$F \cap \{k \leq n\} \in \mathcal{F}_n, \qquad n \in \mathbb{N},$$

se e solo se

$$F \in \mathcal{F}_n, \qquad n \geq k,$$

ossia $F \in \mathcal{F}_k$.

Osserviamo anche che per ogni $k \in \mathbb{N}$ e tempo d'arresto ν vale

$$\{\nu = k\} \in \mathcal{F}_\nu,$$

poiché

$$\{\nu = k\} \cap \{\nu \leq n\} = \begin{cases} \{\nu = k\} & \text{per } k \leq n, \\ \emptyset & \text{per } k > n, \end{cases}$$

appartiene a $\mathcal{F}_n$ per ogni $n \in \mathbb{N}$. □

Lemma 2.121. *Se X è un processo adattato e ν è un tempo d'arresto finito q.s. allora X_ν è $\mathcal{F}_\nu$-misurabile.*

Dimostrazione. Poiché
$$X_\nu = \sum_{n=0}^{\infty} X_n \mathbb{1}_{\{\nu=n\}},$$
è sufficiente provare che $X_n \mathbb{1}_{\{\nu=n\}}$ è $\mathcal{F}_\nu$-misurabile per ogni $n \in \mathbb{N}_0$, ossia
$$\{X_n \mathbb{1}_{\{\nu=n\}} \in H\} \in \mathcal{F}_\nu, \qquad H \in \mathscr{B}, \; n \in \mathbb{N}_0.$$
Se $H \in \mathscr{B}$ e $0 \notin H$ si ha
$$A := \{X_n \mathbb{1}_{\{\nu=n\}} \in H\} = \{X_n \in H\} \cap \{\nu = n\},$$
e quindi $A \cap \{\nu \leq k\} \in \mathcal{F}_k$ per ogni k poiché
$$A \cap \{\nu \leq k\} = \begin{cases} A & \text{se } n \leq k, \\ \emptyset & \text{se } n > k. \end{cases}$$
D'altra parte, se $H = \{0\}$ abbiamo
$$B := \{X_n \mathbb{1}_{\{\nu=n\}} = 0\} = \left(\bigcup_{i \neq n} \{\nu = i\}\right) \cup (\{X_n = 0\} \cap \{\nu = n\}).$$
Dunque $B \in \mathcal{F}_\nu$ poiché
$$B \cap \{\nu \leq k\} = \underbrace{\left(\bigcup_{i \neq n, \; i \leq k} \{\nu = i\}\right)}_{\in \mathcal{F}_k} \cup \underbrace{(\{X_n = 0\} \cap \{\nu = n\} \cap \{\nu \leq k\})}_{\in \mathcal{F}_k}$$
per ogni k. □

Teorema 2.122 (Teorema di optional sampling di Doob). *Siano ν_1, ν_2 tempi d'arresto limitati q.s., tali che*
$$\nu_1 \leq \nu_2 \leq N \quad q.s.$$
con $N \in \mathbb{N}$. Se X è una super-martingala allora X_{ν_1}, X_{ν_2} sono v.a. sommabili e vale
$$X_{\nu_1} \geq E[X_{\nu_2} \mid \mathcal{F}_{\nu_1}]. \tag{2.91}$$
In particolare, se X è una martingala allora
$$X_{\nu_1} = E[X_{\nu_2} \mid \mathcal{F}_{\nu_1}],$$
e per ogni tempo d'arresto q.s. limitato vale
$$E[X_\nu] = E[X_0]. \tag{2.92}$$

2.7 Processi stocastici discreti e martingale

Dimostrazione. Le v.a. X_{ν_1}, X_{ν_2} sono sommabili poiché

$$|X_{\nu_i}| \leq \sum_{k=0}^{N} |X_k|, \qquad i = 1, 2.$$

Per provare la (2.91) utilizziamo l'Osservazione 2.100: poiché, per il Lemma 2.121, X_{ν_1} è $\mathcal{F}_{\nu_1}$-misurabile rimane da provare che

$$\int_A X_{\nu_1} dP \geq \int_A X_{\nu_2} dP, \qquad A \in \mathcal{F}_{\nu_1}. \tag{2.93}$$

Consideriamo prima il caso in cui ν_2 sia costante, $\nu_2 = N$. Se $A \in \mathcal{F}_{\nu_1}$ si ha $A \cap \{\nu_1 = n\} \in \mathcal{F}_n$ e quindi

$$\int_{A \cap \{\nu_1 = n\}} X_{\nu_1} dP = \int_{A \cap \{\nu_1 = n\}} X_n dP$$
$$\geq \int_{A \cap \{\nu_1 = n\}} E[X_N \mid \mathcal{F}_n] dP = \int_{A \cap \{\nu_1 = n\}} X_N dP.$$

Ne segue

$$\int_A X_{\nu_1} dP = \sum_{n=0}^{N} \int_{A \cap \{\nu_1 = n\}} X_{\nu_1} dP \geq \sum_{n=0}^{N} \int_{A \cap \{\nu_1 = n\}} X_N dP = \int_A X_N dP. \tag{2.94}$$

Consideriamo ora il caso generale in cui $\nu_2 \leq N$ q.s. Per il Lemma 2.119, X^{ν_2} è una super-martingala e quindi applicando la (2.94) abbiamo

$$\int_A X_{\nu_1} dP = \int_A X_{\nu_1}^{\nu_2} dP \geq \int_A X_N^{\nu_2} dP = \int_A X_{\nu_2} dP.$$

□

Osservazione 2.123. La (2.92) vale anche assumendo che ν sia finito q.s. e X sia una martingala uniformemente sommabile, ossia

$$|X_n| \leq Y, \qquad n \in \mathbb{N}_0, \text{ q.s.}$$

con $Y \in L^1(\Omega, P)$. Infatti, per il Lemma 2.119, vale

$$E[X_{\nu \wedge n}] = E[X_0], \qquad n \in \mathbb{N},$$

e la tesi segue passando al limite in $n \to \infty$, per il teorema della convergenza dominata. □

2.7.2 Disuguaglianza di Doob

Fra i molti notevoli risultati della teoria delle martingale proviamo la seguente disuguaglianza di Doob che utilizzeremo spesso nel seguito.

Teorema 2.124 (Disuguaglianza massimale di Doob). *Sia M una martingala nello spazio $(\Omega, \mathcal{F}, P, \mathcal{F}_n)$. Per ogni $N \in \mathbb{N}$ e $p \in \mathbb{R}$, $p > 1$, vale*

$$E\left[\max_{0 \leq n \leq N} |M_n|^p\right] \leq q^p E\left[|M_N|^p\right], \qquad (2.95)$$

dove $q = \frac{p}{p-1}$ è l'esponente coniugato di p.

Dimostrazione. Proviamo più in generale che se X è una sub-martingala non-negativa allora

$$E\left[\max_{0 \leq n \leq N} X_n^p\right] \leq q^p E\left[X_N^p\right], \qquad (2.96)$$

per ogni $N \in \mathbb{N}$ e $p > 1$. La (2.95) è immediata conseguenza della (2.96) applicata alla sub-martingala non-negativa $X = |M|$.

Fissati $N \in \mathbb{N}$ e $\lambda > 0$, poniamo

$$\nu_\lambda(\omega) = \min\{n \leq N \mid X_n(\omega) \geq \lambda\}$$

e $\nu_\lambda(\omega) = N + 1$ se tale insieme è vuoto. Posto

$$W_{n,\lambda} = \mathbb{1}_{\{\nu_\lambda = n\}}, \qquad n = 0, \ldots, N,$$

si ha ovviamente

$$\lambda W_{n,\lambda} \leq X_n W_{n,\lambda},$$

e, in valore atteso,

$$\lambda E\left[W_{n,\lambda}\right] \leq E\left[X_n W_{n,\lambda}\right] \leq$$

(poiché per ipotesi X è una sub-martingala)

$$\leq E\left[E\left[X_N \mid \mathcal{F}_n\right] W_{n,\lambda}\right] =$$

(per l'Osservazione 2.98, poiché $W_{n,\lambda}$ è $\mathcal{F}_n$-misurabile e limitata)

$$= E\left[X_N W_{n,\lambda}\right]. \qquad (2.97)$$

Ora poniamo $Y = \max_{0 \leq n \leq N} X_n$ ed osserviamo che

$$\mathbb{1}_{\{Y \geq \lambda\}} = \sum_{n=0}^{N} W_{n,\lambda}$$

e in valore atteso, utilizzando la stima (2.97),

2.7 Processi stocastici discreti e martingale

$$\lambda P(Y \geq \lambda) = \lambda \sum_{n=0}^{N} E\left[W_{n,\lambda}\right] \leq E\left[X_N \mathbb{1}_{\{Y \geq \lambda\}}\right]. \tag{2.98}$$

Inoltre, per l'Esempio 2.41, per ogni $p > 0$ vale

$$E[Y^p] = p\int_0^{+\infty} \lambda^{p-1} P(Y \geq \lambda)\, d\lambda \leq$$

(per la (2.98))

$$\leq pE\left[X_N \int_0^{+\infty} \lambda^{p-2} \mathbb{1}_{\{Y \geq \lambda\}} d\lambda\right] = \frac{p}{p-1} E\left[X_N Y^{p-1}\right] \leq$$

(per la disuguaglianza di Hölder[15])

$$\leq \frac{p}{p-1} E\left[X_N^p\right]^{\frac{1}{p}} E\left[Y^p\right]^{1-\frac{1}{p}},$$

e questo conclude la prova. □

Osservazione 2.125. Sia $(M_n)_{n \in \mathbb{N}}$ una martingala *limitata in L^p con $p > 1$*, ossia tale che

$$\sup_{n \in \mathbb{N}} E\left[|M_n|^p\right] < \infty.$$

Per il Teorema 2.124, si ha

$$E\left[\sup_{n \in \mathbb{N}} |M_n|^p\right] \leq q^p \sup_{n \in \mathbb{N}} E\left[|M_n|^p\right],$$

dove q è l'esponente coniugato di p. □

Per brevità riportiamo senza dimostrazione un altro classico risultato che afferma che sotto ipotesi molto generali una martingala converge quasi certamente per $n \to \infty$. Per la prova del seguente teorema si veda, per esempio, [169].

Teorema 2.126. *Sia $(X_n)_{n \in \mathbb{N}}$ una super-martingala tale che*

$$\sup_n E\left[X_n^-\right] < +\infty \tag{2.99}$$

dove $X^- = \max\{0, -X\}$. Allora esiste finito

$$\lim_{n \to \infty} X_n \qquad q.s.$$

---

[15]
$$E[|XY|] \leq E[|X|^p]^{\frac{1}{p}} E[|Y|^q]^{\frac{1}{q}},$$
per ogni $p, q \geq 1$ esponenti coniugati ossia tali che
$$\frac{1}{p} + \frac{1}{q} = 1.$$

Osserviamo che se $(M_n)_{n\in\mathbb{N}}$ è una martingala limitata in L^p per $p>1$, allora per l'Osservazione 2.125 la condizione (2.99) è soddisfatta e quindi (M_n) converge q.s. per $n\to\infty$ ad una variabile aleatoria M tale che $|M|\le\sup_n|M_n|$. Inoltre poiché

$$|M_n-M|^p\le 2^{p-1}\left(|M_n|^p+|M|^p\right)\le 2^p\sup_n|M_n|^p,$$

per il Teorema della convergenza dominata vale

$$\lim_{n\to\infty}E\left[|M_n-M|^p\right]=0.$$

Abbiamo dunque provato il seguente

Teorema 2.127. *Ogni martingala $(M_n)_{n\in\mathbb{N}}$, limitata in L^p con $p>1$, converge q.s. e in norma L^p.*

Proviamo un'utile conseguenza del risultato precedente.

Corollario 2.128. *Siano $X\in L^p$, per un $p>1$, e $(\mathcal{F}_n)_{n\in\mathbb{N}}$ una filtrazione sullo spazio $(\Omega,\mathcal{F},P)$. Allora vale*

$$\lim_{n\to\infty}E\left[X\mid\mathcal{F}_n\right]=E\left[X\mid\mathcal{F}_\infty\right],\qquad\text{in }L^p,$$

dove $\mathcal{F}_\infty$ indica la σ-algebra generata da $(\mathcal{F}_n)_{n\in\mathbb{N}}$.

Dimostrazione. La posizione

$$X_n=E\left[X\mid\mathcal{F}_n\right],\qquad n\in\mathbb{N},$$

definisce una martingala limitata in L^p con $p>1$ e quindi esiste

$$\lim_{n\to\infty}X_n=:M,\qquad\text{in }L^p.$$

Allora è sufficiente provare che

$$M=E\left[X\mid\mathcal{F}_\infty\right]. \tag{2.100}$$

Poniamo

$$M_n=E\left[M\mid\mathcal{F}_n\right],\qquad n\in\mathbb{N},$$

ed osserviamo che

$$E\left[|X_n-M_n|\right]=E\left[|X_n-E\left[M\mid\mathcal{F}_n\right]|\right]\le E\left[|X_n-M|\right]\xrightarrow[n\to\infty]{}0.$$

Ora fissiamo $\bar{n}\in\mathbb{N}$: per ogni $F\in\mathcal{F}_{\bar{n}}$ e $n\ge\bar{n}$ si ha

$$\int_F(X-M)dP=\int_F E\left[X-M\mid\mathcal{F}_n\right]dP=\int_F(X_n-M_n)dP\xrightarrow[n\to\infty]{}0.$$

Deduciamo che vale

$$\int_F MdP=\int_F XdP,\qquad F\in\mathcal{F}_\infty;$$

ed essendo $M\in m\mathcal{F}_\infty$ otteniamo la (2.100). $\square$

Osservazione 2.129. Utilizzando la nozione di uniforme integrabilità (cfr. Sezione A.5.2), è possibile estendere il risultato di convergenza del Corollario 2.128 anche al caso $p = 1$. □

3
Modelli di mercato a tempo discreto

Mercati discreti e arbitraggi – Modello binomiale – Modello trinomiale – Opzioni Americane

In questo capitolo diamo una descrizione dei modelli di mercato a tempo discreto per la valutazione e copertura di derivati di stile Europeo e Americano. Presentiamo il classico modello binomiale introdotto da Cox, Ross e Rubinstein in [31] e accenniamo al problema della valutazione in mercati incompleti.

3.1 Mercati discreti e arbitraggi

Consideriamo un modello di mercato discreto, costruito su uno spazio di probabilità $(\Omega, \mathcal{F}, P)$ con Ω che ha un numero *finito* di elementi e in cui assumiamo che $P(\{\omega\}) > 0$ per ogni $\omega \in \Omega$. Fissato un intervallo temporale[1] $[0, T]$, supponiamo che le contrattazioni avvengano solo in alcune date fissate

$$0 = t_0 < t_1 < \cdots < t_N = T,$$

e che il mercato sia composto da $d+1$ titoli (bond, azioni, derivati...)

$$S = (S^0, S^1, \ldots, S^d),$$

dove S_n^k è una variabile aleatoria reale non-negativa che indica il prezzo all'istante t_n del titolo k-esimo: pertanto il titolo $S^k = (S_n^k)_{n=0,\ldots,N}$ è un processo stocastico a tempo discreto in $(\Omega, \mathcal{F}, P)$. Diciamo che S è un *mercato discreto sullo spazio di probabilità* $(\Omega, \mathcal{F}, P)$.

Nel seguito supponiamo che esista almeno un titolo che assume sempre valori strettamente positivi: per semplicità sia $S_n^0 > 0$, per ogni n. Ponendo

$$\widetilde{S}_n^k = \frac{S_n^k}{S_n^0} \qquad (3.1)$$

---

[1] Ricordiamo che l'unità di tempo è l'anno: per fissare le idee, $t = 0$ indica la data odierna e T la scadenza di un derivato.

Pascucci A, Calcolo stocastico per la finanza. © Springer-Verlag Italia, Milano, 2008

definiamo il *mercato normalizzato rispetto a* S^0. Nel mercato normalizzato si ha ovviamente $\widetilde{S}^0 = 1$ e i prezzi dei titoli sono espressi in unità del titolo S^0, comunemente chiamato *numeraire*. Spesso S^0 gioca il ruolo del titolo non rischioso corrispondente all'investimento in banca: in tal caso $\widetilde{S}^k$ viene anche detto *prezzo scontato* del titolo k−esimo. Nella pratica, scontando è possibile confrontare prezzi quotati in istanti differenti.

Consideriamo la filtrazione $(\mathcal{F}_n)$ definita da

$$\mathcal{F}_n = \sigma(S_0, \ldots, S_n), \qquad 0 \leq n \leq N. \tag{3.2}$$

Come visto in precedenza, una σ-algebra rappresenta un insieme di informazioni: in particolare, $\mathcal{F}_n$ rappresenta le informazioni sul mercato disponibili *al tempo* t_n. È naturale assumere

$$\mathcal{F}_0 = \{\emptyset, \Omega\} \tag{3.3}$$

ossia[2] i prezzi $S_0^0, \ldots, S_0^d$ dei titoli all'istante iniziale sono osservabili e dunque sono valori deterministici (numeri reali, non variabili aleatorie). Inoltre non è restrittivo assumere

$$\mathcal{F} = \mathcal{F}_N. \tag{3.4}$$

Definizione 3.1. *Un portafoglio (o strategia) è un processo stocastico in* $\mathbb{R}^{d+1}$

$$\alpha = (\alpha_n^0, \ldots, \alpha_n^d)_{n=0,\ldots,N}.$$

Nella definizione precedente α_n^k rappresenta la quantità del titolo S^k posseduta (in portafoglio) all'istante t_n. Pertanto indichiamo il valore del portafoglio α all'istante t_n con

$$V_n(\alpha) = \alpha_n \cdot S_n := \sum_{k=0}^{d} \alpha_n^k S_n^k.$$

Chiaramente il valore del portafoglio $V(\alpha) := (V_n(\alpha))_{n=0,\ldots,N}$ è un processo stocastico reale a tempo discreto. Notiamo che è ammesso che α_n^k assuma valori negativi: per esempio, sono ammessi la vendita allo scoperto di azioni o il prestito di soldi dalla banca.

Definizione 3.2. *Un portafoglio* α *è autofinanziante se vale la relazione*

$$V_n(\alpha) = \alpha_{n+1} \cdot S_n, \tag{3.5}$$

per ogni $n = 0, \ldots, N-1$.

Esempio 3.3. Nel caso di due titoli, $d = 1$, la (3.5) è equivalente a

$$\alpha_{n+1}^0 = \alpha_n^0 - (\alpha_{n+1}^1 - \alpha_n^1)\frac{S_n^1}{S_n^0}.$$

---

[2] Ricordando l'Esempio 2.46.

La formula precedente esprime come deve cambiare α_{n+1}^0 in un portafoglio autofinanziante se al tempo t_n, essendo noti S_n^0 e S_n^1, vogliamo variare il numero di titoli α_{n+1}^1. Nel caso $d=0$ un portafoglio α è autofinanziante se e solo se è costante. □

Per un portafoglio autofinanziante vale l'uguaglianza

$$\alpha_n \cdot S_n = \alpha_{n+1} \cdot S_n,$$

che si interpreta nel modo seguente:

al tempo t_n abbiamo a disposizione il capitale $V_n(\alpha) = \alpha_n \cdot S_n$ e ribilanciamo il portafoglio con le nuove quantità α_{n+1} in modo tale da non mutare il valore complessivo.

Per esempio, al tempo iniziale, avendo a disposizione $\alpha_0 \cdot S_0$, modifichiamo portafoglio in modo che il suo valore $\alpha_1 \cdot S_0$ sia uguale al capitale disponibile $\alpha_0 \cdot S_0$. Notiamo che α_n indica la composizione del portafoglio che si costruisce al tempo $n-1$. In particolare in un portafoglio autofinanziante il termine α_0 è "superfluo" poiché $V_0(\alpha) = \alpha_1 \cdot S_0$ e il valore $V(\alpha)$ è determinato solo da $\alpha_1, \ldots, \alpha_N$: pertanto, per convenzione, indicheremo una strategia autofinanziante semplicemente con

$$\alpha = (\alpha_1, \ldots, \alpha_N).$$

Nel seguito consideriamo solo strategie di investimento elaborate in base alle informazioni sul mercato disponibili al momento (non conoscendo il futuro). Poiché in una strategia autofinanziante il ribilanciamento del portafoglio dalla composizione α_n a α_{n+1} avviene al tempo n, risulta naturale assumere che α sia *predicibile*. Ricordiamo la Definizione 2.112:

Definizione 3.4. *Un portafoglio α è predicibile se α_n è $\mathcal{F}_{n-1}$-misurabile per ogni $n = 1, \ldots, N$.*

Ritorniamo sul concetto di autofinanziamento per un ulteriore commento. Se α è autofinanziante si ha

$$V_{n+1}(\alpha) - V_n(\alpha) = \alpha_{n+1} \cdot (S_{n+1} - S_n) = \sum_{k=0}^{d} \alpha_{n+1}^k (S_{n+1}^k - S_n^k), \qquad (3.6)$$

e quindi la variazione del valore del portafoglio dal tempo t_n a t_{n+1} è dovuta solo alla variazione dei prezzi dei titoli e non al fatto che è stata introdotta o tolta liquidità. Dunque in una strategia autofinanziante stabiliamo al tempo iniziale la somma da investire e successivamente non aggiungiamo o togliamo denaro.

Sommando in n nella (3.6), otteniamo

$$g_n(\alpha) := V_n(\alpha) - V_0(\alpha) = \sum_{j=1}^{n} \alpha_j \cdot (S_j - S_{j-1}), \qquad n = 1, \ldots, N. \qquad (3.7)$$

78   3 Modelli di mercato a tempo discreto

Il processo $(g_n(\alpha))_{1\leq n\leq N}$ rappresenta il *guadagno* della strategia α. Notiamo che $(g_n(\alpha))_{1\leq n\leq N}$ è la trasformata di S mediante α secondo la Definizione 2.115. Chiaramente si ha

$$V_n(\alpha) = V_0(\alpha) + g_n(\alpha), \qquad n = 1, \ldots, N, \tag{3.8}$$

e quindi vale la seguente

Proposizione 3.5. *Una strategia α è autofinanziante se e solo vale la (3.8) ossia se in ogni istante il valore del portafoglio è pari alla somma dell'investimento iniziale e del guadagno maturato.*

Consideriamo ora il mercato normalizzato $\widetilde{S}$. Se α è autofinanziante vale

$$\widetilde{V}_n(\alpha) = \alpha_n \cdot \widetilde{S}_n = \alpha_{n+1} \cdot \widetilde{S}_n$$

e

$$\widetilde{V}_{n+1}(\alpha) - \widetilde{V}_n(\alpha) = \alpha_{n+1} \cdot \left(\widetilde{S}_{n+1} - \widetilde{S}_n\right).$$

Sommando in n, poiché $\widetilde{S}^0_j - \widetilde{S}^0_{j-1} = 0$, otteniamo

$$\widetilde{V}_n(\alpha) = \widetilde{V}_0(\alpha) + G_n(\alpha^1, \ldots, \alpha^d) \tag{3.9}$$

dove

$$G_n(\alpha^1, \ldots, \alpha^d) := \sum_{j=1}^n \left(\alpha^1_j(\widetilde{S}^1_j - \widetilde{S}^1_{j-1}) + \cdots + \alpha^d_j(\widetilde{S}^d_j - \widetilde{S}^d_{j-1})\right)$$

è la trasformata di $\widetilde{S}$ mediante $\alpha^1, \ldots, \alpha^d$ (cfr. Definizione 2.115). Diciamo impropriamente[3] che $G_n(\alpha^1, \ldots, \alpha^d)$ è il *guadagno normalizzato della strategia α*. La (3.9) esprime il fatto che il valore normalizzato del portafoglio è pari alla somma del capitale iniziale e del guadagno normalizzato, ottenuto investendo nei titoli $\widetilde{S}^1, \ldots, \widetilde{S}^d$ secondo la strategia $(\alpha^1, \ldots, \alpha^d)$. Ovviamente la strategia α determina $\widetilde{V}_0(\alpha)$ e i processi predicibili $\alpha^1, \ldots, \alpha^d$. Ma vale anche il viceversa:

Proposizione 3.6. *Fissato un valore iniziale $\widetilde{V}_0 \in \mathbb{R}$ e dati d processi predicibili $\alpha^1, \ldots, \alpha^d$, esiste ed è unico il processo predicibile α^0 tale che la strategia*

$$\alpha = (\alpha^0, \alpha^1, \ldots, \alpha^d)$$

sia autofinanziante e valga $\widetilde{V}_0(\alpha) = \widetilde{V}_0$.

Dimostrazione. Dati $\widetilde{V}_0$ e $\alpha^1, \ldots, \alpha^d$, il processo α^0 è definito dalla condizione di autofinanziamento:

$$\alpha^0_{n+1} + \sum_{k=1}^d \alpha^k_{n+1} \widetilde{S}^k_n = \widetilde{V}_n(\alpha) = \widetilde{V}_0 + G_n(\alpha^1, \ldots, \alpha^d),$$

da cui segue anche che α^0_{n+1} è $\mathcal{F}_n$-misurabile, ossia α^0 è predicibile. □

---
[3] Notiamo che $G_n(\alpha^1, \ldots, \alpha^d) \neq \frac{g_n(\alpha)}{S^0_n}$ e che $G_n(\alpha^1, \ldots, \alpha^d)$ non dipende da α^0!

3.1 Mercati discreti e arbitraggi 79

Osservazione 3.7. Per ogni portafoglio autofinanziante α, il guadagno normalizzato $\widetilde{V}_n(\alpha) - \widetilde{V}_0(\alpha)$ dipende solo da $\alpha^1, \ldots, \alpha^d$ e non da α^0 o da $\widetilde{V}_0(\alpha)$. □

3.1.1 Arbitraggi e strategie ammissibili

Nel seguito indichiamo con $\mathcal{A}$ la famiglia dei portafogli autofinanzianti e predicibili:

$$\mathcal{A} = \{\alpha = (\alpha_n^0, \ldots, \alpha_n^d)_{n=1,\ldots,N} \mid \alpha \text{ è autofinanziante e predicibile}\}.$$

Definizione 3.8. *Diciamo che $\alpha \in \mathcal{A}$ è un portafoglio di arbitraggio (o semplicemente un arbitraggio) se il valore $V(\alpha)$ del portafoglio è tale che*[4]

i) $V_0(\alpha) = 0$;

ed esiste n tale che

ii) $V_n(\alpha) \geq 0$, $P-q.s.$;
iii) $P(V_n(\alpha) > 0) > 0$.

Diciamo che il mercato $S = (S^0, \ldots, S^d)$ è libero da arbitraggi se la famiglia $\mathcal{A}$ non contiene portafogli d'arbitraggio.

Un arbitraggio è una strategia in $\mathcal{A}$ che, pur non richiedendo un investimento iniziale e non esponendo ad alcun rischio ($V_n \geq 0$ P-q.s.), ha la possibilità di assumere un valore positivo. Per la condizione di predicibilità, non è possibile avere un guadagno certo e privo di rischio in un mercato libero da arbitraggi a meno di conoscere il futuro.

L'assenza d'opportunità d'arbitraggio è un'ipotesi fondamentale dal punto di vista economico, che ogni modello sensato deve soddisfare. Il fatto che ci sia assenza di arbitraggi dipende chiaramente dal modello probabilistico considerato, ossia dallo spazio $(\Omega, \mathcal{F}, P)$ e dal tipo di processo stocastico $S = (S^0, \ldots, S^d)$ utilizzato per descrivere il mercato. Nella Sezione 3.1.2 diamo una caratterizzazione matematica dell'assenza d'arbitraggio in termini di esistenza di una particolare misura di probabilità, equivalente a P, detta misura martingala. Successivamente, nel Paragrafo 3.2 esaminiamo il caso particolarmente semplice del modello binomiale in modo da vedere più concretamente il significato dei concetti introdotti. In particolare vedremo che nel modello binomiale il mercato è libero da arbitraggi sotto ipotesi molto semplici e intuitive.

Abbiamo assunto che i valori di una strategia possano essere negativi (vendita allo scoperto), tuttavia è ragionevole richiedere che il valore complessivo del portafoglio non sia negativo.

---
[4] Abbiamo supposto che il vuoto sia l'unico evento di probabilità nulla: benché sia superfluo scrivere $P-$q.s. di fianco alle uguaglianze, lo faremo per uniformità rispetto al caso continuo.

Definizione 3.9. *Una strategia* $\alpha \in \mathcal{A}$ *si dice ammissibile se*

$$V_n(\alpha) \geq 0, \qquad P - q.s.$$

per ogni $n \leq N$.

In alcuni testi la definizione di arbitraggio include la condizione di ammissibilità della strategia. In effetti, in un mercato discreto ogni strategia di arbitraggio può essere modificata in modo da renderla ammissibile. Questo risultato non si generalizza al caso continuo.

Proposizione 3.10. *Un mercato discreto è libero da arbitraggi se e solo se non esistono strategie d'arbitraggio ammissibili.*

Dimostrazione. Supponiamo che non esistano strategie d'arbitraggio ammissibili: dobbiamo provare che allora non esistono arbitraggi. Dimostriamo la tesi per assurdo: supponendo l'esistenza di un arbitraggio α, costruiamo una arbitraggio ammissibile β.

Per ipotesi, $V_0(\alpha) = \alpha_1 \cdot S_0 = 0$ ed esiste n (non è restrittivo supporre $n = N$) tale che $\alpha_n \cdot S_n \geq 0$ q.s. e $P(\alpha_n \cdot S_n > 0) > 0$. Se α non è ammissibile esistono $k < N$ e $F \in \mathcal{F}_k$ con $P(F) > 0$ tali che

$$\alpha_k \cdot S_k < 0 \text{ su } F, \quad \text{e} \quad \alpha_n \cdot S_n \geq 0 \text{ q.s. per } k < n \leq N. \tag{3.10}$$

Definiamo allora una nuova strategia d'arbitraggio nel modo seguente: $\beta_n \equiv 0$ su $\Omega \setminus F$ per ogni n, mentre su F

$$\beta_n = \begin{cases} 0, & n \leq k, \\ \alpha_n - (\alpha_k \cdot S_k)\mathbf{e}^0, & n > k, \end{cases}$$

dove $\mathbf{e}^0 = (1, 0, \ldots, 0) \in \mathbb{R}^{d+1}$. □

3.1.2 Misura martingala

In questa sezione consideriamo un mercato discreto S sullo spazio $(\Omega, \mathcal{F}, P)$ e caratterizziamo la proprietà di assenza d'arbitraggi in termini di esistenza di una nuova misura di probabilità equivalente[5] a P e rispetto alla quale il processo dei prezzi scontati è una martingala. Ricordiamo la notazione $\tilde{S}$ per il mercato normalizzato rispetto al numeraire S^0 e diamo la seguente importante

Definizione 3.11. *Una misura martingala con numeraire* S^0 *è una misura di probabilità* Q *su* $(\Omega, \mathcal{F})$ *tale che:*

i) Q è equivalente a P;

---

[5] Si veda il Paragrafo 2.5.

3.1 Mercati discreti e arbitraggi

ii) per ogni $n = 1, \ldots, N$ vale

$$E^Q \left[\widetilde{S}_n \mid \mathcal{F}_{n-1} \right] = \widetilde{S}_{n-1}, \tag{3.11}$$

ossia $\widetilde{S}$ è una Q-martingala.

Per la proprietà di martingala, si ha

$$E^Q \left[\widetilde{S}_n \mid \mathcal{F}_k \right] = \widetilde{S}_k, \qquad 0 \leq k < n \leq N,$$

e di conseguenza

$$E^Q \left[\widetilde{S}_n \right] = E^Q \left[E^Q \left[\widetilde{S}_n \mid \mathcal{F}_0 \right] \right] = \widetilde{S}_0. \tag{3.12}$$

La formula (3.12) ha un'importante interpretazione economica: essa esprime il fatto che il valore atteso dei prezzi futuri normalizzati è uguale al prezzo attuale. Dunque la (3.12) costituisce una *formula di valutazione neutrale al rischio* nel senso stabilito nella Sezione 1.2.1: il valore atteso di $\widetilde{S}_n$ nella misura Q corrisponde al valore attribuito da un investitore che pensa che il prezzo attuale di mercato del titolo sia corretto (e dunque non è propenso né avverso ad acquistare il titolo).

Osserviamo che la definizione di misura martingala dipende dalla scelta del numeraire. Inoltre sottolineiamo il fatto che, poiché Q è equivalente a P, il mercato è libero da arbitraggi nella misura P se e solo se lo è in Q.

Il seguente risultato, data la sua importanza, è comunemente noto come Primo Teorema fondamentale della valutazione.

Teorema 3.12 (Primo Teorema fondamentale della valutazione). *Un mercato discreto è libero da arbitraggi se e solo se esiste almeno una misura martingala.*

Rimandiamo la dimostrazione del Teorema 3.12 alla Sezione 3.1.4 e analizziamo alcune importanti conseguenze della definizione di misura martingala. Il seguente risultato mette in luce la fondamentale caratteristica dei portafogli autofinanzianti e predicibili di conservare la proprietà di martingala: se $\widetilde{S}$ è una martingala e $\alpha \in \mathcal{A}$ allora anche $\widetilde{V}(\alpha)$ è una martingala.

Proposizione 3.13. *Se Q è una misura martingala e $\alpha \in \mathcal{A}$, allora $\widetilde{V}(\alpha)$ è una Q-martingala:*

$$E^Q \left[\widetilde{V}_{n+1}(\alpha) \mid \mathcal{F}_n \right] = \widetilde{V}_n(\alpha), \qquad n = 0, \ldots, N-1. \tag{3.13}$$

In particolare vale la seguente formula di valutazione neutrale al rischio

$$\widetilde{V}_0(\alpha) = E^Q \left[\widetilde{V}_n(\alpha) \right], \qquad n \leq N. \tag{3.14}$$

Viceversa, se Q è una misura equivalente a P e per ogni $\alpha \in \mathcal{A}$ vale la (3.13) allora Q è una misura martingala.

Dimostrazione. Il risultato è immediata conseguenza della formula (3.9) che sinteticamente riassume il fatto che α è *autofinanziante se e solo se $V(\alpha)$ è la trasformata di $\widetilde{S}$ mediante α*. D'altra parte, essendo α predicibile, la tesi segue direttamente dalla Proposizione 2.116.

Per maggior chiarezza ci sembra comunque utile ripetere la dimostrazione: per la condizione di autofinanziamento (3.5), si ha

$$\widetilde{V}_{n+1}(\alpha) = \widetilde{V}_n(\alpha) + \alpha_{n+1} \cdot (\widetilde{S}_{n+1} - \widetilde{S}_n)$$

e considerando l'attesa condizionata a $\mathcal{F}_n$, otteniamo

$$E^Q\left[\widetilde{V}_{n+1}(\alpha) \mid \mathcal{F}_n\right] = \widetilde{V}_n(\alpha) + E^Q\left[\alpha_{n+1} \cdot (\widetilde{S}_{n+1} - \widetilde{S}_n) \mid \mathcal{F}_n\right] =$$

(per la proprietà (7) dell'attesa condizionata, essendo α predicibile)

$$= \widetilde{V}_n(\alpha) + \alpha_{n+1} \cdot E^Q\left[\widetilde{S}_{n+1} - \widetilde{S}_n \mid \mathcal{F}_n\right] = \widetilde{V}_n(\alpha)$$

per la (3.11). Il viceversa è banale. □

Il seguente risultato contiene la principale conseguenza, fondamentale dal punto di vista operativo, della condizione di assenza d'arbitraggi: *se due strategie autofinanzianti e predicibili hanno lo stesso valore finale allora devono avere lo stesso valore anche in tutti i tempi precedenti.*

Proposizione 3.14. *In un mercato libero da arbitraggi, se $\alpha, \beta \in \mathcal{A}$ e vale*

$$V_N(\alpha) = V_N(\beta) \quad P\text{-}q.s.,$$

allora

$$V_n(\alpha) = V_n(\beta) \quad P\text{-}q.s.$$

per ogni $n = 0, \ldots, N$.

Dimostrazione. La tesi è conseguenza del fatto che $\widetilde{V}(\alpha), \widetilde{V}(\beta)$ sono Q-martingale con lo stesso valore finale. Infatti, poiché le misure sono equivalenti, vale $V_N(\alpha) = V_N(\beta)$ Q-q.s. e dunque

$$\widetilde{V}_n(\alpha) = E^Q\left[\widetilde{V}_N(\alpha) \mid \mathcal{F}_n\right] = E^Q\left[\widetilde{V}_N(\beta) \mid \mathcal{F}_n\right] = \widetilde{V}_n(\beta),$$

per ogni $n \leq N$. □

Osservazione 3.15. Analogamente, in un mercato libero da arbitraggi, se $\alpha, \beta \in \mathcal{A}$ e vale

$$V_N(\alpha) \geq V_N(\beta) \quad P\text{-q.s.},$$

allora

$$V_n(\alpha) \geq V_n(\beta) \quad P\text{-q.s.}$$

per ogni $n = 0, \ldots, N$. □

3.1.3 Derivati e prezzo d'arbitraggio

Consideriamo un mercato discreto e libero da arbitraggi S sullo spazio $(\Omega, \mathcal{F}, P)$.

Definizione 3.16. *Un derivato di tipo Europeo è una variabile aleatoria X su $(\Omega, \mathcal{F}, P)$.*

Per fissare le idee, X rappresenta il valore finale (o payoff) di un'opzione con scadenza T. In particolare

- un derivato X si dice *path-independent* se dipende solo dal valore *finale* dei titoli sottostanti:
$$X = F(S_T), \qquad (3.15)$$
dove F è una funzione data. È il caso tipico di una Call Europea con strike K per la quale si ha
$$F(x) = (x-K)^+;$$

- un derivato X si dice *path-dependent* se dipende anche dai valori dei sottostanti in tempi precedenti la scadenza: per esempio, nel caso di un'opzione Look-back si ha
$$X = S_N - \min_{0 \leq n \leq N} S_n.$$

I principali problemi legati allo studio di un derivato X sono:
1) *la valutazione*, ossia la determinazione di un prezzo per il derivato che eviti di introdurre possibilità d'arbitraggio nel mercato;
2) *la replicazione*, ossia la determinazione di una strategia (ammesso che esista) $\alpha \in \mathcal{A}$ che assuma q.s. a scadenza lo stesso valore del derivato
$$V_N(\alpha) = X \quad \text{q.s.}$$

Se tale strategia esiste, X si dice *replicabile* e α è detta *strategia replicante*.

In un mercato libero da arbitraggi il primo problema è risolubile anche se non necessariamente in modo unico: in altri termini, è possibile determinare almeno un valore per il prezzo di un'opzione in modo da conservare l'assenza d'arbitraggi. Per quanto riguarda il secondo problema, abbiamo visto nell'introduzione che è abbastanza facile costruire un modello di mercato libero d'arbitraggi in cui alcuni derivati non sono replicabili.

Introduciamo le famiglie dei portafogli super e sub-replicanti X:
$$\mathcal{A}_X^+ = \{\alpha \in \mathcal{A} \mid V_N(\alpha) \geq X\}, \qquad \mathcal{A}_X^- = \{\alpha \in \mathcal{A} \mid V_N(\alpha) \leq X\}.$$

Il valore iniziale $V_0(\alpha)$, per $\alpha \in \mathcal{A}_X^+$, rappresenta il prezzo a cui chiunque sarebbe disposto a vendere l'opzione: infatti $V_0(\alpha)$ è una somma iniziale sufficiente a costruire una strategia che super-replica il derivato. Indichiamo con $H_0 \in \mathbb{R}$ un prezzo per l'opzione X: è chiaro che necessariamente deve valere

84   3 Modelli di mercato a tempo discreto

$$H_0 \leq V_0(\alpha), \qquad \forall \alpha \in \mathcal{A}_X^+. \tag{3.16}$$

Se non valesse la (3.16), introducendo nel mercato l'opzione al prezzo $H_0 > V_0(\bar{\alpha})$ per una certa strategia $\bar{\alpha} \in \mathcal{A}_X^+$ si creerebbe un'ovvia possibilità d'arbitraggio che consiste nel vendere l'opzione e comprare la strategia $\bar{\alpha}$. Analogamente deve valere

$$H_0 \geq V_0(\alpha), \qquad \forall \alpha \in \mathcal{A}_X^-.$$

Infatti $V_0(\alpha)$, per $\alpha \in \mathcal{A}_X^-$, rappresenta il prezzo a cui chiunque sarebbe disposto a comprare l'opzione: infatti vendendo α e comprando il derivato otterrebbe un guadagno.

In definitiva il prezzo iniziale di X deve soddisfare la relazione

$$\sup_{\alpha \in \mathcal{A}_X^-} V_0(\alpha) \leq H_0 \leq \inf_{\alpha \in \mathcal{A}_X^+} V_0(\alpha). \tag{3.17}$$

Osserviamo ora che, per l'ipotesi di assenza d'arbitraggi, esiste (e in generale non è unica) una misura martingala Q. Rispetto a Q, i prezzi scontati dei titoli e i valori scontati di tutte le strategie in $\mathcal{A}$ sono martingale e quindi coincidono con l'attesa condizionata del proprio valore finale. Per coerenza, sembra ragionevole valutare in modo analogo l'opzione X: fissata una misura martingala Q, poniamo

$$\widetilde{H}_n^Q = \frac{H_n^Q}{S_n^0} := E^Q\left[\widetilde{X} \mid \mathcal{F}_n\right], \qquad n = 0, \ldots, N, \tag{3.18}$$

dove $\widetilde{X} = \frac{X}{S_N^0}$.

In effetti, la definizione (3.18) rispetta l'ipotesi di consistenza (3.17) per il prezzo di X, ossia non introduce possibilità d'arbitraggio. Infatti, vale il seguente

Lemma 3.17. *Per ogni misura martingala Q vale*

$$\sup_{\alpha \in \mathcal{A}_X^-} \widetilde{V}_n(\alpha) \leq E^Q\left[\widetilde{X} \mid \mathcal{F}_n\right] \leq \inf_{\alpha \in \mathcal{A}_X^+} \widetilde{V}_n(\alpha),$$

per $n = 0, \ldots, N$.

Dimostrazione. Se $\alpha \in \mathcal{A}_X^-$ allora, per la Proposizione 3.13, vale

$$\widetilde{V}_n(\alpha) = E^Q\left[\widetilde{V}_N(\alpha) \mid \mathcal{F}_n\right] \leq E^Q\left[\widetilde{X} \mid \mathcal{F}_n\right],$$

e una stima analoga vale per $\alpha \in \mathcal{A}_X^+$. □

Osservazione 3.18. La famiglia delle misure martingale è un insieme convesso, ossia se Q_1, Q_2 sono misure martingale allora per la proprietà di linearità dell'attesa condizionata anche ogni combinazione lineare del tipo

3.1 Mercati discreti e arbitraggi 85

$$\lambda Q_1 + (1-\lambda)Q_2, \quad \lambda \in [0,1],$$

è una misura martingala. Come semplice conseguenza si ha che l'insieme dei prezzi iniziali scontati $E^Q\left[\widetilde{X}\right]$ forma un intervallo che può consistere di un solo punto oppure essere un intervallo non banale: in quest'ultimo caso si tratta di un intervallo *aperto* (cfr., per esempio, Teorema 5.33 in [59]). □

Il teorema seguente definisce il prezzo d'arbitraggio di un derivato replicabile.

Teorema 3.19. *Sia X un derivato replicabile in un mercato libero da arbitraggi. Allora per ogni strategia replicante $\alpha \in \mathcal{A}$ e per ogni misura martingala Q vale*

$$E^Q\left[\widetilde{X} \mid \mathcal{F}_n\right] = \widetilde{V}_n(\alpha) =: \widetilde{H}_n, \quad n = 0, \ldots, N. \tag{3.19}$$

Il processo $(\widetilde{H}_n)$ è detto prezzo d'arbitraggio (o prezzo neutrale al rischio) scontato di X.

Dimostrazione. Se $\alpha, \beta \in \mathcal{A}$ replicano X allora hanno lo stesso valore finale e, per la Proposizione 3.14, hanno anche lo stesso valore in ogni istante. Inoltre se $\alpha \in \mathcal{A}$ replica X allora $\alpha \in \mathcal{A}_X^- \cap \mathcal{A}_X^+$ e per il Lemma 3.17 vale

$$E^Q\left[\widetilde{X} \mid \mathcal{F}_n\right] = \widetilde{V}_n(\alpha),$$

per ogni misura martingala Q. □

La formula di valutazione (3.19) è estremamente intuitiva: consideriamo, per esempio, il caso in cui il numeraire sia il titolo non rischioso (investimento in banca)

$$S_n^0 = e^{rn\frac{T}{N}}.$$

Allora la (3.19) per $n = 0$ diventa

$$H_0 = e^{-rT} E^Q[X]$$

ed esprime il fatto che il prezzo attuale dell'opzione è dato dalla migliore stima del valore finale (il valore atteso del payoff) scontato al tasso di interesse privo di rischio. Il valore atteso è calcolato in una misura Q neutrale al rischio, ossia in una misura rispetto alla quale il valore atteso dei prezzi dei titoli è esattamente pari al prezzo attuale osservato sul mercato e rivalutato al tasso di interesse. Ciò è coerente con quanto avevamo visto nell'introduzione, Paragrafo 1.2.

Abbiamo visto che il problema della replicazione interessa chi vende un derivato: per esempio, una banca che vende una Call si espone ad un rischio di perdita potenzialmente illimitato. Quindi per una banca è importante determinare una strategia di investimento che, utilizzando il denaro ricavato dalla vendita del derivato, ne garantisca la replicazione a scadenza "coprendo" l'esposizione al rischio assunto.

Definizione 3.20. *Un mercato si dice completo se ogni derivato è replicabile.*

In un mercato completo ogni derivato ha un unico prezzo d'arbitraggio, definito dalla (3.19), che coincide con il valore di una qualsiasi strategia replicante.

È facile vedere che, fissato il numeraire, *in un mercato completo esiste al più una misura martingala:* infatti se Q_1, Q_2 sono misure martingale allora per la (3.19) vale

$$E^{Q_1}[X] = E^{Q_2}[X]$$

per ogni variabile aleatoria X: dunque è sufficiente considerare $X = \mathbb{1}_A$, $A \in \mathcal{F}$ per concludere che $Q_1 = Q_2$. In effetti, l'unicità della misura martingala è una proprietà che caratterizza i mercati completi.

Teorema 3.21 (Secondo Teorema fondamentale della valutazione). *Un mercato S libero da arbitraggi è completo se e solo se esiste un'unica misura martingala (con numeraire S^0).*

3.1.4 Prova dei teoremi fondamentali della valutazione

Dimostriamo il Primo Teorema fondamentale della valutazione che stabilisce il legame fra assenza d'arbitraggio ed esistenza di una misura martingala.

Dimostrazione (del Teorema 3.12). La dimostrazione del fatto che se esiste una misura martingala allora S è libero da arbitraggi, è sorprendentemente semplice. Infatti sia Q una misura martingala e per assurdo esista un portafoglio d'arbitraggio $\alpha \in \mathcal{A}$. Allora $V_0(\alpha) = 0$ ed esiste $n \geq 1$ tale che $P(V_n(\alpha) \geq 0) = 1$ e $P(V_n(\alpha) > 0) > 0$. Essendo $Q \sim P$, vale anche $Q(V_n(\alpha) \geq 0) = 1$ e $Q(V_n(\alpha) > 0) > 0$, e di conseguenza $E^Q\left[\widetilde{V}_n(\alpha)\right] > 0$. D'altra parte per la (3.14) si ha

$$E^Q\left[\widetilde{V}_n(\alpha)\right] = \widetilde{V}_0(\alpha) = 0,$$

che è assurdo.

Viceversa, assumiamo che S sia libero da arbitraggi e proviamo l'esistenza di una misura martingala Q. Utilizzando la seconda parte della Proposizione 2.116 con $M = \widetilde{S}$, è sufficiente provare l'esistenza di $Q \sim P$ tale che

$$E^Q\left[\sum_{n=1}^N \alpha_n \cdot \left(\widetilde{S}_n^i - \widetilde{S}_{n-1}^i\right)\right] = 0 \qquad (3.20)$$

per ogni $i = 1, \ldots, d$ e per ogni α predicibile. Fissiamo una volta per tutte i; la prova della (3.20) è basata sul risultato di separazione di convessi (in dimensione finita) del Paragrafo A.6. Pertanto risulta utile ambientare in problema nello spazio Euclideo: indichiamo con M la cardinalità di Ω e con $\omega_1, \ldots, \omega_M$

3.1 Mercati discreti e arbitraggi

i suoi elementi. Se Y è una variabile aleatoria su Ω, poniamo $Y(\omega_j) = Y_j$ e *identifichiamo Y col vettore di $\mathbb{R}^M$*

$$(Y_1, \ldots, Y_M).$$

Dunque, per esempio, vale

$$E^Q[Y] = \sum_{j=1}^{M} Y_j Q(\{\omega_j\}).$$

Per ogni α, processo predicibile *a valori reali,* usiamo la notazione

$$G(\alpha) = \sum_{n=1}^{N} \alpha_n \left(\widetilde{S}_n^i - \widetilde{S}_{n-1}^i \right).$$

Osserviamo anzitutto che l'ipotesi di assenza di opportunità di arbitraggio si traduce nella condizione

$$G(\alpha) \notin \mathbb{R}_+^M := \{ Y \in \mathbb{R}^M \setminus \{0\} \mid Y_j \geq 0 \text{ per } j = 1, \ldots, M \}.$$

per ogni α predicibile. Infatti se esistesse α processo predicibile a valori reali tale che $G(\alpha) \in \mathbb{R}_+^M$, allora utilizzando la Proposizione 3.6 e scegliendo $\widetilde{V}_0 = 0$, si potrebbe costruire una strategia in $\mathcal{A}$ con valore iniziale nullo e valore finale $\widetilde{V}_N = G(\alpha)$ ossia un arbitraggio, contro l'ipotesi.

Di conseguenza

$$\mathscr{V} := \{ G(\alpha) \mid \alpha \text{ predicibile} \}$$

è un sotto-spazio vettoriale di $\mathbb{R}^M$ tale che

$$\mathscr{V} \cap \mathscr{K} = \emptyset,$$

dove

$$\mathscr{K} := \{ Y \in \mathbb{R}_+^M \mid Y_1 + \cdots + Y_M = 1 \}$$

è un sottoinsieme compatto e convesso di $\mathbb{R}^M$. Siamo allora nelle condizioni per poter applicare il Corollario A.55: esiste $\xi \in \mathbb{R}^M$ tale che

i) $\langle \xi, Y \rangle = 0$ per ogni $Y \in \mathscr{V}$,
ii) $\langle \xi, Y \rangle > 0$ per ogni $Y \in \mathscr{K}$,

o equivalentemente

i) $\sum_{j=1}^{M} \xi_j G_j(\alpha) = 0$ per ogni α predicibile,
ii) $\sum_{j=1}^{M} \xi_j Y_j > 0$ per ogni $Y \in \mathscr{K}$.

In particolare la ii) implica che $\xi_j > 0$ per ogni j e dunque possiamo normalizzare il vettore ξ per definire una misura di probabilità Q, equivalente a P, mediante

$$Q(\{\omega_j\}) = \xi_j \left(\sum_{i=1}^{M} \xi_i\right)^{-1}.$$

Allora la i) si traduce in

$$E^Q[G(\alpha)] = 0$$

per ogni α predicibile, concludendo la prova della (3.20) e quindi del teorema. □

Dimostriamo ora il secondo Teorema fondamentale della valutazione che stabilisce il legame fra completezza del mercato e unicità della misura martingala.

Dimostrazione (del Teorema 3.21). Dobbiamo solo provare che se S è libero da arbitraggi ed è unica la misura martingala Q con numeraire S^0, allora il mercato è completo. Procediamo per assurdo, supponiamo che il mercato non sia completo e costruiamo una misura martingala diversa da Q. Indichiamo con

$$\mathscr{V} = \{\widetilde{V}_N(\alpha) \mid \alpha \in \mathcal{A}\}$$

lo spazio vettoriale dei valori finali normalizzati di strategie $\alpha \in \mathcal{A}$. Come nella prova del Teorema 3.12 identifichiamo le variabili aleatorie con gli elementi di $\mathbb{R}^M$. Allora il fatto che S non sia completo si traduce nella condizione

$$\mathscr{V} \subsetneq \mathbb{R}^M. \tag{3.21}$$

Definiamo il prodotto scalare su $\mathbb{R}^M$

$$\langle X, Y \rangle_Q = E^Q[XY] = \sum_{j=1}^{M} X_j Y_j Q(\{\omega_j\}).$$

Allora per la (3.21) esiste $\xi \in \mathbb{R}^M \setminus \{0\}$ ortogonale a $\mathscr{V}$ ossia tale che

$$\langle \xi, X \rangle_Q = E^Q[\xi X] = 0, \tag{3.22}$$

per ogni $X = \widetilde{V}_N(\alpha)$, $\alpha \in \mathcal{A}$. In particolare, con la scelta[6] $X = 1$ deduciamo

$$E^Q[\xi] = 0. \tag{3.23}$$

Fissato un parametro $\delta > 1$, poniamo

---

[6] La variabile aleatoria costante uguale a 1 appartiene allo spazio $\mathscr{V}$: in base alla rappresentazione (3.9) di $\widetilde{V}_N(\alpha)$, è sufficiente utilizzare la Proposizione 3.6 scegliendo $\alpha^1, \ldots, \alpha^d = 0$ e $\widetilde{V}_0 = 1$.

$$Q_\delta(\{\omega_j\}) = \left(1 + \frac{\xi_j}{\delta\|\xi\|_\infty}\right) Q(\{\omega_j\}), \qquad j = 1, \ldots, M,$$

dove

$$\|\xi\|_\infty := \max_{1 \leq j \leq M} |\xi_j|.$$

Proviamo, che per ogni $\delta > 1$, Q_δ definisce una misura martingala (ovviamente diversa da Q poiché $\xi \neq 0$). Anzitutto $Q_\delta(\{\omega_j\}) > 0$ per ogni j poiché

$$1 + \frac{\xi_j}{\delta\|\xi\|_\infty} > 0,$$

e

$$Q_\delta(\Omega) = \sum_{j=1}^M Q_\delta(\{\omega_j\}) = \sum_{j=1}^M \left(1 + \frac{\xi_j}{\delta\|\xi\|_\infty}\right) Q(\{\omega_j\})$$
$$= \sum_{j=1}^M Q(\{\omega_j\}) + \frac{1}{\delta\|\xi\|_\infty} \sum_{j=1}^M \xi_j Q(\{\omega_j\}) =$$
$$= Q(\Omega) + \frac{1}{\delta\|\xi\|_\infty} E^Q[\xi] = 1$$

in base alla (3.23). Dunque Q_δ è una misura di probabilità equivalente a Q (e quindi anche a P).

Proviamo ora che $\widetilde{S}$ è una Q_δ-martingala. Utilizzando la seconda parte della Proposizione 2.116 con $M = \widetilde{S}$, è sufficiente provare che

$$E^{Q_\delta}\left[\sum_{n=1}^N \alpha_n \left(\widetilde{S}^i_n - \widetilde{S}^i_{n-1}\right)\right] = 0$$

per ogni $i = 1, \ldots, d$ e per ogni α processo predicibile a valori reali. Fissato i, usiamo la notazione

$$G(\alpha) = \sum_{n=1}^N \alpha_n \left(\widetilde{S}^i_n - \widetilde{S}^i_{n-1}\right).$$

Vale

$$E^{Q_\delta}[G(\alpha)] = \sum_{j=1}^M \left(1 + \frac{\xi_j}{\delta\|\xi\|_\infty}\right) G_j(\alpha) Q(\{\omega_j\})$$
$$= \sum_{j=1}^M G_j(\alpha) Q(\{\omega_j\}) + \frac{1}{\delta\|\xi\|_\infty} \sum_{j=1}^M \xi_j G_j(\alpha) Q(\{\omega_j\})$$
$$= E^Q[G(\alpha)] + \frac{1}{\delta\|\xi\|_\infty} E^Q[\xi G(\alpha)] =$$

(per la (3.22))

$$= E^Q[G(\alpha)] = 0,$$

per la Proposizione 2.116, poiché $\widetilde{S}$ è una Q-martingala e α è predicibile. $\square$

3.1.5 Cambio di numeraire

La scelta del numeraire non è generalmente univoca. Dal punto di vista teorico, vedremo che una scelta opportuna del numeraire può semplificare i conti (cfr. Esempio 3.34); dal punto di vista pratico, è possibile che diversi investitori scelgano di utilizzare differenti numeraire, come nel caso in cui i prezzi di mercato possano essere espressi in valute diverse, per esempio Euro o Dollaro. In questa sezione studiamo la relazione fra misure martingale relative a diversi numeraire, dando una formula esplicita per la derivata di Radon-Nikodym di una misura rispetto ad un'altra. Il principale strumento usato è la formula di Bayes (Teorema 2.108).

Consideriamo un mercato discreto S libero da arbitraggi e completo. Allora esiste un'unica misura martingala Q con numeraire S^0. Se supponiamo che anche il titolo S^1 assuma sempre valori positivi, allora esiste anche un'unica misura martingala $\widetilde{Q}$ con numeraire S^1 e le misure $P, Q, \widetilde{Q}$ sono equivalenti.

Teorema 3.22. *Sia S un mercato discreto libero da arbitraggi e completo. Siano Q e $\widetilde{Q}$ le misure martingale aventi numeraire rispettivamente S^0 e S^1, titoli con valori strettamente positivi. Allora si ha*

$$\frac{d\widetilde{Q}}{dQ}\bigg|_{\mathcal{F}_n} = \frac{S_n^1}{S_n^0}\left(\frac{S_0^1}{S_0^0}\right)^{-1}, \qquad 1 \leq n \leq N. \tag{3.24}$$

Dimostrazione. Indichiamo con R la misura di probabilità su $(\Omega, \mathcal{F})$ definita da

$$\frac{dR}{dQ}\bigg|_{\mathcal{F}} = \frac{S_N^1}{S_N^0}\left(\frac{S_0^1}{S_0^0}\right)^{-1},$$

o, in termini più espliciti,

$$R(F) = \int_F \frac{S_N^1}{S_N^0}\left(\frac{S_0^1}{S_0^0}\right)^{-1} dQ, \qquad F \in \mathcal{F}.$$

Il teorema è dimostrato una volta che abbiamo provato che $R = \widetilde{Q}$: a tal fine basta verificare che R è una misura martingala con numeraire S^1 e la tesi seguirà direttamente dal Teorema 3.21 che assicura l'unicità della misura martingala.

Poiché per ipotesi S^0 e S^1 assumono valori strettamente positivi, le misure R, Q e P sono equivalenti. Inoltre, data[7] una variabile aleatoria X, vale

$$E^R\left[\frac{X}{S_N^1} \;\bigg|\; \mathcal{F}_n\right] =$$

(per il Teorema di Bayes)

---

[7] Osserviamo che in uno spazio di probabilità finito, l'ipotesi di sommabilità di X, necessaria per definirne l'attesa condizionata, è automaticamente soddisfatta.

$$= \frac{E^Q\left[\frac{X}{S_N^1}\frac{S_N^1}{S_N^0}\left(\frac{S_0^1}{S_0^0}\right)^{-1} \mid \mathcal{F}_n\right]}{E^Q\left[\frac{S_N^1}{S_N^0}\left(\frac{S_0^1}{S_0^0}\right)^{-1} \mid \mathcal{F}_n\right]} = \frac{E^Q\left[\frac{X}{S_N^1} \mid \mathcal{F}_n\right]}{E^Q\left[\frac{S_N^1}{S_N^1} \mid \mathcal{F}_n\right]} =$$

(poiché Q è la misura martingala con numeraire S^0 e indicando con (H_n) il prezzo d'arbitraggio di X)

$$= \frac{H_n}{S_n^0}\left(\frac{S_n^1}{S_n^0}\right)^{-1} = \frac{H_n}{S_n^1}.$$

Per l'unicità della misura martingala possiamo concludere che $R = \widetilde{Q}$: inoltre, per la (2.76), si ha

$$\frac{d\widetilde{Q}}{dQ}\mid_{\mathcal{F}_n} = E^Q\left[\frac{S_N^1}{S_N^0}\left(\frac{S_0^1}{S_0^0}\right)^{-1} \mid \mathcal{F}_n\right] = \frac{S_n^1}{S_n^0}\left(\frac{S_0^1}{S_0^0}\right)^{-1}, \qquad 1 \leq n < N,$$

e questo conclude la prova della (3.24). $\square$

3.2 Modello binomiale

Nel modello binomiale il mercato è composto da un titolo non rischioso B (bond), corrispondente al deposito in banca, e da un titolo rischioso S (stock), corrispondente, per esempio, ad un'azione quotata in borsa. Indichiamo con B_n e S_n rispettivamente i valori (prezzi) del bond e dello stock al tempo t_n.

Se ϱ_n denota il tasso di interesse semplice nell'intervallo $[t_n, t_{n+1}]$ allora la "dinamica" del bond è data da

$$B_{n+1} = B_n(1 + \varrho_n), \qquad n = 0, 1, \ldots, N-1. \qquad (3.25)$$

Per semplicità supponiamo che gli intervalli abbiano uguale lunghezza

$$[t_n, t_{n+1}] = \frac{T}{N}$$

e il tasso sia costante durante tutto il periodo $[0, T]$, $\varrho_n = \varrho$ per ogni n. La dinamica del bond, una volta che sia noto B_0, è deterministica: $B_n = B_0(1 + \varrho)^n$. Nel seguito assumiamo

$$B_0 > 0,$$

cosicché, utilizzando le notazioni del paragrafo precedente, B gioca il ruolo del titolo S^0. D'altra parte è anche logico assumere che il prezzo iniziale dell'azione S_0 sia positivo altrimenti il modello è banale.

Per il titolo rischioso assumiamo una dinamica stocastica: in particolare assumiamo che nel passaggio dal tempo t_n al tempo t_{n+1} l'azione possa solo aumentare o diminuire il suo valore con tassi di crescita e decrescita costanti:

92   3 Modelli di mercato a tempo discreto

$$S_{n+1} = \xi_{n+1} S_n, \qquad n = 0, 1, \ldots, N-1, \tag{3.26}$$

dove $\xi_1, \ldots, \xi_N$ sono variabili aleatorie indipendenti e identicamente distribuite (i.i.d.) su uno spazio di probabilità $(\Omega, \mathcal{F}, P)$, aventi come distribuzione una combinazione di Delta di Dirac:

$$\xi_n \sim p\delta_u + (1-p)\delta_d, \qquad n = 1, \ldots, N. \tag{3.27}$$

In (3.27) $p \in \,]0,1[$, u indica il tasso di crescita dello stock nel periodo $[t_n, t_{n+1}]$ e d indica il tasso di decrescita[8]. Assumiamo che

$$0 < d < u. \tag{3.28}$$

Nel contesto del modello binomiale, la definizione di $\mathcal{F}_n$ data in (3.2) diventa

$$\mathcal{F}_n = \sigma(S_0, \ldots, S_n) = \sigma(\xi_1, \ldots, \xi_n).$$

Osserviamo anche che vale

$$P(S_{n+1} = uS_n) = P(\xi_{n+1} = u) = p,$$
$$P(S_{n+1} = dS_n) = P(\xi_{n+1} = d) = (1-p),$$

ossia

$$S_{n+1} = \begin{cases} uS_n, & \text{con probabilità } p, \\ dS_n, & \text{con probabilità } 1-p. \end{cases}$$

Osservazione 3.23. Il modello binomiale richiede come "input" i tre parametri u, d, p che devono essere determinati a priori a partire da osservazioni sul mercato o in base a dati storici dello stock. Per questo motivo, la probabilità P viene a volte anche chiamata *probabilità oggettiva o del mondo reale*. □

Osservazione 3.24. In base alle ipotesi su ξ_n, possiamo calcolare facilmente la probabilità che S_2 valga $u^2 S_0$:

$$P(S_2 = u^2 S_0) = P((\xi_1 = u) \cap (\xi_2 = u)) = p^2,$$

dove l'ultima uguaglianza è conseguenza dell'indipendenza di ξ_1 e ξ_2. Analogamente:

$$P(S_2 = udS_0) = P((\xi_1 = u) \cap (\xi_2 = d)) + P((\xi_2 = u) \cap (\xi_1 = d)) = 2p(1-p).$$

In generale, si ha per $n = 1, \ldots, N$,

$$P(S_n = u^j d^{n-j} S_0) = \binom{n}{j} p^j (1-p)^{n-j}, \qquad j = 0, \ldots, n. \tag{3.29}$$

La (3.29) corrisponde alla ben nota distribuzione binomiale che rappresenta infatti la probabilità di ottenere j successi (j up) avendo compiuto n prove (n steps temporali), essendo p la probabilità di successo della prova singola. □

---

[8] Lo stato u (up) corrisponde all'evento di crescita e lo stato d (down) all'evento di calo del valore dell'azione.

3.2 Modello binomiale 93

Osservazione 3.25. Una "traiettoria" dell'azione è un vettore del tipo (per esempio, nel caso $N=4$)

$$(S_0, uS_0, udS_0, u^2dS_0, u^3dS_0)$$

oppure

$$(S_0, dS_0, d^2S_0, ud^2S_0, u^2d^2S_0)$$

che possono essere identificati rispettivamente con i vettori

$$(u, ud, u^2d, u^3d)$$

e

$$(d, d^2, ud^2, u^2d^2)$$

delle realizzazioni della variabile aleatoria $(\xi_1, \xi_2, \xi_3, \xi_4)$. Dunque possiamo assumere che lo spazio campione Ω sia la famiglia

$$\{(e_1, \ldots, e_N) \mid e_k = u \text{ oppure } e_k = d\},$$

contenente 2^N elementi, e $\mathcal{F}$ sia l'insieme delle parti di Ω. □

3.2.1 Proprietà di Markov

In questa sezione mostriamo che il processo S del prezzo gode della proprietà di Markov: intuitivamente tale proprietà esprime il fatto che l'andamento atteso futuro del prezzo dipende solo dal "presente" ed è indipendente dal "passato". Questa proprietà gioca un ruolo importante nella valutazione dei derivati mediante l'algoritmo binomiale (cfr. Sezione 3.2.4). Ricordiamo la seguente

Definizione 3.26. *Diciamo che un processo stocastico discreto $X = (X_n)$ su uno spazio di probabilità $(\Omega, \mathcal{F}, P)$ con filtrazione $(\mathcal{F}_n)$, gode della proprietà di Markov se*

i) X è adattato a $(\mathcal{F}_n)$;
ii) per ogni n e funzione $\mathscr{B}$-misurabile e limitata f, vale

$$E[f(X_{n+1}) \mid \mathcal{F}_n] = E[f(X_{n+1}) \mid X_n]. \qquad (3.30)$$

Come conseguenza della (3.30) e della Proposizione A.8, esiste una funzione misurabile g tale che

$$E[f(X_{n+1}) \mid \mathcal{F}_n] = g(X_n).$$

La prova della proprietà di Markov di S è basata sul Lemma 2.104.

Teorema 3.27. *Nel modello binomiale, il processo stocastico S gode della proprietà di Markov e per ogni funzione f vale*

$$E[f(S_{n+1}) \mid \mathcal{F}_n] = E[f(S_{n+1}) \mid S_n] = pf(uS_n) + (1-p)f(dS_n). \qquad (3.31)$$

Dimostrazione. Per ogni $\omega \in \Omega$, si ha[9]

$$E\left[f(S_{n+1}) \mid \mathcal{F}_n\right](\omega) = E\left[f(S_n \xi_{n+1}) \mid \mathcal{F}_n\right](\omega) =$$

(applicando il Lemma 2.104 con $X = \xi_{n+1}$, $Z = S_n$, $\mathcal{G} = \mathcal{F}_n$ e $h(X,Y) = f(XY)$)

$$= E\left[f(S_n(\omega)\xi_{n+1})\right] = pf(uS_n(\omega)) + (1-p)f(dS_n(\omega)).$$

Applicando l'attesa condizionata a $\sigma(S_n)$ alla precedente uguaglianza e utilizzando le proprietà (1) e (8) dell'attesa condizionata, otteniamo

$$E\left[f(S_{n+1}) \mid S_n\right] = pf(uS_n) + (1-p)f(dS_n),$$

che conclude la prova di (3.31) e della proprietà di Markov. □

Esercizio 3.28. Se X è un processo di Markov allora vale

$$E\left[f(X_{n+1},\ldots,X_{n+k}) \mid \mathcal{F}_n\right] = E\left[f(X_{n+1},\ldots,X_{n+k}) \mid X_n\right],$$

per ogni $n, k \geq 1$ e f funzione misurabile tale che $f(X_{n+1},\ldots,X_{n+k})$ sia sommabile o non-negativa.

Dimostrazione (Risoluzione.). Consideriamo solo il caso $k = 2$. Posto

$$f(x,y) = \mathbb{1}_H(x)\mathbb{1}_K(y)$$

con $H, K \in \mathscr{B}$, vale

$$E\left[\mathbb{1}_H(X_{n+1})\mathbb{1}_K(X_{n+2}) \mid \mathcal{F}_n\right] =$$

(per la proprietà (8) dell'attesa condizionata)

$$= E\left[E\left[\mathbb{1}_H(X_{n+1})\mathbb{1}_K(X_{n+2}) \mid \mathcal{F}_{n+1}\right] \mid \mathcal{F}_n\right] =$$

(per la proprietà (7) dell'attesa condizionata)

$$= E\left[\mathbb{1}_H(X_{n+1}) E\left[\mathbb{1}_K(X_{n+2}) \mid \mathcal{F}_{n+1}\right) \mid \mathcal{F}_n\right] =$$

(per la proprietà di Markov)

$$= E\left[\mathbb{1}_H(X_{n+1}) E\left[\mathbb{1}_K(X_{n+2}) \mid X_{n+1}\right) \mid \mathcal{F}_n\right] =$$

(per la proprietà di Markov, poiché $\mathbb{1}_H(X_{n+1})E\left[\mathbb{1}_K(X_{n+2}) \mid X_{n+1}\right] = g(X_{n+1})$ per una certa funzione misurabile, in base alla Proposizione A.8)

$$= E\left[\mathbb{1}_H(X_{n+1}] E\left[\mathbb{1}_K(X_{n+2}) \mid X_{n+1}\right) \mid X_n\right] =$$

(per la proprietà (7) dell'attesa condizionata)

$$= E\left[E\left[\mathbb{1}_H(X_{n+1})\mathbb{1}_K(X_{n+2}) \mid X_{n+1}\right] \mid X_n\right] =$$

(per la proprietà (8) dell'attesa condizionata)

$$= E\left[\mathbb{1}_H(X_{n+1})\mathbb{1}_K(X_{n+2}) \mid X_n\right].$$

Col Teorema A.7 di Dynkin generalizziamo il risultato al caso di f misurabile e limitata. Col Teorema di Beppo-Levi otteniamo la tesi per f misurabile e non-negativa. Infine per linearità concludiamo la prova. □

---

[9] Per ipotesi il vuoto è l'unico evento con probabilità nulla e quindi c'è una sola versione dell'attesa condizionata che qui viene indicata con $E\left[f(S_{n+1}) \mid \mathcal{F}_n\right]$.

3.2.2 Misura martingala

In questa sezione studiamo esistenza e unicità della misura martingala nel modello binomiale. Supponiamo che u, d in (3.27) siano tali che $d < 1 + \varrho < u$. Allora il fatto di prendere in prestito soldi dalla banca per investirli nell'azione dà una probabilità positiva di guadagno, superiore al lasciare i soldi nel conto corrente, essendo $1 + \varrho < u$: ciò corrisponde al punto iii) della Definizione 3.8. Tuttavia questa strategia di investimento non corrisponde ad un (portafoglio di) arbitraggio, perché ci esponiamo anche al rischio di perdita (essendo $d < 1 + \varrho$, c'è una probabilità positiva che l'azione renda meno rispetto al conto in banca) ossia è negata la proprietà ii).

Proposizione 3.29. *Nel modello binomiale, se il mercato (B, S) è libero da arbitraggi allora vale la relazione $d < 1 + \varrho < u$.*

Dimostrazione. Per assurdo sia $1 + \varrho \leq d < u$: in tal caso, il titolo rischioso rende sicuramente più del conto in banca e, per costruire un portafoglio d'arbitraggio, è sufficiente prendere soldi in prestito dalla banca e investirli nel titolo rischioso. Il portafoglio costante definito da $\alpha_n = (1, -\frac{S_0}{B_0})$ per $n = 0, \ldots, N$, è ovviamente autofinanziante e si ha

$$V_0(\alpha) = S_0 - \frac{S_0}{B_0} B_0 = 0$$

e

$$V_N(\alpha) = S_N - \frac{S_0}{B_0} B_N \geq$$

(poiché $d \geq 1 + \varrho$ allora $S_N \geq S_0(1 + \varrho)^N$)

$$\geq S_0(1 + \varrho)^N - S_0 \frac{B_N}{B_0} = 0.$$

Infine, poiché $S_N = u^N S_0$ con probabilità p^N, è chiaro che l'evento

$$V_N(\alpha) = S_0 u^N - S_0(1 + \varrho)^N > 0$$

ha probabilità positiva. Dunque abbiamo costruito un arbitraggio.

Con un ragionamento analogo proviamo che se $d < u \leq 1 + \varrho$ allora il mercato (B, S) non è libero da arbitraggi. □

Ricordiamo che la nozione di prezzo d'arbitraggio di un derivato è stata introdotta sotto l'ipotesi che il mercato sia libero da arbitraggi e completo: dunque la proposizione precedente indica che una relazione fra i parametri del modello che è *necessaria* per sviluppare una teoria della valutazione dei derivati. Il seguente risultato prova che tale relazione è anche sufficiente.

Teorema 3.30. *Nel modello binomiale, la condizione*

$$d < 1 + \varrho < u, \tag{3.32}$$

è equivalente all'esistenza e unicità della misura martingala.

Dimostrazione. Preliminarmente osserviamo che, essendo $\mathcal{F} = \sigma(\xi_1, \ldots, \xi_N)$, una misura Q è determinata univocamente da $Q(\xi_n = u)$, $n = 1, \ldots, N$, e Q è equivalente a P se e solo se $0 < Q(\xi_n = u) < 1$ per ogni n.

Ricordiamo che Q è una misura martingala (con numeraire B) se è equivalente a P e vale

$$\frac{S_{n-1}}{B_{n-1}} = E^Q\left[\frac{S_n}{B_n} \mid \mathcal{F}_{n-1}\right], \qquad n = 1, \ldots, N, \qquad (3.33)$$

o equivalentemente

$$(1 + \varrho)S_{n-1} = E^Q\left[S_n \mid \mathcal{F}_{n-1}\right], \qquad n = 1, \ldots, N.$$

Per la (3.26) e la proprietà (7) dell'attesa condizionata, si ha

$$(1 + \varrho)S_{n-1} = E^Q\left[\xi_n S_{n-1} \mid \mathcal{F}_{n-1}\right] = S_{n-1}E^Q\left[\xi_n \mid \mathcal{F}_{n-1}\right]$$

da cui, essendo $S_{n-1} > 0$, otteniamo

$$1 + \varrho = E^Q\left[\xi_n \mid \mathcal{F}_{n-1}\right], \qquad n = 1, \ldots, N. \qquad (3.34)$$

In valore atteso, si ha

$$1 + \varrho = E^Q\left[E^Q\left[\xi_n \mid \mathcal{F}_{n-1}\right]\right] = E^Q\left[\xi_n\right] = uQ(\xi_n = u) + d(1 - Q(\xi_n = u))$$

da cui, con un semplice calcolo, otteniamo

$$q := Q(\xi_n = u) = \frac{1 + \varrho - d}{u - d}. \qquad (3.35)$$

Osserviamo che la condizione (3.32) è equivalente al fatto che q sia strettamente positivo e minore di uno, $0 < q < 1$.

In definitiva, se esiste una misura martingala Q allora essa è univocamente determinata da (3.35) e vale la (3.32). Viceversa, nell'ipotesi (3.32), la (3.35) definisce una misura di probabilità che, per costruzione, è una misura martingala equivalente a P. □

Proviamo ora che la misura Q conserva la proprietà di indipendenza delle variabili aleatorie $\xi_1, \ldots, \xi_N$.

Proposizione 3.31. *Nell'ipotesi (3.32), sia Q la misura martingala definita da (3.35). Le variabili aleatorie $\xi_1, \ldots, \xi_N$ sono indipendenti in Q e il processo S gode della proprietà di Markov nello spazio $(\Omega, \mathcal{F}, Q, \mathcal{F}_n)$: per ogni funzione f vale*

$$E^Q\left[f(S_{n+1}) \mid \mathcal{F}_n\right] = E^Q\left[f(S_{n+1}) \mid S_n\right] = qf(uS_n) + (1-q)f(dS_n). \qquad (3.36)$$

3.2 Modello binomiale

Dimostrazione. Osserviamo che l'attesa condizionata in (3.34) coincide con il numero reale $1 + \varrho$ e quindi vale anche

$$E^Q [\xi_n \mid \mathcal{F}_{n-1}] = E^Q [\xi_n]. \qquad (3.37)$$

Poniamo $A = \{\xi_n = u\}$. Allora, per la (3.37) e la definizione di attesa condizionata, per ogni $B \in \mathcal{F}_{n-1}$ si ha

$$\int_B \xi_n dQ = \int_B E^Q [\xi_n \mid \mathcal{F}_{n-1}] dQ = Q(B) E^Q [\xi_n]$$
$$= Q(B)(uQ(A) + d(1 - Q(A))) = (u - d)Q(A)Q(B) + dQ(B).$$

D'altra parte, vale

$$\int_B \xi_n dQ = uQ(A \cap B) + dQ(A^c \cap B) = (u - d)Q(A \cap B) + dQ(B),$$

da cui deduciamo

$$Q(A \cap B) = Q(A)Q(B)$$

e quindi proviamo l'indipendenza (in Q) di ξ_n e $\mathcal{F}_{n-1}$. Per la proprietà di Markov è sufficiente procedere come nella prova del Teorema 3.27. □

Nella misura martingala si ha

$$E^Q [S_n] = (1 + \varrho)^n S_0, \qquad n = 0, \ldots, N. \qquad (3.38)$$

Come visto in precedenza, la (3.38) esprime la valutazione di S_n espressa da un investitore *neutrale al rischio*[10] in base al valore attuale del titolo. Questo è il motivo per cui Q è detta *misura neutrale al rischio* o, più frequentemente *misura martingala equivalente* (a P).

Nell'Osservazione 3.23, P è chiamata misura oggettiva, da determinare in base ad osservazioni sul mercato. La misura martingala Q è invece una misura definita a posteriori a partire da P: non ha alcun "legame col modo reale", ma è utile per provare risultati teorici e per ottenere espressioni semplici ed eleganti per il prezzo di derivati.

In particolare il Teorema 3.30 e i risultati generali della Sezione 3.1.2, assicurano che sotto la condizione (3.32) il mercato binomiale è libero da arbitraggi e completo. In questo caso il prezzo d'arbitraggio (H_n) di ogni derivato X è definito (univocamente) e in base alla (3.19) vale la seguente formula di valutazione neutrale al rischio

$$H_n = (1 + \varrho)^{n-N} E^Q [X \mid \mathcal{F}_n], \qquad 0 \leq n \leq N. \qquad (3.39)$$

In particolare se $X = F(S_N)$, poiché per la Proposizione 3.31 le variabili $\xi_1, \ldots, \xi_N$ sono indipendenti in Q, si ha la seguente formula esplicita per il prezzo

---

[10] Ossia un investitore che è né propenso né avverso ad acquistare S.

$$H_0 = \frac{1}{(1+\varrho)^N} E^Q\left[F(S_N)\right]$$
$$= \frac{1}{(1+\varrho)^N} \sum_{k=0}^{N} \binom{N}{k} q^k (1-q)^{N-k} F(u^k d^{N-k} S_0). \tag{3.40}$$

Come visto nella prova del Teorema 3.12, è abbastanza facile dimostrare che l'esistenza della misura martingala implica l'assenza di arbitraggi. Per quanto riguarda la completezza del mercato, pur essendo conseguenza del risultato teorico del Teorema 3.21, nella prossima sezione forniamo anche una dimostrazione diretta e costruttiva dell'esistenza di una strategia replicante per ogni derivato.

Riassumendo i risultati delle ultime due sezioni, nel modello binomiale le seguenti condizioni sono equivalenti:

i) il mercato è libero da arbitraggi;
ii) $d < 1 + \varrho < u$;
iii) esiste ed è unica la misura martingala;
iv) il mercato è libero da arbitraggi e completo.

3.2.3 Completezza

In questa sezione proviamo in maniera diretta il seguente risultato:

> se vale la condizione (3.32) allora il mercato binomiale è completo ossia ogni derivato Europeo X (ogni variabile aleatoria sullo spazio $(\Omega, \mathcal{F}, P)$) è replicabile.

Osserviamo che, sotto la (3.32), il mercato è libero da arbitraggi e di conseguenza, se X é replicabile allora è ben definito (cfr. Teorema 3.19) il prezzo d'arbitraggio (H_n) di X mediante

$$H_n = V_n(\alpha)$$

dove $\alpha \in \mathcal{A}$ è una (qualsiasi) strategia replicante.

Analizziamo prima il caso di *un'opzione path-independent*, in cui X sia $\sigma(S_N)$-misurabile e ricordiamo che, per la Proposizione A.8, esiste una funzione misurabile F tale che $X = F(S_N)$.

Nel seguito, per comodità, indichiamo con

$$b_n = \beta_n B_n$$

l'ammontare di capitale investito in bonds e con α_n il numero di titoli rischiosi in portafoglio al tempo t_n. Dunque, il valore del corrispondente portafoglio è

$$V_n = \alpha_n S_n + b_n, \qquad n = 0, \ldots, N.$$

Per la condizione di replica si ha

3.2 Modello binomiale

$$\alpha_N S_N + b_N = V_N = F(S_N). \tag{3.41}$$

Ricordiamo la dinamica (3.26)-(3.27) di S. Esprimendo il prezzo del sottostante al tempo t_N in funzione del prezzo al tempo t_{N-1}, abbiamo due eventualità

$$\begin{cases} \alpha_N u S_{N-1} + b_N = F(uS_{N-1}), \\ \alpha_N d S_{N-1} + b_N = F(dS_{N-1}). \end{cases} \tag{3.42}$$

Poiché è necessario che entrambe le equazioni siano soddisfatte, otteniamo un sistema lineare di due equazioni nelle incognite α_N e b_N, la cui soluzione è data da

$$\begin{aligned} \alpha_N &= \frac{F(uS_{N-1}) - F(dS_{N-1})}{uS_{N-1} - dS_{N-1}}, \\ b_N &= \frac{uF(dS_{N-1}) - dF(uS_{N-1})}{u - d}. \end{aligned} \tag{3.43}$$

La (3.43) esprime α_N e b_N in funzione di S_{N-1} e quindi mostra che possiamo costruire in modo unico al tempo t_{N-1} un portafoglio predicibile che replica il derivato al tempo T *qualunque sia l'andamento del titolo sottostante*. Notiamo che α_N e b_N non dipendono dal valore del parametro p (la probabilità reale di crescita del sottostante); inoltre α_N ha la forma di un rapporto incrementale (tecnicamente detto Delta).

Possiamo ora scrivere il valore del portafoglio replicante al tempo t_{N-1} (o equivalentemente il prezzo d'arbitraggio del derivato): per definizione $H_{N-1} = V_{N-1}$ e affinché il portafoglio sia autofinanziante deve valere

$$V_{N-1} = \alpha_N S_{N-1} + b_N \frac{1}{1+\varrho} =$$

(facendo qualche conto, utilizzando la (3.43) e la definizione di q in (3.35))

$$= \frac{1}{1+\varrho} \left(qF(uS_{N-1}) + (1-q)F(dS_{N-1}) \right). \tag{3.44}$$

Ricordando la proprietà di Markov (3.36) ed il fatto che $q = Q(S_N = uS_{N-1})$ e $1 - q = Q(S_N = dS_{N-1})$, la (3.44) è coerente con la formula di valutazione neutrale al rischio (3.39). L'interpretazione è duplice: se S_{N-1} è un prezzo osservabile (un numero reale) allora H_{N-1} è una funzione deterministica di S_{N-1}:

$$H_{N-1} = H_{N-1}(S_{N-1}) = \frac{1}{1+\varrho} E^Q \left[F(S_N) \right]. \tag{3.45}$$

D'altra parte, se S_{N-1} non è osservabile (è una variabile aleatoria) allora anche H_{N-1} è una variabile aleatoria e precisamente

$$H_{N-1} = \frac{1}{1+\varrho} E^Q \left[F(S_N) \mid \mathcal{F}_{N-1} \right] =$$

100   3 Modelli di mercato a tempo discreto

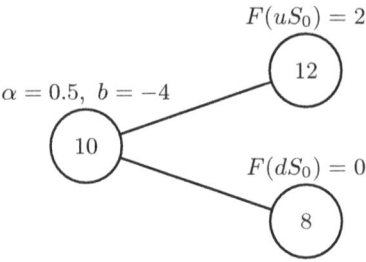

Fig. 3.1. Copertura di una Call in un modello binomiale uni-periodale

(procedendo come nella prova del Teorema 3.27)

$$= \frac{1}{1+\varrho} E^Q \left[F(S_N) \mid S_{N-1} \right]$$

e quindi H_{N-1} è l'attesa di $F(S_N)$ scontata e condizionata a S_{N-1}. Per fissare le idee, consideriamo il seguente semplice

Esempio 3.32. Supponiamo che il prezzo odierno di un'azione sia $S_0 = 10$ e che nel prossimo anno tale prezzo possa salire oppure scendere del 20%. Assumiamo che il tasso privo di rischio sia $r = 5\%$ e determiniamo la strategia di copertura di un'opzione Call con scadenza $T = 1$ anno e strike $K = 10$. In questo caso $u = 1.2$ e $d = 0.8$ e la condizione di replicazione (3.42) diventa

$$\begin{cases} 12\alpha + b = 2, \\ 8\alpha + b = 0, \end{cases}$$

da cui $\alpha = 0.5$ e $b = -4$. Allora il valore attuale del portafoglio di copertura (corrispondente al prezzo d'arbitraggio dell'opzione) è pari a

$$V_0 = 10\alpha + \frac{b}{1.05} \approx 1,19.$$

□

Riprendiamo il discorso e ripetiamo il ragionamento precedente per calcolare α_{N-1} e b_{N-1}. Imponendo la condizione di replicazione al tempo $N-1$, otteniamo

$$\alpha_{N-1} = \frac{H_{N-1}(uS_{N-2}) - H_{N-1}(dS_{N-2})}{uS_{N-2} - dS_{N-2}},$$

$$b_{N-1} = \frac{uH_{N-1}(dS_{N-2}) - dH_{N-1}(uS_{N-2})}{u - d}.$$

Sostituendo poi l'espressione trovata in precedenza per H_{N-1} troviamo:

$$H_{N-2} = \frac{1}{1+\varrho}\left(qH_{N-1}(uS_{N-2}) + (1-q)H_{N-1}(dS_{N-2})\right)$$

$$= \frac{1}{(1+\varrho)^2}\left(q^2 F(u^2 S_{N-2}) + 2q(1-q)F(udS_{N-2}) + (1-q)^2 F(d^2 S_{N-2})\right)$$

o in altri termini

$$H_{N-2}(S_{N-2}) = \frac{1}{(1+\varrho)^2} E^Q\left[H_N \mid S_{N-2}\right],$$

coerentemente con la formula di valutazione neutrale al rischio.

Più in generale, per $n = 1, \ldots, N$, si ha

$$H_{n-1}(S_{n-1}) = \frac{1}{1+\varrho}\left(qH_n(uS_{n-1}) + (1-q)H_n(dS_{n-1})\right), \qquad (3.46)$$

e

$$\begin{aligned}\alpha_n(S_{n-1}) &= \frac{H_n(uS_{n-1}) - H_n(dS_{n-1})}{(u-d)S_{n-1}}, \\ b_n(S_{n-1}) &= \frac{uH_n(dS_{n-1}) - dH_n(uS_{n-1})}{u-d},\end{aligned} \qquad (3.47)$$

e iterando il ragionamento precedente otteniamo

$$H_{N-n} = \frac{1}{(1+\varrho)^n} E^Q\left[F(S_N) \mid \mathcal{F}_{N-n}\right]$$

$$= \frac{1}{(1+\varrho)^n} \sum_{k=0}^{n} \binom{n}{k} q^k (1-q)^{n-k} F(u^k d^{n-k} S_{N-n}).$$

In particolare il valore attuale del derivato è dato da

$$H_0 = \frac{1}{(1+\varrho)^N} E^Q\left[F(S_N)\right]$$

$$= \frac{1}{(1+\varrho)^N} \sum_{k=0}^{N} \binom{N}{k} q^k (1-q)^{N-k} F(u^k d^{N-k} S_0).$$

in accordo con la formula (3.40).

Tali espressioni sono calcolabili esplicitamente in funzione del valore attuale del sottostante una volta data l'espressione di F; tuttavia nella prossima sezione vedremo che, dal punto di vista pratico, è più semplice calcolare il prezzo utilizzando un opportuno algoritmo iterativo.

Osservazione 3.33. Come abbiamo già sottolineato nel Paragrafo 1.2, *il prezzo d'arbitraggio di X non dipende dalla probabilità di crescita p nella misura reale ma solo dai tassi di crescita e decrescita u, d (oltre che da ϱ).* □

Consideriamo ora il caso generale e sia X un derivato Europeo eventualmente path-dependent: in questo caso X è una variabile aleatoria misurabile rispetto a $\sigma(S_0, \ldots, S_N)$ e quindi

$$X = F(S_0, \ldots, S_N)$$

per una certa funzione misurabile F. Allora possiamo ripetere la procedura precedente e in questo caso imponiamo

$$\alpha_N S_N + b_N = V_N = F(S_0, \ldots, S_N),$$

e quindi otteniamo

$$\alpha_N u S_{N-1} + b_N = F(S_0, \ldots, S_{N-1}, u S_{N-1}),$$
$$\alpha_N d S_{N-1} + b_N = F(S_0, \ldots, S_{N-1}, d S_{N-1}).$$

Come in precedenza il sistema lineare ha soluzione unica

$$\alpha_N = \frac{F(S_0, \ldots, S_{N-1}, u S_{N-1}) - F(S_0, \ldots, S_{N-1}, d S_{N-1})}{u S_{N-1} - d S_{N-1}},$$

$$b_N = \frac{u F(S_0, \ldots, S_{N-1}, d S_{N-1}) - d F(S_0, \ldots, S_{N-1}, u S_{N-1})}{u - d}.$$

Più in generale valgono formule analoghe alle (3.46)-(3.47): per $n = 1, \ldots, N$, si ha

$$H_{n-1}(S_0, \ldots, S_{n-1}) = \frac{1}{1+\varrho} \Big(q H_n(S_0, \ldots, S_{n-1}, u S_{n-1}) + (1-q) H_n(S_0, \ldots, S_{n-1}, d S_{n-1}) \Big), \tag{3.48}$$

e

$$\alpha_n(S_0, \ldots, S_{n-1}) = \frac{H_n(S_0, \ldots, S_{n-1}, u S_{n-1}) - H_n(S_0, \ldots, S_{n-1}, d S_{n-1})}{(u-d) S_{n-1}},$$

$$b_n(S_0, \ldots, S_{n-1}) = \frac{u H_n(S_0, \ldots, S_{n-1}, d S_{n-1}) - d H_n(S_0, \ldots, S_{n-1}, u S_{n-1})}{u - d}.$$
\tag{3.49}

Di conseguenza abbiamo provato che ogni derivato è replicabile con una strategia univocamente determinata e per questo diciamo che il modello binomiale è completo. Notiamo che nel caso path-dependent, α_n e b_n dipendono dalla traiettoria del titolo sottostante $(S_0, \ldots, S_{n-1})$ fino al tempo t_{n-1}. □

Esempio 3.34 (Opzione Call Europea). Consideriamo il payoff di un'opzione Call Europea

$$F(S_N) = (S_N - K)^+ := \max\{S_N - K, 0\},$$

con strike K. Utilizzando la formula (3.40) e ricordando che $q = \frac{1+\varrho-d}{u-d}$, il prezzo C_0 dell'opzione è dato da

$$C_0 = \frac{1}{(1+\varrho)^N} \sum_{h=0}^{N} \binom{N}{h} q^h (1-q)^{N-h} \left(u^h d^{N-h} S_0 - K\right)^+$$

$$= S_0 \sum_{h>h_0}^{N} \binom{N}{h} \left(\frac{qu}{1+\varrho}\right)^h \left(\frac{(1-q)d}{1+\varrho}\right)^{N-h}$$

$$- \frac{K}{(1+\varrho)^N} \sum_{h>h_0}^{N} \binom{N}{h} q^h (1-q)^{N-h};$$

quindi vale

$$C_0 = S_0 \mathcal{N}(\tilde{q}) - \frac{K}{(1+\varrho)^N} \mathcal{N}(q), \tag{3.50}$$

dove

$$\tilde{q} = \frac{qu}{1+\varrho} \tag{3.51}$$

e

$$\mathcal{N}(p) = \sum_{h>h_0}^{N} \binom{N}{h} p^h (1-p)^{N-h}, \qquad p = \tilde{q}, q,$$

con h_0 uguale al più piccolo numero intero, non negativo, maggiore o uguale a

$$\frac{\log \frac{K}{d^N S_0}}{\log \frac{u}{d}}.$$

Notiamo che $\mathcal{N}(\tilde{q})$ e $\mathcal{N}(q)$ nella formula (3.50) si possono esprimere in termini di misure di probabilità. Infatti, per $0 \leq n \leq N$, si ha

$$C_n = B_n E^Q \left[\frac{(S_N - K)^+}{B_N} \mid \mathcal{F}_n\right]$$

$$= B_n E^Q \left[\frac{(S_N - K)}{B_N} \mathbb{1}_{\{S_N > K\}} \mid \mathcal{F}_n\right] \equiv I_1 - I_2,$$

dove

$$I_2 = \frac{B_n K}{B_N} Q\left(S_N > K \mid \mathcal{F}_n\right),$$

e

$$I_1 = B_n E^Q \left[\frac{S_N}{B_N} \mathbb{1}_{\{S_N > K\}} \mid \mathcal{F}_n\right]$$

$$= B_n \frac{S_0}{B_0} \frac{E^Q \left[\frac{S_N}{B_N} \mathbb{1}_{\{S_N > K\}} \left(\frac{S_0}{B_0}\right)^{-1} \mid \mathcal{F}_n\right]}{E^Q \left[\frac{S_N}{B_N} \left(\frac{S_0}{B_0}\right)^{-1} \mid \mathcal{F}_n\right]} E^Q \left[\frac{S_N}{B_N} \left(\frac{S_0}{B_0}\right)^{-1} \mid \mathcal{F}_n\right] =$$

(in base alla formula di Bayes e al Teorema 3.22 sul cambio di numeraire, indicando con $\widetilde{Q}$ la misura martingala con numeraire S)

$$= B_n \frac{S_0}{B_0} \widetilde{Q}(S_N > K \mid \mathcal{F}_n) \frac{S_n}{B_n} \left(\frac{S_0}{B_0}\right)^{-1}.$$

In definitiva, otteniamo la seguente formula

$$C_n = S_n \widetilde{Q}(S_N > K \mid \mathcal{F}_n) - \frac{K}{(1+\varrho)^{N-n}} Q(S_N > K \mid \mathcal{F}_n),$$

e in particolare per $n = 0$

$$C_0 = S_0 \widetilde{Q}(S_N > K) - \frac{K}{(1+\varrho)^N} Q(S_N > K). \tag{3.52}$$

Confrontando la (3.52) con la (3.50), vediamo che la misura martingala $\widetilde{Q}$ con numeraire S è la misura equivalente a P tale che (cfr. (3.35) e (3.51))

$$\widetilde{Q}(\xi_n = u) = \widetilde{q} = \frac{qu}{1+\varrho}.$$

È facile verificare che $0 < \widetilde{q} < 1$ se e solo se $d < 1 + \varrho < u$.

Benché le formule (3.52) e (3.50) siano più eleganti dal punto di vista teorico, per il calcolo numerico del prezzo di un derivato nel modello binomiale è spesso preferibile utilizzare un algoritmo ricorsivo come quello presentato nella prossima sezione. □

3.2.4 Algoritmo binomiale

In questa sezione illustriamo uno schema iterativo facilmente implementabile per la determinazione del prezzo e della strategia replicante di un derivato *path-independent*. Brevemente discutiamo anche alcuni casi particolari di derivati path-dependent.

Caso path-independent: in questo caso il prezzo H_{n-1} e la strategia α_n, b_n dipendono solo dal valore S_{n-1} del sottostante al tempo t_{n-1}. Poiché S_n è del tipo

$$S_n = S_{n,k} := u^k d^{n-k} S_0, \qquad n = 0, \ldots, N \text{ e } k = 0, \ldots, n, \tag{3.53}$$

il valore del sottostante è individuato dalle "coordinate" n (il tempo) e k (numero di movimenti di crescita). Introduciamo allora la seguente notazione:

$$H_n(k) = H_n(S_{n,k}), \tag{3.54}$$

e analogamente

$$\alpha_n(k) = \alpha_n(S_{n-1,k}), \qquad b_n(k) = b_n(S_{n-1,k}).$$

Dalla formula (3.46) e dalla condizione di replicazione, ricaviamo la seguente formula iterativa per la determinazione del prezzo (H_n):

$$H_N(k) = F(S_{N,k}), \qquad\qquad 0 \leq k \leq N, \quad (3.55)$$

$$H_{n-1}(k) = \frac{1}{1+\varrho}(qH_n(k+1) + (1-q)H_n(k)), \qquad 0 \leq k \leq n-1, \quad (3.56)$$

per $n = 1, \ldots, N$ e q definito in (3.35). Chiaramente il prezzo iniziale del derivato è uguale a $H_0(0)$. Una volta che abbiamo determinato i valori $H_n(k)$, in base alla (3.47), la corrispondente strategia di copertura è data esplicitamente da

$$\begin{aligned}\alpha_n(k) &= \frac{H_n(k+1) - H_n(k)}{(u-d)S_{n-1,k}}, \\ b_n(k) &= \frac{uH_n(k) - dH_n(k+1)}{u-d},\end{aligned} \qquad (3.57)$$

per $n = 1, \ldots, N$ e $k = 0, \ldots, n-1$.

Per esempio, consideriamo un'opzione Put Europea con strike $K = 22$ e valore del sottostante $S_0 = 20$. Assumiamo i seguenti parametri nel modello binomiale a tre periodi:

$$u = 1.1, \qquad d = 0.9, \qquad \varrho = 0.05$$

da cui otteniamo

$$q = \frac{1 + \varrho - d}{u - d} = 0.75.$$

Anzitutto costruiamo l'albero binomiale in cui indichiamo il prezzo del sottostante all'interno dei cerchi e il payoff dell'opzione a scadenza all'esterno, utilizzando la notazione (3.54), ossia $H_n(k)$ è il valore del derivato al tempo n nel caso in cui il sottostante sia cresciuto k volte. Ora utilizziamo l'algoritmo (3.55)-(3.56)

$$\begin{aligned}H_{n-1}(k) &= \frac{1}{1+\varrho}(qH_n(k+1) + (1-q)H_n(k)) \\ &= \frac{0.75 * H_n(k+1) + 0.25 * H_n(k)}{1.05}\end{aligned}$$

e calcoliamo i prezzi d'arbitraggio dell'opzione, indicandoli sull'albero binomiale in Figura 3.3.

Infine, utilizzando le formule (3.57) indichiamo la strategia di copertura del derivato nella Figura 3.4.

Caso path-dependent: esaminiamo alcune opzioni path-dependent fra le più note, Asiatiche, look-back e con barriera. Lo schema iterativo (3.55)-(3.56) è

106   3 Modelli di mercato a tempo discreto

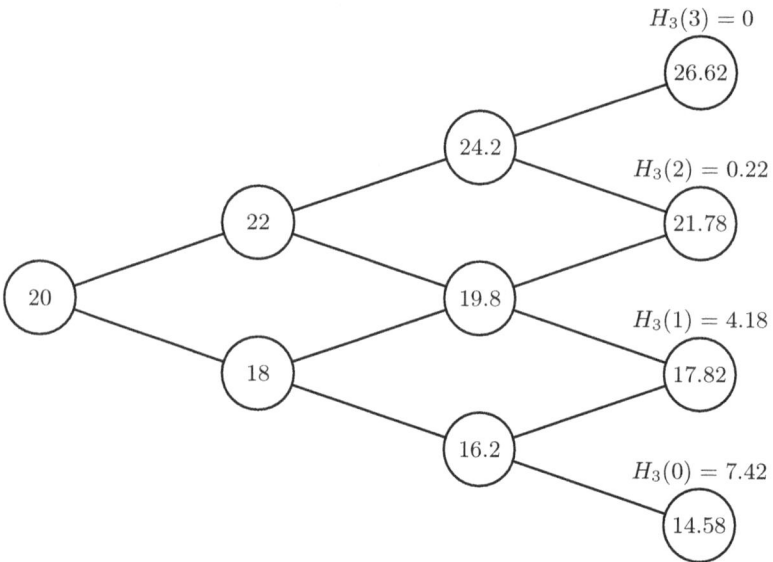

Fig. 3.2. Albero binomiale a tre periodi per una Put con strike 22 e $S_0 = 20$, con parametri $u = 1.1$, $d = 0.9$ e $\varrho = 0.05$

basato sul fatto che il prezzo H_n di un derivato path-independent gode della proprietà di Markov e quindi è funzione dei prezzi al tempo t_n e non dipende dai prezzi precedenti. In particolare lo schema (3.55)-(3.56) prevede che al passo n, si debbano risolvere $n+1$ equazioni per determinare $(H_n(k))_{k=0,\ldots,n}$. Dunque la complessità computazionale cresce linearmente col numero dei passi della discretizzazione.

Al contrario, abbiamo già notato che nel caso path-dependent, H_n dipende dalla traiettoria del titolo sottostante $(S_0, \ldots, S_n)$ fino al tempo t_n. Essendoci 2^n possibili traiettorie, il numero delle equazioni da risolvere cresce esponenzialmente col numero dei passi della discretizzazione. Per esempio, scegliendo $N = 100$, dovremmo risolvere 2^{100} equazioni solo per calcolare il prezzo alla scadenza e questo è impraticabile.

A volte, aggiungendo una variabile di stato che incorpora le informazioni del passato (la variabile path-dependent), è possibile rendere Markoviano il processo del prezzo: questa semplice idea verrà utilizzata anche nel caso a tempo continuo. Consideriamo i seguenti payoff:

$$F(S_N, A_N) = \begin{cases} (S_N - A_N)^+ & \text{Call con strike variabile,} \\ (A_N - K)^+ & \text{Call con strike fisso } K, \end{cases} \quad (3.58)$$

dove A indica la variabile path-dependent: più precisamente, per $n = 0, \ldots, N$,

3.2 Modello binomiale 107

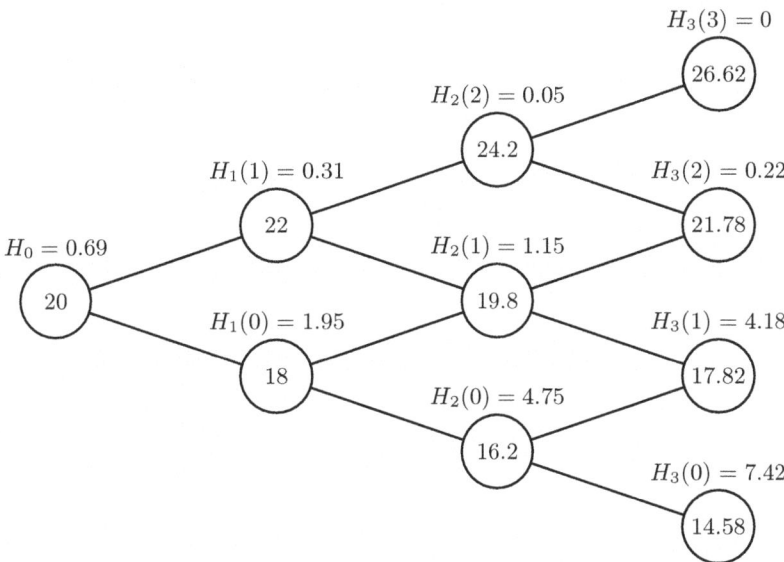

Fig. 3.3. Prezzi d'arbitraggio di una Put con strike 22 e $S_0 = 20$ in un modello binomiale a tre periodi con parametri $u = 1.1$, $d = 0.9$ e $\varrho = 0.05$

$$A_n = \begin{cases} \frac{1}{n+1} \sum_{k=0}^{n} S_k & \text{Asiatica con media aritmetica,} \\ \left(\prod_{k=0}^{n} S_k\right)^{\frac{1}{n+1}} & \text{Asiatica con media geometrica,} \\ \min_{0 \le k \le n} S_k & \text{Look-back con strike variabile,} \\ \max_{0 \le k \le n} S_k & \text{Look-back con strike fisso.} \end{cases} \quad (3.59)$$

Nel passaggio dal tempo t_{n-1} al tempo t_n, si ha $S_n = uS_{n-1}$ oppure $S_n = dS_{n-1}$ e di conseguenza A_n assume i valori $A_n^{(u)}$ o $A_n^{(d)}$ dove

$$A_n^{(u)} = \begin{cases} \frac{nA_{n-1}+uS_{n-1}}{n+1} & \text{Asiatica con media aritmetica,} \\ ((A_{n-1})^n uS_{n-1})^{\frac{1}{n+1}} & \text{Asiatica con media geometrica,} \\ \min\{A_{n-1}, uS_{n-1}\} & \text{Look-back con strike variabile,} \\ \max\{A_{n-1}, uS_{n-1}\} & \text{Look-back con strike fisso,} \end{cases} \quad (3.60)$$

e $A_n^{(d)}$ è definito in modo analogo. Il seguente risultato si prova procedendo come nella dimostrazione del Teorema 3.27.

Lemma 3.35. *Il processo stocastico (S, A) gode della proprietà di Markov e per ogni funzione f vale*

$$E^Q[f(S_{n+1}, A_{n+1}) \mid \mathcal{F}_n] = E^Q[f(S_{n+1}, A_{n+1}) \mid (S_n, A_n)]$$
$$= qf(uS_n, A_n^{(u)}) + (1-q)f(dS_n, A_n^{(d)}).$$

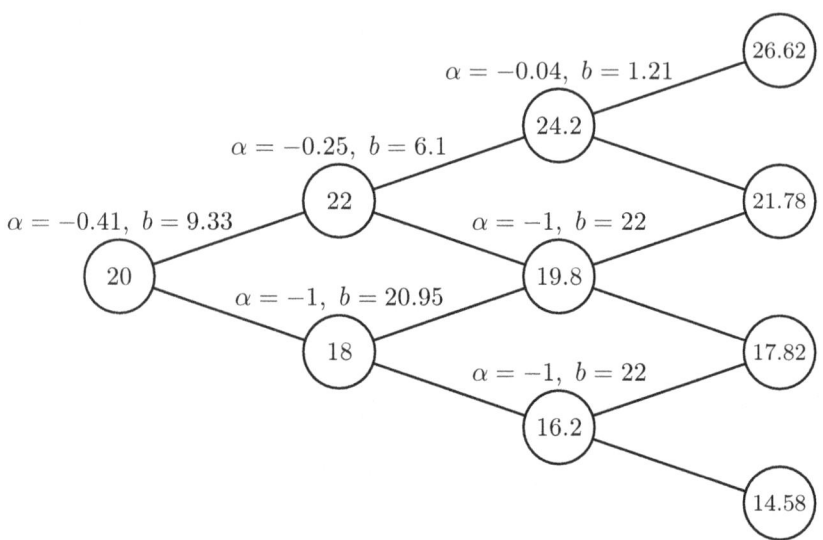

Fig. 3.4. Strategia di copertura di una Put con strike 22 e $S_0 = 20$ in un modello binomiale a tre periodi con parametri $u = 1.1$, $d = 0.9$ e $\varrho = 0.05$

Definito $S_{n,k}$ come in (3.53), indichiamo con $A_{n,k}(j)$ i possibili valori della variabile path-dependent corrispondenti a $S_{n,k}$, per $0 \leq j \leq J(n,k)$ con $J(n,k) \in \mathbb{N}$ opportuno.

Esempio 3.36. Nell'ipotesi $ud = 1$, si ha

$$S_{n,k} = \begin{cases} d^{n-2k}S_0 & \text{se } n \geq 2k, \\ u^{2k-n}S_0 & \text{se } n \leq 2k; \end{cases}$$

e nel caso di un'opzione look-back con strike fisso, se $n \geq 2k$ allora $S_{n,k} \leq S_0$ e

$$A_{n,k}(j) = u^{k-j}S_0, \qquad j = 0, \ldots, n-k,$$

mentre, se $n \leq 2k$ allora $S_{n,k} \geq S_0$ e

$$A_{n,k}(j) = u^{k-j}S_0, \qquad j = 0, \ldots, k.$$

Tanto per fissare le idee, può essere utile costruirsi un albero binomiale con $N = 4$ e verificare la validità delle formule precedenti.

Anche nel caso di un'opzione Call con strike K e barriera $B > K$, possiamo utilizzare i processi precedenti: in questo caso, il payoff è dato da

$$F(S_N, A_N) = (S_N - K)^+ \mathbb{1}_{A_N < B}.$$

□

In generale poniamo
$$H_n(k,j) = H_n(S_{n,k}, A_{n,k}(j)). \tag{3.61}$$

In base al lemma, poiché
$$H_n = \frac{1}{1+\varrho} E^Q [H_{n+1} \mid \mathcal{F}_n]$$

possiamo valutare un derivato path-dependent utilizzando il seguente schema iterativo:
$$H_N(k,j) = F(S_{N,k}, A_{N,k}(j)),$$
per $0 \leq k \leq N$, $0 \leq j \leq J(N,k)$, e

$$H_{n-1}(k,j) = \frac{1}{1+\varrho} \Big(qH_n\Big(uS_{n-1,k}, A^{(u)}_{n-1,k}(j)\Big) \\ + (1-q)H_n\Big(dS_{n-1,k}, A^{(d)}_{n-1,k}(j)\Big) \Big),$$

per $0 \leq k \leq n-1$, $0 \leq j \leq J(n-1,k)$, e $n = 1, \ldots, N$. Infine la strategia di copertura è data da

$$\begin{aligned} \alpha_n(k,j) &= \frac{H_n(k+1,j) - H_n(k,j)}{(u-d)S_{n-1,k}}, \\ b_n(k,j) &= \frac{uH_n(k,j) - dH_n(k+1,j)}{u-d}, \end{aligned} \tag{3.62}$$

per $n = 1, \ldots, N$, $k = 0, \ldots, n-1$ e $j = 0, \ldots, J(n,k)$. Notiamo che, nell'esempio dell'opzione Look-back con strike fisso, $J(n,k) \leq \frac{n}{2}$ e quindi la complessità computazionale al passo n è dell'ordine di n^2.

3.2.5 Calibrazione

La calibrazione di un modello consiste nella determinazione dei parametri a partire dall'osservazione del mercato reale. I parametri del modello binomiale sono il tasso privo di rischio ϱ nel periodo $[t_{n-1}, t_n]$, i tassi di crescita e decrescita del sottostante u, d e la probabilità p. Tuttavia abbiamo già notato (cfr. Osservazione 3.33) che il prezzo d'arbitraggio di un derivato *non dipende da p*: quindi rimangono da determinare ϱ, u, d. Sottolineiamo il fatto che i parametri dipendono da N poiché ovviamente i tassi di crescita e decrescita dipendono dall'ampiezza $\frac{T}{N}$ di ogni periodo: tuttavia in questa sezione N è fisso e quindi omettiamo di esplicitare tale dipendenza.

Se ammettiamo che il tasso di interesse privo di rischio, composto annuale r sia noto, ricaviamo facilmente ϱ dalla relazione

$$1 + \varrho = e^{r\frac{T}{N}}. \tag{3.63}$$

Definiamo il *tasso di rendimento* (annuale) μ del titolo rischioso ponendo

$$S_T = S_0 e^{\mu T}, \qquad (3.64)$$

o equivalentemente

$$\mu T = \log \frac{S_T}{S_0}.$$

È evidente che μ è una variabile aleatoria che gioca un ruolo analogo al tasso di interesse nella formula di capitalizzazione composta. In base alla (3.26) si ha

$$\log \frac{S_T}{S_0} = \sum_{n=1}^{N} \log \xi_n,$$

e quindi, essendo le variabili aleatorie ξ_n identicamente distribuite, si ha la seguente formula che definisce il *tasso di rendimento atteso m*:

$$mT := E[\mu] T = N E[\log \xi_1] = N(p \log u + (1-p) \log d). \qquad (3.65)$$

Analogamente la *volatilità* σ è definita dalla seguente uguaglianza:

$$\sigma^2 T := \mathrm{var}\left(\log \frac{S_T}{S_0}\right) = \mathrm{var}\left(\sum_{n=1}^{N} \log \xi_n\right) =$$

(per l'indipendenza delle variabili aleatorie ξ_n)

$$= N \,\mathrm{var}(\log \xi_1) =$$

(ricordando l'Esercizio 2.39)

$$= Np(1-p)\left(\log \frac{u}{d}\right)^2. \qquad (3.66)$$

In altri termini, il rendimento atteso e la volatilità sono rispettivamente il valore atteso e la deviazione standard del tasso di rendimento annuale. La volatilità rappresenta uno dei più diffusi e noti stimatori della rischiosità del titolo sottostante. Nella pratica i valori di m e σ possono essere considerati osservabili nel mercato reale. Per esempio, a partire da una serie storica di quotazioni $\bar{S}_0, \dots, \bar{S}_N$ in un periodo di ampiezza T possiamo ottenere la seguente elementare stima dei valori di m e σ:

$$m\frac{T}{N} \simeq \frac{1}{N} \sum_{n=1}^{N} \log \frac{\bar{S}_n}{\bar{S}_{n-1}},$$

$$\sigma^2 \frac{T}{N} \simeq \frac{1}{N-1} \sum_{n=1}^{N} \left(\log \frac{\bar{S}_n}{\bar{S}_{n-1}} - m\frac{T}{N}\right)^2.$$

3.2 Modello binomiale

Supponiamo dunque che m e σ siano noti e cerchiamo di ricavare il valore di u e d. Dalle equazioni (3.65)-(3.66) e posto $\delta = \frac{T}{N}$, ricaviamo il sistema

$$\begin{cases} m\delta = (p \log u + (1-p) \log d), \\ \sigma^2 \delta = p(1-p) \left(\log \frac{u}{d}\right)^2. \end{cases} \qquad (3.67)$$

Poiché abbiamo un sistema di due equazioni in tre incognite (u, d e p) è necessario imporre a priori un'ulteriore condizione. Le scelte adottate più comunemente in letteratura sono due: $p = \frac{1}{2}$ oppure

$$ud = 1. \qquad (3.68)$$

Imponendo la condizione $p = \frac{1}{2}$ il sistema (3.67) diventa

$$\begin{cases} ud = e^{2\delta m}, \\ \frac{u}{d} = e^{2\sigma\sqrt{\delta}}, \end{cases}$$

e ha soluzione

$$u = e^{\sigma\sqrt{\delta}+m\delta}, \qquad d = e^{-\sigma\sqrt{\delta}+m\delta}. \qquad (3.69)$$

Imponendo la condizione[11] (3.68) si ha $d < 1 < u$ e il sistema (3.67) diventa

$$\begin{cases} 2p = 1 + \frac{m\delta}{\log u}, \\ \sigma^2 \delta = 4p(p-1)(\log u)^2, \end{cases}$$

e ha soluzione

$$u = e^{\sigma\sqrt{\delta}\sqrt{1+\delta\left(\frac{m}{\sigma}\right)^2}}, \qquad d = e^{-\sigma\sqrt{\delta}\sqrt{1+\delta\left(\frac{m}{\sigma}\right)^2}}. \qquad (3.70)$$

In entrambi i casi (3.69) e (3.70), risulta[12]

$$u = e^{\sigma\sqrt{\delta}+o(\sqrt{\delta})} = 1 + \sigma\sqrt{\delta} + o(\sqrt{\delta}),$$
$$d = e^{-\sigma\sqrt{\delta}+o(\sqrt{\delta})} = 1 - \sigma\sqrt{\delta} + o(\sqrt{\delta}),$$

per $\delta \to 0$; in altri termini, $\frac{u-1}{\sqrt{\delta}}$ e $\frac{1-d}{\sqrt{\delta}}$ approssimano il valore σ della volatilità o rischiosità del titolo. Per semplicità, nell'implementazione del modello binomiale è molto comune la scelta

$$u = e^{\sigma\sqrt{\delta}}, \qquad d = e^{-\sigma\sqrt{\delta}}. \qquad (3.71)$$

---

[11] Notiamo che se vale la condizione (3.68) allora

$$u^n d^n S_0 = S_0$$

ossia il prezzo si muove intorno al proprio valore iniziale.

[12] Ricordiamo che la funzione f è un "o piccolo" della funzione g per $x \to x_0$ (in simboli $f(x) = o(g(x))$) se esiste una funzione w tale che $f = gw$ e

$$\lim_{x \to x_0} w(x) = 0.$$

Osservazione 3.37. Assumendo la (3.71) e ricordando che $\delta = \frac{T}{N}$, per i valori massimo e minimo del prezzo finale del sottostante, si ha

$$S_N^{(\max)} = u^N S_0 = e^{\sigma\sqrt{NT}} S_0 \xrightarrow[N\to\infty]{} +\infty,$$

$$S_N^{(\min)} = d^N S_0 = e^{-\sigma\sqrt{NT}} S_0 \xrightarrow[N\to\infty]{} 0,$$

e quindi, all'aumentare di N, l'intervallo dei valori finali di S si allarga fino a diventare tutto $\mathbb{R}_+$.

La condizione di non-arbitraggio $d < 1 + \varrho < u$ diventa

$$e^{-\sigma\sqrt{\delta}} < e^{r\delta} < e^{\sigma\sqrt{\delta}}$$

ovvero

$$-\sigma\sqrt{N} < r\sqrt{T} < \sigma\sqrt{N}.$$

Dunque per ogni scelta di σ, r (positivi) tale condizione è verificata a patto che N sia abbastanza grande: in tal caso, per la (3.71) la misura martingala risulta definita da

$$q = \frac{1+\varrho-d}{u-d} = \frac{e^\delta - e^{-\sigma\sqrt{\delta}}}{e^{\sigma\sqrt{\delta}} - e^{-\sigma\sqrt{\delta}}} = \frac{1}{2} + \frac{1}{2\sigma}\left(r - \frac{\sigma^2}{2}\right)\sqrt{\delta} + \mathrm{o}(\sqrt{\delta})$$

per $\delta \to 0$. □

Esempio 3.38. Assumiamo i seguenti dati di mercato: tasso di interesse $r = 5\%$ e volatilità $\sigma = 30\%$. Consideriamo un modello binomiale con 10 periodi per un'opzione con scadenza a 6 mesi: $N = 10$ e $T = \frac{1}{2}$. Per la (3.63) si ha

$$\varrho = e^{\frac{5}{100} \frac{1}{2} \frac{1}{10}} - 1 \approx 0.0025.$$

Analogamente, per la (3.71), si ha

$$u \approx e^{\frac{30}{100} \frac{1}{\sqrt{20}}} \approx 1.0693.$$

□

3.2.6 Modello binomiale e formula di Black&Scholes

Abbiamo visto che il modello binomiale, fissando il numero dei periodi N, permette di determinare il prezzo iniziale d'arbitraggio $H_0^{(N)}$ di un dato derivato X. È lecito chiedersi se il modello binomiale sia *stabile* nel senso che aumentando il numero di passi il prezzo $H_0^{(N)}$ converge ad un certo valore e quindi non diverge oppure oscilla attorno a più di un valore[13].

In questa sezione proviamo che il modello binomiale è stabile e approssima, in senso opportuno, il classico modello di Black&Scholes al tendere di

---
[13] Ciò avanzerebbe il dubbio di una inconsistenza del modello.

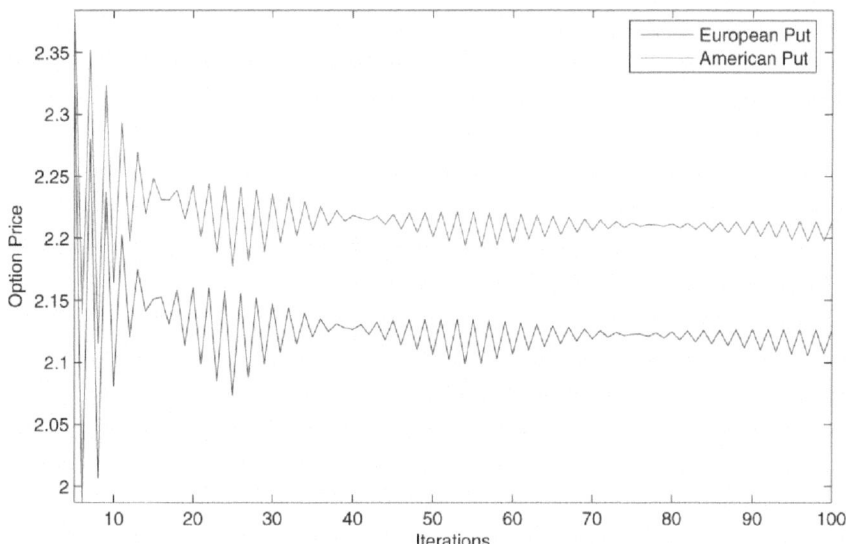

Fig. 3.5. Convergenza del prezzo di una Put Europea ed Americana nel modello binomiale al prezzo corrispondente di Black&Scholes al tendere di N all'infinito

N all'infinito. Nel seguito il numero di periodi $N \in \mathbb{N}$ è variabile e quindi è opportuno segnalare esplicitamente la dipendenza da N dei parametri del modello: pertanto indichiamo con ϱ_N, u_N, d_N i tassi di rendimento, con ξ_k^N le variabili aleatorie in (3.26) per $k = 1, \ldots, N$ e con q_N, Q_N la probabilità martingala. Fissato l'intervallo temporale $[0, T]$, poniamo

$$\delta_N = \frac{T}{N},$$

cosicché, per la (3.63), si ha

$$1 + \varrho_N = e^{r\delta_N}. \tag{3.72}$$

Assumiamo inoltre u_N e d_N nella forma seguente:

$$u_N = e^{\sigma\sqrt{\delta_N} + \alpha\delta_N}, \qquad d_N = e^{-\sigma\sqrt{\delta_N} + \beta\delta_N}, \tag{3.73}$$

dove α, β sono costanti reali. Tale scelta è conforme a quanto visto nella precedente sezione, infatti imponendo una delle condizioni $p = \frac{1}{2}$ o $ud = 1$ si ottengono parametri della forma (3.73). Inoltre la scelta più semplice (3.71) corrisponde a $\alpha = \beta = 0$.

Osserviamo anzitutto che il comportamento asintotico della misura martingala è indipendente da α, β. Vale infatti il seguente

Lemma 3.39. *Se valgono le* (3.72)-(3.73) *si ha*

$$\lim_{N \to \infty} q_N = \frac{1}{2}. \tag{3.74}$$

3 Modelli di mercato a tempo discreto

Dimostrazione. Per definizione

$$q_N = \frac{e^{r\delta_N} - e^{-\sigma\sqrt{\delta_N}+\beta\delta_N}}{e^{\sigma\sqrt{\delta_N}+\alpha\delta_N} - e^{-\sigma\sqrt{\delta_N}+\beta\delta_N}}. \tag{3.75}$$

Dunque, sviluppando in serie di Taylor gli esponenziali nell'espressione (3.75) di q_N, otteniamo

$$\begin{aligned}
2q_N - 1 &= \frac{2e^{r\delta_N} - e^{\sigma\sqrt{\delta_N}+\alpha\delta_N} - e^{-\sigma\sqrt{\delta_N}+\beta\delta_N}}{e^{\sigma\sqrt{\delta_N}+\alpha\delta_N} - e^{-\sigma\sqrt{\delta_N}+\beta\delta_N}} \\
&= \frac{\left(r - \frac{\sigma^2}{2} - \frac{\alpha+\beta}{2}\right)\delta_N + o(\delta_N)}{\sigma\sqrt{\delta_N}(1+o(1))}, \qquad \text{per } N \to \infty,
\end{aligned} \tag{3.76}$$

da cui la tesi. □

Ora consideriamo un'opzione Put Europea con strike K e scadenza T: in base alla formula (3.40), il prezzo $P_0^{(N)}$ dell'opzione nel modello binomiale N-esimo è dato da

$$P_0^{(N)} = e^{-rT} E^{Q_N}\left[\left(K - S_0 \prod_{k=1}^N \xi_k^{(N)}\right)^+\right] = e^{-rT} E^{Q_N}\left[(K - S_0 e^{X_N})^+\right], \tag{3.77}$$

dove abbiamo posto

$$X_N = \log \prod_{k=1}^N \xi_k^{(N)} = \sum_{k=1}^N Y_k^{(N)}, \tag{3.78}$$

essendo

$$Y_k^{(N)} = \log \xi_k^{(N)}, \qquad k = 1, \ldots, N,$$

variabili aleatorie indipendenti e identicamente distribuite[14]. Inoltre vale

$$\begin{aligned}
Q_N\left(Y_k^{(N)} = \sigma\sqrt{\delta_N} + \alpha\delta_N\right) &= q_N, \\
Q_N\left(Y_k^{(N)} = -\sigma\sqrt{\delta_N} + \beta\delta_N\right) &= 1 - q_N.
\end{aligned} \tag{3.79}$$

Osserviamo che possiamo riscrivere la (3.77) nel modo seguente

$$P_0^{(N)} = E^{Q_N}\left[\varphi(X_N)\right],$$

dove

$$\varphi(x) = e^{-rT}(K - S_0 e^x)^+ \tag{3.80}$$

é una funzione continua e limitata su $\mathbb{R}$, $\varphi \in C_b(\mathbb{R})$. Il seguente risultato fornisce i valori asintotici di media e varianza di X_N.

---

[14] Per la Proposizione 3.31, le variabili aleatorie $\xi_k^{(N)}$ sono indipendenti anche nella misura martingala.

3.2 Modello binomiale

Lemma 3.40. *Vale:*

$$\lim_{N \to \infty} E^{Q_N}[X_N] = \left(r - \frac{\sigma^2}{2}\right)T, \quad (3.81)$$

$$\lim_{N \to \infty} \operatorname{var}^{Q_N}(X_N) = \sigma^2 T. \quad (3.82)$$

Prima di provare il lemma facciamo qualche commento. Per il Teorema del limite centrale[15] X_N converge in distribuzione ad una variabile aleatoria X distribuita normalmente e quindi, per le (3.81)-(3.82), si ha

$$X \sim N_{\left(r - \frac{\sigma^2}{2}\right)T, \sigma^2 T}. \quad (3.83)$$

Poiché la funzione φ è continua e limitata, deduciamo[16] che vale

$$\lim_{N \to \infty} P_0^{(N)} = \lim_{N \to \infty} E^{Q_N}[\varphi(X_N)] = E[\varphi(X)]. \quad (3.84)$$

Poiché X ha distribuzione normale, l'attesa $E[\varphi(X)]$ è esplicitamente calcolabile e, come vedremo, corrisponde alla classica *formula di Black&Scholes*.

Dimostrazione (del Lemma 3.40). Per provare la (3.81), calcoliamo

$$E^{Q_N}\left[Y_1^{(N)}\right] = q_N \left(\sigma \sqrt{\delta_N} + \alpha \delta_N\right) + (1 - q_N)\left(-\sigma \sqrt{\delta_N} + \beta \delta_N\right)$$

$$= (2q_N - 1)\sigma \sqrt{\delta_N} + \delta_N \left(\alpha q_N + \beta(1 - q_N)\right) =$$

(per la (3.76) e la (3.74))

$$= \frac{\left(r - \frac{\sigma^2}{2} - \frac{\alpha+\beta}{2}\right)\delta_N + o(\delta_N)}{1 + o(1)} + \delta_N \left(\frac{\alpha+\beta}{2} + o(1)\right)$$

$$= \left(r - \frac{\sigma^2}{2}\right)\delta_N + o(\delta_N), \quad \text{per } N \to \infty. \quad (3.85)$$

Allora si ha, ricordando che $\delta_N = \frac{T}{N}$,

$$E^{Q_N}[X_N] = N E^{Q_N}\left[Y_1^{(N)}\right] = \left(r - \frac{\sigma^2}{2}\right)T + o(1), \quad \text{per } N \to \infty,$$

da cui la (3.81).

Proviamo ora la (3.82) utilizzando l'identità

$$\operatorname{var}^{Q_N}(X_N) = N \operatorname{var}^{Q_N}(Y) = N \left(E^{Q_N}[Y^2] - E^{Q_N}[Y]^2\right) \quad (3.86)$$

---

[15] Si veda il Lemma 3.41 per la prova rigorosa di questa affermazione.
[16] Per la (A.27): questo é il motivo per cui abbiamo considerato un'opzione Put invece di una Call. La formula di Put-Call parity (cfr. Corollario 1.1) permette poi di ricavare il prezzo dell'opzione Call: si veda anche l'Osservazione 3.45.

dove abbiamo posto $Y \equiv Y_1^{(N)}$. Per la (2.24) dell'Esercizio 2.39 abbiamo

$$\begin{aligned} E^{Q_N}\left[Y^2\right] &= (\log u_N + \log d_N) E^{Q_N}\left[Y\right] - \log u_N \log d_N \\ &= \delta_N(\alpha+\beta) E^{Q_N}\left[Y\right] - \left(\sigma\sqrt{\delta_N} + \alpha\delta_N\right)\left(-\sigma\sqrt{\delta_N} + \beta\delta_N\right) \\ &= \sigma^2 \delta_N + \mathrm{o}\left(\delta_N\right), \qquad \text{per } N \to \infty, \end{aligned}$$
(3.87)

e dunque la tesi segue immediatamente sostituendo nella (3.86), tenendo anche conto del fatto che

$$E^{Q_N}\left[Y\right]^2 = \mathrm{o}\left(\delta_N\right), \qquad \text{per } N \to \infty.$$

□

Lemma 3.41. *La successione di variabile aleatorie* (X_N) *definita in* (3.78) *converge in distribuzione ad una variabile* X *distribuita normalmente secondo la* (3.83).

Dimostrazione. Questo risultato è una variante del Teorema A.48 del limite centrale: grazie al Teorema di Lévy, è sufficiente verificare che la successione (φ_{X_N}) delle funzioni caratteristiche converge puntualmente. Si ha:

$$\varphi_{X_N}(\eta) = E^{Q_N}\left[e^{i\eta X_N}\right] =$$

(poiché le variabili aleatorie $Y_k^{(N)}$ sono i.i.d. e ponendo $Y \equiv Y_1^{(N)}$)

$$= \left(E^{Q_N}\left[e^{i\eta Y}\right]\right)^N =$$

(per il Lemma A.44, applicando la formula (A.28) con $\xi = \eta\sqrt{\delta_N}$ e $p = 2$)

$$= \left(1 + i\eta E^{Q_N}\left[Y\right] - \frac{\eta^2}{2} E^{Q_N}\left[Y^2\right] + \mathrm{o}\left(\delta_N\right)\right)^N \qquad \text{per } N \to \infty. \quad (3.88)$$

Ora ricordiamo le formule (3.85) e (3.87):

$$E^{Q_N}\left[Y\right] = \left(r - \frac{\sigma^2}{2}\right)\delta_N + \mathrm{o}\left(\delta_N\right),$$
$$E^{Q_N}\left[Y^2\right] = \sigma^2 \delta_N + \mathrm{o}\left(\delta_N\right),$$

per $N \to \infty$. Sostituendo tali formule nella (3.88), otteniamo

$$\varphi_{X_N}(\eta) = \left(1 + \frac{1}{N}\left(-i\eta T\left(r - \frac{\sigma^2}{2}\right) - \eta^2 \frac{\sigma^2 T}{2} + \mathrm{o}(1)\right)\right)^N \qquad \text{per } N \to \infty,$$

da cui

$$\lim_{N\to\infty} \varphi_{X_N}(\eta) = \exp\left(-i\eta T\left(r - \frac{\sigma^2}{2}\right) - \eta^2 \frac{\sigma^2 T}{2}\right), \qquad \forall \eta \in \mathbb{R}.$$

Allora, per il Teorema di Lévy, abbiamo $X_N \xrightarrow{d} X$ dove X è una variabile aleatoria con funzione caratteristica

$$\varphi_X(\eta) = \exp\left(-i\eta T\left(r - \frac{\sigma^2}{2}\right) - \eta^2 \frac{\sigma^2 T}{2}\right),$$

e quindi, per il Teorema 2.87, X ha distribuzione normale e valgono le (3.83)-(3.84).

In definitiva, raccogliendo i risultati dei precedenti lemmi, abbiamo provato il seguente

Teorema 3.42. *Sia P_0^N il prezzo di un'opzione Put Europea con strike K e scadenza T nel modello binomiale con N periodi e con parametri*

$$u_N = e^{\sigma\sqrt{\delta_N} + \alpha\delta_N}, \qquad d_N = e^{-\sigma\sqrt{\delta_N} + \beta\delta_N},$$

dove α, β sono costanti reali. Allora esiste

$$\lim_{N\to\infty} P_0^N \equiv P_0$$

e vale

$$P_0 = e^{-rT} E\left[(K - S_0 e^X)^+\right] \tag{3.89}$$

dove X è una variabile aleatoria con distribuzione normale

$$X \sim N_{\left(r - \frac{\sigma^2}{2}\right)T, \sigma^2 T}. \tag{3.90}$$

Definizione 3.43. P_0 *è detto prezzo di Black&Scholes di un'opzione Put Europea con strike K e scadenza T.*

Una delle ragioni per cui il modello di Black&Scholes è famoso è il fatto che i prezzi delle opzioni Put e Call Europee hanno un'espressione in forma chiusa.

Corollario 3.44 (Formula di Black&Scholes). *Vale la seguente formula di Black&Scholes:*

$$P_0 = Ke^{-rT}\Phi(-d_2) - S_0\Phi(-d_1), \tag{3.91}$$

dove Φ indica la funzione di distribuzione normale standard (cfr. (2.19)) e

$$d_1 = \frac{\log\left(\frac{S_0}{K}\right) + \left(r + \frac{\sigma^2}{2}\right)T}{\sigma\sqrt{T}},$$
$$d_2 = d_1 - \sigma\sqrt{T} = \frac{\log\left(\frac{S_0}{K}\right) + \left(r - \frac{\sigma^2}{2}\right)T}{\sigma\sqrt{T}}. \tag{3.92}$$

118   3 Modelli di mercato a tempo discreto

Dimostrazione. In base alla (3.89), dobbiamo provare che

$$e^{-rT}E\left[(K-S_0e^X)^+\right] = Ke^{-rT}\Phi(-d_2) - S_0\Phi(-d_1), \qquad (3.93)$$

dove X ha la distribuzione normale in (3.90). Ora (cfr. Osservazione 2.35)

$$X = \left(r - \frac{\sigma^2}{2}\right)T + \sigma\sqrt{T}Z$$

con $Z \sim N_{0,1}$, e un semplice conto mostra che

$$S_T = S_0 e^X < K \quad \Longleftrightarrow \quad Z < -d_2. \qquad (3.94)$$

Si ha

$$E\left[(K-S_0e^X)^+\right] = KE\left[\mathbb{1}_{\{S_T<K\}}\right] - E\left[S_T\mathbb{1}_{\{S_T<K\}}\right] \equiv I_1 + I_2,$$

e per la (3.94), vale

$$I_1 = KE\left[\mathbb{1}_{\{Z<-d_2\}}\right] = K\Phi(-d_2).$$

D'altra parte si ha

$$I_2 = e^{rT}S_0 E\left[e^{-\frac{\sigma^2 T}{2} + \sigma\sqrt{T}Z}\mathbb{1}_{\{Z<-d_2\}}\right]$$

$$= e^{rT}S_0 \int_{-\infty}^{-d_2} \frac{1}{\sqrt{2\pi}} e^{-\frac{\sigma^2 T}{2} + \sigma\sqrt{T}x - \frac{x^2}{2}}dx =$$

(col cambio di variabile $y = x - \sigma\sqrt{T}$)

$$= e^{rT}S_0 \int_{-\infty}^{-d_2-\sigma\sqrt{T}} \frac{e^{-\frac{y^2}{2}}}{\sqrt{2\pi}}dy,$$

e questo conclude la prova della (3.93). □

Osservazione 3.45 (**Formula di Black&Scholes**). In base alla formula di Put-Call parity, definiamo il prezzo di Black&Scholes C_0 di un'opzione Call Europea con strike K e scadenza T nel modo seguente:

$$C_0 := P_0 + S_0 - Ke^{-rT}.$$

Utilizzando la (2.20), un semplice conto mostra che vale la seguente formula di Black&Scholes:

$$C_0 = S_0\Phi(d_1) - Ke^{-rT}\Phi(d_2), \qquad (3.95)$$

dove d_1, d_2 sono definiti in (3.92) e Φ indica la funzione di distribuzione normale standard. □

3.2.7 Equazione differenziale di Black&Scholes

Proviamo ora un risultato di consistenza del modello binomiale col modello di Black&Scholes. Abbiamo visto che al tendere di N all'infinito, il prezzo binomiale tende al prezzo di Black&Scholes: proviamo ora che è possibile interpretare lo schema di valutazione (3.55)-(3.56) del modello binomiale come una versione discreta del problema di Cauchy per un'equazione differenziale parabolica, detta equazione di Black&Scholes. Nel Capitolo 7 presenteremo l'analisi di Black&Scholes che, con strumenti di calcolo differenziale stocastico, permette di ottenere direttamente il prezzo di un derivato in termini di soluzione dell'equazione di Black&Scholes.

Nel resto della sezione utilizziamo l'usuale notazione $\delta = \frac{T}{N}$ e assumiamo le seguenti espressioni per i parametri del modello binomiale (cfr. (3.71)):

$$u = e^{\sigma\sqrt{\delta}} = 1 + \sigma\sqrt{\delta} + \frac{\sigma^2}{2}\delta + o(\delta),$$
$$d = e^{-\sigma\sqrt{\delta}} = 1 - \sigma\sqrt{\delta} + \frac{\sigma^2}{2}\delta + o(\delta), \qquad (3.96)$$
$$1 + \varrho = e^{r\delta} = 1 + r\delta + o(\delta),$$

per $\delta \to 0$, da cui segue anche che

$$q = \frac{1+\varrho-d}{u-d} = \frac{1}{2} + \frac{1}{2\sigma}\left(r - \frac{\sigma^2}{2}\right)\sqrt{\delta} + o(\sqrt{\delta}) \qquad (3.97)$$

per $\delta \to 0$.

Data una funzione $f = f(t,S)$ definita su $[0,T] \times \mathbb{R}_+$ (qui f gioca il ruolo del prezzo d'arbitraggio di un derivato sul sottostante S) ricordiamo la formula di valutazione (3.56) che con le attuali notazioni assume la forma seguente:

$$f(t,S) = \frac{1}{1+\varrho}\left(qf(t+\delta, uS) + (1-q)f(t+\delta, dS)\right). \qquad (3.98)$$

Posto

$$f = f(t,S), \qquad f^u = f(t+\delta, uS), \qquad f^d = f(t+\delta, dS),$$

e definito l'operatore discreto

$$J_\delta f(t,S) = -(1+\varrho)f + qf^u + (1-q)f^d \qquad (3.99)$$

la (3.98) è equivalente a
$$J_\delta f(t,S) = 0.$$

Proposizione 3.46. *Per ogni $f \in C^{1,2}([0,T] \times \mathbb{R}_+)$ vale*

$$\lim_{\delta \to 0^+} \frac{J_\delta f(t,S)}{\delta} = L_{\mathrm{BS}}f(t,S),$$

per ogni $(t, S) \in {]0, T[} \times \mathbb{R}_+$, dove

$$L_{BS}f(t,S) := \partial_t f(t,S) + \frac{\sigma^2 S^2}{2}\partial_{SS} f(t,S) + rS\partial_S f(t,S) - rf(t,S) \quad (3.100)$$

è detto *operatore differenziale di Black&Scholes*.

Dimostrazione. Sviluppando in serie di Taylor al second'ordine la funzione f otteniamo[17]

$$f^u - f = \partial_t f \delta + \partial_S f S(u-1) + \frac{1}{2}\partial_{SS} f S^2(u-1)^2 + o(\delta) + o((u-1)^2) =$$

(per la (3.96), sostituendo l'espressione di u in termini di δ e ordinando secondo le potenze crescenti di $\sqrt{\delta}$)

$$= \sigma S \partial_S f \sqrt{\delta} + Lf\delta + o(\delta), \qquad \delta \to 0, \quad (3.101)$$

dove

$$Lf = \partial_t f + \frac{\sigma^2}{2} S \partial_S f + \frac{\sigma^2 S^2}{2}\partial_{SS} f,$$

e analogamente

$$f^d - f = -\sigma S \partial_S f \sqrt{\delta} + Lf\delta + o(\delta), \qquad \delta \to 0. \quad (3.102)$$

Allora si ha

$$J_\delta f(t,S) = -(1+\varrho)f + qf^u + (1-q)f^d$$
$$= -r\delta f + q(f^u - f - (f^d - f)) + (f^d - f) + o(\delta) =$$

(sostituendo le espressioni (3.101) e (3.102))

$$= -\delta r f + \delta L f + \sqrt{\delta}(2q-1)\sigma S \partial_S f + o(\delta) =$$

(per la (3.97))

$$= -\delta r f + \delta L f + \sqrt{\delta}\left(\left(r - \frac{\sigma^2}{2}\right)\sqrt{\delta} + o(\sqrt{\delta})\right)\sigma S \partial_S f + o(\delta)$$
$$= \delta L_{BS} f + o(\delta),$$

per $\delta \to 0$ e questo conclude la dimostrazione. $\square$

In base alla proposizione precedente, l'equazione differenziale

$$L_{BS}f(t,S) = 0, \qquad (t,S) \in {]0,T[} \times \mathbb{R}_+, \quad (3.103)$$

---

[17] Nel seguito della dimostrazione omettiamo sistematicamente l'argomento (t,S) delle funzioni.

3.2 Modello binomiale

è la versione asintotica della formula di valutazione (3.56). Inoltre la (3.55) corrisponde alla condizione finale

$$f(T,S) = F(S), \qquad S \in \mathbb{R}_+. \tag{3.104}$$

La coppia di equazioni (3.103)-(3.104) costituisce un *problema di Cauchy* che, come già anticipato, ritroveremo nel Capitolo 7 utilizzando gli strumenti di calcolo stocastico a tempo continuo.

Il problema (3.103)-(3.104) con dato *finale*, è un problema retrogrado del tipo esaminato nella Sezione 2.3.5: l'operatore differenziale in (3.103) è del tipo $\triangle + \partial_t$, aggiunto dell'operatore del calore $\triangle - \partial_t$. Col cambio di variabili

$$f(t,S) = u(T-t, \log S)$$

ovvero ponendo $\tau = T-t$ e $x = \log S$, il problema (3.103)-(3.104) è la versione discreta del seguente *problema di Cauchy parabolico a coefficienti costanti* (cfr. Paragrafo 2.3):

$$\begin{cases} \frac{\sigma^2}{2}\partial_{xx}u + \left(r - \frac{\sigma^2}{2}\right)\partial_x u - ru - \partial_\tau u = 0, & (t,x) \in\,]0,T[\,\times\mathbb{R}, \\ u(0,x) = F(e^x), & x \in \mathbb{R}. \end{cases}$$

In base al Teorema 2.68, se il payoff $x \mapsto F(e^x)$ è una funzione che non cresce troppo rapidamente, possiamo esprimere la soluzione u in termini della soluzione fondamentale Γ dell'equazione differenziale:

$$u(\tau,x) = \int_{\mathbb{R}} \Gamma(x-y,\tau)F(e^y)dy, \qquad \tau \in\,]0,T[,\ x \in \mathbb{R},$$

dove Γ è nota *esplicitamente* in base alla (2.38).

La formula precedente può anche essere interpretata in termini di valore atteso del payoff che è funzione di una variabile aleatoria con distribuzione normale con densità Γ. Utilizzando l'espressione di Γ, con un conto diretto possiamo ritrovare le formule di Black&Scholes (3.91) e (3.95) per il prezzo di opzioni Put e Call Europee.

A posteriori, l'algoritmo binomiale può essere anche interpretato come uno schema di risoluzione numerica di un problema di Cauchy parabolico. In effetti, la Proposizione 3.46 contiene implicitamente il fatto che l'algoritmo binomiale è equivalente ad uno schema alle differenze finite esplicito di cui parleremo nel Capitolo 12.

Nel recente articolo [85], Lishang e Dai estendono al caso di derivati path-dependent Europei e Americani i risultati di approssimazione del modello binomiale al caso continuo di Black&Scholes e provano che il modello binomiale è equivalente ad uno schema alle differenze finite per l'equazione di Black&Scholes.

3.3 Modello trinomiale

Lo scopo di questo paragrafo è di illustrare un semplice esempio di mercato incompleto. Consideriamo un mercato trinomiale ossia un mercato formalmente analogo a quello binomiale tranne che per il fatto che assumiamo

$$\xi_n \sim p_1\delta_u + p_2\delta_m + p_3\delta_d, \qquad n=1,\ldots,N$$

al posto della (3.27). Dunque in un mercato trinomiale il titolo rischioso ha tre possibili movimenti in ogni istante di contrattazione. È naturale assumere le seguenti relazioni:

$$d < m < u, \qquad p_1, p_2, p_3 \in \,]0,1[, \qquad p_1 + p_2 + p_3 = 1.$$

Inoltre un ragionamento analogo a quello fatto nel modello binomiale mostra che l'assenza di arbitraggi implica la condizione

$$d < 1+\varrho < u, \tag{3.105}$$

che nel seguito è assunta come ipotesi.

Intendiamo ora procedere come nella Sezione 3.2.2 per determinare una misura martingala Q. In particolare dalla condizione (3.34), otteniamo il seguente sistema di equazioni lineari che deve essere risolto dai parametri q_1, q_2, q_3 che definiscono Q:

$$\begin{cases} uq_1 + mq_2 + dq_3 = 1+\varrho \\ q_1 + q_2 + q_3 = 1. \end{cases} \tag{3.106}$$

Poiché (3.106) è un sistema lineare di due equazioni in tre incognite, esso ha in generale più di una soluzione: di conseguenza *nel modello trinomiale la misura martingala non è unica*. Inoltre come conseguenza del Teorema 3.21, *il mercato non è completo*. Nel resto del paragrafo intendiamo verificare in modo diretto tali affermazioni.

Anzitutto vale il seguente

Lemma 3.47. *Il numero $1+\varrho$ è l'unico valore di m tale che, per ogni $q_2 \in \,]0,1[$, il sistema (3.106) ammetta una soluzione (q_1, q_3) tale che $0 < q_1, q_3 < 1$.*

Dimostrazione. È un conto diretto: fissato q_2 ricaviamo

$$q_3 = 1 - q_1 - q_2,$$

e sostituendo nella prima equazione del sistema (3.106) otteniamo

$$q_1 = \frac{1+\varrho - d - q_2(m-d)}{u-d}, \qquad q_3 = \frac{u-1-\varrho - q_2(u-m)}{u-d}. \tag{3.107}$$

Ora

$$q_1 > 0 \iff q_2 < \frac{1+\varrho-d}{m-d}$$

e data l'arbitrarietà di $q_2 \in \,]0,1[$, ciò equivale a $m \leq 1+\varrho$. Notiamo che la (3.105) ed il fatto che $m > d$ implicano che $q_1 < 1$. Analogamente riconosciamo che $q_3 < 1$ equivale a $m \geq 1+\varrho$. □

3.3 Modello trinomiale

In base al lemma precedente, nel seguito assumiamo che $m = 1 + \varrho$: in particolare, per ogni fissato $q_2 \in \,]0,1[$ la soluzione del sistema (3.106) è data da

$$q_1 = \frac{m-d}{u-d}(1-q_2), \qquad q_3 = \frac{u-m}{u-d}(1-q_2); \qquad (3.108)$$

nel caso $q_2 = 0$ ritroviamo il modello binomiale con $q_1 = q$ in (3.35).

La dimostrazione del Teorema 3.30 può essere riprodotta nel contesto del modello trinomiale, provando il risultato seguente:

Proposizione 3.48. *Nel modello trinomiale, se vale la relazione (3.105), allora ogni $q_2 \in \,]0,1[$ definisce una misura martingala (con numeraire B) mediante*

$$Q(\xi_n = u) = q_1, \qquad Q(\xi_n = d) = q_3, \qquad 1 \leq n \leq N,$$

con q_1, q_3 definiti in (3.108). Le variabili aleatorie $\xi_1, \ldots, \xi_N$ sono indipendenti in tale misura.

Dunque il mercato trinomiale è libero da arbitraggi ed esiste (non unica!) una misura martingala; in particolare se un derivato è replicabile allora è determinato univocamente il prezzo d'arbitraggio in base al Teorema 3.19. Tuttavia non tutti i derivati sono replicabili: il resto della sezione è dedicato alla verifica diretta del fatto che il mercato trinomiale è incompleto.

Procediamo come nella Sezione 3.2.3: per semplicità, consideriamo il caso di un periodo $N = 1$ e sia $S_0 = 1$. Dato un derivato $X = F(S_1)$, la condizione di replica (3.41) diventa

$$\alpha_1 S_1 + b_1 = F(S_1),$$

equivalente al seguente sistema lineare nelle incognite α_1, b_1:

$$\begin{cases} \alpha_1 u + b_1 = F(u) \\ \alpha_1 m + b_1 = F(m) \\ \alpha_1 d + b_1 = F(d). \end{cases} \qquad (3.109)$$

È interessante notare che la matrice associata al sistema (3.109)

$$\begin{pmatrix} u & 1 \\ m & 1 \\ d & 1 \end{pmatrix}$$

è la trasposta della matrice associata al sistema (3.106): si intuisce quindi la relazione di dualità fra il problema della completezza e dell'assenza di arbitraggio. Nel modello binomiale, un ruolo analogo è giocato dalla matrice

$$\begin{pmatrix} u & 1 \\ d & 1 \end{pmatrix}$$

che, essendo quadrata e di rango massimo, garantisce completezza e assenza d'arbitraggi.

È ben noto dall'algebra lineare che il sistema (3.109) ammette soluzione solo se la matrice completa

$$\begin{pmatrix} u & 1 & F(u) \\ m & 1 & F(m) \\ d & 1 & F(d) \end{pmatrix}$$

non ha rango massimo. Imponendo, per esempio, che la seconda riga sia combinazione lineare (con coefficienti λ, μ) della prima e della terza, otteniamo

$$\begin{cases} m = \lambda u + \mu d \\ 1 = \lambda + \mu \\ F(m) = \lambda F(u) + \mu F(d), \end{cases}$$

da cui

$$\mu = \frac{u-m}{u-d}, \qquad \lambda = \frac{m-d}{u-d},$$

e possiamo scrivere finalmente la condizione che un derivato deve verificare per poter essere replicato:

$$F(m) = \frac{m-d}{u-d} F(u) + \frac{u-m}{u-d} F(d). \tag{3.110}$$

Assumere la condizione (3.110) equivale a dire che la seconda equazione del sistema (3.109) è superflua e può essere tralasciata. In tal caso il sistema può essere risolto e si riconosce essere equivalente all'analogo sistema nel modello binomiale la cui soluzione è data dalla (3.43): in questo caso otteniamo

$$\alpha_1 = \frac{F(u) - F(d)}{u - d}, \qquad b_1 = \frac{uF(d) - dF(u)}{u - d}. \tag{3.111}$$

Per la condizione di autofinanziamento, il prezzo H_0 del derivato è dunque dato da

$$H_0 = \alpha_1 S_0 + \frac{b_1}{m} = \frac{(u-m)F(d) + (m-d)F(u)}{m(u-d)},$$

ed ovviamente non dipende dalla misura martingala fissata. D'altra parte con un semplice conto, verifichiamo che

$$H_0 = \frac{1}{m} E^Q[X] = \frac{1}{m} \left(q_1 F(u) + q_2 F(m) + q_3 F(d) \right),$$

dove Q è una *qualsiasi* misura martingala. I derivati che non soddisfano la condizione (3.110) non possono essere replicati, mostrando che il mercato trinomiale è incompleto.

Riassumendo, l'idea di fondo è la seguente: *"troppa aleatorietà" implica l'incompletezza del mercato e viceversa, come vedremo in seguito, "poca aleatorietà" implica la possibilità di arbitraggi*[18].

3.3.1 Valutazione in un mercato incompleto

L'incompletezza del mercato trinomiale è dovuta al fatto che un solo sottostante è insufficiente per poter costruire un portafoglio che replichi un assegnato derivato: questo fatto si traduce nella non risolubilità del sistema (3.109). Possiamo allora supporre che sul mercato sia contrattato un altro titolo (per esempio, un derivato sullo stesso sottostante) per cercare di costruire un portafoglio replicante. Per fissare le idee, la situazione tipica è quella in cui vogliamo prezzare (e coprire l'esposizione su) un derivato esotico su un dato sottostante, sfruttando il fatto che sul mercato è possibile comprare e vendere un'opzione plain vanilla (per es. una Call Europea) sullo stesso sottostante. Questa procedura è detta "completamento del mercato".

Dunque introduciamo nel mercato trinomiale un secondo titolo $\bar{S}$ con $\bar{S}_0 = 1$ e la seguente dinamica

$$\bar{S}_1 \sim \bar{p}_1 \delta_{\bar{u}} + \bar{p}_3 \delta_{\bar{m}} + \bar{p}_3 \delta_{\bar{d}}.$$

Nelle ipotesi della sezione precedente, dato un derivato $X = F(S_1, \bar{S}_1)$, la condizione di replica diventa

$$\alpha_1 S_1 + \bar{\alpha}_1 \bar{S}_1 + b_1 = F(S_1, \bar{S}_1),$$

equivalente al seguente sistema lineare nelle incognite $\alpha_1, \bar{\alpha}_1, b_1$:

$$\begin{cases} \alpha_1 u + \bar{\alpha}_1 \bar{u} + b_1 = F(u, \bar{u}) \\ \alpha_1 m + \bar{\alpha}_1 \bar{m} + b_1 = F(m, \bar{m}) \\ \alpha_1 d + \bar{\alpha}_1 \bar{d} + b_1 = F(d, \bar{d}). \end{cases} \quad (3.112)$$

La matrice associata al sistema

$$\begin{pmatrix} u & \bar{u} & 1 \\ m & \bar{m} & 1 \\ d & \bar{d} & 1 \end{pmatrix} \quad (3.113)$$

ha rango massimo se i vettori (u, m, d) e $(\bar{u}, \bar{m}, \bar{d})$ non sono proporzionali o in altri termini se $S, \bar{S}$ sono effettivamente titoli diversi (e uno non è multiplo dell'altro). In tal caso (3.112) determina in modo unico la strategia replicante e possiamo concludere che il mercato è completo.

---

[18] Tanto per fissare le idee: in un mercato in cui ci sono due titoli diversi, entrambi non rischiosi, è possibile fare un arbitraggio vendendo quello con rendimento inferiore e comprando quello con rendimento superiore.

In modo analogo, esiste ed è unica la misura martingala Q con numeraire B: essa è determinata dalla soluzione del sistema lineare (analogo a (3.106)) la cui matrice associata è la trasposta di (3.113). Infine il prezzo d'arbitraggio del derivato X è dato da

$$H_0 = E^Q \left[\widetilde{X} \right],$$

e il portafoglio replicante, costruito con i titoli S e $\bar{S}$, è la soluzione del sistema (3.112).

Osservazione 3.49. Con la procedura di completamento del mercato trinomiale abbiamo definito il prezzo d'arbitraggio H_0 di un generico derivato X: notiamo che tale prezzo *dipende dal titolo* $\bar{S}$, nel senso che H_0 è il prezzo assegnato a X in modo da garantire una consistenza interna nel mercato completato ed escludere possibilità di arbitraggio.

Su questo argomento si basano le maggiori critiche a tale metodo. Esse si riassumono in due punti:

i) occorre assumere come ipotesi l'esistenza di $\bar{S}$;
ii) i prezzi d'arbitraggio dipendono dalla particolare scelta di $\bar{S}$.

D'altra parte, nella pratica, il completamento può essere semplicemente considerato una calibrazione del modello (in cui il parametro aggiuntivo da calibrare è il prezzo di $\bar{S}$) al mercato reale e da questo punto di vista sembra una procedura ragionevole ed efficace. Inoltre il fatto che il completamento con un altro titolo $\hat{S}$ dia un prezzo diverso per X, significa che nel mercato $(\bar{S}, \hat{S})$ ci sono possibilità d'arbitraggio. □

Discutiamo anche un approccio alternativo al problema della valutazione in un mercato incompleto. In un esempio tratto da [20] Cap.15, si considera un contratto in cui il sottostante è la temperatura x del Palace Pier a Brighton. Il contratto paga una certa cifra, per esempio 100 Euro, se in una fissata data la temperatura è minore di 20 gradi: dunque il payoff del contratto è

$$F(x) = \begin{cases} 100 & \text{se } x < 20, \\ 0 & \text{se } x \geq 20. \end{cases}$$

In questo caso sembra più lecito parlare di "assicurazione" piuttosto che di "derivato": in effetti questo tipo di contratto è una vera e propria assicurazione contro il fatto che ci sia brutto tempo proprio nel giorno in cui si intende fare una gita a Brighton. Il sottostante del contratto è la temperatura di Brighton e poiché essa non è un titolo che possiamo comprare e vendere sul mercato, non è possibile costruire un portafoglio di replica per il contratto, benché possiamo costruire un modello probabilistico per la dinamica della temperatura. Questo sembra l'esempio più semplice di mercato incompleto.

Ora consideriamo un mercato discreto libero da arbitraggi e fissiamo una misura martingala Q. Se X è un derivato (non necessariamente replicabile) e α è una strategia predicibile e autofinanziante, la quantità

$$X - V_N(\alpha)$$

rappresenta l'errore di replicazione a scadenza della strategia α. Indicando con $\widetilde{X}$ e $\widetilde{V}$ i valori scontati, possiamo assumere

$$R^Q(\alpha) = E^Q\left[\left(\widetilde{X} - \widetilde{V}_N(\alpha)\right)^2\right] \qquad (3.114)$$

come una misura del rischio di replicazione nella misura martingala Q. Ora usiamo il fatto che $\widetilde{V}(\alpha)$ è una Q-martingala e l'identità

$$E\left[Y^2\right] = E\left[Y\right]^2 + E\left[(Y - E(Y))^2\right],$$

con $Y = \widetilde{X} - \widetilde{V}_N(\alpha)$, per riscrivere la (3.114) nel modo seguente:

$$R^Q(\alpha) = \left(E^Q\left[\widetilde{X}\right] - \widetilde{V}_0(\alpha)\right)^2 + E^Q\left[\left(\widetilde{X} - E\left[\widetilde{X}\right] - \left(\widetilde{V}_N(\alpha) - \widetilde{V}_0(\alpha)\right)\right)^2\right].$$

Ricordiamo (cfr. Osservazione 3.7) che $\widetilde{V}_N(\alpha) - \widetilde{V}_0(\alpha)$ non dipende da $\widetilde{V}_0(\alpha)$, e dunque *volendo minimizzare il rischio R^Q è necessario porre*

$$\widetilde{V}_0(\alpha) = E^Q\left[\widetilde{X}\right]. \qquad (3.115)$$

In altri termini ogni strategia che minimizzi il rischio R^Q richiede un capitale iniziale normalizzato pari a $E^Q\left[\widetilde{X}\right]$. Inoltre, per il Lemma 3.17, il prezzo $E^Q\left[\widetilde{X}\right]$ per X non introduce possibilità d'arbitraggio. Dunque la seguente definizione sembra coerente col Teorema 3.19 e con la nozione di prezzo neutrale al rischio data nella Sezione 1.2.1.

Definizione 3.50. *Sia $S = \left(S^0, \ldots, S^d\right)$ un mercato libero da arbitraggi e sia Q una misura martingala con numeraire S^0. Il prezzo d'arbitraggio relativo a Q di un derivato X (non necessariamente replicabile) è definito da*

$$H_n^Q = E^Q\left[X\,\frac{S_n^0}{S_N^0} \mid \mathcal{F}_n\right], \qquad 0 \leq n \leq N. \qquad (3.116)$$

Osserviamo che, nel caso in cui X sia replicabile, per il Teorema 3.19 il prezzo (H_n^Q) è univocamente determinato ed è *indipendente dalla misura martingala fissata*.

Concludiamo con un breve commento. La teoria classica della valutazione d'arbitraggio ha come punti cardine l'*unicità del prezzo* del derivato che è oggettivo, dipendente solo dalla quotazione dei sottostanti e non dalla stima soggettiva della probabilità P (cfr. Sezione 1.2.3), e la *copertura* ovvero la neutralizzazione del rischio dell'esposizione sul derivato mediante l'investimento in una strategia replicante. La definizione precedente solleva problemi proprio su questi due punti essenziali:

i) il prezzo d'arbitraggio *non è unico* poiché dipende dalla scelta della misura martingala. Tale scelta può essere fatta facendo intervenire una struttura di preferenza degli agenti di mercato oppure in base a qualche criterio oggettivo (calibrazione ai dati di mercato);
ii) un derivato *non è generalmente replicabile* e occorre studiare possibili strategie di copertura che limitino i rischi (sovra-copertura, minimizzazione del rischio nell'insieme delle misure martingale, etc).

Per l'affronto di tali tematiche, che esulano da questa trattazione elementare, rimandiamo a testi specifici fra cui, per esempio, le monografie di Follmer [59] e di Biagini, Frittelli e Scandolo [19].

3.4 Opzioni Americane

In questo paragrafo esaminiamo la valutazione e copertura dei derivati di tipo Americano. Per introdurre in ambito generale i concetti fondamentali, consideriamo un generico mercato discreto $S = (S^0, \ldots, S^d)$ definito sullo spazio $(\Omega, \mathcal{F}, P, (\mathcal{F}_n))$. Ricordiamo che un derivato Americano è caratterizzato dalla possibilità di esercizio anticipato in un qualsiasi istante t_n, $0 \leq n \leq N$, di vita del contratto. Per descrivere un derivato Americano è quindi necessario specificare il premio (o payoff) X_n a cui il possessore ha il diritto nel caso eserciti nell'istante t_n con $n \leq N$. Per esempio, nel caso di una Call Americana con titolo sottostante S e strike K, il payoff all'istante t_n è pari a $X_n = (S_n - K)^+$.

Definizione 3.51. *Un derivato Americano è un processo stocastico discreto $X = (X_n)$ non-negativo e adattato alla filtrazione $(\mathcal{F}_n)$.*

Per definizione, X_n è una variabile aleatoria non-negativa e $\mathcal{F}_n$-misurabile: la condizione di misurabilità descrive il fatto che il payoff X_n è noto al tempo t_n. Come nel caso Europeo, i derivati Americani si dividono in:

○ path-independent, tali che, per ogni n, X_n è $\sigma(S_n)$-misurabile e quindi esiste una funzione misurabile F_n tale che $X_n = F_n(S_n)$;
○ path-dependent, tali che, per ogni n, $X_n = F_n(S_0, \ldots, S_n)$ per una certa funzione misurabile F_n.

Poiché la scelta del momento migliore d'esercizio di un'opzione Americana deve dipendere solo dalle informazioni disponibili al momento, la seguente definizione di *strategia d'esercizio* sembra naturale.

Definizione 3.52. *Un tempo d'arresto*

$$\nu : \Omega \longrightarrow \{0, 1, \ldots, N\},$$

ossia una variabile aleatoria tale che

$$\{\nu = n\} \in \mathcal{F}_n, \qquad n = 0, \ldots, N, \tag{3.117}$$

3.4 Opzioni Americane

si dice strategia (o tempo) d'esercizio. Indichiamo con $\mathcal{T}_0$ l'insieme delle strategie d'esercizio.

Intuitivamente, data una traiettoria $\omega \in \Omega$ del mercato sottostante, il numero $\nu(\omega)$ rappresenta l'istante in cui si decide di esercitare il derivato Americano. La condizione (3.117) significa semplicemente che la decisione di esercitare al tempo n dipende da $\mathcal{F}_n$, ossia dalle informazioni disponibili al tempo n.

Nel resto del paragrafo assumiamo che il mercato S sia libero da arbitraggi e quindi esista almeno una misura martingala Q equivalente a P, con numeraire S^0: nel seguito $\widetilde{S}$ indica il mercato normalizzato e, più in generale,

$$\widetilde{W}_n = \frac{W_n}{S_n^0}$$

indica il prezzo normalizzato di un qualsiasi titolo W.

Definizione 3.53. *Dati un derivato Americano X e un tempo d'esercizio $\nu \in \mathcal{T}_0$, la variabile aleatoria X_ν definita da*

$$(X_\nu)(\omega) = X_{\nu(\omega)}(\omega), \qquad \omega \in \Omega,$$

è detta payoff di X relativo alla strategia ν. Un tempo d'esercizio ν_0 si dice ottimale in Q se

$$E^Q\left[\widetilde{X}_{\nu_0}\right] = \sup_{\nu \in \mathcal{T}_0} E^Q\left[\widetilde{X}_\nu\right]. \tag{3.118}$$

Osserviamo che la variabile aleatoria $\widetilde{X}_\nu$ può essere interpretata come il payoff scontato di *un'opzione Europea*: dunque $E^Q\left[\widetilde{X}_\nu\right]$ fornisce una valutazione neutrale al rischio (dipendente dalla misura martingala Q) dell'opzione esercitata secondo la strategia ν. Ad una strategia d'esercizio ottimale corrisponde la valutazione maggiore fra tutte le strategie d'esercizio o, in altri termini, il maggior payoff atteso rispetto alla misura martingala fissata.

3.4.1 Prezzo d'arbitraggio

In questa sezione studiamo il problema della valutazione di un derivato Americano X. In un mercato completo e libero d'arbitraggi, il prezzo di un'opzione *Europea* con payoff X_N è per definizione uguale al valore di una strategia replicante: in particolare, il prezzo scontato è una martingala nella misura Q neutrale al rischio. La valutazione di un'opzione Americana è un problema un po' più complicato poiché è chiaro che non è possibile determinare una strategia α, autofinanziante e predicibile, che replichi l'opzione nel senso che $V_n(\alpha) = X_n$ per ogni $n = 0, \ldots, N$: ciò è semplicemente dovuto al fatto che $\widetilde{V}(\alpha)$ è una Q-martingala mentre X è un generico processo adattato. D'altra parte è possibile sviluppare una teoria della valutazione d'arbitraggio di opzioni Americane, sostanzialmente analoga al caso Europeo, utilizzando i risultati

130 3 Modelli di mercato a tempo discreto

sui tempi d'arresto e le martingale e i teoremi di Doob presentati nelle Sezioni 2.7 e 2.7.1.

Cominciamo osservando che, in base ad argomenti di arbitraggio, è possibile stabilire dei limiti superiori e inferiori per il prezzo iniziale di X che nel seguito indichiamo con H_0. Ricordando che $\mathcal{A}$ denota la famiglia delle strategie autofinanzianti e predicibili, indichiamo con

$$\mathcal{A}_X^+ = \{\alpha \in \mathcal{A} \mid V_n(\alpha) \geq X_n, \ n = 0, \ldots, N\},$$

la famiglia delle strategie in $\mathcal{A}$ che super-replicano X. In base all'Osservazione 3.15, per evitare arbitraggi, il prezzo H_0 deve essere minore o uguale del valore iniziale $V_0(\alpha)$ per ogni $\alpha \in \mathcal{A}_X^+$ e quindi

$$H_0 \leq \inf_{\alpha \in \mathcal{A}_X^+} V_0(\alpha).$$

D'altra parte, poniamo

$$\mathcal{A}_X^- = \{\alpha \in \mathcal{A} \mid \text{ esiste } \nu \in \mathcal{T}_0 \text{ t.c. } X_\nu \geq V_\nu(\alpha)\}.$$

Intuitivamente, un elemento α di $\mathcal{A}_X^-$ rappresenta una strategia su cui assumere una posizione corta per ottenere soldi da investire nell'opzione Americana. In altri termini, $V_0(\alpha)$ rappresenta l'ammontare che si può inizialmente prendere a prestito per comprare l'opzione X, sapendo che esiste una strategia d'esercizio ν che frutta un payoff X_ν maggiore o uguale a $V_\nu(\alpha)$, corrispondente alla cifra necessaria a chiudere la strategia α. Il prezzo iniziale H_0 di X deve necessariamente essere maggiore o uguale a $V_0(\alpha)$ per ogni $\alpha \in \mathcal{A}_X^-$: in caso contrario si potrebbe facilmente costruire una strategia d'arbitraggio. Allora si ha

$$\sup_{\alpha \in \mathcal{A}_X^-} V_0(\alpha) \leq H_0.$$

Abbiamo dunque determinato un intervallo a cui il prezzo iniziale H_0 deve appartenere per evitare di introdurre opportunità d'arbitraggio. Mostriamo ora che la valutazione neutrale al rischio relativa ad una strategia ottimale d'esercizio rispetta tali condizioni.

Proposizione 3.54. *Per ogni misura martingala Q, vale*

$$\sup_{\alpha \in \mathcal{A}_X^-} \widetilde{V}_0(\alpha) \leq \sup_{\nu \in \mathcal{T}_0} E^Q\left[\widetilde{X}_\nu\right] \leq \inf_{\alpha \in \mathcal{A}_X^+} \widetilde{V}_0(\alpha). \tag{3.119}$$

Dimostrazione. Se $\alpha \in \mathcal{A}_X^-$, esiste $\nu_0 \in \mathcal{T}_0$ tale che $V_{\nu_0}(\alpha) \leq X_{\nu_0}$. Inoltre $\widetilde{V}(\alpha)$ è una Q-martingala e dunque per il Teorema 2.122 (optional sampling) si ha

$$\widetilde{V}_0(\alpha) = E^Q\left[\widetilde{V}_{\nu_0}(\alpha)\right] \leq E^Q\left[\widetilde{X}_{\nu_0}\right] \leq \sup_{\nu \in \mathcal{T}_0} E^Q\left[\widetilde{X}_\nu\right],$$

da cui si ottiene la prima disuguaglianza in (3.119), data l'arbitrarietà di $\alpha \in \mathcal{A}_X^-$.

D'altra parte, se $\alpha \in \mathcal{A}_X^+$ allora, nuovamente per il Teorema 2.122, per ogni $\nu \in \mathcal{T}_0$ si ha

$$\widetilde{V}_0(\alpha) = E^Q\left[\widetilde{V}_\nu(\alpha)\right] \geq E^Q\left[\widetilde{X}_\nu\right],$$

da cui si ottiene la seconda disuguaglianza in (3.119), data l'arbitrarietà di $\alpha \in \mathcal{A}_X^+$ e $\nu \in \mathcal{T}_0$. □

Sotto l'ipotesi che il mercato sia libero d'arbitraggi e completo[19], il seguente teorema permette di definire in modo unico il prezzo iniziale d'arbitraggio di un derivato Americano X.

Teorema 3.55. *Assumiamo che esista e sia unica la misura martingala Q. Allora esiste $\alpha \in \mathcal{A}_X^+ \cap \mathcal{A}_X^-$ e quindi vale:*

i) $V_n(\alpha) \geq X_n$, $n = 0, \ldots, N$;
ii) esiste $\nu_0 \in \mathcal{T}_0$ tale che $V_{\nu_0}(\alpha) = X_{\nu_0}$.

Di conseguenza

$$\widetilde{V}_0(\alpha) = \sup_{\nu \in \mathcal{T}_0} E^Q\left[\widetilde{X}_\nu\right] = E^Q\left[\widetilde{X}_{\nu_0}\right], \qquad (3.120)$$

definisce in modo unico il prezzo iniziale (scontato) d'arbitraggio di X.

Dimostrazione. La dimostrazione è costruttiva e consiste di tre passi principali:

1) costruiamo la più piccola super-martingala $\widetilde{H}$ maggiore di $\widetilde{X}$, usualmente chiamata *inviluppo di Snell del processo* $\widetilde{X}$;
2) usiamo il Teorema di decomposizione di Doob per isolare la parte martingala del processo $\widetilde{H}$ e con essa determiniamo la strategia $\alpha \in \mathcal{A}_X^+ \cap \mathcal{A}_X^-$;
3) concludiamo provando che $\widetilde{H}_0 = \widetilde{V}_0(\alpha)$ e vale la (3.120).

Primo passo: definiamo iterativamente il processo stocastico $\widetilde{H}$ ponendo

$$\widetilde{H}_n = \begin{cases} \widetilde{X}_N, & n = N, \\ \max\left\{\widetilde{X}_n, E^Q\left[\widetilde{H}_{n+1} \mid \mathcal{F}_n\right]\right\}, & n = 0, \ldots, N-1. \end{cases} \qquad (3.121)$$

In seguito riconosceremo che il processo $\widetilde{H}$ definisce il prezzo d'arbitraggio (scontato) di X (cfr. Definizione 3.58). In effetti, la definizione precedente prende spunto da una nozione intuitiva di prezzo: infatti l'opzione X vale $H_N = X_N$ a scadenza e al tempo $N - 1$ vale

o X_{N-1} nel caso si decida di esercitarla;
o il prezzo di un derivato Europeo con payoff H_N e scadenza N, nel caso si decida di non esercitarla.

---
[19] Per chiarezza: stiamo assumendo che ogni derivato Europeo sia replicabile, secondo la Definizione 3.20.

Coerentemente col prezzo d'arbitraggio di un'opzione Europea (3.19), sembra dunque ragionevole definire

$$H_{N-1} = \max\left\{X_{N-1}, E^Q\left[H_N \frac{S^0_{N-1}}{S^0_N} \mid \mathcal{F}_{N-1}\right]\right\}.$$

Ripetendo tale argomento a ritroso, otteniamo la definizione (3.121).

Chiaramente $\widetilde{H}$ è un processo stocastico adattato e non-negativo; inoltre, per ogni n, vale

$$\widetilde{H}_n \geq E^Q\left[\widetilde{H}_{n+1} \mid \mathcal{F}_n\right], \qquad (3.122)$$

ossia $\widetilde{H}$ è una Q-*super-martingala*. Ciò significa che $\widetilde{H}$ che "decresce in media" (cfr. Sezione 2.7): intuitivamente questo corrisponde al fatto che avanzando nel tempo diminuisce il vantaggio della possibilità di esercizio anticipato. Più in generale, dalla (3.122) segue anche

$$\widetilde{H}_k \geq E^Q\left[\widetilde{H}_n \mid \mathcal{F}_k\right], \qquad 0 \leq k \leq n \leq N.$$

Notiamo che $\widetilde{H}$ è *la più piccola super-martingala che domina* $\widetilde{X}$: infatti se M è una super-martingala tale che $M_n \geq \widetilde{X}_n$ allora

$$M_n \geq \max\{\widetilde{X}_n, E^Q\left[M_{n+1} \mid \mathcal{F}_n\right]\}$$

per ogni n. Poiché

$$M_N \geq \widetilde{X}_N = \widetilde{H}_N,$$

la tesi segue per induzione. Ricordiamo che, nella teoria della probabilità, la più piccola super-martingala $\widetilde{H}$ che domina un generico processo adattato $\widetilde{X}$ è usualmente chiamata *inviluppo di Snell di* $\widetilde{X}$ ed in generale definita dalla equazione (3.121).

Secondo passo: proviamo ora che esiste $\alpha \in \mathcal{A}_X^+ \cap \mathcal{A}_X^-$. Poiché $\widetilde{H}$ è una Q-super-martingala, possiamo applicare il Teorema 2.113 di decomposizione di Doob per scrivere

$$\widetilde{H} = M + A$$

dove M è una Q-martingala tale che $M_0 = \widetilde{H}_0$ e A è un processo predicibile e decrescente con valore iniziale nullo.

Per ipotesi il mercato è completo e quindi esiste una strategia $\alpha \in \mathcal{A}$ che replica il derivato Europeo M_N. Inoltre, poiché $\widetilde{V}(\alpha)$ e M sono martingale con lo stesso valore finale, esse coincidono:

$$\widetilde{V}_n(\alpha) = E^Q\left[\widetilde{V}_N(\alpha) \mid \mathcal{F}_n\right] = E^Q\left[M_N \mid \mathcal{F}_n\right] = M_n, \qquad (3.123)$$

per $0 \leq n \leq N$. Di conseguenza $\alpha \in \mathcal{A}_X^+$ infatti, essendo $A_n \leq 0$, si ha

$$\widetilde{V}_n(\alpha) = M_n \geq \widetilde{H}_n \geq \widetilde{X}_n, \qquad 0 \leq n \leq N.$$

Osserviamo anche che
$$\tilde{V}_0(\alpha) = M_0 = \tilde{H}_0;$$
quindi α è una strategia di copertura per X che ha un costo iniziale pari al prezzo dell'opzione.

Per verificare che $\alpha \in \mathcal{A}_X^-$, poniamo:
$$\nu_0(\omega) = \min\{n \mid \tilde{H}_n(\omega) = \tilde{X}_n(\omega)\}, \qquad \omega \in \Omega. \tag{3.124}$$

Poiché
$$\{\nu_0 = n\} = \{\tilde{H}_0 > \tilde{X}_0\} \cap \cdots \cap \{\tilde{H}_{n-1} > \tilde{X}_{n-1}\} \cap \{\tilde{H}_n = \tilde{X}_n\} \in \mathcal{F}_n$$

per ogni n, allora ν_0 è una strategia di esercizio. Inoltre ν_0 è il primo istante in cui $\tilde{X}_n \geq E^Q\left[\tilde{H}_{n+1} \mid \mathcal{F}_n\right]$ e quindi intuitivamente rappresenta il primo tempo in cui "conviene" esercitare l'opzione.

Ricordiamo dal Teorema di decomposizione di Doob che, per $n = 1, \ldots, N$, vale
$$M_n = M_{n-1} + \tilde{H}_n - E^Q\left[\tilde{H}_n \mid \mathcal{F}_{n-1}\right]$$
$$= \tilde{H}_n + \sum_{k=0}^{n-1} \left(\tilde{H}_k - E^Q\left[\tilde{H}_{k+1} \mid \mathcal{F}_k\right]\right), \tag{3.125}$$

e di conseguenza
$$M_{\nu_0} = \tilde{H}_{\nu_0} \tag{3.126}$$

essendo
$$\tilde{H}_k = E^Q\left[\tilde{H}_{k+1} \mid \mathcal{F}_k\right] \quad \text{su} \quad \{k \leq \nu_0\}.$$

Allora, per la (3.123), si ha
$$\tilde{V}_{\nu_0}(\alpha) = M_{\nu_0} =$$

(per la (3.126))
$$= \tilde{H}_{\nu_0} =$$

(per definizione di ν_0)
$$= \tilde{X}_{\nu_0}, \tag{3.127}$$

e ciò prova che $\alpha \in \mathcal{A}_X^-$.

Terzo passo: mostriamo ora che ν_0 è un tempo d'esercizio ottimale. Poiché $\alpha \in \mathcal{A}_X^+ \cap \mathcal{A}_X^-$, per la (3.119) della Proposizione 3.54 si ricava
$$\tilde{V}_0(\alpha) = \sup_{\nu \in \mathcal{T}_0} E^Q\left[\tilde{X}_\nu\right].$$

D'altra parte, per la (3.127) e il Teorema 2.122 di optional sampling, vale
$$\tilde{V}_0(\alpha) = E^Q\left[\tilde{X}_{\nu_0}\right]$$

e questo conclude la prova. □

Osservazione 3.56. Il teorema precedente ha una rilevanza sia teorica che pratica: da una parte prova che esiste ed è unico il prezzo iniziale di X che evita possibilità d'arbitraggi. D'altra parte indica un modo costruttivo per determinare gli elementi fondamentali per lo studio di X:

i) il prezzo iniziale (scontato) $\widetilde{H}_0 = \sup_{\nu \in \mathcal{T}_0} E^Q\left[\widetilde{X}_\nu\right]$;

ii) una strategia di copertura $\alpha \in \mathcal{A}_X^+ \cap \mathcal{A}_X^-$;

iii) una strategia ottimale d'esercizio ν_0.

Rimandiamo alla Sezione 3.4.3 per alcuni esempi di implementazione dell'algoritmo (3.121) per la determinazione del prezzo e della strategia di copertura nel caso del modello binomiale. □

Osservazione 3.57. Fissato $n \leq N$, indichiamo con

$$\mathcal{T}_n = \{\nu \in \mathcal{T}_0 \mid \nu \geq n\}$$

la famiglia delle strategie di esercizio di un derivato Americano *acquistato al tempo n*. Una strategia $\nu_n \in \mathcal{T}_n$ è ottimale se vale

$$E^Q\left[\widetilde{X}_{\nu_n} \mid \mathcal{F}_n\right] = \sup_{\nu \in \mathcal{T}_n} E^Q\left[\widetilde{X}_\nu \mid \mathcal{F}_n\right].$$

Se $\widetilde{H}$ è il processo in (3.121), indichiamo con

$$\nu_n(\omega) = \min\{k \geq n \mid \widetilde{H}_k(\omega) = \widetilde{X}_k(\omega)\}, \qquad \omega \in \Omega,$$

il primo istante in cui conviene esercitare il derivato Americano acquistato al tempo n. Possiamo facilmente estendere il Teorema 3.55 e provare che ν_n è il primo tempo d'esercizio ottimale successivo a n. Precisamente vale

$$\widetilde{H}_n = E^Q\left[\widetilde{X}_{\nu_n} \mid \mathcal{F}_n\right] = \sup_{\nu \in \mathcal{T}_n} E^Q\left[\widetilde{X}_\nu \mid \mathcal{F}_n\right]. \tag{3.128}$$

□

Definizione 3.58. *Il processo $\widetilde{H}$ in (3.121) è detto prezzo scontato d'arbitraggio di X.*

Osservazione 3.59. Nella dimostrazione del Teorema 3.55 abbiamo visto che la copertura di X equivale alla replicazione del derivato (Europeo) M_N. Osserviamo che, per la (3.125), si ha

$$M_n = \widetilde{H}_n + \sum_{k=0}^{n-1} \left(\widetilde{X}_k - E^Q\left[\widetilde{H}_{k+1} \mid \mathcal{F}_k\right]\right)^+ =: \widetilde{H}_n + I_n, \qquad 1 \leq n \leq N,$$

e dunque M_n si scompone nella somma del prezzo $\widetilde{H}_n$ e del termine I_n che si interpreta come il valore degli esercizi anticipati: infatti i termini della somma

che definisce I_n sono positivi quando $\widetilde{X}_k > E^Q\left[\widetilde{H}_{k+1} \mid \mathcal{F}_k\right]$ ossia nei tempi in cui è conveniente l'esercizio anticipato. Per fissare le idee, nel caso $n=1$, si ha
$$M_1 = \widetilde{H}_1 + \left(\widetilde{X}_0 - E^Q\left[\widetilde{H}_1\right]\right)^+. \tag{3.129}$$
□

3.4.2 Relazioni con le opzioni Europee

Il prossimo risultato stabilisce alcune relazioni fra i prezzi derivati di tipo Europeo e Americano. In particolare proviamo che un'opzione Call Americana (su un'azione che non paga dividendi) vale come la corrispondente opzione Europea.

Proposizione 3.60. *Sia X un derivato Americano: sia (H_n^A) il prezzo d'arbitraggio del derivato Americano definito in (3.121) e (H_n^E) il prezzo d'arbitraggio del derivato Europeo con payoff X_N. Allora si ha:*

i) $H_n^A \geq H_n^E$ per $0 \leq n \leq N$;
ii) se $H_n^E \geq X_n$ per ogni n, allora
$$H_n^A = H_n^E, \qquad n = 0, \ldots, N.$$

Dimostrazione. i) Poiché $\widetilde{H}^A$ è una Q-super-martingala, si ha
$$\widetilde{H}_n^A \geq E^Q\left[\widetilde{H}_N^A \mid \mathcal{F}_n\right] = E^Q\left[\widetilde{X}_N \mid \mathcal{F}_n\right] = \widetilde{H}_n^E,$$
da cui la tesi, essendo $S_n^0 > 0$.

ii) Si ha
$$\widetilde{H}_{N-1}^E = E^Q\left[\widetilde{X}_N \mid \mathcal{F}_{N-1}\right] \geq$$

(per ipotesi)
$$\geq \max\left\{\widetilde{X}_{N-1}, E^Q\left[\widetilde{X}_N \mid \mathcal{F}_{N-1}\right]\right\} = \widetilde{H}_{N-1}^A.$$

La tesi segue iterando il precedente argomento. □

Osservazione 3.61. La i) della proposizione precedente afferma che, in generale, un derivato Americano vale più della corrispondente versione Europea: questo fatto è intuitivo poiché un derivato Americano dà maggiori diritti al possessore che è libero di esercitarlo anche prima della scadenza. □

Osservazione 3.62. Per il Corollario 1.2, il prezzo di una Call Europea soddisfa la relazione
$$H_n^E \geq (S_n - K)^+;$$
pertanto come conseguenza della ii) della proposizione precedente, *una Call Americana vale quanto la corrispondente opzione Europea.*

Possiamo anche mostrare direttamente questo risultato in maniera intuitiva: è noto che invece di esercitare una Call Americana prima della scadenza è più conveniente vendere il sottostante. Infatti se il possessore di una Call Americana decidesse di esercitarla in anticipo al tempo $n < N$, avrebbe un introito pari a $S_n - K$ che diventa $(1+\varrho)^{N-n}(S_n - K)$ a scadenza. Viceversa, vendendo un'unità del sottostante al tempo n e conservando l'opzione, otteniamo a scadenza

$$(1+\varrho)^{N-n}S_n - S_N + (S_N - K)^+ = \begin{cases} (1+\varrho)^{N-n}S_n - K, & \text{se } S_N > K, \\ (1+\varrho)^{N-n}S_n - S_N, & \text{se } S_N \leq K. \end{cases}$$

Dunque, in ogni caso, la seconda strategia rende più della prima, almeno se $\varrho \geq 0$. □

Esempio 3.63. L'equivalenza dei prezzi fra derivati Europei ed Americani non vale per opzioni Call che pagano dividendi e per opzioni Put. Un semplice esempio è il seguente: consideriamo un opzione Put Americana nel modello binomiale a un periodo ($N = 1$) con $\varrho > 0$ e per semplicità

$$q = \frac{1+\varrho-d}{u-d} = \frac{1}{2},$$

da cui $u + d = 2(1+\varrho)$. Il prezzo della corrispondente Put Europea è

$$p_0 = \frac{1}{2(1+\varrho)}((K - uS_0)^+ + (K - dS_0)^+) =$$

(se, per esempio, $K > uS_0$)

$$= \frac{1}{2(1+\varrho)}(K - uS_0 + K - dS_0) = \frac{K}{1+\varrho} - S_0.$$

Per la Put Americana si ha

$$P_0 = \max\{K - S_0, p_0\} = K - S_0$$

e dunque in questo caso conviene esercitare immediatamente l'opzione. □

Enunciamo alcuni risultati per opzioni Americane, analoghi ai Corollari 1.1 e 1.2. La dimostrazione, conseguenza dell'assenza d'arbitraggi, è lasciata per esercizio.

Proposizione 3.64 (Put-Call parity per opzioni Americane). *Siano C, P rispettivamente i prezzi d'arbitraggio di opzioni Call e Put Americane con strike K e scadenza T. Valgono le seguenti relazioni:*

$$S_n - K \leq C_n - P_n \leq S_n - Ke^{-r(T-t_n)}, \tag{3.130}$$

e

$$(K - S_n)^+ \leq P_n \leq K, \tag{3.131}$$

per $n = 0, \ldots, N$.

3.4.3 Algoritmo binomiale per opzioni Americane

L'algoritmo binomiale presentato nella Sezione 3.2.4 si può facilmente modificare per gestire la possibilità d'esercizio anticipato. Per semplicità, consideriamo un derivato Americano path-independent $X = (X_n(S_n))$. Usando la notazione (3.53), indichiamo con

$$H_n(k) = H_n(S_{n,k}),$$

il prezzo d'arbitraggio del derivato. In base alla definizione (3.121), otteniamo la seguente formula iterativa per la valutazione:

$$\begin{cases} H_N(k) = X_N(S_{N,k}), & k \leq N, \\ H_{n-1}(k) = \max\left\{X_n(S_{n,k}), \frac{1}{1+\varrho}(qH_n(k+1) + (1-q)H_n(k))\right\}, & k \leq n-1, \end{cases} \quad (3.132)$$

per $n = 1, \ldots, N$ e $q = \frac{1+\varrho-d}{u-d}$.

Esempio 3.65. Consideriamo un'opzione Put Americana con strike $K = 20$ e prezzo del sottostante $S_0 = 20$ in un modello binomiale a tre periodi e parametri

$$u = 1.1, \qquad d = 0.9, \qquad \varrho = 0.05.$$

La misura martingala è definita da

$$q = \frac{1+\varrho-d}{u-d} = 0.75.$$

Utilizzando l'algoritmo (3.132), ad ogni passo confrontiamo il prezzo neutrale al rischio col valore in caso di esercizio anticipato:

$$H_{n-1}(k) = \max\left\{X_n(S_{n,k}), \frac{1}{1+\varrho}(qH_n(k+1) + (1-q)H_n(k))\right\}$$
$$= \max\left\{X_n(S_{n,k}), \frac{1}{1.05}(0.75 * H_n(k+1) + 0.25 * H_n(k))\right\}.$$

Nella Figura 3.6 indichiamo il prezzo del sottostante e del derivato rispettivamente dentro e fuori il cerchietto. I prezzi in grassetto corrispondono all'esercizio anticipato. Per esempio, all'inizio si ha che $X_0 = 2$ mentre

$$E^Q\left[\widetilde{H}_1\right] = \frac{1}{1.05}(0.75 * 0.56 + 0.25 * 4) = 1.35$$

e dunque conviene esercitare immediatamente. □

Consideriamo ora il problema della copertura: dal punto di vista teorico, la dimostrazione del Teorema 3.55 è costruttiva (essendo basata sulla decomposizione di Doob) e identifica la strategia di copertura con la strategia di replica del derivato Europeo M_N. Tuttavia M_N è un *derivato path-dependent*

138   3 Modelli di mercato a tempo discreto

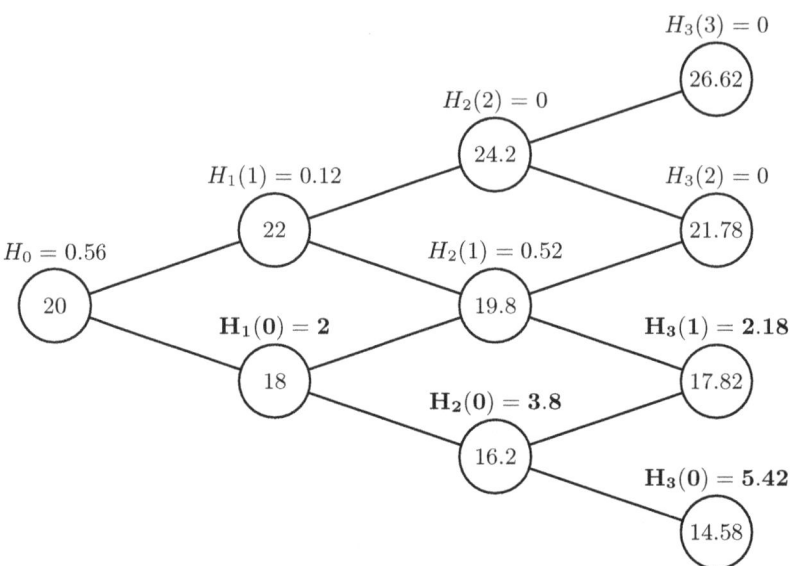

Fig. 3.6. Prezzi d'arbitraggio di una Put Americana con strike 20 e $S_0 = 20$ in un modello binomiale a tre periodi con parametri $u = 1.1$, $d = 0.9$ e $\varrho = 0.05$

anche se X è path-independent. Dunque il calcolo della strategia replicante attraverso l'algoritmo binomiale può risultare estremamente oneroso, essendo M_N funzione di tutta la traiettoria del sottostante e non solo del suo valore finale. Infatti questo approccio non è utilizzato nella pratica.

Piuttosto conviene notare che il processo M_n dipende dalla traiettoria del sottostante solo perché deve tenere memoria degli eventuali esercizi anticipati: ma nel momento in cui il derivato viene esercitato non è più necessario coprirlo e il problema si semplifica notevolmente.

Per fissare le idee, nell'esempio precedente consideriamo il tempo $n = 1$ in cui abbiamo due casi:

- se $S_1 = uS_0 = 22$ allora

$$0.12 = H_1(1) > X_1 = 0,$$

quindi l'opzione non viene esercitata, $M_2 = \widetilde{H}_2$ e possiamo usare l'usuale argomento di replicazione (cfr. (3.57)) per determinare la strategia

$$\alpha_2 = \frac{H_2(u^2 S_0) - H_2(udS_0)}{(u-d)S_0}, \qquad b_2 = \frac{uH_2(udS_0) - dH_1(u^2 S_0)}{u-d},$$

che, con una dotazione iniziale pari a $H_1(1)$, copre il derivato Americano al tempo successivo poiché rende $H_2(2)$ o $H_2(1)$ a seconda che il sottostante cresca o decresca;

- se invece $S_1 = dS_0 = 18$ allora

$$1.28 = E^Q\left[\widetilde{H}_2\right] < X_1 = 2,$$

e quindi l'opzione viene esercitata. Dunque la posizione viene chiusa e non è necessario determinare la strategia di copertura[20].

In generale, utilizzando le formule (3.57)

$$\alpha_n(k) = \frac{H_n(k+1) - H_n(k)}{(u-d)S_{n-1,k}}, \qquad b_n(k) = \frac{uH_n(k) - dH_n(k+1)}{u-d},$$

determiniamo la strategia di copertura del derivato in caso non ci sia esercizio anticipato: ricordiamo che il valore del corrispondente portafoglio è pari a

$$V_{n-1} = \alpha_n S_{n-1} + b_n \frac{1}{1+\varrho}.$$

Nella Figura 3.7 è riportata la strategia dell'esempio precedente.

Anche per i derivati di tipo Americano vale un risultato di consistenza del modello binomiale, al tendere di N all'infinito, analogo a quello presentato

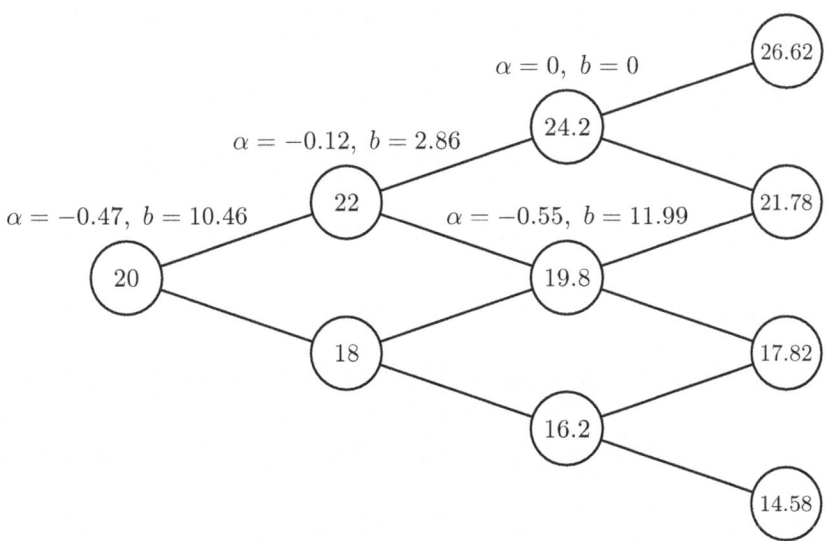

Fig. 3.7. Strategia di copertura di una Put Americana con strike 20 e $S_0 = 20$ in un modello binomiale a tre periodi con parametri $u = 1.1$, $d = 0.9$ e $\varrho = 0.05$

---

[20] In ogni caso $1.28 = E^Q\left[\widetilde{H}_2\right]$ è sufficiente per coprire le posizioni $H_2(1)$ e $H_2(0)$ al tempo successivo.

nella Sezione 3.2.6. Come vedremo in seguito, la determinazione del prezzo di Black&Scholes di un'opzione Americana richiede la soluzione di un cosiddetto "problema a frontiera libera" che è generalmente più difficile da trattare rispetto al classico problema di Cauchy per le opzioni Europee. In questo caso la valutazione mediante l'algoritmo binomiale risulta una valida alternativa alla risoluzione del problema in tempo continuo.

3.4.4 Problema a frontiera libera per opzioni Americane

Studiamo il comportamento asintotico del modello binomiale per un'opzione Americana $X = \varphi(t, S)$, al tendere di N all'infinito. Utilizziamo le notazioni della Sezione 3.2.7: in particolare, indicando con $f = f(t, S)$, con $(t, S) \in [0, T] \times \mathbb{R}_+$, il prezzo d'arbitraggio del derivato e posto $\delta = \frac{T}{N}$, la formula ricorsiva di valutazione (3.132) diventa

$$\begin{cases} f(T, S) = \varphi(T, S), \\ f(t, S) = \max\left\{ \frac{1}{1+\varrho} \left(q f(t+\delta, uS) + (1-q) f(t+\delta, dS) \right), \varphi(t, S) \right\}. \end{cases}$$
(3.133)

La seconda equazione in (3.133) è equivalente a

$$\max\left\{ \frac{J_\delta f(t, S)}{\delta}, \varphi(t, S) - f(t, S) \right\} = 0$$

dove J_δ è l'operatore discreto in (3.99). Utilizzando il risultato di consistenza della Proposizione 3.46, otteniamo la versione asintotica del problema discreto (3.133) al tendere di δ a zero:

$$\begin{cases} \max\{L_{\text{BS}} f, \varphi - f\} = 0, & \text{in } [0, T[\times \mathbb{R}_+, \\ f(T, S) = \varphi(T, S), & S \in \mathbb{R}_+, \end{cases}$$
(3.134)

dove

$$L_{\text{BS}} f(t, S) = \partial_t f(t, S) + \frac{\sigma^2 S^2}{2} \partial_{SS} f(t, S) + rS \partial_S f(t, S) - rf(t, S)$$

è l'operatore differenziale di Black&Scholes. Il problema (3.134) contiene una *disuguaglianza differenziale* ed è in generale più difficile da studiare dal punto di vista teorico rispetto all'usuale problema di Cauchy parabolico: proveremo esistenza e unicità della soluzione nel Paragrafo 8.2. D'altra parte, dal punto di vista numerico, i classici metodi alle differenze finite possono essere adattati senza difficoltà a problemi di questo tipo.

Il dominio della soluzione f del problema (3.134) può essere suddiviso in due regioni:

$$[0, T[\times \mathbb{R}_+ = R_e \cup R_c.$$

dove[21]

---
[21] Poiché

$$\{\max\{F(x), G(x)\} = 0\} = \{F(x) = 0, \ G(x) \leq 0\} \cup \{F(x) < 0, \ G(x) = 0\}$$

3.4 Opzioni Americane

$$R_e = \{(t,S) \in [0,T[\times\mathbb{R}_+ \mid L_{\text{BS}}f(t,S) \leq 0 \text{ e } f(t,S) = \varphi(t,S)\}$$

è detta *regione di esercizio anticipato*, in cui vale $f = \varphi$, e

$$R_c = \{(t,S) \in [0,T[\times\mathbb{R}_+ \mid L_{\text{BS}}f(t,S) = 0 \text{ e } f(t,S) > \varphi(t,S)\}.$$

è detta *regione di continuazione*, in cui $f > \varphi$, non conviene esercitare l'opzione e il prezzo soddisfa l'equazione di Black&Scholes come nel caso Europeo.

Il bordo che separa gli insiemi R_e, R_c dipende dalla soluzione f e non è un dato assegnato del problema: se esso fosse noto allora il problema (3.134) si ridurrebbe ad un classico problema di Cauchy-Dirichlet per L_{BS} su R_c con dato al bordo φ. Al contrario, (3.134) è usualmente chiamato un *problema a frontiera libera* e la determinazione della frontiera costituisce una parte essenziale del problema. Infatti, dal punto di vista finanziario, la frontiera libera *individua l'istante e il prezzo ottimali d'esercizio*.

Esempio 3.66. Nel caso particolare di una Put Americana, $\varphi(S) = (K-S)^+$ con scadenza T, alcune proprietà della frontiera libera possono essere provate ricorrendo unicamente ad argomenti di arbitraggio. Poniamo

$$R_e(t) = \{S \mid (t,S) \in R_e\}.$$

Allora, nell'ipotesi che il tasso privo di rischio r sia positivo, per ogni $t \in [0,T[$ esiste $\beta(t) \in]0,K[$ tale che

$$R_e(t) =]0,\beta(t)].$$

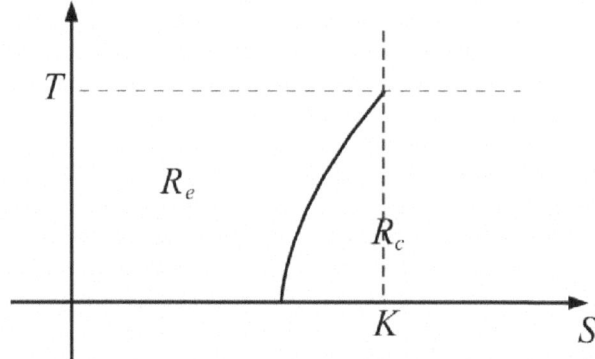

Fig. 3.8. Regioni di esercizio e continuazione di una Put Americana

Infatti sia $f(t,S)$ il prezzo dell'opzione. Per il principio di non-arbitraggio, $f(t,S)$ è strettamente positivo per ogni $t \in [0,T[$: d'altra parte, essendo $\varphi(S)=0$ per $S \geq K$, si ha

$$R_e(t) \subseteq \{S < K\}, \qquad t \in [0,T[. \tag{3.135}$$

Inoltre, per definizione, $R_e(t)$ è chiuso relativamente a $\mathbb{R}_+$. Il fatto che $R_e(t)$ sia un intervallo è conseguenza della proprietà di convessità rispetto a S del prezzo, che può essere provata utilizzando il principio di non-arbitraggio: se $S_1, S_2 \in R_e(t)$, allora per ogni $\varrho \in [0,1]$ si ha

$$\varphi(\varrho S_1 + (1-\varrho)S_2) \leq f(t, \varrho S_1 + (1-\varrho)S_2) \leq \varrho f(t,S_1) + (1-\varrho) f(t,S_2) =$$

(poiché $S_1, S_2 \in R_e(t)$ e per la (3.135))

$$= \varrho(K-S_1) + (1-\varrho)(K-S_2) = \varphi(\varrho S_1 + (1-\varrho)S_2),$$

e quindi $\varrho S_1 + (1-\varrho) S_2 \in R_e(t)$.

Infine proviamo che

$$]0, K - Ke^{-r(T-t)}] \subseteq R_e(t).$$

Infatti, se $S \leq K(1 - e^{-r(T-t)})$, allora è conveniente esercitare l'opzione, poiché al tempo t si ottiene la somma

$$K - S \geq Ke^{-r(T-t)},$$

che rivalutata a scadenza frutta

$$(K-S)e^{r(T-t)} \geq K \geq f(T,S).$$

Con argomenti d'arbitraggio è anche possibile provare che β è una funzione continua e monotona crescente. La Figura 3.8 mostra le regioni di esercizio e continuazione per un'opzione Put Americana. □

Ritornando al caso generale, notiamo che per definizione si ha

$$R_e \subseteq \{(t,S) \in [0,T[\times \mathbb{R}_+ \mid L_{\text{BS}}\varphi(t,S) \leq 0\}. \tag{3.136}$$

Questa osservazione solleva la questione delle ipotesi sulla regolarità di φ che è opportuno assumere e sul tipo di regolarità che dobbiamo attenderci per la soluzione f di (3.134). Per esempio, anche nel caso più semplice di un'opzione Put, la funzione di payoff φ non è derivabile in $S=K$ e $L_{\text{BS}}\varphi$ non può essere definito in senso classico. Utilizzando la teoria delle distribuzioni (cfr. Sezione A.3.3), non è difficile riconoscere che

$$L_{\text{BS}}(K-S)^+ = \frac{\sigma^2 K^2}{2} \delta_K(S) - rK \mathbb{1}_{]0,K[}(S),$$

dove δ_K indica la distribuzione Delta di Dirac centrata in K. Dunque, almeno formalmente vale

$$L_{BS}(K-S)^+ \begin{cases} <0, & S<K, \\ \geq 0, & S \geq K, \end{cases}$$

e la (3.136) risulta verificata in base alla (3.135). Per quanto riguarda la regolarità della soluzione, il problema (3.134) non ammette generalmente una soluzione in senso classico: nel Paragrafo 8.2 proveremo l'esistenza di una soluzione in un opportuno spazio di Sobolev.

Concludiamo la sezione enunciando un risultato analogo al Teorema 3.42 sull'approssimazione del modello binomiale al caso continuo: per la dimostrazione rimandiamo a Kushner [104] o Lamberton e Pagès [109].

Teorema 3.67. *Sia $P_N^A(0,S)$ il prezzo al tempo iniziale di un'opzione Put Americana con strike K e scadenza T nel modello binomiale con N periodi e con parametri*

$$u_N = e^{\sigma\sqrt{\delta_N}+\alpha\delta_N}, \qquad d_N = e^{-\sigma\sqrt{\delta_N}+\beta\delta_N},$$

dove α, β sono costanti reali. Allora esiste

$$\lim_{N\to\infty} P_N^A(0,S) := f(0,S), \qquad S>0,$$

dove f è la soluzione del problema a frontiera libera (3.134).

3.4.5 Put Americana e Put Europea nel modello binomiale

In questa sezione, utilizzando le formule di valutazione d'arbitraggio nel modello binomiale a N periodi, presentiamo uno studio qualitativo del grafico del prezzo di un'opzione Put, come funzione del valore del sottostante, comparando le versioni Europea ed Americana.

Siano P^E e P^A rispettivamente i prezzi di una Put Europea e Americana con strike K sul sottostante S: usando le notazioni del Paragrafo 3.2, e indicando con $x = S_0$ il prezzo iniziale del sottostante, abbiamo

$$S_n = x\psi_n, \qquad \psi_n \equiv \xi_1 \cdots \xi_n.$$

e i prezzi d'arbitraggio al tempo iniziale hanno le seguenti espressioni:

$$P^E(x) = E^Q\left[\frac{(K-x\psi_N)^+}{(1+\varrho)^N}\right], \qquad (3.137)$$

$$P^A(x) = \sup_{\nu \in \mathcal{T}_0} E^Q\left[\frac{(K-x\psi_\nu)^+}{(1+\varrho)^\nu}\right]. \qquad (3.138)$$

Proposizione 3.68. *Supponiamo che il parametro d del modello binomiale sia minore di 1. La funzione $x \mapsto P^E(x)$ è continua, convessa e decrescente per $x \in [0, +\infty[$. Inoltre*

$$P^E(0) = \frac{K}{(1+\varrho)^N}, \qquad P^E(x) = 0, \ x \in [Kd^{-N}, +\infty[,$$

ed esiste $\bar{x} \in]0, K[$ tale che

$$P^E(x) < (K-x)^+, \ x \in [0, \bar{x}], \qquad P^A(x) > (K-x)^+, \ x \in [\bar{x}, Kd^{-N}]. \tag{3.139}$$

La funzione $x \mapsto P^A(x)$ è continua, convessa e decrescente per $x \in [0, +\infty[$. Inoltre

$$P^A(0) = K, \qquad P^A(x) = 0, \ x \in [Kd^{-N}, +\infty[,$$

ed esiste $x^* \in]0, K[$ tale che

$$P^A(x) = (K-x)^+, \ x \in [0, x^*], \qquad P^A(x) > (K-x)^+, \ x \in [x^*, Kd^{-N}].$$

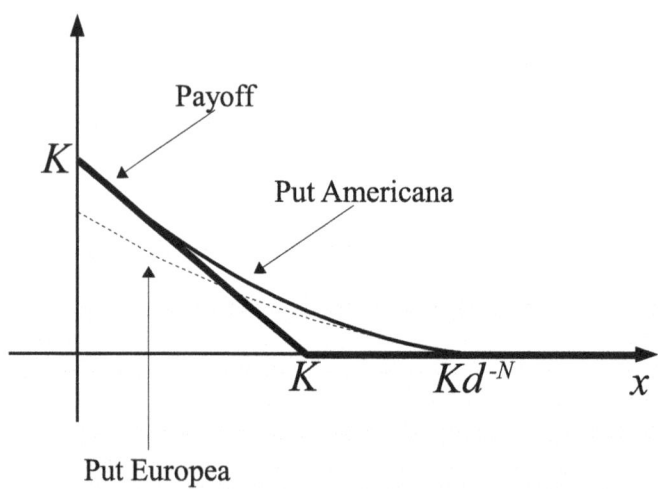

Fig. 3.9. Grafico del prezzo di un'opzione Put Americana al tempo 0 in funzione del prezzo x del sottostante. La linea tratteggiata rappresenta il grafico della corrispondente opzione Put Europea

Dimostrazione. La (3.137) si scrive più esplicitamente come segue:

$$P^E(x) = \frac{1}{(1+\varrho)^N} \sum_{h=0}^{N} c_h (K - u^h d^{N-h} x)^+,$$

dove $c_h = \binom{N}{h} q^h (1-q)^{N-h}$ sono costanti positive. Ne deduciamo direttamente le proprietà di continuità, convessità, monotonia ed anche il fatto che $P^E(x) = 0$ se e solo se $(K - u^h d^{N-h} x)^+ = 0$ per ogni h o, equivalentemente, se $u^h d^{N-h} x \geq K$ per ogni h ossia[22] $d^N x \geq K$. Inoltre per la (3.137) è ovvio che $P^E(0) = \frac{K}{(1+\varrho)^N}$. Per provare la (3.139), consideriamo ora la funzione continua e convessa[23]

$$g(x) = P^E(x) - (K-x), \qquad x \in [0, K].$$

Poiché $g(0) < 0$ e $g(K) > 0$, per continuità g si annulla in almeno un punto: rimane da provare che tale punto è unico. Poniamo

$$x_0 = \inf\{x \mid g(x) > 0\}, \qquad x_1 = \sup\{x \mid g(x) < 0\}.$$

Per continuità $g(x_0) = g(x_1) = 0$ e $x_0 \leq x_1$: vogliamo provare che $x_0 = x_1$. In caso contrario, se $x_0 < x_1$, per la convessità di g si avrebbe, per un certo $t \in \,]0,1[$,

$$0 = g(x_0) \leq t g(0) + (1-t) g(x_1) = t g(0) < 0$$

che è assurdo. Questo conclude la prova della prima parte della proposizione.

La continuità della funzione P^A segue dalla definizione ricorsiva (3.121) che esprime P^A come composizione di funzioni continue. La convessità e la monotonia seguono dalla (3.138) poiché le funzioni

$$x \mapsto E^Q \left[\frac{(K - x\psi_\nu)^+}{(1+\varrho)^\nu} \right]$$

sono convesse e decrescenti e quindi anche il loro estremo superiore al variare di ν lo è.

Ora, per la (3.138), $P^A(x) = 0$ se e solo se

$$E^Q \left[\frac{(K - x\psi_\nu)^+}{(1+\varrho)^\nu} \right] = 0 \qquad (3.140)$$

per ogni $\nu \in \mathcal{T}_0$. Il valore atteso in (3.140) è una somma di termini del tipo $c_{nh}(K - u^h d^{n-h} x)^+$ con c_{nh} costanti positive e dunque $P^A(x) = 0$ se e solo se $u^h d^{n-h} x \geq K$ per ogni[24] n, k ossia se $d^N x \geq K$.

Infine consideriamo la funzione

$$f(x) = P^A(x) - (K-x)^+.$$

Per la (3.121) $f \geq 0$ ed essendo $\nu \geq 0$, si ha

---

[22] Poiché $d < 1$.
[23] La somma di funzioni convesse è convessa.
[24] Tali che $0 \leq k \leq n \leq N$.

$$f(0) = K \sup_{\nu \in \mathcal{T}_0} E^Q \left[(1+\varrho)^{-\nu}\right] - K = 0,$$

ossia $P^A(0) = K$. Inoltre

$$f(K) = K \sup_{\nu \in \mathcal{T}_0} E^Q \left[\frac{(1-\psi_\nu)^+}{(1+\varrho)^\nu}\right] \geq$$

(per $\nu \equiv 1$)

$$\geq K E^Q \left[\frac{(1-\xi_1)^+}{(1+\varrho)^\nu}\right] > 0.$$

Per $x \geq K$ si ha ovviamente $f(x) = P^A(x) \geq (K-x)^+ = 0$. Poniamo

$$x^* = \inf\{x \in [0, K] \mid f(x) > 0\}.$$

In base a quanto abbiamo già provato, si ha $0 < x^* < K$ e, per definizione, $f \equiv 0$ su $[0, x^*]$. Infine si ha che $f > 0$ su $[x^*, K]$ infatti supponiamo che, per assurdo, sia $f(x_1) = 0$ per un certo $x_1 \in \,]x^*, K[$. Per definizione di x^*, esiste $x_0 < x_1$ e tale che $f(x_1) > 0$. Ora notiamo che sull'intervallo $[0, K]$ la funzione f è convessa e quindi

$$0 < f(x_0) \leq t\, f(x) + (1-t) f(x_1) = (1-t) f(x_1)$$

se $x_0 = tx + (1-t)x_1$, $t \in\,]0, 1[$. Questo conclude la prova. $\square$

4
Processi stocastici a tempo continuo

Processi stocastici e moto Browniano reale – Proprietà di Markov – Integrale di Riemann-Stieltjes – Martingale

In questo capitolo introduciamo gli elementi di teoria dei processi stocastici che utilizzeremo nei modelli finanziari a tempo continuo. Dopo una presentazione generale, definiamo il moto Browniano uno-dimensionale e discutiamo alcune nozioni di equivalenza di processi stocastici. La parte più consistente del capitolo è dedicata allo studio della variazione prima e seconda di un processo: tale concetto viene dapprima introdotto nell'ambito della teoria classica delle funzioni e dell'integrazione secondo Riemann-Stieltjes. Di seguito, dopo aver esteso i risultati di Doob sulle martingale discrete (disuguaglianza massimale, optional sampling e decomposizione), introduciamo il processo variazione quadratica di una martingala continua.

4.1 Processi stocastici e moto Browniano reale

Nel seguito $(\Omega, \mathcal{F}, P)$ indica uno spazio di probabilità e I un intervallo reale del tipo $[0, T]$ oppure $[0, +\infty[$.

Definizione 4.1. *Un processo stocastico misurabile (nel seguito, semplicemente, un processo stocastico) in $\mathbb{R}^N$ è una famiglia $(X_t)_{t \in I}$ di variabili aleatorie a valori in $\mathbb{R}^N$ tale che l'applicazione*

$$X : I \times \Omega \longrightarrow \mathbb{R}^N, \qquad X(t, \omega) = X_t(\omega),$$

è misurabile rispetto alla σ-algebra prodotto $\mathcal{F} \otimes \mathscr{B}(I)$. Si dice che X è sommabile se $X_t \in L^1(\Omega, P)$ per ogni $t \in I$.

Il concetto di processo stocastico estende quello di funzione deterministica

$$f : I \longrightarrow \mathbb{R}^N.$$

Come f associa a t la variabile (il numero) $f(t)$ in $\mathbb{R}^N$, così il processo stocastico X associa a t la variabile aleatoria X_t in $\mathbb{R}^N$. Un processo stocastico può essere utilizzato per descrivere un fenomeno aleatorio che evolve nel tempo: per esempio possiamo interpretare la variabile aleatoria X_t in $\mathbb{R}_+$ come il prezzo di un titolo rischioso al tempo t, oppure la variabile aleatoria X_t in $\mathbb{R}^3$ come la posizione di una particella nello spazio al tempo t.

Per aiutare ancora l'intuizione, è utile pensare ad una funzione $f : I \longrightarrow \mathbb{R}^N$ come ad una *curva o traiettoria in* $\mathbb{R}^N$: il *sostegno* della curva f è definito da
$$\gamma := \{f(t) \mid t \in I\}.$$
Al variare del parametro t, $f(t)$ rappresenta un punto del sostegno γ. L'idea si estende ai processi stocastici e in questo caso ad ogni $\omega \in \Omega$ corrisponde una diversa traiettoria (e quindi un possibile andamento del prezzo di un titolo oppure un possibile moto di una particella nello spazio):
$$\gamma_\omega := \{X_t(\omega) \mid t \in I\}, \qquad \omega \in \Omega.$$

Definizione 4.2. *Un processo stocastico X è continuo (rispettivamente, q.s.-continuo) se le traiettorie*
$$t \longmapsto X_t(\omega)$$
sono funzione continue per ogni $\omega \in \Omega$ (risp. per quasi ogni $\omega \in \Omega$).

Analogamente X è continuo a destra (rispettivamente, q.s.-continuo a destra) se
$$X_t(\omega) = X_{t+}(\omega) := \lim_{s \to t^+} X_s(\omega)$$
per ogni t e per ogni $\omega \in \Omega$ (risp. quasi ogni $\omega \in \Omega$).

La famiglia dei processi continui a destra è particolarmente significativa poiché, sfruttando la densità di $\mathbb{Q}$ in $\mathbb{R}$, ad essa si estendono molte proprietà dei processi a tempo discreto. Questo fatto abbastanza generale sarà utilizzato ripetutamente nel seguito.

Estendiamo ora al caso continuo i concetti di filtrazione e processo stocastico adattato. Come nel caso discreto, una filtrazione rappresenta *un flusso di informazioni* e il fatto che un prezzo sia descritto da un processo adattato significa che esso dipende dalle informazioni disponibili al momento.

Definizione 4.3. *Una filtrazione $(\mathcal{F}_t)_{t \geq 0}$ in $(\Omega, \mathcal{F}, P)$ è una famiglia crescente di sotto-σ-algebre di $\mathcal{F}$.*

Anticipiamo il fatto che nel seguito assumeremo opportune ipotesi sulle filtrazioni: a tal proposito si veda la Sezione 4.4.4.

Definizione 4.4. *Dato un processo stocastico $X = (X_t)_{t \in I}$, la filtrazione naturale per X è definita da*
$$\widetilde{\mathcal{F}}_t^X = \sigma(X_s \mid 0 \leq s \leq t) := \sigma(\{X_s^{-1}(H) \mid 0 \leq s \leq t, H \in \mathscr{B}\}), \qquad t \in I. \tag{4.1}$$

Definizione 4.5. *Un processo stocastico X è adattato ad una filtrazione $(\mathcal{F}_t)$ (o semplicemente $\mathcal{F}_t$-adattato) se $\widetilde{\mathcal{F}}_t^X \subseteq \mathcal{F}_t$ per ogni t, o in altri termini se X_t è $\mathcal{F}_t$-misurabile per ogni t.*

Chiaramente $\widetilde{\mathcal{F}}^X$ è la più piccola filtrazione rispetto alla quale X è adattato.

Definizione 4.6 (Moto Browniano reale). *Sia $(\Omega, \mathcal{F}, P, \mathcal{F}_t)$ uno spazio di probabilità con filtrazione. Un moto Browniano reale è un qualsiasi processo stocastico $W = (W_t)_{t \in [0, +\infty[}$ in $\mathbb{R}$ tale che*

i) $W_0 = 0$ q.s.;
ii) W è $\mathcal{F}_t$-adattato e continuo;
iii) per $t > s \geq 0$, la variabile aleatoria $W_t - W_s$ ha distribuzione normale $N_{0,t-s}$ ed è indipendente da $\mathcal{F}_s$.

Non è banale provare l'esistenza di un moto Browniano: alcune dimostrazioni si trovano, per esempio, in Karatzas-Shreve [91]. Un caso particolarmente significativo è quello in cui la filtrazione è quella naturale per W, ossia $\mathcal{F}_t = \widetilde{\mathcal{F}}_t^W$.

Osservazione 4.7. Per le proprietà i) e ii) della Definizione 4.6, le traiettorie di un moto Browniano partono (per $t = 0$) dall'origine q.s. e sono continue. Inoltre, come conseguenza delle i) e iii), per ogni t vale

$$W_t \sim N_{0,t} \tag{4.2}$$

poiché $W_t = W_t - W_0$ q.s. □

Osservazione 4.8 (Moto Browniano come moto casuale). Il moto Browniano è nato come modello probabilistico per il moto di una particella. Le seguenti proprietà del moto Browniano sono ovvie conseguenza della (4.2):

a) $E[W_t] = 0$ per ogni $t \geq 0$, ossia in ogni istante la posizione attesa della particella è quella iniziale;
b) ricordando l'espressione della densità della distribuzione normale $\Gamma(\cdot, t)$ in (2.4), si ha che, per ogni fissato $t > 0$, la probabilità che W_t appartenga ad un Borelliano H diminuisce traslando H lontano dall'origine. Intuitivamente la probabilità che la particella raggiunga H diminuisce allontanando H dal punto di partenza;
c) per ogni fissato $H \in \mathscr{B}$,

$$\lim_{t \to 0^+} P(W_t \in H) = \delta_0(H).$$

Intuitivamente, diminuendo il tempo diminuisce anche la probabilità che la particella si sia allontanata dalla posizione iniziale;
d) $E[W_t^2] = \text{var}(W_t) = t$, ossia si stima che la distanza dal punto di partenza di una particella in moto casuale sia, al tempo t, pari a $\sqrt{t}$: questo fatto è meno intuitivo ma corrisponde alle osservazioni empiriche di Einstein [53].

□

Esempio 4.9 (Moto Browniano come modello di titolo rischioso). Un primo modello a tempo continuo per il prezzo di un titolo rischioso S è il seguente:

$$S_t = S_0(1 + \mu t) + \sigma W_t, \qquad t \geq 0. \tag{4.3}$$

In (4.3), S_0 indica il prezzo iniziale del titolo, μ indica il tasso di rendimento atteso e σ indica la rischiosità del titolo o volatilità. Se $\sigma = 0$, la dinamica (4.3) è *deterministica* e corrisponde ad una legge di *capitalizzazione semplice* con tasso privo di rischio pari a μ. Se $\sigma > 0$, la dinamica (4.3) è stocastica e $S = (S_t)_{t\geq 0}$ è un processo stocastico normale (o Gaussiano) nel senso che

$$S_t \sim N_{S_0(1+\mu t), \sigma^2 t} \tag{4.4}$$

per $t \geq 0$. Da (4.4) segue che

$$E[S_t] = S_0(1 + \mu t)$$

ossia l'andamento atteso di S corrisponde alla dinamica deterministica priva di rischio. Dunque il moto Browniano introduce "rumore" ma non modifica l'andamento medio del processo. Inoltre σ è direttamente proporzionale alla varianza e quindi alla rischiosità del titolo.

Nella pratica questo modello non è utilizzato per due motivi: da una parte è preferibile utilizzare la capitalizzazione composta; dall'altra (4.4) implica ovviamente che $P(S_t < 0) > 0$ non appena t è positivo e questo è assurdo dal punto di vista economico. Tuttavia (4.3) è a volte utilizzato come modello per i debiti/crediti di un'azienda. □

4.1.1 Legge di un processo continuo

La legge (o distribuzione) di un processo stocastico discreto

$$X = (X_0, \ldots, X_n)$$

è definita come la distribuzione congiunta delle variabili aleatorie $X_0, \ldots, X_n$: vediamo come estendere tale nozione al caso dei processi continui.

Indichiamo con $C[0,T] := C([0,T], \mathbb{R}^N)$ lo spazio vettoriale delle funzioni continue su $[0,T]$ a valori in $\mathbb{R}^N$. È noto che $C[0,T]$ munito della usuale norma del massimo

$$\|w\|_\infty = \max_{t \in [0,T]} |w(t)|, \qquad w \in C[0,T],$$

é uno spazio normato (e completo[1]): in particolare la norma definisce la famiglia degli aperti in $C[0,T]$ e di conseguenza la σ-algebra dei Borelliani di

---
[1] Ogni successione di Cauchy è convergente.

$C[0,T]$ indicata con $\mathscr{B}(C[0,T])$. L'esempio più semplice di Borelliano è il disco di raggio $r > 0$ e centro w_0:

$$D(w_0, r) := \{w \in C[0,T] \mid |w(t) - w_0(t)| < r,\ t \in [0,T]\}. \tag{4.5}$$

Ricordiamo anche che $C[0,T]$ è uno spazio separabile e $\mathscr{B}(C[0,T])$ è generata da un'infinità *numerabile* dischi del tipo (4.5): rimandiamo all'Esempio A.14 del Paragrafo A.2 per la prova di questa affermazione.

La posizione

$$\mathbb{X}_t : C[0,T] \longrightarrow \mathbb{R}^N, \qquad \mathbb{X}_t(w) := w(t), \tag{4.6}$$

definisce un processo stocastico su $(C[0,T], \mathscr{B}(C[0,T]))$. Infatti $(t, w) \mapsto \mathbb{X}_t(w)$ è una funzione continua e dunque misurabile: in particolare vale

$$\sigma(\mathbb{X}_t, t \in [0,T]) \subseteq \mathscr{B}(C[0,T]). \tag{4.7}$$

Più precisamente:

Lemma 4.10. *Vale*

$$\sigma(\mathbb{X}_t, t \in [0,T]) = \mathscr{B}(C[0,T]).$$

Dimostrazione. Dati una scelta $\tau = \{t_1, \ldots, t_n\}$ di un numero finito di punti di $[0,T]$ e $K = K_1 \times \cdots \times K_n \in \mathscr{B}(\mathbb{R}^{nN})$, un "cilindro" di $\mathscr{B}(C[0,T])$ è un insieme del tipo

$$\mathcal{H}(\tau, K) = \{w \in C[0,T] \mid w(t_i) \in K_i,\ i = 1, \ldots, n\}$$
$$= \bigcap_{i=1}^{n} \{\mathbb{X}_{t_i} \in K_i\}.$$

Per provare l'inclusione inversa a (4.7), occorre verificare che la famiglia dei cilindri $\mathcal{H}(\tau, K)$, al variare di τ e K, genera $\mathscr{B}(C[0,T])$. A tal fine è sufficiente provare che ogni disco chiuso $\overline{D}(w_0, r)$ è intersezione numerabile di cilindri: sia (τ_j) una successione di scelte di punti di $[0,T]$ tale che

$$\bigcup_{j \geq 1} \tau_j = [0,T] \cap \mathbb{Q}.$$

Allora, usando la notazione $\tau_j = \{t_1^j, \ldots, t_{n_j}^j\}$, si ha

$$\overline{D}(w_0, r) = \bigcap_{j \geq 1} \{w \in C[0,T] \mid |w(t_i^j) - w_0(t_i^j)| \leq r,\ i = 1, \ldots, n_j\}.$$

$\square$

Notazione 4.11 *Indichiamo con*

$$\widetilde{\mathscr{B}}_t(C[0,T]) := \sigma(\mathbb{X}_s, s \in [0,t]), \qquad 0 \leq t \leq T, \tag{4.8}$$

la filtrazione naturale per $\mathbb{X}$.

Lemma 4.12. *Dato un processo stocastico continuo* $(X_t)_{t\in[0,T]}$ *sullo spazio di probabilità* $(\Omega, \mathcal{F}, P)$, *vale*

$$\{X \in H\} \in \mathcal{F}$$

per ogni $H \in \mathscr{B}(C[0,T])$.

Dimostrazione. Poiché $\mathscr{B}(C[0,T])$ è generata da un'infinità numerabile di dischi (cfr. Esempio A.14), è sufficiente osservare che, essendo X continuo, si ha

$$\{X \in \overline{D}(w_0, r)\} = \bigcap_{t \in [0,T] \cap \mathbb{Q}} \underbrace{\{\omega \in \Omega \mid |X_t(\omega) - w_0(t)| \leq r\}}_{\in \mathcal{F}},$$

da cui la tesi, per l'Osservazione 2.17. □

Definizione 4.13. *La probabilità* P^X *sullo spazio* $(C[0,T], \mathscr{B}(C[0,T]))$ *definita da*

$$P^X(H) = P(X \in H), \qquad H \in \mathscr{B}(C[0,T]),$$

è detta legge del processo X.

Osserviamo che il processo $\mathbb{X}$, definito sullo spazio di probabilità

$$(C[0,T], \mathscr{B}(C[0,T]), P^X),$$

ha la stessa legge di X.

Definizione 4.14. *Il processo* $\mathbb{X}$ *su* $(C[0,T], \mathscr{B}(C[0,T]), P^X)$ *è detto realizzazione canonica di* X.

I risultati precedenti si estendono senza difficoltà al caso $T = +\infty$. Infatti

$$C[0, +\infty[:= C([0, +\infty[, \mathbb{R}^N)$$

munito della norma[2]

$$\|w\|_\infty = \sum_{n=1}^\infty \frac{1}{2^n} \max_{1 \leq t \leq n} (|w(t)| \wedge 1),$$

é uno spazio normato, completo e separabile in cui è definita in modo naturale la σ-algebra dei Borelliani. Inoltre Lemmi 4.12 e 4.10 si generalizzano facilmente e si definisce come in precedenza la realizzazione canonica di un processo continuo X. In particolare, se X è un moto Browniano, allora il processo $\mathbb{X}$ in (4.6) su $(C[0, +\infty[, \mathscr{B}(C[0, +\infty[), P^X)$ è detto moto Browniano canonico (o realizzazione canonica del moto Browniano).

---

[2] Tale norma induce la convergenza uniforme sui compatti.

4.1.2 Equivalenza di processi

Introduciamo ora alcune nozioni di equivalenza di processi stocastici. Data una scelta di punti $\tau = \{t_1, \ldots, t_n\}$, diciamo che la distribuzione congiunta di $(X_{t_1}, \ldots, X_{t_n})$ è una *distribuzione finito-dimensionale* del processo X.

Definizione 4.15. *Due processi stocastici X, Y definiti rispettivamente sugli spazi $(\Omega, \mathcal{F}, P)$ e $(\Omega', \mathcal{F}', P')$ si dicono equivalenti se hanno le stesse distribuzioni finito-dimensionali per ogni scelta di punti.*

Proposizione 4.16. *Due processi continui sono equivalenti se e solo se hanno la stessa legge.*

Dimostrazione. Siano X, Y, definiti su $(\Omega, \mathcal{F}, P)$ e $(\Omega', \mathcal{F}', P')$, due processi equivalenti. La tesi segue dalla Proposizione 2.4, osservando che per ipotesi

$$P(X \in \mathcal{H}(\tau, K)) = P'(Y \in \mathcal{H}(\tau, K)),$$

per ogni cilindro $\mathcal{H}(\tau, K)$ e la famiglia dei cilindri è $\cap$-stabile e, come abbiamo visto nella prova del Lemma 4.10, genera la σ-algebra dei Borelliani. □

Secondo la Definizione 4.6 un *qualsiasi* processo stocastico che verifica le proprietà i), ii) e iii) è un moto Browniano. Dunque, in linea di principio, esistono diversi moti Browniani, possibilmente definiti su spazi di probabilità distinti. Vedremo fra breve (cfr. Sezione 4.2.2) che la Definizione 4.6 caratterizza in modo univoco le distribuzioni finito-dimensionali del moto Browniano e quindi la sua legge. In particolare, per la Proposizione 4.16, la realizzazione canonica del moto Browniano è unica.

Definizione 4.17. *Siano X, Y processi stocastici definiti sullo stesso spazio di probabilità $(\Omega, \mathcal{F}, P)$. Diciamo che X è una modificazione di Y se $X_t = Y_t$ q.s. per ogni $t \geq 0$. Diciamo che X e Y sono indistinguibili se per quasi tutti gli $\omega \in \Omega$*

$$X_t(\omega) = Y_t(\omega) \qquad \forall t \geq 0.$$

Poniamo

$$N_t = \{\omega \in \Omega \mid X_t(\omega) \neq Y_t(\omega)\}, \qquad N = \bigcup_{t \geq 0} N_t.$$

Allora X è una modificazione di Y se $N_t \in \mathcal{N}$ per ogni $t \geq 0$. Come già osservato, poiché t varia nell'insieme dei numeri reali che non è numerabile, allora potrebbe essere $N \notin \mathcal{F}$ o addirittura $N = \Omega$. I processi X e Y sono indistinguibili se $N \in \mathcal{N}$: in altri termini quasi tutte le traiettorie di X e Y coincidono.

In generale è chiaro che se X, Y sono indistinguibili allora sono modificazioni ma non è detto il viceversa: tuttavia nel caso di processi stocastici continui è possibile sfruttare la densità dell'insieme dei numeri razionali in $\mathbb{R}$ per provare che le due nozioni coincidono.

Proposizione 4.18. *Siano X, Y processi stocastici q.s.-continui a destra. Se X è una modificazione di Y allora X, Y sono indistinguibili. In particolare è equivalente scrivere*

$$X_t = Y_t, \quad q.s. \text{ per ogni } t, \qquad o \qquad X_t = Y_t, \quad \text{per ogni } t, \quad q.s.$$

Dimostrazione. È sufficiente considerare il caso $Y = 0$. Sia $F \in \mathcal{N}$ l'insieme in cui le traiettorie di X non sono continue a destra. Poniamo

$$N = \bigcup_{t \in [0, +\infty[\cap \mathbb{Q}} N_t \cup F$$

dove $N_t = \{\omega \in \Omega \mid X_t \neq 0\}$ è trascurabile per ipotesi. Allora si ha $N \in \mathcal{N}$ e $X_t(\omega) = 0$ per ogni $\omega \in \Omega \setminus N$ e $t \in [0, +\infty[\cap \mathbb{Q}$. Inoltre, se $t \in [0, +\infty[\setminus \mathbb{Q}$, consideriamo una successione $(t_n) \in \mathbb{Q}$ convergente a t da destra. Allora per ogni $\omega \in \Omega \setminus N$ si ha

$$X_t(\omega) = \lim_{n \to \infty} X_{t_n}(\omega) = 0,$$

e questo conclude la prova. □

Riassumendo: *due processi continui sono indistinguibili se e solo se sono modificazioni; in tal caso sono anche equivalenti e hanno la stessa realizzazione canonica.*

Esempio 4.19. Siano $u, v \in L^1_{\text{loc}}(\mathbb{R})$ tali che $u = v$ quasi ovunque (rispetto alla misura di Lebesgue). Se W indica un moto Browniano reale, allora i processi $X_t := u(W_t)$ e $Y_t := v(W_t)$ *sono modificazioni ma in generale non sono indistinguibili.* Consideriamo infatti il seguente esempio: sia $v = 0$, $u(x) = 0$ per ogni $x \in \mathbb{R} \setminus \{\pm 1\}$ e $u(\pm 1) = 1$. Allora X, Y sono modificazioni poiché, fissato $t \geq 0$, l'evento

$$\{X_t \neq 0\} = \{W_t = \pm 1\}$$

ha probabilità nulla. D'altra parte X, Y non sono indistinguibili poiché quasi tutte le traiettorie di un moto Browniano escono dall'intervallo $[-1, 1]$ (cfr. si veda la Proposizione 9.34) e quindi l'evento

$$\{\omega \mid X_t(\omega) = 0, \ t \geq 0\}$$

ha probabilità nulla.

Un secondo semplice esempio di processi che sono modificazioni ma non indistinguibili è il seguente: nello spazio di probabilità $([0,1], \mathscr{B}, m)$, dove m indica la misura di Lebesgue, i processi

$$X_t = 0, \quad \text{e} \quad Y_t(\omega) = \mathbb{1}_{\{\omega\}}(t), \qquad t \in [0,1],$$

sono modificazioni ma

$$\{\omega \mid X_t(\omega) = Y_t(\omega), \ t \in [0,1]\}$$

è vuoto. □

4.1.3 Processi adattati e progressivamente misurabili

La definizione di processo stocastico X richiede non solo che, per ogni t, X_t sia una variabile aleatoria ma la condizione più forte di misurabilità nella coppia di variabili (t,ω). Vedremo fra breve[3] che è opportuno rinforzare in modo analogo la proprietà di essere adattato.

Definizione 4.20. *Un processo stocastico X si dice progressivamente misurabile rispetto alla filtrazione $(\mathcal{F}_t)$ se, per ogni t, $X|_{[0,t]\times\Omega}$ è $\mathscr{B}([0,t]) \otimes \mathcal{F}_t$-misurabile ossia*

$$\{(s,\omega) \in [0,t] \times \Omega \mid X_s(\omega) \in H\} \in \mathscr{B}([0,t]) \otimes \mathcal{F}_t, \qquad H \in \mathscr{B}.$$

Chiaramente ogni processo progressivamente misurabile è anche misurabile e, per il Teorema 2.59 di Fubini e Tonelli, adattato. Viceversa è un risultato non banale[4] il fatto che se X è misurabile e adattato allora ammette una modificazione progressivamente misurabile. Nel caso di processi continui la situazione è più semplice:

Lemma 4.21. *Ogni processo continuo a destra e adattato è progressivamente misurabile.*

Dimostrazione. Sia X continuo a destra e adattato. Fissati t e $n \in \mathbb{N}$, poniamo $X_t^{(n)} = X_t$ e

$$X_s^{(n)} = X_{\frac{k+1}{2^n}t}, \qquad \text{per } s \in \left[\frac{k}{2^n}t, \frac{k+1}{2^n}t\right[, \qquad k+1 \leq 2^n.$$

Essendo X continuo a destra, $X^{(n)}$ converge puntualmente a X su $[0,t] \times \Omega$ per $n \to \infty$. La tesi segue dal fatto che $X^{(n)}$ è progressivamente misurabile poiché, per ogni $H \in \mathscr{B}$, vale

$$\{(s,\omega) \in [0,t] \times \Omega \mid X_s^n(\omega) \in H\}$$
$$= \bigcup_{k<2^n} \left(\left[\frac{k}{2^n}t, \frac{k+1}{2^n}t\right[\times \left(X_{\frac{k+1}{2^n}t} \in H\right)\right) \cup (\{t\} \times (X_t \in H))$$

che appartiene a $\mathscr{B}([0,t]) \otimes \mathcal{F}_t$. □

4.2 Proprietà di Markov

Il significato della proprietà di Markov in ambito finanziario è stato anticipato nella Sezione 3.2.1: un processo stocastico X che rappresenta il prezzo di un titolo gode della proprietà di Markov se il valore atteso al tempo t del prezzo futuro X_T, $T > t$, dipende solo dal prezzo attuale X_t e non dai prezzi passati. Ci sono diversi modi per esprimere tale proprietà e forse il più semplice è il seguente.

---
[3] Si veda per esempio il Corollario 4.70.
[4] Si veda, per esempio, Meyer [122].

Definizione 4.22. *In uno spazio di probabilità con filtrazione* $(\Omega, \mathcal{F}, P, \mathcal{F}_t)$, *un processo stocastico adattato* X *gode della proprietà di Markov se:*

(M) *per ogni funzione $\mathscr{B}$-misurabile e limitata φ vale*

$$E\left[\varphi(X_T) \mid \mathcal{F}_t\right] = E\left[\varphi(X_T) \mid X_t\right], \qquad T \geq t.$$

Osservazione 4.23. Per il Teorema A.7 di Dynkin, la proprietà (M) è equivalente alla condizione (generalmente più semplice da verificare):

(M') *per ogni Borelliano H vale*

$$E\left[X_T \in H \mid \mathcal{F}_t\right] = E\left[X_T \in H \mid X_t\right], \qquad T \geq t.$$

□

Sottolineiamo il fatto che *la proprietà di Markov dipende dalla filtrazione considerata*. Il primo esempio significativo di processo di Markov è il moto Browniano: per illustrare più efficacemente questo fatto introduciamo qualche notazione.

Definizione 4.24. *Sia W un moto Browniano nello spazio* $(\Omega, \mathcal{F}, P, \mathcal{F}_t)$. *Fissati $x \in \mathbb{R}$ e $t \geq 0$, il processo stocastico $W^{t,x}$ definito da*

$$W_T^{t,x} = x + W_T - W_t, \qquad T \geq t,$$

è detto moto Browniano di punto iniziale x al tempo t.

Chiaramente si ha

i) $W_t^{t,x} = x$;
ii) $W^{t,x}$ è un processo stocastico adattato e continuo;
iii) per $t < T \leq T+h$, la variabile aleatoria $W_{T+h}^{t,x} - W_T^{t,x}$ ha distribuzione normale $N_{0,h}$ ed è indipendente da $\mathcal{F}_T$.

Osservazione 4.25. Come conseguenza delle proprietà precedenti si ha

$$W_T^{t,x} \sim N_{x,T-t}, \qquad T \geq t. \tag{4.9}$$

Dunque fissati $x \in \mathbb{R}$ e $T > t$, la densità di $W_T^{t,x}$ è

$$y \mapsto \Gamma^*(t,x;T,y)$$

dove

$$\Gamma^*(t,x;T,y) = \frac{1}{\sqrt{2\pi(T-t)}} \exp\left(-\frac{(x-y)^2}{2(T-t)}\right), \tag{4.10}$$

è la soluzione fondamentale dell'operatore del calore *aggiunto*. □

Ciò giustifica la seguente

4.2 Proprietà di Markov

Definizione 4.26. *La funzione* $\Gamma^* = \Gamma^*(t,x;T,\cdot)$ *è detta densità di transizione del moto Browniano dal punto "iniziale"* (t,x) *al tempo "finale"* T.

Proviamo ora che un moto Browniano ha la proprietà di Markov. Sia φ una funzione $\mathscr{B}$-misurabile e limitata: in base al Lemma 2.104 si ha

$$E\left[\varphi(W_T) \mid \mathcal{F}_t\right] = E\left[\varphi(W_T - W_t + W_t) \mid \mathcal{F}_t\right] = u(t, W_t), \qquad T \geq t, \quad (4.11)$$

dove u è la funzione $\mathscr{B}$-misurabile definita da

$$u(t,x) = E\left[\varphi(W_T - W_t + x)\right] = E\left[\varphi(W_T^{t,x})\right]. \qquad (4.12)$$

Abbiamo dunque provato il seguente

Teorema 4.27. *Un moto Browniano* W *nello spazio* $(\Omega, \mathcal{F}, P, \mathcal{F}_t)$ *gode della proprietà di Markov rispetto a* $(\mathcal{F}_t)$ *e in particolare valgono le formule (4.11)-(4.12) che esprimiamo in forma più compatta nel modo seguente:*

$$E\left[\varphi(W_T) \mid \mathcal{F}_t\right] = E\left[\varphi(W_T^{t,x})\right]_{x=W_t}. \qquad (4.13)$$

Notiamo che la (4.13) implica in particolare (cfr. Osservazione 2.105) che

$$E\left[\varphi(W_T) \mid \mathcal{F}_t\right] = E\left[\varphi(W_T) \mid W_t\right], \qquad T \geq t,$$

ossia che W è un processo stocastico di Markov secondo la Definizione 4.22.

Utilizzando l'espressione della densità di transizione del moto Browniano, possiamo anche riscrivere la (4.13) in modo più esplicito:

$$E\left[\varphi(W_T) \mid \mathcal{F}_t\right] = \int_{\mathbb{R}} \frac{\varphi(y)}{\sqrt{2\pi(T-t)}} \exp\left(-\frac{(y-W_t)^2}{2(T-t)}\right) dy.$$

Notiamo che ambo i membri dell'uguaglianza sono variabili aleatorie.

4.2.1 Moto Browniano ed equazione del calore

Consideriamo l'operatore del calore aggiunto in due variabili:

$$L^* = \frac{1}{2}\partial_{xx} + \partial_t, \qquad (t,x) \in \mathbb{R}^2. \qquad (4.14)$$

Nel Paragrafo 2.3 abbiamo visto che la funzione Γ^* in (4.10) è soluzione fondamentale per L e di conseguenza, per ogni dato *finale* $\varphi \in C_b(\mathbb{R})$, il problema di Cauchy

$$\begin{cases} L^* u(t,x) = 0, & (t,x) \in]-\infty, T[\times \mathbb{R}, \\ u(T,x) = \varphi(x) & x \in \mathbb{R}, \end{cases} \qquad (4.15)$$

ha soluzione classica

158   4 Processi stocastici a tempo continuo

$$u(t,x) = \int_{\mathbb{R}} \Gamma^*(t,x;T,y)\varphi(y)dy. \qquad (4.16)$$

Essendo Γ^* la densità di transizione del moto Browniano, esiste uno stretto legame fra moto Browniano ed equazione del calore riassunto dalle seguenti relazioni:

i) la soluzione u in (4.16) del problema (4.15) ha la seguente rappresentazione probabilistica

$$u(t,x) = E\left[\varphi\left(W_T^{t,x}\right)\right], \qquad x \in \mathbb{R}, \ t \in [0,T]; \qquad (4.17)$$

ii) per il Teorema 4.27 vale la seguente formula per l'attesa condizionata di un moto Browniano:

$$E\left[\varphi(W_T) \mid \mathcal{F}_t\right] = u(t, W_t), \qquad T \geq t, \qquad (4.18)$$

dove u è la soluzione in (4.16) del problema di Cauchy (4.15): la (4.18) esprime la proprietà di Markov del moto Browniano.

4.2.2 Distribuzioni finito-dimensionali del moto Browniano

La seguente proposizione contiene alcune utili caratterizzazioni del moto Browniano: in particolare sono fornite esplicitamente le *distribuzioni finito-dimensionali* del moto Browniano, ossia le distribuzioni congiunte delle variabili aleatorie $W_{t_1}, \ldots, W_{t_N}$ per ogni scelta di punti $0 \leq t_1 < \cdots < t_N \leq T$.

Proposizione 4.28. *Un moto Browniano W sullo uno spazio di probabilità con filtrazione $(\Omega, \mathcal{F}, P, \mathcal{F}_t)$, verifica le seguenti proprietà:*

1) *W ha gli incrementi indipendenti e stazionari, ossia per $0 \leq t \leq T$ la variabile aleatoria $W_T - W_t$ ha distribuzione normale $N_{0,T-t}$ e le variabili aleatorie*

$$W_{t_2} - W_{t_1}, \ldots, W_{t_N} - W_{t_{N-1}}$$

sono indipendenti per ogni scelta di punti $t_1, t_2, \ldots, t_N$ con $0 \leq t_1 < t_2 < \cdots < t_N$;

2) *per $0 \leq t_1 < \cdots < t_N$, la distribuzione congiunta di $W_{t_1}, \ldots, W_{t_N}$ è data da*

$$P((W_{t_1}, \ldots, W_{t_N}) \in H_1 \times \cdots \times H_N) =$$
$$= \int_{H_1} \cdots \int_{H_N} \Gamma^*(0,0;t_1,y_1)\Gamma^*(t_1,y_1;t_2,y_2) \cdots \qquad (4.19)$$
$$\cdots \Gamma^*(t_{N-1},y_{N-1};t_N,y_N)dy_1 dy_2 \ldots dy_N$$

dove $H_1, \ldots, H_N \in \mathscr{B}$ e Γ^* è definita in (4.10).

4.2 Proprietà di Markov

Viceversa, se W è un processo stocastico continuo su uno spazio di probabilità $(\Omega, \mathcal{F}, P)$, tale che $P(W_0 = 0) = 1$ e soddisfa 1) oppure 2), allora W è un moto Browniano rispetto alla filtrazione naturale $\widetilde{\mathcal{F}}^W$.

Idea della dimostrazione. È facile provare che se W è un moto Browniano allora verifica 1). Anzitutto è sufficiente provare l'indipendenza degli incrementi: nel caso $N = 3$, poiché

$$\{(W_{t_2} - W_{t_1}) \in H\} \in \mathcal{F}_{t_2},$$

la tesi è immediata conseguenza dell'indipendenza di $W_{t_3} - W_{t_2}$ da $\mathcal{F}_{t_2}$. Per $N > 3$, iteriamo il ragionamento precedente.

Per la prova del fatto che se W è un moto Browniano allora verifica 2), consideriamo solo il caso $N = 2$: anzitutto, per $0 \leq t \leq T$ e $H, K \in \mathcal{B}$, si ha

$$\{W_t \in H\} \cap \{W_T \in K\} = \{W_t \in H\} \cap \{(W_T - W_t) \in (K - H)\},$$

dove $K - H = \{x - y \mid x \in K, y \in H\}$. Allora per l'indipendenza degli incrementi si ha

$$P(W_t \in H, W_T \in K) = P(W_t \in H)P((W_T - W_t) \in (K - H)) =$$

(per la proprietà iii))

$$= \int_H \Gamma^*(0, 0; t, x_1) dx_1 \int_{K-H} \Gamma^*(t, 0; T, x_2) dx_2 =$$

(col cambio di variabili $x_1 = y_1$ e $x_2 = y_2 - y_1$)

$$= \int_H \int_K \Gamma^*(0, 0; t, y_1) \Gamma^*(t, y_1; T, y_2) dy_1 dy_2.$$

Per dimostrare il viceversa, occorre verificare che se W è un processo stocastico continuo su uno spazio di probabilità $(\Omega, \mathcal{F}, P)$, tale che $P(W_0 = 0) = 1$ e soddisfa 1), allora la variabile aleatoria $W_T - W_t$ è indipendente da $\mathcal{F}_t^W$, per $t \leq T$. In questo caso possiamo usare il Teorema A.4 di Dynkin: in generale possiamo provare che se X è un processo stocastico tale che per ogni scelta di punti $t_1, \ldots, t_N$ con $0 \leq t_1 < t_2 < \cdots < t_N$, le variabili aleatorie

$$X_{t_1}, X_{t_2} - X_{t_1}, \ldots, X_{t_N} - X_{t_{N-1}}$$

sono indipendenti, allora $X_T - X_t$ è indipendente dalla filtrazione naturale $\widetilde{\mathcal{F}}_t^X$ per $0 \leq t < T$.

Infine, è lasciata per esercizio la verifica del fatto che per un qualsiasi processo stocastico W tale che $P(W_0 = 0) = 1$, le proprietà 1) e 2) sono equivalenti. □

Esercizio 4.29. Dati $\alpha, \beta \in \mathbb{R}$, $\alpha \neq 0$, provare che $(\alpha^{-1} W_{\alpha^2 t} + \beta)$ è un moto Browniano di punto iniziale β.

4.3 Integrale di Riemann-Stieltjes

Riprendiamo il modello di titolo rischioso dell'Esempio 4.9 in cui

$$S_t = S_0(1 + \mu t) + \sigma W_t, \qquad t \in [0,T],$$

e W è un moto Browniano reale di punto iniziale l'origine. Consideriamo una partizione

$$\varsigma = \{t_0, t_1, \ldots, t_N\}$$

di $[0,T]$ con $0 = t_0 < t_1 < \cdots < t_N = T$. Sia ora $V = uS$ un portafoglio *autofinanziante* (cfr. Definizione 3.2) composto dal solo titolo S. Allora, per ogni $k = 1, \ldots, N$, si ha

$$\begin{aligned} V_{t_k} - V_{t_{k-1}} &= u_{t_{k-1}}(S_{t_k} - S_{t_{k-1}}) \\ &= \mu u_{t_{k-1}}(t_k - t_{k-1}) + \sigma u_{t_{k-1}}(W_{t_k} - W_{t_{k-1}}). \end{aligned}$$

Sommando per k da 1 a N, otteniamo

$$V_T = V_0 + \mu \underbrace{\sum_{k=1}^N u_{t_{k-1}}(t_k - t_{k-1})}_{=:I_{1,\varsigma}} + \sigma \underbrace{\sum_{k=1}^N u_{t_{k-1}}(W_{t_k} - W_{t_{k-1}})}_{=:I_{2,\varsigma}}. \qquad (4.20)$$

Per passare a tempo continuo occorre verificare l'esistenza dei limiti di $I_{1,\varsigma}$ e $I_{2,\varsigma}$ al tendere a zero del parametro di finezza $|\varsigma|$ della partizione:

$$|\varsigma| := \max_{1 \leq k \leq N} |t_k - t_{k-1}|.$$

Il primo termine $I_{1,\varsigma}$ è una somma di Riemann e dunque supponendo che la funzione $t \mapsto u_t(\omega)$ sia integrabile secondo Riemann[5] in $[0,T]$ per ogni $\omega \in \Omega$, si ha semplicemente

$$\lim_{|\varsigma| \to 0^+} I_{1,\varsigma}(\omega) = \int_0^T u_t(\omega) dt,$$

per ogni $\omega \in \Omega$.

Il secondo termine è la trasformata di u rispetto a W (cfr. Definizione 2.115). L'esistenza del secondo limite non è banale: supponendo che esista finito

$$\lim_{|\varsigma| \to 0^+} I_{2,\varsigma} = I, \qquad (4.21)$$

per analogia, potremmo usare la notazione

---

[5] In effetti, in un portafoglio autofinanziante con un solo titolo, la funzione $t \mapsto u_t$ è necessariamente costante. La situazione non è più banale nel caso di un portafoglio con almeno due titoli.

4.3 Integrale di Riemann-Stieltjes

$$I = \int_0^T u_t \, dW_t. \tag{4.22}$$

Otteniamo dunque, almeno formalmente, la seguente formula

$$V_T = V_0 + \mu \int_0^T u_t dt + \sigma \int_0^T u_t \, dW_t.$$

In realtà il limite in (4.21) non esiste in generale, a meno di assumere ulteriori ipotesi sul processo stocastico u. La giustificazione di questa affermazione richiede una breve digressione di carattere matematico che porta anche ad osservare che le traiettorie di un moto Browniano sono quasi sicuramente "irregolari" in un senso che specificheremo nel seguito. Consideriamo infatti una traiettoria

$$t \longmapsto W_t(\bar{\omega})$$

regolare, per esempio di classe $C^1([0,T])$: in questo caso è facile dimostrare che esiste

$$\lim_{|\varsigma| \to 0^+} I_{2,\varsigma}(\bar{\omega}) = \int_0^T u_t(\bar{\omega}) W'_t(\bar{\omega}) \, dt, \tag{4.23}$$

dove l'integrale è inteso nel senso usuale di Riemann e $W'_t(\bar{\omega})$ indica la derivata $\frac{d}{dt} W_t(\bar{\omega})$. Infatti, per il Teorema del valor medio di Lagrange esistono $t_k^* \in [t_{k-1}, t_k]$ tali che

$$I_{2,\varsigma}(\bar{\omega}) = \sum_{k=1}^N u_{t_{k-1}}(\bar{\omega}) W'_{t_k^*}(\bar{\omega})(t_k - t_{k-1});$$

dunque $I_{2,\varsigma}(\bar{\omega})$ è una somma di Riemann e la (4.23) segue facilmente.

In effetti non è difficile provare l'esistenza del limite in (4.21) sotto l'ipotesi più debole che $t \mapsto W_t(\bar{\omega})$ sia una funzione a variazione limitata (cfr. Sezione 4.3.1). Anche in questo caso esiste ed è finito il limite

$$\lim_{|\varsigma| \to 0^+} I_{2,\varsigma}(\bar{\omega}) = l \in \mathbb{R},$$

e $l =: \left(\int_0^T u_t \, dW_t \right)(\bar{\omega})$ è usualmente chiamato *integrale di Riemann-Stieltjes* di $u_t(\bar{\omega})$ rispetto a $W_t(\bar{\omega})$ su $[0,T]$ (cfr. Sezione 4.3.2).

Sfortunatamente nella Sezione 4.3.3 vedremo che le traiettorie di un moto Browniano non hanno variazione limitata quasi sicuramente e dunque l'integrale in (4.22) non può essere definito nel senso di Riemann-Stieltjes. Il Capitolo 5 sarà interamente dedicato a un'introduzione alla teoria dell'integrazione stocastica.

4.3.1 Funzioni a variazione limitata

Il materiale di questa sezione non è strettamente propedeutico al resto della trattazione e può essere sorvolato ad una prima lettura, tuttavia alcuni concetti potrebbero facilitare una comprensione più approfondita del prossimo capitolo.

Dato un intervallo reale $[a,b]$, consideriamo una funzione

$$g:[a,b]\to\mathbb{R}^n$$

e una partizione $\varsigma=\{t_0,\ldots,t_N\}$ di $[a,b]$. La variazione di g relativa a ς è definita da

$$V_{[a,b]}(g,\varsigma):=\sum_{k=1}^N |g(t_k)-g(t_{k-1})|.$$

Definizione 4.30. *La funzione g ha variazione limitata su $[a,b]$ (scriviamo[6] $g\in BV([a,b])$) se l'estremo superiore di $V_{[a,b]}(g,\varsigma)$, al variare di tutte le partizioni ς di $[a,b]$, è finito:*

$$V_{[a,b]}(g):=\sup_{\varsigma} V_{[a,b]}(g,\varsigma)<+\infty.$$

$V_{[a,b]}(g)$ *è detta variazione (prima) di g su $[a,b]$.*

Esempio 4.31. i) se

$$g:[a,b]\to\mathbb{R}$$

è monotona allora $g\in BV([a,b])$. Infatti se, per esempio, g è monotona crescente, si ha

$$V_{[a,b]}(g,\varsigma)=\sum_{k=1}^N (g(t_k)-g(t_{k-1}))=g(b)-g(a),$$

e dunque

$$V_{[a,b]}(g)=g(b)-g(a);$$

ii) se g è Lipschitziana, ossia esiste una costante C tale che

$$|g(t)-g(s)|\le C|t-s|,\qquad t,s\in[a,b],$$

allora $g\in BV([a,b])$. Infatti

$$V_{[a,b]}(g,\varsigma)=\sum_{k=1}^N |g(t_k)-g(t_{k-1})|\le C\sum_{k=1}^N (t_k-t_{k-1})=C(b-a),$$

e quindi

$$V_{[a,b]}(g)\le C(b-a);$$

iii) se $u\in L^1([a,b])$ allora la funzione

$$g(t):=\int_a^t u(s)ds,\qquad t\in\,]a,b],$$

---

[6] BV sta per "bounded variation".

ha variazione limitata, infatti

$$V_{[a,b]}(g,\varsigma) = \sum_{k=1}^{N} |g(t_k) - g(t_{k-1})| = \sum_{k=1}^{N} \left| \int_{t_{k-1}}^{t_k} u(s)ds \right|$$

$$\leq \sum_{k=1}^{N} \int_{t_{k-1}}^{t_k} |u(s)|\,ds = \int_a^b |u(s)|\,ds,$$

e quindi
$$V_{[a,b]}(g) \leq \|u\|_{L^1};$$

iv) la funzione
$$g(t) = \begin{cases} 0 & \text{per } t = 0, \\ t \sin\left(\frac{1}{t}\right) & \text{per } t \in \,]0,1], \end{cases}$$

è continua su $[0,1]$ ma non ha variazione limitata. Per esercizio provare tale affermazione considerando partizioni con elementi del tipo $t_n = \left(\frac{\pi}{2} + n\pi\right)^{-1}$.

□

Osservazione 4.32. Geometricamente, la variazione $V_{[a,b]}(g,\varsigma)$ di una funzione

$$g : [a,b] \to \mathbb{R}^n$$

rappresenta la lunghezza della spezzata in $\mathbb{R}^n$ di estremi $g(t_k)$ per $k = 0, \ldots, N$. Intuitivamente, *se g è continua* allora $V_{[a,b]}(g,\varsigma)$ approssima, al tendere di $|\varsigma|$ a zero, la lunghezza della curva g in $\mathbb{R}^n$: in altre parole la curva g è a variazione limitata (o rettificabile) se ha lunghezza finita, approssimabile con spezzate.

Infatti notiamo che se $g \in BV \cap C([a,b])$ allora

$$V_{[a,b]}(g) = \lim_{|\varsigma| \to 0} V_{[a,b]}(g,\varsigma). \qquad (4.24)$$

Per assurdo se ciò non fosse vero esisterebbero una partizione $\varsigma = \{t_0, \ldots, t_N\}$ di $[a,b]$, una successione di partizioni (ς_n) ed un numero positivo ε tali che

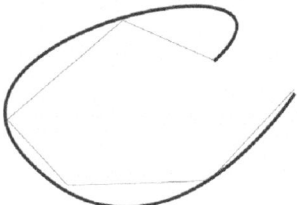

Fig. 4.1. Approssimazione di una curva continua con una spezzata

$$V_{[a,b]}(g,\varsigma_n) \leq V_{[a,b]}(g,\varsigma) - \varepsilon, \qquad \lim_{n\to\infty} |\varsigma_n| = 0. \qquad (4.25)$$

Ora si ha

$$V_{[a,b]}(g,\varsigma) \leq V_{[a,b]}(g,\varsigma_n) + \sum_{k=1}^{N} |g(t_k) - g(t_{k_n}^n)|$$

dove $t_{k_n}^n$ sono elementi della partizione ς_n tali che $|t_k - t_{k_n}^n| \leq |\varsigma_n|$. D'altra parte, poiché la funzione g è uniformemente continua su $[a,b]$ e $\lim_{n\to\infty} |\varsigma_n| = 0$, possiamo scegliere n abbastanza grande in modo che

$$\sum_{k=1}^{N} |g(t_k) - g(t_{k_n}^n)| \leq \frac{\varepsilon}{2}$$

in contraddizione con la (4.25).

Osserviamo che la funzione $g : [0,2] \to \mathbb{R}$, identicamente nulla tranne che per $t=1$ dove $g(1) = 1$, è tale che $V_{[0,2]}(g) = 2$. D'altra parte

$$V_{[0,2]}(g,\varsigma) = 0,$$

per ogni partizione ς non contenente 1. Dunque la (4.24) non è vera per una generica $g \in BV([a,b])$.

□

Il seguente risultato dà una caratterizzazione delle funzioni (a valori reali) a variazione limitata.

Teorema 4.33. *Una funzione reale ha variazione limitata se e solo se è differenza di funzioni monotone crescenti.*

Dimostrazione. Come conseguenza della disuguaglianza triangolare vale

$$V_{[a,b]}(g_1 + g_2) \leq V_{[a,b]}(g_1) + V_{[a,b]}(g_2),$$

e dunque dall'Esempio 4.31-i) segue che la differenza di funzioni monotone crescenti ha variazione limitata.

Il viceversa è conseguenza della seguente proprietà[7] della variazione: per ogni $t \in]a,b[$ vale

$$V_{[a,b]}(g) = V_{[a,t]}(g) + V_{[t,b]}(g). \qquad (4.26)$$

Anzitutto la funzione

$$\varphi(t) := V_{[a,t]}(g), \qquad t \in [a,b],$$

è monotona crescente in base alla (4.26). Inoltre, posto $\psi := \varphi - g$, si ha $\psi(t+h) \geq \psi(t)$ per $h \geq 0$, poiché vale equivalentemente

$$\varphi(t+h) \geq \varphi(t) + g(t+h) - g(t)$$

come conseguenza dalla (4.26). □

---

[7] Per la semplice dimostrazione si veda, per esempio, Lanconelli [110].

Osservazione 4.34. Come semplice conseguenza del risultato precedente, se $g \in BV([a,b])$ allora esistono (finiti)

$$g(t+) := \lim_{s \to t^+} g(s), \quad \text{e} \quad g(t-) := \lim_{s \to t^-} g(s), \qquad (4.27)$$

per ogni t. Inoltre l'insieme dei punti di discontinuità di g ha cardinalità *al più numerabile*[8]. Di conseguenza è sempre possibile modificare una funzione $g \in BV([a,b])$ su un insieme numerabile (e quindi di misura nulla secondo Lebesgue) in modo da renderla continua a destra, ossia tale che

$$g(t+) = g(t), \qquad t \in [a,b],$$

o a sinistra. □

4.3.2 Integrazione di Riemann-Stieltjes e formula di Itô

Introduciamo alcune notazioni: dato un intervallo reale $[a,b]$, indichiamo con

$$\mathcal{P}_{[a,b]} = \{\varsigma = (t_0, \ldots, t_N) \mid a = t_0 < t_1 < \cdots < t_N = b\},$$
$$\mathcal{T}_\varsigma = \{\tau = (\tau_1, \ldots, \tau_N) \mid \tau_k \in [t_{k-1}, t_k], \ k = 1, \ldots, N\},$$

rispettivamente la famiglia delle partizioni di $[a,b]$ e la famiglia delle "scelte di punti" relative alla partizione ς. Date due funzioni reali f, g definite su $[a,b]$, indichiamo con

$$S(f, g, \varsigma, \tau) := \sum_{k=1}^{N} f(\tau_k)(g(t_k) - g(t_{k-1}))$$

la somma di Riemann-Stieltjes di f relativamente a g, alla partizione ς e alla scelta di punti $\tau \in \mathcal{T}_\varsigma$. Vale il seguente classico risultato:

Teorema 4.35. *Se $u \in C([a,b])$ e $g \in BV([a,b])$ allora esiste*

$$\lim_{|\varsigma| \to 0} S(u, g, \varsigma, \tau) =: \int_a^b u(t) dg(t), \qquad (4.28)$$

ossia per ogni $\varepsilon > 0$ esiste $\delta > 0$ tale che

$$\left| \int_a^b u(t) dg(t) - S(u, g, \varsigma, \tau) \right| < \varepsilon,$$

---

[8] È sufficiente esaminare il caso in cui g sia monotona crescente. Consideriamo i salti di g in t
$$s(t,g) := g(t+) - g(t-).$$
Per ogni $n \in \mathbb{N}$, l'insieme $A_n = \{t \in]a, b[\mid s(t,g) \geq 1/n\}$ è finito poiché $g(a) \leq g(t) \leq g(b)$. La tesi è conseguenza del fatto che l'insieme dei punti di discontinuità di g è dato dall'unione (numerabile) degli A_n.

per ogni $\varsigma \in \mathcal{P}_{[a,b]}$ tale che $|\varsigma| < \delta$ e per ogni $\tau \in \mathcal{T}_\varsigma$. La (4.28) definisce l'integrale di Riemann-Stieltjes di u relativamente a g. Inoltre se $g \in C^1([a,b])$ allora vale semplicemente

$$\int_a^b u(t)dg(t) = \int_a^b u(t)g'(t)dt. \qquad (4.29)$$

Dimostrazione. Diamo una traccia della dimostrazione lasciando i dettagli al lettore. Per provare la (4.28), utilizzando il criterio di Cauchy, è sufficiente verificare che per ogni $\varepsilon > 0$ esiste $\delta > 0$ tale che

$$|S(u,g,\varsigma',\tau') - S(u,g,\varsigma'',\tau'')| < \varepsilon,$$

per ogni $\varsigma', \varsigma'' \in \mathcal{P}_{[a,b]}$ tale che $|\varsigma'|, |\varsigma''| < \delta$ e per ogni $\tau' \in \mathcal{T}_{\varsigma'}$ e $\tau'' \in \mathcal{T}_{\varsigma''}$.

Poniamo $\varsigma = \varsigma' \cup \varsigma'' = \{t_0, \ldots, t_N\}$. Fissato $\varepsilon > 0$, poiché f è uniformemente continua su $[a,b]$, è sufficiente scegliere $|\varsigma'|$ e $|\varsigma''|$ abbastanza piccoli per ottenere

$$|S(u,g,\varsigma',\tau') - S(u,g,\varsigma'',\tau'')| \leq \varepsilon \sum_{k=1}^N |g(t_k) - g(t_{k-1})| \leq \varepsilon V_{[a,b]}(g),$$

ed ottenere la tesi.

Se $g \in C^1([a,b])$, per il Teorema del valor medio data $\varsigma \in \mathcal{P}_{[a,b]}$ esiste $\tau \in \mathcal{T}_\varsigma$ tale che

$$S(u,g,\varsigma,\tau) = \sum_{k=1}^N u(\tau_k)g'(\tau_k)(t_k - t_{k-1}) = S(ug', \mathrm{id}, \varsigma, \tau)$$

e la (4.29) segue passando al limite per $|\varsigma|$ che tende a zero. $\square$

Elenchiamo ora alcune semplici proprietà dell'integrale di Riemann-Stieltjes la cui prova è lasciata per esercizio.

Proposizione 4.36. *Siano* $u,v \in C([a,b])$, $f,g \in BV([a,b])$ *e* $\lambda, \mu \in \mathbb{R}$. *Allora si ha:*

i)

$$\int_a^b (\lambda u + v) d(f + \mu g) = \lambda \int_a^b u df + \lambda\mu \int_a^b u dg + \int_a^b v df + \mu \int_a^b v dg;$$

ii) *se* $u \leq v$ *e* g *è monotona crescente allora*

$$\int_a^b u dg \leq \int_a^b v dg;$$

iii)
$$\left|\int_a^b u\,dg\right| \leq \max|u|V_{[a,b]}(g);$$

iv) per $c \in \,]a,b[$ vale
$$\int_a^b u\,dg = \int_a^c u\,dg + \int_c^b u\,dg.$$

Proviamo ora un teorema che estende i classici risultati riguardanti il concetto di primitiva e il suo ruolo nel calcolo dell'integrale di Riemann. Il teorema seguente è la "versione deterministica" della formula di Itô, il risultato fondamentale del calcolo stocastico che proveremo nel Capitolo 5.6.

Teorema 4.37 (Formula di Itô). *Siano $F \in C^1([a,b] \times \mathbb{R})$ e $g \in BV \cap C([a,b])$. Allora vale*

$$F(b,g(b)) - F(a,g(a)) = \int_a^b (\partial_t F)(t,g(t))dt + \int_a^b (\partial_g F)(t,g(t))dg(t). \quad (4.30)$$

Prima di provare il teorema, consideriamo alcuni esempi: nel caso particolare $F(t,g) = g$, la (4.30) diventa

$$g(b) - g(a) = \int_a^b dg(t).$$

Inoltre se $g \in C^1$
$$g(b) - g(a) = \int_a^b g'(t)dt.$$

Per $F(t,g) = f(t)g$ troviamo

$$f(b)g(b) - f(a)g(a) = \int_a^b f'(t)g(t)dt + \int_a^b f(t)dg(t)$$

che estende la formula di integrazione per parti al caso $g \in BV \cap C([a,b])$. La (4.30) consente anche il calcolo esplicito di alcuni integrali: per esempio, per $F(t,g) = g^2$ otteniamo

$$\int_a^b g(t)dg(t) = \frac{1}{2}\left(g^2(b) - g^2(a)\right).$$

Dimostrazione (del Teorema 4.37). Per ogni $\varsigma \in \mathcal{P}_{[a,b]}$, abbiamo

$$F(b,g(b)) - F(a,g(a)) = \sum_{k=1}^N [F(t_k,g(t_k)) - F(t_{k-1},g(t_{k-1}))] =$$

(per il Teorema del valor medio ed il fatto che g è continua, con $t'_k, t''_k \in [t_{k-1}, t_k]$)

$$= \sum_{k=1}^{N} [\partial_t F(t'_k, g(t''_k))(t_k - t_{k-1}) + \partial_g F(t'_k, g(t''_k))(g(t_k) - g(t_{k-1}))]$$

e la tesi segue passando al limite per $|\varsigma| \to 0$. □

Esercizio 4.38. Procedendo come nella dimostrazione della formula di Itô, provare la seguente formula di integrazione per parti

$$f(b)g(b) - f(a)g(a) = \int_a^b f(t)dg(t) + \int_a^b g(t)df(t),$$

valida per ogni $f, g \in BV \cap C([a, b])$.

4.3.3 Regolarità delle traiettorie di un moto Browniano

In questa sezione mostriamo che l'insieme degli $\omega \in \Omega$ tale che $t \mapsto W_t(\omega)$ ha variazione limitata, è trascurabile. In parole povere un moto Browniano W ha quasi tutte le traiettorie irregolari, non rettificabili: in ogni intervallo di tempo $[0, t]$ con $t > 0$, W percorre q.s. una traiettoria di lunghezza infinita. Di conseguenza, per quasi tutte le traiettorie di W non è possibile definire l'integrale

$$\int_0^T u_t \, dW_t$$

nel senso di Riemann-Stieltjes.

Definizione 4.39. *Data una funzione* $g : [0, t] \to \mathbb{R}^n$ *e una partizione* $\varsigma = \{t_0, \ldots, t_N\} \in \mathcal{P}_{[0,t]}$, *la variazione quadratica di g relativa a ς è definita da*

$$V_t^{(2)}(g, \varsigma) = \sum_{k=1}^{N} |g(t_k) - g(t_{k-1})|^2.$$

Se esiste il limite

$$\lim_{|\varsigma| \to 0} V_t^{(2)}(g, \varsigma) =: \langle g \rangle_t, \qquad (4.31)$$

allora diciamo che $\langle g \rangle_t$ è la variazione quadratica di g su $[0, t]$.

Un caso particolarmente importante è quello delle funzioni continue con variazione (prima) limitata.

Proposizione 4.40. *Se* $g \in BV \cap C([0, t])$ *allora*

$$\langle g \rangle_t = 0.$$

Dimostrazione. La funzione g è uniformemente continua su $[0,t]$, di conseguenza per ogni $\varepsilon > 0$ esiste $\delta > 0$ tale che

$$|g(t_k) - g(t_{k-1})| \leq \varepsilon$$

per ogni $\varsigma = \{t_0, t_1, \ldots, t_N\} \in \mathcal{P}_{[0,t]}$ tale che $|\varsigma| < \delta$. La tesi è conseguenza del fatto che

$$0 \leq V_t^{(2)}(g,\varsigma) = \sum_{k=1}^N |g(t_k) - g(t_{k-1})|^2 \leq \varepsilon \sum_{k=1}^N |g(t_k) - g(t_{k-1})| \leq \varepsilon V_{[0,t]}(g)$$

dove la variazione prima $V_{[0,t]}(g)$ è finita, per ipotesi. □

Teorema 4.41. *Se W è un moto Browniano si ha*

$$\lim_{|\varsigma| \to 0} V_t^{(2)}(W,\varsigma) = t \qquad in \ L^2(\Omega, P). \tag{4.32}$$

Di conseguenza, per ogni $t > 0$, vale

$$\langle W(\omega) \rangle_t = t = \mathrm{var}(W_t) \qquad \text{per quasi ogni } \omega \in \Omega, \tag{4.33}$$

e, per la Proposizione 4.40, W non ha variazione limitata su $[0,t]$ q.s.

Dimostrazione. Per alleggerire le notazioni, fissata la partizione

$$\varsigma = \{t_0, \ldots, t_N\} \in \mathcal{P}_{[0,t]},$$

poniamo $\Delta_k = W_{t_k} - W_{t_{k-1}}$ per $k = 1, \ldots, N$. Ricordiamo che vale

$$E\left[\Delta_k^2\right] = t_k - t_{k-1}.$$

Inoltre non è difficile provare[9] che vale

$$E\left[\Delta_k^4\right] = 3(t_k - t_{k-1})^2. \tag{4.34}$$

Proviamo la (4.32): si ha

$$E\left[\left(V_t^{(2)}(W,\varsigma) - t\right)^2\right] = E\left[\left(\sum_{k=1}^N \Delta_k^2 - t\right)^2\right]$$

$$= E\left[\left(\sum_{k=1}^N (\Delta_k^2 - (t_k - t_{k-1}))\right)^2\right]$$

$$= \sum_{k=1}^N E\left[\left(\Delta_k^2 - (t_k - t_{k-1})\right)^2\right]$$

$$+ 2\sum_{h<k} E\left[\left(\Delta_k^2 - (t_k - t_{k-1})\right)\left(\Delta_h^2 - (t_h - t_{h-1})\right)\right].$$

---

[9] Vale

$$E\left[\Delta_k^4\right] = \int_{\mathbb{R}} y^4 \Gamma(y, t_k - t_{k-1}) dy,$$

con Γ come in (2.4). La (4.34) si ottiene integrando per parti. Si veda anche l'Esempio 5.50-(3).

Osserviamo ora che

$$E\left[\left(\Delta_k^2 - (t_k - t_{k-1})\right)^2\right]$$
$$= E\left[\Delta_k^4\right] - 2(t_k - t_{k-1})E\left[\Delta_k^2\right] + (t_k - t_{k-1})^2 =$$

(per la (4.34))

$$= 2(t_k - t_{k-1})^2.$$

D'altra parte

$$E\left[\left(\Delta_k^2 - (t_k - t_{k-1})\right)\left(\Delta_h^2 - (t_h - t_{h-1})\right)\right] =$$

(per l'indipendenza degli incrementi del moto Browniano, se $h < k$)

$$= E\left[\Delta_k^2 - (t_k - t_{k-1})\right] E\left[\Delta_h^2 - (t_h - t_{h-1})\right] = 0.$$

In definitiva si ha

$$E\left[\left(V_t^{(2)}(W,\varsigma) - t\right)^2\right] = 2\sum_{k=1}^{N}(t_k - t_{k-1})^2 \leq 2t|\varsigma|.$$

Concludiamo la dimostrazione provando la (4.33) per assurdo: negando la tesi esisterebbero $\varepsilon > 0$ e un evento A, con $P(A) > 0$, tali che per ogni $n \in \mathbb{N}$

$$|V_t^{(2)}(W,\varsigma_n)(\omega) - t| > \varepsilon,$$

per ogni $\omega \in A$ e per una certa successione (ς_n) in $\mathcal{P}_{[0,t]}$, tale che $|\varsigma_n| < \frac{1}{n}$. D'altra parte, per ipotesi, la successione $(V_t^{(2)}(W,\varsigma_n))$ converge a zero in $L^2(\Omega)$ e quindi ammette una sotto-successione convergente a zero q.s.: ciò porta ad un assurdo. □

Esercizio 4.42. Sia $f \in C[0,T]$. Provare che

$$\lim_{|\varsigma|\to 0}\sum_{k=1}^{N}f(t_{k-1})(W_{t_k} - W_{t_{k-1}})^2 = \int_0^T f(t)dt, \qquad \text{in } L^2(\Omega),$$

dove al solito $\varsigma = \{t_0, \ldots, t_N\} \in \mathcal{P}_{[0,T]}$.

Esercizio 4.43. Sia $g \in C[0,t]$. Dati $p \geq 1$ e $\varsigma = \{t_0, \ldots, t_N\} \in \mathcal{P}_{[0,t]}$, definiamo

$$V_t^{(p)}(g,\varsigma) = \sum_{k=1}^{N}|g(t_k) - g(t_{k-1})|^p$$

la variazione di ordine p di g su $[0,t]$ relativamente alla partizione ς. Provare che se esiste

$$\lim_{|\varsigma|\to 0} V_t^{(p_0)}(g,\varsigma) \in]0, +\infty[,$$

per un certo p_0, allora si ha

$$\lim_{|\varsigma|\to 0} V_t^{(p)}(g,\varsigma) = \begin{cases} +\infty & p < p_0 \\ 0 & p > p_0. \end{cases}$$

Il caso $p > p_0$ si prova esattamente come il Lemma 4.40; il caso $p < p_0$ si può provare per assurdo.

Definizione 4.44. *Date due funzioni $f, g : [0, t] \to \mathbb{R}^n$, la co-variazione quadratica di f, g su $[0, t]$ è definita dal limite (se esiste)*

$$\langle f, g \rangle_t := \lim_{\substack{|\varsigma| \to 0 \\ \varsigma \in \mathcal{P}_{[0,t]}}} \sum_{k=1}^{N} \langle f(t_k) - f(t_{k-1}), g(t_k) - g(t_{k-1}) \rangle.$$

Il risultato seguente si prova come la Proposizione 4.40.

Proposizione 4.45. *Se $f \in C([0,t])$ e $g \in BV([0,t])$ allora $\langle f, g \rangle_t = 0$.*

4.4 Martingale

Presentiamo alcuni risultati fondamentali sulle martingale a tempo continuo, estendendo alcuni dei concetti presentati nella Sezione 2.7 nell'ambito dei processi stocastici discreti.

Definizione 4.46. *Sia M un processo stocastico sommabile e $\mathcal{F}_t$-adattato. Diciamo che M è*

- *una martingala rispetto a $(\mathcal{F}_t)$ (nel seguito, $\mathcal{F}_t$-mg) e alla misura P se*

$$M_s = E[M_t \mid \mathcal{F}_s], \qquad \text{per ogni } 0 \leq s \leq t;$$

- *è una super-martingala se*

$$M_s \geq E[M_t \mid \mathcal{F}_s], \qquad \text{per ogni } 0 \leq s \leq t;$$

- *è una sub-martingala se*

$$M_s \leq E[M_t \mid \mathcal{F}_s], \qquad \text{per ogni } 0 \leq s \leq t.$$

Come nel caso discreto, il valore atteso di una martingala M è costante nel tempo, infatti:

$$E[M_t] = E[E[M_t \mid \mathcal{F}_0]] = E[M_0], \qquad t \geq 0. \tag{4.35}$$

Sebbene avremo spesso a che fare con martingale di cui conosciamo già la proprietà di continuità, riportiamo il seguente risultato (per la dimostrazione si veda, per esempio, Karatzas-Shreve [91] pag.16).

Teorema 4.47. *Assumiamo le ipotesi usuali sulla filtrazione della Sezione 4.4.4. Sia M una super-martingala su $(\Omega, \mathcal{F}, P, \mathcal{F}_t)$. Allora M ha una modificazione $\widetilde{M}$ continua a destra se e solo se la funzione $t \mapsto E[M_t]$ è continua a destra. In tal caso, si può scegliere $\widetilde{M}$ in modo che sia $\mathcal{F}_t$-adattata e che quindi sia una $\mathcal{F}_t$-super-martingala.*

Osservazione 4.48. In base al teorema precedente e alla (4.35), ogni martingala ammette una modificazione continua a destra che è unica, a meno di processi indistinguibili, per la Proposizione 4.18. Dunque l'ipotesi di continuità a destra che assumeremo spesso nel seguito, non risulta essere restrittiva.

Notiamo inoltre che se M è una martingala allora $(M_t - M_0)$ è una martingala di valore iniziale nullo. Dunque ogni martingala M può essere "normalizzata" in modo che $M_0 = 0$. □

4.4.1 Alcuni esempi

Esempio 4.49. Data una variabile aleatoria Z sommabile in $(\Omega, \mathcal{F}, P, \mathcal{F}_t)$, il processo stocastico definito da

$$M_t = E[Z \mid \mathcal{F}_t], \qquad t \geq 0,$$

è una $\mathcal{F}_t$-mg. □

Esempio 4.50. Sia $(\Omega, \mathcal{F}, P)$ uno spazio di probabilità su cui è definita una filtrazione $(\mathcal{F}_t)_{t \in [0,T]}$. Sia $Q \ll_{\mathcal{F}} P$ un'altra misura di probabilità su $\mathcal{F}$. Allora si ha

$$Q \ll_{\mathcal{F}_t} P, \quad t \in [0,T],$$

e in base al Teorema di Radon-Nikodym, possiamo definire il processo

$$L_t := \frac{dQ}{dP}\Big|_{\mathcal{F}_t}.$$

È facile verificare che L è una P-mg: infatti

i) $L_t \geq 0$ e $E[L_t] = Q(\Omega) = 1$, per ogni $t \geq 0$;
ii) per la (2.76) si ha $L_s = E[L_t \mid \mathcal{F}_s]$ per ogni $s < t$.

Provare per esercizio che M è una Q-mg se e solo se ML è una P-mg. □

Il seguente risultato mostra alcuni importanti esempi di martingale costruite a partire da un moto Browniano.

Proposizione 4.51. *Se W è un moto Browniano in $(\Omega, \mathcal{F}, P, \mathcal{F}_t)$ e $\sigma \in \mathbb{R}$ allora*

i) W_t,
ii) $W_t^2 - t$,
iii) $\exp\left(\sigma W_t - \frac{\sigma^2}{2} t\right)$,

sono $\mathcal{F}_t$-mg continue.

Dimostrazione. i): per la disuguaglianza di Hölder,

$$E\left[|W_t|\right]^2 \leq E\left[W_t^2\right] = t,$$

e dunque W è sommabile. Inoltre per $0 \leq s \leq t$ si ha

$$E\left[W_t \mid \mathcal{F}_s\right] = E\left[W_t - W_s \mid \mathcal{F}_s\right] + E\left[W_s \mid \mathcal{F}_s\right] =$$

(poiché $W_t - W_s$ è indipendente da $\mathcal{F}_s$ e W_s è $\mathcal{F}_s$-misurabile)

$$= E\left[W_t - W_s\right] + W_s = W_s.$$

ii) è lasciato per esercizio. Vedremo in seguito che il fatto che $W_t^2 - t$ sia una martingala sostanzialmente caratterizza il moto Browniano (cfr. Teorema 5.75).

iii): ricordando l'Esercizio 2.37, $\exp\left(\sigma W_t - \frac{\sigma^2}{2}t\right)$ è chiaramente sommabile, inoltre per $s < t$ si ha

$$E\left[\exp\left(\sigma W_t - \frac{\sigma^2}{2}t\right) \mid \mathcal{F}_s\right]$$
$$= \exp\left(\sigma W_s - \frac{\sigma^2}{2}t\right) E\left[\exp(\sigma(W_t - W_s)) \mid \mathcal{F}_s\right] =$$

(poiché $W_t - W_s$ è indipendente da $\mathcal{F}_s$)

$$= \exp\left(\sigma W_s - \frac{\sigma^2}{2}t\right) E\left[\exp(\sigma Z \sqrt{t-s})\right],$$

con $Z := \frac{W_t - W_s}{\sqrt{t-s}} \sim N_{0,1}$. La tesi segue dall'Esercizio 2.37. $\square$

4.4.2 Disuguaglianza di Doob

Estendiamo al caso continuo la disuguaglianza di Doob, Teorema 2.124, utilizzando un semplice argomento di densità.

Teorema 4.52 (Disuguaglianza di Doob). *Siano M una martingala continua a destra[10] e $p > 1$. Allora per ogni T vale*

$$E\left[\sup_{t \in [0,T]} |M_t|^p\right] \leq q^p E\left[|M_T|^p\right], \tag{4.36}$$

dove $q = \frac{p}{p-1}$ è l'esponente coniugato di p.

---
[10] Il risultato vale anche per ogni martingala q.s.-continua a destra.

Dimostrazione. Indichiamo con $(t_n)_{n\geq 0}$ una enumerazione dei numeri razionali dell'intervallo $[0,T[$ con $t_0=0$, ossia

$$\mathbb{Q}\cap[0,T[=\{t_0,t_1,\dots\}.$$

Consideriamo la successione crescente (ς_n) di partizioni[11] di $[0,T]$

$$\varsigma_n=\{t_0,t_1,\dots,t_n,T\},$$

tale che

$$\bigcup_{n\geq 1}\varsigma_n=[0,T[\cap\mathbb{Q}\cup\{T\}.$$

Per ogni n, il processo discreto $M^{(n)}$ definito da

$$M^{(n)}=(M_{t_0},M_{t_1},\dots,M_{t_n},M_T)$$

è una martingala rispetto alla filtrazione

$$(\mathcal{F}_{t_0},\mathcal{F}_{t_1},\dots,\mathcal{F}_{t_n},\mathcal{F}_T).$$

Dunque, per il Teorema 2.124, posto

$$f_n(\omega)=\max\{|M_{t_0}(\omega)|,|M_{t_1}(\omega)|,\dots,|M_{t_n}(\omega)|,|M_T(\omega)|\},\qquad \omega\in\Omega,$$

si ha

$$E\left[f_n^p\right]\leq q^p E\left[|M_T|^p\right] \qquad (4.37)$$

per ogni $n\in\mathbb{N}$ e $p>1$. Inoltre (f_n) è una successione crescente e non-negativa e quindi, per il Teorema di Beppo-Levi, passando al limite per n che tende all'infinito in (4.37) otteniamo

$$E\left[\sup_{t\in[0,T[\cap\mathbb{Q}\cup\{T\}}|M_t|^p\right]\leq q^p E\left[|M_T|^p\right].$$

La tesi segue dal fatto che, essendo M continua a destra, si ha

$$\sup_{t\in[0,T[\cap\mathbb{Q}\cup\{T\}}|M_t|=\sup_{t\in[0,T]}|M_t|.$$

$\square$

Esercizio 4.53. Dare un esempio di processo X a valori non-negativi e tale che

$$\sup_{t\in[0,T]}E[X_t]<E\left[\sup_{t\in[0,T]}X_t\right].$$

---

[11] Per ogni n riassegnamo gli indici ai punti $t_0,\dots,t_n$ in modo che $t_0<t_1<\cdots<t_n$.

Risoluzione. Per esempio siano $\Omega = [0,1]$, P la misura di Lebesgue e
$$X_t(\omega) = \mathbb{1}_{[t,t+\varepsilon]}(\omega), \qquad \omega \in \Omega,$$
con $\varepsilon \in]0,1[$ fissato. □

Esempio 4.54. Se $M_t = E[Z \mid \mathcal{F}_t]$ è la martingala dell'Esempio 4.49 con $Z \in L^2(\Omega, P)$, allora usando le disuguaglianze di Doob e di Jensen si ha
$$E\left[\sup_{t \in [0,T]} |M_t|^2\right] \leq 4E\left[|M_T|^2\right] \leq 4E\left[|Z|^2\right].$$
□

4.4.3 Spazi di martingale: $\mathscr{M}^2$ e $\mathscr{M}_c^2$

Ricordiamo l'Osservazione 4.48 e introduciamo la seguente

Notazione 4.55 *Fissato $T > 0$, nel seguito indichiamo con:*

- $\mathscr{M}^2$ *lo spazio vettoriale delle $\mathcal{F}_t$-martingale continue a destra $(M_t)_{t \in [0,T]}$ tali che $M_0 = 0$ q.s. e*
$$[\![M]\!]_T := \sqrt{E\left[\sup_{0 \leq t \leq T} |M_t|^2\right]} \tag{4.38}$$
è finito;
- $\mathscr{M}_c^2$ *il sotto-spazio delle martingale continue di $\mathscr{M}^2$.*

L'importanza della classe $\mathscr{M}_c^2$ sarà evidente nei Paragrafi 5.2 e 5.3 in cui vedremo che, sotto ipotesi opportune, l'integrale stocastico è un elemento di $\mathscr{M}_c^2$.

La (4.38) definisce una semi-norma in $\mathscr{M}^2$: notiamo che $[\![M]\!]_T = 0$ se e solo se M è indistinguibile dal (ma non necessariamente uguale al) processo stocastico nullo. Inoltre, per la diseguaglianza di Doob, si ha[12]
$$\|M_T\|_2 \leq [\![M]\!]_T \leq 2\|M_T\|_2; \tag{4.39}$$
dunque $[\![M]\!]_T$ e $\|M_T\|_2$ sono semi-norme equivalenti in $\mathscr{M}^2$. Si ha inoltre che gli spazi $\mathscr{M}^2$ e $\mathscr{M}_c^2$ sono *completi:* vale infatti il seguente

Lemma 4.56. *Lo spazio $(\mathscr{M}^2, [\![\cdot]\!]_T)$ è completo, ossia per ogni successione di Cauchy (M^n) esiste $M \in \mathscr{M}^2$ tale che*
$$\lim_{n \to \infty} [\![M^n - M]\!]_T = 0.$$
Inoltre se la successione (M^n) è in $\mathscr{M}_c^2$, allora $M \in \mathscr{M}_c^2$: in altri termini, $\mathscr{M}_c^2$ è un sotto-spazio chiuso di $\mathscr{M}^2$.

---
[12] Ricordiamo che $\|M_T\|_2 := \sqrt{E[|M_T|^2]}$.

Dimostrazione. La dimostrazione è un semplice adattamento della classica prova della completezza dello spazio L^2. Anzitutto, data una successione (M^n) di Cauchy in $\mathcal{M}^2$, è sufficiente provare che essa ammette una sotto-successione convergente per concludere che anche (M^n) converge.

Sia (M^{k_n}) una sotto-successione di (M^n) tale che
$$[\![M^{k_n} - M^{k_{n+1}}]\!] \leq \frac{1}{2^n}, \qquad n \geq 1.$$
Poniamo, per semplicità, $v_n = M^{k_n}$ e definiamo
$$w_N(\omega) = \sum_{n=1}^{N} \sup_{t \in [0,T]} |v_{n+1}(t,\omega) - v_n(t,\omega)|, \qquad N \geq 1.$$
Allora (w_N) è una successione non negativa, monotona crescente e tale che
$$E\left[w_N^2\right] \leq 2 \sum_{n=1}^{N} [\![v_{n+1} - v_n]\!]_T^2 \leq 2.$$
Dunque esiste
$$\lim_{N \to \infty} w_N(\omega) =: w(\omega)$$
e, per il Teorema di Beppo-Levi, $E\left[w^2\right] \leq 2$: in particolare esiste $F \in \mathcal{N}$ tale che $w(\omega) < \infty$ per ogni $\omega \in \Omega \setminus F$. Inoltre, per $n \geq m \geq 2$ si ha
$$\sup_{t \in [0,T]} |v_n(t,\omega) - v_m(t,\omega)| \leq w(\omega) - w_{m-1}(\omega), \qquad (4.40)$$
e quindi $(v_n(t,\omega))$ è una successione di Cauchy in $\mathbb{R}$ per $t \in [0,T]$ e $\omega \in \Omega \setminus F$ e converge, uniformemente rispetto a t per ogni $\omega \in \Omega \setminus F$, ad un limite che indichiamo con $M(t,\omega)$. Poiché la convergenza di (v_n) è uniforme in t, si ha che la traiettoria $M(\cdot,\omega)$ è continua a destra (continua se $M^n \in \mathcal{M}_c^2$) per ogni $\omega \in \Omega \setminus F$: in particolare, M è indistinguibile da un processo stocastico continuo a destra. Indichiamo tale processo stocastico ancora con M. Dalla (4.40) si ha
$$\sup_{t \in [0,T]} |M(t,\omega) - v_n(t,\omega)| \leq w(\omega), \qquad \omega \in \Omega \setminus F, \qquad (4.41)$$
da cui deduciamo che $[\![M]\!]_T < \infty$. Infine possiamo usare la stima (4.41) e il teorema della convergenza dominata di Lebesgue per provare che
$$\lim_{n \to \infty} [\![X - v_n]\!]_T = 0.$$
Osserviamo infine che M è adattato perché limite puntuale di processi adattati: inoltre, per $0 \leq s < t \leq T$ e $A \in \mathcal{F}_s$, si ha, per la disuguaglianza di Hölder,
$$0 = \lim_{n \to \infty} E\left[(M_t^n - M_t)\mathbb{1}_A\right] = \lim_{n \to \infty} E\left[(M_s^n - M_s)\mathbb{1}_A\right],$$
e dunque l'uguaglianza $E\left[M_t^n \mathbb{1}_A\right] = E\left[M_s^n \mathbb{1}_A\right]$ implica $E\left[M_t \mathbb{1}_A\right] = E\left[M_s \mathbb{1}_A\right]$ e con questo si conclude che M è una martingala. □

4.4.4 Ipotesi usuali

Dato uno spazio di probabilità $(\Omega, \mathcal{F}, P)$, ricordiamo che

$$\mathcal{N} = \{F \in \mathcal{F} \mid P(F) = 0\},$$

indica la famiglia degli eventi trascurabili.

Definizione 4.57. *Diciamo che $(\mathcal{F}_t)$ è una filtrazione standard se soddisfa le cosiddette[13] "ipotesi usuali":*

i) $\mathcal{F}_0$ (e quindi anche $\mathcal{F}_t$ per ogni $t > 0$) contiene $\mathcal{N}$;
ii) la filtrazione è continua a destra ossia, per ogni $t \geq 0$, vale

$$\mathcal{F}_t = \bigcap_{\varepsilon > 0} \mathcal{F}_{t+\varepsilon}. \qquad (4.42)$$

L'esigenza di considerare solo filtrazioni che contengono gli eventi trascurabili nasce dal voler evitare la spiacevole situazione in cui $X = Y$ q.s., X è $\mathcal{F}_t$-misurabile ma Y non è $\mathcal{F}_t$-misurabile. Analogamente, per motivi sostanzialmente tecnici è utile, sapendo che una variabile aleatoria X è $\mathcal{F}_s$-misurabile per ogni $s > t$, poter concludere che X è anche $\mathcal{F}_t$-misurabile: questo è garantito dalla (4.42). Useremo tra breve queste proprietà, per esempio nella prova del Teorema 4.63 e nell'Osservazione 5.3.

Il resto della sezione può essere tralasciato ad una prima lettura: essa è dedicata a mostrare come è possibile completare una filtrazione in modo da renderla standard. L'affronto di questo problema può risultare a prima vista alquanto tecnico ma è essenziale per lo sviluppo della teoria del calcolo stocastico.

Ricordando la Definizione 4.4, notiamo che in generale, *anche se X è un processo stocastico continuo*, non è detto che la sua filtrazione naturale $\widetilde{\mathcal{F}}^X$ verifichi le ipotesi usuali e, in particolare, sia continua a destra. Questo motiva la seguente

Definizione 4.58. *Dato un processo stocastico X nello spazio $(\Omega, \mathcal{F}, P)$, poniamo, per $t \geq 0$,*

$$\mathcal{F}_t^X := \bigcap_{\varepsilon > 0} \hat{\mathcal{F}}_{t+\varepsilon}^X, \qquad \text{dove} \quad \hat{\mathcal{F}}_t^X := \sigma\left(\widetilde{\mathcal{F}}_t^X \cup \mathcal{N}\right). \qquad (4.43)$$

Si verifica facilmente che $\mathcal{F}^X := (\mathcal{F}_t^X)$ è una filtrazione che soddisfa le ipotesi usuali: essa è detta filtrazione standard per X.

Osservazione 4.59. Nel seguito, salvo diversa indicazione, data una filtrazione $(\mathcal{F}_t)$, assumiamo implicitamente che essa verifichi le ipotesi usuali della Definizione 4.57. In particolare, dato un processo stocastico X, utilizziamo solitamente la filtrazione standard $\mathcal{F}^X$ piuttosto che la filtrazione naturale $\widetilde{\mathcal{F}}^X$. □

---

[13] La terminologia "usual conditions" è comunemente adottata nella letteratura anglosassone.

178   4 Processi stocastici a tempo continuo

Studiamo ora il problema dell'introduzione di filtrazioni standard nel caso particolare del moto Browniano. Consideriamo un moto Browniano W definito su uno spazio di probabilità $(\Omega, \mathcal{F}, P)$ munito della filtrazione naturale $\widetilde{\mathcal{F}}^W$. Proviamo che per rendere standard la filtrazione $\widetilde{\mathcal{F}}^W$ è sufficiente completarla con gli eventi trascurabili, senza dover ulteriormente arricchirla come in (4.43). Più precisamente definiamo la filtrazione naturale completata con gli eventi trascurabili ponendo

$$\mathcal{F}_t^W = \sigma\left(\widetilde{\mathcal{F}}_t^W \cup \mathcal{N}\right),$$

e chiamiamo $\mathcal{F}^W = \left(\mathcal{F}_t^W\right)$ *filtrazione Browniana*.

Teorema 4.60. *La filtrazione $\mathcal{F}^W$ verifica le ipotesi usuali e coincide con la filtrazione standard per W. Inoltre W è un moto Browniano nello spazio $(\Omega, \mathcal{F}, P, \mathcal{F}^W)$ detto moto Browniano standard.*

Dimostrazione. La dimostrazione è un tipico esempio di utilizzo dei Teoremi di Dynkin (Teoremi A.4 e A.7). Poniamo

$$\mathcal{F}_{t-} := \sigma\left(\bigcup_{s<t} \mathcal{F}_s^W\right), \qquad \mathcal{F}_{t+} := \bigcap_{s>t} \mathcal{F}_s^W.$$

Osserviamo che non è detto in generale che $\bigcup_{s<t} \mathcal{F}_s^W$ sia una σ-algebra e questo giustifica la definizione di $\mathcal{F}_{t-}$. Chiaramente

$$\mathcal{F}_{t-} \subseteq \mathcal{F}_t^W \subseteq \mathcal{F}_{t+};$$

vogliamo provare che

$$\mathcal{F}_{t+} \subseteq \mathcal{F}_{t-}, \tag{4.44}$$

per ogni t. A tal fine è sufficiente provare che

$$E\left[X \mid \mathcal{F}_{t+}\right] = E\left[X \mid \mathcal{F}_{t-}\right] \tag{4.45}$$

per ogni X v.a. $\mathcal{F}_s^W$-misurabile e limitata, con $s > t$: infatti se tale relazione vale in particolare per ogni X v.a. $\mathcal{F}_{t+}$-misurabile e limitata, ne dedurremo che X è anche $\mathcal{F}_{t-}$-misurabile da cui la (4.44).

Indichiamo con i l'unità complessa. Per ogni $\alpha \in \mathbb{R}$ e $u < t \leq s$ si ha

$$E\left[e^{i\alpha W_s} \mid \mathcal{F}_u^W\right] = e^{i\alpha W_u} E\left[e^{i\alpha(W_s - W_u)} \mid \mathcal{F}_u^W\right] =$$

(per la proprietà (2) dell'attesa condizionata)

$$= e^{i\alpha W_u} E\left[e^{i\alpha(W_s - W_u)}\right] =$$

(per l'Esempio 2.37)

$$= e^{i\alpha W_u - \frac{\alpha^2}{2}(s-u)}. \tag{4.46}$$

Passando al limite per $u \to t^-$, otteniamo che

$$Z := e^{i\alpha W_t - \frac{\alpha^2}{2}(s-t)} = \lim_{u \to t^-} E\left[e^{i\alpha W_s} \mid \mathcal{F}_u^W\right].$$

Verifichiamo ora che $Z = E\left[e^{i\alpha W_s} \mid \mathcal{F}_{t-}\right]$: osserviamo anzitutto che Z è $\mathcal{F}_{t-}$-misurabile essendo limite puntuale di v.a. $\mathcal{F}_{t-}$-misurabili. Rimane da provare che

$$E[Z \mathbb{1}_G] = E\left[e^{i\alpha W_s} \mathbb{1}_G\right], \qquad (4.47)$$

per ogni $G \in \mathcal{F}_{t-}$. Ciò è conseguenza del Teorema di Dynkin nella versione dell'Esercizio 2.101: infatti, se $G \in \mathcal{F}_u^W$, $u < t$, si ha

$$E[Z \mathbb{1}_G] = \lim_{v \to t^-} E\left[E\left[e^{i\alpha W_s} \mid \mathcal{F}_v^W\right] \mathbb{1}_G\right] =$$

(poiché $\mathbb{1}_G E\left[e^{i\alpha W_s} \mid \mathcal{F}_v^W\right] = E\left[e^{i\alpha W_s} \mathbb{1}_G \mid \mathcal{F}_v^W\right]$ se $v \geq u$)

$$= \lim_{v \to t^-} E\left[E\left[e^{i\alpha W_s} \mathbb{1}_G \mid \mathcal{F}_v^W\right]\right] = E\left[e^{i\alpha W_s} \mathbb{1}_G\right].$$

Dunque la (4.47) vale per $G \in \bigcup_{u<t} \mathcal{F}_u^W$ che è una famiglia $\cap$-stabile, che contiene Ω e genera $\mathcal{F}_{t-}$: di conseguenza, la (4.47) vale anche per $G \in \mathcal{F}_{t-}$. In definitiva abbiamo provato che

$$E\left[e^{i\alpha W_s} \mid \mathcal{F}_{t-}\right] = e^{i\alpha W_t - \frac{\alpha^2}{2}(s-t)} = E\left[e^{i\alpha W_s} \mid \mathcal{F}_t\right].$$

Allo stesso modo si prova che

$$E\left[e^{i\alpha W_s} \mid \mathcal{F}_{t+}\right] = e^{i\alpha W_t - \frac{\alpha^2}{2}(s-t)} = E\left[e^{i\alpha W_s} \mid \mathcal{F}_t\right],$$

e quindi, per ogni $s \geq 0$ (per $s < t$ è ovvio), vale

$$E\left[e^{i\alpha W_s} \mid \mathcal{F}_{t-}\right] = E\left[e^{i\alpha W_s} \mid \mathcal{F}_{t+}\right].$$

Più in generale, procedendo come sopra, si prova che

$$E\left[e^{i(\alpha_1 W_{s_1} + \cdots + \alpha_k W_{s_k})} \mid \mathcal{F}_{t-}\right] = E\left[e^{i(\alpha_1 W_{s_1} + \cdots + \alpha_k W_{s_k})} \mid \mathcal{F}_{t+}\right]. \qquad (4.48)$$

per ogni $\alpha_1, \ldots, \alpha_k \in \mathbb{R}$ e $0 \leq s_1 < \cdots < s_k$, $k \in \mathbb{N}$. È sufficiente osservare che, nel caso $k = 2$, si prova nel modo seguente una relazione analoga alla (4.46): per $u < t \leq s_1 < s_2$ si ha

$$E\left[e^{i(\alpha_1 W_{s_1} + \alpha_2 W_{s_2})} \mid \mathcal{F}_u^W\right]$$
$$= e^{i(\alpha_1 + \alpha_2) W_u} E\left[e^{i(\alpha_1 + \alpha_2)(W_{s_1} - W_u)} e^{i\alpha_2(W_{s_2} - W_{s_1})} \mid \mathcal{F}_u^W\right] =$$

(per la proprietà (2) dell'attesa condizionata)

$$= e^{i(\alpha_1+\alpha_2)W_u} E\left[e^{i(\alpha_1+\alpha_2)(W_{s_1}-W_u)} e^{i\alpha_2(W_{s_2}-W_{s_1})}\right]$$

$$= e^{i(\alpha_1+\alpha_2)W_u} e^{-\frac{(\alpha_1+\alpha_2)^2}{2}(s_1-u)} e^{-\frac{\alpha_2^2}{2}(s_2-s_1)}.$$

Indichiamo ora con $\mathcal{H}$ la famiglia delle v.a. limitate Z tali che

$$E[Z \mid \mathcal{F}_{t-}] = E[Z \mid \mathcal{F}_{t+}].$$

Allora $\mathcal{H}$ è una famiglia monotona di funzioni (cfr. Definizione A.6) che contiene le v.a. nulle q.s. (poiché $\mathcal{F}_{t-}$ e $\mathcal{F}_{t+}$ contengono gli eventi trascurabili) e le combinazioni lineari e i prodotti di $\cos(\alpha W_s) = \mathrm{Re}\left(e^{i\alpha W_s}\right)$ e $\sin(\alpha W_s) = \mathrm{Im}\left(e^{i\alpha W_s}\right)$ per $\alpha \in \mathbb{R}$ e $s \geq 0$, in base alla (4.48). Fissato $s > 0$ e posto

$$\mathcal{A}_s = \{(W_{s_1} \in H_1) \cap \cdots \cap (W_{s_k} \in H_k) \mid 0 \leq s_j \leq s,\ H_j \in \mathscr{B},\ 1 \leq j \leq k \in \mathbb{N}\},$$

per densità[14] $\mathcal{H}$ contiene anche le funzioni caratteristiche degli elementi di $\mathcal{A}$ e $\mathcal{N}$. D'altra parte $\mathcal{A}$ e $\mathcal{N}$ sono $\cap$-stabili e $\sigma(\mathcal{A} \cup \mathcal{N}) = \mathcal{F}_s^W$: dunque per il Teorema A.7 $\mathcal{H}$ contiene anche ogni funzione limitata e $\mathcal{F}_s^W$-misurabile (per ogni $s > 0$). Questo conclude la prova della (4.45) e del teorema. □

Osservazione 4.61. Un risultato analogo a quello del teorema precedente vale in generale per i processi che godono della proprietà di Markov forte: per i dettagli rimandiamo al Capitolo 2.7 in Karatzas&Shreve [91]. □

4.4.5 Tempi d'arresto e martingale

Definizione 4.62. *Una variabile aleatoria*

$$\tau : \Omega \longrightarrow [0, +\infty]$$

è un tempo d'arresto (o stopping time) rispetto alla filtrazione $(\mathcal{F}_t)$ se

$$\{\tau \leq t\} \in \mathcal{F}_t, \tag{4.49}$$

per ogni $t \geq 0$.

Notiamo che in generale un tempo d'arresto τ può assumere il valore $+\infty$ e chiaramente ogni tempo deterministico (costante) $\tau \equiv t$ è un tempo d'arresto. Il seguente importante risultato si basa sull'assunzione delle ipotesi usuali sulla filtrazione.

Teorema 4.63. *τ è un tempo d'arresto se e solo se*

$$\{\tau < t\} \in \mathcal{F}_t, \tag{4.50}$$

per ogni $t \geq 0$. Di conseguenza si ha anche $\{\tau = t\}, \{\tau \geq t\}, \{\tau > t\} \in \mathcal{F}_t$.

---
[14] È noto che la funzione indicatrice di un Borelliano è approssimabile puntualmente mediante polinomi trigonometrici.

Dimostrazione. Se τ è un tempo d'arresto allora

$$\{\tau < t\} = \bigcup_{n \in \mathbb{N}} \left\{\tau \leq t - \frac{1}{n}\right\}$$

con $\left\{\tau \leq t - \frac{1}{n}\right\} \in \mathcal{F}_{t-\frac{1}{n}} \subseteq \mathcal{F}_t$. Viceversa, per ogni $\varepsilon > 0$ si ha

$$\{\tau \leq t\} = \bigcap_{0 < \delta < \varepsilon} \{\tau < t + \delta\},$$

e quindi $\{\tau \leq t\} \in \mathcal{F}_{t+\varepsilon}$. Di conseguenza, in base alle ipotesi usuali,

$$\{\tau \leq t\} \in \mathcal{F}_t = \bigcap_{\varepsilon > 0} \mathcal{F}_{t+\varepsilon}.$$

$\square$

Proposizione 4.64. *Siano τ, τ_1 tempi d'arresto. Allora anche*

$$\tau \wedge \tau_1 := \min\{\tau, \tau_1\} \quad e \quad \tau \vee \tau_1 := \max\{\tau, \tau_1\}$$

sono tempi d'arresto.

Dimostrazione. Basta osservare che

$$\{\min\{\tau, \tau_1\} \leq t\} = \{\tau \leq t\} \cup \{\tau_1 \leq t\},$$
$$\{\max\{\tau, \tau_1\} \leq t\} = \{\tau \leq t\} \cap \{\tau_1 \leq t\}.$$

$\square$

In finanza, l'esempio tipico di stopping time è il tempo di esercizio di un'opzione Americana (cfr. Paragrafo 3.4). Un altro importante esempio che ha un'interpretazione geometrica estremamente intuitiva è il cosiddetto tempo di entrata di un processo stocastico in un insieme aperto o chiuso di $\mathbb{R}^N$.

Teorema 4.65. [Tempo d'entrata] *Sia $X = (X_t)_{t \in [0, +\infty[}$ un processo stocastico in $\mathbb{R}^N$, continuo e adattato a $\mathcal{F}_t$. Dato un insieme aperto o chiuso H di $\mathbb{R}^N$ e fissato $\omega \in \Omega$, poniamo*

$$I(\omega) = \{t \geq 0 \mid X_t(\omega) \in H\},$$

e

$$\tau(\omega) = \begin{cases} \inf I(\omega), & se\ I(\omega) \neq \emptyset, \\ +\infty, & se\ I(\omega) = \emptyset. \end{cases}$$

Allora τ è un $\mathcal{F}_t$-stopping time detto tempo di entrata di X in H.

Dimostrazione. Consideriamo prima H aperto. In base al Teorema 4.63 è sufficiente verificare che $\{\tau < t\} \in \mathcal{F}_t$ per ogni t. Essendo H aperto e X continuo, si ha

$$\{\tau < t\} = \bigcup_{s \in \mathbb{Q} \cap [0,t[} \{X_s \in H\},$$

e la tesi è conseguenza del fatto che, essendo X adattato, si ha

$$\{X_s \in H\} \in \mathcal{F}_t, \qquad s \leq t.$$

Nel caso in cui H sia chiuso consideriamo la successione di aperti di $\mathbb{R}^N$

$$H_n = \left\{ x \in \mathbb{R}^N \mid \operatorname{dist}(x, H) < \frac{1}{n} \right\}, \qquad n \in \mathbb{N},$$

dove $\operatorname{dist}(\cdot, H)$ indica la distanza Euclidea da H. La tesi segue dall'uguaglianza[15]

$$\{\tau \leq t\} = \{X_t \in H\} \cup \Big(\bigcap_{n \in \mathbb{N}} \bigcup_{s \in \mathbb{Q} \cap [0,t[} \{X_s \in H_n\} \Big).$$

□

La condizione $\{\tau \leq t\} \in \mathcal{F}_t$ esprime il fatto che per sapere se X raggiunge H entro il tempo t è sufficiente osservare le traiettorie del processo fino all'istante t. Osservando la Figura 4.4.5 si capisce la sottigliezza del Teorema 4.63: intuitivamente, le informazioni in $\mathcal{F}_t$ permettono di stabilire se X_t entra nell'aperto H. Notiamo che le due traiettorie di X in figura coincidono fino al tempo t in cui $X_t(\omega_1) = X_t(\omega_2) \notin H$ e successivamente la traiettoria ω_1 entra in H (e quindi $\tau(\omega_1) = t$) mentre la traiettoria ω_2 non entra in H (e quindi $\tau(\omega_2) > t$).

Notiamo esplicitamente che *l'ultimo tempo di uscita*

$$\widetilde{\tau} = \sup\{t \mid X_t \in H\}$$

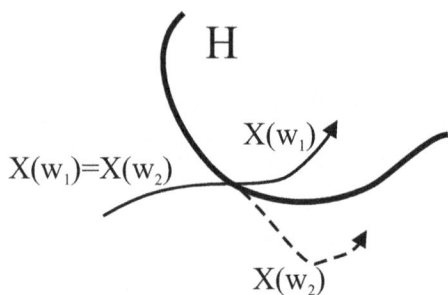

Fig. 4.2. Tempo d'entrata di un processo in un insieme aperto H

---

[15] Poiché $\tau(\omega) \leq t$ se e solo se $X_t(\omega) \in H$ oppure, per ogni $n \in \mathbb{N}$, esiste $s \in \mathbb{Q} \cap [0, t[$ tale che $X_s(\omega) \in H_n$.

non è in generale un tempo d'arresto. Intuitivamente, per sapere se X esce prima di t da H *per l'ultima volta*, occorre conoscere tutta la traiettoria di X.

Notazione 4.66 *Dati un tempo d'arresto τ finito su $\Omega \setminus N$, dove N è un evento trascurabile, e un processo stocastico X, poniamo*

$$X_\tau(\omega) := X_{\tau(\omega)}(\omega), \qquad \omega \in \Omega. \tag{4.51}$$

Inoltre definiamo la σ-algebra

$$\mathcal{F}_\tau = \{F \in \mathcal{F} \mid F \cap \{\tau \leq t\} \in \mathcal{F}_t \text{ per ogni } t\} \tag{4.52}$$

detta σ-algebra associata al tempo d'arresto τ.

Osserviamo che se τ_1, τ_2 sono tempi d'arresto tali che $\tau_1 \leq \tau_2$ q.s. allora $\mathcal{F}_{\tau_1} \subseteq \mathcal{F}_{\tau_2}$. Infatti, fissato t, per ipotesi

$$\{\tau_1 \leq t\} \supseteq \{\tau_2 \leq t\};$$

dunque se $F \in \mathcal{F}_{\tau_1}$ si ha

$$F \cap \{\tau_2 \leq t\} = (F \cap \{\tau_1 \leq t\}) \cap \{\tau_2 \leq t\} \in \mathcal{F}_t.$$

Osservazione 4.67. Per ogni tempo d'arresto τ e $n \in \mathbb{N}$, la posizione

$$\tau_n(\omega) = \begin{cases} \frac{k+1}{2^n} & \text{se } \frac{k}{2^n} \leq \tau(\omega) < \frac{k+1}{2^n}, \\ +\infty & \text{se } \tau(\omega) = +\infty, \end{cases}$$

definisce una successione (τ_n) decrescente di tempi d'arresto a valori discreti e tale che

$$\tau = \lim_{n \to \infty} \tau_n.$$

$\square$

Proviamo ora la versione continua del Teorema 2.122: la dimostrazione è basata su un procedimento di approssimazione che permette di utilizzare il risultato in tempo discreto.

Teorema 4.68 (Teorema di optional sampling di Doob). *Siano M una martingala continua a destra e τ_1, τ_2 tempi d'arresto tali che $\tau_1 \leq \tau_2 \leq T$ q.s., con $T > 0$. Allora vale*

$$M_{\tau_1} = E\left[M_{\tau_2} \mid \mathcal{F}_{\tau_1}\right],$$

In particolare, per ogni tempo d'arresto τ q.s. limitato, vale

$$E\left[M_\tau\right] = E\left[M_0\right].$$

Dimostrazione. Siano $(\tau_{1,n}), (\tau_{2,n})$ successioni di tempi d'arresto discreti, costruiti come nell'Osservazione 4.67, che approssimano rispettivamente τ_1 e τ_2. Per l'ipotesi di continuità,

$$\lim_{n \to \infty} M_{\tau_{i,n}} = M_{\tau_i}, \quad i = 1, 2, \text{ q.s.}$$

Inoltre per il Teorema 2.122 si ha

$$M_{\tau_{2,n}} = E\left[M_T \mid \mathcal{F}_{\tau_{2,n}}\right]$$

e quindi, per il Corollario A.53, la successione $\left(M_{\tau_{2,n}}\right)$ è uniformemente integrabile. Infine, per il Teorema 2.122, vale

$$M_{\tau_{1,n}} = E\left[M_{\tau_{2,n}} \mid \mathcal{F}_{\tau_{1,n}}\right]$$

e la tesi segue passando al limite in n. □

Osservazione 4.69. In modo analogo si prova che se M è una super-martingala continua a destra e $\tau_1 \leq \tau_2 \leq T$ q.s. allora

$$M_{\tau_1} \geq E\left[M_{\tau_2} \mid \mathcal{F}_{\tau_1}\right]. \tag{4.53}$$

Rimandiamo a [91] per i dettagli.

L'ipotesi di limitatezza dei tempi d'arresto può essere sostituita da una condizione di limitatezza del processo: la (4.53) è ancora valida se M è una super-martingala tale che

$$M_t \geq E\left[M \mid \mathcal{F}_t\right], \quad t \geq 0,$$

con $M \in L^1(\Omega, P)$, e $\tau_1 \leq \tau_2$ sono tempi d'arresto finiti q.s. □

Corollario 4.70. *Nello spazio $(\Omega, \mathcal{F}, P, \mathcal{F}_t)$ sia X un processo stocastico e τ un tempo d'arresto limitato q.s. Consideriamo il processo arrestato*

$$Y_t(\omega) = X_{t \wedge \tau(\omega)}(\omega), \quad t \geq 0, \, \omega \in \Omega.$$

Vale:

i) se X è progressivamente misurabile allora anche Y lo è e la variabile aleatoria X_τ è $\mathcal{F}_\tau$-misurabile;

ii) se X è progressivamente misurabile allora la variabile aleatoria X_τ è $\mathcal{F}_\tau$-misurabile;

iii) se X è una $\mathcal{F}_t$-martingala continua a destra allora vale

$$X_{t \wedge \tau} = E\left[X_\tau \mid \mathcal{F}_t\right] \tag{4.54}$$

e di conseguenza anche Y è una $\mathcal{F}_t$-martingala continua a destra.

Dimostrazione. i) Osserviamo che la funzione

$$\varphi : [0,t] \times \Omega \longrightarrow [0,t] \times \Omega, \qquad \varphi(s,\omega) = (s \wedge \tau(\omega), \omega),$$

è misurabile rispetto alla σ-algebra prodotto $\mathscr{B}([0,t]) \otimes \mathcal{F}_t$. Essendo $X_{t \wedge \tau}$ uguale alla composizione di X con φ

$$X \circ \varphi : ([0,t] \times \Omega, \mathscr{B}([0,t]) \otimes \mathcal{F}_t) \longrightarrow \mathbb{R}^N$$

la prima parte della tesi segue dall'ipotesi di progressiva misurabilità di X.

ii) Per provare che X_τ è $\mathcal{F}_\tau$-misurabile, dobbiamo mostrare che per ogni $H \in \mathscr{B}$ e $t \geq 0$ si ha $F := \{X_\tau \in H\} \cap \{\tau \leq t\} \in \mathcal{F}_t$. Ma poiché vale $F = \{X_{t \wedge \tau} \in H\} \cap \{\tau \leq t\}$, la tesi segue dal fatto che $(X_{t \wedge \tau})$ è progressivamente misurabile.

iii) Applichiamo il Teorema 4.68 per ottenere

$$\begin{aligned} X_{t \wedge \tau} &= E\left[X_\tau \mid \mathcal{F}_{t \wedge \tau}\right] \\ &= E\left[X_\tau \mathbb{1}_{\{\tau < t\}} + X_\tau \mathbb{1}_{\{\tau \geq t\}} \mid \mathcal{F}_{t \wedge \tau}\right] \\ &= X_\tau \mathbb{1}_{\{\tau < t\}} + E\left[X_\tau \mathbb{1}_{\{\tau \geq t\}} \mid \mathcal{F}_{t \wedge \tau}\right] = \end{aligned}$$

(poiché $A \mathbb{1}_{\{\tau \geq t\}} \in \mathcal{F}_\tau$ se $A \in \mathcal{F}_t$)

$$= X_\tau \mathbb{1}_{\{\tau < t\}} + E\left[X_\tau \mid \mathcal{F}_t\right] \mathbb{1}_{\{\tau \geq t\}} =$$

(poiché $X_\tau \mathbb{1}_{\{\tau < t\}}$ è $\mathcal{F}_t$-misurabile)

$$= E\left[X_\tau \mid \mathcal{F}_t\right],$$

e questo prova la (4.54).

Fissati $t < s$, applicando la (4.54) con il tempo d'arresto $s \wedge \tau$ al posto di τ, otteniamo

$$X_{t \wedge \tau} = E\left[X_{s \wedge \tau} \mid \mathcal{F}_t\right],$$

e quindi Y è una $\mathcal{F}_t$-martingala. □

4.4.6 Variazione quadratica e decomposizione di Doob-Meyer

Il Teorema 2.113 di decomposizione di Doob si estende a tempo continuo: questo profondo risultato chiarisce la struttura e alcune proprietà delle martingale. Enunciamo una versione particolare del teorema, senza peraltro discutere la nozione di processo predicibile a tempo continuo: rimandiamo, per esempio, al Cap.1.4 in Karatzas-Shreve [91] per una presentazione organica dell'argomento. Nel seguito $(\Omega, \mathcal{F}, P, F_t)$ indica uno spazio con filtrazione che verifica le ipotesi usuali.

Definizione 4.71. *Si dice che A è un processo a variazione limitata se quasi tutte le traiettorie di A sono funzioni a variazione limitata. Si dice che un processo reale A è crescente se quasi tutte le traiettorie di A sono funzioni crescenti.*

Osservazione 4.72. Se u è un p.s. con le traiettorie q.s. sommabili su $[0,T]$, allora il processo

$$A_t = \int_0^T u_s ds, \quad t \in [0,T],$$

ha variazione limitata per l'Esempio 4.31-iii).

Ricordiamo che, per il Teorema 4.33, ogni processo reale ha variazione limitata se e solo se è differenza di processi crescenti. □

Prima di enunciare il risultato principale, ricordiamo che se $M \in \mathcal{M}^2$ allora, per la disuguaglianza di Jensen, $|M|^2$ è una sub-martingala.

Teorema 4.73 (Teorema di decomposizione di Doob-Meyer). *Per ogni $M = (M_t)_{t \in [0,T]} \in \mathcal{M}_c^2(\mathcal{F}_t)$ esiste un unico (a meno di processi indistinguibili) processo A crescente, continuo tale che $A_0 = 0$ q.s. e $|M|^2 - A$ è una $\mathcal{F}_t$-martingala. Inoltre vale*

$$A_t = \langle M \rangle_t := \lim_{|\varsigma| \to 0} V_t^{(2)}(M, \varsigma), \quad t \leq T, \ q.s. \tag{4.55}$$

e $\langle M \rangle$ è detto processo variazione quadratica di M.

In base alla (4.55) il processo variazione quadratica di $M \in \mathcal{M}_c^2$ è, traiettoria per traiettoria, q.s. uguale alla variazione quadratica (secondo la Definizione 4.39). È interessante notare che la (4.55), e quindi anche $\langle M \rangle$, *non dipende dalla filtrazione considerata*.

Nel caso in cui M sia un moto Browniano reale, il risultato del Teorema di Doob-Meyer è contenuto nel Teorema 4.41 e nella Proposizione 4.51-ii) precedentemente dimostrate: in questo caso $\langle M \rangle_t = t$.

Dimostreremo il Teorema 4.73 in seguito (cfr. Sezione 5.3.3) solo nel caso particolarmente significativo in cui M è un integrale stocastico. In generale la dimostrazione è basata su un procedimento di approssimazione dal caso discreto: osserviamo che se (M_n) è una martingala reale discreta allora il processo (A_n) definito da $A_0 = 0$ e

$$A_n = \sum_{k=1}^n (M_k - M_{k-1})^2, \quad n \geq 1,$$

è crescente e tale che $M^2 - A$ è una martingala. Infatti

$$E\left[M_{n+1}^2 - A_{n+1} \mid \mathcal{F}_n\right] = M_n^2 - A_n$$

se e solo se

$$E\left[M_{n+1}^2 - (M_{n+1} - M_n)^2 \mid \mathcal{F}_n\right] = M_n^2,$$

da cui la tesi.

La prova della (4.55) è simile a quella del Teorema 4.41 e si basa sul fatto che l'attesa del prodotto di incrementi di una martingala reale M, su intervalli non sovrapposti, è uguale a zero[16]. Più precisamente, per $0 \leq s < t \leq u < v$, vale

$$E\left[(M_v - M_u)(M_t - M_s)\right] = E\left[E\left[(M_v - M_u) \mid \mathcal{F}_u\right](M_t - M_s)\right] = 0. \quad (4.56)$$

La (4.56) pur essendo immediata è una formula cruciale ed estremamente significativa. A partire da essa è possibile estendere molti risultati validi per il moto Browniano al caso generale di una martingala: non ultimo, la costruzione dell'integrale stocastico che tratteremo nel prossimo capitolo.

Sia $M \in \mathcal{M}_c^2$: come conseguenza del fatto che $|M|^2 - \langle M \rangle$ è una martingala, per $s \leq t$, si ha

$$E\left[|M_t|^2 - |M_s|^2 \mid \mathcal{F}_s\right] = E\left[\langle M \rangle_t - \langle M \rangle_s \mid \mathcal{F}_s\right]. \quad (4.57)$$

Concludiamo la sezione con la definizione di processo co-variazione: per semplicità consideriamo solo il caso di processi a valori reali.

Definizione 4.74. *Il processo co-variazione quadratica di due p.s. X, Y è definito dal limite*[17]

$$\langle X, Y \rangle_t := \lim_{\substack{|\varsigma| \to 0 \\ \varsigma \in \mathcal{P}_{[0,t]}}} \sum_{k=1}^{N} \left(X_{t_k} - X_{t_{k-1}}\right)\left(Y_{t_k} - Y_{t_{k-1}}\right), \quad q.s., t \geq 0. \quad (4.58)$$

Teorema 4.75 (di Doob). *Se $X, Y \in \mathcal{M}_c^2$ esiste $\langle X, Y \rangle$ in (4.58) ed esso è l'unico (a meno di processi indistinguibili) processo a variazione limitata tale che $\langle X, Y \rangle_0 = 0$ q.s. e $XY - \langle X, Y \rangle$ è una martingala continua.*

Osserviamo che se $X, Y \in \mathcal{M}_c^2$ allora i processi

$$(X+Y)^2 - \langle X+Y \rangle, \qquad (X-Y)^2 - \langle X-Y \rangle$$

sono martingale e dunque anche la differenza

$$4XY - (\langle X+Y \rangle - \langle X-Y \rangle)$$

è una martingala. Di conseguenza vale

$$\langle X, Y \rangle = \frac{1}{4}\left(\langle X+Y \rangle - \langle X-Y \rangle\right).$$

Inoltre $\langle X, X \rangle = \langle X \rangle$ e vale la seguente identità (che estende la (4.57)): per ogni $X, Y \in \mathcal{M}_c^2$ e $0 \leq s < t$,

$$E\left[(X_t - X_s)(Y_t - Y_s) \mid \mathcal{F}_s\right] = E\left[X_t Y_t - X_s Y_s \mid \mathcal{F}_s\right]$$
$$= E\left[\langle X, Y \rangle_t - \langle X, Y \rangle_s \mid \mathcal{F}_s\right].$$

---

[16] Per i dettagli si veda, per esempio, Karatzas-Shreve [91], pag.34.
[17] Se esiste.

Proposizione 4.76. *La co-variazione* $\langle \cdot, \cdot \rangle$ *è una forma bilineare in* $\mathscr{M}_c^2$: *per ogni* $X, Y, Z \in \mathscr{M}_c^2$, $\lambda, \mu \in \mathbb{R}$ *si ha*

i) $\langle X, Y \rangle = \langle Y, X \rangle$;
ii) $\langle \lambda X + \mu Y, Z \rangle = \lambda \langle X, Z \rangle + \mu \langle Y, Z \rangle$;
iii) $|\langle X, Y \rangle|^2 \leq \langle X \rangle \langle Y \rangle$.

Dimostrazione. Per esercizio. □

Proposizione 4.77. *Siano* $X, Y \in \mathscr{M}_c^2$ *e* Z, V *p.s. continui e a variazione limitata. Allora esiste* $\langle X + Z, Y + V \rangle$ *in (4.58) e vale*

$$\langle X + Z, Y + V \rangle = \langle X, Y \rangle.$$

Dimostrazione. È conseguenza del Teorema 4.75 di Doob e della Proposizione 4.45 secondo cui la co-variazione quadratica di due p.s. X, Z, di cui uno è continuo e l'altro ha variazione limitata, è il processo nullo e quindi

$$\langle X + Z, Y + V \rangle = \langle X, Y \rangle + \underbrace{\langle Z, Y + V \rangle + \langle X + Z, V \rangle}_{=0}.$$

□

4.4.7 Martingale a variazione limitata

Come conseguenza del Teorema di Doob-Meyer possiamo provare che *se una martingala* $M \in \mathscr{M}_c^2$ *ha variazione limitata allora è costante q.s.* Come abbiamo visto precedentemente, ciò significa che quasi tutte le traiettorie di ogni martingala non banale M sono irregolari, non sono differenziabili e non è possibile definire l'integrale

$$\int_0^T u_t dM_t$$

nel senso di Riemann-Stieltjes.

Proposizione 4.78. *Se* $M \in \mathscr{M}_c^2$ *allora* $t \mapsto M_t(\omega)$ *non ha variazione limitata su* $[0, T]$ *per quasi ogni* $\omega \in \{\langle M \rangle_T > 0\}$. *Inoltre* $t \mapsto M_t(\omega)$ *è la funzione costante nulla per quasi ogni* $\omega \in \{\langle M \rangle_T = 0\}$.

Dimostrazione. La prima parte della tesi è conseguenza della Proposizione 4.40. Per la seconda parte, poniamo

$$\tau = \inf\{t \mid \langle M \rangle_t > 0\} \cup \{T\}.$$

Allora τ è un tempo d'arresto in base al Teorema 4.65 e poiché $M^2 - \langle M \rangle$ è una martingala allora, per il Corollario 4.70, anche[18]

---
[18] L'uguaglianza è dovuta al fatto che $\langle M \rangle_t = 0$ per $t \leq \tau$.

$$M^2_{t\wedge\tau} - \langle M\rangle_{t\wedge\tau} = M^2_{t\wedge\tau}$$

è una martingala. Dunque si ha

$$E\left[M^2_{T\wedge\tau}\right] = E\left[M^2_0\right] = 0.$$

Di conseguenza, per la disuguaglianza di Doob, $(M^2_{t\wedge\tau})$ ha le traiettorie nulle q.s. e la tesi segue dal fatto che $M = (M^2_{t\wedge\tau})_{t\in[0,T]}$ su $\{\langle M\rangle_T = 0\}$. $\square$

5
Integrale stocastico

Integrale stocastico di funzioni deterministiche – Integrale stocastico di processi semplici – Integrale di processi in $\mathbb{L}^2$ – Integrale di processi in $\mathbb{L}^2_{\text{loc}}$ – Processi di Itô – Formula di Itô-Doeblin – Processi e formula di Itô multi-dimensionale – Estensioni della formula di Itô

In questo capitolo introduciamo gli elementi di teoria dell'integrazione stocastica necessari alla trattazione di alcuni modelli finanziari in tempo continuo.

Nel Paragrafo 4.3 abbiamo motivato l'interesse per lo studio del limite di una somma di Riemann-Stieltjes del tipo

$$\sum_{k=1}^{N} u_{t_{k-1}}(W_{t_k} - W_{t_{k-1}}) \tag{5.1}$$

al tendere a zero del parametro di finezza della partizione $\{t_0, \ldots, t_N\}$. In (5.1), W è un moto Browniano reale che rappresenta il prezzo di un titolo rischioso e u è un processo adattato che rappresenta una strategia d'investimento: nel caso in cui la strategia sia autofinanziante, il limite della somma in (5.1) è pari al valore dell'investimento.

Abbiamo visto che le traiettorie di W non hanno variazione limitata q.s. e tale proprietà è condivisa più in generale dalle martingale (non banali) di $\mathcal{M}_c^2$. Questo fatto impedisce di definire l'integrale

$$\int_0^T u_t dW_t$$

nel senso di Riemann-Stieltjes, traiettoria per traiettoria. D'altra parte W (e ogni processo in $\mathcal{M}_c^2$) ha *variazione quadratica finita* e questa proprietà permette di costruire l'integrale stocastico per un'opportuna classe di integrandi u: genericamente richiediamo che u sia progressivamente misurabile e abbia qualche proprietà di sommabilità.

Il concetto di integrale Browniano è stato introdotto da Paley, Wiener e Zygmund [134] per funzioni integrande deterministiche. La costruzione generale è dovuta a Itô [82]-[83] nel caso del moto Browniano e a Kunita e Watanabe [103] in $\mathcal{M}^2$. Questa teoria pone le fondamenta per una trattazione rigorosa delle equazioni differenziali stocastiche che descrivono i processi di diffusione introdotti da Kolmogorov [100] e su cui si basano anche i moderni modelli stocastici per la finanza. Nel seguito ci limiteremo a considerare il caso Browniano perché questo è sufficiente per le applicazioni finanziarie che intendiamo trattare: il caso generale è solo moderatamente più complicato e il lettore interessato può per esempio consultare i testi di Karatzas-Shreve [91], Revuz-Yor [142], Ikeda-Watanabe [80].

Lo scopo del capitolo è di costruire gradualmente l'integrale stocastico considerando dapprima l'integrazione di processi "semplici" ossia costanti a tratti rispetto alla variabile temporale, per poi estendere la definizione ad una classe sufficientemente generale di processi progressivamente misurabili, di quadrato integrabile. Fra le principali conseguenze della definizione si ha che l'integrale stocastico ha media nulla, è una martingala continua in $\mathscr{M}_c^2$ e soddisfa l'isometria di Itô. Estendendo ulteriormente la classe degli integrandi alcune di queste proprietà si perdono ed è necessario introdurre la nozione più generale di martingala locale.

In seguito presentiamo il risultato centrale della teoria del calcolo stocastico, la formula di Itô. Tale formula estende in ambito probabilistico il Teorema 4.37 e fornisce le basi del calcolo differenziale per il moto Browniano: come abbiamo già visto, il moto Browniano ha le traiettorie fortemente irregolari e questo induce un'interpretazione integrale del calcolo differenziale per processi stocastici. Nella Sezione 5.6.3 anticipiamo il legame fondamentale che la formula di Itô stabilisce fra la teoria delle martingale e delle equazioni differenziali paraboliche: tale legame potrà essere illustrato in modo approfondito nel Paragrafo 9.4, avendo a disposizione le basi della teoria delle equazioni differenziali stocastiche.

Nel Paragrafo 5.7 estendiamo al caso multi-dimensionale i principali risultati relativi ai processi e al calcolo stocastico, e ci soffermiamo in particolare sul concetto di correlazione di processi. L'ultima parte del capitolo tratta alcune estensioni della formula di Itô: in vista delle applicazioni allo studio delle opzioni Americane, proviamo una formula di Itô in cui l'ipotesi di regolarità classica $C^{1,2}$ è sostituita da una regolarità debole nell'ambito di opportuni spazi di Sobolev. Infine descriviamo il cosiddetto *tempo locale di un processo di Itô* mediante il quale è possibile dare una prova diretta della formula di Black&Scholes per la valutazione di un'opzione Call Europea.

5.1 Integrale stocastico di funzioni deterministiche

Come esempio introduttivo, utile ad anticipare alcuni dei principali risultati che dimostreremo in seguito, consideriamo la costruzione di Paley, Wiener e Zygmund [134] dell'integrale stocastico per funzioni integrande deterministiche.

Sia $u \in C^1([0,1])$ una funzione a valori reali tale che $u(0) = u(1) = 0$. Dato W un moto Browniano reale, definiamo

$$\int_0^1 u(t)dW_t = -\int_0^1 u'(t)W_t dt. \qquad (5.2)$$

5.1 Integrale stocastico di funzioni deterministiche

Tale integrale è una variabile aleatoria che verifica le seguenti proprietà:

i) $E\left[\int_0^1 u(t)dW_t\right] = 0$;

ii) $E\left[\left(\int_0^1 u(t)dW_t\right)^2\right] = \int_0^1 u^2(t)dt$.

Infatti
$$E\left[\int_0^1 u'(t)W_t dt\right] = \int_0^1 u'(t)E\left[W_t\right]dt = 0.$$

Inoltre
$$E\left[\int_0^1 u'(t)W_t dt \int_0^1 u'(s)W_s ds\right] = \int_0^1 \int_0^1 u'(t)u'(s)E\left[W_t W_s\right]dtds =$$

(poiché $E\left[W_t W_s\right] = t \wedge s$)

$$= \int_0^1 u'(t)\left(\int_0^t su'(s)ds + t\int_t^1 u'(s)ds\right)dt$$
$$= \int_0^1 u'(t)\left(tu(t) - \int_0^t u(s)ds + t(u(1) - u(t))\right)dt$$
$$= \int_0^1 u'(t)\left(-\int_0^t u(s)ds\right)dt = \int_0^1 u^2(t)dt.$$

Più in generale se $u \in L^2(0,1)$ e (u_n) è una successione di funzioni in $C_0^1(0,1)$ che approssima u in norma L^2, per la proprietà ii) si ha

$$E\left[\left(\int_0^1 u_n(t)dW_t - \int_0^1 u_m(t)dW_t\right)^2\right] = \int_0^1 (u_n(t) - u_m(t))^2 dt.$$

Pertanto la successione degli integrali è di Cauchy e possiamo definire

$$\int_0^1 u(t)dW_t = \lim_{n\to\infty} \int_0^1 u_n(t)dW_t.$$

Abbiamo dunque costruito l'integrale stocastico per $u \in L^2$ e per passaggio al limite è immediato verificare la validità delle proprietà i) e ii).

Chiaramente questa costruzione ha solo carattere introduttivo poiché il vero interesse è nel definire l'integrale Browniano nel caso in cui u sia processo stocastico. Ricordiamo infatti che, dal punto di vista finanziario, u rappresenta una strategia di investimento futuro, necessariamente aleatoria. D'altra parte, poiché la (5.2) è una definizione estremamente ragionevole, nei prossimi paragrafi introdurremo una nozione di integrale stocastico che coincide con (5.2) nel caso in cui u sia deterministico.

5.2 Integrale stocastico di processi semplici

Nel seguito W è un moto Browniano reale su uno spazio di probabilità con filtrazione $(\Omega, \mathcal{F}, P, \mathcal{F}_t)$ in cui valgono le ipotesi usuali e T è un numero positivo fissato.

Definizione 5.1. *Il processo stocastico u appartiene alla classe $\mathbb{L}^2$ se*

i) u è progressivamente misurabile rispetto alla filtrazione $(\mathcal{F}_t)$;

ii) esiste finito $\int_0^T E\left[u_t^2\right] dt$.

Poiché la definizione di $\mathbb{L}^2$ dipende dalla filtrazione fissata $(\mathcal{F}_t)$, quando sarà necessario scriveremo anche $\mathbb{L}^2(\mathcal{F}_t)$ al posto di $\mathbb{L}^2$. Mentre la ii) è una normale richiesta di sommabilità dell'integrando[1], la i) è la proprietà che gioca il ruolo cruciale nel seguito.

Più in generale, per $p \geq 1$, indichiamo con $\mathbb{L}^p$ lo spazio dei processi progressivamente misurabili in $L^p([0,T] \times \Omega)$. Notiamo esplicitamente che $\mathbb{L}^p$ è un sotto-spazio chiuso di $L^p([0,T] \times \Omega)$.

Analogamente alla costruzione dell'integrale vista nel Capitolo 2, cominciamo col definire l'integrale di Itô per una particolare classe di processi stocastici di $\mathbb{L}^2$.

Definizione 5.2. *Un processo $u \in \mathbb{L}^2$ si dice semplice se è della forma*

$$u = \sum_{k=1}^{N} e_k \mathbb{1}_{]t_{k-1}, t_k]}, \qquad (5.3)$$

dove $0 \leq t_0 < t_1 < \cdots < t_N$ e e_k sono variabili aleatorie[2] su $(\Omega, \mathcal{F}, P)$.

Osservazione 5.3. È importante osservare che, essendo u progressivamente misurabile e grazie all'ipotesi (4.42) di continuità a destra della filtrazione, si ha che e_k in (5.3) è $\mathcal{F}_{t_{k-1}}$-misurabile per ogni $k = 1, \ldots, N$. Inoltre $e_k \in L^2(\Omega, P)$ e si ha

$$\int_0^T E\left[u_t^2\right] dt = \sum_{k=1}^{N} \int_0^T E\left[e_k^2\right] \mathbb{1}_{]t_{k-1}, t_k]}(t) dt = \sum_{k=1}^{N} E\left[e_k^2\right] (t_k - t_{k-1}) \qquad (5.4)$$

□

---

[1] $u \in L^2([0,T] \times \Omega)$.
[2] Assumiamo anche

$$P(e_{k-1} = e_k) = 0, \qquad \forall k = 2, \ldots, N,$$

in modo che la rappresentazione (5.3) di u sia unica q.s.

5.2 Integrale stocastico di processi semplici

Se $u \in \mathbb{L}^2$ è un processo semplice della forma (5.3), allora definiamo l'integrale di Itô nel modo seguente:

$$\int u_t dW_t = \sum_{k=1}^{N} e_k (W_{t_k} - W_{t_{k-1}}) \qquad (5.5)$$

ed anche, per ogni $0 \leq a < b$,

$$\int_a^b u_t dW_t = \int u_t \mathbb{1}_{]a,b]}(t) dW_t. \qquad (5.6)$$

Esempio 5.4. Integrando il processo semplice $u = \mathbb{1}_{]0,t]}$, otteniamo

$$W_t = \int_0^t dW_s.$$

Riprendendo l'Esempio 4.9, si ha

$$S_t = S_0 + \int_0^t \mu ds + \int_0^t \sigma dW_s, \qquad t > 0.$$

□

Il seguente teorema contiene alcune importanti proprietà dell'integrale di Itô di processi semplici.

Teorema 5.5. *Per ogni $u, v \in \mathbb{L}^2$ semplici, $\alpha \in \mathbb{R}$ e $0 \leq a < b < c$ valgono le seguenti proprietà:*

(1) linearità:
$$\int (\alpha u_t + v_t) dW_t = \alpha \int u_t dW_t + \int v_t dW_t;$$

(2) additività:
$$\int_a^c u_t dW_t = \int_a^b u_t dW_t + \int_b^c u_t dW_t;$$

(3) attesa nulla:
$$E\left[\int_a^b u_t dW_t \mid \mathcal{F}_a\right] = 0, \qquad (5.7)$$

ed anche

$$E\left[\int_a^b u_t dW_t \int_b^c v_t dW_t \mid \mathcal{F}_a\right] = 0; \qquad (5.8)$$

(4) isometria di Itô:
$$E\left[\int_a^b u_t dW_t \int_a^b v_t dW_t \mid \mathcal{F}_a\right] = E\left[\int_a^b u_t v_t dt \mid \mathcal{F}_a\right]; \qquad (5.9)$$

(5) il processo stocastico

$$X_t = \int_0^t u_s dW_s, \qquad t \in [0,T], \tag{5.10}$$

è una $\mathcal{F}_t$-martingala continua, $X \in \mathscr{M}_c^2(\mathcal{F}_t)$, e vale[3]

$$[\![X]\!]_T^2 \leq 4 \int_0^T E\left[u_t^2\right] dt. \tag{5.11}$$

Osservazione 5.6. Poiché

$$E[X] = E[E[X \mid \mathcal{F}_a]],$$

valgono le versioni "non condizionate" delle (5.7), (5.8), (5.9):

$$E\left[\int_a^b u_t dW_t\right] = 0,$$

$$E\left[\int_a^b u_t dW_t \int_b^c v_t dW_t\right] = 0,$$

$$E\left[\int_a^b u_t dW_t \int_a^b v_t dW_t\right] = E\left[\int_a^b u_t v_t dt\right];$$

l'ultima identità per $u = v$ equivale ad un'uguaglianza di norme L^2

$$\left\|\int_a^b u_t dW_t\right\|_{L^2(\Omega)} = \|u\|_{L^2([a,b]\times\Omega)}$$

e giustifica l'appellativo "isometria di Itô". □

Dimostrazione. Le proprietà (1) e (2) sono immediate. Per la (3), si ha

$$E\left[\int_a^b u_t dW_t \mid \mathcal{F}_a\right] = \sum_{k=1}^N E\left[e_k(W_{t_k} - W_{t_{k-1}}) \mid \mathcal{F}_a\right] =$$

(poiché $t_0 \geq a$, per l'Osservazione 2.3, e_k è $\mathcal{F}_{t_{k-1}}$-misurabile e dunque indipendente da $W_{t_k} - W_{t_{k-1}}$ e si utilizza la Proposizione 2.102-(6))

$$= \sum_{k=1}^N E[e_k \mid \mathcal{F}_a] E\left[W_{t_k} - W_{t_{k-1}}\right] = 0.$$

---

[3] Ricordiamo la notazione (4.38):

$$[\![X]\!]_T^2 = E\left[\sup_{t\in[0,T]} X_t^2\right].$$

5.2 Integrale stocastico di processi semplici

La prova della (5.8) è analoga: se v è della forma

$$v = \sum_{h=1}^{M} d_h \mathbb{1}_{]t_{h-1}, t_h]},$$

allora $E\left[\int_a^b u_t dW_t \int_b^c v_t dW_t \mid \mathcal{F}_a\right]$ è una somma di termini del tipo

$$E\left[e_k d_h (W_{t_k} - W_{t_{k-1}})(W_{t_h} - W_{t_{h-1}}) \mid \mathcal{F}_a\right], \qquad \text{con } t_k \leq t_{h-1},$$

che sono tutti nulli poiché $e_k d_h (W_{t_k} - W_{t_{k-1}})$ è $\mathcal{F}_{t_{h-1}}$-misurabile e quindi indipendente dall'incremento $W_{t_h} - W_{t_{h-1}}$ che ha attesa nulla, essendo $a \leq t_{h-1}$.

Proviamo l'isometria di Itô: assumendo u, v semplici, si ha

$$E\left[\int_a^b u_t dW_t \int_a^b v_t dW_t \mid \mathcal{F}_a\right] = E\left[\sum_{k=1}^{N} \int_{t_{k-1}}^{t_k} e_k dW_t \sum_{h=1}^{N} \int_{t_{h-1}}^{t_h} d_h dW_t \mid \mathcal{F}_a\right]$$

$$= \sum_{k=1}^{N} E\left[\int_{t_{k-1}}^{t_k} e_k dW_t \int_{t_{k-1}}^{t_k} d_k dW_t \mid \mathcal{F}_a\right]$$

$$+ 2 \sum_{h<k} E\left[\int_{t_{k-1}}^{t_k} e_k dW_t \int_{t_{h-1}}^{t_h} d_h dW_t \mid \mathcal{F}_a\right] =$$

(per la (5.8) i termini della seconda somma sono nulli)

$$= \sum_{k=1}^{N} E\left[e_k d_k (W_{t_k} - W_{t_{k-1}})^2 \mid \mathcal{F}_a\right] =$$

(per la Proposizione 2.102-(6), in base all'indipendenza di $W_{t_k} - W_{t_{k-1}}$ da $e_k d_k$ e $\mathcal{F}_a$)

$$= \sum_{k=1}^{N} E\left[e_k d_k \mid \mathcal{F}_a\right] E\left[(W_{t_k} - W_{t_{k-1}})^2\right] = E\left[\sum_{k=1}^{N} e_k d_k (t_k - t_{k-1}) \mid \mathcal{F}_a\right]$$

e la tesi segue dalla (5.4).

Proviamo ora che il processo stocastico X in (5.10) è una $\mathcal{F}_t$-martingala continua. La continuità segue direttamente dalla definizione di integrale stocastico. Per la definizione (5.5)-(5.6) e l'Osservazione 5.3, è ovvio che X sia $\mathcal{F}_t$-adattato. Inoltre X_t è sommabile poiché per la disuguaglianza di Hölder si ha

$$E\left[|X_t|\right]^2 \leq E\left[X_t^2\right] =$$

(per l'isometria di Itô)

$$= E\left[\int_0^t u_s^2 ds\right] < \infty$$

essendo $u \in \mathbb{L}^2$. Infine per $0 \leq s < t$:

$$E[X_t \mid \mathcal{F}_s] = E[X_s \mid \mathcal{F}_s] + E\left[\int_s^t u_\tau \, dW_\tau \mid \mathcal{F}_s\right] = X_s$$

poiché X_s è $\mathcal{F}_s$-misurabile e vale la (5.7): dunque X è una martingala. Infine la (5.11) è conseguenza della disuguaglianza di Doob e dell'isometria di Itô, infatti si ha

$$[\![X]\!]_T^2 \leq 4E[X_T^2] = 4E\left[\int_0^T u_t^2 dt\right].$$

□

La proprietà di martingala dell'integrale stocastico si riscrive anche in maniera più suggestiva nel modo seguente:

$$E\left[\int_0^T u_s dW_s \mid \mathcal{F}_t\right] = \int_0^t u_s dW_s,$$

per $t \leq T$.

5.3 Integrale di processi in $\mathbb{L}^2$

Estendiamo la definizione di integrale stocastico alla classe $\mathbb{L}^2$ dei processi progressivamente misurabili, di quadrato sommabile. A differenza del caso dei processi semplici, definiamo tale integrale solo a meno di processi indistinguibili. A parte questo, rimarranno valide tutte le usuali proprietà del Teorema 5.11.

Per illustrare l'idea generale, consideriamo l'isometria di Itô (5.9) che, scritta in termini di uguaglianza di norme in spazi L^2, diventa

$$\left\|\int_0^T u_t dW_t\right\|_{L^2(\Omega)} = \|u\|_{L^2([0,T]\times\Omega)}. \tag{5.12}$$

Tale isometria gioca un ruolo cruciale nella costruzione dell'integrale stocastico

$$I_T(u) := \int_0^T u_t dW_t, \tag{5.13}$$

con $u \in \mathbb{L}^2$, perché assicura che se (u^n) è una successione di Cauchy in $L^2([0,T]\times\Omega)$ allora anche $(I(u^n))$ è di Cauchy in $L^2(\Omega)$. Questo fatto rende immediata la definizione dell'integrale in $\mathbb{L}^2$ una volta che si provi che gli elementi di $\mathbb{L}^2$ si possono approssimare con processi semplici. In effetti vale il seguente risultato di densità:

Lemma 5.7. *Per ogni $u \in \mathbb{L}^2$ esiste una successione (u^n) di processi semplici di $\mathbb{L}^2$ tale che*

$$\lim_{n \to +\infty} \int_0^T E\left[(u_t - u_t^n)^2\right] dt = \lim_{n \to +\infty} \|u - u^n\|_{L^2([0,T] \times \Omega)}^2 = 0.$$

In particolare una successione approssimante è definita da

$$u^n = \sum_{k=1}^{2^n - 1} \left(\frac{1}{t_k - t_{k-1}} \int_{t_{k-1}}^{t_k} u_s ds \right) \mathbb{1}_{]t_k, t_{k+1}]}, \qquad (5.14)$$

dove $t_k := \frac{kT}{2^n}$ per $0 \leq k \leq 2^n$: per tale successione vale

$$\|u^n\|_{L^2([0,T] \times \Omega)} \leq \|u\|_{L^2([0,T] \times \Omega)}.$$

Dimostriamo la prima parte del lemma tra breve in un caso significativo (cfr. Proposizione 5.20 e Osservazione 5.21): per il caso generale rimandiamo a Steele [156], Teorema 6.5.

Consideriamo dunque una successione (u^n) di processi semplici che approssima $u \in \mathbb{L}^2$: essendo convergente, (u^n) è una successione di Cauchy[4] in $L^2([0,T] \times \Omega)$. Allora, per l'isometria di Itô, la successione degli integrali stocastici $(I_T(u^n))$ è di Cauchy e quindi[5] convergente in $L^2(\Omega)$. Sembra naturale porre

$$\int_0^T u_t dW_t := \lim_{n \to +\infty} I_T(u^n), \qquad \text{in } L^2(\Omega). \qquad (5.15)$$

Osserviamo che la (5.15) definisce l'integrale stocastico solo a meno di un evento trascurabile $N_T \in \mathcal{N}$. Questo fatto rende problematica la definizione dell'integrale stocastico inteso come processo stocastico, al variare di T. Infatti poiché T varia in un insieme non numerabile, la definizione precedente è ambigua: posto

$$N := \bigcup_{T \geq 0} N_T,$$

non è detto che N sia misurabile o, nel caso lo sia, abbia probabilità nulla.

D'altra parte questo problema si risolve abbastanza facilmente utilizzando la disuguaglianza di Doob. Infatti consideriamo una successione (u^n) di processi stocastici *semplici* di $\mathbb{L}^2$ che approssimi u in $L^2([0,T] \times \Omega)$ e poniamo

$$I_t(u^n) = \int_0^t u_s^n dW_s, \qquad t \in [0, T]. \qquad (5.16)$$

Per la disuguaglianza di Doob e l'isometria di Itô si ha

---

[4] Vale
$$\lim_{m, n \to \infty} \|u^n - u^m\|_{L^2([0,T] \times \Omega)} = 0.$$

[5] Lo spazio $L^2(\Omega)$ è completo.

$$[\![I(u^n) - I(u^m)]\!]_T \leq 2\|u^n - v^n\|_{L^2([0,T]\times\Omega)},$$

e dunque $(I(u^n))$ è una successione di Cauchy in $(\mathscr{M}_c^2, [\![\cdot]\!]_T)$ che sappiamo essere uno spazio completo per il Lemma 4.56. Dunque esiste $I(u) \in \mathscr{M}_c^2$, unico a meno di processi stocastici indistinguibili, tale che

$$\lim_{n\to\infty} [\![I(u) - I(u^n)]\!]_T = 0. \tag{5.17}$$

Notiamo che $I(u)$ non dipende dalla successione approssimante nel senso che se v^n è un'altra successione di processi semplici di $\mathbb{L}^2$ che approssima u, si ha

$$[\![I(u^n) - I(v^n)]\!]_T \leq 2\|u^n - v^n\|_{L^2([0,T]\times\Omega)}$$
$$\leq 2\|u^n - u\|_{L^2([0,T]\times\Omega)} + 2\|u - v^n\|_{L^2([0,T]\times\Omega)} \longrightarrow 0$$

per $n \to \infty$.

Osservazione 5.8. Come nell'analisi funzionale classica è usuale identificare le funzioni uguali quasi ovunque (cfr., per esempio, Brezis [26] Cap.4), così nel seguito *identificheremo i processi stocastici indistinguibili*. □

Definizione 5.9. *Dati $u \in \mathbb{L}^2$ e una successione approssimante (u^n) di processi semplici di $\mathbb{L}^2$, l'integrale stocastico di u è definito (a meno di processi indistinguibili) da*

$$\int_0^t u_s dW_s := \lim_{n\to\infty} \int_0^t u_s^n dW_s, \qquad t \in [0,T].$$

Notazione 5.10 *Se $0 \leq a < b \leq T$, poniamo*

$$\int_a^b u_t dW_t = \int_0^T u_t \mathbb{1}_{]a,b]}(t) dW_t.$$

Il seguente risultato è la naturale estensione del Teorema 5.5.

Teorema 5.11. *Per ogni $u, v \in \mathbb{L}^2$, $\alpha \in \mathbb{R}$ e $0 \leq a < b < c$, valgono le seguenti proprietà:*

(1) linearità:

$$\int_0^a (\alpha u_s + \beta v_s) dW_s = \alpha \int_0^a u_s dW_s + \int_0^a v_s \, dW_s;$$

(2) additività:

$$\int_a^c u_t dW_t = \int_a^b u_t dW_t + \int_b^c u_t dW_t;$$

5.3 Integrale di processi in $\mathbb{L}^2$

(3) attesa nulla:

$$E\left[\int_a^b u_s dW_s \mid \mathcal{F}_a\right] = 0,$$

ed anche

$$E\left[\int_a^b u_t dW_t \int_b^c v_t dW_t \mid \mathcal{F}_a\right] = 0;$$

(4) isometria di Itô:

$$E\left[\int_a^b u_t dW_t \int_a^b v_t dW_t \mid \mathcal{F}_a\right] = E\left[\int_a^b u_t v_t dt \mid \mathcal{F}_a\right];$$

(5) il processo

$$X_t = \int_0^t u_s dW_s, \qquad t \in [0,T], \tag{5.18}$$

appartiene allo spazio $\mathscr{M}_c^2$ e vale

$$[X]_T^2 \leq 4 \int_0^T E\left[u_s^2\right] ds. \tag{5.19}$$

Come nell'Osservazione 5.6 valgono le versioni "non condizionate" delle identità in (3) e (4).

Dimostrazione. Il teorema si prova con un argomento di passaggio al limite a partire dalle analoghe proprietà per l'integrale di processi stocastici semplici: i dettagli sono lasciati per esercizio. □

Osservazione 5.12. Un'immediata ma importante conseguenza della stima (5.19) è che *se $u, v \in \mathbb{L}^2$ sono modificazioni allora il loro integrale stocastico coincide.* Questa è una fondamentale proprietà di "consistenza" dell'integrale (si ricordi l'Esempio 4.19). □

Osservazione 5.13. Se $u \in \mathbb{L}^2$ è tale che

$$\int_0^T u_t dW_t = 0$$

allora u è indistinguibile dal processo nullo. Infatti, per l'isometria di Itô, si ha

$$0 = E\left[\left(int_0^T u_t dW_t\right)^2\right] = \int_0^T E\left[u^2\right]$$

□

Esempio 5.14. Consideriamo un processo della forma

$$S_t = S_0 + \int_0^t \mu(s)ds + \int_0^t \sigma(s)\,dW_s$$

con S_0 variabile aleatoria $\mathcal{F}_0$−misurabile e $\mu, \sigma \in L^2([0,T])$ *funzioni deterministiche*. In base al teorema precedente, si ha

$$E[S_t] = S_0 + \int_0^t \mu(s)ds$$

e

$$\mathrm{var}(S_t) = E\left[\left(S_t - S_0 - \int_0^t \mu(s)ds\right)^2\right] =$$

(per l'isometria di Itô)

$$= \int_0^t \sigma(s)^2 ds.$$

Proveremo in seguito che S_t ha *distribuzione normale*: dimostreremo questo risultato molto più forte dopo aver provato la formula di Itô (cfr. Proposizione 5.51). □

Esercizio 5.15. Nelle ipotesi del Teorema 5.11, provare che per ogni σ-algebra $\mathcal{G} \subseteq \mathcal{F}_a$, vale

$$E\left[\int_a^b u_t dW_t \mid \mathcal{G}\right] = \int_a^b E[u_t \mid \mathcal{G}]\,dW_t.$$

5.3.1 Integrale di Itô e integrale di Riemann-Stieltjes

In questa sezione verifichiamo che, nel caso di processi continui, l'integrale stocastico è limite di somme di Riemann e dunque costituisce la naturale estensione dell'integrale di Riemann-Stieltjes.

Prima di affrontare tale questione ci preme sottolineare il fatto che *l'integrale stocastico non è definito traiettoria per traiettoria: pertanto il valore dell'integrale in $\omega \in \Omega$ non dipende solo dalle traiettorie $u(\omega)$ e $W(\omega)$ ma dai processi u e W nel loro complesso*. Per questo motivo ci sarà utile in seguito il seguente "principio di identità dell'integrale stocastico":

Proposizione 5.16. *Sia $F \in \mathcal{F}$ e siano $u, v \in \mathbb{L}^2$ modificazioni su F, ossia tali che $u_t(\omega) = v_t(\omega)$ per quasi ogni $\omega \in F$, per ogni $t \in [0,T]$. Se*

$$X_t = \int_0^t u_s dW_s, \qquad Y_t = \int_0^t v_s dW_s,$$

allora X e Y sono indistinguibili su F.

Dimostrazione. Consideriamo l'approssimazione mediante i processi semplici u^n, v^n di $\mathbb{L}^2$ definiti in (5.14). Per costruzione u^n e v^n sono modificazioni su F per ogni n. Ne segue direttamente che se

$$I_t(u^n) = \int_0^t u_s^n dW_s, \qquad I_t(v^n) = \int_0^t v_s^n dW_s,$$

allora $I(u^n)$ e $I(v^n)$ sono modificazioni su F per ogni n.

Ora, fissato $t \in]0,T]$, si ha che $I_t(u^n), I_t(v^n)$ convergono in norma $L^2(\Omega, P)$ (e puntualmente q.s. a meno di passare ad una sotto-successione) rispettivamente a X_t e Y_t. Dunque $X_t(u) = Y_t(v)$ q.s. in F e ciò prova che sono modificazioni. La tesi segue dalla Proposizione 4.18, essendo X e Y processi continui. □

Definizione 5.17. *Un processo u si dice L^2-continuo in t_0 se*

$$\lim_{t \to t_0} E\left[(u_t - u_{t_0})^2\right] = 0.$$

Esempio 5.18. Poiché

$$E\left[(W_t - W_{t_0})^2\right] = |t - t_0|,$$

ogni moto Browniano è L^2-continuo. Inoltre, dato $u \in \mathbb{L}^2$, anche il processo

$$X_t = \int_0^t u_s dW_s, \qquad t \geq 0,$$

è L^2-continuo in ogni punto. Infatti, se $t > t_0$,

$$E\left[(X_t - X_{t_0})^2\right] = E\left[\left(\int_{t_0}^t u_s dW_s\right)^2\right] =$$

(per l'isometria di Itô)

$$= \int_{t_0}^t E\left[u_s^2\right] ds \longrightarrow 0, \qquad \text{per } t \to t_0,$$

per il teorema della convergenza dominata di Lebesgue. □

Esempio 5.19. Sia u un processo continuo. Se $f \in C(\mathbb{R})$ e limitata, allora, come immediata conseguenza del teorema della convergenza dominata, il processo $f(u)$ è L^2-continuo.

In effetti occorrono ipotesi molto più deboli: è sufficiente assumere che $f \in C(\mathbb{R})$ sia tale che $|f(u_t)| \leq Y$ q.s. con $Y \in L^2(\Omega)$. □

Proposizione 5.20. *Sia $u \in \mathbb{L}^2$ un processo L^2-continuo su $[0,T]$. Posto*

$$u^{(\varsigma)} = \sum_{k=1}^N u_{t_{k-1}} \mathbb{1}_{]t_{k-1}, t_k]},$$

dove $\varsigma = \{t_0, t_1, \ldots, t_N\}$ *è una partizione di* $[0,T]$, *allora* $u^{(\varsigma)}$ *è un processo semplice di* $\mathbb{L}^2$ *e vale*

$$\lim_{|\varsigma| \to 0^+} u^{(\varsigma)} = u, \qquad in\ L^2([0,T] \times \Omega). \tag{5.20}$$

Dimostrazione. Per ogni $\varepsilon > 0$, esiste[6] $\delta_\varepsilon > 0$ tale che se $|\varsigma| < \delta_\varepsilon$ allora si ha

$$\int_0^T E\left[\left(u_t - u_t^{(\varsigma)}\right)^2\right] dt = \sum_{k=1}^N \int_{t_{k-1}}^{t_k} E\left[(u_t - u_{t_{k-1}})^2\right] dt \leq \varepsilon T.$$

□

Osservazione 5.21. La proposizione afferma che $u^{(\varsigma)}$ è un processo stocastico semplice in $\mathbb{L}^2$ che approssima u in $L^2([0,T] \times \Omega)$ per $|\varsigma| \to 0^+$. Allora per la disuguaglianza di Doob si ha

$$\lim_{|\varsigma| \to 0^+} \int_0^T u_t^{(\varsigma)} dW_t = \int_0^T u_t dW_t, \qquad in\ \mathscr{M}_c^2,$$

o equivalentemente

$$\lim_{|\varsigma| \to 0^+} \sum_{k=1}^N u_{t_{k-1}}(W_{t_k} - W_{t_{k-1}}) = \int_0^T u_t dW_t, \qquad in\ \mathscr{M}_c^2. \tag{5.21}$$

In questo senso l'integrale di Itô, essendo il limite delle somme (di Riemann-Stieltjes) in (5.1), generalizza l'integrale di Riemann-Stieltjes. □

5.3.2 Integrale di Itô e tempi d'arresto

Le proprietà dell'integrale stocastico sono simili a quelle dell'integrale di Lebesgue, anche se a volte bisogna porre attenzione. Per esempio, consideriamo la seguente (falsa) uguaglianza: dati $u \in \mathbb{L}^2$ e X una variabile aleatoria $\mathcal{F}_{t_0}$-misurabile per un certo $t_0 \in]0,T]$,

$$X \int_0^T u_t dW_t = \int_0^T X u_t dW_t.$$

Benché X sia *costante rispetto alla variabile di integrazione t*, il membro a destra dell'uguaglianza non ha senso perché l'integrando $Xu_s \notin \mathbb{L}^2$, non essendo in generale adattato. Resta tuttavia vero che

$$X \int_{t_0}^T u_t dW_t = \int_{t_0}^T X u_t dW_t; \tag{5.22}$$

---

[6] Vale il Teorema di Heine-Cantor: se X è L^2-continuo sul compatto $[0,T]$, allora è anche uniformemente L^2-continuo.

infatti la (5.22) è vera per ogni u processo semplice di $\mathbb{L}^2$ e si prova in generale per approssimazione.

Il seguente risultato contiene la definizione di integrale con *un tempo d'arresto come estremo di integrazione:* l'enunciato sembra una tautologia ma in base alle osservazioni precedenti richiede una dimostrazione rigorosa.

Proposizione 5.22. *Se* $u \in \mathbb{L}^2(\mathcal{F}_t)$ *e* τ *è un* $(\mathcal{F}_t)$*–stopping time tale che* $0 \leq \tau \leq T$ *allora*

$$\int_0^\tau u_s dW_s = \int_0^T u_s \mathbb{1}_{\{s \leq \tau\}} dW_s \qquad q.s. \tag{5.23}$$

Dimostrazione. Notiamo che, per definizione di tempo d'arresto, il processo $\left(u_s \mathbb{1}_{\{s \leq \tau\}}\right)$ appartiene a $\mathbb{L}^2$ e in particolare è adattato. Poniamo

$$X_t = \int_0^t u_s dW_s, \qquad t \in [0, T], \tag{5.24}$$

$$Y = \int_0^T u_s \mathbb{1}_{\{s \leq \tau\}} dW_s,$$

e proviamo che
$$X_\tau = Y \qquad \text{q.s.}$$

Consideriamo prima il caso di

$$\tau = \sum_{k=1}^n t_k \mathbb{1}_{F_k} \tag{5.25}$$

con $0 < t_1 < \cdots < t_n = T$ e $F_k \in \mathcal{F}_{t_k}$ eventi disgiunti tali che

$$F := \bigcup_{k=1}^n F_k \in \mathcal{F}_0.$$

È chiaro che τ è uno stopping time. Dato X in (5.24), da un parte si ha $X_\tau = 0$ su $\Omega \setminus F$ e

$$X_\tau = \int_0^T u_s dW_s - \int_{t_k}^T u_s dW_s, \qquad \text{su } F_k,$$

o, in altri termini,

$$X_\tau = \mathbb{1}_F \int_0^T u_s dW_s - \sum_{k=1}^n \mathbb{1}_{F_k} \int_{t_k}^T u_s dW_s.$$

D'altra parte, vale

$$Y = \int_0^T u_s \left(1 - \mathbb{1}_{\{s > \tau\}}\right) dW_s =$$

(per linearità)

$$= \int_0^T u_s dW_s - \int_0^T u_s \left(\mathbb{1}_{\Omega \setminus F} + \sum_{k=1}^n \mathbb{1}_{F_k} \mathbb{1}_{\{s > t_k\}} \right) dW_s$$

$$= \mathbb{1}_F \int_0^T u_s dW_s - \sum_{k=1}^n \int_{t_k}^T u_s \mathbb{1}_{F_k} dW_s,$$

e concludiamo che $X_\tau = Y$ grazie alla (5.22). La necessità di utilizzare la (5.22) spiega il fatto che abbiamo dovuto scrivere l'integrale da 0 a t come differenza dell'integrale da 0 a T e dell'integrale da t a T.

Nel caso di un generico stopping time τ, adattiamo il risultato di approssimazione dell'Osservazione 4.67 e consideriamo la seguente successione decrescente (τ_n) di stopping times della forma (5.25):

$$\tau_n = \sum_{k=0}^{2^n} \frac{T(k+1)}{2^n} \mathbb{1}_{\left\{\frac{Tk}{2^n} < \tau \leq \frac{T(k+1)}{2^n}\right\}}.$$

Si ha che (τ_n) converge a τ q.s. e, per continuità, X_{τ_n} converge a X_τ q.s. Inoltre, posto

$$Y^n = \int_0^t u_s \mathbb{1}_{\{s \leq \tau_n\}} dW_s,$$

per il Teorema della convergenza dominata, si ha che Y^n converge a Y in $L^2(\Omega, P)$ e questo basta a concludere. □

La seguente proposizione estende le usuali proprietà dell'integrale di Itô al caso in cui l'estremo di integrazione sia un tempo d'arresto.

Corollario 5.23. *Se $t_0 \in [0, T[$, $\tau \in [t_0, T]$ è un tempo d'arresto e u, v sono processi adattati tali che*[7] $\left(u_t \mathbb{1}_{\{t \leq \tau\}} \right) \in \mathbb{L}^2$ *e* $v \in \mathbb{L}^2$ *allora si ha*

$$E\left[\int_{t_0}^\tau u_t dW_t \mid \mathcal{F}_{t_0} \right] = 0,$$

$$E\left[\int_{t_0}^\tau u_t dW_t \int_\tau^T v_t dW_t \mid \mathcal{F}_{t_0} \right] = 0,$$

$$E\left[\int_{t_0}^\tau u_t dW_t \int_{t_0}^\tau v_t dW_t \mid \mathcal{F}_{t_0} \right] = E\left[\int_{t_0}^\tau u_t v_t dt \mid \mathcal{F}_{t_0} \right].$$

Dimostrazione. Per la (5.23) si ha

$$\int_{t_0}^\tau u_t dW_t = \int_{t_0}^T u_t \mathbb{1}_{\{t \leq \tau\}} dW_t$$

con $u_t \mathbb{1}_{\{t \leq \tau\}} \in \mathbb{L}^2$ e dunque la tesi segue dal Teorema 5.11. □

---
[7] Chiaramente se $u \in \mathbb{L}^2$ allora $\left(u_t \mathbb{1}_{\{t \leq \tau\}} \right) \in \mathbb{L}^2$.

5.3.3 Processo variazione quadratica

Dato $u \in \mathbb{L}^2$, abbiamo provato che

$$M_t := \int_0^t u_s dW_s$$

appartiene allo spazio $\mathcal{M}_c^2$. Vediamo ora che siamo in grado di calcolarne esplicitamente il processo variazione quadratica che è l'unico processo crescente A tale che $A_0 = 0$ e $M^2 - A$ è una martingala (cfr. Teorema 4.73 di Doob).

Proposizione 5.24. *Il processo variazione quadratica di M è*

$$\langle M \rangle_t = \int_0^t u_s^2 ds, \qquad t \in [0, T].$$

Inoltre vale

$$\langle M \rangle_t = \lim_{\substack{|\varsigma| \to 0 \\ \varsigma \in \mathcal{P}_{[0,t]}}} \sum_{k=1}^N \left(M_{t_k} - M_{t_{k-1}} \right)^2, \qquad q.s., \; t \in [0, T]. \tag{5.26}$$

Dimostrazione. Poniamo

$$A_t = \int_0^t u_s^2 ds, \qquad t \in [0, T].$$

È chiaro che A è un processo crescente tale che $A_0 = 0$. Dunque è sufficiente verificare che $M^2 - A$ è una martingala: per ogni $0 \leq s < t$ si ha

$$E\left[M_t^2 - A_t \mid \mathcal{F}_s\right] = E\left[(M_t - M_s)^2 + 2M_s(M_t - M_s) + M_s^2 - A_t \mid \mathcal{F}_s\right] =$$

(per la (3) del Teorema 5.11)

$$= E\left[(M_t - M_s)^2 - A_t \mid \mathcal{F}_s\right] + M_s^2 =$$

(per l'isometria di Itô)

$$= E\left[\int_s^t u_\tau^2 d\tau - A_t \mid \mathcal{F}_s\right] + M_s^2 = M_s^2 - A_s.$$

Nel caso in cui u sia semplice, la (5.26) si prova procedendo esattamente come nel Teorema 4.41. In generale la tesi segue approssimando M con integrali di processi semplici. $\square$

Esempio 5.25. Riprendiamo l'Esempio 5.14 e consideriamo

$$S_t = S_0 + \int_0^t \mu(s) ds + \int_0^t \sigma(s) dW_s$$

con $\mu, \sigma \in L^2([0,T])$ *funzioni deterministiche.* Abbiamo provato che

$$\operatorname{var}(S_t) = \int_0^t \sigma(s)^2 ds.$$

Ora osserviamo che il processo $S_0 + \int_0^t \mu(s)ds$ ha variazione limitata (cfr. Osservazione 4.72). Dunque, per le Proposizioni 4.77 e 5.24, vale

$$\langle S \rangle_t = \operatorname{var}(S_t),$$

ossia il processo variazione quadratica è deterministico e coincide con la varianza. □

5.4 Integrale di processi in $\mathbb{L}^2_{\text{loc}}$

In questo paragrafo estendiamo ulteriormente la classe di processi per cui è definito l'integrale stocastico. Tale generalizzazione è necessaria poiché è molto facile "uscire" dalla classe $\mathbb{L}^2$. Per esempio, se W è un moto Browniano, basta considerare una funzione f che cresce abbastanza rapidamente per perdere la condizione di sommabilità: infatti, poiché

$$E\left[\int_0^T f(W_t)dt\right] = \frac{1}{\sqrt{2\pi t}} \int_0^T \int_{\mathbb{R}} \exp\left(-\frac{x^2}{2t}\right) f(x)dxdt,$$

se $f(x) = e^{x^4}$ allora $f(W_t) \notin \mathbb{L}^2$. Fortunatamente non è difficile estendere la costruzione dell'integrale di Itô ad una classe di processi progressivamente misurabili che verificano una condizione di sommabilità più debole della Definizione 5.1-ii) e che è sufficientemente generale per la maggior parte delle applicazioni. Tuttavia questa generalizzazione viene fatta a scapito di alcune importanti proprietà: in particolare l'integrale stocastico perde la proprietà di essere una martingala.

Definizione 5.26. *Indichiamo con $\mathbb{L}^2_{\text{loc}}$ la famiglia dei processi u progressivamente misurabili rispetto alla filtrazione $(\mathcal{F}_t)$ e tali che*

$$\int_0^T u_t^2 \, dt < \infty, \qquad q.s. \tag{5.27}$$

Poiché $\mathbb{L}^2_{\text{loc}}$ dipende dalla filtrazione $(\mathcal{F}_t)$, qualora sia necessario scriviamo più esplicitamente $\mathbb{L}^2_{\text{loc}}(\mathcal{F}_t)$.

Esempio 5.27. Il processo $\exp(W_t^4)$ appartiene a $\mathbb{L}^2_{\text{loc}}$ ma non a $\mathbb{L}^2$. Più in generale *ogni processo stocastico progressivamente misurabile, con le traiettorie q.s. continue appartiene a $\mathbb{L}^2_{\text{loc}}$.* □

5.4 Integrale di processi in $\mathbb{L}^2_{\text{loc}}$

È interessante notare che lo spazio $\mathbb{L}^2_{\text{loc}}$ è invariante rispetto a cambi di misura di probabilità equivalenti: se vale (5.27) e $Q \sim P$ allora si ha ovviamente

$$\int_0^T u_t^2 \, dt < \infty, \qquad Q\text{-q.s.}$$

Lo spazio $\mathbb{L}^2$ dipende invece dalla misura di probabilità fissata.

Procediamo ora per passi alla definizione dell'integrale stocastico di $u \in \mathbb{L}^2_{\text{loc}}$: il resto del paragrafo può essere sorvolato ad una prima lettura.

I) dato $u \in \mathbb{L}^2_{\text{loc}}$, il processo[8]

$$A_t = \int_0^t u_s^2 \, ds, \qquad t \in [0, T],$$

è continuo e adattato alla filtrazione. Infatti è sufficiente osservare che u è approssimabile puntualmente con una successione di processi semplici e adattati;

II) per ogni $n \in \mathbb{N}$ poniamo

$$\tau_n(\omega) = \inf\{t \in [0, T] \mid A_t(\omega) \geq n\} \cup \{T\}.$$

In base al Teorema 4.65, τ_n è un tempo d'arresto. Inoltre, per $n \to \infty$,

$$\tau_n \nearrow T \qquad \text{q.s.}$$

poiché

$$F_n := \{\tau_n = T\} = \{A_T \leq n\}, \tag{5.28}$$

e quindi, essendo $u \in \mathbb{L}^2_{\text{loc}}$, si ha

$$\bigcup_{n \in \mathbb{N}} F_n = \Omega \setminus N, \qquad N \in \mathcal{N}; \tag{5.29}$$

III) posto

$$u_t^n = u_t \mathbb{1}_{\{t \leq \tau_n\}}, \qquad t \in [0, T],$$

si ha che $u^n \in \mathbb{L}^2$ poiché

$$E\left[\int_0^T (u_t^n)^2 \, dt\right] = E\left[\int_0^{\tau_n} u_t^2 \, dt\right] \leq n.$$

Dunque è ben definito il processo $I^n \in \mathcal{M}_c^2$

$$I_t^n = \int_0^t u_t^n \, dW_t, \qquad t \in [0, T]; \tag{5.30}$$

---

[8] Poniamo $A(\omega) = 0$ se $u(\omega) \notin L^2(0, T)$.

IV) per ogni $n, h \in \mathbb{N}$, vale $u^n = u^{n+h} = u$ su F_n in (5.28). Dunque per la Proposizione 5.16, i processi I^n e I^{n+h} sono indistinguibili su F_n. Tenendo conto del fatto che (F_n) è una successione crescente per cui vale la (5.29), risulta ben posta la seguente

Definizione 5.28. *L'integrale stocastico di* $u \in \mathbb{L}^2_{\text{loc}}$ *è il processo stocastico* X *continuo e* $\mathcal{F}_t$-*adattato, indistinguibile da* I^n *in* (5.30) *su* F_n, *per ogni* $n \in \mathbb{N}$. *Scriviamo*
$$X_t = \int_0^t u_s dW_s, \qquad t \in [0, T].$$

Notiamo che per costruzione, si ha
$$\lim_{n \to \infty} I^n_t = X_t, \qquad t \in [0, T], \text{ q.s.} \tag{5.31}$$

È importante sottolineare il fatto che, in generale, l'integrale stocastico di un processo $u \in \mathbb{L}^2_{\text{loc}}$ non è una martingala: tuttavia, nel senso che viene ora spiegato, "manca poco" affinché lo sia.

5.4.1 Martingale locali

Definizione 5.29. *Un processo* $M = (M_t)_{t \in [0,T]}$ *è una* $\mathcal{F}_t$-*martingala locale se esiste una successione crescente* (τ_n) *di* $\mathcal{F}_t$-*stopping times, detta successione localizzante per* M, *tale che*
$$\lim_{n \to \infty} \tau_n = T, \qquad q.s. \tag{5.32}$$

e, per ogni $n \in \mathbb{N}$, *il processo stocastico* $M_{t \wedge \tau_n}$ *è una* $\mathcal{F}_t$-*martingala.*

Notazione 5.30 *Indichiamo con* $\mathscr{M}_{c,\text{loc}}$ *lo spazio delle martingale locali continue tali che* $M_0 = 0$ *q.s.*

In parole povere, una martingala locale è un processo stocastico che può essere approssimato da una successione di vere martingale. Per definizione, vale
$$M_{s \wedge \tau_n} = E[M_{t \wedge \tau_n} \mid \mathcal{F}_s], \qquad 0 \leq s \leq t, \tag{5.33}$$

e se M è continuo, poiché $\tau_n \to T$ q.s., si ha
$$\lim_{n \to \infty} M_{t \wedge \tau_n} = M_t, \qquad \text{q.s.}$$

Di conseguenza, ogni qualvolta possiamo passare al limite in (5.33) sotto al segno di attesa condizionata, allora M è una vera martingala: come casi particolari si vedano le Proposizioni 5.32 e 5.33.

Chiaramente ogni martingala è anche una martingala locale: basta scegliere $\tau_n = T$ per ogni n. Inoltre notiamo che ogni martingala locale ammette una modificazione continua a destra: infatti basta osservare che, per il Teorema 4.47, questo è vero per i processi arrestati $M_{t \wedge \tau_n}$. Nel seguito consideriamo sempre la versione continua a destra di ogni martingala locale.

Osservazione 5.31. Ogni martingala locale continua M ammette una successione approssimante di martingale continue e *limitate*. Infatti sia (τ_n) una successione localizzante per M e poniamo

$$\sigma_n = \inf\{t \in [0,T] \mid |M_t| \geq n\} \cup \{T\}, \qquad n \in \mathbb{N}.$$

Essendo M continua si ha che σ_n soddisfa la (5.32) e dunque $(\tau_n \wedge \sigma_n)$ è ancora una successione localizzante per M: infatti

$$M_{t \wedge (\tau_n \wedge \sigma_n)} = M_{(t \wedge \tau_n) \wedge \sigma_n}$$

e quindi, per il Corollario 4.70 al Teorema di Doob sul tempo d'arresto, $M_t^n := M_{t \wedge (\tau_n \wedge \sigma_n)}$ è una martingala limitata, tale che

$$|M_t^n| \leq n, \qquad t \in [0,T].$$

□

Illustriamo ora alcune semplici proprietà delle martingale locali continue.

Proposizione 5.32. *Se* $M \in \mathscr{M}_{\mathrm{c,loc}}$ *e*

$$\sup_{t \in [0,T]} |M_t| \in L^1(\Omega, P),$$

allora M *è una martingala. In particolare ogni* $M \in \mathscr{M}_{\mathrm{c,loc}}$ *limitata*[9] *è una martingala.*

Dimostrazione. La tesi segue direttamente dalla (5.33), applicando il Teorema della convergenza dominata per l'attesa condizionata. □

Proposizione 5.33. *Ogni* M *martingala locale continua e non-negativa è anche una super-martingala. Inoltre se*

$$E[M_T] = E[M_0] \tag{5.34}$$

allora M *è una martingala.*

Dimostrazione. Applicando il Lemma di Fatou per l'attesa condizionata alla (5.33), otteniamo

$$M_s \geq E[M_t \mid \mathcal{F}_s], \qquad 0 \leq s \leq t \leq T, \tag{5.35}$$

e questo prova la prima parte della tesi.

Applicando il valore atteso alla precedente relazione si ha

$$E[M_0] \geq E[M_t] \geq E[M_T], \qquad 0 \leq t \leq T.$$

Dall'ipotesi (5.34) si deduce che $E[M_t] = E[M_0]$ per ogni $t \in [0,T]$. Infine, per la (5.35), se fosse $M_s > E[M_t \mid \mathcal{F}_s]$ su un evento di probabilità strettamente positiva allora si avrebbe una contraddizione. □

---

[9] Esiste una costante c tale che $|M_t| \leq c$ q.s. per ogni $t \in [0,T]$.

Proposizione 5.34. *Se* $M \in \mathcal{M}_{c,\text{loc}}$ *e* τ *è uno stopping time, allora anche* $X_t := M_{t \wedge \tau}$ *è una martingala locale continua.*

Dimostrazione. Se (τ_n) è una successione localizzante per M si ha

$$X_{t \wedge \tau_n} = M_{(t \wedge \tau) \wedge \tau_n} = M_{(t \wedge \tau_n) \wedge \tau}.$$

Di conseguenza, in base al Corollario 4.70 e poiché per ipotesi $M_{t \wedge \tau_n}$ è una martingala continua, si ha che (τ_n) è una successione localizzante per X. □

5.4.2 Localizzazione e variazione quadratica

Il seguente teorema afferma che l'integrale stocastico di un processo $u \in \mathbb{L}^2_{\text{loc}}$ è una martingala locale continua. In tutta questa sezione usiamo le notazioni:

$$X_t = \int_0^t u_s dW_s, \qquad A_t = \int_0^t u_s^2 ds, \qquad t \in [0, T]. \tag{5.36}$$

Teorema 5.35. *Si ha:*

- *se* $u \in \mathbb{L}^2$ *allora* $X \in \mathcal{M}_c^2$;
- *se* $u \in \mathbb{L}^2_{\text{loc}}$ *allora* $X \in \mathcal{M}_{c,\text{loc}}$ *e una successione localizzante per* X *è data da*

$$\tau_n = \inf \{t \in [0, T] \mid A_t \geq n\} \cup \{T\}, \qquad n \in \mathbb{N}. \tag{5.37}$$

Dimostrazione. Abbiamo visto all'inizio del Paragrafo 5.4 che (τ_n) in (5.37) è una successione crescente di tempi d'arresto tale che $\tau_n \to T$ q.s. per $n \to \infty$. Fissato $n \in \mathbb{N}$, per ogni $k \geq n$ in base alla Definizione 5.28, si ha *su F_k in* (5.28)

$$X_{t \wedge \tau_n} = \int_0^{t \wedge \tau_n} u_s \mathbb{1}_{\{s \leq \tau_k\}} dW_s =$$

(per la Proposizione 5.22, poiché $u_s \mathbb{1}_{\{s \leq \tau_k\}} \in \mathbb{L}^2$)

$$= \int_0^t u_s \mathbb{1}_{\{s \leq \tau_k\}} \mathbb{1}_{\{s \leq \tau_n\}} dW_s =$$

(poiché $n \leq k$)

$$= \int_0^t u_s \mathbb{1}_{\{s \leq \tau_n\}} dW_s, \qquad \text{su } F_k.$$

Data l'arbitrarietà di k e per la (5.29), si ha

$$X_{t \wedge \tau_n} = \int_0^t u_s \mathbb{1}_{\{s \leq \tau_n\}} dW_s, \qquad t \in [0, T], \text{ q.s.} \tag{5.38}$$

La tesi segue dal fatto che $u_s \mathbb{1}_{\{s \leq \tau_n\}} \in \mathbb{L}^2$ e quindi $X_{t \wedge \tau_n} \in \mathcal{M}_c^2$. □

Proposizione 5.36. *Per ogni $M \in \mathscr{M}_{c,\mathrm{loc}}$ esiste un unico (a meno di processi indistinguibili) processo crescente e continuo A tale che $A_0 = 0$ q.s. e*

$$(M^2 - A) \in \mathscr{M}_{c,\mathrm{loc}}.$$

Si dice che A è il processo variazione quadratica di M e si indica $A = \langle M \rangle$.

La dimostrazione della proposizione si basa sul fatto che ogni $M \in \mathscr{M}_{c,\mathrm{loc}}$ si approssima con martingale in $\mathscr{M}_c^2$ per le quali vale il Teorema 4.73.

Dimostriamo l'esistenza del processo variazione quadratica nel caso che maggiormente ci interessa.

Proposizione 5.37. *Se $u \in \mathbb{L}^2_{\mathrm{loc}}$ allora*

$$X_t = \int_0^t u_s dW_s,$$

è una martingala locale continua con processo variazione quadratica

$$\langle X \rangle_t = \int_0^t u_s^2 ds.$$

Dimostrazione. Consideriamo la successione (τ_n) localizzante per X definita nel Teorema 5.35. Abbiamo provato che (cfr. (5.38))

$$X_{t \wedge \tau_n} = \int_0^t u_s \mathbb{1}_{\{s \leq \tau_n\}} dW_s$$

con $u_s \mathbb{1}_{\{s \leq \tau_n\}} \in \mathbb{L}^2$. Pertanto, per la Proposizione 5.24 e usando la notazione (5.36), si ha che il seguente processo è una martingala:

$$X_{t \wedge \tau_n}^2 - \int_0^t u_s^2 \mathbb{1}_{\{s \leq \tau_n\}} ds = X_{t \wedge \tau_n}^2 - A_{t \wedge \tau_n} = \left(X^2 - A\right)_{t \wedge \tau_n}.$$

Ne segue che $X^2 - A$ è una martingala locale. □

Osservazione 5.38. Le Proposizione 5.36 e 5.37 hanno la seguente estensione: per ogni $X, Y \in \mathscr{M}_{c,\mathrm{loc}}$, il processo

$$\langle X, Y \rangle := \frac{1}{4} \left(\langle X + Y \rangle - \langle X - Y \rangle \right)$$

è l'unico (a meno di processi indistinguibili) processo continuo a variazione limitata tale che $\langle X, Y \rangle_0 = 0$ q.s. e

$$XY - \langle X, Y \rangle \in \mathscr{M}_{c,\mathrm{loc}}.$$

Diciamo che $\langle X, Y \rangle$ è il *processo co-variazione quadratica di X, Y*.
Se $u, v \in \mathbb{L}^2_{\mathrm{loc}}$ e

$$X_t = \int_0^t u_s dW_s, \qquad Y_t = \int_0^t v_s dW_s,$$

allora

$$\langle X, Y \rangle_t = \int_0^t u_s v_s ds.$$

Infine, coerentemente con la Proposizione 4.77, dati $X, Y \in \mathscr{M}_{c,\text{loc}}$ e due processi Z, V continui e a variazione limitata, poniamo

$$\langle X + Z, Y + V \rangle := \langle X, Y \rangle. \tag{5.39}$$

$\square$

Le seguenti proprietà (cfr. Proposizione 4.76) sono facilmente verificabili: la co-variazione $\langle \cdot, \cdot \rangle$ è una forma bilineare; per ogni $\alpha \in \mathbb{R}$ si ha

i) $\langle X, X \rangle = \langle X \rangle$;
ii) $\langle X, Y \rangle = \langle Y, X \rangle$;
iii) $\langle \alpha X + Y, Z \rangle = \alpha \langle X, Z \rangle + \langle Y, Z \rangle$;
iv) $|\langle X, Y \rangle|^2 \leq \langle X \rangle \langle Y \rangle$.

Infine la Proposizione 4.78 ha la seguente immediata generalizzazione.

Proposizione 5.39. *Se $X \in \mathscr{M}_{c,\text{loc}}$ allora $t \mapsto X_t(\omega)$ non ha variazione limitata su $[0, T]$ per quasi ogni $\omega \in \{\langle X \rangle_T > 0\}$. Inoltre $t \mapsto X_t(\omega)$ è la funzione costante nulla per quasi ogni $\omega \in \{\langle X \rangle_T = 0\}$.*

Concludiamo il paragrafo enunciando[10] un risultato classico che afferma che per ogni $M \in \mathscr{M}_{c,\text{loc}}$ le funzioni

$$E\left[\langle M \rangle_T^p\right] \qquad \text{e} \qquad E\left[\sup_{t \in [0,T]} |M_t|^{2p}\right]$$

sono confrontabili uniformemente in $p > 0$. Precisamente vale

Teorema 5.40 (Disuguaglianze di Burkholder-Davis-Gundy). *Per ogni $p > 0$ esistono delle costanti positive λ_p, Λ_p tali che*

$$\lambda_p E\left[\langle M \rangle_\tau^p\right] \leq E\left[\sup_{t \in [0,\tau]} |M_t|^{2p}\right] \leq \Lambda_p E\left[\langle M \rangle_\tau^p\right],$$

per ogni $M \in \mathscr{M}_{c,\text{loc}}$ e tempo d'arresto τ.

Come conseguenza del Teorema 5.40 proviamo un utile criterio per stabilire se un integrale stocastico di un processo in $\mathbb{L}^2_{\text{loc}}$ è una martingala.

---

[10] Per la dimostrazione si veda, per esempio, il Teorema 3.3.28 in [91].

Proposizione 5.41. *Se* $u \in \mathbb{L}^2_{\text{loc}}$ *e*

$$E\left[\left(\int_0^T u_t^2 dt\right)^{\frac{1}{2}}\right] < \infty, \qquad (5.40)$$

allora il processo

$$\int_0^t u_s dW_s, \qquad t \in [0, T],$$

è una martingala.

Dimostrazione. Anzitutto osserviamo che per la disuguaglianza di Hölder si ha

$$E\left[\left(\int_0^T u_t^2 dt\right)^{\frac{1}{2}}\right] \leq E\left[\int_0^T u_t^2 dt\right]^{\frac{1}{2}},$$

e dunque la condizione (5.40) è più debole della condizione di sommabilità nello spazio $\mathbb{L}^2$.

Per la seconda disuguaglianza di Burkholder-Davis-Gundy con $p = \frac{1}{2}$ e $\tau = T$, si ha

$$E\left[\sup_{t \in [0,T]} \left|\int_0^t u_s dW_s\right|\right] \leq \Lambda_{\frac{1}{2}} E\left[\left(\int_0^T u_t^2 dt\right)^{\frac{1}{2}}\right] < \infty$$

e dunque la tesi segue dalla Proposizione 5.32. □

5.5 Processi di Itô

Sia W un moto Browniano reale su uno spazio di probabilità con filtrazione $(\Omega, \mathcal{F}, P, \mathcal{F}_t)$ in cui valgano le ipotesi usuali.

Definizione 5.42. *Dato $p \geq 1$, indichiamo con $\mathbb{L}^p_{\text{loc}}$ la famiglia dei processi progressivamente misurabili $(u_t)_{t \in [0,T]}$ tali che*

$$\int_0^T |u_t|^p dt < \infty, \qquad q.s. \qquad (5.41)$$

Per la disuguaglianza di Hölder si ha

$$\mathbb{L}^p_{\text{loc}} \subseteq \mathbb{L}^q_{\text{loc}}, \qquad p \geq q \geq 1,$$

e in particolare $\mathbb{L}^2_{\text{loc}} \subseteq \mathbb{L}^1_{\text{loc}}$. Nel capitolo precedente è stato definito l'integrale stocastico di un processo in $\mathbb{L}^2_{\text{loc}}$. Risulta che tale spazio è l'ambiente naturale: per esempio, rimandiamo a Steele [156], Paragrafo 7.3, per un interessante discussione sull'impossibilità di definire l'integrale stocastico di $u \in \mathbb{L}^p_{\text{loc}}$ per $1 \leq p < 2$.

Definizione 5.43. *Un processo di Itô è un processo stocastico X della forma*

$$X_t = X_0 + \int_0^t \mu_s ds + \int_0^t \sigma_s dW_s, \qquad t \in [0,T], \tag{5.42}$$

dove X_0 è una variabile aleatoria $\mathcal{F}_0$-misurabile, $\mu \in \mathbb{L}^1_{\text{loc}}$ e $\sigma \in \mathbb{L}^2_{\text{loc}}$.

Notazione 5.44 *La (5.42) viene solitamente scritta nella seguente "forma differenziale":*

$$dX_t = \mu_t dt + \sigma_t dW_t. \tag{5.43}$$

Il processo μ è detto coefficiente di drift (o deriva). Il processo σ è detto coefficiente di diffusione. Intuitivamente μ "imprime la direzione" al processo X, mentre la componente di X contenente σ è una martingala (locale) cha dà solo un "contributo stocastico" all'evoluzione di X.

Osservazione 5.45. Da una parte la (5.43) è più breve da scrivere rispetto alla (5.42) e quindi più comoda da utilizzare; dall'altra la (5.43) risulta più intuitiva e familiare, in quanto (solo formalmente!) ricorda il calcolo differenziale usuale per le funzioni di una variabile reale. Sottolineiamo il fatto che abbiamo definito ogni singolo termine che appare nella (5.42). Al contrario la (5.43) va presa "tutta insieme" ed è solo una notazione più compatta per scrivere la (5.42). Per maggiore chiarezza, sottolineiamo che il termine dX_t, benché a volte denominato *differenziale stocastico*, non è stato definito e ha senso solo all'interno della formula (5.43). □

Un processo di Itô X della forma (5.42) è la somma del processo a variazione limitata e continuo

$$X_0 + \int_0^t \mu_s ds$$

con la martingala locale continua

$$\int_0^t \sigma_s dW_s.$$

Allora in base alla definizione 5.39 e alla Proposizione 5.37, vale

Corollario 5.46. *Se X è il processo di Itô in (5.42), allora*

$$\langle X \rangle_t = \int_0^t \sigma_s^2 ds,$$

o, in termini differenziali,

$$d\langle X \rangle_t = \sigma_t^2 dt.$$

Notiamo che *la rappresentazione differenziale di un processo di Itô è unica:* i coefficienti di drift e diffusione sono determinati univocamente. Vale infatti la seguente

Proposizione 5.47. *Se X è il processo di Itô in (5.42) ed esistono X'_0, variabile aleatoria $\mathcal{F}_0$-misurabile, $\mu' \in \mathbb{L}^1_{\text{loc}}$ e $\sigma' \in \mathbb{L}^2_{\text{loc}}$ tali che*

$$X_t = X'_0 + \int_0^t \mu'_s ds + \int_0^t \sigma'_s dW_s, \qquad t \in [0,T],$$

allora $X_0 = X'_0$ q.s. ed anche $\mu = \mu'$ e $\sigma = \sigma'$ quasi ovunque rispetto alla misura prodotto $m \otimes P$ dove m indica la misura di Lebesgue: in altri termini vale

$$(m \otimes P)\left(\{(t,\omega) \in [0,T] \times \Omega \mid \mu_t(\omega) \neq \mu'_t(\omega)\}\right) = \qquad (5.44)$$
$$(m \otimes P)\left(\{(t,\omega) \in [0,T] \times \Omega \mid \sigma_t(\omega) \neq \sigma'_t(\omega)\}\right) = 0. \qquad (5.45)$$

Dimostrazione. Per ipotesi si ha

$$M_t := \int_0^t (\mu_s - \mu'_s) ds = \int_0^t (\sigma_s - \sigma'_s) dW_s, \qquad \text{q.s., } t \in [0,T],$$

Dunque $M \in \mathcal{M}_{\text{c,loc}}$ e ha variazione limitata e quindi la Proposizione 5.39 implica che $\langle M \rangle_T = 0$ q.s. D'altra parte, per la Proposizione 5.37, si ha

$$\langle M \rangle_T = \int_0^T (\sigma_t - \sigma'_t)^2 dt,$$

e questo prova la (5.45).

Infine se vale la (5.45) allora M è indistinguibile dal processo nullo e questo prova[11] la (5.44). □

Osservazione 5.48. Un processo di Itô è una martingala locale se e solo se ha drift nullo. Più precisamente, se X in (5.42) è una martingala locale allora $\mu = 0$ quasi ovunque rispetto alla misura prodotto $m \otimes P$. Infatti per ipotesi il processo

$$A_t := \int_0^t \mu_s ds = X_t - X_0 - \int_0^t \sigma_s dW_s$$

sarebbe in $\mathcal{M}_{\text{c,loc}}$ e nel contempo avrebbe variazione limitata essendo un integrale di Lebesgue: la tesi segue dalla Proposizione 5.39. □

5.6 Formula di Itô-Doeblin

Come si "calcola" un integrale stocastico? Siamo in una situazione analoga a quando si introduce l'integrale di Riemann o di Lebesgue: in entrambi i casi

---

[11] Se $u \in L^1([0,T])$ e si ha

$$\int_0^t u_s ds = 0, \qquad \forall t \in [0,T],$$

allora $u = 0$ quasi ovunque rispetto alla misura di Lebesgue.

la definizione di integrale è teorica e non è possibile utilizzarla direttamente per calcolare un integrale se non in qualche caso molto particolare. Per questo motivo, il calcolo di un integrale di Lebesgue è solitamente ricondotto a quello di un integrale di Riemann mediante il teorema di riduzione ed il fatto che, se f è Riemann-integrabile allora è anche misurabile secondo Lebesgue e l'integrale nei due sensi coincide. D'altra parte, introdotto il concetto di primitiva, il calcolo di un integrale di Riemann si riconduce alla determinazione di una primitiva della funzione integranda. Nella teoria dell'integrazione stocastica il concetto analogo a quello di primitiva è tradotto "in termini integrali" dalla formula di Itô-Doeblin[12].

5.6.1 Formula di Itô per il moto Browniano

Teorema 5.49. [**Formula di Itô**] *Siano* $f \in C^2(\mathbb{R})$ *e* W *un moto Browniano reale. Allora* $f(W)$ *è un processo di Itô e vale*

$$df(W_t) = f'(W_t)dW_t + \frac{1}{2}f''(W_t)dt. \qquad (5.46)$$

Dimostrazione. La grossa novità di questa formula di Itô rispetto alla (4.30) è la presenza del "termine del second'ordine" $\frac{1}{2}f''(W_t)dt$ (come vedremo, il fattore $\frac{1}{2}$ deriva da uno sviluppo in serie di Taylor al second'ordine) dovuto al fatto che un moto Browniano ha variazione quadratica positiva:

$$d\langle W \rangle_t = dt.$$

Per mettere in luce le idee principali ci limitiamo a dimostrare la formula nel caso in cui f abbia le derivate prime e seconde limitate: per il caso generale, che si prova con un procedimento di localizzazione, rimandiamo per esempio a Steele [156] o Durrett [51].

Dobbiamo provare che

$$f(W_t) - f(W_0) = \int_0^t f'(W_s)dW_s + \frac{1}{2}\int_0^t f''(W_s)ds.$$

Data una partizione $\varsigma = \{t_0, t_1, \ldots, t_N\}$ di $[0,t]$, per semplificare le notazioni indichiamo $f_k = f(W_{t_k})$ e $\Delta_{k,k-1} = W_{t_k} - W_{t_{k-1}}$. Si ha

$$f(W_t) - f(W_0) = \sum_{k=1}^{N}(f_k - f_{k-1}) =$$

---

[12] La formula per il "cambio di variabile" presentata in questo paragrafo è stata provata da Itô [83] ed comunemente nota in letteratura come Formula di Itô. Recentemente è stato scoperto un lavoro postumo di W. Doeblin [45] del 1940 che contiene una costruzione dell'integrale stocastico e l'enunciato della formula del cambio di variabile. Tale lavoro è stato recentemente ripubblicato [46] con una nota storica di Bru. Nel seguito per brevità indicheremo tale formula con l'appellativo più usuale di Formula di Itô.

5.6 Formula di Itô-Doeblin

(sviluppando in serie di Taylor al second'ordine con resto secondo Lagrange, con $t_k^* \in [t_{k-1}, t_k]$)

$$= \underbrace{\sum_{k=1}^{N} f'_{k-1} \Delta_{k,k-1}}_{=:I_1(\varsigma)} + \underbrace{\frac{1}{2} \sum_{k=1}^{N} f''_{k-1} \Delta^2_{k,k-1}}_{=:I_2(\varsigma)} + \underbrace{\frac{1}{2} \sum_{k=1}^{N} (f''(W_{t_k^*}) - f''_{k-1}) \Delta^2_{k,k-1}}_{=:I_3(\varsigma)}.$$

Per quanto riguarda $I_1(\varsigma)$, poiché f' è una funzione continua e limitata per ipotesi, allora $f'(W)$ è un processo L^2 continuo in base all'Esempio 5.19 e dunque esiste

$$\lim_{|\varsigma| \to 0^+} I_1(\varsigma) = \int_0^t f'(W_s) dW_s, \qquad \text{in } \mathscr{M}_c^2.$$

Per quanto riguarda $I_2(\varsigma)$, è sufficiente procedere come nella dimostrazione del Teorema 4.41, utilizzando il fatto che $\langle W \rangle_s = s$, per provare che

$$\lim_{|\varsigma| \to 0^+} I_2(\varsigma) = \int_0^t f''(W_s) ds,$$

in $L^2(\Omega)$ e quindi, per la disuguaglianza di Doob, anche in $\mathscr{M}_c^2$.

Infine verifichiamo che $I_3(\varsigma) \longrightarrow 0$ in $L^2(\Omega)$ per $|\varsigma| \to 0^+$. Intuitivamente ciò è dovuto al fatto che $f''(W_t)$ è un processo continuo e W ha variazione quadratica finita: in effetti la prova è basata sulla stessa idea della Proposizione 4.40, risultato analogo nel caso della variazione prima. Facciamo la seguente osservazione preliminare: per ogni $\varsigma = \{t_0, \ldots, t_N\} \in \mathcal{P}_{[0,t]}$, $t > 0$, vale

$$t^2 = \left(\sum_{k=1}^{N} (t_k - t_{k-1}) \right)^2 = \underbrace{\sum_{k=1}^{N} (t_k - t_{k-1})^2}_{=:J_1(\varsigma)} + \underbrace{2 \sum_{h<k} (t_h - t_{h-1})(t_k - t_{k-1})}_{=:J_2(\varsigma)};$$

di conseguenza

$$0 \leq J_1(\varsigma) \leq |\varsigma| \sum_{k=1}^{N} (t_k - t_{k-1}) = |\varsigma| t \xrightarrow[|\varsigma| \to 0^+]{} 0, \qquad (5.47)$$

$$0 \leq J_2(\varsigma) \leq t, \qquad \varsigma \in \mathcal{P}_{[0,t]}. \qquad (5.48)$$

Ora si ha

$$E\left[(I_3(\varsigma))^2 \right] = \underbrace{\sum_{k=1}^{N} E\left[(f''(W_{t_k^*}) - f''_{k-1})^2 \Delta^4_{k,k-1} \right]}_{=:L_1(\varsigma)}$$

$$+ \underbrace{2 \sum_{h<k}^{N} E\left[(f''(W_{t_h^*}) - f''_{h-1})(f''(W_{t_k^*}) - f''_{k-1}) \Delta^2_{h,h-1} \Delta^2_{k,k-1} \right]}_{=:L_2(\varsigma)}.$$

Vale

$$L_1(\varsigma) \le 4\sup|f''|^2 \sum_{k=1}^{N} E\left[\Delta_{k,k-1}^4\right] =$$

(per la (4.34))

$$= 12\sup|f''|^2 \sum_{k=1}^{N}(t_k - t_{k-1})^2 \xrightarrow[|\varsigma|\to 0^+]{} 0$$

per la (5.47). D'altra parte, per la disuguaglianza di Hölder, si ha

$$L_2(\varsigma)$$
$$\le \sum_{h<k}^{N} E\left[(f''(W_{t_h^*}) - f''_{h-1})^2 (f''(W_{t_k^*}) - f''_{k-1})^2\right]^{\frac{1}{2}} E\left[\Delta_{h,h-1}^4 \Delta_{k,k-1}^4\right]^{\frac{1}{2}} \le$$

(dato $\varepsilon > 0$, se $|\varsigma|$ è abbastanza piccolo, per il Teorema della convergenza dominata di Lebesgue, essendo f'' limitata e continua)

$$\le \varepsilon \sum_{h<k}^{N} E\left[\Delta_{h,h-1}^4 \Delta_{k,k-1}^4\right]^{\frac{1}{2}} \le$$

(per l'indipendenza degli incrementi del moto Browniano)

$$\le \varepsilon \sum_{h<k}^{N} E\left[\Delta_{h,h-1}^4\right]^{\frac{1}{2}} E\left[\Delta_{k,k-1}^4\right]^{\frac{1}{2}} = 3\varepsilon \sum_{h<k}^{N}(t_h - t_{h-1})(t_k - t_{k-1}) \le 3\varepsilon t$$

per la (5.48), da cui la tesi. □

Esempio 5.50.

i) applicando la formula di Itô con $f(x) = x^2$ si ha

$$d(W_t^2) = 2W_t dW_t + dt,$$

da cui ricaviamo

$$\int_0^t W_s dW_s = \frac{W_t^2 - t}{2};$$

ii) calcoliamo $E\left[W_t^4\right]$: per la formula di Itô si ha

$$dW_t^4 = 4W_t^3 dW_t + 6W_t^2 dt,$$

ossia

$$W_t^4 = \int_0^t 4W_s^3 dW_s + \int_0^t 6W_s^2 ds.$$

In base alla proprietà della media nulla (5.7), deduciamo

$$E\left[W_t^4\right] = \int_0^t 6E\left[W_s^2\right] ds = \int_0^t 6s\,ds = 3t^2;$$

iii) se $X_t = \exp(\sigma W_t)$ con W moto Browniano e $\sigma \in \mathbb{R}$, si ha

$$dX_t = \sigma X_t dW_t + \frac{1}{2}\sigma^2 X_t dt; \qquad (5.49)$$

Calcoliamo $E[X_t]$ (cfr. Esercizio 2.37): poiché $X \in \mathbb{L}^2$, per la proprietà della media nulla (5.7), da (5.49) otteniamo

$$E[X_t] = \frac{\sigma^2}{2} \int_0^t E[X_s] ds.$$

In altri termini, posto $y(t) = E[X_t]$, si ha che y è soluzione del problema di Cauchy ordinario

$$\begin{cases} y'(t) = \frac{\sigma^2}{2} y(t), \\ y(0) = 1, \end{cases}$$

e concludiamo che

$$E[\exp(\sigma W_t)] = e^{\frac{\sigma^2}{2}t}. \qquad (5.50)$$

$\square$

Proposizione 5.51. *Se $\mu \in L^1$ e $\sigma \in L^2$ sono funzioni deterministiche, allora il processo definito da*

$$dS_t = \mu(t)dt + \sigma(t)dW_t,$$

ha distribuzione normale con

$$E[S_t] = S_0 + \int_0^t \mu(s)ds, \qquad \mathrm{var}(S_t) = \int_0^t \sigma^2(s)ds.$$

Dimostrazione. In base al Teorema 2.87 e ricordando l'Esempio 5.14, è sufficiente provare che, per ogni t, vale

$$E\left[e^{i\xi S_t}\right] = \exp\left(i\xi\left(S_0 + \int_0^t \mu(s)ds\right) - \frac{\xi^2}{2}\int_0^t \sigma^2(s)ds\right). \qquad (5.51)$$

La prova della (5.51) è lasciata per esercizio: è sufficiente procedere come nella dimostrazione della (5.50). $\square$

Esercizio 5.52. Procedendo come nell'Esempio 5.50 e utilizzando la formula di Itô, calcolare $E[W_t^6]$. Per induzione, provare che $E[W_t^n] = 0$ se n è dispari e

$$E[W_t^n] = \left(\frac{t}{2}\right)^{\frac{n}{2}} \frac{n!}{(n/2)!},$$

se n è pari.

5.6.2 Formulazione generale

Notazione 5.53 *Sia X un processo di Itô*

$$dX_t = \mu_t dt + \sigma_t dW_t. \tag{5.52}$$

Se h è un processo stocastico tale che $h\mu \in \mathbb{L}^1_{\text{loc}}$ e $h\sigma \in \mathbb{L}^2_{\text{loc}}$, abbreviamo la scrittura

$$dY_t = h_t \mu_t dt + h_t \sigma_t dW_t,$$

in

$$dY_t = h_t dX_t, \tag{5.53}$$

e utilizziamo coerentemente anche la notazione

$$Y_t = Y_0 + \int_0^t h_s dX_s := Y_0 + \int_0^t h_s \mu_s ds + \int_0^t h_s \sigma_s dW_s.$$

Notiamo che se $\mu \in \mathbb{L}^1_{\text{loc}}$, $\sigma \in \mathbb{L}^2_{\text{loc}}$ e h è un processo adattato e continuo allora $h\mu \in \mathbb{L}^1_{\text{loc}}$ e $h\sigma \in \mathbb{L}^2_{\text{loc}}$. Più in generale è sufficiente che h sia progressivamente misurabile e limitato q.s.

Enunciamo ora una versione più generale della formula di Itô: non riportiamo la dimostrazione che è sostanzialmente analoga a quella del Teorema 5.49.

Teorema 5.54. [Formula di Itô] *Sia X il processo di Itô in (5.52) e $f = f(t,x) \in C^{1,2}(\mathbb{R}^2)$. Allora il processo stocastico*

$$Y_t = f(t, X_t)$$

è un processo di Itô e vale

$$df(t, X_t) = \partial_t f(t, X_t) dt + \partial_x f(t, X_t) dX_t + \frac{1}{2} \partial_{xx} f(t, X_t) d\langle X \rangle_t. \tag{5.54}$$

Osservazione 5.55. Poiché, per il Corollario 5.46, vale

$$d\langle X \rangle_t = \sigma_t^2 dt,$$

la (5.54) si riscrive più esplicitamente nel modo seguente

$$df = \left(\partial_t f + \mu_t \partial_x f + \frac{1}{2} \sigma_t^2 \partial_{xx} f \right) dt + \sigma_t \partial_x f dW_t, \tag{5.55}$$

dove $f = f(t, X_t)$. Come vedremo in seguito, la formula di Itô vale anche sotto ipotesi sulla regolarità di f più deboli. □

Esempio 5.56. Se $f(t,x) = tx$ e $X = W$ è un moto Browniano, si ha

$$d(tW_t) = W_t dt + t dW_t.$$

Si noti la somiglianza con la classica legge di derivazione di un prodotto di funzioni. In forma integrale otteniamo:

$$tW_t = \int_0^t W_s ds + \int_0^t s dW_s.$$

Per esercizio si calcoli il differenziale stocastico di tW_t^2. □

Esempio 5.57 (Martingala esponenziale).
Dato $u \in \mathbb{L}^2_{\text{loc}}$ consideriamo il processo

$$Z_t = \exp\left(\int_0^t u_s dW_s - \frac{1}{2}\int_0^t u_s^2 ds\right). \qquad (5.56)$$

Osserviamo che, posto

$$X_t = \int_0^t u_s dW_s, \qquad \langle X \rangle_t = \int_0^t u_s^2 ds,$$

si ha

$$Z_t = \exp\left(X_t - \frac{1}{2}\langle X \rangle_t\right),$$

e per la formula di Itô vale

$$dZ_t = Z_t dX_t = u_t Z_t dW_t.$$

Dunque Z è una martingala locale, detta *martingala esponenziale*. Per la Proposizione 5.33, essendo un processo positivo, Z è anche una super-martingala e in particolare vale

$$E[Z_t] \leq E[Z_0] = 1, \qquad t \geq 0.$$

Inoltre se $E[Z_T] = 1$ allora $(Z_t)_{0 \leq t \leq T}$ è una martingala. Ciò è vero in particolare nel caso in cui $u_t = \sigma$ con σ costante (eventualmente $\sigma \in \mathbb{C}$): allora il processo

$$Z_t = e^{\sigma W_t - \frac{|\sigma|^2}{2}t}$$

è una martingala. □

5.6.3 Martingale ed equazioni paraboliche

Consideriamo il processo di Itô X in (5.52) con coefficienti di drift e diffusione $\mu_t = \mu$ e $\sigma_t = \sigma$ costanti, e definiamo l'operatore differenziale parabolico a coefficienti costanti

$$L = \partial_t + \mu \partial_x + \frac{\sigma^2}{2}\partial_{xx}.$$

Allora, per $f \in C^{1,2}(\mathbb{R}^2)$, la (5.55) è equivalente a

$$df = Lf dt + \sigma \partial_x f dW_t. \qquad (5.57)$$

Corollario 5.58. *Nelle ipotesi precedenti, il processo $(f(t,X_t))_{t\in[0,T]}$ è una martingala locale se e solo se f è soluzione di L:*

$$Lf = 0, \quad \text{in } [0,T] \times \mathbb{R}.$$

Dimostrazione. È ovvio che se f è soluzione allora, per la (5.57), $f(t,X_t)$ è un integrale stocastico e quindi una martingala locale continua. Viceversa, se $f(t,X_t)$ è una martingala locale allora, per l'Osservazione 5.48, ha drift nullo ossia vale $Lf(t,X_t) = 0$ $m \otimes P$-quasi ovunque. La tesi segue dalla Proposizione 2.43 poiché X_t ha densità strettamente positiva su $\mathbb{R}$: osserviamo che si ha

$$0 = \int_0^t E\left[|Lf(s,X_s)|\right] ds = \int_0^t \int_\mathbb{R} |Lf(s,x)| \Gamma(s,x) dx ds,$$

con $\Gamma > 0$. □

Notiamo che se $\partial_x f(t,X_t) \in \mathbb{L}^2$ allora $f(t,X_t)$ è una vera martingala di quadrato sommabile, $f(t,X_t) \in \mathscr{M}_c^2$.

Analogamente $f(t,X_t)$ è una super-martingala locale se e solo se f è super-soluzione[13] di L ossia vale

$$Lf \leq 0, \quad \text{in }]0,T[\times \mathbb{R}. \tag{5.58}$$

Nel caso in cui X sia un moto Browniano, si ha

$$L = \partial_t + \frac{1}{2}\partial_{xx},$$

ossia L è *l'operatore del calore aggiunto*.

5.6.4 Moto Browniano geometrico

Un moto Browniano geometrico è una soluzione dell'equazione differenziale stocastica

$$dS_t = \mu S_t dt + \sigma S_t dW_t, \tag{5.59}$$

dove $\mu, \sigma \in \mathbb{R}$, ossia è un processo stocastico $S \in \mathbb{L}^2$ tale che

$$S_t = S_0 + \mu \int_0^t S_s ds + \sigma \int_0^t S_s dW_s. \tag{5.60}$$

Il processo S può essere determinato esplicitamente nella forma $S_t = f(t,W_t)$ con $f = f(t,x) \in C^{1,2}$. Infatti applicando la formula di Itô e imponendo la (5.59), otteniamo

$$\left(\partial_t f(t,W_t) + \frac{1}{2}\partial_{xx} f(t,W_t)\right) dt + \partial_x f(t,W_t) dW_t$$
$$= \mu f(t,W_t) dt + \sigma f(t,W_t) dW_t.$$

---

[13] Si veda la nota a pag.304.

5.6 Formula di Itô-Doeblin

Dall'unicità della rappresentazione di un processo di Itô (cfr. Proposizione 5.47) deduciamo[14] che, per $(t,x) \in \mathbb{R}_+ \times \mathbb{R}$, vale

$$\begin{cases} \partial_x f(t,x) = \sigma f(t,x), \\ f(t,x) + \frac{1}{2}\partial_{xx} f(t,x) = \mu f(t,x). \end{cases}$$

Per la prima equazione, esiste una funzione $g = g(t)$ tale che

$$f(t,x) = g(t)e^{\sigma x} \qquad (5.61)$$

e inserendo la (5.61) nella seconda equazione otteniamo

$$g' + \frac{\sigma^2}{2}g = \mu g$$

da cui $g(t) = g(0)e^{\left(\mu - \frac{\sigma^2}{2}\right)t}$. In definitiva vale

$$S_t = S_0 e^{\sigma W_t + \left(\mu - \frac{\sigma^2}{2}\right)t}, \qquad (5.62)$$

e applicando la formula di Itô, è facile verificare che S in (5.62) è effettivamente soluzione dell'equazione (5.59).

Bachelier [6] utilizzò per primo il moto Browniano (non geometrico) come modello per il prezzo dei titoli benché tale processo sia negativo con probabilità positiva. Successivamente Samuelson [145] considerò il moto Browniano geometrico che fu poi utilizzato da Black, Merton e Scholes nei classici lavori [21], [120] sulla valutazione d'arbitraggio delle opzioni. Essendo un esponenziale, il moto Browniano geometrico (S_t) è un processo strettamente positivo[15]: più precisamente S_t ha densità con supporto in $[0, +\infty[$ e strettamente positiva su $]0, +\infty[$ (si veda la seguente (5.64)).

Se $\sigma = 0$, la dinamica di S è deterministica

$$S_t = S_0 e^{\mu t}$$

e corrisponde alla legge di capitalizzazione continuamente composta con tasso μ. Per questo motivo il coefficiente di drift μ è solitamente detto *tasso di rendimento atteso* di S e il parametro di diffusione σ, che regola l'effetto stocastico del moto Browniano, è detto *volatilità*. Poiché

$$\log(S_t) = \log(S_0) + \left(\mu - \frac{\sigma^2}{2}\right)t + \sigma W_t \sim N_{\log(S_0) + \left(\mu - \frac{\sigma^2}{2}\right)t,\, \sigma^2 t}, \qquad (5.63)$$

S ha distribuzione *log-normale* (cfr. Esempio 2.37). Chiaramente è facile calcolare

---

[14] Qui utilizziamo anche il fatto che, per $t > 0$, W_t ha densità strettamente positiva su $\mathbb{R}$: per la Proposizione 2.43, se g è una funzione continua tale che $g(W_t) = 0$ q.s. allora $g \equiv 0$.

[15] Se $S_0 > 0$.

Fig. 5.1. Grafico di una traiettoria $t \mapsto S_t(\omega)$ di un moto Browniano geometrico S e del valore atteso $E[S_t]$

$$P(S_t \in [a,b]) = P(\log S_t \in [\log a, \log b]),$$

utilizzando, per esempio, la (2.18) per ricondursi ad una distribuzione normale standard. In alternativa possiamo scrivere esplicitamente la densità Ψ di S_t: poiché $S_t = F(W_t)$ con $F(x) = S_0 \exp\left(\sigma x + \left(\mu - \frac{\sigma^2}{2}\right)t\right)$, in base all'Osservazione 2.36, si ha

$$\Psi(t,x) = \frac{1}{\sigma x \sqrt{2\pi t}} \exp\left(-\frac{\left(\log\left(\frac{x}{S_0}\right) - \mu + \frac{\sigma^2 t}{2}\right)^2}{2\sigma^2 t}\right), \qquad t>0,\ x>0. \tag{5.64}$$

Nella Figura 5.2 è riportato il grafico della densità log-normale. Ricordando che, per l'Esempio 5.57,

$$M_t := \exp\left(\sigma W_t - \frac{\sigma^2}{2}t\right)$$

è una martingala, si ha

$$E[S_T \mid \mathcal{F}_t] = e^{\mu T} E[M_T \mid \mathcal{F}_t] = e^{\mu T} M_t = e^{\mu(T-t)} S_t,$$

per ogni $0 \leq t \leq T$. Di conseguenza S_t è una sub-martingala se $\mu \geq 0$ ed è una martingala se e solo se $\mu = 0$. Inoltre, per $S_0 \in \mathbb{R}$, si ha

$$E[S_t] = S_0 e^{\mu t},$$

come si può anche verificare direttamente con la (2.21). Infine, per la (2.22), si ha

$$\mathrm{var}(S_t) = S_0^2 e^{2\mu t}\left(e^{\sigma^2 t} - 1\right).$$

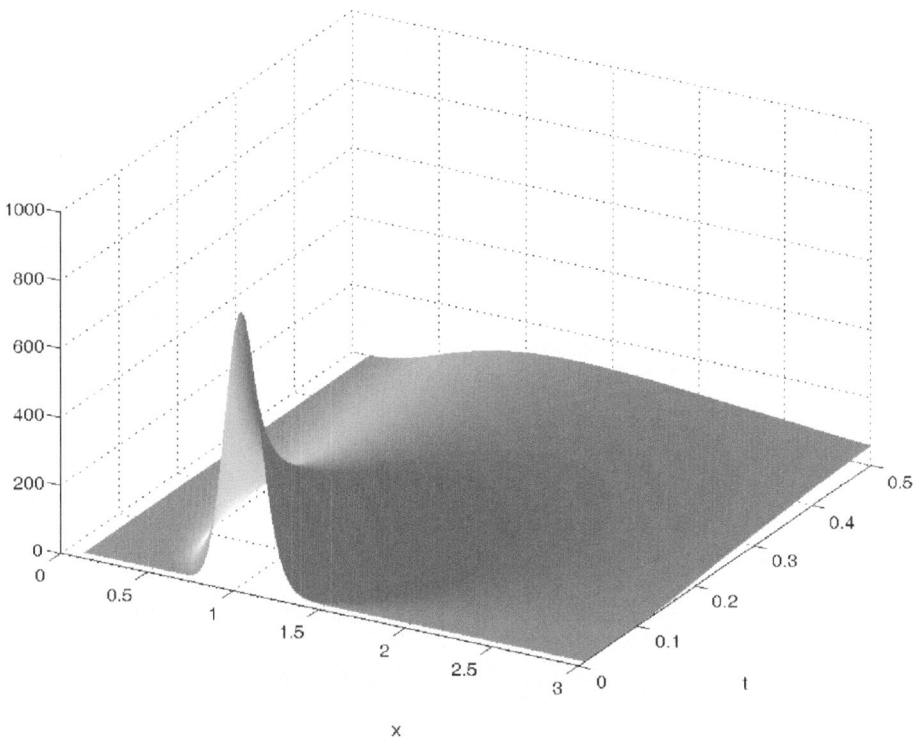

Fig. 5.2. Grafico della densità log-normale $\Psi(t,x)$ con $S_0 = 1$

5.7 Processi e formula di Itô multi-dimensionale

Estendiamo la definizione di moto Browniano al caso multi-dimensionale.

Definizione 5.59 (Moto Browniano d-dimensionale). *Sia $(\Omega, \mathcal{F}, P, \mathcal{F}_t)$ uno spazio di probabilità con filtrazione. Un moto Browniano d-dimensionale è un processo stocastico $W = (W_t)_{t \in [0,+\infty[}$ in $\mathbb{R}^d$ tale che*

i) $W_0 = 0$ P-q.s.;
ii) W è un p.s. $\mathcal{F}_t$-adattato e continuo;
iii) per $t > s \geq 0$, la variabile aleatoria $W_t - W_s$ ha distribuzione multi-normale $N_{0,(t-s)I_d}$, dove I_d indica la matrice identità $d \times d$, ed è indipendente da $\mathcal{F}_s$.

Il seguente lemma contiene alcune conseguenze immediate della definizione di moto Browniano multi-dimensionale.

Lemma 5.60. *Sia $W = (W^1, \ldots, W^d)$ un moto Browniano d-dimensionale su $(\Omega, \mathcal{F}, P, \mathcal{F}_t)$. Allora per ogni $i = 1, \ldots, d$ si ha*

1) W^i è un moto Browniano reale su $(\Omega, \mathcal{F}, P, \mathcal{F}_t)$ e quindi, in particolare, una $\mathcal{F}_t$-martingala;
2) W_t^i e W_t^j sono variabili aleatorie indipendenti per $j \neq i$ e $t \geq 0$.

Dimostrazione. La tesi è conseguenza del fatto che, per $x = (x_1, \ldots, x_d) \in \mathbb{R}^d$ e $h > 0$, si ha

$$\Gamma(h, x) := \frac{1}{(2\pi h)^{\frac{d}{2}}} \exp\left(-\frac{|x|^2}{2h}\right) = \prod_{i=1}^{d} \frac{1}{\sqrt{2\pi h}} \exp\left(-\frac{x_i^2}{2h}\right). \quad (5.65)$$

Infatti, proviamo la proprietà 1) nel caso $i = 1$: basta verificare che

$$(W_{t+h}^1 - W_t^1) \sim N_{0,h}. \quad (5.66)$$

Dati $H \in \mathscr{B}$ e $h > 0$, si ha

$$P((W_{t+h}^1 - W_t^1) \in H) = P((W_{t+h} - W_t) \in H \times \mathbb{R} \times \cdots \times \mathbb{R}) =$$

(poiché $(W_{t+h} - W_t) \sim N_{0, t I_d}$ e vale la (5.65))

$$= \int_H \frac{1}{\sqrt{2\pi h}} \exp\left(-\frac{x_1^2}{2h}\right) dx_1 \prod_{i=2}^{d} \int_\mathbb{R} \frac{1}{\sqrt{2\pi h}} \exp\left(-\frac{x_i^2}{2h}\right) dx_i$$

e questo prova la (5.66) poiché ognuno degli integrali in dx_i per $i \geq 2$ vale uno.

Conoscendo la distribuzione di W^i, la 2) è un'immediata conseguenza della Proposizione 2.62 e della (5.65). $\square$

Poiché le componenti di un moto Browniano W d-dimensionale su $(\Omega, \mathcal{F}, P, \mathcal{F}_t)$ sono moti Browniani reali, l'integrale

$$\int_0^t u_s dW_s^j, \qquad j = 1, \ldots, d,$$

è definito in modo usuale per ogni $u \in \mathbb{L}^2_{\text{loc}}(\mathcal{F}_t)$.

Lemma 5.61. *Per ogni $u, v \in \mathbb{L}^2$, $t_0 < t$ e $i \neq j$, si ha*

$$E\left[\int_{t_0}^t u_s dW_s^i \int_{t_0}^t v_s dW_s^j \mid \mathcal{F}_{t_0}\right] = 0. \quad (5.67)$$

Dimostrazione. Con un argomento di approssimazione è sufficiente considerare u, v semplici: poiché la dimostrazione è analoga a quella del Teorema 5.5, utilizziamo notazioni simili. Si ha

$$E\left(\int_{t_0}^{t} u_s dW_s^i \int_{t_0}^{t} v_s dW_s^j \mid \mathcal{F}_{t_0}\right)$$

$$= E\left[\sum_{k=1}^{N} e_k(W_{t_k}^i - W_{t_{k-1}}^i) \sum_{h=1}^{N} \varepsilon_h(W_{t_h}^j - W_{t_{h-1}}^j) \mid \mathcal{F}_{t_0}\right]$$

$$= \sum_{k=1}^{N} E\left[e_k \varepsilon_k (W_{t_k}^i - W_{t_{k-1}}^i)(W_{t_k}^j - W_{t_{k-1}}^j) \mid \mathcal{F}_{t_0}\right]$$

$$+ 2\sum_{h<k} E\left[e_k \varepsilon_h (W_{t_k}^i - W_{t_{k-1}}^i)(W_{t_h}^j - W_{t_{h-1}}^j) \mid \mathcal{F}_{t_0}\right]$$

e si conclude utilizzando la Proposizione 2.102-(6), in base all'indipendenza di $W_{t_k}^i - W_{t_{k-1}}^i$ da W^j (per il Lemma 5.60), da e_k e ε_k (che sono $\mathcal{F}_{t_{k-1}}$-misurabili). □

Notazione 5.62 *Se u è una matrice $N \times d$ con le componenti in $\mathbb{L}^2_{\mathrm{loc}}(\mathcal{F}_t)$ (nel seguito scriveremo semplicemente $u \in \mathbb{L}^2_{\mathrm{loc}}$), poniamo*

$$\int_0^t u_s \, dW_s = \left(\sum_{j=1}^{d} \int_0^t u_s^{ij} dW_s^j\right)_{i=1,\ldots,N}.$$

Il seguente risultato estende le proprietà dell'integrale stocastico contenute nel Teorema 5.11.

Teorema 5.63. *Per ogni $u, v \in \mathbb{L}^2$ matrici $N \times d$ e $0 \le a < b < c$, valgono le seguenti proprietà:*

(1) attesa nulla:

$$E\left[\int_a^b u_s dW_s \mid \mathcal{F}_a\right] = 0, \qquad E\left[\int_a^b u_t dW_t \cdot \int_b^c v_t dW_t \mid \mathcal{F}_a\right] = 0;$$

(2) isometria di Itô:

$$E\left[\int_a^b u_t dW_t \cdot \int_a^b v_t dW_t \mid \mathcal{F}_a\right] = E\left[\int_a^b \mathrm{tr}\,(u_t v_t^*) \, dt \mid \mathcal{F}_a\right], \qquad (5.68)$$

e in particolare

$$E\left[\left|\int_a^b u_t dW_t\right|^2 \mid \mathcal{F}_a\right] = E\left[\int_a^b |u_t|^2 \, dt \mid \mathcal{F}_a\right],$$

dove

$$|u_t|^2 = \mathrm{tr}\,(u_t u_t^*) = \sum_{i=1}^{N}\sum_{j=1}^{d} \left(u_t^{ij}\right)^2;$$

(3) posto

$$X_t = \int_0^t u_s dW_s, \qquad t \in [0,T],$$

si ha $X \in \mathscr{M}_c^2$ *e vale*

$$[\![X]\!]_T^2 \leq 4 \int_0^T E\left[|u_s|^2\right] ds.$$

Inoltre valgono le versioni "non condizionate" delle identità ai punti (1) e (2).

Dimostrazione. Proviamo solo la (5.68):

$$E\left[\int_a^b u_t dW_t \cdot \int_a^b v_t dW_t \mid \mathcal{F}_a\right]$$
$$= \sum_{i=1}^N E\left[\left(\sum_{h=1}^d \int_a^b u_t^{ih} dW_t^h\right)\left(\sum_{k=1}^d \int_a^b v_t^{ik} dW_t^k\right) \mid \mathcal{F}_a\right]$$

(per il Lemma 5.61 e l'isometria di Itô)

$$= E\left[\int_a^b \sum_{i=1}^N \sum_{h=1}^d u_t^{ih} v_t^{ih} dt \mid \mathcal{F}_a\right].$$

5.7.1 Formula di Itô multi-dimensionale

Enunciamo la formula di Itô per il moto Browniano d-dimensionale.

Teorema 5.64. *Sia* $f = f(t, x_1, \ldots, x_d) \in C^{1,2}(\mathbb{R}^{d+1})$. *Allora* $f(t, W_t)$ *è un processo di Itô e vale*

$$df(t, W_t) = \partial_t f(t, W_t) dt + \sum_{i=1}^d \partial_{x_i} f(t, W_t) dW_t^i + \frac{1}{2} \sum_{i=1}^d \partial_{x_i x_i} f(t, W_t) dt. \quad (5.69)$$

Possiamo riscrivere la (5.69) in forma più compatta nel modo seguente

$$df(t, W_t) = \left(\partial_t f(t, W_t) + \frac{1}{2} \triangle f(t, W_t)\right) dt + \nabla f(t, W_t) \cdot dW_t, \quad (5.70)$$

dove $\triangle$ e $\nabla = (\partial_{x_1}, \ldots, \partial_{x_d})$ indicano rispettivamente l'operatore di Laplace e il gradiente in $\mathbb{R}^d$.

Se $f \in C^{1,2}(\mathbb{R} \times \mathbb{R}^d)$ è soluzione dell'equazione aggiunta del calore in $\mathbb{R}^d$

$$\frac{1}{2} \triangle f + \partial_t f = 0, \quad (5.71)$$

allora la (5.70) diventa

$$df(t, W_t) = \nabla f(t, W_t) \cdot dW_t.$$

Analogamente a quanto abbiamo visto nella Sezione 5.6.3, $f(t, W_t)$ è una martingala locale[16] se e solo se f è soluzione di (5.71). In tal caso, se indichiamo con

$$W_T^{t,x} := x + W_T - W_t, \qquad t \leq T,$$

il moto Browniano di punto iniziale x al tempo t, in analogia con quanto visto nella Sezione 4.2.1, si ha:

i) $f(t, x) = E\left[f\left(T, W_T^{t,x}\right)\right]$,

ii) $E\left[f(T, W_T) \mid \mathcal{F}_t\right] = f(t, W_t)$,

per $t \leq T$ e $x \in \mathbb{R}^d$.

Introduciamo ora la nozione di processo di Itô N-dimensionale.

Definizione 5.65. *Un processo di Itô è un p.s. della forma*

$$X_t = X_0 + \int_0^t \mu_s ds + \int_0^t \sigma_s dW_s, \qquad t \in [0, T], \tag{5.72}$$

dove X_0 è $\mathcal{F}_0$–misurabile, W è un moto Browniano d–dimensionale, $\mu \in \mathbb{L}^1_{\text{loc}}$ è un vettore $N \times 1$ e $\sigma \in \mathbb{L}^2_{\text{loc}}$ è una matrice $N \times d$.

La (5.72) si scrive equivalentemente nella forma differenziale

$$dX_t = \mu_t dt + \sigma_t dW_t$$

o più esplicitamente

$$dX_t^i = \mu_t^i dt + \sum_{j=1}^d \sigma_t^{ij} dW_t^j, \qquad i = 1, \ldots, N.$$

Esempio 5.66 (Moto Browniano correlato).
Data una matrice costante σ di dimensione $N \times d$, nel seguito useremo in maniera sistematica la notazione

$$\mathcal{C} = \sigma \sigma^*.$$

Chiaramente $\mathcal{C} = (\mathcal{C}^{ij})$ è una matrice di dimensione $N \times N$, simmetrica, semidefinita positiva e vale $\mathcal{C}^{ij} = \sigma^i \cdot \sigma^j$, essendo σ^i la i-esima riga di σ.

---

[16] Se $\nabla f(t, W_t) \in \mathbb{L}^2$ (per esempio nel caso in cui ∇f sia limitato) allora

$$f(t, W_t) = f(0, W_0) + \int_0^t \nabla f(s, W_s) \cdot dW_s$$

è una $\mathcal{F}_t$-martingala.

Dato $\mu \in \mathbb{R}^N$ e un moto Browniano d-dimensionale W, poniamo

$$B_t = \mu + \sigma W_t, \qquad (5.73)$$

ossia

$$dB_t = \sigma dW_t. \qquad (5.74)$$

In base all'Osservazione 2.90, si ha che

$$B_t \sim N_{\mu, t\mathcal{C}}$$

e in particolare

$$\operatorname{Cov}(B_t) = t\mathcal{C} \qquad (5.75)$$

ossia

$$t\mathcal{C}^{ij} = E\left[\left(B_t^i - \mu_i\right)\left(B_t^j - \mu_j\right)\right].$$

Diciamo che B è un *moto Browniano di punto iniziale μ e matrice di correlazione $\mathcal{C}$*. Tratteremo nella Sezione 5.7.3 il caso del moto Browniano con matrice di correlazione stocastica.

Nel caso $N = 1$, si ha $\sigma = (\sigma^{1i})_{i=1,\ldots,d}$ e

$$B_t = \mu + \sum_{i=1}^{d} \sigma^{1i} W_t^i$$

ha distribuzione normale con media μ e varianza $|\sigma|^2 t$.

In termini intuitivi, possiamo pensare a N come al numero di titoli presenti sul mercato, rappresentati da B, e a d come al numero di fonti di aleatorietà. Nel costruire un modello stocastico, si può supporre che la matrice di correlazione $\mathcal{C}$ dei titoli sia osservabile: se $\mathcal{C}$ è simmetrica e definita positiva, l'algoritmo di decomposizione di Cholesky[17] permette di determinare una matrice triangolare inferiore σ di dimensione $N \times N$ tale che $\mathcal{C} = \sigma \sigma^*$, e quindi è possibile ottenere una rappresentazione del mercato della forma (5.73). □

Ricordiamo la Definizione 4.74 di processo co-variazione quadratica: se $X = (X^1, \ldots, X^N)$ e $Y = (Y^1, \ldots, Y^M)$ sono processi a valori vettoriali poniamo

$$\langle X, Y \rangle_t = \left(\langle X^i, Y^j \rangle_t\right)_{\substack{i=1,\ldots,N \\ j=1,\ldots,M}}.$$

Il seguente risultato è analogo al Corollario 5.46.

Lemma 5.67. *Dato un processo di Itô X della forma (5.72) e posto $\mathcal{C} = \sigma \sigma^*$, si ha*

$$\langle X^i, X^j \rangle_t = \int_0^t \mathcal{C}_s^{ij} ds, \qquad t \geq 0, \qquad (5.76)$$

o, con notazione differenziale,

$$d\langle X^i, X^j \rangle_t = \mathcal{C}_t^{ij} dt.$$

---

[17] Si veda, per esempio, [126].

5.7 Processi e formula di Itô multi-dimensionale

Dati X, Y due processi di Itô in $\mathbb{R}^N$ della forma (5.72), nella pratica il calcolo di $\langle X, Y \rangle_t$ si traduce all'applicazione della seguente "regola":

$$d\langle X^i, Y^j \rangle_t = dX_t^i dY_t^j,$$

dove il prodotto a destra della precedente identità si calcola utilizzando le seguenti regole formali:

$$dtdt = dtdW^h = dW^h dt = 0, \qquad dW^h dW^k = \delta_{hk} dt,$$

e δ_{hk} indica il simbolo di Kronecker

$$\delta_{hk} = \begin{cases} 0, & h \neq k, \\ 1, & h = k. \end{cases}$$

Per esempio, se

$$dX_t = \mu_t dt + \sigma_t^{11} dW_t^1 + \sigma_t^{12} dW_t^2,$$
$$dY_t = \nu_t dt + \sigma_t^{21} dW_t^1 + \sigma_t^{22} dW_t^2,$$

allora

$$d\langle X, Y \rangle_t = \left(\sigma_t^{11} \sigma_t^{21} + \sigma_t^{12} \sigma_t^{22} \right) dt.$$

Nel caso del moto Browniano correlato $B = \sigma W$, ricordando la (5.75), si ha

$$\langle B^i, B^j \rangle_t = t \mathcal{C}^{ij} = \text{cov}\left(B_t^i, B_t^j \right).$$

Enunciamo ora la versione generale della formula di Itô.

Teorema 5.68. *Siano X un processo di Itô della forma (5.72) e $f = f(t, x) \in C^{1,2}(\mathbb{R} \times \mathbb{R}^N)$. Vale*

$$df(t, X_t) = \partial_t f(t, X_t) dt + \nabla f(t, X_t) \cdot dX_t + \frac{1}{2} \sum_{i,j=1}^N \partial_{x_i x_j} f(t, X_t) d\langle X^i, X^j \rangle_t, \tag{5.77}$$

In forma compatta, posto $\mathcal{C}_t = \sigma_t \sigma_t^*$, sopprimendo per brevità l'argomento di $f = f(t, X_t)$ e ricordando la (5.76), allora la formula (5.77) assume la forma

$$df = \left(\frac{1}{2} \sum_{i,j=1}^N \mathcal{C}_t^{ij} \partial_{x_i x_j} f + \mu_t \cdot \nabla f + \partial_t f \right) dt + \nabla f \cdot \sigma_t dW_t$$
$$= \left(\frac{1}{2} \sum_{i,j=1}^N \mathcal{C}_t^{ij} \partial_{x_i x_j} f + \sum_{i=1}^N \mu_t^i \partial_{x_i} f + \partial_t f \right) dt + \sum_{i=1}^N \sum_{h=1}^d \partial_{x_i} f \sigma_t^{ih} dW_t^h. \tag{5.78}$$

Poiché è di frequente utilizzo, riportiamo anche la formula di Itô per il moto Browniano correlato.

Esempio 5.69. Sia $B = (B^1, \ldots, B^N)$ un moto Browniano correlato con matrice di correlazione $\mathcal{C}$. Consideriamo i processi di Itô in $\mathbb{R}$

$$dX_t^i = \mu_t^i dt + \sigma_t^i dB_t^i, \qquad i = 1, \ldots, N.$$

Allora, per ogni $f = f(t,x) \in C^{1,2}(\mathbb{R} \times \mathbb{R}^N)$, $Y_t := f(t, X_t)$ è un processo di Itô e vale

$$dY_t = \left(\frac{1}{2} \sum_{i,j=1}^N \mathcal{C}^{ij} \sigma_t^i \sigma_t^j \partial_{x_i x_j} f + \sum_{i=1}^N \mu_t^i \partial_{x_i} f + \partial_t f \right) dt + \sum_{i=1}^N \partial_{x_i} f \sigma_t^i dB_t^i.$$
(5.79)

□

Concludiamo la sezione riportando la versione multi-dimensionale della Proposizione 5.51.

Proposizione 5.70. *Se $\mu \in L^1$ e $\sigma \in L^2$ sono funzioni deterministiche, allora il processo definito da*

$$dS_t = \mu(t)dt + \sigma(t)dW_t, \qquad S_0 = x \in \mathbb{R},$$

ha distribuzione multi-normale con

$$E[S_t] = x + \int_0^t \mu(s)ds, \qquad \mathrm{cov}(S_t) = \int_0^t \sigma(s)\sigma^*(s)ds.$$

La dimostrazione è analoga a quella del caso uno-dimensionale ed è lasciata per esercizio.

5.7.2 Alcuni esempi

Questa sezione contiene alcuni esempi di applicazione della formula di Itô utili a prendere familiarità con la versione multi-dimensionale.

Esempio 5.71. Sia (X,Y) un moto Browniano 2–dimensionale e $f(t, x_1, x_2) = x_1 x_2$. Allora

$$d(XY) = XdY + YdX.$$

Inoltre si ha

$$d(X^2 Y) = X^2 dY + 2XY dX + Y dt.$$

Nel caso di un moto Browniano B in $\mathbb{R}^2$ con matrice di correlazione

$$\mathcal{C} = \begin{pmatrix} \alpha & \beta \\ \beta & \gamma \end{pmatrix}$$

e $f(t, x_1, x_2) = x_1 x_2$, si ha

$$d(B_t^1 B_t^2) = B_t^1 dB_t^2 + B_t^2 dB_t^1 + \beta dt.$$

Per esercizio, applicare la formula di Itô nel caso $B = (B^1, B^2, B^3)$ e $f(B) = B^i B^j$ oppure $g(B) = B^i B^j B^k$.

□

Esempio 5.72 (Integrazione per parti). Consideriamo un processo di Itô con $N=2$ e $d=1$:
$$dX_t^i = \mu_t^i dt + \sigma_t^i dW_t, \qquad i=1,2.$$
In questo caso
$$\begin{aligned}d(X_t^1 X_t^2) &= X_t^1 dX_t^2 + X_t^2 dX_t^1 + \frac{1}{2}\left(d\langle X^1, X^2\rangle_t + d\langle X^2, X^1\rangle_t\right)\\ &= X_t^1 dX_t^2 + X_t^2 dX_t^1 + \sigma_t^1 \sigma_t^2 dt,\end{aligned} \qquad (5.80)$$
ossia
$$\int_0^t X_s^2 dX_s^1 = X_t^1 X_t^2 - X_0^1 X_0^2 - \int_0^t X_s^1 dX_s^2 - \int_0^t \sigma_s^1 \sigma_s^2 ds.$$
Notiamo che è sufficiente che $\sigma^1 = 0$ oppure $\sigma^2 = 0$ affinché valga formalmente l'usuale formula di integrazione per parti. $\square$

Esempio 5.73 (Martingala esponenziale). Sia W un moto Browniano d-dimensionale e $\sigma \in \mathbb{L}^2_{\text{loc}}$ una matrice $N \times d$. Poniamo
$$X_t = \int_0^t \sigma_s dW_s,$$
e ricordiamo che, posto $\mathcal{C} = \sigma\sigma^*$, vale
$$\langle X^i, X^j\rangle_t = \int_0^t \mathcal{C}_s^{ij} ds.$$
Dato $\xi \in \mathbb{R}^N$, consideriamo il processo
$$\begin{aligned}Z_t^\xi &= \exp\left(\int_0^t \xi \cdot \sigma_s dW_s - \frac{1}{2}\int_0^t \langle \mathcal{C}_s \xi, \xi\rangle ds\right)\\ &= \exp\left(\xi \cdot X_t - \frac{1}{2}\sum_{i,j=1}^d \xi_i \xi_j \langle X^i, X^j\rangle_t\right).\end{aligned}$$
Per la formula di Itô si ha
$$dZ_t^\xi = Z_t^\xi \xi \cdot dX_t = Z_t^\xi \xi \cdot \sigma_t dW_t,$$
e quindi Z^ξ è una martingala locale positiva, detta martingala esponenziale (coerentemente col caso unidimensionale trattato nell'Esempio 5.57).

Nel caso particolare in cui σ sia la matrice identità $d \times d$, il processo
$$Z_t^\xi = \exp\left(\xi \cdot W_t - \frac{|\xi|^2}{2}t\right)$$
è una martingala per ogni $\xi \in \mathbb{R}^d$. $\square$

5.7.3 Moto Browniano correlato e martingale

In questa sezione mostriamo un'utile caratterizzazione del moto Browniano in termini di martingale esponenziali. Riprendendo l'Esempio 5.73, consideriamo il processo

$$Z_t^\xi = e^{i\xi \cdot W_t + \frac{|\xi|^2}{2}t}.$$

dove i è l'unità complessa, W è un moto Browniano d-dimensionale e $\xi \in \mathbb{R}^d$. Abbiamo notato che Z^ξ è una martingala locale e poiché Z^ξ è un processo limitato allora è anche una vera martingala. Viceversa vale il seguente

Teorema 5.74. *Sia X un processo continuo in $\mathbb{R}^d$ su $(\Omega, \mathcal{F}, P, \mathcal{F}_t)$ tale che $X_0 = 0$ q.s. Se per ogni $\xi \in \mathbb{R}^d$ il processo*

$$Z_t^\xi = e^{i\xi \cdot X_t + \frac{|\xi|^2}{2}t} \qquad (5.81)$$

è una martingala allora X è un moto Browniano.

Dimostrazione. Dobbiamo solo verificare che:

i) $X_t - X_s$ ha distribuzione normale $N_{0,(t-s)I_d}$;
ii) $X_t - X_s$ è indipendente da $\mathcal{F}_s$.

Dalla (5.81) segue che

$$E\left[e^{i\xi \cdot (X_t - X_s)} \mid \mathcal{F}_s\right] = e^{-\frac{|\xi|^2}{2}(t-s)}$$

per ogni $\xi \in \mathbb{R}^d$ e applicando l'attesa ad ambo i membri si ha che la funzione caratteristica di $X_t - X_s$ verifica

$$E\left[e^{i\xi \cdot (X_t - X_s)}\right] = e^{-\frac{|\xi|^2}{2}(t-s)}, \qquad \xi \in \mathbb{R}^d.$$

Allora la i) segue dal Teorema 2.87 e la ii) dalla Proposizione 2.106. □

Presentiamo ora un classico risultato di caratterizzazione del moto Browniano. Anzitutto osserviamo che se W è un moto Browniano in $\mathbb{R}^d$ è immediato verificare con la formula di Itô che il processo

$$W^i W^j - \delta_{ij} t,$$

dove δ_{ij} è il simbolo di Kronecker, è una martingala: in termini di variazione quadratica, questo è equivalente a

$$d\langle W^i, W^j \rangle_t = \delta_{ij} dt.$$

È significativo che la variazione quadratica e la proprietà di martingala caratterizzano il moto Browniano. Vale infatti

Teorema 5.75 (Caratterizzazione di Lévy del moto Browniano).
Sia X un processo stocastico in $\mathbb{R}^d$ sullo spazio $(\Omega, \mathcal{F}, P, \mathcal{F}_t)$ tale che $X_0 = 0$ q.s. Allora X è un moto Browniano se e solo se è una martingala locale continua tale che
$$\langle X^i, X^j \rangle_t = \delta_{ij} t \tag{5.82}$$
ossia tale che
$$X_t^i X_t^j - \delta_{ij} t$$
sono martingale locali per ogni $i, j = 1, \ldots, d$.

Dimostrazione. La dimostrazione è basata sul Teorema 5.74 e consiste nel verificare che, per ogni $\xi \in \mathbb{R}^N$, il processo esponenziale
$$Z_t^\xi := \exp\left(i\xi \cdot X_t + \frac{|\xi|^2}{2} t \right)$$
è una martingala. Consideriamo solo il caso particolare in cui X è un processo di Itô: per una dimostrazione generale si veda, per esempio, Protter [140], Teorema 39, Cap.II.

Per ipotesi X è una martingala locale, dunque ha drift nullo e assume la forma
$$dX_t = \sigma_t dW_t,$$
con $\sigma \in \mathbb{L}^2_{\text{loc}}$. Per la formula di Itô vale
$$dZ_t^\xi = Z_t^\xi \left(\frac{|\xi|^2}{2} dt + i\xi \cdot dX_t - \frac{1}{2} \sum_{i,j=1}^d \xi_i \xi_j d\langle X^i, X^j \rangle_t \right) =$$
(per la (5.82))
$$= Z_t^\xi i\xi \cdot \sigma_t dW_t$$
Dunque Z^ξ è una martingala locale ma essendo limitata è anche una vera martingala. Allora la tesi segue dal Teorema 5.74. □

Osservazione 5.76. Data una martingala reale X, si ha che $X_t^2 - t$ è una martingala se e solo se
$$E\left[(X_t - X_s)^2 \mid \mathcal{F}_s \right] = E\left[X_t^2 - X_s^2 \mid \mathcal{F}_s \right] = t - s, \qquad s \leq t.$$

Corollario 5.77. Sia $\sigma = (\sigma^1, \ldots, \sigma^d)$ un processo progressivamente misurabile in $\mathbb{R}^d$ tale che
$$|\sigma_t|^2 = \sum_{i=1}^d \left(\sigma_t^i \right)^2 = 1 \qquad t \geq 0, \text{ q.s.},$$
e sia W un moto Browniano d-dimensionale. Allora
$$B_t = \int_0^t \sigma_s dW_s$$
è un moto Browniano reale.

Dimostrazione. Per ipotesi $\sigma \in \mathbb{L}^2$ e quindi B è una martingala continua. Inoltre vale
$$\langle B \rangle_t = \int_0^t |\sigma_s|^2 ds = t.$$
Allora sono verificate l'ipotesi del Teorema 5.75 e questo conclude la prova. □

□

Definizione 5.78. *Consideriamo una matrice σ di dimensione $N \times d$, le cui componenti $\sigma^{ij} = \sigma_t^{ij}$ siano processi progressivamente misurabili e le cui righe σ^i siano tali che*
$$|\sigma_t^i| = 1 \quad t \geq 0, \text{ q.s.}$$
Il processo
$$B_t = \int_0^t \sigma_s dW_s$$
è detto moto Browniano correlato.

Per il Corollario 5.77, ogni componente di B è un moto Browniano reale e per il Lemma 5.67
$$\langle B^i, B^j \rangle_t = \int_0^t \mathcal{C}_s^{ij} ds$$
dove $\mathcal{C}_t = \sigma_t \sigma_t^*$ è detta *matrice di correlazione di B*. Inoltre si ha
$$\text{Cov}(B_t) = \int_0^t E[\mathcal{C}_s] ds,$$
poiché vale
$$\text{cov}(B_t^i, B_t^j) = E\left[B_t^i B_t^j\right] = E\left[\sum_{k=1}^d \int_0^t \sigma_s^{ik} dW_s^k \sum_{h=1}^d \int_0^t \sigma_s^{jh} dW_s^h\right] =$$
(per il Lemma 5.61)
$$= E\left[\sum_{k=1}^d \int_0^t \sigma_s^{ik} dW_s^k \int_0^t \sigma_s^{jk} dW_s^k\right] =$$
(per l'isometria di Itô)
$$= E\left[\int_0^t \sum_{k=1}^d \sigma_s^{ik} \sigma_s^{jk} ds\right] = \int_0^t E\left[\mathcal{C}_s^{ij}\right] ds.$$

Nel caso in cui σ sia una matrice ortogonale[18] allora B è un moto Browniano standard secondo la Definizione 5.59.

---
[18] Ossia tale che $\sigma^* = \sigma^{-1}$. Di conseguenza $\sigma^i \sigma^j = \delta_{ij}$ per ogni coppia di righe.

5.8 Estensioni della formula di Itô

In questo paragrafo esaminiamo alcune estensioni della formula di Itô (5.77): in particolare siamo interessati ad indebolire le ipotesi sulla regolarità della funzione f.

La prima generalizzazione è una formula di Itô per funzioni derivabili in senso debole. Questo risultato ha interesse per la valutazione di opzioni Americane poiché, come abbiamo anticipato nella Sezione 3.4.4, il prezzo di questo tipo di derivati si esprime con funzioni che appartengono ad un opportuno spazio di Sobolev e in generale non sono di classe $C^{1,2}$.

In secondo luogo, siamo interessati ad estendere la formula di Itô alla funzione di payoff di un'opzione Call

$$f(x) = (x - K)^+, \qquad x \in \mathbb{R}, \tag{5.83}$$

dove K è un numero fissato. In questo caso[19] f non è differenziabile in senso classico in $x = K$, ammette derivata prima in senso debole

$$Df = \mathbb{1}_{]K, +\infty[}, \tag{5.84}$$

e ha derivata seconda solo in senso distribuzionale: precisamente

$$D^2 f = \delta_K \tag{5.85}$$

dove δ_K indica la Delta di Dirac centrata in K. Nella Sezione 5.8.4 utilizziamo un'estensione della formula di Itô valida per f in (5.83), per ottenere un'interessante rappresentazione del prezzo di una Call Europea.

5.8.1 Formula di Itô e derivate deboli

Il principale risultato della sezione è il seguente

Teorema 5.79. *Siano $f \in W^{2,p}(\mathbb{R}^N)$, con $p > \max\{N, 1 + \frac{N}{2}\}$, e W un moto Browniano N-dimensionale. Allora per ogni $t > 0$ vale q.s.*

$$f(W_t) = f(0) + \int_0^t \nabla f(W_s) \cdot dW_s + \frac{1}{2} \int_0^t \triangle f(W_s) ds. \tag{5.86}$$

La dimostrazione del teorema si basa sul seguente

Lemma 5.80. *Sia*

$$\Gamma(t, x) = \frac{1}{(2\pi t)^{\frac{N}{2}}} \exp\left(-\frac{|x|^2}{2t}\right), \qquad t > 0, \; x \in \mathbb{R}^N,$$

la densità del moto Browniano N-dimensionale. Allora $\Gamma \in L^q(]0, T[\times \mathbb{R}^N)$ per ogni $q \in \left[1, 1 + \frac{2}{N}\right[$ e $T > 0$.

---

[19] Rimandiamo all'Appendice, Paragrafo A.3, per un'esposizione dei principali risultati della teoria delle derivate deboli e delle distribuzioni.

Dimostrazione. Si ha

$$\int_0^T \int_{\mathbb{R}^N} \Gamma^q(t,x) dx dt = \int_0^T \int_{\mathbb{R}^N} \frac{1}{(2\pi t)^{\frac{Nq}{2}}} \exp\left(-\frac{q|x|^2}{2t}\right) dx dt =$$

(col cambio di variabili $y = \frac{x}{\sqrt{2t}}$)

$$= \frac{1}{(\pi)^{\frac{Nq}{2}}} \int_0^T \frac{1}{(2t)^{\frac{N(q-1)}{2}}} dt \int_{\mathbb{R}^N} e^{-q|y|^2} dy,$$

che è finito per $\frac{N(q-1)}{2} < 1$ ossia $q < 1 + \frac{2}{N}$. □

Dimostrazione (del Teorema 5.79). Consideriamo una successione (f_n) regolarizzante per f, ottenuta per convoluzione con gli usuali mollificatori. Allora per il Teorema A.33-v), $f_n \in C^\infty(\mathbb{R}^N)$ e (f_n) converge a f in $W^{2,p}$. Osserviamo anche che, essendo $p > N$, per il Teorema A.25 di immersione di Sobolev-Morrey si ha che $f \in C^1(\mathbb{R}^N)$ e $\nabla f \in L^\infty(\mathbb{R}^N)$.

Per la formula di Itô standard, abbiamo

$$f_n(W_t) = f_n(0) + \int_0^t \nabla f_n(W_s) \cdot dW_s + \frac{1}{2} \int_0^t \triangle f_n(W_s) ds.$$

Chiaramente vale

$$\lim_{n \to \infty} f_n(W_t) = f(W_t), \qquad \lim_{n \to \infty} f_n(0) = f(0).$$

Inoltre, per l'isometria di Itô, si ha

$$E\left[\left(\int_0^t (\nabla f_n(W_s) - \nabla f(W_s)) \cdot dW_s\right)^2\right]$$

$$= \int_0^t E\left[|\nabla f_n(W_s) - \nabla f(W_s)|^2\right] ds$$

$$= \int_0^t \int_{\mathbb{R}^N} |\nabla f_n(x) - \nabla f(x)|^2 \Gamma(s,x) dx ds \xrightarrow[n \to \infty]{} 0$$

per il teorema della convergenza dominata poiché, essendo $\nabla f \in C^1$, l'integrando converge puntualmente a zero e si maggiora con la funzione sommabile $\|\nabla f_n - \nabla f\|^2_{L^\infty(\mathbb{R}^N)} \Gamma$.

Infine

$$E\left[\left|\int_0^t (\triangle f_n(W_s) - \triangle f(W_s)) ds\right|\right]$$

$$\leq \int_0^t E\left[|\triangle f_n(W_s) - \triangle f(W_s)|\right] ds$$

$$\leq \int_0^t \int_{\mathbb{R}^N} |\triangle f_n(x) - \triangle f(x)| \Gamma(s,x) dx ds \leq$$

(per la disuguaglianza di Hölder, con q esponente coniugato di p)

$$\leq \|\Gamma\|_{L^q(]0,t[\times \mathbb{R}^N)} \|\triangle f_n - \triangle f\|_{L^p(]0,t[\times \mathbb{R}^N)} \xrightarrow[n\to\infty]{} 0$$

poiché (f_n) converge a f in $W^{2,p}(\mathbb{R}^N)$ e l'ipotesi $p > 1 + \frac{N}{2}$ implica $q < 1 + \frac{2}{N}$: dunque, per il Lemma 5.80, si ha

$$\|\Gamma\|_{L^q(]0,t[\times \mathbb{R}^N)} < \infty.$$

In definitiva, abbiamo provato che vale la (5.86) q.s. per ogni $t > 0$, e per la Proposizione 4.18 questo basta a provare la tesi. □

Osservazione 5.81. La dimostrazione precedente si adatta facilmente al caso in cui f dipenda anche dal tempo, ossia vale la formula di Itô per f nello spazio di Sobolev parabolico $S^{2,p}(\mathbb{R}^{N+1})$ con $p > \max\{N, 1 + \frac{N}{2}\}$.

Inoltre possiamo indebolire la condizione di sommabilità utilizzando un argomento standard di localizzazione: in particolare la (5.86) vale per $f \in W^{2,p}_{\text{loc}}(\mathbb{R}^N)$, a patto di richiedere una condizione di crescita in x all'infinito del tipo

$$|\nabla f(x)|^2 + |\triangle f(x)|^2 \leq M e^{\alpha |x|^2}, \qquad x \in \mathbb{R}^N, \qquad (5.87)$$

con α, M costanti positive, $\alpha < \frac{1}{4t}$. In tal caso, procedendo come nella prova del Teorema 5.79, proviamo dapprima che vale

$$f(W_{t \wedge \tau_R}) = f(0) + \int_0^{t \wedge \tau_R} \nabla f(W_s) \cdot dW_s + \frac{1}{2} \int_0^{t \wedge \tau_R} \triangle f(W_s) ds, \quad (5.88)$$

per ogni $R > 0$, dove τ_R indica il tempo di uscita di W dalla palla Euclidea di raggio $R > 0$ centrata nell'origine. Ora passiamo al limite per $R \to \infty$: poiché vale (cfr. Sezione 9.4.1)

$$\lim_{R \to \infty} t \wedge \tau_R = t,$$

allora

$$\lim_{R \to \infty} f(W_{t \wedge \tau_R}) = f(W_t).$$

Inoltre esiste

$$\lim_{R \to \infty} \int_0^{t \wedge \tau_R} \nabla f(W_s) \cdot dW_s = \int_0^t \nabla f(W_s) \cdot dW_s < \infty, \qquad \text{q.s.}$$

infatti si ha

$$E\left[\left|\int_{t \wedge \tau_R}^t \nabla f(W_s) \cdot dW_s\right|^2\right] = E\left[\left|\int_0^t \mathbb{1}_{\{s \geq t \wedge \tau_R\}} \nabla f(W_s) \cdot dW_s\right|^2\right]$$

(per l'isometria di Itô)

$$= E\left[\int_0^t \mathbb{1}_{\{s \geq t \wedge \tau_R\}} |\nabla f(W_s)|^2 ds\right] \leq$$

(per la disuguaglianza di Hölder)

$$\leq E\left[\int_0^t |\nabla f(W_s)|^4\, ds\right]^{\frac{1}{2}} E\left[t - (t \wedge \tau_R)\right]^{\frac{1}{2}} \xrightarrow[R \to \infty]{} 0$$

poiché il secondo fattore tende a zero per il teorema della convergenza dominata e per quanto riguarda il primo fattore si ha

$$E\left[\int_0^t |\nabla f(W_s)|^4\, ds\right] \leq$$

(per la (5.87))

$$\leq M^2 \int_0^t \int_{\mathbb{R}^N} e^{2\alpha|x|^2} \Gamma(s,x)\, dx\, ds < \infty.$$

In modo analogo (anzi, più semplicemente) proviamo che vale

$$\lim_{R \to \infty} \int_0^{t \wedge \tau_R} \triangle f(W_s)\, ds = \int_0^t \triangle f(W_s)\, ds < \infty, \qquad \text{q.s.}$$

e questo conclude la prova della (5.86).

Infine la formula di Itô estesa vale per processi più generali del moto Browniano: un ingrediente cruciale nella prova del Teorema 5.79 è la stima di sommabilità della densità di transizione del Lemma 5.80. Vedremo nel Capitolo 8 che una stima analoga vale per un'ampia classe di processi di Itô, soluzioni di equazioni differenziali stocastiche. Nel Capitolo 11 adatteremo gli argomenti utilizzati in questa sezione allo studio del problema di arresto ottimo per opzioni Americane.

5.8.2 Tempo locale e formula di Tanaka

Consideriamo la funzione di payoff di una Call

$$f(x) = (x - K)^+, \qquad x \in \mathbb{R}.$$

Applicando *formalmente* la formula di Itô al processo $f(W)$, dove W è un moto Browniano reale, e ricordando l'espressione (5.84) e (5.85) delle derivate di f, otteniamo

$$(W_t - K)^+ = (W_0 - K)^+ + \int_0^t \mathbb{1}_{[K,+\infty[}(W_s)\, dW_s + \frac{1}{2} \int_0^t \delta_K(W_s)\, ds. \quad (5.89)$$

La (5.89), nota come *formula di Tanaka*, oltre ad una dimostrazione rigorosa, richiede anche un chiarimento sul significato dei singoli termini che vi appaiono. In particolare l'ultimo integrale della (5.89), che contiene la distribuzione δ_K, deve essere per ora inteso in senso formale: come vedremo, tale termine ha un particolare interesse sia dal punto di vista teorico che nelle applicazioni finanziarie. Per precisarne il significato è necessario, dopo alcuni preliminari, introdurre l'importante concetto di *tempo locale di un moto Browniano*. Nella prossima definizione $|\cdot|$ indica la misura di Lebesgue.

5.8 Estensioni della formula di Itô

Definizione 5.82 (Tempo di occupazione). *Siano $t \geq 0$ e $H \in \mathscr{B}$. Il tempo di occupazione di H entro t di un moto Browniano W, è definito da*

$$J_t^H := |\{s \in [0,t] \mid W_s \in H\}|. \tag{5.90}$$

Intuitivamente, per ogni $\omega \in \Omega$, $J_t^H(\omega)$ misura il tempo trascorso da W nel Borelliano H prima di t. Le seguenti proprietà del tempo d'occupazione derivano direttamente dalla definizione:

i) vale

$$J_t^H = \int_0^t \mathbb{1}_H(W_s) ds; \tag{5.91}$$

ii) per ogni $H \in \mathscr{B}$, $\left(J_t^H\right)$ è un processo stocastico adattato e continuo;
iii) per ogni $\omega \in \Omega$ e $H \in \mathscr{B}$, la funzione $t \mapsto J_t^H(\omega)$ è crescente e si ha

$$0 \leq J_t^H(\omega) \leq t;$$

iv) per ogni t, ω, l'applicazione $H \mapsto J_t^H(\omega)$ è una misura su $\mathscr{B}$ e vale $J_t^{\mathbb{R}}(\omega) = t$;
v) per la (5.91), si ha

$$E(J_t^H) = \int_0^t P(W_s \in H) ds = \int_0^t \int_H \Gamma(s,x) dx ds,$$

dove Γ è la densità Gaussiana in (2.4). Di conseguenza

$$|H| = 0 \quad \Longleftrightarrow \quad J_t^H = 0 \quad P\text{-q.s.} \tag{5.92}$$

Ne viene in particolare che il tempo di occupazione di un punto di $\mathbb{R}$ da parte di un moto Browniano è nullo.

Formalmente la (5.92) suggerisce l'idea che $H \mapsto J_t^H$ sia una misura equivalente alla misura di Lebesgue e quindi per il Teorema di Radon-Nikodym abbia una densità:

$$J_t^H = \int_H L_t(x) dx. \tag{5.93}$$

In realtà la situazione è più delicata perché J_t^H è una variabile aleatoria: sta di fatto che la (5.93) è vera nel senso specificato dal seguente

Teorema 5.83. *Esiste un processo stocastico a due parametri*

$$L = \{L_t(x) = L_t(x,\omega) : [0,+\infty[\times \mathbb{R} \times \Omega \longrightarrow [0,+\infty[\}$$

che gode delle seguenti proprietà:

i) $L_t(x)$ *è $\mathcal{F}_t$-misurabile per ogni t, x;*
ii) $(t,x) \mapsto L_t(x)$ *è una funzione continua q.s. e, per ogni x, $t \mapsto L_t(x)$ è crescente q.s.;*

iii) vale la (5.93) per ogni t e H q.s.

Definizione 5.84. *Il processo L è detto tempo locale Browniano.*

Per la prova del Teorema 5.83 rimandiamo, per esempio, a Karatzas-Shreve [91], pag.207.

Osservazione 5.85. Combinando la (5.93) con la (5.91) si ottiene

$$\int_0^t \mathbb{1}_H(W_s)ds = \int_H L_t(x)dx, \qquad \forall H \in \mathscr{B}, \quad \text{q.s.} \tag{5.94}$$

che, per il Teorema A.7 di Dynkin, è equivalente al fatto che per ogni $\varphi \in \mathscr{B}_b$ valga

$$\int_0^t \varphi(W_s)ds = \int_{\mathbb{R}} \varphi(x)L_t(x)dx, \qquad \text{q.s.} \tag{5.95}$$

□

Osservazione 5.86. Come conseguenza della proprietà di continuità di $L_t(x)$, si ha che vale q.s.

$$L_t(x) = \lim_{\varepsilon \to 0^+} \frac{1}{2\varepsilon} \int_{x-\varepsilon}^{x+\varepsilon} L_t(y)dy =$$

(per la (5.94))

$$= \lim_{\varepsilon \to 0^+} \frac{1}{2\varepsilon} |\{s \in [0,t] \mid |W_s - x| \leq \varepsilon\}|. \tag{5.96}$$

Questa è la definizione di tempo locale originariamente introdotta da P. Lévy: intuitivamente $L_t(x)$ rappresenta una misura del tempo (entro t) trascorso da W "nelle vicinanze" del punto x. □

Proviamo ora una formula di rappresentazione del tempo locale Browniano.

Teorema 5.87 (Formula di Tanaka). *Per ogni $K \in \mathbb{R}$ vale*

$$(W_t - K)^+ = (W_0 - K)^+ + \int_0^t \mathbb{1}_{[K,+\infty[}(W_s)dW_s + \frac{1}{2}L_t(K). \tag{5.97}$$

Osservazione 5.88. Scegliendo $\varphi = \varrho_n$ nella (5.95) dove (ϱ_n) è una successione regolarizzante[20] per δ_K e passando al limite in n, otteniamo, per la continuità q.s. di L,

$$\lim_{n \to \infty} \int_0^t \varrho_n(W_s)ds = \lim_{n \to \infty} \int_{\mathbb{R}} \varrho_n(x)L_t(x)dx = L_t(K), \qquad \text{q.s.}$$

Dunque risulta naturale la notazione

---
[20] Si veda il Paragrafo A.3.4.

5.8 Estensioni della formula di Itô

$$\int_0^t \delta_K(W_s)ds := L_t(K). \tag{5.98}$$

Sostituendo la (5.98) nella (5.97) otteniamo la formula di Tanaka nella versione (5.89).

Ricordiamo che la formula di Itô è stata generalizzata sotto la sola ipotesi di convessità di f da Meyer [123] e Wang [167]: a riguardo si veda Karatzas e Shreve [91], Cap.3.6-D. □

Dimostrazione (del Teorema 5.87). Consideriamo una successione regolarizzante per $f(x) = (x - K)^+$ costruita mediante i mollificatori ϱ_n:

$$f_n(x) = \int_{\mathbb{R}} \varrho_n(x-y)(y-K)^+ dy.$$

Ricordiamo che, per il Teorema A.33-v), si ha

$$f_n'(x) = (Df)_n(x) = \int_{\mathbb{R}} \varrho_n(x-y) \mathbb{1}_{[K,+\infty[}(y) dy, \tag{5.99}$$

$$f_n''(x) = (D^2 f)_n(x) = \int_{\mathbb{R}} \varrho_n(x-y) \delta_K(dy) = \varrho_n(x-K). \tag{5.100}$$

Poiché $f_n \in C^\infty$, applicando la formula di Itô otteniamo

$$F_n(W_t) = f_n(W_0) + \underbrace{\int_0^t f_n'(W_s) dW_s}_{=:I_1} + \frac{1}{2} \underbrace{\int_0^t f_n''(W_s) ds}_{=:I_2}.$$

Per la (5.100) si ha

$$I_2 = \int_0^t \varrho_n(W_s - K) ds =$$

(per la (5.95))

$$= \int_{\mathbb{R}} \varrho_n(x-K) L_t(x) dx \xrightarrow[n \to \infty]{} L_t(K), \qquad \text{q.s.}$$

Inoltre

$$E\left[\left(I_1 - \int_0^t \mathbb{1}_{[K,+\infty[}(W_s) dW_s\right)^2\right] =$$

(per l'isometria di Itô)

$$= E\left[\int_0^t \left(f_n'(W_s) - \mathbb{1}_{[K,+\infty[}(W_s)\right)^2 ds\right] \xrightarrow[n \to \infty]{} 0$$

per il teorema della convergenza dominata, poiché l'integrando converge a zero q.s. ed è limitato. Questo prova la formula di Tanaka (5.97) q.s. per ogni t: d'altra parte, per continuità, la (5.97) è vera anche per ogni t q.s. □

5.8.3 Formula di Tanaka per processi di Itô

In vista delle applicazioni finanziarie, enunciamo la generalizzazione del Teorema 5.83 per processi di Itô del tipo

$$X_t = X_0 + \int_0^t \mu_s ds + \int_0^t \sigma_s dW_s, \qquad (5.101)$$

con $\mu \in \mathbb{L}_{\text{loc}}^1$ e $\sigma \in \mathbb{L}_{\text{loc}}^2$. La principale differenza rispetto al caso Browniano è nel fatto che il tempo locale è un processo continuo in t invece che nella coppia (t,x) e il termine dt è sostituito da $d\langle X \rangle_t$.

Teorema 5.89. *Esiste un processo stocastico a due parametri, detto tempo locale del processo X,*

$$L = \{L_t(x) = L_t(x,\omega) : [0,+\infty[\, \times \mathbb{R} \times \Omega \longrightarrow [0,+\infty[\}$$

che gode delle seguenti proprietà:

i) $(t,x,\omega) \mapsto L_t(x,\omega)$ *è misurabile e $L_t(x)$ è $\mathcal{F}_t$-misurabile per ogni t,x;*
ii) $t \mapsto L_t(x,\omega)$ *è una funzione continua e crescente per ogni x q.s.;*
iii) per ogni $\varphi \in \mathscr{B}_b$ vale l'identità

$$\int_0^t \varphi(X_s) d\langle X \rangle_s = \int_{\mathbb{R}} \varphi(x) L_t(x) dx, \qquad \text{q.s.}$$

Inoltre, posto

$$\int_0^t \delta_K(X_s) d\langle X \rangle_s := L_t(K), \qquad K \in \mathbb{R},$$

vale la formula di Tanaka

$$(X_t - K)^+ = (X_0 - K)^+ + \int_0^t \mathbb{1}_{[K,+\infty[}(X_s) dX_s + \frac{1}{2} \int_0^t \delta_K(X_s) d\langle X \rangle_s. \qquad (5.102)$$

Per la dimostrazione del teorema rimandiamo, per esempio, a Karatzas-Shreve [91].

5.8.4 Tempo locale e formula di Black&Scholes

Il materiale di questa sezione è tratto da [147]. Consideriamo un modello finanziario in cui la dinamica del prezzo di un titolo rischioso sia descritta da un moto Browniano geometrico e per semplicità assumiamo il rendimento atteso μ e il tasso di interesse r nulli:

$$dS_t = \sigma S_t dW_t.$$

Applicando la formula di Tanaka otteniamo

5.8 Estensioni della formula di Itô

$$(S_T - K)^+ = (S_0 - K)^+ + \int_0^T \mathbb{1}_{\{S_t \geq K\}} dS_t + \frac{1}{2} \int_0^T \sigma^2 S_t^2 \delta_K(S_t) dt, \quad (5.103)$$

e abbiamo una rappresentazione del payoff di una Call con strike K, come somma di tre termini:

- $(S_0 - K)^+$ rappresenta il valore intrinseco dell'opzione;
- $\int_0^T \mathbb{1}_{\{S_t \geq K\}} dS_t$ è il valore finale di una strategia autofinanziante che consiste nel detenere un'unità del titolo quando il suo prezzo è maggiore dello strike e nessuna unità quando il prezzo è minore dello strike. Diciamo che questa è una *strategia di tipo stop-loss*;
- $\frac{1}{2} \int_0^T \sigma^2 S_t^2 \delta_K(S_t) dt$ è il tempo locale del titolo attorno allo strike: questo termine non-negativo indica l'errore che si commette replicando l'opzione con la strategia stop-loss. Intuitivamente, se S non attraversa lo strike, la replicazione stop-loss è perfetta. D'altra parte se S attraversa lo strike, dobbiamo comprare o vendere il sottostante. Data l'irregolarità delle traiettorie di S questo avviene molto spesso e in modo tale che intuitivamente non riusciamo a compiere le operazione nell'istante preciso in cui S vale K: in altri termini siamo costretti a vendere un po' sotto lo strike e a comprare un po' sopra lo strike. Questo si traduce in un errore di replicazione che non è dovuto a costi di transazione ma è caratteristico del modello basato sul moto Browniano e dell'irregolarità delle sue traiettorie.

Applicando il valore atteso alla formula (5.103) e usando la proprietà di attesa nulla dell'integrale stocastico, otteniamo

$$\begin{aligned} E\left[(S_T - K)^+\right] &= (S_0 - K)^+ + \frac{1}{2} \int_0^T E\left[\sigma^2 S_t^2 \delta_K(S_t)\right] dt \\ &= (S_0 - K)^+ + \frac{1}{2} \int_0^T \int_{\mathbb{R}} \sigma^2 x^2 \Psi(t,x) \delta_K(dx) dt \\ &= (S_0 - K)^+ + \frac{\sigma^2 K^2}{2} \int_0^T \Psi(t,K) dt, \quad (5.104) \end{aligned}$$

dove $\Psi(t, \cdot)$ indica la densità log-normale di S_t in (5.64) con $\mu = 0$. La formula (5.104) esprime il valore atteso del payoff (intuitivamente, il prezzo neutrale al rischio della Call) come *somma del valore intrinseco dell'opzione con l'integrale, rispetto alla variabile temporale, della densità del sottostante calcolata nello strike K*.

Proposizione 5.90. *La (5.104) è equivalente alla formula di Black&Scholes (3.95) con tasso di interesse $r = 0$.*

Dimostrazione. Per semplicità consideriamo solo il caso at the money $S_0 = K$ e lasciamo al lettore per esercizio la verifica nel caso generale. Indicando con C il prezzo di Black&Scholes, per la (3.95) si ha

$$C = S_0 \Phi(d_1) - K e^{-rT} \Phi(d_2),$$

dove d_1, d_2 sono definiti in (3.92) e Φ indica la funzione di distribuzione normale standard. Nel caso particolare $S_0 = K$ e $r = 0$ vale

$$C = K\left(\Phi\left(\sigma\sqrt{T}/2\right) - \Phi\left(-\sigma\sqrt{T}/2\right)\right) = 2K \int_0^{\frac{\sigma\sqrt{T}}{2}} \frac{1}{\sqrt{2\pi}} e^{-\frac{x^2}{2}} dx.$$

D'altra parte, per la (5.104), si ha

$$E\left[(S_T - K)^+\right] = \frac{\sigma^2 K^2}{2} \int_0^T \Psi(t, K) dt =$$

(sostituendo l'espressione di Ψ data dalla (5.64))

$$= \frac{\sigma K}{2} \int_0^T \frac{1}{\sqrt{2\pi t}} \exp\left(-\frac{\sigma^2 t}{8}\right) dt$$

da cui la tesi, col cambio di variabili $x = \frac{\sigma\sqrt{t}}{2}$. □

Concludiamo notando che *i risultati di questa sezione si applicano in generale ad un qualsiasi modello in cui il prezzo del sottostante sia un processo di Itô.*

6
Equazioni paraboliche a coefficienti variabili: unicità

Principio del massimo e problema di Cauchy-Dirichlet – Principio del massimo e problema di Cauchy – Soluzioni non-negative del problema di Cauchy

In questo capitolo consideriamo equazioni ellittico-paraboliche *a coefficienti variabili* della forma

$$Lu := \frac{1}{2}\sum_{j,k=1}^{N} c_{jk}\partial_{x_j x_k}u + \sum_{j=1}^{N} b_j \partial_{x_j} u - au - \partial_t u = 0, \qquad (6.1)$$

dove (t,x) indica il punto di $\mathbb{R}^{N+1}$. Nel seguito usiamo sistematicamente la seguente

Notazione 6.1 *Fissato $T > 0$,*

$$\mathcal{S}_T :=]0, T[\times \mathbb{R}^N.$$

Siamo interessati a studiare condizioni che garantiscano l'unicità della soluzione del problema di Cauchy

$$\begin{cases} Lu = f, & \text{in } \mathcal{S}_T, \\ u(0, \cdot) = \varphi, & \text{in } \mathbb{R}^N. \end{cases} \qquad (6.2)$$

Risultati di questo tipo, oltre ad avere un evidente interesse teorico, risultano cruciali nello studio della valutazione di derivati: infatti, come abbiamo già anticipato nell'ambito della trattazione dei modelli discreti e come vedremo più precisamente nel Capitolo 7, il prezzo d'arbitraggio di un'opzione può essere definito in termini di soluzione di un problema del tipo (6.2). L'unicità per (6.2) si traduce in termini di assenza di opportunità di arbitraggio ed equivale all'unicità (o buona posizione) del prezzo d'arbitraggio.

In generale il problema (6.2) ammette più di una soluzione: un classico esempio di Tychonov [163] mostra che esistono soluzioni classiche non nulle al problema di Cauchy

$$\begin{cases} \frac{1}{2}\triangle u - \partial_t u = 0, & \text{in } \mathbb{R}_+ \times \mathbb{R}, \\ u(0, \cdot) = 0, & \text{in } \mathbb{R}. \end{cases}$$

In generale lo studio dell'unicità per (6.2) consiste nel determinare opportune famiglie di funzioni all'interno delle quali esista al più una soluzione classica: tali famiglie vengono usualmente dette *classi di unicità per L*. Nel seguito ne individuiamo essenzialmente di due tipi: i risultati principali di questo capitolo sono i Teoremi 6.15 e 6.19.

Nella prima parte, Paragrafi 6.1 e 6.2, proviamo un classico risultato, detto Principio del massimo debole, che permette di provare l'unicità per (6.2) nella classe delle funzioni che verificano la seguente stima di crescita all'infinito:

$$|u(t,x)| \leq Ce^{C|x|^2}, \qquad (t,x) \in \mathcal{S}_T, \tag{6.3}$$

per una certa costante C. Questo risultato, contenuto nel Teorema 6.15, è molto generale e vale sotto ipotesi estremamente deboli. Precisamente, in tutto il capitolo assumeremo:

Ipotesi 6.2 *I coefficienti $c_{ij} = c_{ij}(t,x), b_i = b_i(t,x)$ e $a = a(t,x)$ sono funzioni a valori reali. La matrice $\mathcal{C} = (c_{ij})$ è simmetrica e semi-definita positiva. Il coefficiente a è limitato inferiormente:*

$$a_0 := \inf a \in \mathbb{R}. \tag{6.4}$$

Questa ipotesi è sufficiente a provare risultati di unicità su domini limitati (cfr. Paragrafo 6.1). Quando studiamo problemi su domini non limitati (come il problema di Cauchy), assumiamo anche le seguenti ipotesi di crescita sui coefficienti:

Ipotesi 6.3 *Esiste una costante M tale che*

$$|c_{ij}(t,x)| \leq M, \qquad |b_i(t,x)| \leq M(1+|x|), \qquad |a(t,x)| \leq M(1+|x|^2), \tag{6.5}$$

per ogni $(t,x) \in \mathcal{S}_T$ e $i,j = 1,\ldots,N$.

In questo capitolo studiamo solo il problema dell'unicità della soluzione: sottolineiamo il fatto che le Ipotesi 6.2 e 6.3 sono talmente generali da non garantire l'esistenza di soluzioni classiche.

Nel Paragrafo 6.3 presentiamo altri risultati di unicità più generali che tuttavia richiedono l'ipotesi molto più forte di esistenza di una soluzione fondamentale per L e quindi, in sostanza, la risolubilità del problema di Cauchy. Ricordiamo la seguente

Definizione 6.4. *Soluzione fondamentale dell'operatore L, con polo nel punto (s,y) di $\mathbb{R}^{N+1}$, è una funzione $\Gamma(\cdot,\cdot;s,y)$ definita su $]s,+\infty[\times\mathbb{R}^N$ tale che, per ogni $\varphi \in C_b(\mathbb{R}^N)$, la funzione*

$$u(t,x) = \int_{\mathbb{R}^N} \Gamma(t,x;s,y)\varphi(y)dy, \tag{6.6}$$

è soluzione classica del problema di Cauchy

$$\begin{cases} Lu = 0, & in \ ]s,+\infty[\times\mathbb{R}^N, \\ u(0,\cdot) = \varphi, & in \ \mathbb{R}^N. \end{cases} \tag{6.7}$$

Nel Paragrafo 6.3 proviamo che la famiglia delle funzioni *non-negative* (o, più in generale, inferiormente limitate) costituisce una classe di unicità per L. Utilizzeremo questo risultato nel Capitolo 7 per definire il prezzo d'arbitraggio di un derivato. Vedremo in particolare che una soluzione di (6.7) rappresenta il valore di una strategia autofinanziante: la condizione di non-negatività si traduce, in termini economici, in un'ipotesi di ammissibilità delle strategie che è necessaria ad escludere la possibilità di arbitraggi.

Enunciamo ora con precisione le ipotesi che assumeremo nel Paragrafo 6.3. Fissata una costante positiva λ, indichiamo con

$$\Gamma_\lambda(t,x;s,y) = \frac{1}{(2\pi\lambda(t-s))^{\frac{N}{2}}} \exp\left(-\frac{|x-y|^2}{2\lambda(t-s)}\right), \qquad t>s, \ x,y \in \mathbb{R}^N, \tag{6.8}$$

la soluzione fondamentale dell'operatore del calore in $\mathbb{R}^{N+1}$

$$\frac{\lambda}{2}\triangle - \partial_t.$$

Ipotesi 6.5 *L'operatore L ammette una soluzione fondamentale Γ. Inoltre esiste $\lambda > 0$ tale che, per ogni $T > 0$, $k = 1, \ldots, N$, $t \in \ ]s, s+T[$ e $x,y \in \mathbb{R}^N$, valgono le stime*

$$\frac{1}{M}\Gamma_{\frac{1}{\lambda}}(t,x;s,y) \leq \Gamma(t,x;s,y) \leq M\Gamma_\lambda(t,x;s,y) \tag{6.9}$$

$$|\partial_{y_k}\Gamma(t,x;s,y)| \leq \frac{M}{\sqrt{t-s}}\Gamma_\lambda(t,x;s,y) \tag{6.10}$$

con M costante positiva che dipende da T.

Ipotesi 6.6 *Esiste l'operatore aggiunto (cfr. Paragrafo 2.3.5) di L:*

$$L^* = \frac{1}{2}\sum_{j,k=1}^N c_{jk}\partial_{x_j x_k} + \sum_{j=1}^N b_j^* \partial_{x_j} u - a^* u + \partial_t u \tag{6.11}$$

dove

$$b_i^* = -b_i + \sum_{i,j=1}^N \partial_{x_i} c_{ij}, \qquad a^* = a + \frac{1}{2}\sum_{i,j=1}^N \partial_{x_i x_j} c_{ij} - \sum_{j=1}^N \partial_{x_j} b_j, \tag{6.12}$$

verificano ipotesi di crescita analoghe alle (6.5).

Osservazione 6.7. Notiamo esplicitamente che tutte le ipotesi precedenti sono verificate nel caso in cui L appartenga alla classe degli *operatori parabolici a coefficienti costanti* esaminati nel Paragrafo 2.3 oppure, più in generale, alla classe degli *operatori uniformemente parabolici (a coefficienti variabili)* che studieremo nel Capitolo 8. □

Concludiamo l'introduzione con un esempio elementare che può aiutare a capire quanto sia delicato il problema dell'unicità:

Esempio 6.8. La funzione
$$u(t,x) = \frac{x}{t^{\frac{3}{2}}} e^{-\frac{x^2}{2t}}, \qquad (t,x) \in \,]0,+\infty[\times\mathbb{R},$$
soddisfa l'equazione del calore e per ogni $x \in \mathbb{R}$ vale
$$\lim_{t \to 0^+} u(t,x) = 0.$$
Inoltre u è strettamente positiva e verifica la (6.3). Questo esempio non contraddice i risultati di unicità di questo capitolo, poiché u non assume il dato iniziale nullo in senso classico, non essendo continua su $[0,+\infty[\times\mathbb{R}$. □

6.1 Principio del massimo e problema di Cauchy-Dirichlet

In questo paragrafo studiamo il problema dell'unicità su domini *limitati*. Nel seguito consideriamo L in (6.2) che verifica l'Ipotesi 6.2, e Q indica un aperto limitato di $\mathbb{R}^N$. Inoltre, per $T > 0$,
$$Q_T = \,]0,T[\times Q,$$
è il cilindro aperto di base Q e altezza T. Indichiamo con $\bar{Q}_T$ la chiusura di Q_T e con $\partial_p Q_T$ il *bordo parabolico* definito da
$$\partial_p Q_T = \partial Q_T \setminus (\{T\} \times Q).$$

Definizione 6.9. *Siano $f \in C(Q_T)$ e $\varphi \in C(\partial_p Q_T)$. Una soluzione classica del problema di Cauchy-Dirichlet per L su Q_T con dato al bordo φ è una funzione $u \in C^{1,2}(Q_T) \cap C(\bar{Q}_T)$ tale che*
$$\begin{cases} Lu = f, & \text{in } Q_T, \\ u = \varphi, & \text{in } \partial_p Q_T. \end{cases} \qquad (6.13)$$

Teorema 6.10 (Principio del massimo debole). *Sia $u \in C^{1,2}(Q_T) \cap C(\bar{Q}_T)$ tale che $Lu \geq 0$ in Q_T. Se $u \leq 0$ su $\partial_p Q_T$ allora $u \leq 0$ su Q_T.*

Dimostrazione. Osserviamo anzitutto che possiamo sempre ricondurci al caso in cui $a_0 > 0$ con una sostituzione del tipo $v(t,x) = e^{\alpha t} u(t,x)$ con $\alpha > a_0$. Infatti vale
$$L(e^{\alpha t} u) = e^{\alpha t}(Lu - \alpha u)$$
da cui
$$(L+\alpha)v = e^{\alpha t} Lu.$$

6.1 Principio del massimo e problema di Cauchy-Dirichlet

Supponiamo dunque che a_0 in (6.4) sia strettamente positivo. Per assurdo, se $(t_0, x_0) \in \bar{Q}_T \setminus \partial_p Q_T$ è un punto di massimo di u e vale $u(t_0, x_0) > 0$, allora si ha

$$D^2 u(t_0, x_0) := (\partial_{x_i x_j} u(t_0, x_0)) \leq 0, \qquad \partial_{x_k} u(t_0, x_0) = 0, \qquad \partial_t u(t_0, x_0) \geq 0,$$

per ogni $k = 1, \ldots, N$. Di conseguenza

$$Lu(t_0, x_0) = \frac{1}{2}\operatorname{tr}(\mathcal{C}(t_0, x_0) H u(t_0, x_0)) + \sum_{j=1}^{N} b_j(t_0, x_0) \partial_{x_j} u(t_0, x_0)$$
$$- a(t_0, x_0) u(t_0, x_0) - \partial_t u(t_0, x_0) \leq -a(t_0, x_0) u(t_0, x_0) < 0,$$

e questo contraddice l'ipotesi $Lu \geq 0$. □

Il risultato precedente è detto *Principio di massimo debole* perché non esclude che una soluzione possa assumere il massimo anche all'interno del cilindro: il *Principio di massimo forte* afferma invece che l'unica soluzione che assume il massimo internamente è quella costante.

Corollario 6.11 (Principio del confronto). *Siano $u, v \in C^{1,2}(Q_T) \cap C(\bar{Q}_T)$ tali che $Lu \leq Lv$ in Q_T e $u \geq v$ su $\partial_p Q_T$. Allora si ha $u \geq v$ su Q_T. In particolare esiste al più una soluzione classica del problema di Cauchy-Dirichlet* (6.13).

Dimostrazione. Basta applicare il Principio del massimo alla funzione $v - u$.
□

Proviamo ora una stima del massimo della soluzione di (6.13). Il risultato seguente è una "stima a priori" nel senso che non presuppone l'esistenza della soluzione, anzi può essere utilizzato per provarne l'esistenza.

Teorema 6.12 (Stime a priori del massimo). *Sia $u \in C^{1,2}(Q_T) \cap C(\bar{Q}_T)$ e poniamo*

$$a_1 := \max\{0, -a_0\}.$$

Allora vale

$$\sup_{Q_T} |u| \leq e^{a_1 T} \left(\sup_{\partial_p Q_T} |u| + T \sup_{Q_T} |Lu| \right). \qquad (6.14)$$

Dimostrazione. Assumiamo $a_0 \geq 0$ e supponiamo che u e Lu siano limitati rispettivamente in $\partial_p Q_T$ e Q_T, altrimenti non c'è nulla da provare. Consideriamo la funzione

$$w(t, x) = \sup_{\partial_p Q_T} |u| + t \sup_{Q_T} |Lu|;$$

vale

$$Lw = -aw - \sup_{Q_T}|Lu| \leq Lu, \qquad L(-w) = aw + \sup_{Q_T}|Lu| \geq Lu,$$

e $-w \leq u \leq w$ in $\partial_p Q_T$. Dal Principio del confronto segue la (6.14) con $a_1 = 0$.

D'altra parte, se $a_0 < 0$ ci possiamo ricondurre al caso precedente considerando la funzione $v(t,x) = e^{-a_0 t}u(t,x)$. Infatti, poiché $(L-a_0)v = e^{-a_0 t}Lu$, vale

$$\sup_{Q_T}|u| \leq \sup_{Q_T}|e^{-a_0 t}u| \leq \sup_{\partial_p Q_T}|e^{-a_0 t}u| + T\sup_{Q_T}|e^{-a_0 t}Lu|,$$

da cui la (6.14), essendo $a_0 < 0$. $\square$

Sotto opportune ipotesi di regolarità, risultati di esistenza per il problema di Cauchy-Dirichlet possono essere provati utilizzando la teoria classica delle serie di Fourier: rimandiamo al Cap.V in DiBenedetto [44] per una semplice trattazione di questo argomento.

6.2 Principio del massimo e problema di Cauchy

In questo paragrafo proviamo risultati di unicità per il problema di Cauchy. Nel seguito assumiamo che l'operatore L in (6.1) verifichi le Ipotesi 6.2, 6.3 e ricordiamo la notazione
$$\mathcal{S}_T =]0,T[\times \mathbb{R}^N.$$

Teorema 6.13 (Principio del massimo debole). *Sia* $u \in C^{1,2}(\mathcal{S}_T) \cap C(\bar{\mathcal{S}}_T)$ *tale che*
$$\begin{cases} Lu \leq 0, & \text{in } \mathcal{S}_T, \\ u(0,\cdot) \geq 0, & \text{in } \mathbb{R}^N. \end{cases}$$
Se vale
$$u(t,x) \geq -Ce^{C|x|^2}, \qquad (t,x) \in \mathcal{S}_T, \tag{6.15}$$
per una certa costante positiva C, allora $u \geq 0$ su $\mathcal{S}_T$.

Alla dimostrazione del Teorema 6.13 premettiamo il seguente

Lemma 6.14. *Sia* $u \in C^{1,2}(\mathcal{S}_T) \cap C(\bar{\mathcal{S}}_T)$ *tale che*
$$\begin{cases} Lu \leq 0, & \text{in } \mathcal{S}_T, \\ u(0,\cdot) \geq 0, & \text{in } \mathbb{R}^N, \end{cases}$$
e
$$\liminf_{|x|\to\infty}\left(\inf_{t\in]0,T[} u(t,x)\right) \geq 0. \tag{6.16}$$
Allora $u \geq 0$ su $\mathcal{S}_T$.

6.2 Principio del massimo e problema di Cauchy

Dimostrazione. A meno di utilizzare il cambio di variabili $v(t,x) = e^{-a_0 t}u(t,x)$, possiamo supporre $a_0 \geq 0$. Allora fissati $(t_0, x_0) \in \mathcal{S}_T$ e $\varepsilon > 0$, si ha

$$\begin{cases} L(u+\varepsilon) \leq 0, & \text{in } \mathcal{S}_T, \\ u(0,\cdot) + \varepsilon > 0, & \text{in } \mathbb{R}^N, \end{cases}$$

e, per l'ipotesi (6.16), esiste $R > |x_0|$ abbastanza grande tale che

$$u(t,x) + \varepsilon > 0, \qquad t \in {]0,T[}, |x| = R.$$

Allora possiamo applicare il Principio del massimo, Teorema 6.10, sul cilindro

$$Q_T = {]0,T[} \times \{|x| \leq R\}$$

per dedurre che $u(t_0, x_0) + \varepsilon \geq 0$ e, data l'arbitrarietà di ε, $u(t_0, x_0) \geq 0$. □

Dimostrazione (del Teorema 6.13). Osserviamo che è sufficiente mostrare che $u \geq 0$ su una striscia $\mathcal{S}_{T_0}$ con $T_0 > 0$: una volta provato ciò, applicando tale risultato ripetutamente si prova la tesi su tutta la striscia $\mathcal{S}_T$.

Diamo prima la prova nel caso particolarmente significativo dell'operatore del calore

$$L = \frac{1}{2}\Delta - \partial_t.$$

Fissato $b > C$, poniamo $T_0 = \frac{1}{4b}$ e consideriamo la funzione

$$v(t,x) = \frac{1}{(1-2bt)^{\frac{N}{2}}} \exp\left(\frac{b|x|^2}{1-2bt}\right), \qquad (t,x) \in \mathcal{S}_{T_0}.$$

Un conto diretto mostra che

$$Lv(t,x) = 0 \quad \text{e} \quad v(t,x) \geq e^{b|x|^2} \qquad (t,x) \in \mathcal{S}_{T_0}.$$

Inoltre per ogni $\varepsilon > 0$, il Lemma 6.14 assicura che la funzione

$$w = u + \varepsilon v$$

è non-negativa: data l'arbitrarietà di ε, questo è sufficiente a concludere la prova.

Il caso generale è solo tecnicamente più complicato e utilizza in modo cruciale l'Ipotesi 6.3 sulla crescita all'infinito dei coefficienti dell'operatore. Fissato $b > C$ e dei parametri $\alpha, \beta \in \mathbb{R}$ che sceglieremo opportunamente, consideriamo la funzione

$$v(t,x) = \exp\left(\frac{b|x|^2}{1-\alpha t} + \beta t\right), \qquad 0 \leq t \leq \frac{1}{2\alpha}.$$

Si ha

$$\frac{Lv}{v} = \frac{2b^2}{(1-\alpha t)^2}\langle \mathcal{C}x, x\rangle + \frac{b}{1-\alpha t}\operatorname{tr}\mathcal{C} + \frac{2b}{1-\alpha t}\sum_{i=1}^{N} b_i x_i - a - \frac{\alpha b|x|^2}{(1-\alpha t)^2} - \beta.$$

Utilizzando l'Ipotesi 6.3, si riconosce che, se α, β sono sufficientemente grandi, allora
$$\frac{Lv}{v} \leq 0. \tag{6.17}$$

Consideriamo ora la funzione $w = \frac{u}{v}$: dall'ipotesi (6.15), si ha

$$\liminf_{|x|\to\infty}\left(\inf_{t\in\,]0,T[} w(t,x)\right) \geq 0;$$

inoltre w soddisfa l'equazione

$$\widetilde{L}w = \frac{1}{2}\sum_{i,j=1}^{N} c_{ij}\partial_{x_i x_j}v + \sum_{i=1}^{N}\widetilde{b}_i\partial_{x_i}v - \widetilde{a}v - \partial_t v = \frac{Lu}{v} \leq 0,$$

dove

$$\widetilde{b}_i = b_i + \sum_{j=1}^{N} c_{ij}\frac{\partial_{x_j}v}{v}, \qquad \widetilde{a} = -\frac{Lv}{v}.$$

Poiché $\widetilde{a} \geq 0$ per la (6.17), si può applicare il Lemma 6.14 per concludere che w (e quindi u) è non-negativa. $\square$

Il seguente risultato di unicità è diretta conseguenza del Teorema 6.13. Insistiamo sul fatto che L verifica solo le ipotesi, estremamente generali, 6.2 e 6.3: per esempio L può essere un operatore del prim'ordine.

Teorema 6.15. *Esiste al più una soluzione classica $u \in C^{1,2}(\mathcal{S}_T)\cap C(\bar{\mathcal{S}}_T)$ del problema*
$$\begin{cases} Lu = f, & \text{in } \mathcal{S}_T, \\ u(0,\cdot) = \varphi, & \text{in } \mathbb{R}^N, \end{cases}$$
tale che
$$|u(t,x)| \leq Ce^{C|x|^2}, \qquad (t,x) \in \mathcal{S}_T, \tag{6.18}$$
per una certa costante C.

Osservazione 6.16. Supponiamo che L verifichi anche l'Ipotesi 6.5. Allora L possiede una soluzione fondamentale Γ e, data $\varphi \in C(\mathbb{R}^N)$ tale che

$$|\varphi(y)| \leq ce^{c|y|^\gamma}, \qquad y \in \mathbb{R}^N, \tag{6.19}$$

con c, γ costanti positive e $\gamma < 2$, allora la funzione

6.2 Principio del massimo e problema di Cauchy

$$u(t,x) := \int_{\mathbb{R}^N} \Gamma(t,x;0,y)\varphi(y)dy, \qquad (t,x) \in \mathcal{S}_T, \qquad (6.20)$$

è soluzione classica del problema di Cauchy

$$\begin{cases} Lu = 0, & \text{in } \mathcal{S}_T, \\ u(0,\cdot) = \varphi, & \text{in } \mathbb{R}^N, \end{cases} \qquad (6.21)$$

per ogni $T > 0$.

Utilizzando la stima dall'alto di Γ in (6.9), non è difficile provare che per ogni $T > 0$ esiste una costante c_T tale che valga

$$|u(t,x)| \leq c_T e^{2c|x|^\gamma}, \qquad (t,x) \in \mathcal{S}_T. \qquad (6.22)$$

Come conseguenza del Teorema 6.15, u in (6.20) è *l'unica soluzione del problema di Cauchy* (6.21) *che verifica la stima* (6.19).

Proviamo la (6.9) e (6.22) nell'ipotesi, non restrittiva, che $\gamma \geq 1$. Per la (6.19) si ha

$$|u(t,x)| \leq \frac{cM}{(4\pi\lambda t)^{\frac{N}{2}}} \int_{\mathbb{R}^N} e^{-\frac{|x-y|^2}{4\lambda t}+c|y|^\gamma} dy =$$

(col cambio di variabile $\eta = \frac{x-y}{\sqrt{4\lambda t}}$)

$$= \frac{cM}{\pi^{\frac{N}{2}}} \int_{\mathbb{R}^N} e^{-\eta^2+c|x-\eta\sqrt{4\lambda t}|^\gamma} d\eta \leq$$

(con la disuguaglianza elementare $(a+b)^\gamma \leq 2^{\gamma-1}(a^\gamma+b^\gamma)$ valida per $a,b > 0$ e $\gamma \geq 1$)

$$\leq c_T e^{2c|x|^\gamma},$$

dove

$$c_T = \frac{cM}{\pi^{\frac{N}{2}}} \int_{\mathbb{R}^N} e^{-\eta^2+2c|\eta\sqrt{4\lambda T}|^\gamma} d\eta.$$

□

Osservazione 6.17. Supponiamo che l'operatore L in (6.1) soddisfi le Ipotesi 6.2, 6.3 e 6.5. Allora Γ soddisfa la *proprietà di riproduzione:* per ogni $t_0 < t < T$ e $x, y \in \mathbb{R}^N$, vale

$$\int_{\mathbb{R}^N} \Gamma(T,x;t,\eta)\Gamma(t,\eta;t_0,y)d\eta = \Gamma(T,x;t_0,y). \qquad (6.23)$$

La (6.23) è immediata conseguenza della formula di rappresentazione (6.20) e dell'unicità della soluzione del problema di Cauchy

$$\begin{cases} Lu = 0, & \text{in }]t,T[\times\mathbb{R}^N, \\ u(t,\cdot) = \Gamma(t,\cdot;t_0,y), & \text{in } \mathbb{R}^N. \end{cases}$$

Inoltre se $a=0$ allora Γ è una densità, ossia vale

$$\int_{\mathbb{R}^N} \Gamma(T,x;t,y)dy = 1, \qquad (6.24)$$

per ogni $t<T$ e $x,y \in \mathbb{R}^N$. Anche la (6.24) segue dall'unicità della rappresentazione (6.20) della soluzione del problema di Cauchy con dato iniziale identicamente pari a uno.

Più in generale, applicando il principio del massimo, Teorema 6.13, alla funzione

$$u(T,x) = e^{-a_0(T-t)} - \int_{\mathbb{R}^N} \Gamma(T,x;t,y)dy$$

su $]t,T[\times\mathbb{R}^N$, si ha

$$\int_{\mathbb{R}^N} \Gamma(T,x;t,y)dy \leq e^{-a_0(T-t)}, \qquad (6.25)$$

per ogni $t<T$ e $x,y \in \mathbb{R}^N$. □

Concludiamo il paragrafo provando una stima del massimo analoga a quella del Teorema 6.12.

Teorema 6.18 (Stime a priori del massimo). *Nelle Ipotesi 6.2, 6.3, sia $u \in C^{1,2}(\mathcal{S}_T) \cap C(\bar{\mathcal{S}}_T)$ tale che*

$$|u(t,x)| \leq Ce^{C|x|^2}, \qquad (t,x) \in \mathcal{S}_T,$$

per una certa costante C. Allora, posto

$$a_1 := \min\{0, -a_0\},$$

vale

$$\sup_{\mathcal{S}_T} |u| \leq e^{a_1 T} \left(\sup_{\mathbb{R}^N} |u(0,\cdot)| + T \sup_{\mathcal{S}_T} |Lu| \right). \qquad (6.26)$$

Dimostrazione. Se $a_0 \geq 0$ allora, posto

$$w_\pm := \sup_{\mathbb{R}^N} |u(0,\cdot)| + t \sup_{\mathcal{S}_T} |Lu| \pm u, \qquad \text{in } \mathcal{S}_T,$$

si ha

$$\begin{cases} Lw_\pm \leq -\sup_{\mathcal{S}_T} |Lu| \pm Lu \leq 0, & \text{in } \mathcal{S}_T, \\ w_\pm(0,\cdot) \geq 0, & \text{in } \mathbb{R}^N, \end{cases}$$

ed è chiaro che $w_\pm$ verificano la stima (6.15) in $\mathcal{S}_T$. Dunque per il Teorema 6.13, $\omega_\pm \geq 0$ in $\mathcal{S}_T$ e questo prova la tesi.

Se $a_0 < 0$ allora si procede come nella dimostrazione del Teorema 6.12. □

Vedremo nel Capitolo 12, che le stime a priori del massimo come la (6.26) giocano un ruolo cruciale nella prova di risultati di stabilità di schemi numerici. Come conseguenza della (6.26), se $u, v \in C^{1,2}(\mathcal{S}_T) \cap C(\bar{\mathcal{S}}_T)$ verificano la stima di crescita esponenziale, allora vale

$$\sup_{\mathcal{S}_T} |u - v| \leq e^{a_1 T} \left(\sup_{\mathbb{R}^N} |u(0, \cdot) - v(0, \cdot)| + T \sup_{\mathcal{S}_T} |Lu - Lv| \right).$$

Questa formula fornisce *una stima della sensibilità della soluzione del problema di Cauchy rispetto a variazioni del dato iniziale e del termine noto.*

6.3 Soluzioni non-negative del problema di Cauchy

In questo paragrafo assumiamo che L abbia una soluzione fondamentale e dimostriamo che la famiglia delle funzioni non-negative (o, più in generale, limitate inferiormente) costituisce una classe di unicità per L.

Teorema 6.19. *Nelle Ipotesi 6.2, 6.3, 6.5 e 6.6, esiste al più una soluzione $u \in C^{1,2}(\mathcal{S}_T) \cap C(\bar{\mathcal{S}}_T)$, limitata inferiormente, del problema*

$$\begin{cases} Lu = 0, & \text{in } \mathcal{S}_T, \\ u(0, \cdot) = \varphi, & \text{in } \mathbb{R}^N. \end{cases}$$

La dimostrazione è rinviata alla fine del paragrafo ed è basata sul seguente risultato che generalizza il Teorema 6.15, indebolendo l'ipotesi di crescita esponenziale.

Teorema 6.20. *Nelle Ipotesi 6.2, 6.3, 6.5 e 6.6, esiste al più una soluzione $u \in C^{1,2}(\mathcal{S}_T) \cap C(\bar{\mathcal{S}}_T)$ del problema*

$$\begin{cases} Lu = f, & \text{in } \mathcal{S}_T, \\ u(0, \cdot) = \varphi, & \text{in } \mathbb{R}^N, \end{cases}$$

tale che esista una costante C per cui

$$\int_{\mathbb{R}^N} |u(t, x)| e^{-C|x|^2} dx < \infty, \tag{6.27}$$

per ogni $0 \leq t \leq T$.

Alla dimostrazione del teorema premettiamo qualche commento. Anzitutto, è chiaro che la condizione (6.18) è più forte della (6.27). Inoltre il seguente teorema mostra che le soluzioni non-negative verificano la stima (6.27) e di conseguenza si ha unicità nella classe delle funzioni non-negative. Per operatori uniformemente parabolici, questo risultato è stato provato da Widder [168] per $N = 1$ ed è stato successivamente generalizzato, fra gli altri, da Kato [93], Aronson [4]. I risultati di unicità in Polidoro [137], Di Francesco e Pascucci [42] coprono anche il caso più generale di operatori non uniformemente parabolici che intervengono in alcuni modelli finanziari.

Teorema 6.21. *Nelle Ipotesi 6.2, 6.3 e 6.5, se $u \in C^{1,2}(\mathcal{S}_T)$ è una funzione non-negativa tale che $Lu \leq 0$ allora vale*

$$\int_{\mathbb{R}^N} \Gamma(t,x;s,y)u(s,y)dy \leq u(t,x), \qquad (6.28)$$

per ogni $x \in \mathbb{R}^N$ e $0 < s < t < T$.

Dimostrazione. Consideriamo una funzione decrescente $h \in C(\mathbb{R})$ tale che $h(r) = 0$ per $r \geq 2$ e $h(r) = 1$ per $r \leq 1$. Fissato $s \in]0,T[$, poniamo

$$g_n(s,y) = u(s,y)h\left(\frac{|y|}{n}\right), \qquad n \in \mathbb{N},$$

e

$$u_n(t,x) := \int_{\mathbb{R}} \Gamma(t,x;s,y)g_n(s,y)dy, \qquad (t,x) \in]s,T[\times\mathbb{R}^N,\ n \in \mathbb{N}.$$

Poiché $y \mapsto g_n(s,y)$ è una funzione continua e limitata su $\mathbb{R}^N$, si ha

$$\begin{cases} L(u - u_n) \leq 0, & \text{in }]s,T[\times\mathbb{R}^N, \\ (u - u_n)(s,\cdot) = (u - g_n)(s,\cdot) \geq 0, & \text{in } \mathbb{R}^N. \end{cases}$$

Inoltre, poiche g_n è limitata e ha supporto compatto, esiste

$$\lim_{|x|\to\infty} \left(\sup_{t \in]s,T[} u_n(t,x)\right) = 0.$$

Dunque possiamo applicare il Lemma 6.14 alla funzione $u - u_n$ per ottenere

$$u(t,x) \geq \int_{\mathbb{R}} \Gamma(t,x;s,y)g_n(s,y)dy \geq 0, \qquad (t,x) \in]s,T[\times\mathbb{R}^N,$$

per ogni $n \in \mathbb{N}$. Poiché g_n è una successione crescente di funzioni non-negative, che tende a u, la tesi segue passando al limite in n per il Teorema di Beppo-Levi.

Osserviamo che nella dimostrazione abbiamo utilizzato solo una parte dell'Ipotesi 6.5, precisamente il fatto che L abbia una soluzione fondamentale non-negativa. □

Proviamo un corollario del Teorema 6.21 che, come vedremo nella Sezione 7.3.2, ha un'interpretazione finanziaria molto interessante.

Corollario 6.22. *Siano valide le Ipotesi 6.2, 6.3 e 6.5 e supponiamo che $a = 0$. Se $u \in C^{1,2}(\mathcal{S}_T)$ è una funzione limitata inferiormente tale che $Lu \leq 0$ allora vale la (6.28) ossia*

$$\int_{\mathbb{R}^N} \Gamma(t,x;s,y)u(s,y)dy \leq u(t,x), \qquad (6.29)$$

per ogni $x \in \mathbb{R}^N$ e $0 < s < t < T$.

6.3 Soluzioni non-negative del problema di Cauchy

Dimostrazione. Sia C una costante non-negativa tale che $u + C \geq 0$ su $\mathcal{S}_T$. Allora, poiché $a = 0$, vale $L(u+C) = Lu \leq 0$ e per il Teorema 6.21 si ha

$$\int_{\mathbb{R}^N} \Gamma(t,x;s,y)\,(u(s,y)+C)\,dy \leq u(t,x) + C.$$

La tesi segue dalla (6.24). □

Dimostrazione (del Teorema 6.20). Data la linearità del problema, è sufficiente provare che se $Lu = 0$ e $u(0,\cdot) = 0$ allora $u = 0$. Consideriamo un arbitrario punto $(t_0, x_0) \in \mathcal{S}_T$ e mostriamo che $u(t_0, x_0) = 0$. A tal fine utilizziamo la classica *identità di Green*:

$$vLu - uL^*v = \sum_{i=1}^{N} \partial_{x_i}\left(\sum_{j=1}^{N} \frac{c_{ij}}{2}\left(v\partial_{x_j}u - u\partial_{x_j}v\right) + uv\left(b_i - \frac{1}{2}\partial_{x_j}c_{ij}\right)\right)$$
$$- \partial_t(uv), \tag{6.30}$$

che segue direttamente dalla definizione di operatore aggiunto L^* in (6.11). Usiamo l'identità (6.30) con

$$v(s,y) = h_R(y)\Gamma(t_0, x_0; s, y), \qquad (s,y) \in \mathcal{S}_{t_0-\varepsilon},$$

dove $\varepsilon > 0$ e $h_R \in C^2(\mathbb{R}^N)$ è tale che

$$0 \leq h_R \leq 1, \qquad h_R(y) = \begin{cases} 1, & \text{per } |y - x_0| \leq R, \\ 0, & \text{per } |y - x_0| \geq 2R, \end{cases}$$

e

$$|\nabla h_R| \leq \frac{1}{R}, \qquad |\partial_{y_i y_j} h_R| \leq \frac{2}{R^2}, \qquad i,j = 1, \ldots, N. \tag{6.31}$$

Indichiamo con B_R la palla in $\mathbb{R}^N$ di centro x_0 e raggio R: integrando l'identità di Green sul dominio $]0, t_0-\varepsilon[\times B_{2R}$, per il teorema della divergenza otteniamo

$$J_{R,\varepsilon} := \int_0^{t_0-\varepsilon} \int_{B_{2R}} u(s,y) L^*\left(h_R(y)\Gamma(t_0, x_0; s, y)\right) dyds$$
$$= \int_{B_{2R}} h_R(y) \Gamma(t_0, x_0; t_0 - \varepsilon, y) u(t_0 - \varepsilon, y) dy =: I_{R,\varepsilon}. \tag{6.32}$$

Qui abbiamo utilizzato il fatto che $Lu = 0$, $u(0, \cdot) = 0$ e alcuni integrali di bordo si annullano poiché h è nulla (con le sue derivate) sulla frontiera di B_{2R}.

Ora, per l'ipotesi (6.27) e per la stima dall'alto di Γ in (6.9), se ε è abbastanza piccolo si ha

$$\Gamma(t_0, x_0; t_0 - \varepsilon, \cdot) u(t_0 - \varepsilon, \cdot) \in L^1(\mathbb{R}^N).$$

Dunque, per il teorema della convergenza dominata, vale

$$\lim_{R\to\infty} I_{R,\varepsilon} = \int_{\mathbb{R}^N} \Gamma(t_0, x_0; t_0 - \varepsilon, y) u(t_0 - \varepsilon, y) dy. \tag{6.33}$$

D'altra parte, utilizzando il fatto che $L^*\Gamma(t_0, x_0; \cdot, \cdot) = 0$ su $]0, t_0 - \varepsilon[\times B_{2R}$, otteniamo

$$J_{R,\varepsilon} = \int_0^{t_0-\varepsilon} \int_{B_{2R}\setminus B_R} u(s,y) \Bigg[\sum_{i,j=1}^N \frac{c_{ij}}{2} \big(\Gamma(t_0, x_0; s, y) \partial_{y_i y_j} h_R(y)$$
$$+ 2\partial_{y_j}\Gamma(t_0, x_0; s, y) \partial_{y_i} h_R(y)\big) + \sum_{i=1}^N b_i^* \Gamma(t_0, x_0; s, y) \partial_{y_i} h_R(y) \Bigg] dy ds, \tag{6.34}$$

con b_i^* in (6.12). Ora utilizziamo l'ipotesi (6.31) sulle derivate di h_R, la stima dall'alto di Γ in (6.9), la stima (6.10) delle derivate prime di Γ e l'ipotesi di crescita lineare di b^* per ottenere

$$|J_{R,\varepsilon}| \le \text{cost} \int_0^{t_0-\varepsilon} \frac{1}{t_0-s} \int_{B_{2R}\setminus B_R} \frac{|y|}{R} \Gamma_\lambda(t_0, x_0; s, y) |u(s,y)| dy ds$$
$$\le \frac{\text{cost}}{\varepsilon} \int_0^{t_0-\varepsilon} \int_{B_{2R}\setminus B_R} e^{-\frac{|y|^2}{4\lambda\varepsilon}} |u(s,y)| dy ds.$$

Dunque, per l'ipotesi (6.27), se $\varepsilon > 0$ è abbastanza piccolo, si ha

$$\lim_{R\to\infty} J_{R,\varepsilon} = 0.$$

In definitiva, combinando le (6.32), (6.33) col risultato precedente, si ha

$$\int_{\mathbb{R}^N} \Gamma(t_0, x_0; t_0 - \varepsilon, y) u(t_0 - \varepsilon, y) dy = 0.$$

Passando al limite per $\varepsilon \to 0^+$ si conclude $u(t_0, x_0) = 0$. □

Concludiamo il paragrafo con la

Dimostrazione (del Teorema 6.19). Se u è non-negativa, basta osservare che u verifica una condizione del tipo (6.27) che si ricava facilmente dalla stima dal basso di Γ in (6.9) e dal Teorema 6.21 in base al quale si ha

$$\int_{\mathbb{R}^N} \Gamma(t, 0; s, y) u(s, y) dy < \infty.$$

Se u è limitata inferiormente, ci si riporta facilmente al caso precedente con una sostituzione del tipo $v = u + C$: osserviamo che, a meno di una ulteriore sostituzione del tipo $v(t, x) = e^{\alpha t} u(t, x)$, non è restrittivo assumere $a \ge 0$. □

7
Modello di Black&Scholes

Strategie autofinanzianti – Strategie Markoviane ed equazione di Black&Scholes – Valutazione – Copertura – Opzioni Asiatiche

In questo capitolo presentiamo le idee fondamentali della valutazione d'arbitraggio in tempo continuo, illustrando l'analisi di Black&Scholes da un punto di vista, per quanto possibile, elementare e aderente alle idee originali degli articoli di Merton [120], di Black e Scholes [21]. Nel Capitolo 10 daremo una presentazione più generale che sfrutterà a pieno la teoria delle martingale e delle equazioni alle derivate parziali.

Nel modello di Black&Scholes il mercato è composto da un titolo localmente non rischioso, il bond B, e da un titolo rischioso, l'azione S. Il prezzo del bond verifica l'equazione

$$dB_t = rB_t dt$$

dove r è il tasso a breve (o localmente privo di rischio), supposto costante. Il bond ha quindi una dinamica deterministica: posto $B_0 = 1$, vale

$$B_t = e^{rt}. \tag{7.1}$$

Il prezzo del titolo rischioso è un moto Browniano geometrico che verifica l'equazione

$$dS_t = \mu S_t dt + \sigma S_t dW_t, \tag{7.2}$$

dove $\mu \in \mathbb{R}$ è il tasso di rendimento atteso e $\sigma \in \mathbb{R}_+$ è la volatilità. In (7.2), $(W_t)_{t \in [0,T]}$ è un moto Browniano reale sullo spazio di probabilità $(\Omega, \mathcal{F}, P, \mathcal{F}_t)$. Ricordiamo l'espressione esplicita della soluzione di (7.2):

$$S_t = S_0 e^{\sigma W_t + \left(\mu - \frac{\sigma^2}{2}\right)t}. \tag{7.3}$$

Nel seguito studiamo derivati di tipo Europeo in ambito Markoviano e consideriamo payoff della forma $F(S_T)$, dove T è la scadenza e F è funzione definita su $\mathbb{R}_+$. L'esempio più importante è l'opzione call Europea con strike K e scadenza T:

$$F(S_T) = (S_T - K)^+.$$

Nel Paragrafo 7.5 studiamo i derivati di tipo Asiatico, il cui payoff dipende da una media dei prezzi del titolo sottostante.

7.1 Strategie autofinanzianti

Introduciamo alcune definizioni che estendono in maniera naturale i concetti introdotti in tempo discreto nel Capitolo 3.

Definizione 7.1. *Una strategia (o portafoglio) è un processo stocastico* $h = (\alpha_t, \beta_t)$ *con* $\alpha \in \mathbb{L}^2_{\text{loc}}$ *e* $\beta \in \mathbb{L}^1_{\text{loc}}$. *Il valore del portafoglio* h *è il processo stocastico definito da*

$$V_t(h) = \alpha_t S_t + \beta_t B_t. \tag{7.4}$$

Al solito α, β rappresentano rispettivamente il numero di quote di S e B in portafoglio: osserviamo esplicitamente che è ammessa la vendita allo scoperto e quindi α, β possono assumere valori negativi.

Intuitivamente l'ipotesi che i processi α, β siano adattati[1] descrive il fatto che la strategia di investimento dipende solo dalle informazioni di mercato disponibili al momento.

Definizione 7.2. *Una strategia* $h = (\alpha_t, \beta_t)$ *è autofinanziante se vale*

$$dV_t(h) = \alpha_t dS_t + \beta_t dB_t, \tag{7.5}$$

ossia

$$V_t(h) = V_0(h) + \int_0^t \alpha_s dS_s + \int_0^t \beta_s dB_s. \tag{7.6}$$

Osserviamo che, essendo S un processo stocastico adattato e continuo, si ha che $\alpha S \in \mathbb{L}^2_{\text{loc}}$ e di conseguenza l'integrale stocastico in (7.6) è ben definito. La (7.5) è la versione continua[2] della relazione

$$\Delta V = \alpha \Delta S + \beta \Delta B$$

valida per i portafogli autofinanzianti discreti (cfr. (3.6)): dal punto di vista intuitivo, essa esprime il fatto che la variazione istantanea del valore del portafoglio è dovuta al movimento dei prezzi dei titoli e non ad un intervento esterno con cui si è aggiunta o tolta liquidità.

Data una strategia $h = (\alpha, \beta)$, definiamo i prezzi scontati

---

[1] Nel caso discreto avevamo considerato strategie *predicibili:* per semplicità, nel caso continuo preferiamo assumere l'ipotesi, non particolarmente restrittiva, che α, β siano *adattati*.

[2] Se α, β sono processi di Itô, per la formula di Itô bidimensionale, si ha

$$dV_t(h) = \alpha_t dS_t + \beta_t dB_t + S_t d\alpha_t + B_t d\beta_t + d\langle \alpha, S \rangle_t,$$

e dunque l'ipotesi che h sia autofinanziante equivale alla condizione

$$S_t d\alpha_t + B_t d\beta_t + d\langle \alpha, S \rangle_t = 0.$$

7.1 Strategie autofinanzianti

$$\widetilde{S}_t = e^{-rt} S_t, \qquad \widetilde{V}_t(h) = e^{-rt} V_t(h).$$

La seguente proposizione fornisce una notevole caratterizzazione della condizione di autofinanziamento.

Proposizione 7.3. *Una strategia $h = (\alpha, \beta)$ è autofinanziante se e solo se vale*

$$d\widetilde{V}_t(h) = \alpha_t d\widetilde{S}_t,$$

ossia

$$\widetilde{V}_t(h) = V_0(h) + \int_0^t \alpha_s d\widetilde{S}_s. \tag{7.7}$$

Osservazione 7.4. In base alla (7.7), *il valore di una strategia autofinanziante è determinato solo dal valore iniziale $V_0(h)$ e dal processo α* che indica la quantità di titolo rischioso in portafoglio. L'integrale in (7.7) è pari alla differenza fra i valori scontati finale ed iniziale e dunque rappresenta il *rendimento della strategia*.

A partire da un valore iniziale $V_0 \in \mathbb{R}$ e da un processo $\alpha \in \mathbb{L}^2_{\text{loc}}$, possiamo costruire una strategia $h = (\alpha, \beta)$ ponendo

$$\widetilde{V}_t = V_0 + \int_0^t \alpha_s d\widetilde{S}_s, \qquad \beta_t = \frac{V_t - \alpha_t S_t}{B_t}.$$

Per costruzione h è una strategia autofinanziante con valore iniziale $V_0(h) = V_0$. In altri termini una strategia autofinanziante può essere indifferentemente assegnata specificando i processi α, β oppure il valore iniziale V_0 e il processo α. □

Dimostrazione (della Proposizione 7.3). Data una strategia $h = (\alpha, \beta)$, abbiamo ovviamente

$$\beta_t B_t = V_t(h) - \alpha_t S_t. \tag{7.8}$$

Inoltre

$$d\widetilde{S}_t = -re^{-rt} S_t dt + e^{-rt} dS_t \tag{7.9}$$

$$= (\mu - r)\widetilde{S}_t dt + \sigma \widetilde{S}_t dW_t. \tag{7.10}$$

Allora (α, β) è autofinanziante se e solo se vale

$$d\widetilde{V}_t(h) = -r\widetilde{V}_t(h) dt + e^{-rt} dV_t$$
$$= -r\widetilde{V}_t(h) dt + e^{-rt} (\alpha_t dS_t + \beta_t dB_t) =$$

(poiché $dB_t = r B_t dt$ e per la (7.8))

$$= -r\widetilde{V}_t(h) dt + e^{-rt} (\alpha_t dS_t + r V_t(h) dt - r\alpha_t S_t dt)$$
$$= e^{-rt} \alpha_t (dS_t - rS_t dt) =$$

(per la (7.9))

$$= \alpha_t d\widetilde{S}_t,$$

e questo conclude la prova. □

Osserviamo che, in base alla (7.10), la condizione (7.7) assume la forma più esplicita

$$\widetilde{V}_t(h) = \widetilde{V}_0(h) + (\mu - r) \int_0^t \alpha_s \widetilde{S}_s ds + \sigma \int_0^t \alpha_s \widetilde{S}_s dW_s.$$

7.2 Strategie Markoviane ed equazione di Black&Scholes

Definizione 7.5. *Una strategia $h = (\alpha, \beta)$ è Markoviana se*

$$\alpha_t = \alpha(t, S_t), \qquad \beta_t = \beta(t, S_t)$$

dove α, β sono funzioni in $C^{1,2}([0, T[\times \mathbb{R}_+)$.

Il valore di una strategia Markoviana h è funzione del tempo e del prezzo del sottostante:

$$f(t, S_t) := V_t(h) = \alpha(t, S_t) S_t + \beta(t, S_t) e^{rt}, \qquad t \in [0, T[, \qquad (7.11)$$

con $f \in C^{1,2}([0, T[\times \mathbb{R}_+)$.

Notiamo che la funzione f in (7.11) è *univocamente determinata da h:* se

$$V_t(h) = f(t, S_t) = g(t, S_t) \quad \text{q.s.}$$

allora $f = g$ in $[0, T[\times \mathbb{R}_+$. Questo è conseguenza della Proposizione 2.43 e del fatto che S_t ha densità (log-normale) strettamente positiva su $\mathbb{R}_+$. Poiché utilizzeremo spesso la Proposizione 2.43, per comodità ne riportiamo l'enunciato.

Proposizione 7.6. *Sia X una variabile aleatoria con densità strettamente positiva su $H \in \mathscr{B}$. Se $g \in m\mathscr{B}$ è tale che $g(X) = 0$ q.s. (rispettivamente $g(X) \geq 0$ q.s.) allora $g = 0$ (risp. $g \geq 0$) quasi ovunque rispetto alla misura di Lebesgue su H. In particolare se g è continua allora $g = 0$ (risp. $g \geq 0$) su H.*

Il seguente risultato caratterizza in termini differenziali la condizione di autofinanziamento di un portafoglio Markoviano.

Teorema 7.7. *Sia $h = (\alpha_t, \beta_t)$ un portafoglio Markoviano e $V_t(h) = f(t, S_t)$. Le seguenti condizioni sono equivalenti:*

i) h è autofinanziante;
ii) f è soluzione dell'equazione alle derivate parziali

$$\frac{\sigma^2 s^2}{2} \partial_{ss} f(t, s) + rs \partial_s f(t, s) + \partial_t f(t, s) = rf(t, s), \qquad (7.12)$$

per $(t, s) \in [0, T[\times \mathbb{R}_+$, e vale la relazione[3]

$$\alpha(t, s) = \partial_s f(t, s). \qquad (7.13)$$

---
[3] Ricordiamo che l'espressione del processo β si ricava da α e $V_0(h)$ in base all'Osservazione 7.4.

7.2 Strategie Markoviane ed equazione di Black&Scholes

La (7.12) è detta equazione differenziale di Black&Scholes.

Abbiamo già incontrato l'equazione differenziale di Black&Scholes nella Sezione 3.2.7 come versione asintotica dell'algoritmo binomiale di valutazione.

Il Teorema 7.7 esprime la proprietà di autofinanziamento in termini di un'equazione differenziale i cui coefficienti dipendono dalla volatilità σ del titolo rischioso e dal tasso privo di rischio r: *non dipendono invece dal rendimento atteso μ*. Dopo aver esaminato l'esempio elementare nel Paragrafo 1.2 e il caso discreto nel Paragrafo 3.1, questo fatto non dovrebbe sorprendere: come abbiamo più volte ripetuto, la valutazione d'arbitraggio non dipende dalla stima soggettiva sul rendimento futuro del titolo rischioso.

Sottolineiamo che, per una strategia basata sulle formule (7.12)-(7.13), *una valutazione imprecisa dei parametri σ e r del modello si ripercuote in pratica nella perdita della proprietà di autofinanziamento:* ciò significa, per esempio, che se si cambiano tali parametri in itinere (per esempio, in seguito ad una ricalibrazione del modello), allora la strategia potrebbe richiedere più soldi di quelli stanziati al tempo iniziale. Questo può avere effetti spiacevoli nel caso in cui si utilizzi tale strategia per la copertura di un derivato: modificando il valore di σ la copertura potrebbe infatti richiedere effettivamente un costo superiore a quello preventivato in partenza in base all'ipotesi di autofinanziamento.

Dimostrazione (del Teorema 7.7). $[i) \Rightarrow ii)$] Per la condizione di autofinanziamento e l'espressione (7.2) di S, si ha

$$dV_t(h) = (\alpha_t \mu S_t + \beta_t r B_t)dt + \alpha_t \sigma S_t dW_t. \tag{7.14}$$

D'altra parte, per la formula di Itô e abbreviando $f = f(t, S_t)$, si ha

$$\begin{aligned} dV_t(h) &= \partial_t f dt + \partial_s f dS_t + \frac{1}{2}\partial_{ss} f d\langle S \rangle_t \\ &= \left(\partial_t f + \mu S_t \partial_s f + \frac{\sigma^2 S_t^2}{2}\partial_{ss} f\right) dt + \sigma S_t \partial_s f dW_t. \end{aligned} \tag{7.15}$$

Dall'unicità della rappresentazione di un processo di Itô (cfr. Proposizione 5.47) si deduce l'uguaglianza dei termini in dt e dW_t in (7.14) e (7.15). Per quanto riguarda i termini in dW_t, essendo σS_t strettamente positivo, ricaviamo

$$\alpha_t = \partial_s f(t, S_t), \qquad \text{q.s.} \tag{7.16}$$

da cui, per la Proposizione 7.6, si ottiene la relazione (7.13).

Per quanto riguarda i termini in dt, utilizzando la (7.16), otteniamo

$$\partial_t f + \frac{\sigma^2 S_t^2}{2}\partial_{ss} f - r\beta_t B_t = 0, \qquad \text{q.s.} \tag{7.17}$$

Sostituendo l'espressione

268   7 Modello di Black&Scholes

$$\beta_t B_t = f - S_t \partial_s f, \qquad \text{q.s.}$$

nella (7.17), otteniamo

$$\partial_t f(t, S_t) + r S_t \partial_s f(t, S_t) + \frac{\sigma^2 S_t^2}{2} \partial_{ss} f(t, S_t) - r f(t, S_t) = 0, \qquad \text{q.s.} \quad (7.18)$$

e quindi, per la Proposizione 7.6, f è soluzione dell'equazione differenziale deterministica (7.12).

$[ii) \Rightarrow i)]$ Per la formula di Itô, si ha

$$dV_t(h) = df(t, S_t) = \partial_s f(t, S_t) dS_t + \left(\frac{\sigma^2 S_t^2}{2} \partial_{ss} f(t, S_t) + \partial_t f(t, S_t) \right) dt =$$

(poiché, per ipotesi, f è soluzione dell'equazione (7.12))

$$= \partial_s f(t, S_t) dS_t + r(f(t, S_t) - S_t \partial_s f(t, S_t)) dt = \qquad (7.19)$$

(in base alla (7.13) e al fatto che $dB_t = rB_t dt$)

$$= \alpha_t dS_t + \beta_t dB_t,$$

e quindi h è autofinanziante. □

Osservazione 7.8. La Proposizione 7.3 e il Teorema 7.7 estendono il risultato, provato in tempo discreto, in base al quale se i prezzi scontati dei titoli sono martingale allora anche i portafogli autofinanzianti scontati, costruiti su tali titoli, sono martingale.

Più precisamente, supponiamo[4] che il prezzo scontato $\widetilde{S}_t$ del sottostante sia una martingala: ricordando la Sezione 5.6.4, ciò equivale alla condizione $\mu = r$ in (7.2). In tale ipotesi, per la (7.10), vale

$$d\widetilde{S}_t = \sigma \widetilde{S}_t dW_t, \qquad (7.20)$$

e se $V_t(h) = f(t, S_t)$, per la Proposizione 7.3 e la (7.13), vale

$$d\widetilde{V}_t(h) = \sigma \widetilde{S}_t \partial_s f(t, S_t) dW_t,$$

e dunque $\widetilde{V}(h)$ è una martingala (locale). □

C'è un forte legame fra l'equazione di Black&Scholes (7.12) e l'equazione differenziale parabolica del calore. Infatti consideriamo il cambio di variabili

$$t = T - \tau, \qquad s = e^{\sigma x},$$

---

[4] Non introduciamo in questo capitolo il concetto di misura martingala: per una giustificazione precisa dei passaggi seguenti rimandiamo al Capitolo 10 dove proviamo l'esistenza di una misura di probabilità equivalente a P rispetto alla quale la dinamica di S è del tipo (7.2) con $\mu = r$.

e poniamo
$$u(\tau, x) = e^{ax+b\tau} f(T - \tau, e^{\sigma x}), \qquad \tau \in [0,T], \ x \in \mathbb{R}, \tag{7.21}$$
dove a, b sono costanti che sceglieremo opportunamente. Si ha
$$\begin{aligned}\partial_\tau u &= e^{ax+b\tau}\left(bf - \partial_t f\right),\\ \partial_x u &= e^{ax+b\tau}\left(af + s e^{\sigma x}\partial_s f\right),\\ \partial_{xx} u &= e^{ax+b\tau}\left(a^2 f + 2a\sigma e^{\sigma x}\partial_s f + \sigma^2 e^{\sigma x}\partial_s f + \sigma^2 e^{2\sigma x}\partial_{ss}f\right),\end{aligned} \tag{7.22}$$
da cui
$$\frac{1}{2}\partial_{xx}u - \partial_\tau u = e^{ax+b\tau}\left(\frac{\sigma^2 s^2}{2}\partial_{ss}f + \left(\sigma a + \frac{\sigma^2}{2}\right)s\partial_s f + \partial_t f + \left(\frac{a^2}{2} - b\right)f\right) =$$
(se f risolve la (7.12))
$$= \left(\sigma a + \frac{\sigma^2}{2} - r\right)s\partial_s f + \left(\frac{a^2}{2} - b + r\right)f.$$

Abbiamo provato il seguente risultato.

Proposizione 7.9. *Con la scelta*
$$a = \frac{r}{\sigma} - \frac{\sigma}{2}, \qquad b = r + \frac{a^2}{2} \tag{7.23}$$
la funzione f è soluzione dell'equazione di Black&Scholes (7.12) in $[0,T[\times\mathbb{R}_+$ se e solo se la funzione $u = u(\tau, x)$ definita in (7.21) soddisfa l'equazione del calore
$$\frac{1}{2}\partial_{xx}u - \partial_\tau u = 0, \qquad \text{in }]0,T] \times \mathbb{R}. \tag{7.24}$$

7.3 Valutazione

Consideriamo un derivato Europeo con payoff $F(S_T)$. Come nel caso discreto, il prezzo d'arbitraggio è per definizione uguale al valore di una strategia replicante. Affinché tale definizione sia ben posta occorre dimostrare che esiste almeno una strategia replicante (problema della completezza del mercato) e che, nel caso ne esista più di una, tutte le strategie replicanti hanno lo stesso valore (problema dell'assenza d'arbitraggio).

In termini analitici, completezza e assenza d'arbitraggio nel modello di Black&Scholes si traducono rispettivamente nel problema dell'esistenza e unicità della soluzione di un problema di Cauchy per l'equazione del calore. Per utilizzare i risultati sulle equazioni differenziali dei capitoli precedenti, è necessario porre alcune condizioni sulla funzione di payoff F (per assicurare *l'esistenza* della soluzione) e restringere la famiglia delle strategie replicanti ammissibili ad una classe di unicità per il problema di Cauchy (per garantire *l'unicità* della soluzione).

Ipotesi 7.10 *La funzione F è localmente sommabile su $\mathbb{R}_+$, inferiormente limitata ed esistono due costanti positive $a < 1$ e C tali che*

$$F(s) \leq Ce^{C|\log s|^{1+a}}, \qquad s \in \mathbb{R}_+. \tag{7.25}$$

La condizione (7.25) non è particolarmente restrittiva: la funzione

$$e^{(\log s)^{1+a}} = s^{(\log s)^a}, \qquad s > 1,$$

cresce, per $s \to +\infty$, meno velocemente di un esponenziale ma più velocemente di ogni funzione polinomiale. Ciò permette di trattare la maggior parte (se non tutti) dei derivati di tipo Europeo presenti sui mercati reali.

La condizione (7.25) è legata ai risultati di esistenza del Paragrafo 2.3: posto $\varphi(x) = F(e^x)$, si ha che φ è inferiormente limitata e vale

$$\varphi(x) < Ce^{C|x|^{1+a}}, \qquad x \in \mathbb{R},$$

condizione analoga alla (2.42).

Definizione 7.11. *Una strategia h è ammissibile se è inferiormente limitata, ossia esiste una costante C tale che*

$$V_t(h) \geq C, \qquad t \in [0, T], \ q.s. \tag{7.26}$$

In questo capitolo indichiamo con $\mathcal{A}$ la famiglia delle strategie Markoviane, autofinanzianti ed ammissibili.

L'interpretazione finanziaria della (7.26) è che non sono consentite strategie di investimento che richiedono un indebitamento illimitato. La condizione è realistica poiché generalmente le banche o gli organismi di controllo impongono agli investitori un limite alle perdite. Sulla necessità di introdurre una condizione del tipo (7.26) commenteremo ulteriormente nella Sezione 7.3.2.

Notiamo che se $h \in \mathcal{A}$ e $V_t(h) = f(t, S_t)$, allora per la Proposizione 7.6, f è limitata inferiormente e quindi appartiene alla classe di unicità per il problema di Cauchy parabolico individuata nel Paragrafo 6.3.

Definizione 7.12. *Un derivato Europeo $F(S_T)$ è replicabile se esiste un portafoglio ammissibile $h \in \mathcal{A}$ tale che, posto $V_t(h) = f(t, S_t)$, vale*[5]

$$f(T, \cdot) = F, \qquad in \ \mathbb{R}_+. \tag{7.27}$$

Diciamo che h è un portafoglio replicante per $F(S_T)$.

---

[5] Se F è una funzione continua allora la (7.27) è semplicemente da intendersi nel senso seguente: esiste

$$\lim_{(t,s) \to (T, \bar{s})} f(t, s) = F(\bar{s}),$$

per ogni $\bar{s} > 0$, o equivalentemente f, definita su $[0, T[\times \mathbb{R}_+$ si prolunga con continuità su $[0, T] \times \mathbb{R}_+$ e vale la (7.27) in senso puntuale. Se F è localmente sommabile allora la (7.27) è da intendersi nel senso di L^1_{loc}, cfr. Sezione 2.3.3.

Il seguente teorema è il risultato centrale della teoria di Black&Scholes e contiene definizione di prezzo d'arbitraggio di un derivato.

Teorema 7.13. *Il modello di mercato di Black&Scholes è completo e libero da arbitraggi, nel senso che ogni derivato Europeo $F(S_T)$, con F che verifica l'Ipotesi 7.10, è replicabile in modo unico. Più precisamente esiste ed è unica la strategia $h = (\alpha_t, \beta_t) \in \mathcal{A}$ che replica $F(S_T)$: essa è definita da*

$$\alpha_t = \partial_s f(t, S_t), \qquad \beta_t = e^{-rt}\left(f(t, S_t) - S_t \partial_s f(t, S_t)\right), \qquad (7.28)$$

dove f è la soluzione inferiormente limitata del problema di Cauchy

$$\frac{\sigma^2 s^2}{2}\partial_{ss}f + rs\partial_s f + \partial_t f = rf, \qquad in \ [0,T[\times \mathbb{R}_+, \qquad (7.29)$$

$$f(T, s) = F(s), \qquad s \in \mathbb{R}_+. \qquad (7.30)$$

Per definizione, $f(t, S_t) = V_t(h)$ è il prezzo d'arbitraggio di $F(S_T)$.

Dimostrazione. Una strategia h è replicante per $F(S_T)$ se e solo se:

i) h è *Markoviana e ammissibile* e quindi esiste $f \in C^{1,2}([0,T[\times\mathbb{R}_+)$ inferiormente limitata, tale che $V_t(h) = f(t, S_t)$;

ii) h è *autofinanziante* e quindi, per il Teorema 7.7, f è soluzione dell'equazione differenziale (7.29), vale la prima delle formule (7.28) e la seconda è conseguenza dell'Osservazione 7.4;

iii) h è *replicante* e quindi f verifica la condizione finale (7.30).

Per dimostrare che h esiste ed unica, trasformiamo il problema (7.29)-(7.30) in un problema di Cauchy parabolico a cui si applica la teoria di esistenza e unicità dei Paragrafi 2.3 e 6.3. Posto

$$u(\tau, x) = e^{-r(T-\tau)}f(T-\tau, e^x), \qquad \tau \in [0,T], \ x \in \mathbb{R}, \qquad (7.31)$$

si ha che f è soluzione di (7.29)-(7.30) se e solo se u è soluzione del problema di Cauchy

$$\begin{cases} \frac{\sigma^2}{2}\partial_{xx}u + \left(r - \frac{\sigma^2}{2}\right)\partial_x u - \partial_\tau u = 0, & (t, x) \in]0,T] \times \mathbb{R}, \\ u(0, x) = e^{-rT}F(e^x), & x \in \mathbb{R}. \end{cases}$$

Per l'Ipotesi 7.10 e il fatto che F è inferiormente limitata, il Teorema 2.74 garantisce l'esistenza di una soluzione u inferiormente limitata. Inoltre, per il Teorema 6.19, u è l'unica soluzione all'interno della classe delle funzioni inferiormente limitate. Ne segue direttamente l'esistenza della strategia replicante e la sua unicità all'interno della famiglia delle strategie ammissibili. □

Osservazione 7.14. La condizione di ammissibilità (7.26) si può sostituire con la condizione di crescita

$$|f(t,s)| \leq Ce^{C(\log s)^2}, \qquad s \in \mathbb{R}_+, \ t \in]0,T[.$$

In questo caso, utilizzando il risultato di unicità del Teorema 6.15, si perviene ad un risultato analogo a quello del Teorema 7.13. □

7 Modello di Black&Scholes

Corollario 7.15 (Formula di Black&Scholes). *Assumiamo la dinamica di Black&Scholes per il titolo sottostante*

$$dS_t = \mu S_t dt + \sigma S_t dW_t,$$

e indichiamo con r il tasso a breve. Allora valgono le seguenti formule per il prezzo di opzioni call e put Europee con strike K e scadenza T:

$$\begin{aligned} c_t &= S_t \Phi(d_1) - K e^{-r(T-t)} \Phi(d_2), \\ p_t &= K e^{-r(T-t)} \Phi(-d_2) - S_t \Phi(-d_1), \end{aligned} \qquad (7.32)$$

dove

$$\Phi(x) = \frac{1}{\sqrt{2\pi}} \int_{-\infty}^{x} e^{-\frac{y^2}{2}} dy,$$

è la funzione di distribuzione normale standard e

$$d_1 = \frac{\log\left(\frac{S_t}{K}\right) + \left(r + \frac{\sigma^2}{2}\right)(T-t)}{\sigma\sqrt{T-t}},$$

$$d_2 = d_1 - \sigma\sqrt{T-t} = \frac{\log\left(\frac{S_t}{K}\right) + \left(r - \frac{\sigma^2}{2}\right)(T-t)}{\sigma\sqrt{T-t}}.$$

Dimostrazione. La tesi è diretta conseguenza della formula di rappresentazione della soluzione del problema di Cauchy (7.29)-(7.30) per l'equazione di Black&Scholes (o per l'equazione del calore, tramite la trasformazione (7.21)). Non ripetiamo il calcolo esplicito, già svolto nella Sezione 3.2.6. □

7.3.1 Dividendi e parametri dipendenti dal tempo

Le formule di valutazione di Black&Scholes possono essere adattate per descrivere il caso in cui il sottostante paghi dividendi. Il caso più semplice è quello in cui si assume un pagamento continuo con un rendimento costante q, ossia si assume che nel periodo dt venga pagato un dividendo pari a $qS_t dt$. Sembra naturale modificare la condizione di autofinanziamento (7.5) nel modo seguente:

$$dV_t(h) = \alpha_t (dS_t + qS_t dt) + \beta_t dB_t,$$

e procedendo come nella prova del Teorema 7.7, si ottiene l'equazione di Black&Scholes modificata

$$\frac{\sigma^2 s^2}{2} \partial_{ss} f(t,s) + (r-q)s\partial_s f(t,s) + \partial_t f(t,s) = r f(t,s).$$

Allora la formula di Black&Scholes per il prezzo di una call su un titolo che paga dividendi diventa

$$c_t = e^{-q(T-t)} S_t \Phi(\bar{d}_1) - K e^{-r(T-t)} \Phi(\bar{d}_1 - \sigma\sqrt{T-t}),$$

dove
$$\bar{d}_1 = \frac{\log\left(\frac{S_t}{K}\right) + \left(r - q + \frac{\sigma^2}{2}\right)(T-t)}{\sigma\sqrt{T-t}}.$$

Si possono ottenere formule esplicite di valutazione anche nel caso in cui i parametri r, μ, σ siano funzioni (deterministiche) del tempo:

$$dB_t = r(t)B_t dt,$$
$$dS_t = \mu(t)S_t dt + \sigma(t)S_t dW_t.$$

Assumendo, per esempio, che r, μ, σ siano funzioni continue su $[0,T]$, abbiamo

$$B_t = e^{\int_0^t r(s)ds},$$
$$S_t = S_0 \exp\left(\int_0^t \sigma(s)dW_s + \int_0^t \left(\mu(s) - \frac{\sigma^2(s)}{2}\right)ds\right).$$

Utilizzando gli stessi argomenti si perviene a formule analoghe a quelle del Corollario 7.15 in cui i termini del tipo $r(T-t)$ e $\sigma\sqrt{T-t}$ vanno rispettivamente sostituiti con

$$\int_t^T r(s)ds, \quad \text{e} \quad \left(\int_t^T \sigma^2(s)ds\right)^{\frac{1}{2}}.$$

7.3.2 Ammissibilità e assenza d'arbitraggi

In questa sezione, facciamo alcune osservazioni sul concetto di ammissibilità di una strategia e sulla relazione con l'assenza d'opportunità d'arbitraggi nel modello di Black&Scholes.

Come nel caso discreto, un arbitraggio è una strategia di investimento che, pur richiedendo un investimento iniziale nullo e quasi nessun rischio, ha la possibilità di assumere un valore futuro positivo. Il concetto è formalizzato dalla seguente

Definizione 7.16. *Un arbitraggio è una strategia autofinanziante h il cui valore $V(h)$ è tale che*

i) $V_0(h) = 0$ *q.s.*

ed esiste $t_0 \in]0, T]$ tale che

ii) $V_{t_0}(h) \geq 0$ *q.s.*
iii) $P(V_{t_0}(h) > 0) > 0.$

Nel modello binomiale l'assenza di strategie d'arbitraggio è garantita sotto ipotesi molto semplici ed intuitive riassunte nella condizione (3.32) che esprime una relazione fra i rendimenti del titolo rischioso e del bond. Al contrario, nei modelli a tempo continuo il problema dell'esistenza di opportunità d'arbitraggio è una questione abbastanza delicata. Infatti senza imporre una condizione di ammissibilità, anche nel modello di mercato di Black&Scholes è possibile costruire portafogli d'arbitraggio, ossia si può investire nei titoli (7.1) e (7.3) secondo una strategia autofinanziante, di costo iniziale nullo per ottenere un profitto privo di rischio.

A grandi linee[6], l'idea è di utilizzare una strategia di "raddoppio della puntata in caso di perdita" ben nota nel gioco d'azzardo. Per fissare le idee, consideriamo un gioco in cui puntando \$1 sul risultato del lancio di una moneta, si ottengono \$2 se il risultato è testa oppure nulla se il risultato è croce. In questo caso la strategia del raddoppio consiste nel cominciare puntando \$1 e nel procedere nel gioco, raddoppiando la puntata ogni volta che si perde fino a fermarsi alla prima vincita. In questo modo, supponendo di vincere alla giocata numero n, il bilancio totale è pari alla differenza fra il capitale investito e perso nel gioco, pari a $1 + 2 + 4 + \cdots + 2^{n-1}$, e il capitale vinto all'n-esima giocata, pari a 2^n: precisamente, il bilancio totale è attivo e pari a \$1. In questo modo si ha la certezza di vincere a patto che siano verificate le seguenti condizioni:

i) è possibile giocare un numero illimitato di volte;
ii) si ha a disposizione un capitale illimitato.

In un mercato discreto con orizzonte finito, queste strategie sono automaticamente escluse a causa di i), cfr. Proposizione 3.10. In un mercato a tempo continuo, anche nel caso di orizzonte finito, è necessario porre dei vincoli per escludere le "strategie di raddoppio" che costituiscono opportunità d'arbitraggio: questo motiva la condizione di ammissibilità della Definizione 7.11.

La scelta della famiglia delle strategie ammissibili deve essere fatta in modo opportuno, bilanciando il fatto che non si può scegliere una famiglia né troppo grande (per non includere arbitraggi) né troppo piccola (per avere abbastanza libertà di formare portafogli replicanti e garantire la completezza del mercato). In letteratura si trovano diverse nozioni di ammissibilità, non sempre espresse in termini espliciti: la Definizione 7.11 sembra una scelta semplice e intuitiva. Per avere un confronto con altre nozioni di ammissibilità, proviamo ora che la classe $\mathcal{A}$ non contiene arbitraggi.

Proposizione 7.17 (Principio di non arbitraggio). *La famiglia $\mathcal{A}$ non contiene strategie d'arbitraggio.*

Dimostrazione. La tesi è una immediata conseguenza del Corollario 6.22. Per assurdo, sia $h \in \mathcal{A}$, con $V_t(h) = f(t, S_t)$, una strategia d'arbitraggio: allora f è limitata inferiormente, è soluzione della PDE (7.29), vale $f(0, S_0) = 0$ ed esistono $t \in]0, T]$ e $\bar{s} > 0$ tali che $f(t, \bar{s}) > 0$ e $f(t, s) \geq 0$ per ogni $s > 0$. Per utilizzare il Corollario 6.22, trasformiamo la PDE di Black&Scholes in un'equazione parabolica con la sostituzione (7.31)

$$u(\tau, x) = e^{-r(T-\tau)} f(T - \tau, e^x), \qquad \tau \in [0, T], \ x \in \mathbb{R},$$

---

[6] Per maggiori dettagli si veda, per esempio, Steele [156] Cap.14.

in base alla quale u è soluzione dell'equazione

$$\frac{\sigma^2}{2}\partial_{xx}u + \left(r - \frac{\sigma^2}{2}\right)\partial_x u - \partial_\tau u = 0. \tag{7.33}$$

Allora il Corollario 6.22 porta ad un assurdo:

$$0 = f(0, S_0) = u(T, \log S_0) \geq \int_{\mathbb{R}} \Gamma(T, \log S_0, T - t, y)u(T - t, y)dy > 0,$$

poiché $u(T - t, y) = e^{-rt}f(t, e^y) \geq 0$ per ogni $y \in \mathbb{R}$, $u(T - t, \log \bar{s}) = e^{-rt}f(t, \bar{s}) > 0$ e $\Gamma(T, \cdot, \tau, \cdot)$, la soluzione fondamentale della (7.33), è strettamente positiva per $\tau < T$. □

7.3.3 Analisi di Black&Scholes: approcci euristici

Presentiamo alcune procedure alternative per ricavare l'equazione differenziale di Black&Scholes (7.12). I seguenti approcci sono euristici, hanno il pregio di essere intuitivi e il difetto di non essere rigorosi come la presentazione precedente. Inoltre hanno in comune il fatto di assumere il principio di non arbitraggio come ipotesi, piuttosto che come risultato: su questo commentiamo brevemente alla fine della sezione, nell'Osservazione 7.18. La trattazione seguente è informale e non rigorosa.

Il primo approccio è il seguente: supponiamo di dover valutare un derivato H con scadenza T e cerchiamo di determinarne il prezzo al tempo t nella forma $H_t = f(t, S_t)$ con $f \in C^{1,2}$. A tal fine consideriamo un portafoglio autofinanziante h e imponiamo la condizione di replicazione

$$V_T(h) = H_T \qquad \text{q.s.}$$

In base al principio di non-arbitraggio, deve anche valere

$$V_t(h) = H_t \qquad \text{q.s.,}$$

per $t \leq T$. Procedendo come nella prova del Teorema 7.7, si eguagliano i differenziali stocastici $dV_t(h)$ e $df(t, S_t)$ per ottenere la (7.12) e la strategia (7.13) di copertura del derivato. Il risultato a cui si perviene è formalmente identico: tuttavia in questo modo si può creare il fraintendimento che l'equazione di Black&Scholes (7.12) sia una conseguenza dell'assenza di arbitraggi piuttosto che una caratterizzazione della condizione di autofinanziamento.

Per il secondo approccio, assumiamo il punto di vista di una banca che vende un'opzione e si pone il problema di determinare una strategia di copertura investendo sul titolo sottostante. Consideriamo un portafoglio costituito da una certa quantità del titolo rischioso S_t e da una posizione corta su un derivato con payoff $F(S_T)$ di cui indichiamo il prezzo, al tempo t, con $f(t, S_t)$:

$$V(t, S_t) = \alpha_t S_t - f(t, S_t).$$

Per determinare α_t, cerchiamo di rendere V neutrale rispetto alle variazioni di S_t, ossia immunizziamo V dal rischio di variazioni del prezzo del sottostante imponendo la condizione
$$\partial_s V(t,s) = 0.$$
Essendo $V(t,s) = \alpha_t s - f(t,s)$, otteniamo[7]
$$\alpha_t = \partial_s f(t,s), \tag{7.34}$$
e questa è comunemente chiamata la strategia di *delta hedging*[8]. Per la condizione di autofinanziamento si ha
$$dV(t,S_t) = \alpha_t dS_t - df(t,S_t)$$
$$= \left((\alpha_t - \partial_s f)\mu S_t - \partial_t f - \frac{\sigma^2 S_t^2}{2}\partial_{ss} f \right) dt + (\alpha_t - \partial_s f)\sigma S_t dW_t.$$

Dunque la scelta (7.34) "annulla la rischiosità" di V, rappresentata dal termine in dW_t, e annulla anche il termine che contiene il rendimento μ del sottostante. In definitiva otteniamo
$$dV(t,S_t) = -\left(\partial_t f + \frac{\sigma^2 S_t^2}{2}\partial_{ss} f \right) dt. \tag{7.35}$$

Ora poiché V ha una dinamica deterministica, *per il principio di non-arbitraggio* deve avere un rendimento pari a quello del titolo non rischioso:
$$dV(t,S_t) = rV(t,S_t)dt = r\left(S_t \partial_s f - f \right) dt, \tag{7.36}$$
cosicché, eguagliando le formule (7.35) e (7.36) si ottiene ancora una volta l'equazione di Black&Scholes.

L'idea che un'opzione possa essere utilizzata per immunizzarsi dal rischio è estremamente intuitivo e molte tecniche per la valutazione d'arbitraggio si basano su argomenti di questo tipo.

Osservazione 7.18. Negli approcci che abbiamo appena presentato il principio di non arbitraggio, sotto varie forme, viene assunto come *ipotesi* del modello di Black&Scholes: ciò aiuta certamente l'intuizione ma sembra difficile da supportare rigorosamente perché abbiamo visto che in realtà è possibile costruire strategie d'arbitraggio, sebbene si tratti di casi patologici. Nella nostra presentazione, così come in altre presentazioni più probabilistiche e basate sulla nozione di misura martingala, tutta la teoria è costruita sulla condizione di autofinanziamento: in questo approccio l'assenza d'arbitraggi è la naturale *conseguenza* della proprietà di autofinanziamento. Questo corrisponde all'intuizione che se una strategia è adattata e autofinanziante non può ragionevolmente produrre senza rischio un guadagno superiore al bond, ossia non può essere un arbitraggio.

---
[7] Il lettore attento si può chiedere perché, se α_t è funzione di s, non compaia anche $\partial_s \alpha_t$.
[8] Nella terminologia comune, la derivata $\partial_s f$ è usualmente chiamata *delta*.

7.3.4 Prezzo di mercato del rischio

Riprendiamo le idee della Sezione 1.2.4 e studiamo la valutazione e replicazione di un derivato, il cui sottostante non sia scambiato sul mercato, supponendo che un altro derivato sullo stesso sottostante sia contrattato. Un caso notevole è quello dei derivati sulla temperatura: pur potendo costruire un modello probabilistico per il valore della temperatura, non è possibile comporre una strategia replicante che utilizzi il sottostante perché esso non è acquistabile e di conseguenza l'argomento del Teorema 7.13 non è utilizzabile. Tuttavia, se sul mercato è già presente un'opzione sulla temperatura, a partire da essa si può cercare di valutare e coprire un nuovo derivato.

Assumiamo che il sottostante sia descritto da un moto Browniano geometrico

$$dS_t = \mu S_t dt + \sigma S_t dW_t, \qquad (7.37)$$

anche se i risultati seguenti sono indipendenti dal particolare modello considerato. Supponiamo che sul mercato sia trattato un derivato su S, il cui prezzo al tempo t sia noto e sia pari a $f(t, S_t)$ con $f \in C^{1,2}([0, T[\times \mathbb{R}_+)$. Assumiamo inoltre che

$$\partial_s f \neq 0$$

e valgano opportune ipotesi che assicurano che al seguente problema di Cauchy (7.46)-(7.47) sia applicabile la teoria dell'esistenza e unicità delle soluzioni dei Capitoli 6 e 8: qui ci sembra secondario riportare condizioni precise a tal fine.

Osserviamo che, per la formula di Itô, vale

$$df(t, S_t) = Lf(t, S_t)dt + \sigma S_t \partial_s f(t, S_t)dW_t, \qquad (7.38)$$

dove

$$Lf(t, s) = \partial_t f(t, s) + \mu s \partial_s f(t, s) + \frac{\sigma^2 s^2}{2} \partial_{ss} f(t, s). \qquad (7.39)$$

Il nostro scopo è di valutare un derivato con payoff $G(S_T)$. Imitiamo il procedimento dei paragrafi precedenti e costruiamo un portafoglio Markoviano e autofinanziante formato dal bond e dal derivato f, contrattato sul mercato. Indichiamo con g il valore di tale portafoglio

$$g(t, S_t) = \alpha_t f(t, S_t) + \beta_t B_t, \qquad (7.40)$$

e poniamo la condizione di autofinanziamento:

$$dg(t, S_t) = \alpha_t df(t, S_t) + \beta_t dB_t =$$

(per la (7.38))

$$= (\alpha_t Lf + r\beta B)\, dt + \alpha_t \sigma S_t \partial_s f dW_t =$$

(poiché $\beta B = g - \alpha_t f$)

$$= (\alpha_t (Lf - rf) + rg)\, + \alpha_t \sigma S_t \partial_s f dW_t. \qquad (7.41)$$

Confrontiamo ora tale espressione col differenziale stocastico ottenuto con la formula di Itô

$$dg(t, S_t) = Lg(t, S_t)dt + \sigma S_t \partial_s g(t, S_t)dW_t,$$

e per l'unicità della rappresentazione di un processo di Itô, deduciamo l'uguaglianza dei termini in dt e dW_t:

$$\alpha_t = \frac{\partial_s g}{\partial_s f}(t, S_t), \qquad (7.42)$$

$$\alpha_t(Lf - rf) = Lg - rg. \qquad (7.43)$$

Sostituendo la (7.42) nella (7.43) e riordinando i termini, otteniamo

$$Lg - rg = \sigma S_t \theta_f \partial_s g, \qquad (7.44)$$

dove

$$\theta_f = \theta_f(t, S_t) = \frac{Lf(t, S_t) - rf(t, S_t)}{\sigma S_t \partial_s f(t, S_t)}. \qquad (7.45)$$

In definitiva, sostituendo l'espressione (7.39) di L nella (7.44), abbiamo provato la seguente generalizzazione dei Teoremi 7.7 e 7.13.

Teorema 7.19. *Il portafoglio in (7.40) è autofinanziante se e solo se g è soluzione dell'equazione differenziale*

$$\frac{\sigma^2 s^2}{2} \partial_{ss} g(t, s) + (\mu - \sigma \theta_f(t, s)) s \partial_s g(t, s) + \partial_t g(t, s) = rg(t, s), \qquad (7.46)$$

per $(t, s) \in [0, T[\times \mathbb{R}_+$. Nelle ipotesi del Teorema 7.13, esiste ed è unico il portafoglio replicante per $G(S_T)$, definito dalla soluzione del problema di Cauchy per (7.46) con condizione finale

$$g(T, s) = G(s), \qquad s \in \mathbb{R}_+. \qquad (7.47)$$

Il valore $g(t, S_t) = V_t(h)$ è il prezzo d'arbitraggio di $G(S_T)$ e la strategia replicante è data in (7.42).

In base al Teorema 7.19, la replicazione di un'opzione (e quindi la completezza del mercato) è garantita anche se il sottostante non è contrattato, a patto che sul mercato sia presente un altro derivato sullo stesso sottostante.

Se il sottostante è contrattato, possiamo scegliere $f(t, s) = s$: in questo caso indichiamo semplicemente $\theta = \theta_f$ e osserviamo che vale

$$\theta = \frac{\mu - r}{\sigma}. \qquad (7.48)$$

Inserendo tale valore nella (7.46) otteniamo esattamente l'equazione differenziale di Black&Scholes.

Il coefficiente θ rappresenta la differenza fra il rendimento atteso μ e il rendimento privo di rischio r, che gli investitori richiedono comprando S per assumersi il rischio rappresentato dalla volatilità σ. Per questo motivo θ viene solitamente chiamato *prezzo di mercato del rischio* ed esprime una misura della propensione al rischio degli investitori.

Il prezzo di mercato del rischio può essere determinato dal sottostante (se è contrattato) oppure da un altro derivato. Osserviamo che la (7.38) si riscrive in modo formalmente simile alla (7.37):

$$df = \mu_f f dt + \sigma_f f dW_t,$$

dove

$$\mu_f = \frac{Lf}{f}, \qquad \sigma_f = \frac{\sigma S_t \partial_s f}{f},$$

cosicché, per la definizione (7.45), vale

$$\theta_f = \frac{\mu_f - r}{\sigma_f},$$

in analogia con la (7.48).

Ora possiamo dare un'interpretazione estremamente significativa dell'equazione differenziale (7.46) "di Black&Scholes". Notiamo che essa è equivalente alla relazione (7.44) che si riscrive semplicemente come segue:

$$\theta_f = \theta_g. \tag{7.49}$$

In altri termini la condizione di autofinanziamento impone che g abbia lo stesso prezzo di mercato del rischio di f. E poiché f e g sono generici derivati, la (7.49) è in effetti una condizione di consistenza del mercato:

- *tutti i titoli (o strategie autofinanzianti) devono avere lo stesso prezzo di mercato del rischio.*

Nel caso di mercato incompleto, in cui l'unico titolo contrattato è il bond, ancora i prezzi teorici dei derivati devono verificare un'equazione differenziale di Black&Scholes del tipo (7.46): ma in questo caso non è noto il valore del prezzo di mercato del rischio, ossia non è noto θ_f che appare come coefficiente nell'equazione differenziale. Dunque il prezzo d'arbitraggio di un'opzione non è unico, proprio come abbiamo visto in ambito discreto nel caso del modello trinomiale.

7.4 Copertura

Dal punto di vista teorico la strategia (7.34) di delta hedging permette di ottenere una replicazione perfetta del payoff. Dunque non ci sarebbe bisogno di studiare ulteriormente il problema della copertura. Nella pratica invece

280 7 Modello di Black&Scholes

il modello di Black&Scholes solleva alcuni problemi: anzitutto la strategia (7.28) richiede un ribilanciamento continuo del portafoglio e questo non è sempre possibile o conveniente, per esempio a causa dei costi di transazione. In secondo luogo il modello di Black&Scholes è comunemente considerato troppo semplice per poter descrivere in modo realistico le dinamiche del mercato: il problema più evidente consiste nell'ipotesi di volatilità costante che appare troppo forte se confrontata con i dati reali.

A suo favore, il modello di Black&Scholes ha il grosso vantaggio di fornire formule esplicite per i prezzi di opzioni plain vanilla. Inoltre, malgrado tutte le critiche che gli sono mosse contro, rimane nella pratica il modello di riferimento e in assoluto il più utilizzato dalle banche. A prima vista ciò è paradossale anche se, come cercheremo di spiegare, non del tutto infondato.

Il resto del paragrafo è strutturato come segue: nella Sezione 7.4.1 introduciamo le cosiddette sensitività o greche: esse sono le derivate del prezzo di Black&Scholes rispetto ai fattori di rischio che sono essenzialmente il prezzo del sottostante e i parametri del modello. Nella Sezione 7.4.2 analizziamo la robustezza del modello di Black&Scholes, ossia gli effetti del suo utilizzo supposto che non sia il modello "corretto". Nella Sezione 7.4.3 utilizziamo le greche per ottenere strategie di copertura più efficaci del semplice delta hedging.

7.4.1 Le greche

Nel modello di Black&Scholes il valore di una strategia è funzione di diversi fattori: il prezzo del sottostante, il tempo e i parametri di modello, la volatilità σ e il tasso di interesse r. Dal punto di vista pratico è utile poter valutare la sensibilità del portafoglio rispetto alla variazione di questi fattori: ciò significa poter stimare, per esempio, l'effetto sul valore del portafoglio dell'avvicinarsi alla scadenza o della variazione del tasso privo di rischio o della volatilità. I naturali indicatori di sensitività sono forniti dalle derivate parziali del valore del portafoglio rispetto ai corrispondenti fattori di rischio (prezzo del sottostante, volatilità ecc..). Ad ogni derivata si associa comunemente una lettera greca e per tale motivo queste misure di sensitività sono usualmente chiamate *le greche*.

Notazione 7.20 *Indichiamo con $f(t, s, \sigma, r)$ il valore di una strategia autofinanziante e Markoviana nel modello di Black&Scholes in funzione del tempo t, del prezzo del sottostante s, della volatilità σ e del tasso a breve r. Poniamo:*

$$\Delta = \partial_s f \qquad (delta),$$
$$\Gamma = \partial_{ss} f \qquad (gamma),$$
$$\mathcal{V} = \partial_\sigma f \qquad (vega),$$
$$\varrho = \partial_r f \qquad (rho),$$
$$\Theta = \partial_t f \qquad (theta).$$

Diciamo che una strategia è *neutrale* rispetto a uno dei fattori di rischio se la corrispondente greca è nulla, ossia se il valore del portafoglio è insensibile rispetto alle variazioni di tale fattore. Per esempio, la strategia di delta hedging è costruita in modo da rendere il portafoglio neutrale al delta, ossia insensibile rispetto alle variazioni del prezzo del sottostante.

Per le greche di call e put Europee è disponibile l'espressione esplicita che si ricava direttamente derivando la formula di Black&Scholes: si tratta di fare un po' di conti che con qualche accortezza non sono particolarmente lunghi. Nel seguito trattiamo nel dettaglio solo il caso della call. Per comodità riportiamo l'espressione del prezzo al tempo t di una call Europea con strike K e scadenza T:

$$c_t = g(d_1),$$

dove g è la funzione definita da

$$g(d) = S_t \Phi(d) - K e^{-r(T-t)} \Phi(d - \sigma\sqrt{T-t}), \qquad d \in \mathbb{R},$$

e

$$\Phi(x) = \frac{1}{\sqrt{2\pi}} \int_{-\infty}^{x} e^{-\frac{y^2}{2}} dy, \qquad d_1 = \frac{\log\left(\frac{S_t}{K}\right) + \left(r + \frac{\sigma^2}{2}\right)(T-t)}{\sigma\sqrt{T-t}}.$$

Il grafico del prezzo della call è riportato nella Figura 7.1.

A volte sarà utile anche la notazione

$$d_2 = d_1 - \sigma\sqrt{T-t} = \frac{\log\left(\frac{S_t}{K}\right) + \left(r - \frac{\sigma^2}{2}\right)(T-t)}{\sigma\sqrt{T-t}},$$

e useremo sistematicamente il seguente lemma per semplificare i calcoli.

Lemma 7.21. *Vale*

$$g'(d_1) = 0, \tag{7.50}$$

e di conseguenza

$$S_t \Phi'(d_1) = K e^{-r(T-t)} \Phi'(d_1 - \sigma\sqrt{T-t}). \tag{7.51}$$

Dimostrazione. Basta osservare che

$$\Phi'(x) = \frac{e^{-\frac{x^2}{2}}}{\sqrt{2\pi}}.$$

Allora

$$g'(d) = S_t \frac{e^{-\frac{d^2}{2}}}{\sqrt{2\pi}} - K e^{-r(T-t)} \frac{e^{-\frac{(d-\sigma\sqrt{T-t})^2}{2}}}{\sqrt{2\pi}}$$

$$= \frac{e^{-\frac{d^2}{2}}}{\sqrt{2\pi}} \left(S_t - K e^{-\left(r+\frac{\sigma^2}{2}\right)(T-t)} e^{d\sigma\sqrt{T-t}} \right)$$

e la tesi segue direttamente dalla definizione di d_1. □

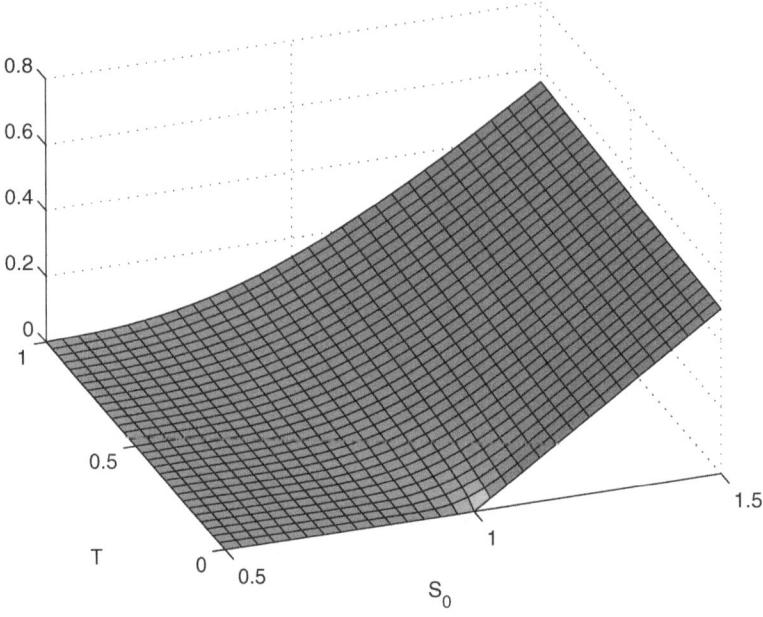

Fig. 7.1. Grafico del prezzo di una call Europea nel modello di Black&Scholes, in funzione del prezzo del sottostante e del tempo alla scadenza. I parametri sono: strike $K = 1$, volatilità $\sigma = 0.3$, tasso privo di rischio $r = 0.05$

Esaminiamo ora le singole greche dell'opzione call.

Delta: vale
$$\Delta = \Phi(d_1). \tag{7.52}$$
Infatti
$$\Delta = \partial_s c_t = \Phi(d_1) + g'(d_1)\partial_s d_1,$$
e la (7.52) segue dalla (7.50).

Il grafico della delta è riportato nella Figura 7.2. Notiamo che la delta della call è positiva e minore di uno, poiché tale è Φ:
$$0 < \Delta < 1.$$

Poiché la delta ha il significato di quota di titolo rischioso da detenere nel portafoglio di delta hedging, questo corrisponde al fatto intuitivo che per coprire una posizione corta su una call occorre acquistare il sottostante. Ne segue anche che c_t è una funzione strettamente crescente del prezzo del sottostante. Osserviamo che

$$\lim_{s \to 0^+} d_1 = -\infty, \qquad \lim_{s \to +\infty} d_1 = +\infty,$$

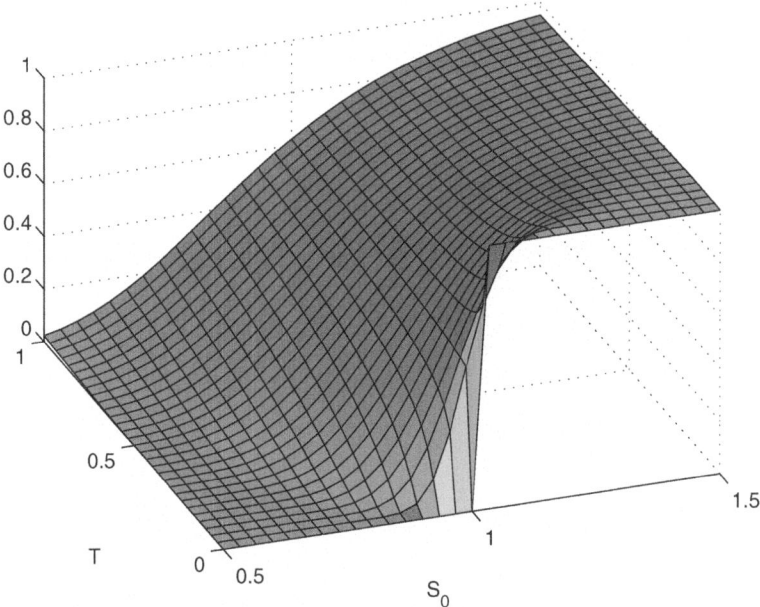

Fig. 7.2. Grafico della delta di una call Europea nel modello di Black&Scholes, in funzione del prezzo del sottostante e del tempo alla scadenza. I parametri sono: strike $K=1$, volatilità $\sigma=0.3$, tasso privo di rischio $r=0.05$

e dunque valgono le seguenti espressioni asintotiche per prezzo e delta:

$$\lim_{s\to 0^+} c_t = 0, \qquad \lim_{s\to +\infty} c_t = +\infty,$$
$$\lim_{s\to 0^+} \Delta = 0, \qquad \lim_{s\to +\infty} \Delta = 1.$$

Gamma: vale

$$\Gamma = \frac{\Phi'(d_1)}{\sigma S_t \sqrt{T-t}}.$$

Infatti

$$\Gamma = \partial_s \Delta = \Phi'(d_1) \partial_s d_1.$$

Il grafico della gamma è riportato nella Figura 7.3. Notiamo che la gamma di una call è positiva e quindi il prezzo e la delta sono rispettivamente una funzione convessa e una funzione crescente del sottostante. Inoltre vale

$$\lim_{s\to 0^+} \Gamma = \lim_{s\to +\infty} \Gamma = 0.$$

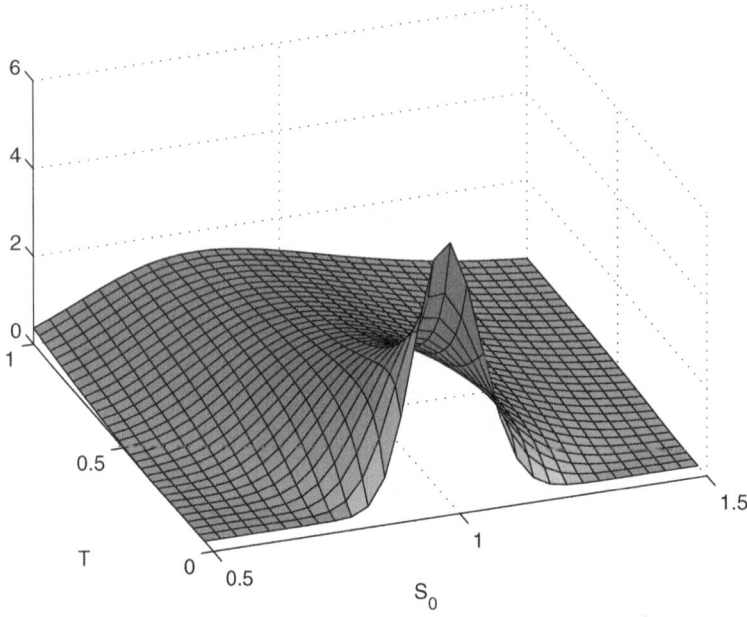

Fig. 7.3. Grafico della gamma di una call Europea nel modello di Black&Scholes, in funzione del prezzo del sottostante ($0.5 \leq S \leq 1.5$) e del tempo alla scadenza ($0.05 \leq T \leq 1$). I parametri sono: strike $K = 1$, volatilità $\sigma = 0.3$, tasso privo di rischio $r = 0.05$

Vega: vale
$$\mathcal{V} = S_t\sqrt{T-t}\,\Phi'(d_1).$$

Infatti
$$\mathcal{V} = \partial_\sigma c_t = g'(d_1)\partial_\sigma d_1 + Ke^{-r(T-t)}\Phi'(d_1 - \sigma\sqrt{T-t})\sqrt{T-t} =$$

(per la (7.50))
$$= Ke^{-r(T-t)}\Phi'(d_1 - \sigma\sqrt{T-t})\sqrt{T-t} =$$

(per la (7.51))
$$= S_t\sqrt{T-t}\,\Phi'(d_1).$$

Il grafico della vega è riportato nella Figura 7.4. Anche la vega è positiva e quindi il prezzo di una call è una funzione strettamente crescente della volatilità (cfr. Figura 7.5): intuitivamente, ciò è dovuto al fatto che l'opzione è un contratto che dà un diritto, ma non un obbligo, per cui si trae vantaggio dalla maggior rischiosità del sottostante. Ne segue anche che il prezzo dell'opzione è una funzione *invertibile* della volatilità: ad ogni

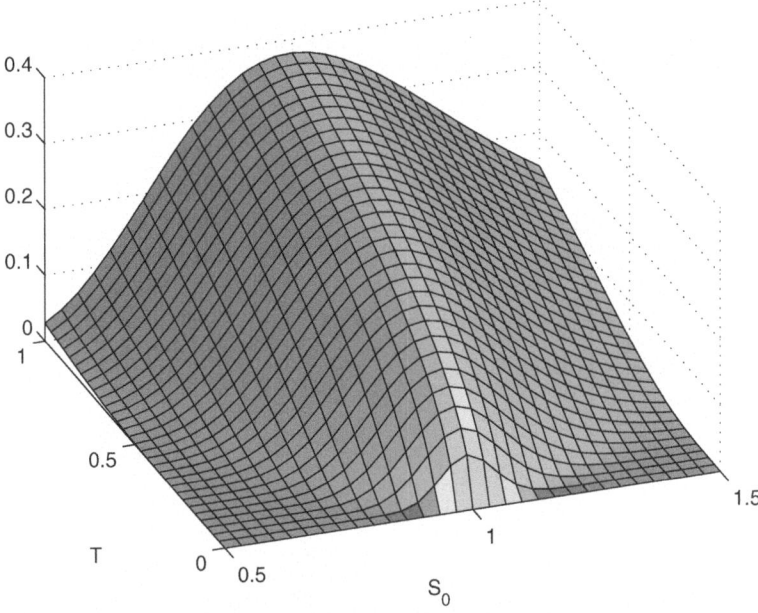

Fig. 7.4. Grafico della vega di una call Europea nel modello di Black&Scholes, in funzione del prezzo del sottostante e del tempo alla scadenza. I parametri sono: strike $K=1$, volatilità $\sigma = 0.3$, tasso privo di rischio $r = 0.05$

prezzo quotato dell'opzione corrisponde un unico valore della volatilità, detta *volatilità implicita*, da utilizzare nella formula di Black&Scholes per ottenere il prezzo osservato.

Proviamo che vale

$$\lim_{\sigma \to 0^+} c_t = \left(S_t - Ke^{-r(T-t)}\right)^+, \qquad \lim_{\sigma \to +\infty} c_t = S_t \qquad (7.53)$$

e quindi

$$\left(S_t - Ke^{-r(T-t)}\right)^+ < c_t < S_t,$$

in accordo con le stime del Corollario 1.2, basate su argomenti di arbitraggio. Infatti posto

$$\lambda = \log\left(\frac{S_t}{K}\right) + r(T-t),$$

si ha che $\lambda = 0$ se e solo se

$$S_t = Ke^{-r(T-t)},$$

e inoltre

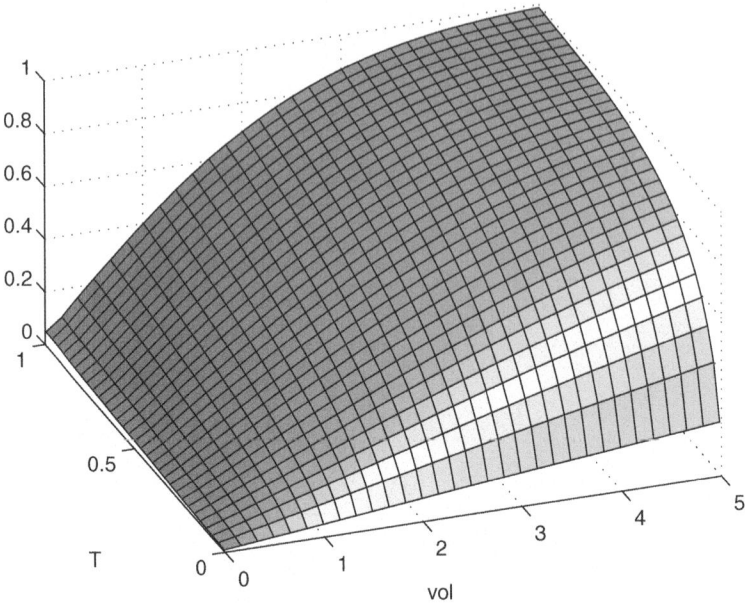

Fig. 7.5. Grafico del prezzo di una call Europea nel modello di Black&Scholes, in funzione della volatilità ($0 \leq \sigma \leq 5$) e del tempo alla scadenza ($0.05 \leq T \leq 1$). I parametri sono: $S = K = 1$ e tasso privo di rischio $r = 0.05$

$$\lim_{\sigma \to 0^+} d_1 = \begin{cases} +\infty, & \text{se } \lambda > 0, \\ 0, & \text{se } \lambda = 0, \\ -\infty, & \text{se } \lambda < 0. \end{cases}$$

Di conseguenza

$$\lim_{\sigma \to 0^+} c_t = \begin{cases} S_t - Ke^{-r(T-t)}, & \text{se } \lambda > 0, \\ 0, & \text{se } \lambda \leq 0, \end{cases}$$

che prova il primo limite in (7.53). D'altra parte

$$\lim_{\sigma \to +\infty} d_1 = +\infty, \qquad \lim_{\sigma \to +\infty} d_2 = -\infty,$$

cosicché anche il secondo limite in (7.53) segue facilmente.
Theta: vale
$$\Theta = -rKe^{-r(T-t)}\Phi(d_2) - \frac{\sigma S_t}{2\sqrt{T-t}}\Phi'(d_1). \qquad (7.54)$$
Infatti
$$\Theta = \partial_t c_t = g'(d_1)\partial_t d_1 - rKe^{-r(T-t)}\Phi(d_2) - Ke^{-r(T-t)}\Phi'(d_2)\frac{\sigma}{2\sqrt{T-t}},$$

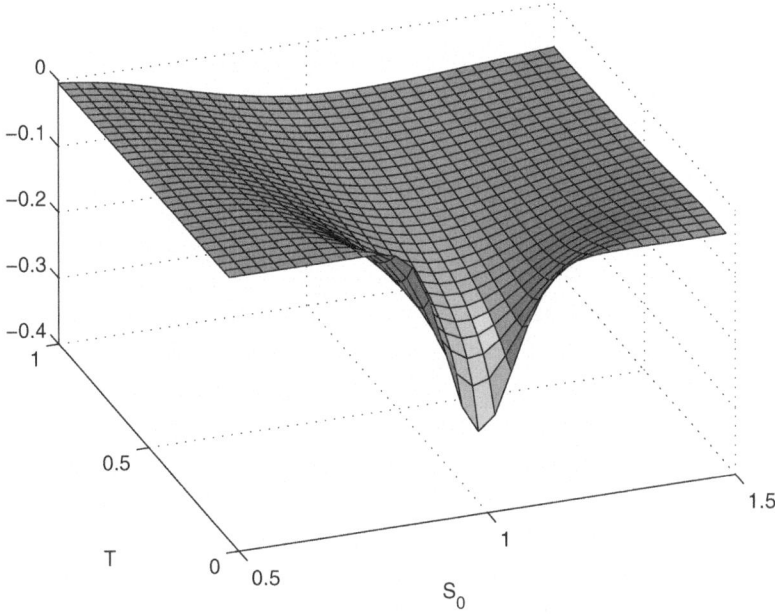

Fig. 7.6. Grafico della theta di una call Europea nel modello di Black&Scholes, in funzione del prezzo del sottostante ($0.5 \leq S \leq 1.5$) e del tempo alla scadenza ($0.05 \leq T \leq 1$). I parametri sono: strike $K = 1$, volatilità $\sigma = 0.3$, tasso privo di rischio $r = 0.05$

e la (7.54) segue dalla (7.51). Il grafico della theta è riportato nella Figura 7.6. Notiamo che $\Theta < 0$ ossia il prezzo di una call diminuisce avvicinandosi alla scadenza: intuitivamente ciò è dovuto alla diminuzione dell'effetto della volatilità che nell'espressione del prezzo appare moltiplicata per $\sqrt{T-t}$.

Rho: vale
$$\varrho = K(T-t)e^{-r(T-t)}\Phi(d_2).$$
Infatti
$$\varrho = \partial_r c_t = g'(d_1)\partial_r d_1 + K(T-t)e^{-r(T-t)}\Phi(d_2),$$
e la tesi segue dalla (7.50). Il grafico del rho è riportato nella Figura 7.7. Notiamo che $\rho > 0$ e di conseguenza il prezzo di una call aumenta col crescere del tasso privo di rischio: ciò è dovuto al fatto che, se esercitata, una call comporta il pagamento dello strike K il cui valore scontato è tanto minore quanto maggiore è r.

Riportiamo senza dimostrazione l'espressione delle greche della put Europea:

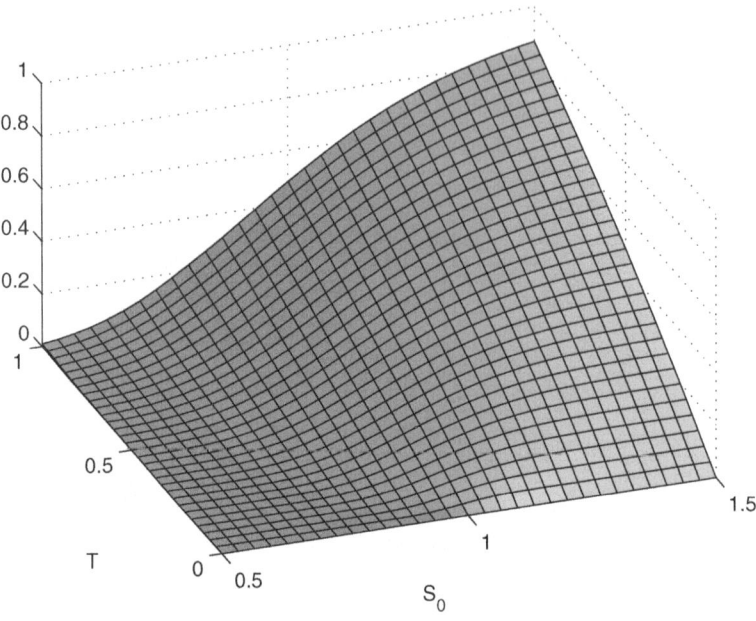

Fig. 7.7. Grafico del rho di una call Europea nel modello di Black&Scholes, in funzione del prezzo del sottostante e del tempo alla scadenza. I parametri sono: strike $K=1$, volatilità $\sigma=0.3$, tasso privo di rischio $r=0.05$

$$\Delta = \partial_s p_t = \Phi(d_1) - 1,$$
$$\Gamma = \partial_{ss} p_t = \frac{\Phi'(d_1)}{\sigma S_t \sqrt{T-t}},$$
$$\mathcal{V} = \partial_\sigma p_t = S_t \sqrt{T-t}\, \Phi'(d_1),$$
$$\Theta = \partial_t p_t = -rKe^{-r(T-t)}\left(1-\Phi(d_2)\right) + \frac{\sigma S_t}{2\sqrt{T-t}}\Phi'(d_1),$$
$$\rho = \partial_r p_t = K(T-t)e^{-r(T-t)}\left(\Phi(d_2) - 1\right).$$

Osserviamo che la delta di una put è negativa. Gamma e vega hanno la stessa espressione per put e call: in particolare, la vega è positiva e quindi anche il prezzo della put aumenta col crescere della volatilità. La theta di una put assume valori positivi e negativi. La rho di una put è negativa.

7.4.2 Robustezza del modello

Assumiamo la dinamica di Black&Scholes per il sottostante

$$dS_t = \mu S_t dt + \sigma S_t dW_t, \qquad (7.55)$$

dove μ, σ sono parametri fissati e indichiamo con r il tasso a breve. Allora il prezzo $f(t, S_t)$ di un'opzione con payoff $F(S_T)$ è dato dalla soluzione del problema di Cauchy

$$\frac{\sigma^2 s^2}{2}\partial_{ss}f + rs\partial_s f + \partial_t f = rf, \qquad \text{in } [0,T[\times\mathbb{R}_+, \qquad (7.56)$$

$$f(T,s) = F(s), \qquad\qquad s \in \mathbb{R}_+. \qquad (7.57)$$

Supponiamo ora che la dinamica reale del sottostante sia diversa dalla (7.55) e sia descritta da un processo di Itô della forma

$$dS_t = \mu_t S_t dt + \sigma_t S_t dW_t, \qquad (7.58)$$

con $\mu_t \in \mathbb{L}^1_{\text{loc}}$ e $\sigma_t \in \mathbb{L}^2_{\text{loc}}$.

Ricordiamo che per l'Osservazione 7.4 ogni strategia autofinanziante è determinata solo dal proprio valore iniziale e dalla quantità di titolo rischioso: per esempio, la strategia di delta hedging di Black&Scholes è individuata dal valore iniziale $f(0, S_0)$ (il prezzo di Black&Scholes) e consiste nel detenere $\partial_s f(t, S_t)$ quote di sottostante al tempo t.

In base alla condizione finale (7.57), la strategia di delta hedging *replica il payoff $F(S_T)$ qualsiasi sia l'andamento del sottostante*. Il fatto che la dinamica reale (7.58) sia differente da quella del modello di Black&Scholes ha come conseguenza la *perdita della proprietà di autofinanziamento*: in pratica, ciò significa che la copertura ha un costo diverso (possibilmente maggiore) rispetto al prezzo di Black&Scholes $f(0, S_0)$. Infatti si ha

$$df = \partial_s f dS_t + \left(\partial_t f + \frac{\sigma_t^2 S_t^2}{2}\partial_{ss}f\right) dt =$$

(per la (7.56))

$$= \partial_s f dS_t + \left(rf - rS_t\partial_s f + \frac{(\sigma_t^2 - \sigma^2)S_t^2}{2}\partial_{ss}f\right) dt$$

$$= \partial_s f dS_t + (f - S_t\partial_s f) dB_t + R_t dt, \qquad (7.59)$$

dove

$$R_t = \frac{(\sigma_t^2 - \sigma^2)S_t^2}{2}\partial_{ss}f$$

è un termine di correzione dovuto alla erronea specificazione del modello di sottostante. Chiaramente $R_t = 0$ se $\sigma = \sigma_t$ e solo in tal caso la strategia è autofinanziante. Osserviamo che R_t dipende solo dall'errore nel termine di volatilità e non dal drift.

In generale, una strategia di delta hedging

$$V(t, S_t) = \partial_s f(t, S_t) S_t + e^{-rt}\left(V(t, S_t) - S_t\partial_s f(t, S_t)\right) B_t$$

è autofinanziante se e solo se

$$dV(t, S_t) = \partial_s f(t, S_t)dS_t + e^{-rt}\left(V(t, S_t) - S_t\partial_s f(t, S_t)\right) dB_t. \qquad (7.60)$$

Sottraendo (7.59) a (7.60), otteniamo la dinamica dell'errore di replicazione

$$d(V(t, S_t) - f(t, S_t)) = \left(r(V(t, S_t) - f(t, S_t)) + \frac{(\sigma_t^2 - \sigma^2)S_t^2}{2}\partial_{ss}f(t, S_t)\right)dt,$$

ossia, posto $V(0, S_0) = f(0, S_0)$, vale

$$V(T, S_T) - F(S_T) = \int_0^T e^{r(T-t)}\frac{(\sigma_t^2 - \sigma^2)S_t^2}{2}\partial_{ss}f(t, S_t)dt. \qquad (7.61)$$

La (7.61) fornisce l'errore di replicazione della strategia autofinanziante di valore iniziale $f(0, S_0)$ che consiste nel detenere una quota pari a $\partial_s f(t, S_t)$ di sottostante al tempo t. La (7.61) mostra che *l'errore di replicazione dipende dalla vega* che misura la convessità del prezzo di Black&Scholes come funzione del prezzo del sottostante. In particolare l'errore è piccolo se $\partial_{ss}f$ è piccolo. Inoltre, se il prezzo è convesso, $\partial_{ss}f \geq 0$, come nel caso delle opzioni call e put, allora la strategia di Black&Scholes super-replica il derivato *qualsiasi sia la dinamica del sottostante* purché si scelga la volatilità sufficientemente grande, $\sigma \geq \sigma_t$. In questo senso il modello di Black&Scholes è robusto e, se utilizzato con la dovuta cautela, può essere efficacemente utilizzato per la copertura di derivati. Notiamo infine che esistono opzioni il cui prezzo non è una funzione convessa del sottostante e quindi la vega non è necessariamente positiva: è questo il caso dell'opzione digitale, corrispondente alla delta di una call (cfr. si veda la Figura 7.2), oppure di alcune opzioni con barriera. Di conseguenza in alcuni casi, per super-replicare può essere necessario diminuire il parametro di volatilità.

7.4.3 Gamma e vega hedging

Le greche possono essere utilizzate per determinare strategie di copertura più efficienti rispetto al delta hedging. Nel seguito affrontiamo il problema della replicazione da un punto di vista pratico. È chiaro che teoricamente il delta hedging offre una replicazione perfetta, ma abbiamo già accennato ai problemi significativi che sorgono in concreto:

- le strategie sono discrete e hanno costi di transazione;
- la volatilità non è costante.

A titolo esemplificativo, in questa sezione esaminiamo le strategie di *delta-gamma* e *delta-vega hedging* che mirano a ridurre l'errore di replicazione dovuto rispettivamente al fatto che il ribilanciamento non è continuo e alle variazioni della volatilità.

Il motivo per cui è necessario ribilanciare il portafoglio di copertura di Black&Scholes è il fatto che il delta cambia col variare del prezzo del sottostante. Quindi per minimizzare il numero di ribilanciamenti (e i relativi costi) sembra naturale costruire una strategia che sia neutrale, oltre che al delta, anche al gamma. Con i dovuti aggiustamenti, la procedura è simile a quella del delta hedging della Sezione 7.3.3. Tuttavia notiamo che per imporre due condizioni di neutralità non è più sufficiente una sola incognita ed è quindi necessario formare un portafoglio con tre titoli. La situazione è analoga al caso di un mercato incompleto (cfr. Sezione 3.3.1): in effetti, se il ribilanciamento continuo non è ammesso, non tutti i derivati sono replicabili e il modello di Black&Scholes perde la proprietà di completezza.

Supponiamo dunque di avere venduto un derivato $f(t, S_t)$ e ci poniamo il problema di coprire la posizione corta investendo sul titolo sottostante e su un altro derivato $g(t, S_t)$: la situazione tipica è quella in cui f è un derivato esotico e g è un'opzione plain vanilla che possiamo supporre quotata sul mercato. Consideriamo

$$V(t, S_t) = -f(t, S_t) + \alpha_t S_t + \beta_t g(t, S_t), \qquad (7.62)$$

e determiniamo α, β imponendo le condizioni di neutralità

$$\partial_s V = 0, \qquad \partial_{ss} V = 0.$$

Otteniamo il sistema di equazioni

$$\begin{cases} -\partial_s f + \alpha_t + \beta_t \partial_s g = 0, \\ -\partial_{ss} f + \beta_t \partial_{ss} g = 0, \end{cases}$$

da cui deduciamo la strategia di delta-gamma hedging

$$\beta_t = \frac{\partial_{ss} f(t, S_t)}{\partial_{ss} g(t, S_t)}, \qquad \alpha_t = \partial_s f(t, S_t) + \frac{\partial_{ss} f(t, S_t)}{\partial_{ss} g(t, S_t)} \partial_s g(t, S_t).$$

Utilizziamo un argomento simile per ridurre il rischio di incertezza sul parametro di volatilità. L'ipotesi fondamentale del modello di Black&Scholes è che la volatilità sia costante, pertanto la strategia di delta-vega hedging, che ora presentiamo, è in un certo senso "al di fuori" del modello. Anche in questo caso il sottostante non è sufficiente e supponiamo che esista un secondo derivato quotato sul mercato. Consideriamo il portafoglio (7.62) e imponiamo le condizioni di neutralità

$$\partial_s V = 0, \qquad \partial_\sigma V = 0.$$

Otteniamo il sistema di equazioni

$$\begin{cases} -\partial_s f + \alpha_t + \beta_t \partial_s g = 0, \\ -\partial_\sigma f + \alpha_t \partial_\sigma S_t + \beta_t \partial_\sigma g = 0, \end{cases}$$

da cui si ricava facilmente la strategia di copertura, osservando che $\partial_\sigma S_t = S_t(W_t - \sigma t)$.

7.5 Opzioni Asiatiche

Un'opzione Asiatica è un derivato il cui payoff dipende da una media dei prezzi del sottostante calcolata nel periodo di vita dell'opzione. Questo tipo di derivati è abbastanza trattato, per esempio, nel mercato delle valute e delle materie prime: uno dei motivi per cui è stato introdotto è di limitare il problema della speculazione sulle opzioni pain vanilla. È noto infatti che il prezzo di call e put Europee può essere influenzato, vicino a scadenza, mediante manipolazioni sul titolo sottostante.

Una generica classificazione delle Asiatiche può essere fatta in base alla funzione di payoff e al tipo di media utilizzata. Assumiamo al solito che il sottostante sia descritto da un moto Browniano geometrico S che verifica l'equazione (7.2) e indichiamo con M_t il valore della media al tempo t: per un'Asiatica con *media aritmetica* si ha

$$M_t = \frac{A_t}{t}, \qquad \text{con} \quad A_t = \int_0^t S_\varrho d\varrho; \qquad (7.63)$$

per un'Asiatica con *media geometrica* si ha

$$M_t = \exp\left(\frac{G_t}{t}\right), \qquad \text{con} \quad G_t = \int_0^t \log(S_\varrho) \, d\varrho. \qquad (7.64)$$

Sebbene nei mercati reali siano maggiormente diffuse le Asiatiche aritmetiche, in letteratura sono state ampiamente studiate anche le Asiatiche geometriche perché sono più facilmente trattabili dal punto di vista teorico e, sotto ipotesi opportune, forniscono un'approssimazione della corrispondente versione aritmetica.

Per quanto riguarda il payoff, le versioni più comuni sono l'opzione Asiatica *call con strike fisso* K

$$F(S_T, M_T) = (M_T - K)^+,$$

l'opzione Asiatica *call con strike variabile*

$$F(S_T, M_T) = (S_T - M_T)^+,$$

e le corrispondenti opzioni put.

Dal punto di vista formale i problemi della definizione del prezzo d'arbitraggio e della determinazione di una strategia di copertura di un'Asiatica hanno molte analogie con il caso Europeo standard. La differenza sostanziale è che il prezzo di un'Asiatica dipende non solo dal valore attuale del sottostante ma anche da tutta la sua traiettoria e questo sembra rendere problematica la costruzione di un modello Markoviano. D'altra parte abbiamo già accennato nel caso discreto ad una tecnica ormai standard che consiste nell'aumentare la dimensione introducendo delle variabili di stato per ottenere, in particolari condizioni, un modello Markoviano. In particolare sembra naturale definire il prezzo di un'opzione Asiatica in funzione del prezzo del sottostante e della media definita come una variabile di stato aggiuntiva in termini del processo A_t in (7.63) oppure G_t in (7.64).

7.5.1 Media aritmetica

Per precisare le considerazioni precedenti, esaminiamo dapprima il caso della media aritmetica. Diciamo che $(\alpha_t, \beta_t)_{t \in [0,T]}$ è un portafoglio Markoviano se

$$\alpha_t = \alpha(t, S_t, A_t), \qquad \beta_t = \beta(t, S_t, A_t), \qquad t \in [0, T],$$

dove α, β sono funzioni in $C^{1,2}([0,T[\times \mathbb{R}_+ \times \mathbb{R}_+) \cap C([0,T] \times \mathbb{R}_+ \times \mathbb{R}_+)$, e indichiamo con

$$f(t, S_t, A_t) = \alpha_t S_t + \beta_t B_t, \qquad t \in [0, T],$$

il corrispondente valore. Il seguente risultato estende i Teoremi 7.7 e 7.13:

Teorema 7.22. *Le seguenti condizioni sono equivalenti:*

i) $(\alpha_t, \beta_t)_{t \in [0,T]}$ *è autofinanziante, ossia vale*

$$df(t, S_t, A_t) = \alpha_t dS_t + \beta_t dB_t;$$

ii) f è soluzione dell'equazione alle derivate parziali

$$\frac{\sigma^2 s^2}{2} \partial_{ss} f(t,s,a) + rs \partial_s f(t,s,a) + s \partial_a f(t,s,a) + \partial_t f(t,s,a) = rf(t,s,a), \tag{7.65}$$

per $(t, s, a) \in [0,T[\times \mathbb{R}_+ \times \mathbb{R}_+$, *e vale la relazione*

$$\alpha(t, s, a) = \partial_s f(t, s, a).$$

Il prezzo d'arbitraggio $f = f(t, S_t, A_t)$ *di un'opzione Asiatica aritmetica con funzione di payoff F è la soluzione del problema di Cauchy per l'equazione (7.65) con dato finale*

$$f(T, s, a) = F\left(s, \frac{a}{T}\right), \qquad s, a \in \mathbb{R}_+.$$

Per esempio, nel caso di una call con strike fisso K, la condizione finale da associare all'equazione (7.65) è

$$f(T, s, a) = \left(\frac{a}{T} - K\right)^+, \qquad s, a \in \mathbb{R}_+. \tag{7.66}$$

Nel caso di strike variabile, la condizione finale è

$$f(T, s, a) = \left(s - \frac{a}{T}\right)^+, \qquad s, a \in \mathbb{R}_+. \tag{7.67}$$

La dimostrazione del teorema è formalmente analoga a quella dei Teoremi 7.7 e 7.13. D'altra parte osserviamo che *l'equazione (7.65) non è riconducibile, con un cambio di variabili, ad un'equazione parabolica* come nel caso Europeo. In particolare i risultati di esistenza e unicità del problema di Cauchy delle

Sezioni 2.3 e 6.2 non sono sufficienti a provare la completezza del mercato e l'esistenza e unicità del prezzo d'arbitraggio: questi risultati sono stati recentemente provati, per una funzione di payoff generica, da Barucci, Polidoro e Vespri [14].

La (7.65) è un'equazione *parabolica degenere* in quanto la matrice che definisce la parte del second'ordine dell'equazione è *semi-definita positiva e singolare*: infatti, nella notazione standard (2.31) della Sezione 2.3, la matrice $\mathcal{C}$ corrispondente alla (7.65) è

$$\mathcal{C} = \begin{pmatrix} \sigma^2 s^2 & 0 \\ 0 & 0 \end{pmatrix}$$

che *ha rango uno per ogni* $(s,a) \in \mathbb{R}_+ \times \mathbb{R}_+$. Questo fatto non deve sorprendere: l'equazione (7.65) è stata dedotta utilizzando la formula di Itô e la derivata seconda che vi compare è "prodotta" dal moto Browniano del processo S. La media A introduce una variabile di stato aggiuntiva che aumenta la dimensione del problema, ambientandolo in $\mathbb{R}^3$, ma non introduce alcun nuovo moto Browniano (e nessuna derivata seconda rispetto alla variabile a).

In alcuni casi particolari esiste un'opportuna trasformazione che riporta la dimensione del problema a due. Nel caso di strike variabile, Ingersoll [81] propone il cambio di variabile $x = \frac{a}{s}$: posto

$$f(t,s,a) = s u\left(t, \frac{a}{s}\right) \tag{7.68}$$

si ha

$$\partial_t f = s \partial_t u, \qquad \partial_s f = u - \frac{a}{s}\partial_x u, \qquad \partial_{ss} f = \frac{a^2}{s^3}\partial_{xx} u, \qquad \partial_a f = \partial_x u.$$

Dunque f risolve il problema di Cauchy (7.65)-(7.67) se e solo se la funzione $u = u(t,x)$ definita in (7.68) è soluzione del problema di Cauchy in $\mathbb{R}^2$

$$\begin{cases} \frac{\sigma^2 x^2}{2}\partial_{xx} u + (1-rx)\partial_x u + \partial_t u = 0, & t \in [0,T[,\ x > 0, \\ u(T,x) = \left(1 - \frac{x}{T}\right)^+, & x > 0. \end{cases}$$

Più in generale la trasformazione (7.68) permette di ridurre la dimensione del problema nel caso in cui il payoff sia una funzione omogenea di grado uno, ossia valga

$$F(s,a) = sF\left(1, \frac{a}{s}\right), \qquad s,a > 0.$$

Nel caso di strike fisso K, Rogers e Shi [143] propongono il cambio di variabile

$$x = \frac{\frac{a}{T} - K}{s}.$$

Posto

$$f(t,s,a) = s u\left(t, \frac{\frac{a}{T} - K}{s}\right) \tag{7.69}$$

si ha
$$\partial_s f = u - \frac{\frac{a}{T} - K}{s}\partial_x u, \qquad \partial_{ss}f = \frac{\left(\frac{a}{T} - K\right)^2}{s^3}\partial_{xx}u, \qquad \partial_a f = \frac{\partial_x u}{T}.$$

Dunque f risolve il problema di Cauchy (7.65)-(7.66) se e solo se la funzione $u = u(t,x)$ definita in (7.69) è soluzione del problema di Cauchy in $\mathbb{R}^2$

$$\begin{cases} \frac{\sigma^2 x^2}{2}\partial_{xx}u + \left(\frac{1}{T} - rx\right)\partial_x u + \partial_t u = 0, & t \in [0,T[, \ x \in \mathbb{R}, \\ u(T,x) = x^+, & x \in \mathbb{R}. \end{cases}$$

Sottolineiamo il fatto che la riduzione della dimensione è possibile solo in casi molto particolari e assumendo la dinamica di Black&Scholes per il sottostante.

7.5.2 Media geometrica

Consideriamo ora un'opzione Asiatica con media geometrica. In questo caso il valore $f = f(t,s,g)$ al tempo t del portafoglio replicante (e dell'opzione) è funzione di t, S_t e di G_t in (7.64). Inoltre vale un risultato analogo al Teorema 7.22 in cui l'equazione differenziale

$$\frac{\sigma^2 s^2}{2}\partial_{ss}f(t,s,g) + rs\partial_s f(t,s,g) + (\log s)\partial_g f(t,s,g) + \partial_t f(t,s,g) = rf(t,s,g), \tag{7.70}$$

per $(t,s,g) \in [0,T[\times\mathbb{R}_+ \times \mathbb{R}_+$, prende il posto della (7.65).

Operiamo ora un cambio di variabili simile a quello proposto nella Proposizione 7.9: poniamo

$$t = T - \tau, \qquad s = e^{\sigma x}, \qquad g = \sigma y,$$

e
$$u(\tau,x,y) = e^{ax+b\tau}f(T - \tau, e^{\sigma x}, \sigma y), \qquad \tau \in [0,T], \ x,y \in \mathbb{R}, \tag{7.71}$$

dove a, b sono costanti che sceglieremo opportunamente. Ricordiamo le formule (7.22), a cui si aggiunge
$$\partial_y u = e^{ax+b\tau}\sigma\partial_g f;$$

ne segue
$$\frac{1}{2}\partial_{xx}u + x\partial_y u - \partial_\tau u =$$
$$e^{ax+b\tau}\left(\frac{\sigma^2 s^2}{2}\partial_{ss}f + \left(\sigma a + \frac{\sigma^2}{2}\right)s\partial_s f + (\log s)\partial_g f + \partial_t f + \left(\frac{a^2}{2} - b\right)f\right) =$$

(se f risolve la (7.70))
$$= \left(\sigma a + \frac{\sigma^2}{2} - r\right)s\partial_s f + \left(\frac{a^2}{2} - b + r\right)f.$$

Ciò prova il seguente risultato.

Proposizione 7.23. *Con la scelta* (7.23) *delle costanti* a, b, *la funzione* f *è soluzione dell'equazione* (7.70) *in* $[0, T[\times \mathbb{R}_+ \times \mathbb{R}_+$ *se e solo se la funzione* $u = u(\tau, x, y)$ *definita in* (7.71) *soddisfa l'equazione*

$$\frac{1}{2}\partial_{xx}u + x\partial_y u - \partial_\tau u = 0, \qquad \text{in }]0, T] \times \mathbb{R} \times \mathbb{R}. \tag{7.72}$$

La (7.72) è una equazione parabolica degenere, detta equazione differenziale di Kolmogorov, che studieremo nel Paragrafo 9.5 e di cui costruiremo una soluzione fondamentale in forma esplicita nell'Esempio 9.53.

8

Equazioni paraboliche a coefficienti variabili: esistenza

Soluzione fondamentale e problema di Cauchy – Problema con ostacolo

Il modello di Black&Scholes si basa sui risultati di esistenza e unicità per equazioni paraboliche a coefficienti costanti, in particolare per l'equazione del calore. Lo studio di modelli più sofisticati richiede l'utilizzo di risultati analoghi per operatori differenziali a coefficienti variabili.

In questo capitolo, consideriamo un operatore parabolico della forma

$$Lu := \frac{1}{2}\sum_{i,j=1}^{N} c_{ij}\partial_{x_i x_j}u + \sum_{i=1}^{N} b_i \partial_{x_i} u - au - \partial_t u, \qquad (8.1)$$

dove (t,x) denota un punto di $\mathbb{R} \times \mathbb{R}^N$ e (c_{ij}) è una matrice simmetrica. Assumiamo che i coefficienti $c_{ij} = c_{ij}(t,x)$, $b_j = b_j(t,x)$ e $a = a(t,x)$ siano funzioni limitate e Hölderiane.

Siamo interessati a studiare da una parte l'esistenza e le proprietà della soluzione fondamentale di L e dall'altra il problema a frontiera libera con ostacolo. La prima questione è strettamente legata alla risolubilità del problema di Cauchy e quindi alla valutazione e copertura di opzioni Europee. Il secondo problema, come abbiamo anticipato nella Sezione 3.4.4, interviene nello studio dei derivati di tipo Americano: in questo ambito la funzione *ostacolo* gioca il ruolo del payoff dell'opzione.

Una trattazione completa di questi argomenti va ben al di là dello scopo del presente testo, costituisce un tema centrale nell'ambito della teoria delle equazioni alle derivate parziali ed è oggetto di monografie classiche come quelle di Friedman [63], [65], Ladyzhenskaya e Ural'tseva [105], Oleĭnik e Radkevič [133], Lieberman [115], Evans [56].

Il Paragrafo 8.1 è dedicato ad una descrizione generale della costruzione della soluzione fondamentale mediante il cosiddetto *metodo della parametrice* di Levi [114]. Nel Paragrafo 8.2, partendo da alcune note *stime a priori* per le soluzioni di L in spazi di funzioni Hölderiane e di Sobolev, diamo una prova dettagliata dell'esistenza di soluzioni forti del problema con ostacolo.

8.1 Soluzione fondamentale e problema di Cauchy

Assumiamo che l'operatore L in (8.1) sia uniformemente parabolico, ossia valga:

Ipotesi 8.1 *Esiste una costante positiva Λ tale che*

$$\Lambda^{-1}|\xi|^2 \leq \sum_{i,j=1}^{N} c_{ij}(t,x)\xi_i\xi_j \leq \Lambda|\xi|^2, \qquad t \in \mathbb{R}, \ x, \xi \in \mathbb{R}^N. \tag{8.2}$$

Il prototipo della classe degli operatori uniformemente parabolici è l'operatore a coefficienti costanti del calore per il quale (c_{ij}) è la matrice identità.

Nella teoria delle equazioni paraboliche, è naturale assegnare alla variabile temporale t un "peso doppio" rispetto alle variabili spaziali x. Per introdurre la prossima ipotesi, definiamo gli spazi di *funzioni Hölderiane in senso parabolico*.

Definizione 8.2. *Siano $\alpha \in]0,1[$ e O un dominio di $\mathbb{R}^{N+1}$. Indichiamo con $C_P^\alpha(O)$, lo spazio delle funzioni u, limitate su O, per le quali esiste una costante C tale che*

$$|u(t,x) - u(s,y)| \leq C\left(|t-s|^{\frac{\alpha}{2}} + |x-y|^\alpha\right), \tag{8.3}$$

per ogni $(t,x),(s,y) \in O$, e definiamo la norma

$$\|u\|_{C_P^\alpha(O)} = \sup_{(t,x)\in O} |u(t,x)| + \sup_{\substack{(t,x),(s,y)\in O \\ (t,x)\neq(s,y)}} \frac{|u(t,x) - u(s,y)|}{|t-s|^{\frac{\alpha}{2}} + |x-y|^\alpha}.$$

Indichiamo rispettivamente con $C_P^{1+\alpha}(O)$ e $C_P^{2+\alpha}(O)$ gli spazi di funzioni Hölderiane definiti dalle seguenti norme:

$$\|u\|_{C_P^{1+\alpha}(O)} = \|u\|_{C_P^\alpha(O)} + \sum_{i=1}^{N} \|\partial_{x_i} u\|_{C_P^\alpha(O)},$$

$$\|u\|_{C_P^{2+\alpha}(O)} = \|u\|_{C_P^{1+\alpha}(O)} + \sum_{i,j=1}^{N} \|\partial_{x_i x_j} u\|_{C_P^\alpha(O)} + \|\partial_t u\|_{C_P^\alpha(O)}.$$

Per $k=0,1,2$ scriviamo $u \in C_{P,\mathrm{loc}}^{k+\alpha}(O)$ se $u \in C_P^{k+\alpha}(M)$ per ogni dominio limitato M con $\overline{M} \subseteq O$.

Nel seguito assumiamo la seguente ipotesi di regolarità sui coefficienti dell'operatore:

Ipotesi 8.3 *I coefficienti sono limitati e Hölderiani: $c_{ij}, b_j, a \in C_P^\alpha(\mathbb{R}^{N+1})$ per un certo $\alpha \in]0,1[$ e per ogni $1 \leq i,j \leq N$.*

8.1 Soluzione fondamentale e problema di Cauchy

Consideriamo ora il problema di Cauchy

$$\begin{cases} Lu = f, & \text{in } \mathcal{S}_T :=]0,T[\times\mathbb{R}^N, \\ u(0,\cdot) = \varphi, & \text{in } \mathbb{R}^N. \end{cases} \qquad (8.4)$$

dove φ e f sono funzione assegnate. Ricordiamo la definizione di soluzione classica.

Definizione 8.4. *Una soluzione classica del problema di Cauchy* (8.4) *è una funzione* $u \in C^{1,2}(\mathcal{S}_T) \cap C(\bar{\mathcal{S}}_T)$ *che soddisfa puntualmente le equazioni in* (8.4).

Come abbiamo già visto nel caso dell'equazione del calore, è naturale assumere la seguente ipotesi di regolarità e crescita:

Ipotesi 8.5 *Le funzioni φ e f sono continue ed esistono c, γ, costanti positive con $\gamma < 2$, tali che*

$$|\varphi(x)| \leq ce^{c|x|^\gamma}, \qquad x \in \mathbb{R}^N, \qquad (8.5)$$
$$|f(t,x)| \leq ce^{c|x|^\gamma}, \qquad (t,x) \in \mathcal{S}_T. \qquad (8.6)$$

Inoltre f è localmente Hölderiana in x, uniformemente in t, ossia per ogni compatto M di $\mathbb{R}^N$ vale

$$|f(t,x) - f(t,y)| \leq C|x-y|^\beta, \qquad x,y \in M, \ t \in]0,T[, \qquad (8.7)$$

con β, C costanti positive.

Il risultato principale del paragrafo è il seguente

Teorema 8.6. *Siano valide le Ipotesi 8.1 e 8.3. Allora l'operatore L ha una soluzione fondamentale $\Gamma = \Gamma(t,x;s,y)$. Essa è una funzione positiva definita per $x,y \in \mathbb{R}^N$ e $t > s$, tale che per ogni φ, f che verificano l'Ipotesi 8.5, la funzione u definita da*

$$u(t,x) = \int_{\mathbb{R}^N} \Gamma(t,x;0,y)\varphi(y)dy - \int_0^t \int_{\mathbb{R}^N} \Gamma(t,x;s,y)f(s,y)dyds, \qquad (8.8)$$

per $(t,x) \in \mathcal{S}_T$ e da $u(0,x) = \varphi(x)$, è soluzione classica del problema di Cauchy (8.4).

Osservazione 8.7. Per il Teorema 6.15, la funzione u in (8.8) è l'unica soluzione di (8.4) tale che

$$|u(t,x)| \leq ce^{c|x|^2}, \qquad (t,x) \in \mathcal{S}_T,$$

con c costante positiva.

La condizioni (8.5)-(8.6) possono essere indebolite con

$$|\varphi(x)| \leq c_1 \exp(c_2|x|^2), \qquad x \in \mathbb{R}^N,$$
$$|f(t,x)| \leq c_1 \exp(c_2|x|^2), \qquad (t,x) \in \mathcal{S}_T,$$

con c_1, c_2 costanti positive. In tal caso la soluzione u in (8.8) è definita su $\mathcal{S}_T$ con $T < \frac{1}{4\mu c_2}$.

Infine risultati analoghi a quelli della Sezione 2.3.3 valgono nel caso in cui il dato iniziale sia una funzione localmente sommabile. □

8.1.1 Metodo della parametrice di Levi

La dimostrazione classica del Teorema 8.6 è abbastanza lunga e laboriosa. Qui ne riportiamo solo le idee principali e rimandiamo per i dettagli a Friedman [63]. Per una presentazione più recente e in un ambito più generale che include anche operatori non uniformemente parabolici come quelli che intervengono nella valutazione di opzioni Asiatiche si veda anche Di Francesco e Pascucci [42] e Polidoro [136].

Nel seguito assumiamo le Ipotesi 8.1, 8.3 e per brevità indichiamo con $z = (t, x)$ e $\zeta = (s, y)$ i punti di $\mathbb{R}^{N+1}$. Inoltre, fissato $w \in \mathbb{R}^{N+1}$, denotiamo con
$$\Gamma_w(z; \zeta)$$
la soluzione fondamentale dell'operatore parabolico *a coefficienti costanti*
$$L_w = \frac{1}{2} \sum_{i,j=1}^{N} c_{ij}(w) \partial_{x_i x_j} - \partial_t,$$
ottenuto da L calcolando i coefficienti della parte del second'ordine in w e cancellando i termini di ordine inferiore, tranne ovviamente la derivata rispetto al tempo. L'espressione esplicita di Γ_w è fornita nella Sezione 2.3.1.

Il metodo della parametrice è una tecnica costruttiva che permette di provare esistenza e stime della soluzione fondamentale $\Gamma(t, x; s, y)$ di L: per semplicità, nel seguito trattiamo solo il caso $s = 0$. Il metodo è basato essenzialmente su due idee: la prima è di approssimare $\Gamma(z; \zeta)$ mediante la cosiddetta parametrice definita da
$$Z(z; \zeta) = \Gamma_\zeta(z; \zeta).$$

La seconda idea è di supporre che la soluzione fondamentale assuma la forma (ricordiamo che $\zeta = (0, y)$):
$$\Gamma(z; \zeta) = Z(z; \zeta) + \int_0^t \int_{\mathbb{R}^N} Z(z; w) G(w; \zeta) dw. \qquad (8.9)$$

Per identificare la funzione incognita G, imponiamo che Γ sia soluzione dell'equazione $L\Gamma(\cdot; \zeta) = 0$ in $\mathbb{R}_+ \times \mathbb{R}^N$: per chiarezza, osserviamo esplicitamente che l'operatore L agisce sulla variabile z e che il punto ζ è fissato. Allora formalmente otteniamo

8.1 Soluzione fondamentale e problema di Cauchy

$$0 = L\Gamma(z;\zeta) = LZ(z;\zeta) + L\int_0^t\int_{\mathbb{R}^N} Z(z;w)G(w;\zeta)dw$$

$$= LZ(z;\zeta) + \int_0^t\int_{\mathbb{R}^N} LZ(z;w)G(w;\zeta)dw - G(z;\zeta),$$

da cui

$$G(z;\zeta) = LZ(z;\zeta) + \int_0^t\int_{\mathbb{R}^N} LZ(z;w)G(w;\zeta)dw. \tag{8.10}$$

Dunque G è soluzione di un'equazione integrale equivalente ad un problema di punto fisso che può essere risolto col metodo delle approssimazioni successive:

$$G(z;\zeta) = \sum_{k=1}^{+\infty}(LZ)_k(z;\zeta), \tag{8.11}$$

dove

$$(LZ)_1(z;\zeta) = LZ(z;\zeta),$$

$$(LZ)_{k+1}(z;\zeta) = \int_0^t\int_{\mathbb{R}^N} LZ(z;w)(LZ)_k(w;\zeta)dw, \qquad k \in \mathbb{N}.$$

Le idee precedenti sono formalizzate dal seguente (cfr. Proposizione 4.1 in [42])

Teorema 8.8. *Esiste $k_0 \in \mathbb{N}$ tale che, per ogni $T > 0$ e $\zeta = (0,y) \in \mathbb{R}^{N+1}$, la serie*

$$\sum_{k=k_0}^{+\infty}(LZ)_k(\cdot;\zeta)$$

converge uniformemente sulla striscia $\mathcal{S}_T$. Inoltre la funzione $G(\cdot,\zeta)$ definita da (8.11) è soluzione dell'equazione integrale (8.10) in $\mathcal{S}_T$ e Γ in (8.9) è soluzione fondamentale di L.

La soluzione fondamentale può essere costruita in modo formalmente analogo anche utilizzando la cosiddetta *parametrice retrograda* definita da

$$Z(z;\zeta) = \Gamma_z(z;\zeta).$$

Quest'approccio è stato approfondito da Corielli e Pascucci in [30] e utilizzato per ottenere approssimazioni numeriche della soluzione fondamentale (e quindi anche del prezzo di un'opzione, espresso in termini di soluzione di un problema di Cauchy) mediante uno sviluppo in serie di soluzioni fondamentali di operatori parabolici a coefficienti costanti, la cui espressione esplicita è nota.

8.1.2 Stime Gaussiane e operatore aggiunto

Con il metodo della parametrice è possibile anche ottenere alcune notevoli stime della soluzione fondamentale e delle sue derivate in termini della soluzione fondamentale dell'operatore del calore. Queste stime giocano un ruolo cruciale in diversi contesti fra cui, per esempio, i risultati di unicità del Paragrafo 6.3 e il Teorema 9.47 di rappresentazione di Feynman-Kač.

Fissata una costante positiva λ, indichiamo con

$$\Gamma_\lambda(t,x;s,y) = \frac{1}{(2\pi\lambda(t-s))^{\frac{N}{2}}} \exp\left(-\frac{|x-y|^2}{2\lambda(t-s)}\right), \qquad t>s,\ x,y \in \mathbb{R}^N,$$

la soluzione fondamentale dell'operatore del calore in $\mathbb{R}^{N+1}$

$$\frac{\lambda}{2}\Delta - \partial_t.$$

Teorema 8.9. *Nelle Ipotesi 8.1 e 8.3, per ogni $T, \varepsilon > 0$ esiste una costante positiva C, che dipende solo da ε, Λ, T e dalla norma in C_P^α dei coefficienti dell'operatore, tale che*

$$\Gamma(t,x;s,y) \leq C\,\Gamma_{\Lambda+\varepsilon}(t,x;s,y), \tag{8.12}$$

$$|\partial_{x_i}\Gamma(t,x;s,y)| \leq \frac{C}{\sqrt{t-s}}\Gamma_{\Lambda+\varepsilon}(t,x;s,y), \tag{8.13}$$

$$\left|\partial_{x_i x_j}\Gamma(t,x;s,y)\right| + |\partial_t\Gamma(t,x;s,y)| \leq \frac{C}{t-s}\Gamma_{\Lambda+\varepsilon}(t,x;s,y), \tag{8.14}$$

per ogni $x,y \in \mathbb{R}^N$, $t \in]s, s+T[$ e $i,j = 1, \ldots, N$.

Corollario 8.10. *Nelle Ipotesi 8.1, 8.3 e 8.5, sia u la soluzione del problema (8.4) definita in (8.8). Allora esiste una costante positiva C tale che*

$$|u(t,x)| \leq C\exp(C|x|^2), \tag{8.15}$$

$$|\partial_{x_i}u(t,x)| \leq \frac{C}{\sqrt{t}}\exp(C|x|^2), \tag{8.16}$$

$$\left|\partial_{x_i x_j}u(t,x)\right| + |\partial_t u(t,x)| \leq \frac{C}{t}\exp(C|x|^2), \tag{8.17}$$

per ogni $(t,x) \in \mathcal{S}_T$ e $i,j = 1, \ldots, N$.

Esempio 8.11. Senza assumere ulteriori ipotesi di regolarità sul dato iniziale φ, il comportamento asintotico di $\partial_{x_i}u(t,x)$ per t che tende a zero è del tipo $O\left(\frac{1}{\sqrt{t}}\right)$ coerentemente con la stima (8.16). Si prenda infatti, per esempio nel caso $N=1$, $\varphi(x) = 0$ per $x \geq 0$ e $\varphi(x) = 1$ per $x < 0$: allora si ha

$$\partial_x u(0,t) = \frac{1}{\sqrt{4\pi t}}\int_{-\infty}^0 \frac{y}{2\sqrt{t}}\exp\left(-\frac{y^2}{4t}\right)dy = -\frac{1}{2\sqrt{\pi t}}.$$

$\square$

Assumiamo ora la condizione:

Ipotesi 8.12 *Esistono le derivate $\partial_{x_i}c_{ij}, \partial_{x_ix_j}c_{ij}, \partial_{x_i}b_i \in C_P^\alpha(\mathbb{R}^{N+1})$ per ogni $i,j = 1,\ldots,N$.*

Formalmente, dall'uguaglianza

$$\int_{\mathbb{R}^{N+1}} vLu = \int_{\mathbb{R}^{N+1}} uL^*v,$$

otteniamo l'espressione dell'operatore aggiunto L^* di L:

$$L^*v = \sum_{i,j=1}^N c_{ij}\partial_{x_ix_j}v + \sum_{i=1}^N b_i^*\partial_{x_i}v + a^*v + \partial_t v$$

dove

$$b_i^* = -b_i + 2\sum_{j=1}^N \partial_{x_j}c_{ij}, \qquad a^* = a + \sum_{i,j=1}^N \partial_{x_ix_j}c_{ij} - \sum_{i=1}^N \partial_{x_i}b_i.$$

Col metodo della parametrice si prova anche il seguente

Teorema 8.13. *Nelle Ipotesi 8.1, 8.3, 8.5 e 8.12, esiste una soluzione fondamentale Γ^* di L^* e vale*

$$\Gamma^*(t,x;T,y) = \Gamma(T,y;t,x),$$

per $x,y \in \mathbb{R}^N$ e $T > t$.

8.2 Problema con ostacolo

Studiamo il problema

$$\begin{cases} \max\{Lu, \varphi - u\} = 0, & \text{in } \mathcal{S}_T =]0,T[\times\mathbb{R}^N, \\ u(0,\cdot) = \varphi, & \text{in } \mathbb{R}^N, \end{cases} \qquad (8.18)$$

dove L è un operatore parabolico della forma (8.1) e φ è una funzione localmente Lipschitziana e convessa in un senso debole che specificheremo in seguito (cfr. Ipotesi 8.18).

Nel Capitolo 11 proveremo che il prezzo di un'opzione Americana con payoff φ si esprime in termini della soluzione u di (8.18). Per la prima equazione in (8.18) si ha che $u \geq \varphi$ e la striscia $\mathcal{S}_T$ è suddivisa in due parti:

i) *la regione di esercizio* in cui $u = \varphi$;
ii) *la regione di continuazione* in cui $u > \varphi$ e vale $Lu = 0$ ossia il prezzo del derivato verifica una PDE analoga all'equazione differenziale di Black&Scholes.

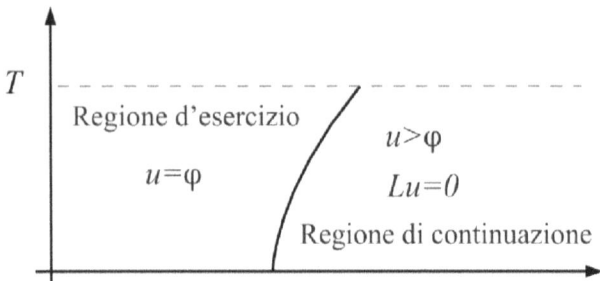

Fig. 8.1. Regioni di esercizio e continuazione di una Put Americana

Il problema (8.18) è equivalente[1] a:

$$\begin{cases} Lu \leq 0, & \text{in } \mathcal{S}_T, \\ u \geq \varphi, & \text{in } \mathcal{S}_T, \\ (u - \varphi)\, Lu = 0, & \text{in } \mathcal{S}_T, \\ u(0, x) = \varphi(0, x), & x \in \mathbb{R}^N. \end{cases} \quad (8.19)$$

Un problema di questo tipo è solitamente chiamato un *problema con ostacolo*. La soluzione è una funzione tale che:

i) è super-soluzione[2] di L (vale $Lu \leq 0$);
ii) è maggiore o uguale all'ostacolo rappresentato dalla funzione φ;
iii) risolve l'equazione $Lu = 0$ nel caso in cui $u > \varphi$;
iv) assume la condizione iniziale.

In effetti si verifica che u è la più piccola super-soluzione maggiore dell'ostacolo, in analogia con la nozione di inviluppo di Snell. L'approccio variazionale al problema (8.19) consiste nel ricercare la soluzione come minimo di un funzionale all'interno di un'opportuna classe di funzioni che ammettono derivate

---

[1] Utilizzando l'equivalenza

$$\max\{F(x), G(x)\} = 0 \quad \Leftrightarrow \quad \begin{cases} F(x) \leq 0, \\ G(x) \leq 0, \\ F(x)G(x) = 0. \end{cases}$$

[2] Il termine "super-soluzione" deriva dal fatto, ben noto nella teoria classica delle equazioni differenziali, che sotto ipotesi abbastanza generali, per il principio del massimo, vale $Lu \leq 0$ se e solo se $u \geq H_u^O$ per ogni dominio O in cui il problema di Dirichlet per L con dato al bordo u

$$\begin{cases} LH = 0, & \text{in } O, \\ H|_{\partial O} = u, \end{cases} \quad (8.20)$$

è risolubile con soluzione $H = H_u^O$.

prime deboli di quadrato sommabili. Rimandiamo a [65] per una presentazione generale dell'argomento.

Una caratteristica del problema (8.18) è che in generale non ammette soluzione classica in $C^{1,2}$ anche se φ è una funzione regolare. Pertanto è necessario introdurre una *formulazione debole* di tale problema che può essere basata su diverse nozioni di soluzione generalizzata. Una teoria generale dell'esistenza e regolarità è stata sviluppata da diversi autori a partire dagli anni '70: in letteratura sono note tecniche per provare l'esistenza di soluzioni in senso *variazionale* (cf., per esempio, Bensoussan e Lions [17], Kinderlehrer e Stampacchia [95]), in senso *forte* (cf., per esempio, Friedman [64], [65]) e, più recentemente, in senso *viscoso* (cf., per esempio, Barles [9], Fleming e Soner [57], Varadhan [165]). Le nozioni di soluzione variazionale e, soprattutto, di soluzione viscosa sono molto deboli e permettono di ottenere risultati di esistenza sotto ipotesi estremamente generali. Le soluzioni in senso forte, anche se necessitano di ipotesi più restrittive (comunque verificate nella quasi totalità dei casi concreti), sembrano preferibili per le applicazioni in finanza perché hanno le migliori proprietà di regolarità. Per questo motivo studieremo il problema (8.18) nell'ambito della teoria delle soluzioni forti. La presentazione seguente è tratta da Di Francesco, Pascucci e Polidoro [43].

8.2.1 Soluzioni forti

Introduciamo la definizione di spazio di Sobolev parabolico in cui intendiamo ambientare il problema con ostacolo e presentiamo alcuni risultati preliminari alla dimostrazione dell'esistenza di una soluzione forte. La prova di questi risultati standard si trova, per esempio, in Lieberman [115]; nel Paragrafo A.3 è fornita una breve presentazione della teoria delle derivate deboli e degli spazi di Sobolev.

Definizione 8.14. *Dati un aperto O di $\mathbb{R} \times \mathbb{R}^N$ e $1 \le p \le \infty$, indichiamo con $S^p(O)$ lo spazio delle funzioni $u \in L^p(O)$ che ammettono derivate in senso debole*
$$\partial_{x_i} u, \partial_{x_i x_j} u, \partial_t u \in L^p(O)$$
per ogni $i, j = 1, \ldots, N$. Scriviamo $u \in S^p_{\text{loc}}(O)$ se $u \in S^p(O_1)$ per ogni aperto limitato O_1 tale che $\overline{O}_1 \subseteq O$.

Notiamo che, come nel caso degli spazi Hölderiani parabolici della Definizione 8.2, alla derivata temporale viene attribuito un peso doppio.

Enunciamo ora la versione parabolica del teorema di immersione di Sobolev-Morrey, Teorema A.25: negli enunciati seguenti O_1, O_2 indicano domini limitati di $\mathbb{R} \times \mathbb{R}^N$ con O_1 tale che $\overline{O}_1 \subseteq O_2$.

Teorema 8.15 (di immersione di Sobolev-Morrey). *Per ogni $p > N+2$ esiste una costante positiva C che dipende solo da p, N, O_1 e O_2, tale che*
$$\|u\|_{C_P^{1+\alpha}(O_1)} \le C \|u\|_{S^p(O_2)},$$
per ogni $u \in S^p(O_2)$.

306   8 Equazioni paraboliche a coefficienti variabili: esistenza

Enunciamo ora alcune stime a priori[3].

Teorema 8.16 (Stime interne in S^p). *Assumiamo che L sia uniformemente parabolico (Ipotesi 8.1). Per ogni $p \in]1,\infty[$ esiste una costante positiva C che dipende solo da p, N, L, O_1 e O_2, tale che*

$$\|u\|_{S^p(O_1)} \leq C \left(\|u\|_{L^p(O_2)} + \|Lu\|_{L^p(O_2)} \right),$$

per ogni $u \in S^p(O_2)$.

Teorema 8.17 (Stime interne di Schauder). *Assumiamo le Ipotesi 8.1 e 8.3. Esiste una costante positiva C che dipende solo da N, L, O_1 e O_2, tale che*

$$\|u\|_{C_P^{2+\alpha}(O_1)} \leq C \left(\sup_{O_2} |u| + \|Lu\|_{C_P^{\alpha}(O_2)} \right),$$

per ogni $u \in C_P^{2+\alpha}(O_2)$.

Stabiliamo ora le ipotesi sulla funzione ostacolo:

Ipotesi 8.18 *La funzione φ è continua su $\overline{\mathcal{S}}_T$, localmente Lipschitziana e per ogni aperto limitato O tale che $\overline{O} \subseteq \mathcal{S}_T$ esiste una costante C tale che in O valga*

$$\sum_{i,j=1}^{N} \xi_i \xi_j \partial_{x_i x_j} \varphi \geq C|\xi|^2 \qquad \xi \in \mathbb{R}^N, \tag{8.21}$$

in senso distribuzionale, ossia

$$\sum_{i,j=1}^{N} \xi_i \xi_j \int_O \varphi \partial_{x_i x_j} \psi \geq C|\xi|^2 \int_O \psi,$$

per ogni $\xi \in \mathbb{R}^N$ e $\psi \in C_0^{\infty}(O)$ con $\psi \geq 0$.

La (8.21) è una condizione di limitatezza locale inferiore della matrice delle derivate seconde spaziali distribuzionali. Notiamo che *ogni funzione C^2 verifica l'Ipotesi 8.18 ed anche ogni funzione localmente Lipschitziana e convessa*, incluse le funzioni di payoff delle opzioni call e put. Al contrario la funzione $\varphi(x) = -x^+$ non soddisfa la (8.21) poiché la sua derivata seconda distribuzionale è una delta di Dirac con segno negativo che "non è limitata inferiormente".

Diamo ora la definizione di soluzione forte.

---

[3] Una stima a priori è un stima valida per tutte le possibili soluzioni di una famiglia di equazioni differenziali anche se le ipotesi assunte non garantiscono l'esistenza di tali soluzioni. Nella teoria classica delle equazioni alle derivate parziali, le stime a priori sono uno strumento fondamentale per provare risultati di esistenza e regolarità delle soluzioni.

Definizione 8.19. *Una soluzione forte del problema* (8.18) *è una funzione* $u \in S^1_{\text{loc}}(\mathcal{S}_T) \cap C(\overline{\mathcal{S}}_T)$ *che soddisfa l'equazione*

$$\max\{Lu, \varphi - u\} = 0$$

quasi ovunque su $\mathcal{S}_T$ *ed assume il dato iniziale puntualmente. Diciamo che* $\bar{u}$ *è una super-soluzione forte di* (8.18) *se* $u \in S^1_{\text{loc}}(\mathcal{S}_T) \cap C(\overline{\mathcal{S}}_T)$ *e verifica*

$$\begin{cases} \max\{L\bar{u}, \varphi - \bar{u}\} \leq 0, & q.o. \text{ in } \mathcal{S}_T, \\ \bar{u}(0, \cdot) \geq \varphi, & \text{in } \mathbb{R}^N, \end{cases} \quad (8.22)$$

Il risultato principale del paragrafo è il seguente

Teorema 8.20. *Assumiamo le Ipotesi 8.1, 8.3 e 8.18. Se esiste una super-soluzione forte* $\bar{u}$ *del problema* (8.18) *allora esiste anche una soluzione forte* u *tale che* $u \leq \bar{u}$ *in* $\mathcal{S}_T$. *Inoltre* $u \in S^p_{\text{loc}}(\mathcal{S}_T)$ *per ogni* $p \geq 1$ *e di conseguenza, per il Teorema 8.15 di immersione,* $u \in C^{1+\alpha}_{P,\text{loc}}(\mathcal{S}_T)$ *per ogni* $\alpha \in]0,1[$.

Il Teorema 8.20 è dimostrato nelle due sezioni seguenti.

Osservazione 8.21. Nelle tipiche applicazioni finanziarie l'ostacolo corrisponde al payoff ψ di un'opzione: per esempio, nel caso di un'opzione call, $N = 1$ e

$$\psi(S) = (S - K)^+, \qquad S > 0.$$

In generale, se ψ è una funzione Lipschitziana allora esiste una costante positiva C tale che

$$|\psi(S)| \leq C(1 + S), \qquad S > 0,$$

e dopo la trasformazione

$$\varphi(t, x) = \psi(t, e^x),$$

abbiamo

$$|\varphi(t, x)| \leq C(1 + e^x), \qquad x \in \mathbb{R}.$$

In questo caso una super-soluzione del problema con ostacolo è

$$\bar{u}(t, x) = C e^{\gamma t} (1 + e^x), \qquad t \in [0, T], \ x \in \mathbb{R},$$

con γ costante positiva opportuna: infatti è chiaro che $\bar{u} \geq \varphi$ e inoltre, per $N = 1$,

$$L\bar{u} = Ce^{\gamma t}(-a - \gamma) + Ce^{x+\gamma t}\left(\frac{1}{2}c_{11} + b_1 - a - \gamma\right) \leq 0,$$

per γ sufficientemente grande. □

Per quanto riguarda la regolarità della soluzione, notiamo che in base alla Definizione 8.2 di spazio $C^{1+\alpha}_{P,\text{loc}}$, la soluzione u è una funzione localmente Hölderiana insieme alle proprie derivate prime spaziali $\partial_{x_1} u, \ldots, \partial_{x_N} u$ di esponente α per ogni $\alpha \in]0,1[$.

8.2.2 Metodo della penalizzazione

In questa sezione proviamo esistenza e unicità di una soluzione forte per il problema con ostacolo

$$\begin{cases} \max\{Lu, \varphi - u\} = 0, & \text{in } B(T) :=]0, T[\times B, \\ u|_{\partial_P B(T)} = g, \end{cases} \quad (8.23)$$

dove B è il disco Euclideo di raggio R, con $R > 0$ fissato in tutta la sezione,

$$B = \{x \in \mathbb{R}^N \mid |x| < R\},$$

e $\partial_P B(T)$ indica il bordo parabolico di $B(T)$:

$$\partial_P B(T) := \partial B(T) \setminus (\{T\} \times B).$$

Sull'ostacolo assumiamo una condizione analoga all'Ipotesi 8.18

Ipotesi 8.22 *La funzione φ è Lipschitziana su $\overline{B(T)}$ e la condizione di convessità debole (8.21) vale con $O = B(T)$. Inoltre $g \in C(\partial_P B(T))$ e vale $g \geq \varphi$.*

Diciamo che $u \in S^1_{\text{loc}}(B(T)) \cap C(\overline{B(T)})$ è una soluzione forte del problema (8.23) se l'equazione differenziale è verificata q.o. su $B(T)$ e il dato al bordo è assunto puntualmente. Il principale risultato di questa sezione è il seguente

Teorema 8.23. *Assumiamo le Ipotesi 8.1, 8.3, 8.22. Allora esiste una soluzione forte u del problema (8.23). Inoltre, per ogni $p \geq 1$ e O con $\overline{O} \subseteq B(T)$, esiste una costante positiva c, che dipende solo da $L, O, B(T), p$ e dalle norme L^∞ di g e φ, tale che*

$$\|u\|_{S^p(O)} \leq c. \quad (8.24)$$

Proviamo il Teorema 8.23 utilizzando una classica tecnica di penalizzazione. Consideriamo una famiglia $(\beta_\varepsilon)_{\varepsilon \in]0,1[}$ di funzioni $C^\infty(\mathbb{R})$: per ogni $\varepsilon > 0$, β_ε è una funzione crescente, limitata assieme alla sua derivata prima, tale che

$$\beta_\varepsilon(0) = 0, \quad \beta_\varepsilon(s) \leq \varepsilon, \quad s > 0.$$

Inoltre vale

$$\lim_{\varepsilon \to 0} \beta_\varepsilon(s) = -\infty, \quad s < 0.$$

Per $\delta \in]0,1[$, indichiamo con φ^δ la regolarizzazione di φ ottenuta con gli usuali mollificatori. Poiché $g \geq \varphi$ su $\partial_P B(T)$, abbiamo

$$g^\delta := g + \lambda \delta \geq \varphi^\delta, \quad \text{in } \partial_P B(T),$$

dove λ è la costante di Lipschitz di φ.

Consideriamo il *problema penalizzato*

8.2 Problema con ostacolo

$$\begin{cases} Lu = \beta_\varepsilon(u - \varphi^\delta), & \text{in } B(T), \\ u|_{\partial_P B(T)} = g^\delta, \end{cases} \qquad (8.25)$$

e come primo passo dimostriamo che ammette soluzione classica. La prova consiste nel determinare la soluzione dell'equazione differenziale non-lineare internamente e nel verificare che è una funzione continua fino al bordo. Per lo studio della soluzione al bordo utilizziamo lo strumento, standard nella teoria delle PDE, delle *funzioni barriera*.

Definizione 8.24. *Fissato un punto* $(t,x) \in \partial_P B(T)$, *una funzione barriera per L in* (t,x) *è una funzione* $w \in C^2(V \cap \overline{B(T)}; \mathbb{R})$, *dove V è un intorno di* (t,x), *tale che*

i) $Lw \leq -1$ *in* $V \cap B(T)$;
ii) $w > 0$ *in* $V \cap \overline{B(T)} \setminus \{(t,x)\}$ *e* $w(t,x) = 0$.

Lemma 8.25. *In ogni punto* $(t,x) \in \partial_P B(T)$ *esiste una funzione barriera.*

Dimostrazione. Se il punto appartiene alla base del cilindro $B(T)$, ossia è della forma $(0, \bar{x})$, allora una funzione barriera è data da

$$w(t,x) = e^{t\|a\|_\infty} \left(|x - \bar{x}|^2 + Ct \right),$$

con C costante sufficientemente grande.

Se il punto appartiene alla superficie laterale del cilindro, $(\bar{t}, \bar{x}) \in \partial_P B(T)$ con $\bar{t} \in]0, T[$, allora seguendo Friedman [63] pag.68, poniamo

$$w(t,x) = Ce^{t\|a\|_\infty} \left(\frac{1}{|\bar{x} - \widetilde{x}|^p} - \frac{1}{R^p} \right),$$

dove $(\bar{t}, \widetilde{x})$ è il centro di una sfera tangente esternamente il cilindro in $(\bar{t}, \bar{x})$ e

$$R = \left(|x - \widetilde{x}|^2 + (t - \bar{t})^2 \right)^{\frac{1}{2}}.$$

Allora si ha

$$Lw = \frac{Cp}{R^{p+4}} e^{\|a\|_\infty t} \Bigg(-\frac{p+2}{2} \sum_{i,j=1}^N c_{ij}(x_i - \widetilde{x}_i)(x_j - \widetilde{x}_j)$$

$$+ \frac{R^2}{2} \sum_{i=1}^N c_{ii} + R^2 \sum_{i=1}^N b_i(x_i - \widetilde{x}_i) - (t - \bar{t})R^2 \Bigg) + (a - \|a\|_\infty)w.$$

Poiché L è uniformemente parabolico, l'espressione in parentesi è negativa per p è sufficientemente grande e quindi $Lw < 0$: prendendo C sufficientemente grande proviamo la proprietà i) e concludiamo che w è una funzione barriera. □

Teorema 8.26. *Assumiamo le Ipotesi 8.1 e 8.3. Siano $g \in C(\partial_P B(T))$ e $h = h(z,u) \in \mathrm{Lip}\left(\overline{B(T)} \times \mathbb{R}\right)$. Allora esiste una soluzione classica $u \in C_P^{2+\alpha}(B(T)) \cap C(\overline{B(T)})$ del problema*

$$\begin{cases} Lu = h(\cdot, u), & \text{in } B(T), \\ u|_{\partial_P B(T)} = g. \end{cases}$$

Inoltre esiste una costante positiva c, dipendente solo da h e $B(T)$, tale che

$$\sup_{B(T)} |u| \le e^{cT}(1 + \|g\|_{L^\infty}). \tag{8.26}$$

Dimostrazione. Non è restrittivo assumere $a = 0$ poiché, a meno di regolarizzarlo, possiamo includere tale termine nella funzione h. Usiamo una tecnica di iterazione monotona basata sul principio del massimo. Poniamo

$$u_0(x,t) = e^{ct}(1 + \|g\|_{L^\infty}) - 1,$$

dove c è una costante positiva tale che

$$|h(t,x,u)| \le c(1 + |u|), \qquad (t,x,u) \in \overline{B(T)} \times \mathbb{R}.$$

Poi definiamo ricorsivamente la successione $(u_j)_{j \in \mathbb{N}}$ mediante

$$\begin{cases} Lu_j - \lambda u_j = h(\cdot, u_{j-1}) - \lambda u_{j-1}, & \text{in } B(T), \\ u_j|_{\partial_P B(T)} = g, \end{cases} \tag{8.27}$$

dove λ è la costante di Lipschitz della funzione h. Qui utilizziamo la teoria classica (cfr. per esempio, il Capitolo 3 in Friedman [63]) che assicura che il problema *lineare* (8.27) ha un'unica soluzione $C_P^{2,\alpha}(B(T)) \cap C(\overline{B(T)})$ per ogni $\alpha \in]0,1]$.

Ora proviamo per induzione che (u_j) è una successione decrescente. Per il principio del massimo, Teorema 6.10, abbiamo $u_1 \le u_0$: infatti (ricordiamo che $a = 0$)

$$L(u_1 - u_0) - \lambda(u_1 - u_0) = h(\cdot, u_0) - Lu_0 = h(\cdot, u_0) + c(1 + u_0) \ge 0,$$

e $u_1 \le u_0$ su $\partial_P B(T)$. Fissato $j \in \mathbb{N}$, assumiamo l'ipotesi induttiva $u_j \le u_{j-1}$; allora, ricordando che λ è la costante di Lipschitz di h, vale

$$L(u_{j+1} - u_j) - \lambda(u_{j+1} - u_j) = h(\cdot, u_j) - h(\cdot, u_{j-1}) - \lambda(u_j - u_{j-1}) \ge 0.$$

Inoltre $u_{j+1} = u_j$ su $\partial_P B(T)$ e quindi il principio del massimo implica che $u_{j+1} \le u_j$. Con un argomento analogo mostriamo che u_j è limitata inferiormente da $-u_0$. In definitiva, per $j \in \mathbb{N}$, abbiamo

$$-u_0 \le u_{j+1} \le u_j \le u_0. \tag{8.28}$$

Indichiamo con u il limite puntuale della successione (u_j) su $\overline{B(T)}$. Poiché u_j è soluzione di (8.27) e per la stima uniforme (8.28), possiamo applicare le stime a priori in S^p e i teoremi di immersione, Teoremi 8.16 e 8.15, per provare che, su ogni aperto O contenuto con la propria chiusura in $B(T)$ e per ogni $\alpha \in]0,1[$, la norma $\|u_j\|_{C_P^{1+\alpha}(O)}$ è limitata da una costante che dipende solo da L, $B(T)$, O, α e λ. Allora per le stime di Schauder, Teorema 8.17, deduciamo che la norma $\|u_j\|_{C_P^{2+\alpha}(O)}$ è limitata uniformemente rispetto a $j \in \mathbb{N}$. Ne segue, per il Teorema di Ascoli-Arzelà, che $(u_j)_{j\in\mathbb{N}}$ ammette una sotto-successione (che, per semplicità, indichiamo ancora con $(u_j)_{j\in\mathbb{N}}$) che converge localmente in $C_P^{2+\alpha}$. Passando al limite in (8.27) per $j \to \infty$, otteniamo

$$Lu = h(\cdot, u), \qquad \text{in } B(T),$$

e $u|_{\partial_p B(T)} = g$.

Infine, per mostrare che $u \in C(\overline{B(T)})$, utilizziamo le funzioni barriera. Fissati $\bar{z} = (\bar{t}, \bar{x}) \in \partial_P B(T)$ e $\varepsilon > 0$, consideriamo un intorno aperto V di $\bar{z}$ tale che

$$|g(z) - g(\bar{z})| \leq \varepsilon, \qquad z = (t,x) \in V \cap \partial_P B(T),$$

e sia definita una funzione barriera w per L in $V \cap \partial_P B(T)$. Poniamo

$$v^\pm(z) = g(\bar{z}) \pm (\varepsilon + k_\varepsilon w(z))$$

dove k_ε è una costante sufficientemente grande, indipendente da j, tale che

$$L(u_j - v^+) \geq h(\cdot, u_{j-1}) - \lambda(u_{j-1} - u_j) + k_\varepsilon \geq 0,$$

e $u_j \leq v^+$ su $\partial(V \cap B(T))$. Per il principio del massimo si ha $u_j \leq v^+$ su $V \cap B(T)$.

Analogamente abbiamo $u_j \geq v^-$ su $V \cap B(T)$ e, per $j \to \infty$, otteniamo

$$g(\bar{z}) - \varepsilon - k_\varepsilon w(z) \leq u(z) \leq g(\bar{z}) + \varepsilon + k_\varepsilon w(z), \qquad z \in V \cap B(T).$$

Allora

$$g(\bar{z}) - \varepsilon \leq \liminf_{z\to\bar{z}} u(z) \leq \limsup_{z\to\bar{z}} u(z) \leq g(\bar{z}) + \varepsilon, \qquad z \in V \cap B(T),$$

e questo prova la tesi essendo ε arbitrario. Infine la stima (8.26) segue direttamente dal principio del massimo e da (8.28). □

Dimostrazione (del Teorema 8.23). Applichiamo il Teorema 8.26 con

$$h(\cdot, u) = \beta_\varepsilon(u - \varphi^\delta),$$

per dedurre l'esistenza di una soluzione classica $u_{\varepsilon,\delta} \in C_P^{2+\alpha}(B(T)) \cap C(\overline{B(T)})$ del problema penalizzato (8.25). A meno del semplice cambio di variabile $v(t,x) = e^{t\|a\|_\infty} u(t,x)$, possiamo assumere $a \geq 0$.

Proviamo anzitutto che vale

$$|\beta_\varepsilon(u_{\varepsilon,\delta} - \varphi^\delta)| \leq \widetilde{c} \qquad (8.29)$$

con $\widetilde{c}$ costante indipendente da ε e δ. Poiché $\beta_\varepsilon \leq \varepsilon$ dobbiamo provare solo la stima dal basso. Indichiamo con ζ un punto di minimo della funzione $\beta_\varepsilon(u_{\varepsilon,\delta} - \varphi^\delta) \in C(\overline{B(T)})$ e assumiamo $\beta_\varepsilon(u_{\varepsilon,\delta}(\zeta) - \varphi^\delta(\zeta)) \leq 0$, poiché altrimenti non c'è nulla da provare. Se $\zeta \in \partial_P B(T)$ allora

$$\beta_\varepsilon(g^\delta(\zeta) - \varphi^\delta(\zeta)) \geq \beta_\varepsilon(0) = 0.$$

Viceversa, se $\zeta \in B(T)$ allora, poiché β_ε è una funzione crescente, anche $u_{\varepsilon,\delta} - \varphi^\delta$ assume il minimo (negativo) in ζ e quindi

$$(L+a)u_{\varepsilon,\delta}(\zeta) - (L+a)\varphi^\delta(\zeta) \geq 0 \geq a(\zeta)\left(u_{\varepsilon,\delta}(\zeta) - \varphi^\delta(\zeta)\right),$$

ossia

$$Lu_{\varepsilon,\delta}(\zeta) \geq L\varphi^\delta(\zeta). \qquad (8.30)$$

Ora, per l'Ipotesi 8.22, $L\varphi^\delta(\zeta)$ è limitata inferiormente da una costante indipendente da δ. Perciò da (8.30) otteniamo

$$\beta_\varepsilon(u_{\varepsilon,\delta}(\zeta) - \varphi^\delta(\zeta)) = Lu_{\varepsilon,\delta}(\zeta) \geq L\varphi^\delta(\zeta) \geq \widetilde{c},$$

con $\widetilde{c}$ indipendente da ε, δ e questo prova la stima (8.29).

Per il principio del massimo, Teorema 6.12, abbiamo

$$\|u_{\varepsilon,\delta}\|_\infty \leq \|g\|_{L^\infty} + T\widetilde{c}. \qquad (8.31)$$

Allora per la stime a priori in S^p, Teoremi 8.16, e le stime (8.29), (8.31) deduciamo che la norma $\|u_{\varepsilon,\delta}\|_{S^p(O)}$ è limitata uniformemente rispetto a ε e δ, per ogni aperto O incluso con la propria chiusura in $B(T)$ e per ogni $p \geq 1$. Ne segue che $(u_{\varepsilon,\delta})$ ammette una sotto-successione debolmente convergente per $\varepsilon, \delta \to 0$ in S^p (e in $C_P^{1+\alpha}$) sui sottoinsiemi compatti di $B(T)$ a una funzione u. Inoltre

$$\limsup_{\varepsilon,\delta \to 0} \beta_\varepsilon(u_{\varepsilon,\delta} - \varphi^\delta) \leq 0,$$

cosicché $Lu \leq 0$ q.o. in $B(T)$. D'altra parte $Lu = 0$ q.o. nell'insieme $\{u > \varphi\}$.

Infine concludiamo che $u \in C(\overline{B(T)})$ e $u = g$ su $\partial_P B(T)$ utilizzando l'argomento delle funzioni barriera come nella prova del Teorema 8.26. □

Proviamo ora un principio del confronto per il problema con ostacolo.

Proposizione 8.27. *Sia u una soluzione forte del problema (8.23) e v una super-soluzione, ossia $v \in S^1_{\mathrm{loc}}(B(T)) \cap C(\overline{B(T)})$ e vale*

$$\begin{cases} \max\{Lv, \varphi - v\} \leq 0, & \text{q.o. in } B(T), \\ v|_{\partial_P B(T)} \geq g. \end{cases}$$

Allora $u \leq v$ in $B(T)$. In particolare la soluzione di (8.23) è unica.

Dimostrazione. Per assurdo, supponiamo che l'insieme aperto definito da

$$D := \{z \in B(T) \mid u(z) > v(z)\}$$

non sia vuoto. Allora, poiché $u > v \geq \varphi$ in D, abbiamo

$$Lu = 0, \quad Lv \leq 0 \quad \text{in } D,$$

e $u = v$ su ∂D. Il principio del massimo[4] implica $u \geq v$ in D e otteniamo una contraddizione. □

8.2.3 Problema con ostacolo sulla striscia di $\mathbb{R}^{N+1}$

Proviamo il Teorema 8.20 risolvendo una successione di problemi con ostacolo su una famiglia di cilindri che ricopre la striscia $\mathcal{S}_T$, precisamente

$$B_n(T) =]0, T[\times \{|x| < n\}, \quad n \in \mathbb{N}.$$

Per ogni $n \in \mathbb{N}$, consideriamo una funzione $\chi_n \in C(\mathbb{R}^N; [0,1])$ tale che $\chi_n(x) = 1$ se $|x| \leq n - \frac{1}{2}$ e $\chi_n(x) = 0$ se $|x| \geq n$, e poniamo

$$g_n(t,x) = \chi_n(x)\varphi(t,x) + (1 - \chi_n(x))\bar{u}(t,x), \quad (t,x) \in \mathcal{S}_T.$$

Per il Teorema 8.23, per ogni $n \in \mathbb{N}$, esiste una soluzione forte u_n del problema

$$\begin{cases} \max\{Lu, \varphi - u\} = 0, & \text{in } B_n(T), \\ u|_{\partial_P B_n(T)} = g_n, \end{cases}$$

Per la Proposizione 8.27 si ha

$$\varphi \leq u_{n+1} \leq u_n \leq \bar{u}, \quad \text{in } B_n(T),$$

e la prova si conclude utilizzando ancora una volta gli argomenti dei Teoremi 8.23 e 8.26, basati sulle stime a priori in S^p_{loc} e le funzioni barriera.

---

[4] Qui usiamo una versione generale del principio del massimo, cfr. Lieberman [115].

9
Equazioni differenziali stocastiche

Soluzioni forti – Soluzioni deboli – Stime massimali – Formule di rappresentazione di Feynman-Kač – Equazioni stocastiche lineari

In questo capitolo presentiamo alcuni risultati di base sulle equazioni differenziali stocastiche (nel seguito abbreviato in SDE) e studiamo il legame con la teoria delle equazioni differenziali paraboliche.

Consideriamo $Z \in \mathbb{R}^N$ e due funzioni misurabili (deterministiche)

$$b = b(t,x) : [0,T] \times \mathbb{R}^N \longrightarrow \mathbb{R}^N, \qquad \sigma = \sigma(t,x) : [0,T] \times \mathbb{R}^N \longrightarrow \mathbb{R}^{N \times d}.$$

Nel seguito, ci riferiamo a b e σ rispettivamente come ai coefficienti *di drift* e *di diffusione*.

Definizione 9.1. *Sia W un moto Browniano d-dimensionale sullo spazio di probabilità con filtrazione $(\Omega, \mathcal{F}, P, \mathcal{F}_t)$ in cui valgano le ipotesi usuali. Una soluzione relativa a W della SDE di coefficienti Z, b, σ è un processo $\mathcal{F}_t$-adattato e continuo $(X_t)_{t \in [0,T]}$ tale che*

i) $b(t, X_t) \in \mathbb{L}^1_{\text{loc}}$ *e* $\sigma(t, X_t) \in \mathbb{L}^2_{\text{loc}}$;
ii) vale

$$X_t = Z + \int_0^t b(s, X_s)ds + \int_0^t \sigma(s, X_s)dW_s, \qquad t \in [0,T], \tag{9.1}$$

ossia, in forma più compatta,

$$dX_t = b(t, X_t)dt + \sigma(t, X_t)dW_t, \qquad X_0 = Z.$$

Esistono due nozioni di soluzione di una SDE che si distinguono in base al fatto che il moto Browniano sia assegnato a priori o meno.

Definizione 9.2. *La SDE di coefficienti Z, b, σ è risolubile in senso debole se esiste un moto Browniano standard relativamente al quale la SDE ha soluzione.*

La SDE di coefficienti Z, b, σ è risolubile in senso forte se per ogni assegnato moto Browniano standard W esiste una soluzione relativa a W.

In base alla definizione precedente, per determinare una soluzione debole di una SDE occorre anche stabilire lo spazio di probabilità e il moto Browniano rispetto al quale si scrive la SDE: dunque, per le soluzioni deboli, il moto Browniano e lo spazio di probabilità non sono assegnati a priori e fanno parte della definizione di soluzione.

Anche per il concetto di unicità della soluzione è naturale introdurre due nozioni distinte a seconda che si considerino soluzioni deboli o forti.

Definizione 9.3. *Per la SDE di coefficienti Z, b, σ c'è unicità*

- *in senso debole (o in legge) se due soluzioni sono processi equivalenti ossia hanno la stessa legge;*
- *in senso forte se due soluzioni definite sullo stesso spazio di probabilità sono indistinguibili.*

In generale è possibile assegnare un dato iniziale stocastico. Quando consideriamo soluzioni in senso forte e supponiamo sia assegnato a priori lo spazio di probabilità con filtrazione $\mathcal{F}_t$, assumiamo che il dato iniziale Z sia una variabile aleatoria $\mathcal{F}_0$-misurabile: per la (9.1), vale

$$X_0 = Z \qquad \text{q.s.}$$

Quando studiamo la risolubilità in senso debole, assegnamo semplicemente la distribuzione iniziale μ della soluzione: $X_0 \sim \mu$ ossia, se la soluzione è definita sullo spazio $(\Omega, \mathcal{F}, P)$, vale

$$P(X_0 \in H) = \mu(H), \qquad H \in \mathcal{B}(\mathbb{R}^N).$$

9.1 Soluzioni forti

Nel caso in cui $\sigma \equiv 0$ e $Z \in \mathbb{R}^N$, la (9.1) si riduce all'equazione di Volterra (deterministica)

$$X_t = Z + \int_0^t b(s, X_s) ds. \tag{9.2}$$

Assumendo che b sia una funzione continua, la (9.2) è equivalente al problema di Cauchy ordinario

$$\frac{d}{dt} X_t = b(t, X_t), \qquad X_0 = Z.$$

Nella teoria dell'esistenza e unicità delle soluzioni forti di SDE, molti risultati sono analoghi a quelli per le equazioni differenziali ordinarie. In particolare, è noto che per ottenere risultati di esistenza ed unicità della soluzione di (9.2) è necessario assumere ipotesi di regolarità del coefficiente $b = b(t, x)$: tipicamente si assume la locale Lipschitzianità rispetto alla variabile x. Per esempio, l'equazione

$$X_t = \int_0^t |X_s|^\alpha ds, \qquad (9.3)$$

ha come unica soluzione la funzione nulla se $\alpha \geq 1$, mentre per $\alpha \in\,]0,1[$ esistono infinite soluzioni della forma

$$X_t = \begin{cases} 0, & 0 \leq t \leq s, \\ \left(\frac{t-s}{\beta}\right)^\beta, & s \leq t \leq T, \end{cases}$$

dove $\beta = \frac{1}{1-\alpha}$ e $s \in [0,T]$.

Inoltre è noto che per garantire l'esistenza *globale* della soluzione è necessario imporre condizioni sulla crescita del coefficiente $b(t,x)$ per $|x| \to \infty$: tipicamente si assume una crescita di tipo lineare. Per esempio, fissato $x > 0$, l'equazione

$$X_t = x + \int_0^t X_s^2 ds,$$

ha (unica) soluzione $X_t = \frac{x}{1-xt}$ che diverge per $t \to \frac{1}{x}$.

Motivati da questi esempi, introduciamo le cosiddette "ipotesi standard" per una SDE. Poiché siamo interessati allo studio di soluzioni forti, in questo paragrafo supponiamo fissato un moto Browniano d-dimensionale W sullo spazio di probabilità con filtrazione $(\Omega, \mathcal{F}, P, \mathcal{F}_t)$ in cui valgano le ipotesi usuali.

Definizione 9.4. *La SDE*

$$dX_t = b(t, X_t)dt + \sigma(t, X_t)dW_t, \qquad X_0 = Z,$$

verifica le ipotesi standard se

i) $Z \in L^2(\Omega, P)$ *ed è* $\mathcal{F}_0$-*misurabile;*

ii) b, σ *sono localmente Lipschitziane in x uniformemente rispetto a t, ossia per ogni $n \in \mathbb{N}$ esiste una costante K_n tale che*

$$|b(t,x) - b(t,y)|^2 + |\sigma(t,x) - \sigma(t,y)|^2 \leq K_n |x-y|^2, \qquad (9.4)$$

per $|x|, |y| \leq n$, $t \in [0,T]$;

iii) b, σ *hanno crescita al più lineare in x, ossia*

$$|b(t,x)|^2 + |\sigma(t,x)|^2 \leq K(1 + |x|^2) \qquad x \in \mathbb{R}^N,\ t \in [0,T], \qquad (9.5)$$

per una certa costante K.

Di seguito introduciamo l'ambiente in cui ricercare una soluzione forte della SDE (9.1) e fissiamo la seguente

Notazione 9.5 $\mathcal{A}_c$ *indica lo spazio dei processi* $(X_t)_{t \in [0,T]}$ *continui, $\mathcal{F}_t$-adattati e tali che*

$$[\![X]\!]_T^2 := E\left[\sup_{0 \leq t \leq T} |X_t|^2\right]$$

è finito.

Il seguente risultato si prova come il Lemma 4.56.

Lemma 9.6. $(\mathcal{A}_c, [\![\cdot]\!]_T)$ *è uno spazio semi-normato completo.*

Nel seguito useremo ripetutamente le seguenti disuguaglianze:

Lemma 9.7. *Per ogni $n \in \mathbb{N}$ e $a_1, \ldots, a_n \in \mathbb{R}$ vale*

$$(a_1 + \cdots + a_n)^2 \leq n(a_1^2 + \cdots + a_n^2). \tag{9.6}$$

Per ogni $X \in \mathcal{A}_c$ si ha

$$E\left[\sup_{0 \leq s \leq t}\left|\int_0^s X_u du\right|^2\right] \leq t \int_0^t [\![X]\!]_s^2 ds, \tag{9.7}$$

$$E\left[\sup_{0 \leq s \leq t}\left|\int_0^s X_u dW_u\right|^2\right] \leq 4 \int_0^t [\![X]\!]_s^2 ds. \tag{9.8}$$

Dimostrazione. Si ha

$$(a_1 + \cdots + a_n)^2 = a_1^2 + \cdots + a_n^2 + 2\sum_{i<j} a_i a_j$$
$$\leq a_1^2 + \cdots + a_n^2 + \sum_{i<j}(a_i^2 + a_j^2)$$
$$= n(a_1^2 + \cdots + a_n^2).$$

Poi, per la disuguaglianza di Hölder si ha

$$E\left[\sup_{0 \leq s \leq t}\left|\int_0^s X_u du\right|^2\right] \leq E\left[\sup_{0 \leq s \leq t} s \int_0^s |X_u|^2 du\right]$$
$$= tE\left[\int_0^t |X_u|^2 du\right] \leq t \int_0^t [\![X]\!]_u^2 du.$$

Infine la (9.8) è conseguenza della disuguaglianza di Doob e dell'isometria di Itô. □

9.1.1 Unicità

Un classico strumento, semplice ma potente, per lo studio delle proprietà di equazioni differenziali è il seguente

Lemma 9.8 (Lemma di Gronwall). *Sia $\varphi \in C([0, T])$ tale che*

$$\varphi(t) \leq a + \int_0^t f(s)\varphi(s)ds, \qquad t \in [0, T],$$

dove $a \in \mathbb{R}$ e f è una funzione continua e non-negativa. Allora si ha

$$\varphi(t) \leq a e^{\int_0^t f(s)ds}, \qquad t \in [0, T].$$

9.1 Soluzioni forti

Dimostrazione. Posto

$$F(t) = a + \int_0^t f(s)\varphi(s)ds,$$

per ipotesi, $\varphi \leq F$ ed essendo f non-negativa si ha

$$\frac{d}{dt}\left(e^{-\int_0^t f(s)ds}F(t)\right) = e^{-\int_0^t f(s)ds}(-f(t)F(t) + f(t)\varphi(t)) \leq 0.$$

Integrando si ottiene

$$e^{-\int_0^t f(s)ds}F(t) \leq a$$

da cui la tesi:

$$\varphi(t) \leq F(t) \leq a e^{\int_0^t f(s)ds}.$$

□

Come nel caso delle equazioni deterministiche, l'unicità della soluzione è conseguenza dell'ipotesi di Lipschitzianità dei coefficienti.

Teorema 9.9. *Supponiamo valide le condizioni standard i) e ii). Allora per la SDE*

$$dX_t = b(t, X_t)dt + \sigma(t, X_t)dW_t, \qquad X_0 = Z,$$

si ha unicità in senso forte delle soluzioni, ossia due soluzioni forti sono indistinguibili.

Dimostrazione. Siano $X, \widetilde{X}$ soluzioni forti rispettivamente con dati iniziali $Z, \widetilde{Z}$. Per $n \in \mathbb{N}$ e $\omega \in \Omega$, poniamo

$$s_n(\omega) = T \wedge \inf\{t \in [0,T] \mid |X_t(\omega)| \geq n\}$$

e definiamo $\widetilde{s}_n$ in modo analogo. Per il Teorema 4.65 $s_n, \widetilde{s}_n$ sono tempi d'arresto. Dunque anche

$$\tau_n := s_n \wedge \widetilde{s}_n$$

è un tempo d'arresto e vale

$$\lim_{n \to \infty} \tau_n(\omega) = T, \qquad \text{q.s.}$$

Ricordando la Proposizione 5.22 che definisce l'integrale di Itô con estremo di integrazione stocastico, si ha

$$X_{t \wedge \tau_n} - \widetilde{X}_{t \wedge \tau_n} = Z - \widetilde{Z} + \int_0^{t \wedge \tau_n}(b(s, X_s) - b(s, \widetilde{X}_s))ds$$
$$+ \int_0^{t \wedge \tau_n}(\sigma(s, X_s) - \sigma(s, \widetilde{X}_s))dW_s.$$

Per la (9.6), si ha

$$E\left[\left|X_{t\wedge\tau_n} - \widetilde{X}_{t\wedge\tau_n}\right|^2\right] \leq 3E\left[|Z - \widetilde{Z}|^2\right]$$

$$+ 3E\left[\left|\int_0^{t\wedge\tau_n} (b(s, X_s) - b(s, \widetilde{X}_s))ds\right|^2\right]$$

$$+ 3E\left[\left|\int_0^{t\wedge\tau_n} (\sigma(s, X_s) - \sigma(s, \widetilde{X}_s))dW_s\right|^2\right] \leq$$

(per la disuguaglianza di Hölder e l'isometria di Itô, Corollario 5.23, poiché $(\sigma(s, X_s) - \sigma(s, \widetilde{X}_s))\mathbb{1}_{\{s \leq t \wedge \tau_n\}} \in \mathbb{L}^2$)

$$\leq 3E\left[|Z - \widetilde{Z}|^2\right] + 3tE\left[\int_0^{t\wedge\tau_n} |b(s, X_s) - b(s, \widetilde{X}_s)|^2 ds\right]$$

$$+ 3E\left[\int_0^{t\wedge\tau_n} |\sigma(s, X_s) - \sigma(s, \widetilde{X}_s)|^2 ds\right] \leq$$

(per l'ipotesi di Lipschitzianità dei coefficienti)

$$\leq 3\left(E\left[|Z - \widetilde{Z}|^2\right] + K_n(T+1)\int_0^t E\left[\left|X_{s\wedge\tau_n} - \widetilde{X}_{s\wedge\tau_n}\right|^2\right] ds\right).$$

Applicando la disuguaglianza di Gronwall, deduciamo

$$E\left[\left|X_{t\wedge\tau_n} - \widetilde{X}_{t\wedge\tau_n}\right|^2\right] \leq 3E\left[|Z - \widetilde{Z}|^2\right] e^{3K_n(T+1)t}.$$

In particolare, se $Z = \widetilde{Z}$ q.s. allora

$$P\left(X_{t\wedge\tau_n} = \widetilde{X}_{t\wedge\tau_n}, \ t \in [0, T]\right) = 1$$

e, per l'arbitrarietà di n, deduciamo che $X, \widetilde{X}$ sono modificazioni. Infine poiché $X, \widetilde{X}$ sono processi continui ne segue (cfr. Proposizione 4.18) che sono indistinguibili. □

9.1.2 Esistenza

Analogamente al caso deterministico l'esistenza della soluzione di una SDE si può ricondurre ad un problema di punto fisso: formalmente il processo X è soluzione della SDE

$$dX_t = b(t, X_t)dt + \sigma(t, X_t)dW_t, \qquad X_0 = Z,$$

se e solo se è punto fisso del funzionale Ψ definito da

$$\Psi(X)_t = Z + \int_0^t b(s, X_s)ds + \int_0^t \sigma(s, X_s)dW_s, \qquad t \in [0, T]. \tag{9.9}$$

Il seguente lemma suggerisce di ambientare il problema di punto fisso nello spazio $\mathcal{A}_c$.

Lemma 9.10. *Nelle ipotesi standard i) e iii), il funzionale Ψ è ben definito da $\mathcal{A}_c$ a valori in $\mathcal{A}_c$. Inoltre esiste una costante C_1 che dipende solo da T e K, tale che vale*

$$[\![\Psi(X)]\!]_t^2 \leq C_1\left(1 + E\left[|Z|^2\right] + \int_0^t [\![X]\!]_s^2 ds\right), \qquad t \in [0,T]. \tag{9.10}$$

Dimostrazione. Per l'ipotesi di crescita lineare dei coefficienti, vale

$$E\left[\sup_{0\leq s\leq t}|b(s,X_s)|^2\right] + E\left[\sup_{0\leq s\leq t}|\sigma(s,X_s)|^2\right] \leq K(1 + [\![X]\!]_t^2) \qquad t\in[0,T], \tag{9.11}$$

e quindi $b(t,X_t), \sigma(t,X_t) \in \mathcal{A}_c$ per $X \in \mathcal{A}_c$. Allora si ha

$$[\![\Psi(X)]\!]_t^2 = E\left[\sup_{0\leq s\leq t}\left|Z + \int_0^s b(u,X_u)du + \int_0^s \sigma(u,X_u)du\right|^2\right] \leq$$

(per le (9.6), (9.7) e (9.8))

$$\leq 3\left(E\left[|Z|^2\right] + t\int_0^t E\left[\sup_{0\leq u\leq s}|b(u,X_u)|^2\right]ds \right.$$
$$\left. + 4\int_0^t E\left[\sup_{0\leq u\leq s}|\sigma(u,X_u)|^2\right]ds\right) \leq$$

(per la (9.11))

$$\leq 3\left(E\left[|Z|^2\right] + K(4+t)\left(t + \int_0^t [\![X]\!]_s^2 ds\right)\right).$$

□

Il seguente classico teorema fornisce condizioni sufficienti per l'esistenza di un'unica soluzione forte della SDE (9.1): pur non essendo il risultato più generale, esso è soddisfacente per la maggior parte delle applicazioni.

Teorema 9.11. *Nelle ipotesi standard della Definizione 9.4 la SDE*

$$X_t = Z + \int_0^t b(s,X_s)ds + \int_0^t \sigma(s,X_s)dW_s, \qquad t\in[0,T], \tag{9.12}$$

ammette una soluzione forte nello spazio $\mathcal{A}_c$. Tale soluzione è unica a meno di p.s. indistinguibili e soddisfa la stima

$$[\![X]\!]_t^2 \leq C(1 + E\left[|Z|^2\right])e^{Ct}, \qquad t\in[0,T], \tag{9.13}$$

dove C è una costante che dipende solo da K e da T.

Dimostrazione. L'unicità della soluzione è stata già provata nel Teorema 9.9. Per quanto riguarda l'esistenza, per semplicità consideriamo le ipotesi standard con $K_n \equiv K$, indipendente da n: il caso generale si prova con l'argomento di localizzazione utilizzato nella dimostrazione del Teorema 9.9.

Come nel caso deterministico, la dimostrazione è basata sul Teorema di punto fisso di Banach-Caccioppoli: abbiamo già provato che Ψ è ben definito da $\mathcal{A}_c$ a $\mathcal{A}_c$ (cfr. Lemma 9.10) e che $(\mathcal{A}_c, [\cdot]_T)$ è uno spazio semi-normato e completo (cfr. Lemma 4.56). Rimane dunque da provare che esiste $n \in \mathbb{N}$ tale che
$$\Psi^n = \underbrace{\Psi \circ \cdots \circ \Psi}_{n \text{ volte}}$$
è una contrazione, ossia vale
$$[\![\Psi^n(X) - \Psi^n(Y)]\!]_T \leq C_0 [\![X - Y]\!]_T, \qquad \forall X, Y \in \mathcal{A}_c,$$
per una certa costante $C_0 \in {]}0,1{[}$. Precisamente dimostriamo per induzione che per ogni $n \in \mathbb{N}$ vale
$$[\![\Psi^n(X) - \Psi^n(Y)]\!]_t^2 \leq \frac{(C_2 t)^n}{n!}[\![X - Y]\!]_t^2, \qquad X, Y \in \mathcal{A}_c,\ t \in [0, T], \quad (9.14)$$
dove $C_2 = 2K(T+4)$.

Vale
$$[\![\Psi^{n+1}(X) - \Psi^{n+1}(Y)]\!]_t^2 = E\left[\sup_{0 \leq s \leq t} \left| \int_0^s (b(u, \Psi^n(X)_u) - b(u, \Psi^n(Y)_u))du \right.\right.$$
$$\left.\left. + \int_0^s (\sigma(u, \Psi^n(X)_u) - \sigma(u, \Psi^n(Y)_u))dW_u \right|^2 \right] \leq$$

(per le (9.6), (9.7) e (9.8))
$$\leq 2t \int_0^t E\left[\sup_{0 \leq u \leq s} |b(u, \Psi^n(X)_u) - b(u, \Psi^n(Y)_u)|^2\right] ds$$
$$+ 8 \int_0^t E\left[\sup_{0 \leq u \leq s} |\sigma(u, \Psi^n(X)_u) - \sigma(u, \Psi^n(Y)_u)|^2\right] ds \leq$$

(per l'ipotesi di Lipschitzianità)
$$\leq C_2 \int_0^t [\![\Psi^n(X) - \Psi^n(Y)]\!]_s^2 ds \leq$$

(per ipotesi induttiva)
$$\leq C_2^{n+1} \int_0^t \frac{s^n}{n!} ds [\![X - Y]\!]_t^2,$$

da cui segue la (9.14). Ne deduciamo che Ψ possiede un unico punto fisso X in $\mathcal{A}_c$. Poiché $X = \Psi(X)$ la stima (9.10) diventa

$$[\![X]\!]_t^2 \leq C_1 \left(1 + E\left[|Z|^2\right] + \int_0^t [\![X]\!]_s^2 ds\right), \qquad t \in [0,T],$$

e applicando la disuguaglianza di Gronwall otteniamo direttamente la (9.13). □

Osservazione 9.12. La dimostrazione precedente contiene implicitamente un risultato di unicità indipendente dal Teorema 9.9: abbiamo provato che Ψ^n è una contrazione e dunque Ψ ammette *un'unico* punto fisso *nello spazio* $\mathcal{A}_c$. D'altra parte il Teorema 9.9 di unicità è più generale perché afferma che l'unicità vale non solo all'interno della classe $\mathcal{A}_c$: in particolare nelle ipotesi standard, *ogni soluzione della* (9.12) *appartiene alla classe* $\mathcal{A}_c$. □

Osservazione 9.13. Come nel caso deterministico, la soluzione di una SDE si può determinare col *metodo delle approssimazioni successive*. Più precisamente, indicando con X la soluzione, si definisce ricorsivamente la successione (X_n) in $\mathcal{A}_c$ mediante

$$\begin{cases} X_0 = Z, \\ X_n = \Psi(X_{n-1}), \qquad n \in \mathbb{N}, \end{cases}$$

dove Ψ è il funzionale definito in (9.9). Allora, sotto le ipotesi standard, si ha che

$$\lim_{n \to \infty} [\![X - X_n]\!]_T = 0.$$

□

9.1.3 Proprietà delle soluzioni

In questa sezione proviamo alcune importanti stime di crescita, regolarità, confronto e dipendenza dai dati della soluzione di una SDE. Questo tipo di stime gioca un ruolo cruciale ad esempio nello studio dei metodi per la risoluzione numerica delle equazioni stocastiche.

Teorema 9.14. *Sia X soluzione della SDE*

$$X_t = X_0 + \int_0^t b(s, X_s) ds + \int_0^t \sigma(s, X_s) dW_s, \qquad t \in [0, T]. \tag{9.15}$$

Se valgono le ipotesi standard (Definizione 9.4) e $E\left[|X_0|^{2p}\right]$ è finito per un certo $p \geq 1$, allora esiste una costante C che dipende solo da K, T e p, tale che

$$E\left[\sup_{t_0 \leq s \leq t} |X_s|^{2p}\right] \leq C\left(1 + E\left[|X_{t_0}|^{2p}\right]\right) e^{C(t-t_0)}, \tag{9.16}$$

$$E\left[\sup_{t_0 \leq s \leq t} |X_s - X_{t_0}|^{2p}\right] \leq C\left(1 + E\left[|X_{t_0}|^{2p}\right]\right)(t-t_0)^p, \tag{9.17}$$

per $0 \leq t_0 < t \leq T$.

324   9 Equazioni differenziali stocastiche

Dimostrazione. Proviamo la tesi nel caso $p=1$, $N=1$ e $t_0=0$. Il caso $p>1$ è analogo e si prova sfruttando il fatto che X^{2p} è soluzione della SDE

$$X_t^{2p} = X_0^{2p} + \int_0^t \left(2pX_s^{2p-1}b(s,X_s) + p(2p-1)X_s^{2p-2}\sigma^2(s,X_s)\right)ds$$
$$+ \int_0^t 2pX_s^{2p-1}\sigma(s,X_s)dW_s.$$

Per i dettagli rimandiamo, per esempio, al testo di Kloeden e Platen [96], Teorema 4.5.4 pag.136.

La (9.16) per $p=1$ è la (9.13) del Teorema 9.11. Per quanto riguarda la (9.17), utilizzando le disuguaglianze del Lemma 9.7 e la condizione di crescita lineare dei coefficienti, abbiamo

$$[\![X-X_0]\!]_t^2 \leq 2K(t+4)\int_0^t (1+[\![X]\!]_s^2)ds \leq$$

(per la (9.16))

$$\leq Ct\left(1+E\left[|X_0|^2\right]\right).$$

□

Proviamo ora un risultato di dipendenza continua dai parametri di una SDE. Introduciamo prima la seguente

Notazione 9.15 *Poniamo*

$$\mathcal{L}_{t_0,t}X := X_t - X_{t_0} - \int_{t_0}^t b(s,X_s)ds - \int_{t_0}^t \sigma(s,X_s)dW_s, \qquad t\in[t_0,T],$$

e, per semplicità, $\mathcal{L}_{0,t}X = \mathcal{L}_t X$. Inoltre, quando scriviamo $\mathcal{L}_t X$ assumiamo implicitamente che $(X_t)_{t\in[0,T]}$ sia un processo adattato tale che

$$b(t,X_t)\in\mathbb{L}^1_{\text{loc}} \quad e \quad \sigma(t,X_t)\in\mathbb{L}^2_{\text{loc}}.$$

Chiaramente X è soluzione della SDE (9.15) se $\mathcal{L}_t X = 0$.

Teorema 9.16. *Supponiamo che i coefficienti della SDE siano Lipschitziani in x uniformemente rispetto a t. Allora esiste una costante C che dipende solo da K, T e $p\geq 1$, tale che per ogni coppia di processi X,Y e $0\leq t_0 < t\leq T$, vale*

$$E\left[\sup_{t_0\leq s\leq t}|X_s-Y_s|^{2p}\right] \leq Ce^{C(t-t_0)}\left(E\left[|X_{t_0}-Y_{t_0}|^{2p}\right]\right.$$
$$\left.+E\left[\sup_{t_0\leq s\leq t}|\mathcal{L}_{t_0,s}X-\mathcal{L}_{t_0,s}Y|^{2p}\right]\right).$$
(9.18)

9.1 Soluzioni forti

Dimostrazione. Consideriamo solo il caso $p = 1$ e $t_0 = 0$. Utilizzando il Lemma 9.7 otteniamo

$$[\![X - Y]\!]_t^2 \leq 4 \bigg(E\left[(X_0 - Y_0)^2\right] + t \int_0^t [\![b(\cdot, X) - b(\cdot, Y)]\!]_s^2 ds$$
$$+ 4 \int_0^t [\![\sigma(\cdot, X) - \sigma(\cdot, Y)]\!]_s^2 ds + [\![\mathcal{L}X - \mathcal{L}Y]\!]_t^2 \bigg) \leq$$

(per l'ipotesi di Lipschitzianità dei coefficienti)

$$\leq 4 \left(E\left[(X_0 - Y_0)^2\right] + K(t+4) \int_0^t [\![X - Y]\!]_s^2 ds + [\![\mathcal{L}X - \mathcal{L}Y]\!]_t^2 \right).$$

La tesi segue dal Lemma di Gronwall. □

Osservazione 9.17. Il Teorema 9.16 contiene il seguente risultato di dipendenza della soluzione dal dato iniziale: se X, Y sono soluzioni della SDE (9.15), allora vale

$$[\![X - Y]\!]_t^2 \leq 4E\left[|X_0 - Y_0|^2\right] e^{Ct}.$$

Riguardando attentamente la dimostrazione, possiamo migliorare la stima precedente utilizzando una disuguaglianza elementare del tipo

$$(a+b)^2 \leq (1+\varepsilon)a^2 + (1+\varepsilon^{-1})b^2, \qquad \varepsilon > 0,$$

per ottenere

$$[\![X - Y]\!]_t^2 \leq (1+\varepsilon)E\left[|X_0 - Y_0|^2\right] e^{\bar{C}t}, \tag{9.19}$$

con $\bar{C}$ dipendente da ε, K e T. La (9.19) fornisce una stima di sensibilità (o stabilità) della soluzione in dipendenza dal dato iniziale: la (9.19) può essere utile nel caso in cui si voglia stimare l'errore che si commette utilizzando un dato iniziale non corretto[1]. □

Concludiamo la sezione enunciando un risultato di confronto per soluzioni di SDE: per la dimostrazione si veda, per esempio, [91], Teorema 5.2.18.

Teorema 9.18. *Siano X^1, X^2 soluzioni delle SDE*

$$X_t^j = Z^j + \int_0^t b_j(s, X_s^j)ds + \int_0^t \sigma(s, X_s^j)dW_s, \qquad t \in [0, T], \ j = 1, 2,$$

con i coefficienti che verificano le ipotesi standard. Se

i) $Z^1 \leq Z^2$ q.s.;
ii) $b_1(t, x) \leq b_2(t, x)$ per ogni $x \in \mathbb{R}$ e $t \in [0, T]$;

allora

$$P(X_t^1 \leq X_t^2, \ t \in [0, T]) = 1.$$

---

[1] Per esempio, a causa del fatto che non si riesce a conoscerlo con precisione.

9.2 Soluzioni deboli

In questo paragrafo presentiamo alcuni classici teoremi sull'esistenza e unicità di soluzioni deboli di SDE a *coefficienti continui e limitati*. Il materiale di questo paragrafo riassume alcuni dei principali risultati trattati in maniera dettagliata da Stroock e Varadhan [160], Karatzas e Shreve [91].

Ricordiamo dalla Definizione 9.1 che una soluzione debole è una soluzione di una SDE di cui sono specificati i coefficienti ma non il moto Browniano rispetto a cui è scritta l'equazione. Abbiamo già notato che per le applicazioni alla finanza è molto spesso sufficiente conoscere la distribuzione di una variabile aleatoria piuttosto che la variabile aleatoria stessa e lo spazio di probabilità su cui è definita. Questo è sostanzialmente dovuto al fatto che molti problemi finanziari (per esempio, la valutazione e copertura di un derivato) si riducono alla determinazione di un valore atteso. Un discorso simile vale per le equazioni stocastiche: lo studio delle soluzioni deboli di una SDE è per certi versi analogo allo studio della distribuzione di una variabile aleatoria.

Cominciamo esibendo una SDE risolubile in senso debole ma non forte. L'esempio seguente mostra anche che una SDE può avere soluzioni equivalenti in legge ma non indistinguibili: in questo senso l'unicità in senso debole non implica l'unicità in senso forte.

9.2.1 Esempio di Tanaka

Il seguente esempio è dovuto a Tanaka [161] (si veda anche Zvonkin [176]). Consideriamo la SDE scalare ($N = d = 1$) con coefficienti $Z = 0 = b$ e

$$\sigma(x) = \text{sgn}(x) = \begin{cases} 1 & x \geq 0, \\ -1 & x < 0. \end{cases}$$

Proviamo anzitutto che per tale SDE c'è unicità in senso debole. Infatti se X è una soluzione relativa ad un moto Browniano W, allora

$$X_t = \int_0^t \text{sgn}(X_s) dW_s,$$

e per il Corollario 5.77, X è un moto Browniano. Quindi si ha unicità in legge. D'altra parte anche $-X$ è una soluzione relativa a W e dunque non c'è unicità in senso forte.

Mostriamo ora l'esistenza di una soluzione debole. Consideriamo un moto Browniano standard W sullo spazio di probabilità $(\Omega, \mathcal{F}, P, \mathcal{F}_t)$ e poniamo

$$B_t = \int_0^t \text{sgn}(W_s) dW_s.$$

Ancora per il Corollario 5.77, B è un moto Browniano su $(\Omega, \mathcal{F}, P, \mathcal{F}_t)$. Inoltre vale

$$dW_t = (\operatorname{sgn}(W_t))^2 \, dW_t = \operatorname{sgn}(W_t)dB_t,$$

ossia W è soluzione relativa al moto Browniano B.

Infine mostriamo che la SDE non ammette soluzione forte. Per assurdo, sia X soluzione relativa ad un moto Browniano W definito su $(\Omega, \mathcal{F}, P, \mathcal{F}_t^W)$ dove $(\mathcal{F}_t^W)$ indica la filtrazione standard[2] per W. Allora vale

$$dW_t = (\operatorname{sgn}(X_t))^2 \, dW_t = \operatorname{sgn}(X_t)dX_t. \tag{9.20}$$

Poiché X è un moto Browniano su $(\Omega, \mathcal{F}, P, \mathcal{F}_t^W)$, applicando la formula di Tanaka[3], otteniamo

$$|X_t| = \int_0^t \operatorname{sgn}(X_s)dX_s + 2L_t^X(0) \tag{9.21}$$

dove, per la (5.96),

$$L_t^X(0) = \lim_{\varepsilon \to 0^+} \frac{1}{2\varepsilon} |\{s \in [0,t] \mid |X_s| \leq \varepsilon\}|$$

è il tempo locale di X in zero. Combinando la (9.20) con la (9.21) otteniamo

$$W_t = |X_t| - 2L_t^X(0)$$

da cui segue che W è adattato alla filtrazione standard $\mathcal{F}_t^{|X|}$ di $|X|$. D'altra parte per definizione X è $\mathcal{F}_t^W$-adattato e quindi ne risulta la seguente inclusione

$$\mathcal{F}_t^X \subseteq \mathcal{F}_t^{|X|},$$

dove $\mathcal{F}_t^X$ è la filtrazione standard di X e ciò è assurdo.

Citiamo anche il lavoro di Barlow [10] che fornisce un esempio di SDE *con coefficienti continui* che non ha soluzione forte.

9.2.2 Esistenza: il problema delle martingale

Illustriamo ora, senza entrare nel dettaglio delle dimostrazioni, i risultati classici di Stroock e Varadhan [158, 159] sull'esistenza e unicità in senso debole per SDE a *coefficienti continui e limitati*. Invece di affrontare direttamente la questione della risolubilità, Stroock e Varadhan formulano e risolvono un problema equivalente, chiamato *problema delle martingale*.

Per introdurre il problema delle martingale, consideriamo una SDE con coefficienti continui e limitati

$$b \in C_b([0, +\infty[\times \mathbb{R}^N; \mathbb{R}^N), \quad \sigma \in C_b([0, +\infty[\times \mathbb{R}^N; \mathbb{R}^{N \times d}).$$

Supponiamo esista una soluzione X della SDE

---

[2] Teorema 4.60 p.178.
[3] Formula 5.97, p.244 con $K = 0$, ricordando che $|X| = X^+ + (-X)^+$.

$$dX_t = b(t, X_t)dt + \sigma(t, X_t)dW_t, \qquad (9.22)$$

relativa ad un moto Browniano d-dimensionale W definito sullo spazio di probabilità $(\Omega, \mathcal{F}, P, \mathcal{F}_t)$.

Applicando la formula di Itô (5.77), per ogni $f \in C_0^2(\mathbb{R}^N)$ vale

$$df(X_t) = \mathcal{A}_t f(X_t)dt + \nabla f(X_t) \cdot \sigma(t, X_t)dW_t,$$

dove

$$\mathcal{A}_t f(x) := \frac{1}{2} \sum_{i,j=1}^N c_{ij}(t,x)\partial_{x_i x_j} f(x) + \sum_{j=1}^N b_j(t,x)\partial_{x_j} f(x), \qquad (9.23)$$

e $(c_{ij}) = \sigma\sigma^*$.

Definizione 9.19. *L'operatore $\mathcal{A}_t$ è chiamato operatore caratteristico della SDE (9.22).*

Poiché per ipotesi ∇f e σ sono limitati, abbiamo che $\nabla f(X_t)\sigma(t, X_t) \in \mathbb{L}^2$ e di conseguenza il processo

$$M_t^f := f(X_t) - f(X_0) - \int_0^t \mathcal{A}_s f(X_s)ds \qquad (9.24)$$

è una $\mathcal{F}_t$-martingala continua.

Ora, per enunciare il problema delle martingale, invece di considerare l'equazione stocastica, partiamo direttamente da un operatore differenziale della forma (9.23) e assumiamo i coefficienti $c_{ij}, b_j \in C_b([0, +\infty[\times\mathbb{R}^N)$ e la matrice (c_{ij}) simmetrica e semidefinita positiva.

Ricordiamo brevemente i risultati della Sezione 4.1.1: sullo spazio

$$C[0, +\infty[\, = C([0, +\infty[\,; \mathbb{R}^N)$$

munito della σ-algebra dei Borelliani $\mathscr{B}(C[0, +\infty[)$, è definito il processo "canonico"

$$\mathbb{X}_t(w) = w(t), \qquad w \in C[0, +\infty[,$$

con la corrispondente filtrazione standard[4] $\mathscr{B}_t(C[0, +\infty[)$. Nel seguito preferiamo utilizzare la notazione più intuitiva $w(t)$ al posto di $\mathbb{X}_t(w)$.

Definizione 9.20. *Una soluzione del problema delle martingale associato ad $\mathcal{A}_t$ è una misura di probabilità P sullo spazio*

$$(C[0, +\infty[, \mathscr{B}(C[0, +\infty[))$$

tale che, per ogni $f \in C_0^2(\mathbb{R}^N)$, il processo

$$M_t^f(w) = f(w(t)) - f(w(0)) - \int_0^t \mathcal{A}_s f(w(s))ds,$$

è una martingala in P, rispetto alla filtrazione $\mathscr{B}_t(C[0, +\infty[)$.

---

[4] Ottenuta completando la filtrazione naturale $\widetilde{\mathscr{B}}_t(C[0, +\infty[)$ in (4.8) secondo la Definizione 4.58.

Abbiamo visto che, se esiste una soluzione X della SDE (9.22), allora il problema delle martingale per $\mathcal{A}_t$ in (9.23) è risolubile: una soluzione è la legge di X. In realtà i problemi sono equivalenti poiché l'esistenza di una soluzione del problema delle martingale implica la risolubilità in senso debole della SDE associata: questo è il contenuto del Teorema 9.22.

Notiamo che la SDE interviene solo indirettamente nella formulazione del problema delle martingale, attraverso i coefficienti dell'equazione che definiscono l'operatore $\mathcal{A}_t$. Nello studio delle SDE, l'approccio mediante il problema delle martingale risulta vantaggioso per diversi motivi: in particolare si possono utilizzare in modo naturale i risultati di convergenza di catene di Markov a processi di diffusione che giocano un ruolo cruciale nella prova dell'esistenza della soluzione. Con queste tecniche è possibile provare risultati di esistenza debole per SDE sotto ipotesi molto generali. Il problema dell'unicità in legge (o debole) è in generale più delicato: nella successiva Sezione 9.2.3 presentiamo un teorema che si basa sui risultati di esistenza per il problema di Cauchy parabolico del Capitolo 8.

Per enunciare l'equivalenza tra il problema delle martingale e SDE occorre introdurre la nozione di estensione di uno spazio di probabilità.

Osservazione 9.21 (Estensione di uno spazio di probabilità). Sia X un processo adattato sullo spazio $(\Omega, \mathcal{F}, P, \mathcal{F}_t)$. In generale non è possibile costruire un moto Browniano su Ω, poiché lo spazio potrebbe non essere sufficientemente "ricco" da supportarlo. D'altra parte, se W è un moto Browniano sullo spazio $(\widetilde{\Omega}, \widetilde{\mathcal{F}}, \widetilde{P}, \widetilde{\mathcal{F}}_t)$, possiamo considerare lo spazio prodotto

$$\left(\Omega \times \widetilde{\Omega}, \mathcal{F} \otimes \widetilde{\mathcal{F}}, P \otimes \widetilde{P}\right)$$

munito della filtrazione standard $\bar{\mathcal{F}}_t$ ottenuta da $\mathcal{F}_t \otimes \widetilde{\mathcal{F}}_t$, ed estendere in maniera naturale i processi X e W ponendo

$$\bar{X}(\omega, \widetilde{\omega}) = X(\omega), \qquad \bar{W}(\omega, \widetilde{\omega}) = W(\widetilde{\omega}).$$

Allora abbiamo che sullo spazio prodotto $\bar{W}$ è un $\bar{\mathcal{F}}_t$-moto Browniano indipendente da $\bar{X}$. □

Il prossimo risultato, che ci limitiamo ad enunciare, stabilisce l'equivalenza fra il problema delle martingale e la formulazione debole della SDE associata. La dimostrazione è basata sulla rappresentazione delle martingale continue in termini di integrale Browniano: si veda, per esempio, Karatzas e Shreve [91], Proposizione 5.4.11 e Corollario 5.4.9.

Teorema 9.22. *Sia ζ una distribuzione su $\mathbb{R}^N$. Esiste una soluzione P del problema delle martingale associato ad $\mathcal{A}_t$ con dato iniziale ζ (ossia tale che $P(w(0) \in H) = \zeta(H)$ per ogni $H \in \mathscr{B}(\mathbb{R}^N))$ se e solo se esiste un moto Browniano W d-dimensionale, definito su un'estensione di*

$$(C[0, +\infty[, \mathscr{B}(C[0, +\infty[), P, \mathscr{B}_t(C[0, +\infty[)),$$

tale che l'estensione del processo $\mathbb{X}_t(w) = w(t)$ sia una soluzione della SDE (9.22) relativa a W con dato iniziale ζ.

Inoltre l'unicità della soluzione del problema delle martingale con dato iniziale ζ è equivalente all'unicità in senso debole per la SDE (9.22) con dato iniziale ζ.

Concludiamo la sezione enunciando il principale risultato di esistenza. La dimostrazione è basata sulla discretizzazione della SDE e su una procedura di passaggio al limite della successione (P_n) delle soluzioni del problema delle martingale associato alle SDE discrete: si veda, per esempio, Karatzas e Shreve [91], Teorema 5.4.22.

Teorema 9.23. *Consideriamo la SDE*

$$dX_t = b(t, X_t)dt + \sigma(t, X_t)dW_t, \qquad (9.25)$$

con i coefficienti continui e limitati. Sia μ una distribuzione su $\mathbb{R}^N$ tale che

$$\int_{\mathbb{R}^N} |x|^p \mu(dx) < \infty,$$

per un certo $p > 2$. Allora (9.25) ammette soluzione in senso debole con dato iniziale μ.

9.2.3 Unicità

Come abbiamo anticipato l'unicità debole è un problema generalmente più difficile da trattare rispetto all'esistenza. Basta considerare l'equazione deterministica (9.3) per capire che la sola ipotesi di continuità e limitatezza dei coefficienti non è sufficiente a garantire tale proprietà. In questa sezione mostriamo che la formulazione in termini del problema delle martingale permette di ottenere una condizione molto naturale per l'unicità: l'esistenza di una soluzione del problema di Cauchy relativo all'operatore ellittico-parabolico $\mathcal{A}_t + \partial_t$. Come abbiamo visto nel Capitolo 8, sotto opportune ipotesi, per tale operatore è disponibile una teoria ben consolidata.

Ricordiamo[5] che due misure P, Q su $(C[0, +\infty[, \mathscr{B}(C[0, +\infty[))$ sono uguali se e solo se hanno le stesse distribuzioni finito-dimensionali, ossia se

$$P(w(t_1) \in H_1, \ldots, w(t_n) \in H_n) = Q(w(t_1) \in H_1, \ldots, w(t_n) \in H_n)$$

per ogni $n \in \mathbb{N}$, $0 \leq t_1 < \cdots < t_n$ e $H_1, \ldots, H_n \in \mathscr{B}(\mathbb{R}^N)$.

Il risultato seguente fornisce una condizione sufficiente affinché due soluzioni P e Q del problema delle martingale con uguale dato iniziale abbiano le stesse distribuzioni *uno-dimensionali*, ossia

$$P(w(t) \in H) = Q(w(t) \in H)$$

per ogni $t \geq 0$ e $H \in \mathscr{B}(\mathbb{R}^N)$.

---
[5] Proposizione 4.16, p.153.

Proposizione 9.24. *Siano P, Q soluzioni del problema delle martingale associato ad $\mathcal{A}_t$ con dato iniziale $x_0 \in \mathbb{R}^N$, ossia tali che*

$$P(w(0) = x_0) = Q(w(0) = x_0) = 1.$$

Supponiamo che per ogni $T > 0$ e per ogni $\varphi \in C_b(\mathbb{R}^N)$ esista una soluzione classica, limitata

$$u \in C^{1,2}(]0, T[\times \mathbb{R}^N) \cap C_b([0, T] \times \mathbb{R}^N),$$

del problema di Cauchy con dato finale

$$\begin{cases} \mathcal{A}_t u(t, x) + \partial_t u(t, x) = 0, & \text{in }]0, T[\times \mathbb{R}^N, \\ u(T, \cdot) = \varphi, & \text{in } \mathbb{R}^N. \end{cases} \quad (9.26)$$

Allora P e Q hanno le stesse distribuzioni uno-dimensionali.

Dimostrazione. Per il Teorema 9.22, rispetto ad entrambe le misure P e Q, il processo $\mathbb{X}_t(w) = w(t)$ è soluzione della SDE (9.22) su un'estensione dello spazio delle funzioni continue. Ne viene che se u è soluzione del problema (9.26) allora il processo $u(t, w(t))$ è una martingala locale, per la formula di Itô. D'altra parte u è limitata, quindi $u(t, w(t))$ è una vera martingala e vale

$$E^P[\varphi(w(T))] = E^P[u(T, w(T))] = u(0, x_0) \\ = E^Q[u(T, w(T))] = E^Q[\varphi(w(T))]. \quad (9.27)$$

Ora è abbastanza facile concludere utilizzando il Teorema di Dynkin. Se H è un aperto limitato di $\mathbb{R}^N$, costruiamo la successione crescente di funzioni non-negative, continue e limitate

$$\varphi_n(x) = n \min\left\{\frac{1}{n}, \inf_{y \notin H} |x - y|\right\},$$

che approssima la funzione caratteristica di H al tendere di n all'infinito. Per il teorema della convergenza monotona, da (9.27) otteniamo

$$P(w(T) \in H) = Q(w(T) \in H),$$

e la tesi segue facilmente dalla Proposizione 2.4. □

A questo punto siamo interessati a passare dall'unicità delle distribuzioni uno-dimensionali a quella di tutte le distribuzioni finito-dimensionali. Riportiamo il seguente risultato di Stroock e Varadhan [160], Teorema 6.2.3.

Proposizione 9.25. *Supponiamo che le soluzioni del problema delle martingale associato ad $\mathcal{A}_t$ con condizione iniziale $x_0 \in \mathbb{R}^N$ abbiano uguali distribuzioni uno-dimensionali. Allora per ogni la soluzione del problema delle martingale con dato iniziale x_0 è unica.*

Osservazione 9.26. Un risultato simile è provato in Karatzas e Shreve [91], Proposizione 5.4.27, utilizzando la proprietà di Markov in modo sostanzialmente analogo a quanto avevamo visto, per esempio, nella prova della Proposizione 4.28, per caratterizzare le distribuzioni finito-dimensionali del moto Browniano. Tuttavia questo approccio richiede l'ipotesi di *coefficienti autonomi*, $b = b(x)$ e $\sigma = \sigma(x)$, poiché occorre dimostrare preliminarmente la proprietà di Markov per P, Q. □

Possiamo finalmente enunciare il fondamentale risultato di unicità debole per SDE.

Teorema 9.27. *Consideriamo una SDE con i coefficienti b, σ misurabili, limitati e sia $\mathcal{A}_t$ il relativo operatore differenziale definito in (9.23). Se per ogni $T > 0$ e per ogni $\varphi \in C_b(\mathbb{R}^N)$ esiste una soluzione classica e limitata del problema di Cauchy (9.26), allora per la SDE si ha unicità in senso debole.*

Condizioni sufficienti per la risolubilità del problema (9.26) così come richiesto dal Teorema 9.27, sono state fornite nel Capitolo 8. Se i coefficienti c_{ij}, b_j sono funzioni Hölderiane, limitate e la matrice (c_{ij}) è uniformemente definita positiva, allora l'operatore $\mathcal{A}_t + \partial_t$ ha una soluzione fondamentale Γ tale che

$$u(t,x) = \int_{\mathbb{R}^N} \Gamma(t,x;T,y)\varphi(y)dy$$

è soluzione classica del problema di Cauchy (9.26). Inoltre u è l'unica soluzione limitata:

$$|u(t,x)| \leq \|\varphi\|_\infty \int_{\mathbb{R}^N} \Gamma(t,x;T,y)dy = \|\varphi\|_\infty.$$

Nella Sezione 9.5.2 trattiamo anche il caso di *PDE non uniformemente paraboliche* che intervengono in alcuni modelli finanziari: nel caso di coefficienti costanti, il prototipo di tale classe è l'equazione di Kolmogorov (7.72)

$$\partial_{xx} + x\partial_y + \partial_t, \qquad (t,x,y) \in \mathbb{R}^3,$$

introdotta nello studio delle opzioni Asiatiche.

9.3 Stime massimali

Per dimostrare alcuni risultati fondamentali, come la formula di Feynman-Kač della Sezione 9.4.2 su domini illimitati, è necessario stimare "quanto sia lontano dall'origine il processo X", soluzione di una equazione stocastica: utilizziamo genericamente l'appellativo "massimale" per indicare una stima dell'estremo superiore

$$\sup_{0 \leq t \leq T} X_t.$$

9.3.1 Stime massimali per martingale

Abbiamo già visto nella prova della disuguaglianza di Doob, Teorema 4.52, che per le martingale è possibile ottenere stime uniformi nel tempo. Il risultato seguente è la naturale versione "uniforme in t" della disuguaglianza di Markov.

Teorema 9.28 (Disuguaglianza martingala massimale). *Sia X una super-martingala continua a destra. Per ogni $\lambda > 0$ vale*

$$P\left(\sup_{0 \leq t \leq T} X_t \geq \lambda\right) \leq \frac{E[X_0] + E[X_T^-]}{\lambda}, \qquad (9.28)$$

$$P\left(\inf_{0 \leq t \leq T} X_t \leq -\lambda\right) \leq \frac{E[|X_T|]}{\lambda}, \qquad (9.29)$$

dove $X_T^- = \max\{-X_T, 0\}$. In particolare

$$P\left(\sup_{0 \leq t \leq T} |X_t| \geq \lambda\right) \leq \frac{E[X_0] + 2E[|X_T|]}{\lambda}. \qquad (9.30)$$

Dimostrazione. Usiamo la notazione

$$\hat{X}_t = \sup_{0 \leq s \leq t} X_s,$$

e, fissato $\lambda > 0$, poniamo

$$\tau(\omega) = \inf\{t \geq 0 \mid X_t(\omega) \geq \lambda\} \cup \{T\}, \qquad \omega \in \Omega.$$

Allora τ è un tempo d'arresto limitato e per il Teorema 4.68 vale

$$E[X_0] \geq E[X_\tau] = \int_{\{\hat{X}_T \geq \lambda\}} X_\tau dP + \int_{\{\hat{X}_T < \lambda\}} X_T dP$$

$$\geq \lambda P\left(\hat{X}_T \geq \lambda\right) - E[X_T^-],$$

e questo prova la (9.28).

Ora poniamo

$$\check{X}_t = \inf_{0 \leq s \leq t} X_s,$$

e

$$\tau = \inf\{t \geq 0 \mid X_t \leq -\lambda\} \cup \{T\}.$$

Per il Teorema 4.68 vale

$$E[X_T] \leq E[X_\tau] = \int_{\{\check{X}_T \leq -\lambda\}} X_\tau dP + \int_{\{\check{X}_T > -\lambda\}} X_\tau dP$$

$$= -\lambda P\left(\check{X}_T \leq -\lambda\right) + \int_{\{\check{X}_T > -\lambda\}} X_T dP,$$

334   9 Equazioni differenziali stocastiche

da cui segue la (9.29). Infine la (9.30) segue dal fatto che

$$P\left(\sup_{0\leq s\leq t}|X_s|\geq \lambda\right)\leq P\left(\sup_{0\leq s\leq t}X_s\geq \lambda\right)+P\left(\inf_{0\leq s\leq t}X_s\leq -\lambda\right).$$

□

Utilizziamo ora il Teorema 9.28 per ottenere una stima massimale per processi integrali.

Corollario 9.29 (Disuguaglianza esponenziale). *Sia W un moto Browniano reale e $\sigma \in \mathbb{L}^2$ tale che*

$$\int_0^T \sigma_s^2 ds \leq k \qquad q.s.$$

per una costante k. Allora, posto

$$X_t = \int_0^t \sigma_s dW_s,$$

per ogni $\lambda > 0$ vale

$$P\left(\sup_{0\leq t\leq T}|X_t|\geq \lambda\right)\leq 2e^{-\frac{\lambda^2}{2k}}. \qquad (9.31)$$

Dimostrazione. Consideriamo il processo variazione quadratica

$$\langle X\rangle_t = \int_0^t \sigma_s^2 ds;$$

e ricordiamo che[6]

$$Z_t^{(\alpha)} = \exp\left(\alpha X_t - \frac{\alpha^2}{2}\langle X\rangle_t\right)$$

è una super-martingala continua per ogni $\alpha \in \mathbb{R}$. Inoltre osserviamo che per ogni $\lambda, \alpha > 0$ si ha

$$\{X_t \geq \lambda\} = \{\exp(\alpha X_t) \geq \exp(\alpha \lambda)\}$$
$$\subseteq \left\{Z_t^{(\alpha)} \geq \exp\left(\alpha\lambda - \frac{\alpha^2 k}{2}\right)\right\}.$$

Allora, applicando la disuguaglianza massimale (9.28), otteniamo

$$P\left(\sup_{0\leq t\leq T}X_t\geq \lambda\right)\leq P\left(\sup_{0\leq t\leq T}Z_t^{(\alpha)}\geq e^{\alpha\lambda-\frac{\alpha^2 k}{2}}\right)\leq e^{-\alpha\lambda+\frac{\alpha^2 k}{2}}.$$

---

[6] Cfr. Esempio 5.57.

Con la scelta $\alpha = \frac{\lambda}{k}$ minimizziamo l'ultimo membro della precedente stima e otteniamo
$$P\left(\sup_{0\leq t\leq T} X_t \geq \lambda\right) \leq e^{-\frac{\lambda^2}{2k}}.$$
Lo stesso risultato applicato al processo $-X$ fornisce la stima
$$P\left(\inf_{0\leq t\leq T} X_t \leq -\lambda\right) \leq e^{-\frac{\lambda^2}{2k}}$$
da cui segue la tesi. $\square$

Osservazione 9.30. Con la tecnica del Corollario 9.29 si prova la seguente disuguaglianza: siano W un moto Browniano d-dimensionale e $\sigma \in \mathbb{L}^2$ una matrice $N \times d$ tale che
$$\int_0^T \langle \sigma_s \sigma_s^* \theta, \theta \rangle ds \leq k \tag{9.32}$$
per un certo $\theta \in \mathbb{R}^N$, $|\theta| = 1$, e una costante k. Allora, posto
$$X_t = \int_0^t \sigma_s dW_s,$$
per ogni $\lambda > 0$ vale
$$P\left(\sup_{0\leq t\leq T} |\langle \theta, X_t \rangle| \geq \lambda\right) \leq 2e^{-\frac{\lambda^2}{2k}}. \tag{9.33}$$
$\square$

Proviamo ora la versione multi-dimensionale del Corollario 9.29.

Corollario 9.31. *Siano W un moto Browniano d-dimensionale e $\sigma \in \mathbb{L}^2$ una matrice $N \times d$ tale che*[7]
$$\int_0^T |\sigma_s \sigma_s^*| ds \leq k$$
per una costante k. Allora, posto
$$X_t = \int_0^t \sigma_s dW_s,$$
per ogni $\lambda > 0$ vale
$$P\left(\sup_{0\leq t\leq T} |X_t| \geq \lambda\right) \leq 2N e^{-\frac{\lambda^2}{2kN}}.$$

---
[7] Ricordiamo che, se $A = (a_{ij})$ è una matrice, vale
$$|A| := \sqrt{\sum_{i,j} a_{ij}^2} \geq \max_{|\theta|=1} |A\theta| =: \|A\|.$$

336   9 Equazioni differenziali stocastiche

Dimostrazione. Osserviamo che se
$$\sup_{0\leq t\leq T} |X_t(\omega)| \geq \lambda$$
allora
$$\sup_{0\leq t\leq T} |X_t^i(\omega)| \geq \frac{\lambda}{\sqrt{N}}$$
per qualche $i = 1, \ldots, N$ dove X^i indica la componente i-esima del vettore X. Di conseguenza
$$P\left(\sup_{0\leq t\leq T} |X_t| \geq \lambda\right) \leq \sum_{i=1}^{N} P\left(\sup_{0\leq t\leq T} |X_t^i| \geq \frac{\lambda}{\sqrt{N}}\right) \leq 2Ne^{-\frac{\lambda^2}{2kN}},$$
dove l'ultima disuguaglianza segue dalla (9.33) scegliendo θ fra i vettori della base canonica. □

9.3.2 Stime massimali per diffusioni

Le seguenti stime massimali giocano un ruolo cruciale nella prova delle formule di rappresentazione per il problema di Cauchy della Sezione 9.4.4 che estendono, con una tecnica di localizzazione, i risultati della Sezione 9.4.2. In questa sezione proviamo stime massimali per soluzioni di SDE con coefficiente diffusivo limitato, Teorema 9.32, o con crescita al più lineare, Teorema 9.33.

Teorema 9.32. *Consideriamo la SDE in* $\mathbb{R}^N$
$$X_t = x_0 + \int_0^t b(s, X_s)ds + \int_0^t \sigma(s, X_s)dW_s. \tag{9.34}$$

Supponiamo che σ sia una matrice $N \times d$ misurabile e limitata: in particolare valga
$$|\sigma\sigma^*(t,x)| \leq k, \qquad t \in [0,T], \ x \in \mathbb{R}^N; \tag{9.35}$$
inoltre supponiamo che b sia misurabile e abbia crescita al più lineare,
$$|b(t,x)| \leq K(1+|x|), \qquad t \in [0,T], \ x \in \mathbb{R}^N. \tag{9.36}$$

Allora esiste una costante positiva α che dipende solo da k, K, T e N tale che se X è una soluzione di (9.34) allora vale
$$E\left[e^{\alpha \bar{X}_T^2}\right] < \infty, \tag{9.37}$$
dove
$$\bar{X}_T = \sup_{0\leq t\leq T} |X_t|.$$

Dimostrazione. Per la Proposizione 2.40 vale

$$E\left[e^{\alpha \bar{X}_T^2}\right] = 1 + \int_0^{+\infty} 2\alpha\lambda e^{\alpha\lambda^2} P\left(\bar{X}_T \geq \lambda\right) d\lambda,$$

ed è quindi sufficiente avere una stima opportuna di $P\left(\bar{X}_T \geq \lambda\right)$ per $\lambda \gg 1$. Posto

$$M_t = \int_0^t \sigma(s, X_s) dW_s,$$

per il Corollario 9.31, vale

$$P\left(\sup_{0 \leq t \leq T} |M_t| \geq R\right) \leq 2N e^{-\frac{R^2}{2kNT}}, \qquad R > 0.$$

D'altra parte sull'evento

$$\left\{\sup_{0 \leq t \leq T} |M_t| < R\right\},$$

si ha

$$|X_t| \leq |x_0| + \int_0^t K(1 + |X_s|) ds + R$$

da cui, per il Lemma di Gronwall, otteniamo

$$|X_t| \leq (|x_0| + KT + R) e^{KT}, \qquad t \in [0, T].$$

In definitiva

$$P\left(\bar{X}_T \geq (|x_0| + KT + R) e^{KT}\right) \leq 2N e^{-\frac{R^2}{2kNT}},$$

ovvero, per λ sufficientemente grande,

$$P\left(\bar{X}_T \geq \lambda\right) \leq 2N \exp\left(-\frac{\left(e^{-KT}\lambda - |x_0| - KT\right)^2}{2kNT}\right), \qquad (9.38)$$

da cui la tesi con

$$\alpha < \frac{e^{-2KT}}{2kNT}.$$

□

Nel caso in cui i coefficienti diffusivi abbiano crescita lineare siamo in grado di ottenere un risultato di sommabilità massimale di tipo polinomiale: il seguente risultato generalizza la stima (9.16).

Teorema 9.33. *Supponiamo che i coefficienti della SDE (9.34) siano misurabili e soddisfino la stima (9.5) di crescita lineare. Allora se X è una soluzione di (9.34), per ogni $p \geq 1$ vale*

$$E\left[\sup_{0 \leq t \leq T} |X_t|^p\right] < \infty. \qquad (9.39)$$

Dimostrazione. Con un espediente ci riportiamo al caso di una SDE a coefficienti limitati. Consideriamo la funzione $f(x) = \log(1 + |x|^2)$ e calcoliamo le derivate prime e seconde:

$$\partial_{x_i} f(x) = \frac{2x_i}{1+|x|^2}, \qquad \partial_{x_i x_j} f(x) = \frac{2\delta_{ij}}{1+|x|^2} - \frac{4x_i x_j}{(1+|x|^2)^2}.$$

Poiché

$$\partial_{x_i} f(x) = O\left(|x|^{-1}\right), \quad \partial_{x_i x_j} f(x) = O\left(|x|^{-2}\right), \quad \text{per } |x| \to +\infty,$$

in base all'ipotesi di crescita lineare dei coefficienti, è immediato verificare, applicando la formula di Itô (5.78), che i coefficienti del differenziale stocastico del processo

$$Y_t = \log\left(1 + |X_t|^2\right)$$

sono limitati. Quindi procedendo come nella prova del Teorema 9.32 otteniamo

$$P\left(\sup_{0 \leq t \leq T} Y_t \geq \lambda\right) \leq c e^{-c\lambda^2}, \qquad \lambda > 0,$$

per una certa costante positiva che dipende da x_0, T, N e dalla costante di crescita K in (9.5): equivalentemente, abbiamo

$$P\left(\sup_{0 \leq t \leq T} |X_t| \geq \lambda\right) = P\left(\sup_{0 \leq t \leq T} Y_t \geq \log(1+\lambda^2)\right)$$

$$\leq c e^{-c \log^2(1+\lambda^2)} \leq \frac{c}{\lambda^{c \log \lambda}}, \qquad \lambda > 0. \tag{9.40}$$

La tesi è ora conseguenza della Proposizione 2.40, poiché

$$E\left[\sup_{0 \leq t \leq T} |X_t|^p\right] = \int_0^\infty p\lambda^{p-1} P\left(\sup_{0 \leq t \leq T} |X_t| \geq \lambda\right) d\lambda,$$

e l'ultimo integrale è convergente per la stima (9.40). □

9.4 Formule di rappresentazione di Feynman-Kač

In questo paragrafo esaminiamo l'importante legame fra SDE e PDE stabilito dalla formula di Itô. Per affrontare l'argomento in modo organico, trattiamo dapprima il caso stazionario[8] o ellittico che, pur non avendo una diretta applicazione finanziaria, è introduttivo allo studio dei problemi evolutivi o parabolici che tipicamente intervengono nella valutazione dei derivati Europei e Americani.

Fissiamo alcune notazioni e ipotesi valide in tutto il paragrafo. Consideriamo la SDE in $\mathbb{R}^N$

---

[8] I coefficienti sono indipendenti dal tempo.

9.4 Formule di rappresentazione di Feynman-Kač

$$dX_t = b(t, X_t)dt + \sigma(t, X_t)dW_t, \qquad (9.41)$$

indichiamo con D un dominio[9] limitato di $\mathbb{R}^N$ e assumiamo:
i) i coefficienti sono localmente limitati, $b, \sigma \in L^\infty_{\text{loc}}([0, +\infty[\times \mathbb{R}^N)$;
ii) per ogni $t \geq 0$ e $x \in D$ esiste una soluzione $X^{t,x}$ di (9.41) con $X_t^{t,x} = x$, relativa ad un moto Browniano d-dimensionale W sullo spazio $(\Omega, \mathcal{F}, P, \mathcal{F}_t)$.

Nel seguito, $\tau_{(t,x)}$ indica il primo tempo di uscita di $X^{t,x}$ da D: per semplicità, scriviamo $X^{0,x} = X^x$ e $\tau_{(0,x)} = \tau_x$. Inoltre, posto $(c_{ij}) = \sigma\sigma^*$,

$$\mathcal{A}_t f(x) := \frac{1}{2} \sum_{i,j=1}^N c_{ij}(t,x)\partial_{x_i x_j} f(x) + \sum_{j=1}^N b_j(t,x)\partial_{x_j} f(x) \qquad (9.42)$$

indica l'operatore caratteristico della (9.41).

I principali risultati di questo paragrafo, generalmente noti come teoremi di Feynman-Kač, forniscono una rappresentazione della soluzione u dei problemi di Cauchy-Dirichlet, Cauchy o con ostacolo relativi a (9.42) in termini di valore atteso di $u(t, X_t)$. Come caso esemplificativo, consideriamo $u \in C^2(\mathbb{R}^{N+1})$, soluzione dell'equazione

$$\mathcal{A}_t u + \partial_t u = 0. \qquad (9.43)$$

Per la formula di Itô si ha

$$u(T, X_T^{t,x}) = u(t, x) + \int_t^T \nabla u(s, X_s^{t,x}) \cdot \sigma(s, X_s^{t,x})dW_s,$$

e *se l'integrale stocastico nel membro destro è una martingala,* in valore atteso otteniamo

$$u(t,x) = E\left[u(T, X_T^{t,x})\right]. \qquad (9.44)$$

Questa formula ha un interessante significato finanziario poiché evidenzia il legame fra le nozioni di prezzo neutrale al rischio e prezzo d'arbitraggio di un derivato. Infatti, da un parte la (9.44) è l'usuale formula di valutazione neutrale al rischio per uno strumento finanziario, per esempio un'opzione Europea con payoff $u(T, X_T^{t,x})$. Dall'altro, se u rappresenta il valore di una strategia di investimento, la PDE (9.43) esprime la condizione di autofinanziamento (cfr. Sezione 7.1) che, combinata con la condizione finale di replicazione, individua il prezzo d'arbitraggio di un derivato Europeo come soluzione del corrispondente problema di Cauchy.

Il paragrafo è strutturato come segue: nelle prime tre sezioni studiamo la rappresentazione della soluzione del problema di Cauchy-Dirichlet su un dominio limitato. La Sezione 9.3.2 è dedicata alla prova di alcune stime preliminari allo studio del problema di Cauchy, svolto nella Sezione 9.4.4. Nella Sezione 9.4.5 rappresentiamo la soluzione del problema con ostacolo in termini di soluzione di un problema di arresto ottimo.

---
[9] Insieme aperto e connesso.

9.4.1 Tempo di uscita da un dominio limitato

In questa sezione studiamo alcune semplici condizioni che assicurano che il primo tempo di uscita da un dominio limitato D

$$\tau_x = \inf\{t \mid X_t^x \notin D\}$$

della soluzione della SDE (9.41), sia sommabile e quindi, in particolare, finito q.s.

Proposizione 9.34. *Se esiste una funzione $f \in C^2(\mathbb{R}^N)$, non-negativa su D e tale che*

$$\mathcal{A}_t f \leq -1, \qquad \text{in } D, \ t \geq 0, \tag{9.45}$$

allora $E[\tau_x]$ è finito per ogni $x \in D$.

Prima di dimostrare la proposizione, vediamo un esempio significativo. Supponiamo esista $\lambda > 0$ tale che

$$c_{11}(t,\cdot) \geq \lambda, \qquad \text{in } D, \ t \geq 0. \tag{9.46}$$

Allora esiste $f \in C^2(\mathbb{R}^N)$, non-negativa su D, tale che vale (9.45): è sufficiente porre

$$f(x) = \alpha(e^{\beta R} - e^{\beta x_1})$$

dove α, β sono costanti positive opportune e R è abbastanza grande in modo che D sia incluso nella palla Euclidea di raggio R, centrata nell'origine. Infatti f è non-negativa su D e vale

$$\mathcal{A}_t f(x) = -\alpha e^{\beta x_1} \left(\frac{1}{2} c_{11}(t,x) \beta^2 + b_1(t,x) \beta \right)$$

$$\leq -\alpha \beta e^{-\beta R} \left(\frac{\lambda \beta}{2} - \|b\|_{L^\infty(D)} \right)$$

da cui la tesi scegliendo α, β abbastanza grandi.

La (9.46) è un'ipotesi di non degenerazione totale che è ovviamente verificata nel caso in cui (c_{ij}) sia uniformemente definita positiva.

Dimostrazione (della Proposizione 9.34). Fissato t, per la formula di Itô vale

$$f(X_{t \wedge \tau_x}^x) = f(x) + \int_0^{t \wedge \tau_x} \mathcal{A}_s f(X_s^x) ds + \int_0^{t \wedge \tau_x} \nabla f(X_s^x) \cdot \sigma(s, X_s^x) dW_s.$$

Poiché ∇f e $\sigma(s,\cdot)$ sono limitati su D per $s \leq t$, l'integrale stocastico ha attesa nulla e per la (9.45) vale

$$E\left[f(X_{t \wedge \tau_x}^x)\right] \leq f(x) - E[t \wedge \tau_x],$$

da cui, essendo $f \geq 0$,

$$E[t \wedge \tau_x] \leq f(x).$$

Infine, passando al limite per $t \to \infty$, per il Teorema di Beppo-Levi otteniamo

$$E[\tau_x] \leq f(x).$$

□

Osservazione 9.35. Con lo stesso metodo possiamo provare direttamente una condizione sui termini del prim'ordine: se $|b_1(t,\cdot)| \geq \lambda$ su D per $t \geq 0$ e per una costante positiva λ, allora $E[\tau_x]$ è finito. Infatti supponiamo per esempio che $b_1(t,x) \geq \lambda$ (il caso $b_1(t,x) \leq -\lambda$ è analogo): allora applicando la formula di Itô alla funzione $f(x) = x_1$ abbiamo

$$\left(X_{t \wedge \tau_x}^x\right)_1 = x_1 + \int_0^{t \wedge \tau_x} b_1(s, X_s^x) ds + \sum_{i=1}^d \int_0^{t \wedge \tau_x} \sigma_{1i}(s, X_s^x) dW_s^i,$$

e in valore atteso

$$E\left[\left(X_{t \wedge \tau_x}^x\right)_1\right] \geq x_1 + \lambda E[t \wedge \tau_x],$$

da cui la tesi, passando al limite per $t \to \infty$. □

9.4.2 Equazioni ellittico-paraboliche e problema di Dirichlet

In questa sezione assumiamo che i coefficienti della SDE (9.41) siano indipendenti dal tempo, $b = b(x)$ e $\sigma = \sigma(x)$. Per molti aspetti questa ipotesi non è restrittiva poiché anche i problemi con dipendenza dal tempo possono essere trattati in questo ambito inserendo il tempo fra le variabili di stato (cfr. Esempio 9.42). In aggiunta alle ipotesi fissate all'inizio del paragrafo, assumiamo che $E[\tau_x]$ sia finito per ogni $x \in D$ e indichiamo con

$$\mathcal{A} := \frac{1}{2} \sum_{i,j=1}^N c_{ij} \partial_{x_i x_j} + \sum_{j=1}^N b_j \partial_{x_j} \qquad (9.47)$$

l'operatore caratteristico della (9.41). Il risultato seguente fornisce una formula di rappresentazione (e quindi, in particolare, *un risultato di unicità*) per le soluzioni classiche[10] del problema di Dirichlet relativo all'operatore ellittico-parabolico $\mathcal{A}$:

$$\begin{cases} \mathcal{A}u - au = f, & \text{in } D, \\ u|_{\partial D} = \varphi, \end{cases} \qquad (9.48)$$

dove f, a, φ sono funzioni assegnate.

---

[10] Con le tecniche della Sezione 9.4.5 è possibile ottenere un risultato simile per le *soluzioni forti* del problema di Dirichlet, ossia per soluzioni $u \in W_{\text{loc}}^{2,p}(D) \cap C(\bar{D})$ che soddisfano l'equazione $\mathcal{A}u - au = f$ quasi ovunque.

Teorema 9.36. *Siano $f \in L^\infty(D)$, $\varphi \in C(\partial D)$ e $a \in C(D)$ tale che $a \geq 0$. Se $u \in C^2(D) \cap C(\bar{D})$ è soluzione del problema di Dirichlet (9.48) allora, fissato $x \in D$ e posto per semplicità $\tau = \tau_x$, vale*

$$u(x) = E\left[e^{-\int_0^\tau a(X_t^x)dt}\varphi(X_\tau^x) - \int_0^\tau e^{-\int_0^t a(X_s^x)ds}f(X_t^x)dt\right]. \qquad (9.49)$$

Dimostrazione. Per $\varepsilon > 0$ sufficientemente piccolo, sia D_ε un dominio tale che

$$x \in D_\varepsilon, \qquad \bar{D}_\varepsilon \subseteq D, \qquad \text{dist}\,(\partial D_\varepsilon, \partial D) \leq \varepsilon.$$

Indichiamo con τ_ε il tempo di uscita di X^x da D_ε e osserviamo che, essendo X^x continuo,

$$\lim_{\varepsilon \to 0} \tau_\varepsilon = \tau.$$

Poniamo

$$Z_t = e^{-\int_0^t a(X_s^x)ds},$$

e notiamo che, per ipotesi, $Z_t \in \,]0,1]$. Inoltre, se $u_\varepsilon \in C_0^2(\mathbb{R}^N)$ è tale che $u_\varepsilon = u$ su D_ε, per la formula di Itô si ha

$$d(Z_t u_\varepsilon(X_t^x)) = Z_t\left((\mathcal{A}u_\varepsilon - au_\varepsilon)(X_t^x)dt + \nabla u_\varepsilon(X_t^x) \cdot \sigma(X_t^x)dW_t\right)$$

da cui

$$Z_{\tau_\varepsilon} u(X_{\tau_\varepsilon}^x) = u(x) + \int_0^{\tau_\varepsilon} Z_t f(X_t^x)dt + \int_0^{\tau_\varepsilon} Z_t \nabla u(X_t^x) \cdot \sigma(X_t^x)dW_t.$$

Essendo ∇u e σ limitati su D, in valore atteso otteniamo

$$u(x) = E\left[Z_{\tau_\varepsilon} u(X_{\tau_\varepsilon}^x) - \int_0^{\tau_\varepsilon} Z_t f(X_t^x)dt\right].$$

La tesi segue per passaggio al limite in $\varepsilon \to 0$, per il teorema della convergenza dominata: infatti, ricordando che $Z_t \in \,]0,1]$, si ha

$$|Z_{\tau_\varepsilon} u(X_{\tau_\varepsilon}^x)| \leq \|u\|_{L^\infty(D)}, \qquad \left|\int_0^{\tau_\varepsilon} Z_t f(X_t^x)dt\right| \leq \tau \|f\|_{L^\infty(D)},$$

e, per ipotesi, τ è sommabile. $\square$

Osservazione 9.37. Sulla formula (9.49) è basata l'approssimazione numerica della soluzione del problema di Dirichlet (9.48) con metodi di tipo Monte Carlo. $\square$

Osservazione 9.38. L'ipotesi $a \geq 0$ è essenziale: la funzione

$$u(x,y) = \sin x \sin y$$

è soluzione del problema

$$\begin{cases} \Delta u + 2u = 0, & \text{in } D = \,]0, 2\pi[\,\times\,]0, 2\pi[, \\ u|_{\partial D} = 0, \end{cases}$$

ma non soddisfa la (9.49). $\square$

9.4 Formule di rappresentazione di Feynman-Kač

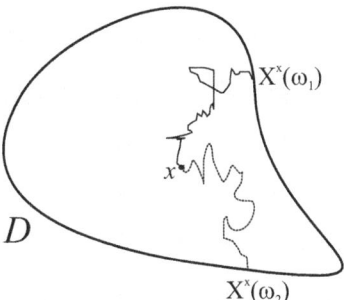

Fig. 9.1. Problema di Dirichlet e traiettorie della SDE associata

Risultati di *esistenza* per il problema (9.48) sono ben noti nel caso *uniformemente ellittico*: ricordiamo il seguente classico teorema (si veda, per esempio, Gilbarg e Trudinger [70], Teorema 6.13).

Teorema 9.39. *Sotto le seguenti ipotesi*

i) $\mathcal{A}$ *è un operatore uniformemente ellittico, ossia esiste una costante* $\lambda > 0$ *tale che*
$$\sum_{i,j=1}^{N} c_{ij}(x)\xi_i\xi_j \geq \lambda |\xi|^2, \qquad x \in D, \ \xi \in \mathbb{R}^N;$$

ii) *i coefficienti sono funzioni Hölderiane,* $c_{ij}, b_j, a, f \in C^\alpha(D)$. *Inoltre le funzioni* c_{ij}, b_j, f *sono limitate e* $a \geq 0$;

iii) *per ogni* $y \in \partial D$ *esiste*[11] *una palla Euclidea* B *contenuta nel complementare di* D *e tale che* $y \in \bar{B}$;

iv) $\varphi \in C(\partial D)$;

esiste una soluzione classica $u \in C^{2+\alpha}(D) \cap C(\bar{D})$ *del problema* (9.48).

Consideriamo ora alcuni esempi significativi.

Esempio 9.40 (Attesa del tempo di uscita). Se il problema
$$\begin{cases} \mathcal{A}u = -1, & \text{in } D, \\ u|_{\partial D} = 0, \end{cases}$$
ha soluzione, allora per la (9.49) vale $u(x) = E[\tau_x]$. □

Esempio 9.41 (Nucleo di Poisson). Nel caso $a = f = 0$, la (9.49) equivale ad una formula di media di superficie: più precisamente, indichiamo con μ^x la distribuzione della variabile aleatoria $X^x_{\tau_x}$: allora μ^x è una misura di probabilità su ∂D e per la (9.49) si ha

---
[11] Questa è una condizione di regolarità della frontiera di D, verificata se per esempio ∂D è una varietà di classe C^2.

344   9 Equazioni differenziali stocastiche

$$u(x) = E\left[u(X^x_{\tau_x})\right] = \int_{\partial D} u(y)\mu^x(dy).$$

La legge μ^x è usualmente chiamata *misura armonica* relativa ad $\mathcal{A}$ su ∂D. Se X^x è un moto Browniano di punto iniziale $x \in \mathbb{R}^N$, allora $\mathcal{A} = \frac{1}{2}\Delta$ e nel caso in cui $D = B(0, R)$ sia la palla Euclidea di raggio R, μ^x ha una densità (rispetto alla misura di superficie) la cui espressione esplicita è nota: essa corrisponde al cosiddetto *nucleo di Poisson*

$$\frac{1}{R\omega_N} \frac{R - |x|^2}{|x - y|^N},$$

dove ω_N indica la misura della superficie sferica unitaria in $\mathbb{R}^N$. □

Esempio 9.42 (Equazione del calore). Il processo $X_t = (W_t, -t)$, dove W è un moto Browniano reale, è soluzione della SDE

$$\begin{cases} dX^1_t = dW_t, \\ dX^2_t = -dt, \end{cases}$$

e il corrispondente operatore caratteristico

$$\mathcal{A} = \frac{1}{2}\partial_{x_1 x_1} - \partial_{x_2}$$

è l'operatore del calore in $\mathbb{R}^2$. Consideriamo la formula (9.49) su un dominio rettangolare

$$D =]a_1, b_1[\times]a_2, b_2[.$$

Esaminando l'espressione esplicita delle traiettorie di X (si veda anche la Figura 9.2), è chiaro che il valore $u(\bar{x}_1, \bar{x}_2)$ di una soluzione dell'equazione del calore dipende solo dai valori di u sulla parte di bordo D contenuta in

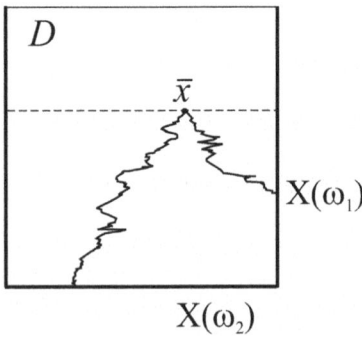

Fig. 9.2. Problema di Cauchy-Dirichlet e traiettorie della SDE associata

$\{x_2 < \bar{x}_2\}$. In generale il valore di u in D dipende solo dai valori di u sul *bordo parabolico* di D, definito da

$$\partial_p D = \partial D \setminus (\,]a_1, b_1[\, \times \{b_2\}).$$

Questo fatto è coerente con i risultati sul problema di Cauchy-Dirichlet della Sezione 6.1. □

Esempio 9.43 (Metodo delle caratteristiche). Se $\sigma = 0$, l'operatore caratteristico è un operatore differenziale del prim'ordine

$$\mathcal{A} = \sum_{i=1}^{N} b_i \partial_{x_i}.$$

La corrispondente SDE è in realtà deterministica e si riduce a

$$X_t^x = x + \int_0^t b(X_s^x) ds,$$

ossia X è una curva integrale del campo vettoriale b:

$$\frac{d}{dt} X_t = b(X_t).$$

Se il tempo di uscita di X da D è finito[12] allora abbiamo la rappresentazione

$$u(x) = e^{-\int_0^{\tau_x} a(X_t^x) dt} \varphi(X_{\tau_x}^x) - \int_0^{\tau_x} e^{-\int_0^t a(X_s^x) ds} f(X_t^x) dt, \qquad (9.50)$$

per la soluzione del problema

$$\begin{cases} \langle b, \nabla u \rangle - au = f, & \text{in } D, \\ u|_{\partial D} = \varphi. \end{cases}$$

La (9.50) è un caso particolare del classico metodo delle caratteristiche: per una descrizione di tale metodo rimandiamo, per esempio, Evans [56] Cap.3.2. □

9.4.3 Equazioni di evoluzione e problema di Cauchy-Dirichlet

In questa sezione enunciamo la versione parabolica del Teorema 9.36. Assumiamo le ipotesi fissate all'inizio del paragrafo e al solito indichiamo con

$$\mathcal{A}u(t,x) = \frac{1}{2} \sum_{i,j=1}^{N} c_{ij}(t,x) \partial_{x_i x_j} u(t,x) + \sum_{j=1}^{N} b_j(t,x) \partial_{x_j} u(t,x) \qquad (9.51)$$

l'operatore caratteristico della SDE (9.41). Inoltre consideriamo il cilindro

$$Q =]0, T[\times D,$$

il cui bordo parabolico (retrogrado[13]) è definito da

---
[12] Al riguardo si veda l'Osservazione 9.35.
[13] In questa sezione consideriamo operatori retrogradi del tipo $\triangle + \partial_t$.

$$\partial_p Q = \partial Q \setminus (\{0\} \times D).$$

Il teorema seguente fornisce una formula di rappresentazione per le soluzioni classiche del problema di Cauchy-Dirichlet:

$$\begin{cases} \mathcal{A}u - au + \partial_t u = f, & \text{in } Q, \\ u|_{\partial_p Q} = \varphi, \end{cases} \tag{9.52}$$

dove f, a, φ sono funzioni assegnate.

Teorema 9.44. *Siano $f \in L^\infty(Q)$, $\varphi \in C(\partial_p Q)$ e $a \in C(Q)$ tale che $a_0 := \inf a$ sia finito. Se $u \in C^2(Q) \cap C(\bar{Q})$ è una soluzione del problema (9.52) allora, fissato $(t,x) \in Q$ e posto per semplicità $X = X^{t,x}$ e $\tau = \tau_{(t,x)}$, vale*

$$u(t,x) = E\left[e^{-\int_t^{\tau \wedge T} a(s, X_s) ds} \varphi(\tau \wedge T, X_{\tau \wedge T})\right]$$
$$- E\left[\int_t^{\tau \wedge T} e^{-\int_t^s a(r, X_r) dr} f(s, X_s) ds\right].$$

Dimostrazione. La dimostrazione è analoga a quella del Teorema 9.36. □

9.4.4 Soluzione fondamentale e densità di transizione

In questa sezione proviamo una formula di rappresentazione per la soluzione classica del problema di Cauchy

$$\begin{cases} \mathcal{A}u - au + \partial_t u = f, & \text{in } \mathcal{S}_T :=]0, T[\times \mathbb{R}^N, \\ u(T, \cdot) = \varphi, \end{cases} \tag{9.53}$$

dove f, a, φ sono funzioni assegnate e, posto $(c_{ij}) = \sigma \sigma^*$,

$$\mathcal{A} = \frac{1}{2} \sum_{i,j=1}^N c_{ij} \partial_{x_i x_j} + \sum_{j=1}^N b_j \partial_{x_j} \tag{9.54}$$

è l'operatore caratteristico della SDE

$$dX_t = b(t, X_t) dt + \sigma(t, X_t) dW_t. \tag{9.55}$$

Assumiamo le seguenti ipotesi:

i) i coefficienti b, σ sono misurabili e hanno crescita al più lineare in x;
ii) per ogni $(t,x) \in \mathcal{S}_T$, esiste una soluzione $X^{t,x}$ della SDE (9.55) relativa ad un moto Browniano d-dimensionale W sullo spazio $(\Omega, \mathcal{F}, P, \mathcal{F}_t)$.

Teorema 9.45 (Formula di Feynman-Kač). *Sia $a \in C(\mathcal{S}_T)$ tale che $a \geq a_0$ con $a_0 \in \mathbb{R}$. Sia $u \in C^2(\mathcal{S}_T) \cap C(\bar{\mathcal{S}}_T)$ soluzione del problema di Cauchy (9.53) e assumiamo la i), ii) e almeno una delle seguenti ipotesi:*

9.4 Formule di rappresentazione di Feynman-Kač

1) esistono due costanti positive M, p tali che

$$|u(t,x)| + |f(t,x)| \leq M(1+|x|^p), \qquad (t,x) \in \mathcal{S}_T;$$

2) la matrice σ è limitata ed esistono due costanti positive M e α, con α sufficientemente piccolo[14], tali che

$$|u(t,x)| + |f(t,x)| \leq Me^{\alpha|x|^2}, \qquad (t,x) \in \mathcal{S}_T.$$

Allora per ogni $(t,x) \in \mathcal{S}_T$, posto per semplicità $X = X^{t,x}$, vale la formula di rappresentazione

$$u(t,x) = E\left[e^{-\int_t^T a(s,X_s)ds}\varphi(X_T) - \int_t^T e^{-\int_t^s a(r,X_r)dr}f(s,X_s)ds\right].$$

Dimostrazione. Se τ_R indica il tempo di uscita di X dalla palla Euclidea di raggio R, per il Teorema 9.44 vale

$$\begin{aligned}u(t,x) =& E\left[e^{-\int_t^{T\wedge\tau_R} a(s,X_s)ds}u(T\wedge\tau_R, X_{T\wedge\tau_R})\right]\\ &- E\left[\int_t^{T\wedge\tau_R} e^{-\int_t^s a(r,X_r)dr}f(s,X_s)ds\right].\end{aligned} \qquad (9.56)$$

Poiché

$$\lim_{R\to\infty} T\wedge\tau_R(\omega) = T,$$

per ogni $\omega \in \Omega$, la tesi segue passando al limite in R in (9.56) per il teorema della convergenza dominata. Infatti si ha convergenza puntuale degli integrandi e inoltre, nell'ipotesi 1), vale

$$e^{-\int_t^{T\wedge\tau_R} a(s,X_s)ds}|u(T\wedge\tau_R, X_{T\wedge\tau_R})| \leq Me^{|a_0|T}\left(1 + \bar{X}_T^p\right),$$

$$\left|\int_t^{T\wedge\tau_R} e^{-\int_t^s a(r,X_r)dr}f(s,X_s)ds\right| \leq Te^{|a_0|T}M\left(1 + \bar{X}_T^p\right),$$

dove

$$\bar{X}_T = \sup_{0\leq t\leq T}|X_t|$$

è sommabile per il Teorema 9.33.

Nell'ipotesi 2) si procede in maniera analoga e si utilizza la stima di sommabilità (9.37) del Teorema 9.32. □

---

[14] È sufficiente

$$\alpha < \frac{e^{-2KT}}{2kNT},$$

dove $|\sigma\sigma^*| \leq k$ e K è la costante di crescita in (9.36), per poter applicare il Teorema 9.32.

348   9 Equazioni differenziali stocastiche

La formula di rappresentazione di Feynman-Kač permette di generalizzare i risultati del Paragrafo 4.2 sulla densità di transizione del moto Browniano. Precisamente, se[15] l'operatore $\mathcal{A} + \partial_t$ ha soluzione fondamentale $\Gamma(t,x;T,y)$ allora, per ogni $\varphi \in C_b(\mathbb{R}^N)$, la funzione

$$u(t,x) = \int_{\mathbb{R}^N} \varphi(y) \Gamma(t,x;T,y) dy$$

è soluzione classica, limitata del problema di Cauchy (9.53) con $a = f = 0$ e quindi, per la formula di Feynman-Kač, vale

$$E\left[\varphi(X_T^{t,x})\right] = \int_{\mathbb{R}^N} \varphi(y) \Gamma(t,x;T,y) dy.$$

Per l'arbitrarietà di φ, questo significa che, fissati $x \in \mathbb{R}^N$ e $t < T$, la funzione

$$y \mapsto \Gamma(t,x;T,y)$$

è la densità della variabile aleatoria $X_T^{t,x}$: esprimiamo questo fatto dicendo che Γ è la *densità di transizione* della SDE (9.55). Questo fondamentale risultato sintetizza il legame fra PDE e SDE:

Teorema 9.46. *Se esiste, la soluzione fondamentale dell'operatore differenziale $\mathcal{A} + \partial_t$ con $\mathcal{A}$ in (9.54) coincide con la densità di transizione della SDE (9.55).*

9.4.5 Problema con ostacolo e arresto ottimo

In questa sezione proviamo una formula di rappresentazione per la soluzione forte del problema con ostacolo

$$\begin{cases} \max\{\mathcal{A}u - au + \partial_t u, \varphi - u\} = 0, & \text{in } \mathcal{S}_T :=]0, T[\times \mathbb{R}^N, \\ u(T,\cdot) = \varphi, \end{cases} \quad (9.57)$$

dove a e φ sono funzioni assegnate e, posto $(c_{ij}) = \sigma \sigma^*$,

$$\mathcal{A} = \frac{1}{2} \sum_{i,j=1}^N c_{ij} \partial_{x_i x_j} + \sum_{j=1}^N b_j \partial_{x_j} \quad (9.58)$$

è l'operatore caratteristico della SDE

$$dX_t = b(t, X_t) dt + \sigma(t, X_t) dW_t. \quad (9.59)$$

Assumiamo che l'operatore

---

[15] Come visto nel Capitolo 8, condizioni tipiche per l'esistenza della soluzione fondamentale sono l'uniforme parabolicità e la limitatezza e regolarità Hölderiana dei coefficienti.

9.4 Formule di rappresentazione di Feynman-Kač 349

$$Lu := \mathcal{A}u - au + \partial_t u$$

sia uniformemente parabolico (Ipotesi 8.1) e abbia i coefficienti limitati e Hölderiani (Ipotesi 8.3). Riassumiamo alcune delle principali conseguenze di queste ipotesi:

- per il Teorema 8.6, L possiede una soluzione fondamentale Γ;
- per il Teorema 8.9, vale la stima Gaussiana

$$\Gamma(t,x;s,y) \leq C\,\Gamma_0(t,x;s,y), \qquad s \in]t,T[,$$

per ogni $T > t$ e $x,y \in \mathbb{R}^N$, dove Γ_0 è una funzione Gaussiana, soluzione fondamentale di un opportuno operatore parabolico a coefficienti costanti. In particolare, come conseguenza del Lemma 5.80, si ha

$$\Gamma(t,x;\cdot,\cdot) \in L^{\bar{q}}(]t,T[\times\mathbb{R}^N), \qquad \bar{q} \in [1, 1+2/N[, \qquad (9.60)$$

per ogni $(t,x) \in \mathbb{R}^{N+1}$ e $T > t$;
- per il Teorema 9.27, per ogni $(t,x) \in \mathcal{S}_T$, esiste ed è unica la soluzione $X^{t,x}$ della SDE (9.59), con dato iniziale $X_t = x \in \mathbb{R}^N$, relativa ad un moto Browniano d-dimensionale W sullo spazio $(\Omega,\mathcal{F},P,\mathcal{F}_t)$. Per il Teorema 9.46, $\Gamma(t,x;\cdot,\cdot)$ è la densità di transizione di $X^{t,x}$;
- nell'Ipotesi 8.18 di regolarità sulla funzione φ, il Teorema 8.20 assicura che il problema con ostacolo (9.57) ammette una soluzione forte $u \in S^p_{\text{loc}}(\mathcal{S}_T) \cap C(\overline{\mathcal{S}_T})$ per ogni $p \geq 1$; in particolare $u \in C^{1+\alpha}_{P,\text{loc}}(\mathcal{S}_T)$ per ogni $\alpha \in]0,1[$. Ricordiamo che gli spazi Hölderiani C^α_P e di Sobolev S^p sono stati introdotti rispettivamente nelle Definizioni 8.2 e 8.14.

Il principale risultato di questa sezione esprime la soluzione forte del problema con ostacolo in termini di soluzione del problema di arresto ottimo per la diffusione X. Ricordando i risultati in tempo discreto del Paragrafo 3.4, risulta evidente il legame con la teoria della valutazione delle opzioni Americane: in tempo continuo, questo legame verrà precisato nel Capitolo 11.

Teorema 9.47 (Formula di Feynman-Kač). *Nelle Ipotesi 8.1 e 8.3, sia u soluzione forte del problema con ostacolo (9.57) e assumiamo che esistano due costanti positive C e λ, con λ sufficientemente piccolo, tali che*

$$|u(t,x)| \leq Ce^{\lambda|x|^2}, \qquad (t,x) \in \mathcal{S}_T. \qquad (9.61)$$

Allora per ogni $(t,x) \in \mathcal{S}_T$, vale la formula di rappresentazione

$$u(t,x) = \sup_{\tau \in \mathcal{T}_{t,T}} E\left[e^{-\int_t^\tau a(s,X_s^{t,x})ds}\varphi(\tau,X_\tau^{t,x})\right],$$

dove $\mathcal{T}_{t,T}$ indica la famiglia dei tempi d'arresto a valori in $[t,T]$.

Dimostrazione. Come per la formula di Feynman-Kač della sezione precedente, la prova è basata sulla formula di Itô: il problema fondamentale è che la soluzione forte u non è in generale C^2 e quindi non ha la regolarità sufficiente per applicare direttamente la formula di Itô standard. Pertanto è necessario utilizzare un argomento di localizzazione e di regolarizzazione. Per semplicità, consideriamo solo il caso $a = 0$.

Poniamo $B_R = \{x \in \mathbb{R}^N \mid |x| < R\}$, $R > 0$, e per $x \in B_R$ indichiamo con τ_R il primo tempo di uscita di $X^{t,x}$ da B_R. Per la Proposizione 9.34, $E[\tau_R]$ è finito.

Il primo passo consiste nel provare che per ogni $(t,x) \in\,]0,T[\times B_R$ e $\tau \in \mathscr{T}_{t,T}$ tale che $\tau \leq \tau_R$ q.s., vale

$$u(t,x) = E\left[u(\tau, X_\tau^{t,x}) - \int_t^\tau Lu(s, X_s^{t,x})ds\right]. \tag{9.62}$$

Fissato ε, positivo e sufficientemente piccolo, consideriamo una funzione regolare $u^{\varepsilon,R}$ su $\mathbb{R}^{N+1}$ con supporto compatto in $]t-\varepsilon, T[\times B_{2R}$ e tale che $u^{\varepsilon,R} = u$ in $]t, T-\varepsilon[\times B_R$. Inoltre indichiamo con $(u^{\varepsilon,R,n})_{n\in\mathbb{N}}$ una successione regolarizzante ottenuta per convoluzione di $u^{\varepsilon,R}$ con gli usuali mollificatori: allora, per ogni $p \geq 1$, $u^{\varepsilon,R,n} \in S^p(\mathbb{R}^{N+1})$ e

$$\lim_{n\to\infty} \|Lu^{\varepsilon,R,n} - Lu^{\varepsilon,R}\|_{L^p(]t,T-\varepsilon[\times B_R)} = 0. \tag{9.63}$$

Applichiamo la formula di Itô alla funzione regolare $u^{\varepsilon,R,n}$ per ottenere

$$\begin{aligned}u^{\varepsilon,R,n}(\tau, X_\tau^{t,x}) = u^{\varepsilon,R,n}(t,x) &+ \int_t^\tau Lu^{\varepsilon,R,n}(s, X_s^{t,x})ds \\ &+ \int_t^\tau \nabla u^{\varepsilon,R,n}(s, X_s^{t,x}) \cdot \sigma(s, X_s^{t,x})dW_s,\end{aligned} \tag{9.64}$$

per ogni $\tau \in \mathscr{T}_{t,T}$ tale che $\tau \leq \tau_R \wedge (T-\varepsilon)$. Poiché $(\nabla u^{\varepsilon,R,n})\sigma$ è una funzione limitata su $]t, T-\varepsilon[\times B_R$, abbiamo

$$E\left[\int_t^\tau \nabla u^{\varepsilon,R,n}(s, X_s^{t,x}) \cdot \sigma(s, X_s^{t,x})dW_s\right] = 0.$$

Inoltre vale

$$\lim_{n\to\infty} u^{\varepsilon,R,n}(t,x) = u^{\varepsilon,R}(t,x),$$

e, per il teorema della convergenza dominata,

$$\lim_{n\to\infty} E\left[u^{\varepsilon,R,n}(\tau, X_\tau^{t,x})\right] = E\left[u^{\varepsilon,R}(\tau, X_\tau^{t,x})\right].$$

Ora proviamo che l'integrale deterministico in (9.64) converge: abbiamo

$$\left|E\left[\int_t^\tau Lu^{\varepsilon,R,n}(s, X_s^{t,x})ds\right] - E\left[\int_t^\tau Lu^{\varepsilon,R}(s, X_s^{t,x})ds\right]\right|$$
$$\leq E\left[\int_t^\tau |Lu^{\varepsilon,R,n}(s, X_s^{t,x}) - Lu^{\varepsilon,R}(s, X_s^{t,x})|\,ds\right] \leq$$

9.4 Formule di rappresentazione di Feynman-Kač

(poiché $\tau \leq \tau_R$)

$$\leq E\left[\int_t^{T-\varepsilon} |Lu^{\varepsilon,R,n}(s, X_s^{t,x}) - Lu^{\varepsilon,R}(s, X_s^{t,x})| \mathbb{1}_{\{|X_s^{t,x}|\leq R\}} ds\right]$$

$$= \int_t^{T-\varepsilon} \int_{B_R} |Lu^{\varepsilon,R,n}(s,y) - Lu^{\varepsilon,R}(s,y)| \Gamma(t,x;s,y) dyds \leq$$

(per la disuguaglianza di Hölder, indicando con $\bar{p}$ l'esponente coniugato di $\bar{q}$ in (9.60))

$$\leq \|Lu^{\varepsilon,R,n} - Lu^{\varepsilon,R}\|_{L^{\bar{p}}(]t,T-\varepsilon[\times B_R)} \|\Gamma(t,x;\cdot,\cdot)\|_{L^{\bar{q}}(]t,T-\varepsilon[\times B_R)},$$

e per la (9.63) e (9.60) otteniamo

$$\lim_{n\to\infty} E\left[\int_t^\tau Lu^{\varepsilon,R,n}(s, X_s^{t,x}) ds\right] = E\left[\int_t^\tau Lu^{\varepsilon,R}(s, X_s^{t,x}) ds\right].$$

Questo conclude la prova della formula (9.62), poiché $u^{\varepsilon,R} = u$ in $]t, T-\varepsilon[\times B_R$ e $\varepsilon > 0$ è arbitrario.

Ora poiché $Lu \leq 0$ quasi ovunque e la legge di $X^{t,x}$ è assolutamente continua rispetto alla misura di Lebesgue, vale

$$E\left[\int_t^\tau Lu(s, X_s^{t,x}) ds\right] \leq 0,$$

per ogni $\tau \in \mathcal{T}_{t,T}$. Allora dalla (9.62) deduciamo

$$u(t,x) \geq E\left[u(\tau \wedge \tau_R, X_{\tau\wedge\tau_R}^{t,x})\right], \qquad (9.65)$$

per ogni $\tau \in \mathcal{T}_{t,T}$. Ora passiamo al limite in $R \to +\infty$: vale

$$\lim_{R\to+\infty} \tau \wedge \tau_R = \tau$$

puntualmente e, per l'ipotesi di crescita (9.61), abbiamo

$$|u(\tau \wedge \tau_R, X_{\tau\wedge\tau_R}^{t,x})| \leq C \exp\left(\lambda \sup_{t\leq s\leq T} |X_s^{t,x}|^2\right).$$

Per λ abbastanza piccolo, in base al Teorema 9.32, l'esponenziale al membro destro della stima precedente è sommabile. Dunque possiamo applicare il teorema della convergenza dominata per passare al limite in (9.65) per $R \to +\infty$ e ottenere

$$u(t,x) \geq E\left[u(\tau, X_\tau^{t,x})\right] \geq E\left[\varphi(\tau, X_\tau^{t,x})\right].$$

Questo prova che

$$u(t,x) \geq \sup_{\tau\in\mathcal{T}_{t,T}} E\left[\varphi(\tau, X_\tau^{t,x})\right].$$

352   9 Equazioni differenziali stocastiche

Concludiamo la dimostrazione ponendo
$$\tau_0 = \inf\{s \in [t,T] \mid u(s, X_s^{t,x}) = \varphi(s, X_s^{t,x})\}.$$
Poiché $Lu = 0$ q.o. su $\{u > \varphi\}$, vale
$$E\left[\int_t^{\tau_0 \wedge \tau_R} Lu(s, X_s^{t,x}) ds\right] = 0,$$
e dalla (9.62) deduciamo
$$u(t,x) = E\left[u(\tau_0 \wedge \tau_R, X_{\tau_0 \wedge \tau_R}^{t,x})\right].$$
Ripetendo l'argomento precedente per passare al limite in R, infine otteniamo
$$u(t,x) = E\left[u(\tau_0, X_{\tau_0}^{t,x})\right] = E\left[\varphi(\tau_0, X_{\tau_0}^{t,x})\right],$$
e questo conclude la prova. □

Dalla rappresentazione di Feynman-Kač è possibile ottenere utili informazioni sulla soluzione del problema con ostacolo sotto ipotesi più specifiche. Per esempio, se assumiamo che la funzione φ sia Lipschitziana in x uniformemente in t, ossia che esista una costante C tale che
$$|\varphi(t,x) - \varphi(t,y)| \leq C|x-y|, \qquad (t,x), (t,y) \in \mathcal{S}_T,$$
allora possiamo provare che il gradiente spaziale ∇u è limitato in $\mathcal{S}_T$. Precisamente vale

Proposizione 9.48. *Assumiamo le ipotesi del Teorema 9.47 e supponiamo che la funzione φ e i coefficienti della SDE (9.59) siano Lipschitziani in x uniformemente rispetto a t su $\mathcal{S}_T$. Inoltre il coefficiente a sia costante oppure φ sia limitata. Allora la soluzione forte u del problema con ostacolo (9.57) verifica*
$$\nabla u \in L^\infty(\mathcal{S}_T).$$

Dimostrazione. Consideriamo il caso in cui a è costante. La tesi è conseguenza della disuguaglianza generale
$$\left|\sup_\tau F(\tau) - \sup_\tau G(\tau)\right| \leq \sup_\tau |F(\tau) - G(\tau)|$$
valida per ogni funzione F, G. In base alla formula di rappresentazione di Feynman-Kač vale
$$|u(t,x) - u(t,y)| \leq \sup_{\tau \in \mathcal{T}_{t,T}} E\left[e^{-a(\tau-t)}|\varphi(\tau, X_\tau^{t,x}) - \varphi(\tau, X_\tau^{t,y})|\right] \leq$$
(per l'ipotesi di Lipschitzianità, per un'opportuna costante positiva c)

$$\leq c \sup_{\tau \in \mathscr{T}_{t,T}} E\left[|X_\tau^{t,x} - X_\tau^{t,y}|\right] \leq$$

(per il risultato di dipendenza dal dato iniziale, Teorema 9.16)

$$\leq c_1 |x - y|,$$

dove la costante c_1 dipende solo da T e dalle costanti di Lipschitz di φ e dei coefficienti.

Nel caso in cui φ sia limitata, la tesi segue in modo analogo utilizzando il fatto che il prodotto di funzioni Lipschitziane limitate

$$(t, x) \mapsto e^{-\int_t^\tau a(s, X_s^{t,x})ds} \varphi(\tau, X_\tau^{t,x})$$

è una funzione Lipschitziana. □

9.5 Equazioni stocastiche lineari

In questo paragrafo studiamo la classe più semplice e importante di equazioni stocastiche i cui coefficienti sono funzioni lineari della soluzione e introduciamo la corrispondente classe di operatori differenziali del second'ordine, gli operatori di Kolmogorov. Tali operatori intervengono in alcuni classici modelli della fisica e della finanza e godono di gran parte delle buone proprietà dell'operatore del calore pur non essendo, in generale, uniformemente parabolici.

Consideriamo una SDE in $\mathbb{R}^N$ della forma

$$dX_t = (B(t)X_t + b(t))dt + \sigma(t)dW_t, \tag{9.66}$$
$$X_{t_0} = x, \tag{9.67}$$

dove $t_0 \in \mathbb{R}$, W è un moto Browniano d-dimensionale con $d \leq N$, $x \in \mathbb{R}^N$ e b, B e σ sono funzioni continue[16] a valori rispettivamente nello spazio delle matrici di dimensione $N \times 1$, $N \times N$ e $N \times d$.

Sotto tali condizioni valgono chiaramente le ipotesi standard della Definizione 9.4 che garantiscono l'esistenza e unicità della soluzione di (9.66)-(9.67) in senso forte. Inoltre per le equazioni lineari, come nel caso deterministico, è anche possibile ottenere direttamente l'espressione esplicita della soluzione.

Preliminarmente richiamiamo alcuni risultati standard sull'esponenziale di matrice. Ricordiamo che se A è una matrice costante $N \times N$ e $t \in \mathbb{R}$, allora per definizione

$$e^{tA} = \sum_{n=0}^\infty \frac{t^n A^n}{n!}. \tag{9.68}$$

---

[16] Più in generale i risultati seguenti valgono sotto l'ipotesi che $b, B, \sigma \in L^\infty_{\text{loc}}([t_0, +\infty[)$.

Osserviamo che la serie in (9.68) è assolutamente convergente poiché

$$\sum_{n=0}^{\infty} \frac{\|t^n A^n\|}{n!} \leq \sum_{n=0}^{\infty} \frac{|t|^n}{n!} \|A\|^n = e^{|t|\|A\|}.$$

Proposizione 9.49. *Vale*

$$\frac{d}{dt} e^{tA} = A e^{tA} = e^{tA} A, \qquad t \in \mathbb{R}.$$

Inoltre si ha:

$$\left(e^{tA}\right)^* = e^{tA^*}, \qquad e^{tA} e^{sA} = e^{(t+s)A}, \qquad t,s \in \mathbb{R}.$$

In particolare, e^{tA} è non degenere e vale

$$\left(e^{tA}\right)^{-1} = e^{-tA}.$$

In base alla proposizione precedente, la funzione

$$\Phi_{t_0}(t) := \exp\left(\int_{t_0}^{t} B(s) ds\right) \tag{9.69}$$

è la soluzione del problema di Cauchy

$$\begin{cases} \Phi'(t) = B(t) \Phi(t), \\ \Phi(t_0) = I_N, \end{cases}$$

dove I_N indica la matrice identità $N \times N$.

Proposizione 9.50. *Il processo*

$$X_t = \Phi_{t_0}(t) \left(x + \int_{t_0}^{t} \Phi_{t_0}^{-1}(s) b(s) ds + \int_{t_0}^{t} \Phi_{t_0}^{-1}(s) \sigma(s) dW_s \right), \tag{9.70}$$

con Φ_{t_0} in (9.69), è la soluzione della SDE (9.66) con condizione iniziale (9.67). Inoltre X_t ha distribuzione multi-normale con media

$$m_{t_0,x}(t) := \Phi_{t_0}(t) \left(x + \int_{t_0}^{t} \Phi_{t_0}^{-1}(s) b(s) ds \right), \tag{9.71}$$

e matrice di co-varianza

$$\mathcal{C}_{t_0}(t) := \Phi_{t_0}(t) \left(\int_{t_0}^{t} \Phi_{t_0}^{-1}(s) \sigma(s) \left(\Phi_{t_0}^{-1}(s) \sigma(s) \right)^* ds \right) \Phi_{t_0}^*(t). \tag{9.72}$$

9.5 Equazioni stocastiche lineari

Dimostrazione. È una semplice verifica con la formula di Itô: posto

$$Y_t := x + \int_{t_0}^t \Phi_{t_0}^{-1}(s)b(s)ds + \int_{t_0}^t \Phi_{t_0}^{-1}(s)\sigma(s)dW_s,$$

si ha

$$dX_t = d(\Phi_{t_0}(t)Y_t) = \Phi_{t_0}'(t)Y_t dt + \Phi_{t_0}(t)dY_t = (b(t) + B(t)X_t)dt + \sigma(t)dW_t.$$

Inoltre X_t è definito dall'integrale stocastico di una funzione deterministica e quindi, in base alla Proposizione 5.70, ha distribuzione multi-normale. La matrice di co-varianza ha la seguente espressione:

$$\mathcal{C}_{t_0}(t) := E\left[(X_t - m_{t_0,x}(t))(X_t - m_{t_0,x}(t))^*\right]$$

$$= \Phi_{t_0}(t) E\left[\int_{t_0}^t \Phi_{t_0}^{-1}(s)\sigma(s)dW_s \left(\int_{t_0}^t \Phi_{t_0}^{-1}(s)\sigma(s)dW_s\right)^*\right] \Phi_{t_0}^*(t) =$$

(per l'isometria di Itô)

$$= \Phi_{t_0}(t) \left(\int_{t_0}^t \Phi_{t_0}^{-1}(s)\sigma(s)\left(\Phi_{t_0}^{-1}(s)\sigma(s)\right)^* ds\right) \Phi_{t_0}^*(t).$$

□

Osservazione 9.51. È particolarmente significativo il caso in cui i coefficienti siano costanti: $b(t) = b$, $B(t) = B$ e $\sigma(t) = \sigma$. Allora $\Phi_{t_0}(t) = e^{(t-t_0)B}$ e la soluzione della SDE è data da

$$X_t = e^{(t-t_0)B}\left(x + \int_{t_0}^t e^{-(s-t_0)B}b\,ds + \int_{t_0}^t e^{-(s-t_0)B}\sigma dW_s\right).$$

Inoltre si ha

$$m_{t_0,x}(t) = m_x(t - t_0), \qquad \mathcal{C}_{t_0}(t) = \mathcal{C}(t - t_0), \qquad (9.73)$$

dove

$$m_x(t) = e^{tB}x + \int_0^t e^{sB}b\,ds, \qquad \mathcal{C}(t) = \int_0^t \left(e^{sB}\sigma\right)\left(e^{sB}\sigma\right)^* ds. \qquad (9.74)$$

□

Notiamo esplicitamente che, poiché $d \leq N$, in generale *la matrice $\mathcal{C}_{t_0}(t)$ è soltanto semi-definita positiva:* nel caso in cui $\mathcal{C}_{t_0}(t) > 0$, allora X_t ha densità $y \mapsto \Gamma(t_0, x; t, y)$ dove

$$\Gamma(t_0, x; t, y) = \frac{1}{\sqrt{(2\pi)^N \det \mathcal{C}_{t_0}(t)}} e^{-\frac{1}{2}\langle \mathcal{C}_{t_0}^{-1}(t)(y - m_{t_0,x}(t)), (y - m_{t_0,x}(t))\rangle},$$

per $x, y \in \mathbb{R}^N$. Per i risultati della Sezione 9.4.4, Γ è la soluzione fondamentale dell'operatore differenziale in $\mathbb{R}^{N+1}$ associato alla SDE lineare:

$$L := \frac{1}{2} \sum_{i,j=1}^{N} c_{ij}(t) \partial_{x_i x_j} + \langle b(t) + B(t)x, \nabla \rangle + \partial_t, \qquad (t,x) \in \mathbb{R} \times \mathbb{R}^N, \quad (9.75)$$

dove $(c_{ij}) = \sigma\sigma^*$ e $\nabla = (\partial_{x_1}, \ldots, \partial_{x_N})$.

Esempio 9.52. Nel caso $N = d$, $B = 0$ e b, σ costanti con σ non degenere, L in (9.75) è l'operatore parabolico a coefficienti costanti

$$\frac{1}{2} \sum_{i,j=1}^{N} (\sigma\sigma^*)_{ij} \partial_{x_i x_j} + \sum_{i=1}^{N} b_i \partial_{x_i} + \partial_t.$$

Inoltre Φ_{t_0} in (9.69) è la matrice identità e, nelle notazioni (9.74), vale

$$m_x(t) = x + tb, \qquad \mathcal{C}(t) = t\sigma\sigma^*.$$

Allora, in accordo con i risultati del Paragrafo 2.3, la soluzione fondamentale di L è data da

$$\Gamma(t_0, x; t, y) = \frac{1}{(2\pi(t-t_0))^{\frac{N}{2}} |\det \sigma|} \exp\left(-\frac{|\sigma^{-1}(y - x - (t-t_0)b)|^2}{2(t-t_0)}\right).$$

Esempio 9.53. La SDE in $\mathbb{R}^2$

$$\begin{cases} dX_t^1 = dW_t, \\ dX_t^2 = X_t^1 dt, \end{cases}$$

è la versione semplificata dell'equazione di Langevin [113] che descrive il moto di una particella nello spazio delle fasi: X_t^1 e X_t^2 rappresentano rispettivamente la velocità e la posizione della particella. In questo caso $d = 1 < N = 2$ e si ha

$$B = \begin{pmatrix} 0 & 0 \\ 1 & 0 \end{pmatrix}, \qquad \sigma = \begin{pmatrix} 1 \\ 0 \end{pmatrix}.$$

La matrice B è nilpotente, $B^2 = 0$, e dunque

$$e^{tB} = \begin{pmatrix} 1 & 0 \\ t & 1 \end{pmatrix}.$$

Inoltre, posto $x = (x_1, x_2)$, nelle notazioni (9.74) si ha

$$m_x(t) = e^{tB} x = (x_1, x_2 + tx_1),$$

e

$$\mathcal{C}(t) = \int_0^t e^{sB}\sigma\sigma^* e^{sB^*} ds = \int_0^t \begin{pmatrix} 1 & 0 \\ s & 1 \end{pmatrix}\begin{pmatrix} 1 & 0 \\ 0 & 0 \end{pmatrix}\begin{pmatrix} 1 & s \\ 0 & 1 \end{pmatrix} ds = \begin{pmatrix} t & \frac{t^2}{2} \\ \frac{t^2}{2} & \frac{t^3}{3} \end{pmatrix}.$$

Notiamo che $\mathcal{C}(t)$ è definita positiva per ogni $t > 0$ e dunque l'operatore differenziale associato

$$L = \frac{1}{2}\partial_{x_1 x_1} + x_1 \partial_{x_2} + \partial_t, \tag{9.76}$$

pur non essendo un operatore parabolico[17], ha una soluzione fondamentale di cui riportiamo l'espressione esplicita: per $x, y \in \mathbb{R}^2$ e $t > t_0$,

$$\Gamma(t_0, x; t, y) = \frac{\sqrt{3}}{\pi(t-t_0)^2} e^{-\frac{1}{2}\langle \mathcal{C}^{-1}(t-t_0)(y - e^{(t-t_0)B}x),\, (y - e^{(t-t_0)B}x)\rangle},$$

dove

$$\mathcal{C}^{-1}(t) = \begin{pmatrix} \frac{4}{t} & -\frac{6}{t^2} \\ -\frac{6}{t^2} & \frac{12}{t^3} \end{pmatrix};$$

piú esplicitamente, vale

$$\Gamma(t_0, x_1, x_2; t, y_1, y_2)$$
$$= \frac{\sqrt{3}}{\pi(t-t_0)^2} \exp\left(-\frac{(x_1 - y_1)^2}{t-t_0} - \frac{12}{(t-t_0)^3}\left(x_2 - y_2 - \frac{t-t_0}{2}(x_1 + y_1)\right)^2\right).$$

Kolmogorov [101] fu il primo a determinare la soluzione fondamentale di L in (9.76): al riguardo, si veda anche l'introduzione del lavoro di Hörmander [78].

Dal punto di vista finanziario l'operatore L ha interesse poiché interviene nella valutazione delle opzioni Asiatiche con media geometrica e dinamica di Black&Scholes (cfr. Sezione 7.5.2). □

9.5.1 Condizione di Kalman

Abbiamo visto che la distribuzione di X_t, soluzione di una SDE lineare, è multi-normale e in generale è degenere. In questa sezione forniamo alcune condizioni necessarie e sufficienti affinché la matrice di co-varianza di X_t sia definita positiva e di conseguenza X_t abbia densità.

Dall'espressione (9.72) della matrice di co-varianza di X_t, notiamo che essa non dipende da b. Per semplicità e chiarezza d'esposizione, nel seguito consideriamo B e σ costanti: in tal caso, per la (9.73), non è restrittivo assumere $t_0 = 0$. Inoltre, per evitare situazioni banali, supponiamo che il rango

---
[17] La matrice della parte del second'ordine di L in (9.76)

$$\sigma\sigma^* = \begin{pmatrix} 1 & 0 \\ 0 & 0 \end{pmatrix}$$

è degenere.

della matrice σ sia massimo, pari a d: in tal caso, a meno di un'opportuna trasformazione lineare, possiamo assumere che le colonne di σ siano i primi d elementi della base canonica, ossia σ assuma la forma a blocchi

$$\sigma = \begin{pmatrix} I_d \\ 0 \end{pmatrix},$$

dove I_d indica la matrice identità $d \times d$. Al solito B è una matrice generica di dimensione $N \times N$.

Il primo risultato che presentiamo fornisce una condizione in termini di controllabilità nell'ambito della teoria dei sistemi lineari; per maggiori dettagli si veda, per esempio, Zabczyk [171].

Teorema 9.54. *Dato $T > 0$, la matrice*

$$\mathcal{C}(T) = \int_0^T \left(e^{tB}\sigma\right)\left(e^{tB}\sigma\right)^* dt, \qquad (9.77)$$

è definita positiva se e solo se la coppia (B, σ) è controllabile su $[0, T]$, ossia per ogni $x, y \in \mathbb{R}^N$ esiste una funzione $v \in C([0, T]; \mathbb{R}^d)$ tale che il problema

$$\begin{cases} \gamma'(t) = B\gamma(t) + \sigma v(t), \\ \gamma(0) = x, \qquad \gamma(T) = y, \end{cases}$$

ha soluzione. Si dice che la funzione v è un controllo per (B, σ).

Prima di dimostrare il teorema facciamo alcune osservazioni. Anzitutto introduciamo la notazione

$$G(t) = e^{-tB}\sigma$$

che useremo sistematicamente nel seguito. Allora fissato $x \in \mathbb{R}^N$, come caso particolare della formula risolutiva (9.70), abbiamo che

$$\gamma(t) = e^{tB}\left(x + \int_0^t G(s)v(s)ds\right), \qquad (9.78)$$

è la soluzione del problema di Cauchy lineare

$$\begin{cases} \gamma'(t) = B\gamma(t) + \sigma v(t), \\ \gamma(0) = x. \end{cases} \qquad (9.79)$$

Se (B, σ) è controllabile su $[0, T]$ allora per ogni $y \in \mathbb{R}^N$ esiste un controllo v tale che la traiettoria γ in (9.78) centra l'obiettivo y al tempo T. L'esistenza del controllo non è garantita in generale poiché v in (9.79) moltiplica la matrice σ che "limita" l'influenza del controllo: ciò è evidente nel caso in cui $\sigma = 0$. In generale, l'equazione differenziale in (9.79) si riscrive nel modo seguente

$$\gamma' = B\gamma + \sum_{i=1}^d v_i \sigma^i,$$

9.5 Equazioni stocastiche lineari

dove i vettori σ^i, $i = 1, \ldots, d$, indicano le colonne di σ ossia i primi d vettori della base canonica di $\mathbb{R}^N$. L'interpretazione fisica è che la "velocità" γ' è pari alla somma di $B\gamma$ con una combinazione lineare dei vettori σ^i, $i = 1, \ldots, d$: i coefficienti di tale combinazione lineare sono le componenti del controllo v. Dunque v *permette di controllare la velocità della traiettoria γ in $\mathbb{R}^N$ soltanto nelle prime d direzioni*. Chiaramente se σ è la matrice identità allora le colonne di σ formano la base canonica di $\mathbb{R}^N$ e (B, σ) è controllabile qualunque sia la matrice B. Tuttavia ci sono casi in cui il contributo di B è determinante, come nel seguente

Esempio 9.55. Siano B e σ come nell'Esempio 9.53: allora v ha valori reali e il problema (9.79) diventa

$$\begin{cases} \gamma_1'(t) = v(t), \\ \gamma_2'(t) = \gamma_1(t), \\ \gamma(0) = x. \end{cases} \qquad (9.80)$$

Il controllo v agisce direttamente solo sulla prima componente di γ ma influenza anche γ_2 mediante la seconda equazione: in questo caso possiamo verificare che (B, σ) è controllabile su $[0, T]$ per ogni T positivo (si veda la Figura 9.3).

□

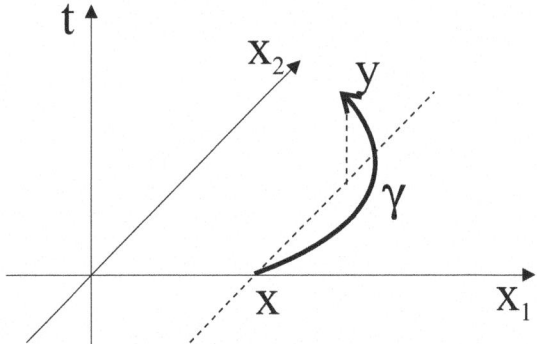

Fig. 9.3. Grafico di una traiettoria γ soluzione del problema (9.80) con $\gamma(0) = x = (\bar{x}_1, 0)$ e tale che che soddisfa la condizione finale $\gamma(T) = y = (\bar{x}_1, \bar{x}_2)$

Dimostrazione (del Teorema 9.54). Poniamo

$$M(T) = \int_0^T G(t) G^*(t) dt$$

e osserviamo che

$$\mathcal{C}(T) = e^{TB} M(T) e^{TB^*}.$$

Poiché le matrici esponenziali sono non-degeneri, $\mathcal{C}(T)$ è definita positiva se e solo se lo è $M(T)$.

Supponiamo $M(T) > 0$ e proviamo che (B,σ) è controllabile su $[0,T]$. Fissato $x \in \mathbb{R}^N$, consideriamo la curva γ in (9.78) soluzione del problema (9.79): dato $y \in \mathbb{R}^N$, vale $\gamma(T) = y$ se e solo se

$$\int_0^T G(t)v(t)dt = e^{-TB}y - x =: z, \qquad (9.81)$$

e quindi, utilizzando l'ipotesi di non-degenerazione di $M(T)$, il controllo è semplicemente dato da

$$v(t) = G^*(t)M^{-1}(T)z, \qquad t \in [0,T].$$

Viceversa, sia (B,σ) controllabile su $[0,T]$ e supponiamo per assurdo che $M(T)$ sia degenere. Allora esiste $w \in \mathbb{R}^N \setminus \{0\}$ tale che

$$0 = \langle M(T)w, w \rangle = \int_0^T |w^*G(s)|^2 ds,$$

e di conseguenza si ha

$$w^*G(t) = 0, \qquad t \in [0,T].$$

Per ipotesi, (B,σ) è controllabile su $[0,T]$ e dunque per ogni $x, y \in \mathbb{R}^N$ esiste un opportuno controllo v tale che vale la (9.81). Moltiplicando per w^*, si ha

$$w^*z = \int_0^T w^*G(s)v(s)ds = 0,$$

e ciò è assurdo. □

Il seguente risultato fornisce un criterio operativo per verificare se la matrice di co-varianza è non-degenere.

Teorema 9.56 (Condizione di Kalman sul rango). *La matrice $\mathcal{C}(T)$ in (9.77) è definita positiva per $T > 0$ se e solo se la coppia (B,σ) verifica la condizione di Kalman, ossia la matrice di dimensione $N \times (Nd)$, definita per blocchi da*

$$\begin{pmatrix} \sigma & B\sigma & B^2\sigma & \cdots & B^{N-1}\sigma \end{pmatrix}, \qquad (9.82)$$

ha rango massimo pari a N.

Osserviamo esplicitamente che la condizione di Kalman non dipende da T e di conseguenza $\mathcal{C}(T)$ è definita positiva per un T positivo se e solo se lo è *per ogni T* positivo.

9.5 Equazioni stocastiche lineari

Esempio 9.57. Nell'Esempio 9.53, si ha

$$\sigma = \begin{pmatrix} 1 \\ 0 \end{pmatrix}, \qquad B\sigma = \begin{pmatrix} 0 & 0 \\ 1 & 0 \end{pmatrix} \begin{pmatrix} 1 \\ 0 \end{pmatrix} = \begin{pmatrix} 0 \\ 1 \end{pmatrix},$$

cosicché $(\sigma\ B\sigma)$ è la matrice identità e la condizione di Kalman è chiaramente soddisfatta.

Dimostrazione (del Teorema 9.56). Ricordiamo il Teorema di Cayley-Hamilton: sia

$$p(\lambda) = \det(A - \lambda I_N) = \lambda^N + a_1 \lambda^{N-1} + \cdots + a_{N-1}\lambda + a_N$$

il polinomio caratteristico di una matrice A di dimensione $N \times N$. Allora vale $p(A) = 0$ e di conseguenza ogni potenza A^k con $k \geq N$ si esprime come combinazione lineare di $I_N, A, \ldots, A^{N-1}$.

Ora osserviamo che la matrice (9.82) non ha rango massimo se e solo se esiste $w \in \mathbb{R}^N \setminus \{0\}$ tale che

$$w^*\sigma = w^*B\sigma = \cdots = w^*B^{N-1}\sigma = 0. \tag{9.83}$$

Assumiamo che la matrice (9.82) non abbia rango massimo: allora per la (9.83) e il Teorema di Cayley-Hamilton, si ha

$$w^*B^k\sigma = 0, \qquad \forall k \in \mathbb{N}_0,$$

da cui si ottiene

$$w^*e^{tB}\sigma = 0, \qquad t \geq 0.$$

Di conseguenza

$$\langle \mathcal{C}(T)w, w \rangle = \int_0^T \left| w^* e^{tB}\sigma \right|^2 dt = 0, \tag{9.84}$$

e $\mathcal{C}(T)$ è degenere per ogni $T > 0$.

Viceversa, se $\mathcal{C}(T)$ è degenere per un $T > 0$ allora esiste $w \in \mathbb{R}^N \setminus \{0\}$ tale che vale (9.84) da cui

$$f(t) := w^* e^{tB}\sigma = 0, \qquad t \in [0, T].$$

Derivando si ottiene

$$0 = \frac{d^k}{dt^k} f(t) \big|_{t=0} = w^* B^k \sigma, \qquad k \in \mathbb{N}_0,$$

da cui segue che la matrice (9.82) non ha rango massimo, in base alla (9.83). $\square$

9.5.2 Equazioni di Kolmogorov e condizione di Hörmander

Consideriamo la SDE lineare

$$dX_t = (BX_t + b)dt + \sigma dW_t, \qquad (9.85)$$

con B, b, σ costanti, σ della forma

$$\sigma = \begin{pmatrix} I_d \\ 0 \end{pmatrix},$$

e assumiamo valida la condizione di Kalman

$$\operatorname{rank}\begin{pmatrix} \sigma & B\sigma & B^2\sigma & \cdots & B^{N-1}\sigma \end{pmatrix} = N.$$

Definizione 9.58. *Diciamo che l'operatore differenziale in $\mathbb{R}^{N+1}$*

$$L = \frac{1}{2}\triangle_{\mathbb{R}^d} + \langle b + Bx, \nabla \rangle + \partial_t, \qquad (9.86)$$

associato alla SDE (9.85), è un operatore di tipo Kolmogorov a coefficienti costanti. Qui usiamo la notazione

$$\triangle_{\mathbb{R}^d} = \sum_{i=1}^{d} \partial_{x_i x_i}.$$

Ricordiamo le definizioni di $\mathcal{C}$ e m_x in (9.74). In base alla condizione di Kalman $\mathcal{C}(t)$ è definita positiva per $t > 0$, da cui segue che L ha una soluzione fondamentale di cui riportiamo l'espressione esplicita:

$$\Gamma(t, x; T, y) = \frac{1}{\sqrt{(2\pi)^N \det \mathcal{C}(T-t)}} e^{-\frac{1}{2}\langle \mathcal{C}^{-1}(T-t)(y - m_x(T-t)), (y - m_x(T-t)) \rangle},$$

per $x, y \in \mathbb{R}^N$ e $t < T$.

Proviamo ora che la condizione di Kalman è equivalente alla condizione di Hörmander che è un criterio di non-degenerazione ben noto nella teoria della equazioni alle derivate parziali. Per convenzione, identifichiamo ogni operatore differenziale del prim'ordine Z in $\mathbb{R}^N$, della forma

$$Zf(x) = \sum_{k=1}^{N} \alpha_k(x) \partial_{x_k} f(x),$$

con il campo vettoriale dei suoi coefficienti e quindi scriviamo anche

$$Z = (\alpha_1, \ldots, \alpha_N).$$

Il commutatore di Z con

$$U = \sum_{k=1}^{N} \beta_k \partial_{x_k}$$

è definito da

$$[Z,U] = ZU - UZ = \sum_{k=1}^{N} (Z\beta_k - U\alpha_k) \partial_{x_k}.$$

Il Teorema di Hörmander [78] è un risultato molto generale che, nel caso particolare dell'operatore di Kolmogorov a coefficienti costanti in (9.86), afferma che L ha soluzione fondamentale se e solo se, in ogni punto $x \in \mathbb{R}^N$, lo spazio vettoriale generato dagli operatori differenziali (campi vettoriali) calcolati in x

$$\partial_{x_1}, \ldots, \partial_{x_d} \quad \text{e} \quad Y := \langle Bx, \nabla \rangle,$$

assieme ai loro commutatori di ogni ordine, coincide con $\mathbb{R}^N$. Questa è la cosiddetta *condizione di Hörmander*.

Esempio 9.59. □

i) Nel caso di un operatore parabolico, $d = N$ e quindi la condizione di Hörmander è ovviamente soddisfatta senza ricorrere ai commutatori, poiché $\partial_{x_1}, \ldots, \partial_{x_N}$ costituiscono la base canonica di $\mathbb{R}^N$.
ii) Nell'Esempio 9.53 abbiamo semplicemente $Y = x_1 \partial_{x_2}$. Dunque

$$\partial_{x_1} \sim (1,0) \quad \text{e} \quad [\partial_{x_1}, Y] = \partial_{x_2} \sim (0,1)$$

generano $\mathbb{R}^2$.
iii) Consideriamo l'operatore differenziale

$$\partial_{x_1 x_1} + x_1 \partial_{x_2} + x_2 \partial_{x_3} + \partial_t.$$

Qui $N = 3$, $d = 1$ e $Y = x_1 \partial_{x_2} + x_2 \partial_{x_3}$: anche in questo caso la condizione di Hörmander è verificata poiché

$$\partial_{x_1}, \quad [\partial_{x_1}, Y] = \partial_{x_2}, \quad [[\partial_{x_1}, Y], Y] = \partial_{x_3},$$

generano $\mathbb{R}^3$.

□

Proposizione 9.60. *Le condizioni di Kalman e Hörmander sono equivalenti.*

Dimostrazione. È sufficiente notare che, per $i = 1, \ldots, d$,

$$[\partial_{x_i}, Y] = \sum_{k=1}^{N} b_{ki} \partial_{x_k}$$

è la i-esima colonna della matrice B. Inoltre $[[\partial_{x_i}, Y], Y]$ è la i-esima colonna della matrice B^2 e vale una rappresentazione analoga per i commutatori di ordine superiore.

D'altra parte, per $k = 1, \ldots, N$, $B^k \sigma$ in (9.82) è la matrice $N \times d$ le cui colonne sono le prime d colonne di B^k. □

9 Equazioni differenziali stocastiche

Introduciamo ora la definizione di operatore di Kolmogorov a coefficienti variabili. Consideriamo la SDE in $\mathbb{R}^N$

$$dX_t = (BX_t + b(t, X_t))dt + \sigma(t, X_t)dW_t, \qquad (9.87)$$

dove al solito W è un moto Browniano d-dimensionale e assumiamo le seguenti ipotesi:

i) la matrice σ assume la forma

$$\sigma = \begin{pmatrix} \sigma_0 \\ 0 \end{pmatrix},$$

dove $\sigma_0 = \sigma_0(t,x)$ è una matrice $d \times d$ tale che $\sigma_0 \sigma_0^* =: (c_{ij})$ è uniformemente definita positiva, ossia esiste una costante positiva λ tale che

$$\sum_{i,j=1}^d c_{ij}(t,x)\eta_i\eta_j \geq \lambda|\eta|^2, \qquad \eta \in \mathbb{R}^d, \ (t,x) \in \mathbb{R}^{N+1};$$

ii) B e $\begin{pmatrix} I_d \\ 0 \end{pmatrix}$ verificano la condizione di Kalman o, in altri termini,

$$\frac{1}{2}\triangle_{\mathbb{R}^d} + \langle Bx, \nabla \rangle + \partial_t,$$

è un operatore di Kolmogorov a coefficienti costanti;
iii) $b_{d+1}, \ldots, b_N$ sono funzioni della sola variabile t.

La prima ipotesi generalizza la condizione di uniforme parabolicità (8.2). La seconda ipotesi è una condizione di non degenerazione che supplisce alla eventuale mancanza di parabolicità: nel caso di coefficienti costanti, ciò garantisce l'esistenza della soluzione fondamentale. La terza ipotesi è posta a salvaguardia della seconda: se b potesse essere una funzione generica, allora il termine lineare BX_t nell'equazione stocastica sarebbe superfluo. In particolare si perderebbe la condizione di Kalman che è basata sulla particolare struttura della matrice B.

Definizione 9.61. *Diciamo che l'operatore differenziale in* $\mathbb{R}^{N+1}$

$$L = \frac{1}{2}\sum_{i,j=1}^d c_{ij}(t,x)\partial_{x_i}\partial_{x_j} + \sum_{i=1}^d b_i(t,x)\partial_{x_i} + \langle Bx, \nabla \rangle + \partial_t,$$

associato alla SDE (9.87), è un operatore di tipo Kolmogorov a coefficienti variabili.

Ricordiamo che una teoria analoga a quella valida per gli operatori uniformemente parabolici, illustrata nel Capitolo 8, è stata sviluppata da diversi autori anche per la classe generale degli operatori di Kolmogorov a coefficienti variabili. Ricordiamo per esempio i risultati di Lanconelli e Polidoro [112], Polidoro

[136], [137], [138], Di Francesco e Pascucci [42]. Recentemente in [43] e [135] è stato anche studiato il problema con ostacolo per operatori di Kolmogorov e il corrispondente problema di arresto ottimo che interviene nella valutazione delle opzioni Americane.

9.5.3 Esempi

Esaminiamo un paio di esempi particolarmente significativi di SDE lineari.

Esempio 9.62 (Ponte Browniano). Fissato $b \in \mathbb{R}$, consideriamo la SDE 1-dimensionale

$$dB = \frac{b - B_t}{1 - t} dt + dW_t,$$

la cui soluzione, almeno per $t < 1$, è data da

$$B_t = B_0(1 - t) + bt + (1 - t) \int_0^t \frac{dW_s}{1 - s}.$$

Allora abbiamo

$$E[B_t] = B_0(1 - t) + bt,$$

e, per l'isometria di Itô,

$$\mathrm{var}(B_t) = (1 - t)^2 \int_0^t \frac{ds}{(1 - s)^2} = t(1 - t).$$

Notiamo che

$$\lim_{t \to 1^-} E[B_t] = b, \qquad \text{e} \qquad \lim_{t \to 1^-} \mathrm{var}(B_t) = 0.$$

In effetti, possiamo provare che

$$\lim_{t \to 1^-} B_t = b, \qquad \text{q.s.}$$

poiché, per $t < 1$, si ha

$$E\left[(B_t - b)^2\right]$$
$$= (1 - t)^2 \left((b - B_0)^2 - 2(b - B_0) \underbrace{E\left[\int_0^t \frac{dW_s}{1 - s}\right]}_{=0} + E\left[\left(\int_0^t \frac{dW_s}{1 - s}\right)^2\right] \right) =$$
$$= (1 - t)^2 \left((b - B_0)^2 + \int_0^t \frac{ds}{(1 - s)^2} \right) =$$
$$= (1 - t)^2 \left((b - B_0)^2 + \frac{1}{1 - t} - 1 \right) \xrightarrow[t \to 1^-]{} 0.$$

$\square$

Esempio 9.63 (Ornstein&Uhlenbeck [164], Langevin [113]). Consideriamo il seguente modello per il moto con attrito di una particella: velocità e posizione sono descritte dalla coppia $X_t = (V_t, P_t)$, soluzione della SDE lineare

$$\begin{cases} dV_t = -\mu V_t dt + \sigma dW_t \\ dP_t = V_t dt, \end{cases}$$

dove W è un moto Browniano reale, μ e σ sono i coefficienti positivi d'attrito e di diffusione. Equivalentemente abbiamo

$$dX_t = BX_t dt + \bar{\sigma} dW_t$$

dove

$$\begin{pmatrix} -\mu & 0 \\ 1 & 0 \end{pmatrix}, \qquad \bar{\sigma} = \begin{pmatrix} \sigma \\ 0 \end{pmatrix}.$$

Si verifica facilmente che la condizione di Kalman è soddisfatta. Inoltre, è immediato provare per induzione che, per ogni $n \in \mathbb{N}$, vale

$$B^n = \begin{pmatrix} (-\mu)^n & 0 \\ (-\mu)^{n-1} & 0 \end{pmatrix},$$

e quindi

$$e^{tB} = I_2 + \sum_{n=1}^{N} \frac{(tB)^n}{n!} = \begin{pmatrix} e^{-\mu t} & 0 \\ \frac{1-e^{-\mu t}}{\mu} & 1 \end{pmatrix}.$$

Sappiamo che X_t ha distribuzione normale. Per concludere, calcoliamone valore atteso e matrice di co-varianza:

$$E[X_t] = \begin{pmatrix} E[V_t] \\ E[P_t] \end{pmatrix} = e^{tB} \begin{pmatrix} V_0 \\ P_0 \end{pmatrix} = \begin{pmatrix} V_0 e^{-\mu t} \\ P_0 + \frac{V_0}{\mu}(1 - e^{-\mu t}) \end{pmatrix};$$

inoltre

$$\mathcal{C}(t) = \begin{pmatrix} \mathrm{var}(V_t) & \mathrm{cov}(V_t, P_t) \\ \mathrm{cov}(V_t, P_t) & \mathrm{var}(P_t) \end{pmatrix} = \int_0^t \left(e^{sB} \bar{\sigma}\bar{\sigma}^*\right) e^{sB^*} ds$$

$$= \sigma^2 \int_0^t \begin{pmatrix} e^{-\mu s} & 0 \\ \frac{1-e^{-\mu s}}{\mu} & 0 \end{pmatrix} \begin{pmatrix} e^{-\mu s} & \frac{1-e^{-\mu s}}{\mu} \\ 0 & 1 \end{pmatrix} ds$$

$$= \sigma^2 \int_0^t \begin{pmatrix} e^{-2\mu s} & \frac{e^{-\mu s}-e^{-2\mu s}}{\mu} \\ \frac{e^{-\mu s}-e^{-2\mu s}}{\mu} & \left(\frac{1-e^{-\mu s}}{\mu}\right)^2 \end{pmatrix} ds$$

$$= \sigma^2 \begin{pmatrix} \frac{1}{2\mu}(1 - e^{-2\mu t}) & \frac{1}{2\mu^2}(1 - 2e^{-\mu t} + e^{-2\mu t}) \\ \frac{1}{2\mu^2}(1 - 2e^{-\mu t} + e^{-2\mu t}) & \frac{1}{\mu^3}\left(\mu t + 2e^{-\mu t} - \frac{e^{-2\mu t}-3}{2}\right) \end{pmatrix}.$$

□

10
Modelli di mercato a tempo continuo

Cambio di misura di probabilità – Rappresentazione delle martingale Browniane – Valutazione – Mercati completi – Analisi della volatilità

In questo capitolo presentiamo la teoria generale della valutazione e copertura di derivati in modelli a tempo continuo. Nel seguito il concetto di misura martingala gioca il ruolo centrale: mostreremo che ad ogni misura martingala corrisponde un prezzo di mercato del rischio ed un prezzo per i titoli derivati che evita di introdurre opportunità d'arbitraggio. In questo ambito generalizziamo la teoria in tempo discreto del Capitolo 3 ed estendiamo la formulazione Markoviana del Capitolo 7 basata sulle equazioni paraboliche.

La nostra presentazione segue essenzialmente l'approccio introdotto nei lavori di Harrison e Kreps [74], Harrison e Pliska [75]. Nei primi due paragrafi forniamo i risultati teorici sul cambio di misura di probabilità e sulla rappresentazione delle martingale Browniane. Successivamente introduciamo i modelli di mercato in tempo continuo e studiamo l'esistenza di una misura martingala e la relazione con l'assenza d'arbitraggi. Discutiamo dapprima la valutazione e copertura di opzioni dapprima in ambito generale; di seguito trattiamo il caso Markoviano che, basandosi sulla teoria delle PDE paraboliche sviluppata nei capitoli precedenti, risulta particolarmente significativo e permette l'utilizzo di metodi numerici efficienti per la determinazione del prezzo e della strategia di copertura di un derivato.

10.1 Cambio di misura di probabilità

10.1.1 Martingale esponenziali

Sia $(W_t)_{t \in [0,T]}$ un moto Browniano d-dimensionale sullo spazio $(\Omega, \mathcal{F}, P, \mathcal{F}_t)$. Dato un processo d-dimensionale $\theta \in \mathbb{L}^2_{\text{loc}}$, definiamo la *martingala esponenziale associata a θ* (cfr. Esempio 5.57):

$$Z_t^\theta = \exp\left(-\int_0^t \theta_s \cdot dW_s - \frac{1}{2}\int_0^t |\theta_s|^2 ds\right), \qquad t \in [0,T]. \qquad (10.1)$$

Per la formula di Itô vale

$$dZ_t^\theta = -Z_t^\theta \theta_t \cdot dW_t, \qquad (10.2)$$

e quindi Z^θ è una martingala locale. Essendo positiva, per la Proposizione 5.33, Z^θ è anche una super-martingala. Inoltre

$$E\left[Z_t^\theta\right] \leq E\left[Z_0^\theta\right] = 1, \qquad t \in [0,T],$$

e $(Z_t^\theta)_{t \in [0,T]}$ è una martingala se e solo se $E\left[Z_T^\theta\right] = 1$.

Lemma 10.1. *Se esiste una costante C tale che*

$$\int_0^T |\theta_t|^2 dt \leq C \qquad P\text{-}q.s. \qquad (10.3)$$

allora Z^θ in (10.1) è una martingala. Inoltre

$$E\left[\int_0^T (Z_t^\theta)^p \, dt\right] < \infty, \qquad p \geq 1,$$

ossia $Z^\theta \in \mathbb{L}^p(\Omega, P)$ per ogni $p \geq 1$.

Dimostrazione. Poniamo

$$\hat{Z}_T = \sup_{0 \leq t \leq T} Z_t^\theta.$$

Per ogni $\lambda > 0$, vale

$$P\left(\hat{Z}_T \geq \lambda\right) \leq P\left(\sup_{0 \leq t \leq T} \exp\left(-\int_0^t \theta_s \cdot dW_s\right) \geq \lambda\right)$$
$$= P\left(\sup_{0 \leq t \leq T} \left(-\int_0^t \theta_s \cdot dW_s\right) \geq \log \lambda\right) \leq$$

(per il Corollario 9.31, usando la condizione (10.3) ed essendo c_1, c_2 costanti positive)

$$\leq c_1 e^{-c_2 (\log \lambda)^2}.$$

Allora per la Proposizione 2.40 vale

$$E^P\left[\hat{Z}_T^p\right] = \int_0^\infty p\lambda^{p-1} P\left(\hat{Z}_T \geq \lambda\right) d\lambda < \infty.$$

In particolare per $p = 2$ si ha che $Z^\theta \theta \in \mathbb{L}^2$ e quindi, per la (10.2), che Z^θ è una martingala. □

Osservazione 10.2. Se $\theta = (\theta^1, \ldots, \theta^d)$ assume valori complessi, $\theta_t \in \mathbb{C}^d$, allora procedendo come della dimostrazione del Lemma 10.1 e posto

$$\theta^2 = \sum_{k=1}^d (\theta^k)^2,$$

10.1 Cambio di misura di probabilità

si prova che se
$$\int_0^T \theta_t^2 dt \leq C \qquad P\text{-q.s.}$$
allora
$$Z_t^\theta := \exp\left(-\int_0^t \theta_s \cdot dW_s - \frac{1}{2}\int_0^t \theta_s^2 ds\right), \qquad t \in [0,T],$$
è una martingala in $\mathbb{L}^p(\Omega, P)$ per ogni $p \geq 1$.

Supponiamo ora che Z^θ in (10.1) sia una martingala e quindi in particolare valga $E\left[Z_T^\theta\right] = 1$. Definiamo la misura Q su $(\Omega, \mathcal{F})$ mediante

$$\frac{dQ}{dP} = Z_T^\theta, \tag{10.4}$$

ossia
$$Q(F) = \int_F Z_T^\theta dP, \qquad F \in \mathcal{F}.$$

Ricordiamo la Formula di Bayes, Teorema 2.108: per ogni $X \in L^1(\Omega, Q)$ vale

$$E^Q[X \mid \mathcal{F}_s] = \frac{E^P\left[XZ_T^\theta \mid \mathcal{F}_s\right]}{E^P\left[Z_T^\theta \mid \mathcal{F}_s\right]} \qquad s \in [0,T]. \tag{10.5}$$

Di conseguenza abbiamo il seguente

Lemma 10.3. *Supponiamo che Z^θ in (10.1) sia una P-martingala e Q sia la misura di probabilità definita in (10.4). Allora un processo $(M_t)_{t \in [0,T]}$ è una Q-martingala se e solo se $(M_t Z_t^\theta)_{t \in [0,T]}$ è una P-martingala.*

Dimostrazione. Poiché Z^θ è strettamente positivo e quindi invertibile, è chiaro che M è adattato se e solo se MZ^θ lo è. Poiché Z^θ è una P-martingala, M è Q-sommabile se e solo se MZ^θ è P-sommabile: infatti vale

$$E^Q\left[|M_t|\right] = E^P\left[|M_t|Z_T^\theta\right] = E^P\left[E^P\left[|M_t|Z_T^\theta \mid \mathcal{F}_t\right]\right] =$$

(essendo M adattato)

$$= E^P\left[|M_t|E^P\left[Z_T^\theta \mid \mathcal{F}_t\right]\right] = E^P\left[|M_t|Z_t^\theta\right].$$

Analogamente, per $s \leq t$ vale

$$E^P\left[M_t Z_T^\theta \mid \mathcal{F}_s\right] = E^P\left[E^P\left[M_t Z_T^\theta \mid \mathcal{F}_t\right] \mid \mathcal{F}_s\right] = E^P\left[M_t Z_t^\theta \mid \mathcal{F}_s\right].$$

Allora da (10.5) con $X = M_t$ si ha

$$E^Q[M_t \mid \mathcal{F}_s] = \frac{E^P\left[M_t Z_T^\theta \mid \mathcal{F}_s\right]}{E^P\left[Z_T^\theta \mid \mathcal{F}_s\right]} = \frac{E^P\left[M_t Z_t^\theta \mid \mathcal{F}_s\right]}{Z_s^\theta},$$

da cui la tesi. $\square$

Osservazione 10.4. Nelle ipotesi del Lemma 10.3, il processo

$$\left(Z_t^\theta\right)^{-1} = \exp\left(\int_0^t \theta_s \cdot dW_s + \frac{1}{2}\int_0^t |\theta_s|^2 ds\right).$$

è una Q-martingala poiché $Z^\theta \left(Z^\theta\right)^{-1}$ è ovviamente una P-martingala. Inoltre, per ogni variabile aleatoria sommabile X, vale

$$E^P[X] = E^P\left[X \left(Z_T^\theta\right)^{-1} Z_T^\theta\right] = E^Q\left[X \left(Z_T^\theta\right)^{-1}\right]$$

e quindi

$$\frac{dP}{dQ} = \left(Z_T^\theta\right)^{-1}.$$

In particolare P, Q *sono misure equivalenti* poiché reciprocamente hanno densità strettamente positive.

Infine, procedendo come nel Lemma 10.1, si prova che se vale la condizione (10.3) allora $\left(Z^\theta\right)^{-1} \in \mathbb{L}^p(\Omega, P)$ per ogni p. □

10.1.2 Teorema di Girsanov

Il Teorema di Girsanov mostra che è possibile sostituire "arbitrariamente" il drift di un processo di Itô modificando opportunamente la misura di probabilità e il moto Browniano considerati. In questa sezione $(W_t)_{t\in[0,T]}$ indica un moto Browniano d-dimensionale sullo spazio $(\Omega, \mathcal{F}, P, \mathcal{F}_t)$. Il risultato principale è il seguente

Teorema 10.5 (Teorema di Girsanov). *Sia Z^θ in (10.1) la martingala esponenziale associata al processo $\theta \in \mathbb{L}_{\text{loc}}^2$. Assumiamo che Z^θ sia una P-martingala e consideriamo la misura Q definita da*

$$\frac{dQ}{dP} = Z_T^\theta. \tag{10.6}$$

Allora il processo

$$W_t^\theta := W_t + \int_0^t \theta_s ds, \qquad t \in [0, T], \tag{10.7}$$

è un moto Browniano su $(\Omega, \mathcal{F}, Q, \mathcal{F}_t)$.

Dimostrazione. Utilizziamo il Teorema 5.74 di caratterizzazione del moto Browniano. Dobbiamo mostrare che, per ogni $\xi \in \mathbb{R}^d$, il processo

$$Y_t^\xi = e^{i\xi \cdot W_t^\theta + \frac{|\xi|^2}{2}t}, \qquad t \in [0, T],$$

è una Q-martingala o equivalentemente, per il Lemma 10.3, che il processo

$$Y_t^\xi Z_t = \exp\left(i\xi \cdot W_t + i\int_0^t \xi \cdot \theta_s ds + \frac{|\xi|^2 t}{2} - \int_0^t \theta_s \cdot dW_s - \frac{1}{2}\int_0^t |\theta_s|^2 ds\right)$$
$$= \exp\left(-\int_0^t (\theta_s - i\xi) \cdot dW_s - \frac{1}{2}\sum_{k=1}^d \int_0^t \left(\theta_s^k - i\xi^k\right)^2 ds\right)$$

è una P-martingala. Se

$$\int_0^T |\theta_t|^2 dt \leq C \qquad P\text{-q.s.}$$

allora la tesi segue dal Lemma 10.1 che vale anche per processi a valori complessi e in particolare per $\theta - i\xi$ (cfr. Osservazione 10.2).

In generale occorre utilizzare un argomento di localizzazione: consideriamo la successione di tempi d'arresto

$$\tau_n = \inf\{t \mid \int_0^t |\theta_s|^2 ds \geq n\} \cup \{T\}, \qquad n \in \mathbb{N}.$$

Per il Lemma 10.1, il processo $(Y_{t \wedge \tau_n}^\xi Z_{t \wedge \tau_n})$ è una P-martingala e vale

$$E^P\left[Y_{t \wedge \tau_n}^\xi Z_{t \wedge \tau_n} \mid \mathcal{F}_s\right] = Y_{s \wedge \tau_n}^\xi Z_{s \wedge \tau_n}, \qquad s \leq t,\ n \in \mathbb{N}.$$

Dunque, per provare che $Y^\xi Z$ è una martingala, è sufficiente mostrare che $(Y_{t \wedge \tau_n}^\xi Z_{t \wedge \tau_n})$ converge a $(Y_t^\xi Z_t)$ in norma L^1 per n che tende all'infinito. Poiché

$$\lim_{n\to\infty} Y_{t \wedge \tau_n}^\xi = Y_t^\xi \qquad \text{q.s.}$$

e $0 \leq Y_{t \wedge \tau_n}^\xi \leq e^{\frac{|\xi|^2 T}{2}}$, basta provare che

$$\lim_{n\to\infty} Z_{t \wedge \tau_n} = Z_t \qquad \text{in } L^1(\Omega, P).$$

Posto

$$M_n = \min\{Z_{t \wedge \tau_n}, Z_t\},$$

si ha $0 \leq M_n \leq Z_t$ e per il teorema della convergenza dominata

$$\lim_{n\to\infty} E[M_n] = E[Z_t].$$

D'altra parte

$$E[|Z_t - Z_{t \wedge \tau_n}|] = E[Z_t - M_n] + E[Z_{t \wedge \tau_n} - M_n] =$$

(poiché $E[Z_t] = E[Z_{t \wedge \tau_n}] = 1$)

$$= 2E[Z_t - M_n]$$

da cui la tesi. $\square$

Corollario 10.6. *Sia X un processo di Itô in $\mathbb{R}^N$ della forma*

$$X_t = X_0 + \int_0^t b_s ds + \int_0^t \sigma_s dW_s, \qquad t \in [0,T],$$

con $b \in \mathbb{L}^1_{\text{loc}}$ e $\sigma \in \mathbb{L}^2_{\text{loc}}$. Dato $r = (r^1, \ldots, r^N) \in \mathbb{L}^1_{\text{loc}}$, supponiamo esista un processo $\theta = (\theta^1, \ldots, \theta^d) \in \mathbb{L}^2_{\text{loc}}$ tale che:

i) *vale*

$$\sigma_t \theta_t = b_t - r_t, \qquad t \in [0,T]; \tag{10.8}$$

ii) *il processo Z^θ in (10.1) è una P-martingala.*

Allora vale

$$X_t = X_0 + \int_0^t r_s ds + \int_0^t \sigma_s dW_s^\theta, \qquad t \in [0,T],$$

dove W^θ è il Q-moto Browniano definito in (10.7)-(10.6).

Dimostrazione. Per l'ipotesi ii), possiamo applicare il Teorema di Girsanov e costruire il moto Browniano W^θ su $(\Omega, \mathcal{F}, Q)$. Inoltre vale

$$dX_t = b_t dt + \sigma_t dW_t =$$

(per la (10.7))

$$= b_t dt + \sigma_t \left(dW_t^\theta - \theta_t dt \right) =$$

(per la (10.8))

$$= r_t dt + \sigma_t dW_t^\theta.$$

□

Osservazione 10.7. Una caratteristica fondamentale del cambio di misura alla Girsanov è il fatto che *solo il termine di drift del processo S viene modificato: il coefficiente di diffusione (o volatilità) rimane invariato.* □

L'ipotesi principale del Teorema di Girsanov è la proprietà di martingala del processo Z^θ. Nelle applicazioni finanziarie assumeremo condizioni in base alle quali θ è limitato cosicché la proprietà di martingala di Z^θ segue dal Lemma 10.1. Tuttavia in generale la validità di questa condizione non è direttamente verificabile sul processo θ ed è utile il seguente classico risultato di Novikov [128] di cui riportiamo solo l'enunciato.

Teorema 10.8 (Condizione di Novikov). *Se $\theta \in \mathbb{L}^2_{\text{loc}}$ è tale che*

$$E\left[\exp\left(\frac{1}{2} \int_0^T |\theta_s|^2 ds\right)\right] < \infty$$

allora il processo

$$Z_t^\theta = \exp\left(-\int_0^t \theta_s \cdot dW_s - \frac{1}{2} \int_0^t |\theta_s|^2 ds\right), \qquad t \in [0,T],$$

è una martingala.

10.2 Rappresentazione delle martingale Browniane

Sia $(W_t)_{t \in [0,T]}$ un moto Browniano d-dimensionale sullo spazio $(\Omega, \mathcal{F}, P)$ munito della filtrazione Browniana $\mathcal{F}^W = (\mathcal{F}_t^W)_{t \in [0,T]}$. Sappiamo (cfr. Teorema 5.63) che per ogni $u \in \mathbb{L}^2(\mathcal{F}^W)$, il processo integrale (a valori reali)

$$M_t := M_0 + \int_0^t u_s \cdot dW_s, \qquad t \in [0,T], \tag{10.9}$$

è una $\mathcal{F}^W$-martingala. In questo paragrafo proviamo che, viceversa, ogni $\mathcal{F}^W$-martingala ammette una rappresentazione della forma (10.9).

Teorema 10.9. *Per ogni variabile aleatoria reale $X \in L^2(\Omega, \mathcal{F}_T^W)$ esiste ed è unico $u \in \mathbb{L}^2(\mathcal{F}^W)$ tale che*

$$X = E[X] + \int_0^T u_t \cdot dW_t. \tag{10.10}$$

Per semplicità consideriamo solo il caso uno-dimensionale $d = 1$ anche se gli argomenti seguenti possono essere facilmente adattati al caso generale. La prova del Teorema 10.9 è basata sui seguenti risultati preliminari.

Lemma 10.10. *La famiglia delle variabili aleatorie della forma*

$$\varphi(W_{t_1}, \ldots, W_{t_n})$$

con $\varphi \in C_0^\infty(\mathbb{R}^n)$, $t_k \in [0,T]$ per $k = 1, \ldots, n$ e $n \in \mathbb{N}$, è densa in $L^2(\Omega, \mathcal{F}_T^W)$.

Dimostrazione. Consideriamo un sottoinsieme $\{t_n\}_{n \in \mathbb{N}}$ numerabile e denso in $[0,T]$, e definiamo la filtrazione discreta

$$\mathcal{F}_n := \sigma(W_{t_1}, \ldots, W_{t_n}), \qquad n \in \mathbb{N};$$

osserviamo che $\mathcal{F}_T^W = \sigma(\mathcal{F}_n, n \in \mathbb{N})$. Data $X \in L^2(\Omega, \mathcal{F}_T^W)$, consideriamo la martingala discreta definita da

$$X_n = E[X \mid \mathcal{F}_n], \qquad n \in \mathbb{N}.$$

Per il Corollario 2.128 vale

$$\lim_{n \to \infty} X_n = X, \qquad \text{in } L^2;$$

inoltre per la Proposizione A.8, per ogni $n \in \mathbb{N}$ esiste una funzione misurabile $\varphi^{(n)}$ tale che

$$X_n = \varphi^{(n)}(W_{t_1}, \ldots, W_{t_n}).$$

Per densità, $\varphi^{(n)}$ può essere approssimata in $L^2(\mathbb{R}^n)$ da una successione $(\varphi_k^{(n)})_{k \in \mathbb{N}}$ in $C_0^\infty(\mathbb{R}^n)$: ne segue che

$$\lim_{k \to \infty} \varphi_k^{(n)}(W_{t_1}, \ldots, W_{t_n}) = X_n, \qquad \text{in } L^2(\Omega, P),$$

e questo conclude la prova. □

Lemma 10.11. *Lo spazio vettoriale delle combinazioni lineari di variabili aleatorie della forma*

$$Z^\theta = \exp\left(-\int_0^T \theta(t) \cdot dW_t - \frac{1}{2}\int_0^T |\theta(t)|^2 dt\right)$$

con $\theta \in L^\infty([0,T]; \mathbb{R}^d)$, funzione deterministica, è denso in $L^2(\Omega, \mathcal{F}_T^W, P)$.

Dimostrazione. Proviamo la tesi verificando che se

$$\langle X, Z^\theta \rangle_{L^2(\Omega)} = \int_\Omega X Z^\theta dP = 0, \tag{10.11}$$

per ogni $\theta \in L^\infty([0,T])$, allora $X = 0$ q.s. Come in precedenza consideriamo solo il caso $d = 1$.

Da (10.11), scegliendo opportunamente θ costante a tratti, deduciamo

$$F(\xi) := \int_\Omega e^{\xi_1 W_{t_1} + \cdots + \xi_n W_{t_n}} X dP = 0, \tag{10.12}$$

per ogni $\xi \in \mathbb{R}^n$, $t_1, \ldots, t_n \in [0,T]$ e $n \in \mathbb{N}$. Ora consideriamo l'estensione di F su $\mathbb{C}^n$:

$$F(z) = \int_\Omega e^{z_1 W_{t_1} + \cdots + z_n W_{t_n}} X dP, \qquad z \in \mathbb{C}^n,$$

ed osserviamo che per il principio del prolungamento analitico e la (10.12), $F \equiv 0$. Allora, in base al Teorema A.37 di inversione della trasformata di Fourier, per ogni $\varphi \in C_0^\infty(\mathbb{R}^n)$ abbiamo

$$\int_\Omega \varphi(W_{t_1}, \ldots, W_{t_n}) X dP = \int_\Omega \left(\frac{1}{(2\pi)^n} \int_{\mathbb{R}^n} e^{\xi_1 W_{t_1} + \cdots + \xi_n W_{t_n}} \hat\varphi(-\xi) d\xi\right) X dP$$

$$= \frac{1}{(2\pi)^n} \int_{\mathbb{R}^n} \hat\varphi(-\xi) \int_\Omega e^{\xi_1 W_{t_1} + \cdots + \xi_n W_{t_n}} X dP d\xi = 0,$$

da cui, in base al Lemma 10.10, segue la tesi. $\square$

Dimostrazione (del Teorema 10.9). Per quanto riguarda l'unicità, se $u, v \in \mathbb{L}^2$ soddisfano la (10.10) allora

$$\int_0^T (u_t - v_t) \cdot dW_t = 0$$

e per l'isometria di Itô si ha

$$0 = E\left[\left(\int_0^T (u_t - v_t) \cdot dW_t\right)^2\right] = E\left[\int_0^T |u_t - v_t|^2 dt\right]$$

da cui risulta che u e v sono indistinguibili. Per quanto riguarda l'esistenza, consideriamo anzitutto il caso in cui X sia della forma

10.2 Rappresentazione delle martingale Browniane

$$X = Z_T^\theta = \exp\left(-\int_0^T \theta(t) \cdot dW_t - \frac{1}{2} \int_0^T |\theta(t)|^2 dt\right) \qquad (10.13)$$

con $\theta \in L^\infty([0,T])$. Per la formula di Itô si ha

$$dZ_t^\theta = -Z_t^\theta \theta(t) \cdot dW_t$$

da cui

$$X = 1 - \int_0^T Z_t^\theta \theta(t) \cdot dW_t.$$

Inoltre, per il Lemma 10.1, poiché θ è una funzione limitata si ha $\theta Z^\theta \in \mathbb{L}^2$; questo prova la (10.10) per X in (10.13).

Ora, per il Lemma 10.11, ogni $X \in L^2(\Omega, \mathcal{F}_T^W, P)$ può essere approssimata in L^2 da una successione (X_n) di combinazioni lineari di variabili aleatorie del tipo (10.13): perciò vale la rappresentazione

$$X_n = E[X_n] + \int_0^T u_t^n \cdot dW_t, \qquad (10.14)$$

con $u^n \in \mathbb{L}^2$. Per l'isometria di Itô, si ha

$$E\left[(X_n - X_m)^2\right] = (E[X_n - X_m])^2 + E\left[\int_0^T |u_t^n - u_t^m|^2 dt\right],$$

da cui risulta che (u^n) è una successione di Cauchy in $\mathbb{L}^2(\mathcal{F}^W)$ e quindi è convergente. Passando al limite in (10.14) per $n \to \infty$ si ha la tesi. □

Osservazione 10.12. Utilizzando la teoria del calcolo di Malliavin, nella Sezione 13.2.1 saremo in grado di ricavare l'espressione del processo u in (10.10) in termini di attesa condizionata della derivata stocastica di X.

Teorema 10.13. *Sia $(M_t)_{t \in [0,T]}$ una $\mathcal{F}^W$-martingala tale che $M_T \in L^2(\Omega, P)$. Allora esiste ed è unico il processo $u \in \mathbb{L}^2(\mathcal{F}^W)$ tale che*

$$M_t = M_0 + \int_0^t u_s \cdot dW_s, \qquad t \in [0,T]. \qquad (10.15)$$

Dimostrazione. Poiché $M_T \in L^2(\Omega, P)$, per il Teorema 10.9 esiste $u \in \mathbb{L}^2(\mathcal{F}^W)$ tale che

$$M_T = M_0 + \int_0^T u_s \cdot dW_s.$$

Considerando l'attesa condizionata, abbiamo

$$M_t = E[M_T \mid \mathcal{F}^W] = M_0 + \int_0^t u_s \cdot dW_s, \qquad t \in [0,T].$$

□

Osservazione 10.14. Segue dal Teorema 10.13 che ogni martingala di quadrato integrabile ammette una modificazione continua.

Teorema 10.15. *Sia* $(M_t)_{t \in [0,T]}$ *una* $\mathcal{F}^W$*-martingala locale. Allora esiste ed è unico il processo* $u \in \mathbb{L}^2_{\mathrm{loc}}(\mathcal{F}^W)$ *tale che*

$$M_t = M_0 + \int_0^t u_s \cdot dW_s, \qquad t \in [0,T]. \tag{10.16}$$

Dimostrazione. Se $u, v \in \mathbb{L}^2_{\mathrm{loc}}$ soddisfano la (10.16) allora per

$$I_t := \int_0^t (u_s - v_s) \cdot dW_s, \qquad t \in [0,T],$$

si ha, per le Proposizioni 5.39 e 5.37,

$$\langle I \rangle_T = \int_0^T |u_t - v_t|^2 dt = 0 \qquad \text{q.s.}$$

e questo prova l'unicità.

Per l'esistenza, assumiamo dapprima che M sia continua: per l'Osservazione 5.31, esiste una successione localizzante (τ_n) tale che (M^{τ_n}) è una successione di martingale continue e limitate. Allora per il Teorema 10.13 esiste una successione (u^n) in $\mathbb{L}^2(\mathcal{F}^W)$ tale che

$$M_t^{\tau_n} = M_{t \wedge \tau_n} = M_0 + \int_0^t u_s^n \cdot dW_s, \qquad t \in [0,T]. \tag{10.17}$$

Ora
$$M_t^{\tau_n} = M_t^{\tau_{n+1}} \qquad \text{su } \{t \leq \tau_n\},$$

e quindi, per il risultato di unicità del teorema precedente, i processi $\left(u^n_{t \wedge \tau_n}\right)$ e $\left(u^{n+1}_{t \wedge \tau_n}\right)$ sono indistinguibili. Allora, per un argomento analogo a quello utilizzato nel Paragrafo 5.4, è ben posta la definizione

$$u_t \mathbb{1}_{\{t \leq \tau_n\}} = u_t^n, \qquad t \in [0,T];$$

inoltre $u \in \mathbb{L}^2_{\mathrm{loc}}$ e dalla (10.17) segue la (10.16).

Ora mostriamo che ogni martingala locale M ammette una modificazione continua. Consideriamo prima il caso di una martingala M: poiché $M_T \in L^1(\Omega, P)$ e $L^2(\Omega, P)$ è denso in $L^1(\Omega, P)$, esiste una successione (X_n) di variabili aleatorie $\mathcal{F}_T^W$-misurabili e di quadrato sommabili tale che

$$\|X_n - M_T\|_{L^1} \leq \frac{1}{2^n}, \qquad n \in \mathbb{N}.$$

Per il Teorema 10.13 la successione di martingale

$$M_t^n := E\left[X_n \mid \mathcal{F}_t^W\right], \qquad t \in [0,T],$$

10.2 Rappresentazione delle martingale Browniane

ammette una modificazione continua. Per la disuguaglianza massimale (cfr. Teorema 9.28) applicata alla super-martingala $-|M_t - M_t^n|$ si ha

$$P\left(\sup_{t\in[0,T]} |M_t - M_t^n| \geq \frac{1}{k}\right) \leq kE\left[|M_T - X_n|\right] \leq \frac{k}{2^n},$$

e quindi per il Lemma di Borel-Cantelli[1] si conclude che (M_n) converge uniformemente q.s. a M che dunque è continua q.s.

Infine, se M è una martingala locale, consideriamo una successione localizzante (τ_n): per quanto appena provato, M^{τ_n} ammette una modificazione continua da cui segue che

$$M = M^{\tau_n} \qquad \text{su } \{t \leq \tau_n\},$$

è continua e, data l'arbitrarietà di $n \in \mathbb{N}$, si ha la tesi. □

Concludiamo il paragrafo mostrando che il risultato di rappresentazione delle martingale Browniane vale anche sotto un cambio di misura alla Girsanov.

Teorema 10.16. *Nelle ipotesi del Teorema 10.5 di Girsanov, se M è una martingala locale in $(\Omega, \mathcal{F}, Q, \mathcal{F}_t^W)$ allora esiste ed è unica $u \in \mathbb{L}^2_{\text{loc}}(\mathcal{F}^W)$ tale che*

$$M_t = M_0 + \int_0^t u_s \cdot dW_s^\theta, \qquad t \in [0, T],$$

dove W^θ è il Q-moto Browniano definito in (10.7).

Dimostrazione. A meno di utilizzare un argomento di localizzazione come nella prova del Teorema 10.15, è sufficiente considerare il caso in cui M è una martingala. Notiamo che poiché M è una Q-martingala rispetto a $\mathcal{F}^W$ che è la filtrazione naturale per W e non per W^θ, non possiamo applicare direttamente il Teorema 10.15.

Per il Lemma 10.3, il processo $Y := MZ$, dove $Z = Z^\theta$ è la martingala esponenziale che definisce Q, è una P-martingala e quindi

$$Y_t = M_0 + \int_0^t v_s \cdot dW_s, \qquad t \in [0, T],$$

---

[1] Data una successione (A_n) di eventi e posto

$$A = \bigcap_{n \geq 1} \bigcup_{k \geq n} A_k,$$

se vale

$$\sum_{n \geq 1} P(A_n) < \infty,$$

allora $P(A) = 0$.

con $v \in \mathbb{L}^2_{\text{loc}}$. Osserviamo che

$$dZ_t^{-1} = d\exp\left(\int_0^t \theta_s \cdot dW_s + \frac{1}{2}\int_0^t |\theta_s|^2 ds\right)$$
$$= Z_t^{-1}\left(\theta_t \cdot dW_t + |\theta_t|^2 dt\right) = Z_t^{-1}\theta_t \cdot dW_t^\theta, \qquad (10.18)$$

e quindi per la formula di Itô si ha

$$dM_t = d\left(Y_t Z_t^{-1}\right) = Y_t dZ_t^{-1} + Z_t^{-1} dY_t + d\langle Y, Z^{-1}\rangle_t$$
$$= Z_t^{-1}\left(Y_t \theta_t \cdot dW_t^\theta + v_t \cdot dW_t + u_t \cdot \theta_t dt\right)$$
$$= Z_t^{-1}\left(Y_t \theta_t + v_t\right) \cdot dW_t^\theta.$$

Dunque vale la tesi con $u = Z^{-1}(Y\theta + v)$. □

10.3 Valutazione

In questo paragrafo studiamo il problema della valutazione di un derivato Europeo in modello di mercato a tempo continuo. Anzitutto fissiamo le ipotesi generali che assumeremo in tutto il resto del capitolo: consideriamo un mercato in cui sono presenti N titoli rischiosi e d fattori di rischio rappresentati da un moto Browniano d-dimensionale W sullo spazio di probabilità $(\Omega, \mathcal{F}, P)$ munito della filtrazione Browniana $(\mathcal{F}_t^W)$. Per semplicità assumiamo $\mathcal{F} = \mathcal{F}_T^W$ e $N \leq d$. Motiveremo quest'ultima ipotesi con l'Esempio 10.22 e la discussione che lo precede. Intuitivamente l'idea è che se il numero N dei titoli rischiosi è maggiore del numero d dei fattori di rischio allora si hanno due possibilità: o il modello di mercato ammette arbitraggi oppure alcuni titoli sono "ridondanti" nel senso che possono essere replicati utilizzando soltanto d titoli "primitivi" fra gli N disponibili.

Indichiamo con S_t^i il prezzo al tempo $t \in [0, T]$ dell'i-esimo titolo rischioso e supponiamo che
$$S_t^i = e^{X_t^i}, \qquad i = 1, \ldots, N,$$
dove $X = (X^1, \ldots, X^N)$ è un processo di Itô della forma

$$dX_t = b_t dt + \sigma_t dW_t. \qquad (10.19)$$

I coefficienti b e σ hanno valori rispettivamente in $\mathbb{R}^N$ e nello spazio delle matrici di dimensione $N \times d$. Inoltre $b, \sigma \in \mathbb{L}^\infty$, ossia sono processi progressivamente misurabili e limitati: esiste una costante C tale che

$$|b_t| + |\sigma_t| \leq C, \qquad t \in [0, T], \text{ q.s.}$$

Notazione 10.17 *Per brevità, indichiamo con σ^i la i-esima riga della matrice σ e*

$$\mu_t^i = b_t^i + \frac{|\sigma^i|^2}{2}, \qquad (10.20)$$

per $i = 1, \ldots, N$.

Allora per la formula di Itô, vale

$$dS_t^i = \mu_t^i S_t^i dt + S_t^i \sigma_t^i \cdot dW_t \qquad (10.21)$$
$$= \mu_t^i S_t^i dt + \sum_{j=1}^{d} S_t^i \sigma_t^{ij} dW_t^j,$$

per $i = 1, \ldots, N$.

Osservazione 10.18. In base alla stima del Teorema 9.33, per diffusioni con coefficienti a crescita al più lineare[2], per ogni $p \geq 1$ vale

$$E\left[\sup_{0 \leq t \leq T} |S_t|^p\right] < \infty. \qquad (10.22)$$

□

Indichiamo con B il prezzo del titolo non rischioso e supponiamo che soddisfi l'equazione
$$dB_t = r_t B_t dt,$$
con $r \in \mathbb{L}^\infty$. In altri termini
$$B_t = e^{\int_0^t r_s ds}, \qquad t \in [0, T]. \qquad (10.23)$$

Notiamo che, a dispetto dell'appellativo "non rischioso", anche B è un processo stocastico: tuttavia B ha variazione limitata (cfr. Esempio 4.31-iii)) e quindi intuitivamente ha un grado di aleatorietà inferiore rispetto ai titoli S.

10.3.1 Misure martingale e prezzi di mercato del rischio

Il concetto di misura martingala gioca un ruolo centrale nella teoria dei derivati finanziari. Vedremo nelle Sezioni 10.3.3 e 10.3.4 che l'esistenza di una misura martingala assicura l'assenza d'opportunità d'arbitraggio e permette di introdurre il prezzo neutrale al rischio (o prezzo d'arbitraggio) di un derivato replicabile.

Definizione 10.19. *Una misura martingala Q è una misura di probabilità su $(\Omega, \mathcal{F})$ tale che*

i) Q è equivalente a P;
ii) il processo dei prezzi scontati
$$\widetilde{S}_t^i := e^{-\int_0^t r_s ds} S_t, \qquad t \in [0, T],$$

è una Q-martingala. In particolare vale la formula di valutazione neutrale al rischio:
$$S_t = E^Q\left[e^{-\int_t^T r_s ds} S_T \mid \mathcal{F}_t^W\right], \qquad t \in [0, T]. \qquad (10.24)$$

---
[2] Un'attenta rilettura della dimostrazione mostra che il Teorema 9.33 vale se X è un generico processo di Itô e non necessariamente una diffusione.

380 10 Modelli di mercato a tempo continuo

Consideriamo ora una generica misura Q su $(\Omega, \mathcal{F})$ equivalente a P. Ricordiamo l'Esempio 4.50 e definiamo *il processo densità di Q rispetto a P*:

$$Z_t := E^P\left[\frac{dQ}{dP} \mid \mathcal{F}_t^W\right] = \frac{dQ}{dP}\Big|_{\mathcal{F}_t^W}, \qquad t \in [0,T].$$

Poiché $Q \sim P$, il processo Z è una P-martingala positiva. Allora per il Teorema 10.15 di rappresentazione delle martingale, esiste ed è unico $\eta \in \mathbb{L}^2_{\text{loc}}(\mathcal{F}^W)$ tale che

$$dZ_t = \eta_t \cdot dW_t;$$

dunque vale

$$dZ_t = -Z_t \theta_t \cdot dW_t,$$

dove

$$\theta_t := -\frac{\eta_t}{Z_t}, \qquad t \in [0,T].$$

In altri termini Z è la martingala esponenziale associata a θ ed essendo, per costruzione, una vera martingala possiamo applicare il Teorema di Girsanov per dedurre che

$$W_t^\theta := W_t + \int_0^t \theta_s ds, \qquad t \in [0,T], \qquad (10.25)$$

è un moto Browniano su $(\Omega, \mathcal{F}, Q, \mathcal{F}_t^W)$. Inoltre vale

$$\begin{aligned} d\widetilde{S}_t^i &= \left(\mu_t^i - r_t\right) \widetilde{S}_t^i dt + \widetilde{S}_t^i \sigma_t^i \cdot dW_t \\ &= \left(\mu_t^i - r_t\right) \widetilde{S}_t^i dt + \widetilde{S}_t^i \sigma_t^i \cdot \left(dW_t^\theta - \theta_t dt\right) \\ &= \left(\mu_t^i - r_t - \sigma_t^i \cdot \theta_t\right) \widetilde{S}_t^i dt + \widetilde{S}_t^i \sigma_t^i \cdot dW_t^\theta. \end{aligned} \qquad (10.26)$$

Ricordiamo ora l'Osservazione 5.48: un processo di Itô è una martingala locale se e solo se ha drift nullo. Pertanto Q è una misura martingala se e solo se vale[3]

$$\sigma \theta = \mu - \bar{r} \qquad (10.27)$$

dove $\bar{r}$ è il processo in $\mathbb{R}^N$ le cui componenti sono tutte uguali a r. Notando l'analogia con il concetto di prezzo di mercato del rischio introdotto nell'equazione (7.48) della Sezione 7.3.4, diamo la seguente

Definizione 10.20. *Un processo del prezzo di mercato del rischio è un processo $\theta \in \mathbb{L}^2_{\text{loc}}$ tale che*

i) la martingala esponenziale associata Z^θ in (10.1) è una P-martingala;
ii) è soluzione del sistema di equazioni (10.27).

---

[3] Nel senso che vale

$$\sigma_t(\omega)\theta_t(\omega) = \mu_t(\omega) - \bar{r}_t(\omega)$$

per quasi ogni $(\omega, t) \in \Omega \times [0,T]$.

Le osservazioni precedenti sono formalizzate nel teorema seguente che afferma la corrispondenza biunivoca fra misure martingale e processi del prezzo di mercato del rischio.

Teorema 10.21. *Ad ogni misura martingala Q è associato un unico processo del prezzo di mercato del rischio θ. Inoltre se W^θ è il moto Browniano definito da (10.25) su $(\Omega, \mathcal{F}, Q, \mathcal{F}_t^W)$, allora vale*

$$d\widetilde{S}_t^i = \widetilde{S}_t^i \sigma_t^i \cdot dW_t^\theta, \qquad i = 1, \ldots, N. \tag{10.28}$$

Dimostrazione. Abbiamo visto come costruire il processo del prezzo di mercato del rischio associato a una misura martingala. Viceversa, dato $\theta \in \mathbb{L}_{\text{loc}}^2$ tale che vale la (10.27) e Z^θ è una P-martingala, definiamo Q mediante $\frac{dQ}{dP} = Z_T^\theta$ e verifichiamo che Q è una misura martingala. Anzitutto, per il Teorema di Girsanov, W^θ in (10.25) è un moto Browniano su $(\Omega, \mathcal{F}, Q, \mathcal{F}_t^W)$ e per l'Osservazione 10.4, P e Q sono equivalenti. Inoltre per la (10.25) e la (10.27) vale

$$d\widetilde{S}_t^i = \widetilde{S}_t^i \sigma_t^i \cdot dW_t^\theta, \qquad i = 1, \ldots, N,$$

da cui risulta che $\widetilde{S}^i$ è una martingala esponenziale

$$\widetilde{S}_t^i = \exp\left(\int_0^t \sigma_s^i \cdot dW_s^\theta - \frac{1}{2} \int_0^t |\sigma_s^i|^2 \, ds\right).$$

Infine poiché $\sigma \in \mathbb{L}^\infty$, per il Lemma 10.1 si ha che $\widetilde{S}^i$ è una Q-martingala e questo conclude la prova. Notiamo anche che $\widetilde{S}^i$ appartiene a $\mathbb{L}^p(\Omega, Q)$ per ogni p. □

In base al Teorema 10.21, la risolubilità dell'equazione (10.27) è *condizione necessaria* per l'esistenza di una misura martingala equivalente a P. Assumendo che la matrice σ abbia rango massimo (intuitivamente, assumendo che non ci siano titoli "ridondanti"), la (10.27) ha soluzione θ se σ ammette un'inversa destra: pertanto è necessario che $N \leq d$.

Se la (10.27) non è risolubile, non esiste una misura martingala e il mercato ammette arbitraggi: la prova di questa affermazione in ambito generale va al di là di questa trattazione elementare ed è il contenuto del primo Teorema fondamentale della valutazione. Questo risultato è stato provato da molti autori e sotto varie ipotesi: citiamo fra gli altri Stricker [157], Ansel e Stricker [3], Delbaen [35], Schweizer [148], Lakner [106], Delbaen e Schachermayer [36, 37, 38, 34, 39, 40], Frittelli e Lakner [67]. Qui ci limitiamo ad esaminare un semplice esempio in cui una strategia d'arbitraggio si può costruire esplicitamente.

Esempio 10.22. Consideriamo un mercato composto da due moti Browniani geometrici

$$dS_t^i = \mu^i S_t^i dt + \sigma^i S_t^i dW_t, \qquad i = 1, 2,$$

dove W è un moto Browniano reale: in questo caso $2 = N > d = 1$. L'equazione (10.27) per il prezzo di mercato del rischio assume la forma:

$$\begin{cases} \sigma^1 \theta = \mu^1 - r, \\ \sigma^2 \theta = \mu^2 - r. \end{cases}$$

Il sistema è risolubile se e solo se

$$\frac{\mu^1 - r}{\sigma^1} = \frac{\mu^2 - r}{\sigma^2}. \tag{10.29}$$

Questo è conforme a quanto avevamo osservato nella Sezione 7.3.4, in particolare con la formula (7.49) secondo la quale, in un mercato libero da arbitraggi, *tutti i titoli devono avere lo stesso prezzo di mercato del rischio.* Se (10.29) non è soddisfatta il mercato ammette arbitraggi: infatti supponiamo che valga

$$\lambda := \frac{\mu^1 - r}{\sigma^1} - \frac{\mu^2 - r}{\sigma^2} > 0,$$

e consideriamo il portafoglio autofinanziante $h = (\alpha^1, \alpha^2, \beta)$ di valore iniziale nullo, definito da

$$\alpha^i = \frac{1}{S_t^i \sigma^i}, \qquad i = 1, 2.$$

Allora il differenziale stocastico del valore $V(h)$ del portafoglio verifica

$$dV_t(h) = \alpha_t^1 dS_t^1 + \alpha_t^2 dS_t^2 + r\left(V_t(h) - \alpha_t^1 S_t^1 - \alpha_t^2 S_t^2\right) dt$$
$$= \frac{\mu^1 - r}{\sigma^1} dt + dW_t - \frac{\mu^2 - r}{\sigma^2} dt - dW_t + rV_t(h) dt$$
$$= (rV_t(h) + \lambda) dt,$$

e dunque costituisce un arbitraggio poiché ha un rendimento certo, strettamente maggiore del bond. □

10.3.2 Esistenza di una misura martingala equivalente

In questa sezione diamo una semplice condizione per l'esistenza di una misura martingala. Ricordiamo che affinché esista una misura martingala è necessario che l'equazione (10.27) sia risolubile nell'incognita θ. Allora risulta naturale porre la seguente

Ipotesi 10.23 *La matrice σ ha un'inversa destra in $\mathbb{L}^\infty$.*

Una matrice σ di dimensione $N \times d$, con $N \leq d$, ha un'inversa destra se esiste una matrice $\bar{\sigma}$ tale che

$$\sigma \bar{\sigma} = \mathrm{Id}_{\mathbb{R}^N}.$$

Poiché $N \leq d$, l'inversa destra di σ può esistere *ma non necessariamente essere unica:* per esempio, se $N = 2$, $d = 3$ e

$$\sigma = \begin{pmatrix} 1 & 1 & 0 \\ 1 & 0 & 1 \end{pmatrix}$$

ogni matrice della forma

$$\begin{pmatrix} a & b \\ 1-a & -b \\ -a & 1-b \end{pmatrix}, \qquad a,b \in \mathbb{R},$$

è un'inversa destra di σ.

Il caso più significativo in cui vale l'Ipotesi 10.23 è quando $N=d$ e $\sigma\sigma^*$ è una matrice uniformemente definita positiva, ossia esiste una costante $C>0$ tale che

$$\langle \sigma_t \sigma^* \xi, \xi \rangle \geq C|\xi|^2, \qquad \xi \in \mathbb{R}^N,\ t \in [0,T],\ \text{q.s.} \tag{10.30}$$

In tal caso $\bar{\sigma} = \sigma^{-1}$ è univocamente determinata.

È chiaro che l'Ipotesi 10.23 è sufficiente per l'esistenza di un processo del prezzo di mercato del rischio (secondo la Definizione 10.20) e della corrispondente misura martingala equivalente a P. Pertanto il teorema seguente è conseguenza diretta dei risultati della Sezione 10.3.1.

Teorema 10.24. *Assumiamo l'Ipotesi 10.23 e supponiamo che $\bar{\sigma} \in \mathbb{L}^\infty$ sia un'inversa destra di σ. Allora indicando con $\bar{r}$ è il processo in $\mathbb{R}^N$ le cui componenti sono tutte uguali a r, si ha che*

$$\theta := \bar{\sigma}(\mu - \bar{r}) \tag{10.31}$$

è un processo del prezzo di mercato del rischio. Di conseguenza:

i) il processo

$$Z_t^\theta = \exp\left(-\int_0^t \theta_s \cdot dW_s - \frac{1}{2}\int_0^t |\theta_s|^2 ds\right), \qquad t \in [0,T], \tag{10.32}$$

è una P-martingala;

ii) il processo

$$W_t^\theta = W_t + \int_0^t \theta_s ds, \qquad t \in [0,T],$$

è un moto Browniano nello spazio $(\Omega, \mathcal{F}, Q, \mathcal{F}_t^W)$ dove Q è la misura di probabilità equivalente a P definita da

$$\frac{dQ}{dP} = Z_T^\theta; \tag{10.33}$$

iii) il processo dei prezzi ha la seguente rappresentazione:

$$S_t^i = S_0^i + \int_0^t r_s S_s^i ds + \int_0^t S_s^i \sigma_s^i \cdot dW_s^\theta, \qquad t \in [0,T], \tag{10.34}$$

per $i = 1, \ldots, N$. Inoltre il processo dei prezzi scontati $\tilde{S}$ è una Q-martingala in $\mathbb{L}^p(\Omega, Q)$ per ogni $p \geq 1$ e vale la formula di valutazione neutrale al rischio:

$$S_t = E^Q\left[e^{-\int_t^T r_s ds} S_T \mid \mathcal{F}_t^W\right], \qquad t \in [0, T].$$

Dimostrazione. È sufficiente osservare che per ipotesi $\theta \in \mathbb{L}^\infty$ e il Lemma 10.1 assicura che Z^θ è una P-martingala: allora, per costruzione, θ è un processo del prezzo di mercato del rischio. Il resto dell'enunciato è contenuto nel Teorema 10.21 e nella definizione di misura martingala equivalente. □

Osservazione 10.25. L'Ipotesi 10.23 implica l'esistenza di una misura martingala *il cui processo θ del prezzo di mercato del rischio appartiene* $\mathbb{L}^\infty$. In base al Lemma 10.1, ciò assicura che la corrispondente martingala esponenziale Z^θ (il processo densità di Q rispetto a P) ha buone proprietà di sommabilità: precisamente, $Z^\theta \in \mathbb{L}^p(\Omega, P)$ per ogni $p \geq 1$.

Notazione 10.26 *Indichiamo con $\mathcal{Q}$ la famiglia delle misure martingale il cui corrispondente prezzo di mercato del rischio appartiene a $\mathbb{L}^\infty$. Precisamente*

$$\mathcal{Q} = \{Q \mid dQ = Z_T^\theta dP \text{ con } \theta \in \mathbb{L}^\infty\}.$$

Prima di analizzare le conseguenze dell'esistenza di una misura martingala, consideriamo alcuni esempi significativi.

Esempio 10.27. Consideriamo il modello di mercato di Black&Scholes in cui $N = d = 1$ e i coefficienti r, μ, σ sono costanti. Se $\sigma > 0$, l'Ipotesi 10.23 è chiaramente soddisfatta e $\bar{\sigma} = \frac{1}{\sigma}$. Il prezzo di mercato del rischio è pari a

$$\theta = \frac{\mu - r}{\sigma}$$

e corrisponde al valore introdotto nella Sezione 7.3.4. Per il Teorema 10.24, il processo

$$W_t^\theta = W_t + \frac{\mu - r}{\sigma} t, \qquad t \in [0, T],$$

è un moto Browniano nella misura Q definita da

$$\frac{dQ}{dP} = \exp\left(-\theta W_T - \frac{\theta^2}{2} T\right),$$

e la dinamica del titolo rischioso è

$$dS_t = rS_t dt + \sigma S_t dW_t^\theta.$$

Allora il processo del prezzo scontato $\tilde{S}_t = e^{-rt} S_t$ verifica l'equazione

$$d\tilde{S}_t = \sigma \tilde{S}_t dW_t^\theta,$$

ed è una Q-martingala: in particolare vale

$$S_t = e^{-r(T-t)} E^Q \left[S_T \mid \mathcal{F}_t^W \right], \qquad t \in [0, T].$$

□

Esempio 10.28. Consideriamo un modello di mercato in cui $N = d$, ossia il numero dei titoli rischiosi è pari alla dimensione del moto Browniano. Indichiamo con S_t^i il prezzo al tempo $t \in [0, T]$ dell'i-esimo titolo rischioso e supponiamo che

$$dS_t^i = \mu_t^i S_t^i dt + S_t^i \sigma_t^i \cdot dW_t, \qquad i = 1, \ldots, N.$$

Assumiamo che σ sia uniformemente definita positiva (cfr. (10.30)): allora σ è invertibile con inversa limitata, e quindi il Teorema 10.24 permette di costruire in modo unico la misura martingala Q, equivalente a P, e un Q-moto Browniano W^θ rispetto al quale la dinamica dei prezzi scontati è

$$d\widetilde{S}_t^i = \widetilde{S}_t^i \sigma_t^i \cdot dW_t^\theta, \qquad i = 1, \ldots, N.$$

□

Esempio 10.29. Consideriamo il modello a volatilità stocastica di Heston [76] in cui c'è un titolo sottostante ($N = 1$) la cui volatilità è un processo stocastico guidato da un secondo moto Browniano ($d = 2$). Precisamente

$$\begin{cases} dS_t = \mu S_t dt + \sqrt{\nu_t} S_t \left(\sqrt{1 - \varrho^2} dW_t^1 + \varrho dW_t^2 \right) \\ d\nu_t = k(\bar{\nu} - \nu_t) dt + \eta \sqrt{\nu_t} dW_t^2, \end{cases} \qquad (10.35)$$

dove (W^1, W^2) è un moto Browniano standard bidimensionale e $\mu, \varrho, k, \bar{\nu}, \eta$ sono costanti con $\varrho \in [-1, 1]$. La seconda equazione in (10.35) ha la cosiddetta proprietà di "ritorno alla media" (mean reversion): per $k > 0$, il drift è positivo se $\nu_t < \bar{\nu}$ ed è negativo se $\nu_t > \bar{\nu}$ e quindi il processo ν_t è "spinto" verso il valore $\bar{\nu}$ che può essere interpretato come una media di lungo periodo. Gli altri parametri rappresentano rispettivamente: μ il drift di S_t, ϱ la correlazione fra i processi, k la velocità di ritorno alla media, η la volatilità della volatilità. Nelle notazioni introdotte all'inizio del paragrafo, σ_t è la matrice di dimensione 1×2:

$$\sigma_t = \sqrt{\nu_t} \left(\sqrt{(1 - \varrho^2)} \quad \varrho \right);$$

se $\varrho \neq 0$, un'inversa destra è del tipo

$$\begin{pmatrix} \lambda_t \\ \frac{1 - \lambda_t \sqrt{\nu_t(1 - \varrho^2)}}{\varrho \sqrt{\nu_t}} \end{pmatrix}$$

e ad ogni processo (λ_t) corrisponde un vettore del prezzo del rischio

$$\theta_t^\lambda := (\mu - r_t) \begin{pmatrix} \lambda_t \\ \frac{1 - \lambda_t \sqrt{\nu_t(1 - \varrho^2)}}{\varrho \sqrt{\nu_t}} \end{pmatrix},$$

e una misura martingala Q^λ rispetto alla quale il processo

$$\widetilde{W}_t = W_t + \int_0^t \theta_s^\lambda ds, \qquad t \in [0,T],$$

è un moto Browniano bidimensionale e la dinamica del titolo rischioso è data da

$$dS_t = r_t S_t dt + \sqrt{\nu_t} S_t \left(\sqrt{1-\varrho^2} d\widetilde{W}_t^1 + \varrho d\widetilde{W}_t^2\right).$$

Dal punto di vista pratico e modellistico, *il prezzo del rischio θ è determinato dal mercato:* in altri termini il valore "corretto" di θ deve essere scelto in base ad osservazioni sul mercato, calibrando il modello ai dati disponibili. Come vedremo nel seguito, una volta scelto θ è possibile determinare il corrispondente prezzo di non-arbitraggio di un derivato su S. Tuttavia in generale non è possibile costruire una strategia di copertura basata sul sottostante e sul bond: si tratta di un modello di mercato incompleto. □

10.3.3 Strategie ammissibili e arbitraggi

Consideriamo il mercato in cui la dinamica dei titoli rischiosi è data da

$$dS_t^i = \mu_t^i S_t^i dt + S_t^i \sigma_t^i \cdot dW_t, \qquad i = 1, \ldots, N,$$

dove W è un moto Browniano d-dimensionale, $\mu, \sigma \in \mathbb{L}^\infty$ e assumiamo l'Ipotesi 10.23. In base al Teorema 10.24 la famiglia delle misure martingali $\mathcal{Q}$ non è vuota: esiste, ma non è necessariamente unica, una misura martingala equivalente a P il cui processo del prezzo di mercato del rischio appartiene a $\mathbb{L}^\infty$.

Definizione 10.30. *Una strategia (o portafoglio) è un processo $h = (\alpha, \beta)$ con $\alpha \in \mathbb{L}_{\text{loc}}^2$, $\beta \in \mathbb{L}_{\text{loc}}^1$ a valori rispettivamente in $\mathbb{R}^N$ e in $\mathbb{R}$. Il valore della strategia h è il processo reale*

$$V_t(h) = \alpha_t \cdot S_t + \beta_t B_t = \sum_{i=1}^N \alpha_t^i S_t^i + \beta_t B_t, \qquad t \in [0,T].$$

Una strategia h è autofinanziante se vale

$$dV_t(h) = \alpha_t \cdot dS_t + \beta_t dB_t. \tag{10.36}$$

Osserviamo che, essendo S un processo adattato e continuo, si ha che $\alpha \cdot S \in \mathbb{L}_{\text{loc}}^2$ e l'integrale stocastico in (10.36) è ben definito.

Estendiamo ora un'utile caratterizzazione delle strategie autofinanzianti provata nel caso del modello di Black&Scholes. Al solito, indichiamo con $\widetilde{S}$ e $\widetilde{V}(h)$ i prezzi scontati.

Proposizione 10.31. *Una strategia $h = (\alpha, \beta)$ è autofinanziante se e solo se vale*
$$d\widetilde{V}_t(h) = \alpha_t \cdot d\widetilde{S}_t,$$
ossia
$$\widetilde{V}_t(h) = V_0(h) + \int_0^t \alpha_s \cdot d\widetilde{S}_s, \qquad t \in [0,T]. \tag{10.37}$$

Dimostrazione. Vale
$$d\widetilde{V}_t(h) = e^{-\int_0^t r_s ds} \left(-r_t V_t(h)dt + dV_t(h)\right) =$$
(per la proprietà di autofinanziamento (10.36))
$$= e^{-\int_0^t r_s ds} \left(-r_t V_t(h)dt + \alpha_t \cdot dS_t + r_t \beta_t B_t dt\right) =$$
(poiché $\alpha_t \cdot S_t = V_t(h) - \beta_t B_t$)
$$= e^{-\int_0^t r_s ds} \left(-r_t \alpha_t \cdot S_t dt + \alpha_t \cdot dS_t\right) = \alpha_t \cdot d\widetilde{S}_t.$$
□

La Proposizione 10.31 ha alcune notevoli conseguenze.

Corollario 10.32. *Il valore di una strategia autofinanziante $h = (\alpha, \beta)$ è univocamente determinato dal proprio valore iniziale $V_0(h)$ e dal processo α delle quantità di titoli rischiosi. Inoltre, dati $V_0 \in \mathbb{R}$ e $\alpha \in \mathbb{L}^2_{\text{loc}}$, esiste una strategia autofinanziante $h = (\alpha, \beta)$ tale che $V_0(h) = V_0$.*

Dimostrazione. Procediamo come nel caso del modello di Black&Scholes e definiamo i processi V e β ponendo
$$e^{-\int_0^t r_s ds} V_t = V_0 + \int_0^t \alpha_s \cdot d\widetilde{S}_s, \qquad \beta_t = B_t^{-1}\left(V_t - \alpha_t \cdot S_t\right), \qquad t \in [0,T].$$

Allora, per la Proposizione 10.31, $h := (\alpha, \beta)$ è una strategia autofinanziante tale che $V_t(h) = V_t$ per $t \in [0,T]$. □

Proposizione 10.33. *Siano $Q \in \mathcal{Q}$ una misura martingala equivalente a P e $h = (\alpha, \beta)$ una strategia autofinanziante. Allora $\widetilde{V}(h)$ è una Q-martingala locale. Inoltre se $\alpha \in \mathbb{L}^2(P)$ allora $\widetilde{V}(h)$ è una Q-martingala: in particolare si ha*
$$V_t(h) = E^Q\left[e^{-\int_t^T r_s ds} V_T(h) \mid \mathcal{F}_t^W\right], \qquad t \in [0,T]. \tag{10.38}$$

Dimostrazione. Fissata $Q \in \mathcal{Q}$, indichiamo con W^0 il Q-moto Browniano introdotto nel Teorema 10.24. Allora sostituendo l'espressione (10.28) del differenziale $d\widetilde{S}_t$ nella formula (10.37), otteniamo

$$\widetilde{V}_t(h) = V_0(h) + \sum_{i=1}^{N} \int_0^t \alpha_s^i \widetilde{S}_s^i \sigma_s^i \cdot dW_s^\theta,$$

da cui segue che $\widetilde{V}(h)$ è una Q-martingala locale.

Per provare la seconda parte dell'enunciato utilizziamo la Proposizione 5.41 in base alla quale se

$$E^Q \left[\left(\int_0^T \left| \alpha_t^i \widetilde{S}_t^i \sigma_t^i \right|^2 dt \right)^{\frac{1}{2}} \right] < \infty,$$

per ogni $i = 1, \ldots, N$, allora $\widetilde{V}(h)$ è una Q-martingala. In effetti, poiché $r, \sigma \in \mathbb{L}^\infty$, è sufficiente verificare che

$$E^Q \left[Y^{\frac{1}{2}} \right] < \infty.$$

dove abbiamo posto, per semplicità,

$$Y = \int_0^T (\alpha_t \cdot S_t)^2 \, dt.$$

Ora utilizziamo il fatto che $Q \in \mathcal{Q}$ e quindi (cfr. Osservazione 10.25)

$$\frac{dQ}{dP} = Z$$

con $Z \in L^p(\Omega, P)$ per ogni $p \geq 1$. Dunque, fissati due esponenti coniugati q, q' con $1 < q < 2$, per la disuguaglianza di Hölder abbiamo

$$E^Q \left[Y^{\frac{1}{2}} \right] = E^P \left[Y^{\frac{1}{2}} Z \right] \leq E^P \left[Y^{\frac{q}{2}} \right]^{\frac{1}{q}} E^P \left[Z^{q'} \right]^{\frac{1}{q'}}$$

e dunque per concludere, verifichiamo che

$$E^P \left[Y^{\frac{q}{2}} \right] < \infty.$$

Si ha

$$E^P \left[Y^{\frac{q}{2}} \right] \leq E^P \left[\left(\int_0^T |\alpha_t|^2 dt \right)^{\frac{q}{2}} \sup_{t \in [0,T]} |S_t|^q \right] \leq$$

(per la disuguaglianza di Hölder)

$$\leq E^P \left[\int_0^T |\alpha_t|^2 dt \right]^{\frac{q}{2}} E^P \left[\sup_{t \in [0,T]} |S_t|^{\frac{2q}{2-q}} \right]^{\frac{2-q}{2}} < \infty$$

per l'ipotesi su α e la stima (10.22). Infine la (10.38) è immediata conseguenza della proprietà di martingala. □

Come nel caso discreto, è immediato verificare che una strategia il cui valore scontato sia una martingala non può essere un arbitraggio: in particolare, per la Proposizione 10.33, la famiglia dei portafogli autofinanzianti $h = (\alpha, \beta)$ con $\alpha \in \mathbb{L}^2(P)$ non contiene portafogli di arbitraggio. Introduciamo ora la definizione di strategia ammissibile e di seguito proviamo una versione del principio di non arbitraggio.

Definizione 10.34. *Indichiamo con $\mathcal{A}$ la famiglia delle strategie autofinanzianti h tali che $\widetilde{V}(h)$ è una Q-martingala per ogni $Q \in \mathcal{Q}$. Diciamo che $h \in \mathcal{A}$ è una strategia ammissibile.*

Per la Proposizione 10.33, ogni strategia autofinanziante $h = (\alpha, \beta)$ con $\alpha \in \mathbb{L}^2(P)$ è ammissibile.

Corollario 10.35 (Principio di non-arbitraggio). *Siano $h^1, h^2 \in \mathcal{A}$ tali che*
$$V_T(h^1) = V_T(h^2) \qquad P\text{-}q.s.$$
Allora si ha
$$V_t(h^1) = V_t(h^2) \qquad t \in [0,T], \; P\text{-}q.s.$$

Dimostrazione. La tesi è una semplice conseguenza della proprietà di martingala. Consideriamo una misura martingala $Q \in \mathcal{Q}$: allora
$$V_T(h^1) = V_T(h^2) \qquad Q\text{-q.s.}$$
e quindi
$$V_t(h^1) = E^Q\left[e^{-\int_t^T r_s ds} V_T(h^1) \mid \mathcal{F}_t^W\right]$$
$$= E^Q\left[e^{-\int_t^T r_s ds} V_T(h^2) \mid \mathcal{F}_t^W\right] = V_t(h^2), \qquad t \in [0,T].$$
□

10.3.4 Valutazione d'arbitraggio

In questa sezione, assumiamo l'Ipotesi 10.23 e con argomenti sostanzialmente analoghi a quelli utilizzati in tempo discreto nella Sezione 3.1.3, affrontiamo il problema della valutazione di un derivato Europeo.

Definizione 10.36. *Un derivato Europeo con scadenza T è una variabile aleatoria X sommabile. Un derivato X si dice replicabile se esiste $h \in \mathcal{A}$ tale che*
$$X = V_T(h) \qquad P\text{-}q.s. \tag{10.39}$$

Chiaramente X rappresenta il payoff del derivato. Una strategia ammissibile h per cui valga (10.39) è detta strategia replicante per X.

Introduciamo ora le famiglie delle strategie super e sub-replicanti:

$$\mathcal{A}_X^+ = \{h \in \mathcal{A} \mid V_T(h) \geq X, \ P\text{-q.s.}\},$$
$$\mathcal{A}_X^- = \{h \in \mathcal{A} \mid V_T(h) \leq X, \ P\text{-q.s.}\}.$$

Data $h \in \mathcal{A}_X^+$ (risp. $h \in \mathcal{A}_X^-$), il valore $V_0(h)$ rappresenta l'ammontare necessario a costruire al tempo iniziale una strategia che super-replica (risp. sub-replica) il payoff X a scadenza. Il risultato seguente conferma la naturale relazione di consistenza fra i valori iniziali delle strategie super e sub-replica che necessariamente deve sussistere in un mercato libero da arbitraggi.

Lemma 10.37. *Per ogni misura martingala $Q \in \mathcal{Q}$ vale*

$$\sup_{h \in \mathcal{A}_X^-} V_t(h) \leq E^Q\left[e^{-\int_t^T r_s ds} X \mid \mathcal{F}_t^W\right] \leq \inf_{h \in \mathcal{A}_X^+} V_t(h), \qquad t \in [0,T].$$

Dimostrazione. Se $h \in \mathcal{A}_X^-$ allora, per la (10.38), vale

$$V_t(h) = E^Q\left[e^{-\int_t^T r_s ds} V_T(h) \mid \mathcal{F}_t^W\right] \leq E^Q\left[e^{-\int_t^T r_s ds} X \mid \mathcal{F}_t^W\right],$$

e una stima analoga vale per $h \in \mathcal{A}_X^+$. □

Fissata una misura martingala $Q \in \mathcal{Q}$, è possibile assegnare a qualunque derivato X, non necessariamente replicabile, un prezzo neutrale al rischio definito da

$$H_t^Q := E^Q\left[e^{-\int_t^T r_s ds} X \mid \mathcal{F}_t^W\right], \qquad t \in [0,T]. \tag{10.40}$$

Il Lemma 10.37 assicura che tale prezzo non crea opportunità d'arbitraggio perché è maggiore del prezzo di ogni strategia di sub-replica e minore del prezzo di ogni strategia di super-replica. D'altra parte, in generale il prezzo H_t^Q non è unico poiché dipende dalla misura martingala fissata.

Il risultato seguente mostra che se X è replicabile allora il prezzo in (10.40) è *indipendente dalla misura martingala* fissata $Q \in \mathcal{Q}$: in tal caso è possibile definire in modo unico il prezzo d'arbitraggio di X.

Teorema 10.38. *Sia X un derivato Europeo replicabile. Allora per ogni strategia replicante $h \in \mathcal{A}$ e per ogni misura martingala $Q \in \mathcal{Q}$, vale*

$$H_t := E^Q\left[e^{-\int_t^T r_s ds} X \mid \mathcal{F}_t^W\right] = V_t(h), \qquad t \in [0,T]. \tag{10.41}$$

Il processo H è detto prezzo d'arbitraggio di X.

Dimostrazione. Per il Corollario 10.35 tutte le strategie ammissibili che replicano X hanno lo stesso valore. Inoltre se $h \in \mathcal{A}$ replica X allora $h \in \mathcal{A}_X^- \cap \mathcal{A}_X^+$ e quindi, per il Lemma 10.37, vale

$$E^Q\left[e^{-\int_t^T r_s ds} X \mid \mathcal{F}_t^W\right] = V_t(h), \qquad t \in [0,T],$$

per ogni misura martingala Q. □

Nella Sezione 10.4 studiamo condizioni affinché un modello di mercato sia completo, ossia ogni[4] derivato Europeo sia replicabile. In un mercato completo, in base al Teorema 10.38, il prezzo d'arbitraggio di ogni derivato è definito in modo unico e coincide con il valore di una qualsiasi strategia replicante.

Concludiamo la sezione verificando che in un modello di mercato completo la misura martingala è univocamente determinata: precisamente vale

Corollario 10.39. *In un mercato completo esiste una sola misura martingala* $Q \in \mathcal{Q}$.

Dimostrazione. Siano $Q_1, Q_2 \in \mathcal{Q}$. Per ipotesi, ogni variabile aleatoria limitata X è replicabile. Allora, per la (10.41), si ha

$$E^{Q_1}[X] = E^{Q_2}[X],$$

da cui, scegliendo $X = \mathbb{1}_F$ al variare di $F \in \mathcal{F}$, deduciamo

$$Q_1(F) = Q_2(F), \qquad F \in \mathcal{F}.$$

Notiamo esplicitamente che qui utilizziamo l'ipotesi $\mathcal{F} = \mathcal{F}_T^W$. □

10.3.5 Formule di parity

Nella formula di valutazione neutrale al rischio (10.40), un prezzo d'arbitraggio di un derivato è espresso in termini di valore atteso del payoff scontato. In particolare *il prezzo dipende linearmente dal payoff*. Supponiamo che $Q \in \mathcal{Q}$ sia fissata e indichiamo con H^X il prezzo neutrale al rischio, relativo a Q, di un derivato con payoff X: allora si ha

$$H^{c_1 X^1 + c_2 X^2} = c_1 H^{X^1} + c_2 H^{X^2}, \qquad (10.42)$$

per ogni $\alpha, \beta \in \mathbb{R}$.

Per esempio, è facile ricavare il prezzo di un contratto *straddle* su un sottostante S, con payoff

$$X = \begin{cases} (S_T - K), & \text{se } S_T \geq K, \\ (K - S_T), & \text{se } 0 < S_T < K. \end{cases}$$

Per la (10.42), si ha semplicemente $H^X = c + p$ dove c e p indicano rispettivamente i prezzi di opzioni call e put Europee con strike K e scadenza T.

Utilizzando la (10.42) si ricava abbastanza facilmente anche la formula di Put-Call parity del Corollario 1.1 che esprime il legame fra i prezzi di opzioni put e call Europee con medesimi sottostante, scadenza e strike. Infatti consideriamo i seguenti derivati con payoff:

---
[4] Sotto opportune condizioni di sommabilità.

$$X^1 = (S_T - K)^+, \qquad \text{(opzione call)},$$
$$X^2 = 1, \qquad \text{(bond)},$$
$$X^3 = S_T, \qquad \text{(sottostante)}.$$

Allora si ha
$$H_t^{X^2} = E^Q\left[e^{-\int_t^T r_s ds} \mid \mathcal{F}_t^W\right], \qquad H_t^{X^3} = S_t.$$

Ora osserviamo che il payoff di una put è combinazione lineare di X^1, X^2 e X^3:
$$(K - S_T)^+ = KX^2 - X^3 + X^1.$$

Dunque, in base alla (10.42), otteniamo la formula di Put-Call parity
$$p_t = KE^Q\left[e^{-\int_t^T r_s ds} \mid \mathcal{F}_t^W\right] - S_t + c_t, \qquad t \in [0,T],$$

che ovviamente è equivalente alla (1.4) nel caso in cui il tasso a breve sia costante.

10.4 Mercati completi

In questa sezione mostriamo che se il numero dei titoli rischiosi è pari alla dimensione del moto Browniano, ossia $N = d$, e assumiamo l'Ipotesi 10.23 allora il mercato è completo. Anzitutto osserviamo che in queste condizioni esiste ed è unica la misura martingala $Q \in \mathcal{Q}$, definita da

$$dQ = Z_T^\theta dP \qquad (10.43)$$

dove Z^θ è la martingala esponenziale associata al processo del prezzo di mercato del rischio

$$\theta_t = \sigma_t^{-1}(\mu - \bar{r}_t), \qquad t \in [0,T],$$

e $\sigma^{-1} \in \mathbb{L}^\infty$ è la matrice inversa di σ.

Per illustrare le idee in modo graduale, consideriamo dapprima il caso particolare del modello di Black&Scholes. Al solito il mercato è composto dai titoli
$$dB_t = rB_t dt, \qquad dS_t = \mu S_t dt + \sigma S_t dW_t,$$

con r, μ, σ costanti e W moto Browniano reale. Nella misura martingala Q definita da (10.43) con $\theta = \frac{\mu - r}{\sigma}$, vale

$$d\widetilde{S}_t = \sigma \widetilde{S}_t dW_t^\theta.$$

Dato un derivato con payoff $X \in L^1(\Omega, \mathcal{F}_T^W, Q)$, definiamo la Q-martingala

10.4 Mercati completi

$$M_t = E^Q \left[\widetilde{X} \mid \mathcal{F}_t^W \right], \qquad t \in [0, T].$$

Per il Teorema 10.16 di rappresentazione delle martingale, esiste $u \in \mathbb{L}^2_{\text{loc}}(\mathcal{F}^W)$ tale che

$$M_t = E^Q \left[\widetilde{X} \right] + \int_0^t u_s dW_s^\theta =$$

(posto $\alpha_t = \frac{u_t}{\sigma \widetilde{S}_t}$ per $t \in [0, T]$)

$$= E^Q \left[\widetilde{X} \right] + \int_0^t \alpha_s \sigma \widetilde{S}_s dW_s^\theta = E^Q \left[\widetilde{X} \right] + \int_0^t \alpha_s d\widetilde{S}_s.$$

In definitiva, per il Corollario 10.32, esiste una strategia autofinanziante $h = (\alpha, \beta)$ di valore iniziale pari al prezzo d'arbitraggio del derivato

$$V_0(h) = E^Q \left[\widetilde{X} \right],$$

e tale che

$$\widetilde{V}_t(h) = M_t, \qquad t \in [0, T].$$

In particolare h è ammissibile, essendo per costruzione M una Q-martingala, e replicante per X.

Osserviamo che il risultato di completezza che abbiamo provato ha un interesse puramente teorico poiché l'argomento utilizzato non è costruttivo e non fornisce l'espressione della strategia di copertura per X.

Consideriamo ora il caso generale.

Teorema 10.40. *Consideriamo il modello di mercato a tempo continuo introdotto in (10.21)-(10.23) e assumiamo l'Ipotesi 10.23 e la condizione $N = d$. Per ogni derivato Europeo $X \in L^p(\Omega, \mathcal{F}_T^W, P)$, con $p > 1$, esiste una strategia replicante $h \in \mathcal{A}$.*

Dimostrazione. Osserviamo che

$$\widetilde{X} := e^{-\int_0^T r_t dt} X \in L^1(\Omega, Q),$$

poiché, per la disuguaglianza di Hölder, vale

$$E^Q \left[|\widetilde{X}| \right] = E^P \left[|\widetilde{X}| Z_T^\theta \right] \leq \|\widetilde{X}\|_{L^p(\Omega, P)} \|Z_T^\theta\|_{L^q(\Omega, P)} < \infty$$

dove p, q sono esponenti coniugati, ricordando che $Z_T^\theta \in L^q(\Omega, P)$ per ogni $q \geq 1$, per il Lemma 10.1.

Definiamo la Q-martingala

$$M_t = E^Q \left[\widetilde{X} \mid \mathcal{F}_t^W \right], \qquad t \in [0, T],$$

e in base al Teorema 10.16 abbiamo la rappresentazione

$$M_t = E^Q\left[\widetilde{X}\right] + \int_0^t u_s \cdot dW_s^\theta$$

con $u \in \mathbb{L}^2_{\text{loc}}(\mathcal{F}^W)$. Indichiamo con σ^* la matrice trasposta di σ: per ipotesi, è ben posta la definizione

$$\eta_t := (\sigma_t^*)^{-1} u_t, \qquad t \in [0,T],$$

e dunque
$$u_t = \sigma_t^* \eta_t, \qquad t \in [0,T].$$

Pertanto, posto
$$\alpha_t^i = \frac{\eta_t^i}{\widetilde{S}_t^i}, \qquad t \in [0,T],\ i=1,\dots,N,$$

vale
$$u_t^j = \sum_{i=1}^N \sigma_t^{ij} \eta_t^i = \sum_{i=1}^N \alpha_t^i \widetilde{S}_t^i \sigma_t^{ij},$$

e quindi
$$u_t \cdot dW_t^\theta = \sum_{i=1}^N \alpha_t^i \widetilde{S}_t^i \sigma_t^i \cdot dW_t^\theta.$$

Allora, per il Corollario 10.32, $\alpha \in \mathbb{L}^2_{\text{loc}}$ e $M_0 = E^Q\left[\widetilde{X}\right]$ definiscono una strategia autofinanziante h tale che

$$\widetilde{V}_t(h) = M_t, \qquad t \in [0,T];$$

in particolare $\widetilde{V}(h)$ è una Q-martingala. Dunque $h \in \mathcal{A}$ e inoltre

$$\widetilde{V}_T(h) = M_T = \widetilde{X}$$

e quindi h è una strategia replicante per X. □

10.4.1 Caso Markoviano

Abbiamo anticipato il fatto che il Teorema 10.40 è un risultato interessante dal punto di vista teorico ma non è costruttivo e non fornisce l'espressione della strategia di copertura del derivato. Utilizzando la teoria del calcolo di Malliavin, nella Sezione 13.2.1 proveremo la formula di Clark-Ocone che sotto opportune ipotesi esprime la strategia replicante in termini della cosiddetta derivata stocastica del payoff.

Senza utilizzare gli strumenti avanzati del calcolo di Malliavin, i risultati più interessanti e generali si hanno nell'ambito dei modelli Markoviani che

10.4 Mercati completi

sfruttano la teoria delle equazioni differenziali paraboliche. Gli argomenti presentati nel Capitolo 7 per lo studio del modello di Black&Scholes, si adattano facilmente al caso generale di un mercato con N titoli rischiosi

$$S^i = e^{X^i}, \qquad i = 1, \ldots, N,$$

dove $X = (X^1, \ldots, X^N)$ un processo di diffusione della forma

$$dX_t = b(t, X_t)dt + \sigma(t, X_t)dW_t, \qquad (10.44)$$

e W è moto Browniano N-dimensionale. In particolare è possibile caratterizzare la proprietà di autofinanziamento in termini di una PDE parabolica e il prezzo e la strategia di copertura sono forniti dalla soluzione di un problema di Cauchy. Senza ripetere la trattazione del Capitolo 7, possiamo stabilire direttamente il legame fra PDE e valutazione d'arbitraggio utilizzando il Teorema 9.45 di rappresentazione di Feynman-Kač.

Nel seguito assumiamo la seguente

Ipotesi 10.41 *I coefficienti b, σ sono funzioni Hölderiane e limitate. La matrice $(c_{ij}) := \sigma\sigma^*$ è uniformemente definita positiva: esiste una costante $C > 0$ tale che*

$$\sum_{i,j=1}^{N} c_{ij}(t, x)\xi_i\xi_j \geq C|\xi|^2, \qquad t \in [0, T], \ x, \xi \in \mathbb{R}^N.$$

I risultati dei Paragrafi 9.2 e 8.1 garantiscono l'esistenza di una soluzione debole X di (10.44) rispetto ad un moto Browniano W definito su $(\Omega, \mathcal{F}, P, \mathcal{F}_t)$. Inoltre σ è invertibile con inversa limitata, e quindi il Teorema 10.24 permette di costruire in modo unico la misura martingala Q, equivalente a P, e un Q-moto Browniano W^θ rispetto al quale, posto

$$\sigma_t = \sigma(t, X_t), \qquad r_t = r(t, X_t),$$

la dinamica neutrale al rischio dei prezzi è

$$dS^i_t = r_t S^i_t dt + S^i_t \sigma^i_t \cdot dW^\theta_t, \qquad i = 1, \ldots, N. \qquad (10.45)$$

Nel seguito, per ogni $(t, s) \in [0, T[\times \mathbb{R}^N_+$ indichiamo con $S^{t,s}$ la soluzione di (10.45) tale che

$$S^{t,s}_t = s.$$

Consideriamo un derivato Europeo con payoff $F(S_T)$ dove F è una funzione localmente sommabile su $\mathbb{R}^N_+$ tale che

$$|F(s)| \leq Ce^{C|\log s|^\gamma}, \qquad s \in \mathbb{R}^N_+,$$

con C, γ costanti positive e $\gamma < 2$.

Teorema 10.42. *Sia f soluzione del problema di Cauchy*

$$\begin{cases} Lf = 0, & \text{in }]0,T[\times \mathbb{R}_+^N, \\ f(T,\cdot) = F, & \text{in } \mathbb{R}_+^N, \end{cases}$$

dove

$$Lf(t,s) = \frac{1}{2}\sum_{i,j=1}^{N} \widetilde{c}_{ij}(t,s) s_i s_j \partial_{s_i s_j} f(t,s)$$

$$+ \widetilde{r}(t,s) \sum_{j=1}^{N} s_j \partial_{s_j} f(t,s) + \partial_t f(t,s) - \widetilde{r}(t,s) f(t,s)$$

e

$$\widetilde{c}_{ij}(t,s) = c_{ij}(t,\log s), \qquad \widetilde{r}(t,s) = r(t,\log s),$$

con $\log s = (\log s_1, \ldots, \log s_N)$. *Allora*

$$f(t,s) = E^Q\left[e^{-\int_t^T r(a,S_a^{t,s})da} F(S_T^{t,s})\right], \qquad (t,s) \in [0,T] \times \mathbb{R}_+^N, \quad (10.46)$$

è il prezzo d'arbitraggio del derivato, al tempo t e con prezzo del sottostante pari a s. Inoltre una strategia replicante $h = (\alpha,\beta)$ *è definita da*[5]

$$V_t(h) = f(t,S_t), \qquad \alpha_t = \nabla f(t,S_t), \qquad t \in [0,T].$$

Dimostrazione. La tesi è conseguenza dei risultati di esistenza per il problema di Cauchy del Paragrafo 8.1 e della formula di Feynman-Kač: questi si applicano direttamente dopo la trasformazione $s = e^x$. Precisamente la dinamica del logaritmo dei prezzi è la seguente: indichiamo al solito con σ^i la *i*-esima riga di σ ed osserviamo che

$$\sigma^i \cdot dW_t = \sigma^i \cdot \left(dW_t^\theta - \theta dt\right) =$$

(poiché $\sigma^i \cdot \theta = b^i + \frac{|\sigma^i|^2}{2}$ per la (10.20) e la (10.27))

$$= \sigma^i \cdot dW_t^\theta - \left(b^i + \frac{|\sigma^i|^2}{2} - r\right) dt.$$

Allora

$$dX^i = b^i dt + \sigma^i \cdot dW_t = \left(r - \frac{|\sigma^i|^2}{2}\right) dt + \sigma^i \cdot dW_t^\theta. \qquad (10.47)$$

L'operatore caratteristico associato alla SDE (10.47) è

---

[5] Qui

$$\nabla f = (\partial_{s_1} f, \ldots, \partial_{s_N} f).$$

$$Au(t,x) = \frac{1}{2}\sum_{i,j=1}^{N} c_{ij}(t,x)\partial_{x_i x_j} u(t,x) + \sum_{j=1}^{N}\left(r(t,x) - \frac{|\sigma^i(t,x)|^2}{2}\right)\partial_{x_j} u(t,x).$$

Il Teorema 8.6 assicura l'esistenza di una soluzione del problema di Cauchy

$$\begin{cases} Au - ru + \partial_t u = 0, & \text{in }]0,T[\times \mathbb{R}^N, \\ u(T,x) = F(e^x), & \text{in } \mathbb{R}_+^N, \end{cases} \quad (10.48)$$

e la (10.46) segue dalla formula di Feynman-Kač. Per definizione f è il prezzo d'arbitraggio del derivato e come nel Teorema 7.7 si prova che che ∇f esprime la strategia di copertura. $\square$

10.5 Analisi della volatilità

Nel modello di Black&Scholes il prezzo di un'opzione call Europea è una funzione del tipo

$$C_{\text{BS}} = C_{\text{BS}}(\sigma, S, K, T, r)$$

dove σ è la volatilità, S è il prezzo attuale del sottostante, K è lo strike, T è la scadenza e r è il tasso a breve. Per omogeneità, il prezzo si esprime anche nella forma

$$C_{\text{BS}} := S\varphi\left(\sigma, \frac{S}{K}, T, r\right),$$

dove φ è una funzione la cui espressione può essere facilmente ricavata della formula di Black&Scholes. La quantità $m = \frac{S}{K}$ è solitamente chiamata "moneyness" dell'opzione: se $\frac{S}{K} > 1$, si dice che l'opzione call è "in the money" essendo in una situazione di potenziale guadagno; se $\frac{S}{K} < 1$, l'opzione call è "out of the money" e ha valore intrinseco nullo; infine se $\frac{S}{K} = 1$ ossia $S = K$, si dice che l'opzione è "at the money".

Di tutti i parametri che determinano il prezzo di Black&Scholes, l'unico che non è direttamente osservabile è la volatilità σ. Ricordiamo che

$$\sigma \mapsto C_{\text{BS}}(\sigma, S, K, T, r)$$

è una funzione strettamente crescente e quindi invertibile: fissati tutti gli altri parametri del modello, ad ogni valore di σ corrisponde un prezzo di Black&Scholes per l'opzione; viceversa, ad ogni valore C^* nell'intervallo $]0, S[$ (l'intervallo al quale il prezzo deve appartenere in base ad argomenti di arbitraggio), è associato un unico valore della volatilità

$$\sigma^* =: \text{VI}(C^*, S, K, T, r)$$

tale che

$$C^* = C_{\text{BS}}(\sigma^*, S, K, T, r).$$

10 Modelli di mercato a tempo continuo

La funzione
$$C^* \mapsto \mathrm{VI}(C^*, S, K, T, r)$$
è detta *funzione di volatilità implicita*.

Il primo problema che si pone quando si valuta un'opzione col modello di Black&Scholes è la scelta del parametro σ che, come già accennato, non è direttamente osservabile. La prima idea potrebbe essere quella di utilizzare il valore di σ ricavato a partire da una stima sulla serie storica del sottostante, ossia la cosiddetta *volatilità storica*. In realtà, l'approccio più semplice e il più diffuso è quello di utilizzare direttamente, ove sia disponibile, la volatilità implicita di mercato: vedremo che questo approccio non è esente da problemi.

Il concetto di volatilità implicita è così importante e diffuso che nei mercati finanziari le opzioni plain vanilla sono comunemente quotate in termini di volatilità implicita piuttosto che esplicitamente assegnandone il prezzo. In effetti l'utilizzo della volatilità implicita risulta conveniente per svariati motivi. Anzitutto, poiché i prezzi di call e put sono funzioni crescenti della volatilità, la quotazione in termini di volatilità implicita permette di avere un'idea immediata della "costosità" di un'opzione. Analogamente, l'utilizzo della volatilità implicita rende agevole il confronto fra opzioni sullo stesso titolo ma con diversi strike e scadenze.

Fissati S e r, e dato un set di prezzi
$$\{C_i^* \mid i = 1, \ldots M\} \tag{10.49}$$

dove C_i^* indica il prezzo dell'opzione con strike K^i e scadenza T^i, la *superficie di volatilità implicita* relativa a (10.49) è il grafico della funzione
$$(K^i, T^i) \mapsto \mathrm{VI}(C_i^*, S, K^i, T^i, r).$$

Se assumiamo la dinamica di Black&Scholes per il sottostante
$$dS_t = \mu S_t dt + \sigma S_t dW_t$$

e $(C_{\mathrm{BS}}^i)_{i \in I}$ è un set di prezzi di Black&Scholes relativi agli strike K^i e scadenze T^i, allora le corrispondenti volatilità implicite devono ovviamente coincidere:
$$\mathrm{VI}(C_{\mathrm{BS}}^i, S, K^i, T^i, r) = \sigma, \qquad i \in I.$$

In altri termini, la *superficie di volatilità implicita* relativa ai prezzi ottenuti col modello di Black&Scholes è piatta e coincide con la superficie della funzione costante uguale a σ.

Al contrario per una superficie di volatilità implicita relativa a prezzi di mercato il risultato è generalmente molto diverso: è ben noto che i prezzi di mercato di opzioni Europee sullo stesso sottostante hanno volatilità implicite che variano con strike e scadenza. A titolo di esempio, nella Figura 10.1 è riportata la superficie di volatilità implicita di opzioni sull'indice Londinese FTSE al 31 marzo 2006.

10.5 Analisi della volatilità

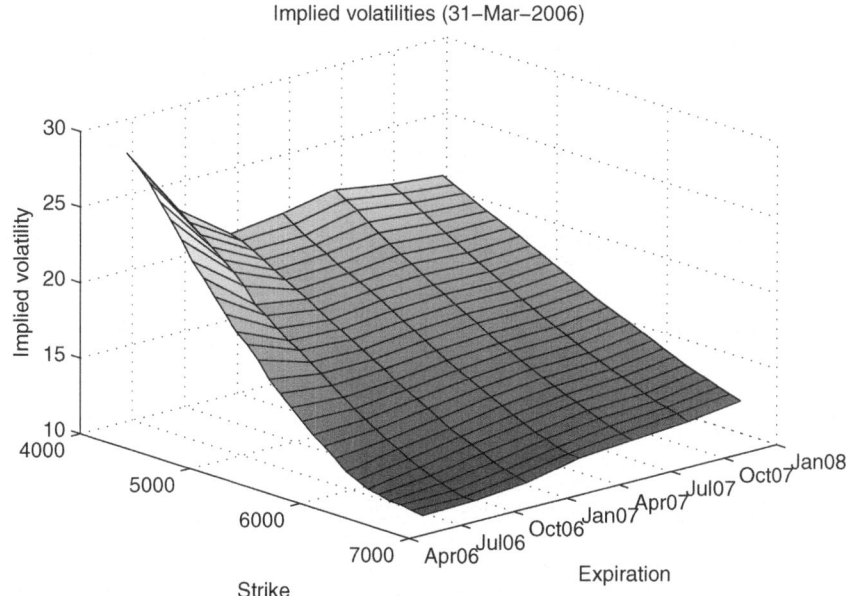

Fig. 10.1. Superficie di volatilità implicita di opzioni sull'indice FTSE al 31 marzo 2006

Tipicamente ogni sezione, a T fissato, della superficie di volatilità implicita assume una forma caratteristica a cui è stato attribuito l'appellativo di "smile" (nel caso della Fig. 10.2) o di "skew" (nel caso della Fig. 10.1). Generalmente si evidenzia che le quotazioni di mercato tendono ad attribuire più valore (maggiore volatilità implicita) nei casi estremi "in" o "out of the money". Ciò riflette la percezione di una maggiore rischiosità in determinate situazioni di mercato, in particolare nel caso di estremi rialzi o ribassi delle quotazioni del sottostante.

Significativa è anche la dipendenza della volatilità implicita da T, il tempo alla scadenza: in questo caso si parla di struttura a termine della volatilità implicita. Tipicamente avvicinandosi a scadenza $(T \to 0^+)$ smile o skew si accentuano.

Sono state osservate anche altre caratteristiche che differenziano decisamente la superficie di volatilità implicita di mercato dalla volatilità costante di Black&Scholes: per esempio, nella Figura 10.2 è documentata la dipendenza della volatilità implicita di opzioni sull'indice S&P500, rispetto alla cosiddetta "deviazione dal trend" del sottostante, definita come la differenza fra il prezzo attuale e una media pesata dei prezzi passati. Intuitivamente tale parametro indica se recentemente ci sono stati bruschi movimenti nella quotazione del sottostante.

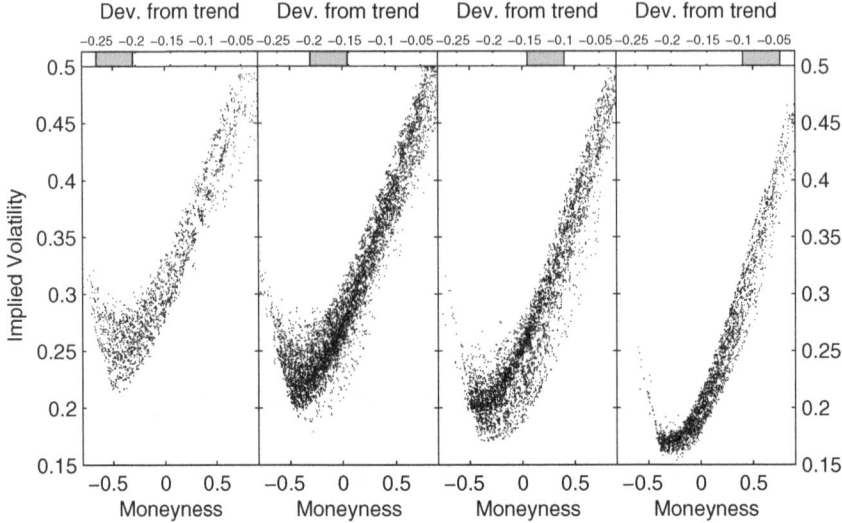

Fig. 10.2. Effetto della deviazione dal trend sulla volatilità implicita. Gli smile di volatilità per opzioni sullo S&P500 nel periodo 2003-2004, sono raggruppati per diversi valori della deviazione, come indicato in testa ad ogni pannello

Infine notiamo anche che la volatilità implicita dipende dal tempo in termini assoluti: è ben noto che la forma della superficie di volatilità implicita sull'indice S&P500 è mutata significativamente dagli inizi degli anni '80 ad oggi.

Dall'analisi della superficie di volatilità implicita di mercato risulta evidente che il modello di Black&Scholes non è realistico. Questo non è solo un problema puramente teorico: per rendercene conto, supponiamo che, a dispetto di tutte le evidenze contro il modello di Black&Scholes, vogliamo ugualmente adottarlo. Allora abbiamo visto che si pone problema della scelta del parametro di volatilità da inserire nel modello. Se utilizziamo la volatilità storica rischiamo seriamente di ottenere quotazioni "fuori mercato", specialmente se confrontate con quelle ottenute dalla superficie di volatilità di mercato nelle regioni estreme in e out of the money. D'altra parte se vogliamo utilizzare la volatilità implicita si pone il problema di come scegliere un valore fra tutti quelli che il mercato attribuisce, proprio poiché la superficie di volatilità "non è piatta". Chiaramente, se il nostro scopo è di valutare e replicare un'opzione plain vanilla, diciamo con strike K e scadenza T, l'idea più naturale è quella di utilizzare la volatilità implicita corrispondente a (K,T). Ma il problema non sembra così facilmente risolubile nel caso in cui ci interessi valutare e replicare un derivato esotico, magari se questo non ha una sola scadenza (per esempio, un'opzione Bermuda) oppure se nel payoff non compare un prezzo strike fisso (per esempio, un'opzione Asiatica con floating strike).

10.5 Analisi della volatilità   401

Problemi di questo tipo rendono necessaria l'introduzione di modelli più sofisticati rispetto a Black&Scholes, che siano in grado di generare, con un'opportuna calibrazione, prezzi per le opzioni plain vanilla in accordo con la superficie di volatilità implicita di mercato. In questo modo tali modelli generano prezzi di derivati esotici coerenti con i prezzi di mercato di call e put. Questo risultato non è particolarmente difficile e può essere ottenuto con diversi modelli di volatilità non costante. Un secondo obiettivo che pone problemi molto più delicati ed è tutt'ora oggetto di ricerca è la determinazione di un modello che fornisca la strategia di replicazione "ottimale" in modo da migliorare i risultati di replicazione.

10.5.1 Volatilità locale e volatilità stocastica

Per spiegare e tenere conto delle differenze sistematiche fra prezzi di mercato e prezzi teorici di Black&Scholes, sono stati introdotti numerosi approcci alla modellizzazione della volatilità. In generale l'idea è di modificare la dinamica del sottostante allo scopo di ottenere un processo stocastico più flessibile rispetto al moto Browniano geometrico. A grandi linee i modelli di volatilità non costante possono essere suddivisi in due gruppi:

- nel primo, la volatilità è endogena ossia è descritta da un processo che dipende dagli stessi fattori di rischio del sottostante. In questo caso è generalmente preservata la completezza del mercato;
- nel secondo, la volatilità è esogena ossia è descritta da un processo guidato da uno o più fattori di rischio aggiuntivi (un secondo moto Browniano e/o processi di salto). In questo caso il corrispondente modello di mercato è generalmente incompleto.

È opinione diffusa che i modelli più realistici siano quelli del secondo gruppo. Fra questi, uno dei modelli di volatilità stocastica più noti è quello di Heston, presentato nell'Esempio 10.29. Come in tutti i mercati incompleti, nel modello di Heston non è possibile replicare tutti i payoff e il prezzo d'arbitraggio di un derivato non è unico e dipende dal prezzo di mercato del rischio. D'altra parte, in pratica il modello di Heston può essere efficacemente impiegato utilizzando una procedura di completamento del mercato analoga a quella descritta per il gamma e vega hedging (cfr. Sezione 7.4.3): una volta calibrati i parametri del modello in base ai dati di mercato per determinare il prezzo del rischio, una strategia di copertura per un generico derivato può essere costruita utilizzando, oltre a bond e sottostante, anche un'opzione plain vanilla nell'ipotesi che essa sia quotata e contrattata sul mercato.

Nell'ambito dei modelli a volatilità endogena, i più popolari sono i cosiddetti modelli di *volatilità locale* in cui si assume che σ sia funzione del tempo e del prezzo del sottostante: la dinamica per il sottostante è semplicemente quella di una diffusione

$$dS_t = \mu(t, S_t)S_t dt + \sigma(t, S_t)S_t dW_t. \qquad (10.50)$$

Nelle ipotesi della Sezione 10.4.1 tale modello è completo ed è possibile determinare prezzo e strategia di copertura risolvendo numericamente un problema di Cauchy della forma (10.48).

In realtà non sembra che la dipendenza di σ da S_t possa essere facilmente motivata in modo intuitivo. Tuttavia un modello a volatilità locale ha la flessibilità sufficiente per produrre una valutazione teorica delle opzioni in accordo (almeno approssimativamente) con la superficie di volatilità implicita di mercato. Per replicare una superficie di volatilità implicita occorre calibrare il modello: in altri termini, occorre risolvere un cosiddetto *problema inverso* che consiste nel determinare, a partire dalla superficie osservata, la funzione $\sigma = \sigma(t, S)$ da inserire nel modello (come coefficiente in (10.50)) affinché i prezzi teorici coincidano con i prezzi di mercato. La calibrazione della volatilità locale è una questione estremamente delicata e ha sollevato in letteratura seri interrogativi sull'efficacia e validità di tale modello: si veda per esempio Dumas, Fleming e Whaley [49] e Cont [29].

A partire dal lavoro di Breeden e Litzenberger [24], Dupire [50] ha mostrato come, almeno teoricamente, è possibile risolvere il problema inverso per la volatilità locale. Nel seguito consideriamo il caso uno-dimensionale, con $r = 0$ per semplicità, e indichiamo con $\Gamma(0, S; T, \cdot)$ la densità di transizione del processo del sottostante di valore iniziale S al tempo 0. In base alla formula di valutazione neutrale al rischio abbiamo che il prezzo $C = C(0, S, T, K)$ di una call Europea con strike K e scadenza T è pari a

$$C(0, S, T, K) = E^Q\left[(S_T - K)^+\right] = \int_{\mathbb{R}_+} (s - K)^+ \Gamma(0, S; T, s) ds.$$

Ora la derivata distribuzionale seconda rispetto a K del payoff è

$$\partial_{KK}(s - K)^+ = \delta_K(s),$$

dove δ_K è la Delta di Dirac, e dunque almeno formalmente otteniamo

$$\partial_{KK}C(0, S, T, K) = \Gamma(0, S; T, K). \tag{10.51}$$

In base alla (10.51), avendo a disposizione i prezzi di mercato delle call per tutti gli strike è teoricamente possibile ricavare la densità di S_T: in altri termini la conoscenza esatta della superficie di volatilità implicita fornisce la densità di transizione del sottostante.

Ora ricordiamo (cfr. Teorema 9.46) che la densità di transizione, come funzione di T, K, soddisfa l'equazione parabolica aggiunta associata alla SDE (10.50) e quindi vale

$$\partial_T \Gamma(0, S; T, K) = \frac{1}{2}\partial_{KK}\left(\sigma^2(T, K)K^2 \Gamma(0, S; T, K)\right). \tag{10.52}$$

Sostituendo la (10.51) in (10.52) si ha

$$\partial_{TKK}C(0, S; T, K) = \frac{1}{2}\partial_{KK}\left(\sigma^2(T, K)K^2 \partial_{KK}C(0, S; T, K)\right)$$

10.5 Analisi della volatilità

e integrando in K abbiamo

$$\partial_T C(0,S;T,K) - \frac{1}{2}\sigma^2(T,K)K^2\partial_{KK}C(0,S;T,K) = A(T)K + B(T), \quad (10.53)$$

dove A, B sono funzioni arbitrarie di T. Poiché, almeno formalmente, il membro destro di (10.53) tende a zero per $K \to +\infty$, deve essere $A = B = 0$ e quindi vale

$$\partial_T C(0,S;T,K) = \frac{1}{2}\sigma^2(T,K)K^2\partial_{KK}C(0,S;T,K), \qquad K,T > 0. \quad (10.54)$$

In linea di principio $\partial_T C(0,S;T,K)$ e $\partial_{KK}C(0,S;T,K)$ possono essere calcolati a partire dalla superficie di volatilità implicita di mercato: quindi da (10.54) si ricava

$$\sigma^2(T,K) = \frac{2\partial_T C(0,S;T,K)}{K^2 \partial_{KK} C(0,S;T,K)}, \quad (10.55)$$

che è l'espressione della funzione di volatilità da inserire come coefficiente nella SDE (10.50) affinché il modello a volatilità locale replichi la superficie di volatilità osservata.

Purtroppo la formula (10.55) non è utilizzabile in pratica poiché la superficie di volatilità implicita è nota solo in un numero finito di strike e scadenze: più precisamente, il calcolo delle derivate $\partial_T C, \partial_{KK} C$ dipende in maniera sensibile dallo schema di interpolazione utilizzato per costruire una superficie continua a partire dai dati discreti, necessario per calcolare le derivate del prezzo. Ciò rende la formula (10.55) e la corrispondente superficie di volatilità locale altamente instabile.

Il vero interesse per l'equazione (10.54) è nel fatto che risolvendo il problema di Cauchy per (10.54) con dato iniziale $C(0,S;0,K) = (S - K)^+$, è possibile ottenere in un colpo solo i prezzi delle call per tutti gli strike e scadenze.

Una variante della volatilità locale è la cosiddetta volatilità path dependent, introdotta da Hobson e Rogers [77] e generalizzata da Foschi e Pascucci [60]. La volatilità path dependent cerca di descrivere la dipendenza della volatilità dai movimenti del titolo in termini di deviazione dal trend (cfr. Figura 10.2). Il modello è molto semplice: consideriamo una funzione ψ non-negativa, continua a tratti e sommabile su $]-\infty, T]$. Assumiamo che ψ sia strettamente positiva su $[0,T]$ e poniamo

$$\Psi(t) = \int_{-\infty}^{t} \psi(s)ds.$$

Definiamo il processo di media del sottostante con

$$M_t = \frac{1}{\Psi(t)} \int_{-\infty}^{t} \psi(s) Z_s \, ds, \qquad t \in \,]0,T],$$

dove $Z_t = \log(e^{-rt}S_t)$ denota il logaritmo del prezzo scontato. Il modello di Hobson&Rogers corrisponde alla scelta $\psi(t) = e^{\lambda t}$ con λ parametro positivo. Per la formula di Itô si ha

$$dM_t = \frac{\varphi(t)}{\Phi(t)}(Z_t - M_t)\,dt.$$

Assumendo la seguente dinamica per il logaritmo del prezzo

$$dZ_t = \mu(Z_t - M_t)dt + \sigma(Z_t - M_t)dW_t,$$

con μ, σ funzioni opportune, otteniamo la PDE di valutazione

$$\frac{\sigma^2(z-m)}{2}(\partial_{zz}f - \partial_z f) + \frac{\varphi(t)}{\Phi(t)}(z-m)\partial_m f + \partial_t f = 0, \qquad (t,z,m) \in {]0,T[} \times \mathbb{R}^2.$$
(10.56)

La (10.56) è un'equazione di Kolmogorov simile a quelle che intervengono

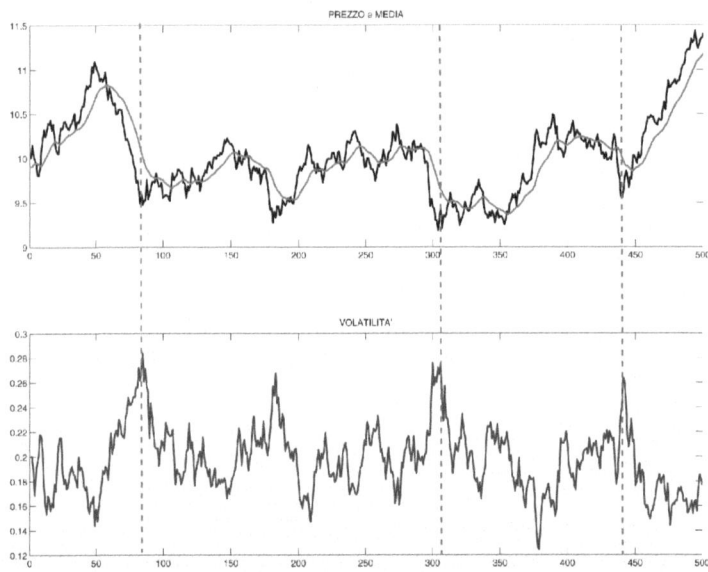

Fig. 10.3. Simulazione dei processi di prezzo S e media M, nel pannello superiore, e volatilità $\sigma(S - M)$, nel pannello inferiore, nel modello di Hobson&Rogers

nella valutazione delle opzioni Asiatiche: come visto nella Sezione 9.5.2, per tali equazioni è disponibile una teoria dell'esistenza e unicità delle soluzioni del problema di Cauchy analoga al caso uniformemente parabolico. Inoltre, poiché non è stata introdotta alcuna fonte aggiuntiva di rischio, il modello di volatilità path dependent è completo.

10.5 Analisi della volatilità

Nella Figura 10.3 è riportata una simulazione di prezzo, media e volatilità nel modello di Hobson&Rogers: con una scelta opportuna della funzione σ è possibile replicare la superficie di volatilità di mercato e riprodurre alcuni movimenti tipici della volatilità come il rapido incremento in occasione di forti cali del sottostante (nella figura in corrispondenza delle linee tratteggiate).

11
Opzioni Americane

Valutazione e copertura nel modello di Black&Scholes-Call e put Americane nel modello di Black&Scholes-Valutazione e copertura in un mercato completo

Presentiamo i risultati principali sulla valutazione e copertura di derivati Americani estendendo a tempo continuo le idee introdotte nell'ambito dei mercati discreti nel Paragrafo 3.4. Anche nel caso più semplice del modello di mercato di Black&Scholes, l'affronto dei problemi della valutazione e copertura delle opzioni Americane necessita di strumenti matematici non banali. Nell'ambito dei mercati completi, Bensoussan [16] e Karatzas [88], [89] hanno sviluppato un approccio probabilistico basato sulla nozione di inviluppo di Snell in tempo continuo e sulla decomposizione di Doob-Meyer. Il problema è stato anche studiato da Jaillet, Lamberton e Lapeyre [84] utilizzando tecniche variazionali e più recentemente da Oksendal e Reikvam [132], Gatarek e Świech [69] nell'ambito della teoria delle soluzioni viscose.

In questo capitolo, presentiamo un approccio analitico in ambito Markoviano, basato sui risultati di esistenza per il problema con ostacolo del Paragrafo 8.2 e sul Teorema 9.47 di rappresentazione di Feynman-Kač. Per eliminare i tecnicismi e mettere in luce le idee principali, consideriamo dapprima il caso del modello di mercato di Black&Scholes e successivamente nel Paragrafo 11.3 trattiamo il caso di un mercato completo con N titoli rischiosi.

11.1 Valutazione e copertura nel modello di Black&Scholes

Consideriamo il modello di mercato di Black&Scholes con tasso privo di rischio r su un intervallo temporale limitato $[0, T]$. Poiché nella teoria delle opzioni Americane i dividendi giocano un ruolo significativo, assumiamo la seguente dinamica neutrale al rischio per il sottostante nella misura martingala Q:

$$dS_t = (r - q)S_t dt + \sigma S_t dW_t, \qquad (11.1)$$

dove al solito, σ è il parametro di volatilità, $q \geq 0$ è il tasso di rendimento del dividendo e W è un moto Browniano reale sullo spazio con filtrazione

$(\Omega, \mathcal{F}, Q, \mathcal{F}_t)$. Osserviamo che il prezzo scontato $\widetilde{S}_t = e^{-rt}S_t$ ha la seguente dinamica:
$$d\widetilde{S}_t = -q\widetilde{S}_t dt + \sigma \widetilde{S}_t dW_t. \tag{11.2}$$

Definizione 11.1. *Un'opzione Americana è un processo della forma*
$$(\psi(t, S_t))_{t \in [0,T]}$$
dove ψ è una funzione Lipschitziana e convessa su $[0,T] \times \mathbb{R}_+$: $\psi(t, S_t)$ rappresenta il premio ottenuto esercitando l'opzione all'istante t.

Una strategia d'esercizio anticipato è un tempo d'arresto su $(\Omega, \mathcal{F}, Q, \mathcal{F}_t)$ a valori in $[0,T]$: indichiamo con $\mathcal{T}_T$ la famiglia delle strategie d'esercizio. Diciamo che $\tau_0 \in \mathcal{T}_T$ è una strategia ottimale se vale
$$E^Q\left[e^{-r\tau_0}\psi(\tau_0, S_{\tau_0})\right] = \sup_{\tau \in \mathcal{T}_T} E^Q\left[e^{-r\tau}\psi(\tau, S_\tau)\right].$$

Il seguente risultato mette in relazione il problema con ostacolo parabolico con il corrispondente problema per l'operatore differenziale di Black&Scholes
$$L_{\mathrm{BS}}f(t,S) := \frac{\sigma^2 S^2}{2}\partial_{SS}f(t,S) + (r-q)S\partial_S f(t,S) + \partial_t f(t,S) - rf(t,S).$$

Teorema 11.2. *Esiste ed è unica la soluzione forte $f \in C([0,T] \times \mathbb{R}_+)$ per il problema con ostacolo*
$$\begin{cases} \max\{L_{\mathrm{BS}}f, \psi - f\} = 0, & \text{in }]0,T[\times\mathbb{R}_+, \\ f(T, \cdot) = \psi(T, \cdot), & \text{in } \mathbb{R}_+, \end{cases} \tag{11.3}$$
che soddisfa le seguenti proprietà:

i) *per ogni $(t,y) \in [0,T[\times\mathbb{R}_+$, si ha*
$$f(t,y) = \sup_{\substack{\tau \in \mathcal{T}_T \\ \tau \in [t,T]}} E^Q\left[e^{-r(\tau-t)}\psi(\tau, S^{t,y}_\tau)\right], \tag{11.4}$$

dove $S^{t,y}$ è la soluzione della SDE (11.1) con condizione iniziale $S_t = y$;

ii) *f ammette derivata parziale prima rispetto a S in senso classico e vale*
$$\partial_S f \in C \cap L^\infty(]0,T[\times\mathbb{R}_+). \tag{11.5}$$

Dimostrazione. Con il cambio di variabili
$$u(t,x) = f(t, e^x), \qquad \varphi(t,x) = \psi(t, e^x)$$
il problema (11.3) è equivalente al problema con ostacolo
$$\begin{cases} \max\{Lu, \varphi - u\} = 0, & \text{in }]0,T[\times\mathbb{R}, \\ u(T, \cdot) = \varphi(T, \cdot), & \text{in } \mathbb{R}, \end{cases}$$

11.1 Valutazione e copertura nel modello di Black&Scholes

per l'operatore parabolico a coefficienti costanti

$$Lu = \frac{\sigma^2}{2}\partial_{xx}u + \left(r - q - \frac{\sigma^2}{2}\right)\partial_x u + \partial_t u - ru.$$

L'esistenza di una soluzione forte è assicurata dal Teorema 8.20 e dalla successiva Osservazione 8.21. Inoltre, ancora per l'Osservazione 8.21, u è limitata dall'alto da una super-soluzione e dal basso da φ in modo che vale una stima di crescita esponenziale del tipo (9.61): allora si applica il Teorema 9.47 di rappresentazione di Feynman-Kač da cui segue la formula (11.4). Infine, dalla (11.4) segue l'unicità della soluzione e, procedendo come nella prova della Proposizione 9.48, si prova la limitatezza globale del gradiente. □

Ora consideriamo una strategia $h = (\alpha_t, \beta_t)$, con $\alpha \in \mathbb{L}^2_{\text{loc}}$ e $\beta \in \mathbb{L}^1_{\text{loc}}$, con valore

$$V_t(h) = \alpha_t S_t + \beta_t B_t.$$

Ricordiamo che h è autofinanziante se e solo se

$$dV_t(h) = \alpha_t \left(dS_t + qS_t dt\right) + \beta_t dB_t.$$

Posto

$$\widetilde{V}_t(h) = e^{-rt}V_t(h),$$

vale

Proposizione 11.3. *Una strategia* $h = (\alpha, \beta)$ *è autofinanziante se e solo se*

$$d\widetilde{V}_t(h) = \alpha_t \left(d\widetilde{S}_t + q\widetilde{S}_t dt\right),$$

ossia

$$\widetilde{V}_t(h) = V_0(h) + \int_0^t \alpha_s d\widetilde{S}_s + \int_0^t \alpha_s q\widetilde{S}_s ds$$

$$= V_0(h) + \int_0^t \alpha_s \sigma \widetilde{S}_s dW_s. \tag{11.6}$$

In particolare ogni strategia autofinanziante è determinata solo dal valore iniziale e dalla componente α. *Inoltre* $\widetilde{V}(h)$ *è una Q-martingala locale.*

Dimostrazione. La prova è analoga a quella della Proposizione 7.3, l'unica differenza è la presenza del termine relativo al dividendo. La (11.6) segue dalla (11.2). □

In base alla proposizione precedente il valore scontato di ogni strategia autofinanziante è una martingala *locale*. Nel seguito hanno un naturale interesse le strategie il cui valore scontato è una vera martingala.

Pertanto indichiamo con $\mathcal{A}$ la famiglia delle strategie autofinanzianti $h = (\alpha, \beta)$ tali che $\alpha S \in \mathbb{L}^2(P)$: un esempio notevole è rappresentato dalle strategie in cui α è un processo limitato. Ricordiamo che per la Proposizione 10.33 il valore scontato di ogni $h \in \mathcal{A}$ è una Q-martingala. Proviamo ora una versione del principio di non-arbitraggio.

Lemma 11.4. *Siano $h^1, h^2 \in \mathcal{A}$ strategie autofinanzianti tali che*

$$V_\tau(h^1) \leq V_\tau(h^2) \qquad (11.7)$$

per un certo $\tau \in \mathcal{T}_T$. Allora vale

$$V_0(h^1) \leq V_0(h^2)$$

Dimostrazione. La tesi è immediata conseguenza della (11.7), della proprietà di martingala di $\widetilde{V}(h^1), \widetilde{V}(h^2)$ e del Teorema 4.68 di optional sampling di Doob. □

Come nel caso discreto, definiamo il prezzo equo di un'opzione Americana confrontandolo dall'alto e dal basso col valore di opportune strategie autofinanzianti. Un argomento di questo tipo è necessario perché, a differenza del caso Europeo, il payoff $\psi(t, S_t)$ di un'opzione Americana in generale non è replicabile nel senso che non esiste una strategia autofinanziante che assume lo stesso valore del payoff in ogni istante. Infatti per la Proposizione 11.3 il valore scontato di ogni strategia autofinanziante è una martingala locale (o, in termini analitici, soluzione di una PDE parabolica) mentre $\psi(t, S_t)$ è un generico processo.

Indichiamo con

$$\mathcal{A}_\psi^+ = \{h \in \mathcal{A} \mid V_t(h) \geq \psi(t, S_t), \ t \in [0, T] \text{ q.s.}\},$$

la famiglia delle strategie autofinanzianti che super-replicano il payoff $\psi(t, S_t)$. Intuitivamente, per evitare di introdurre opportunità d'arbitraggio, *il prezzo iniziale dell'opzione Americana deve essere minore o uguale del valore iniziale $V_0(h)$ per ogni $h \in \mathcal{A}_\psi^+$*.

Inoltre poniamo

$$\mathcal{A}_\psi^- = \{h \in \mathcal{A} \mid \text{esiste } \tau \in \mathcal{T}_T \text{ t.c. } \psi(\tau, S_\tau) \geq V_\tau(h) \text{ q.s.}\}.$$

Si può pensare a $h \in \mathcal{A}_\psi^-$ come ad una strategia su cui assumere una posizione corta per ottenere soldi da investire nell'opzione Americana. In altri termini, $V_0(h)$ rappresenta l'ammontare che si può inizialmente prendere a prestito per comprare l'opzione da esercitare, sfruttando la possibilità di esercizio anticipato, al tempo τ per ottenere il payoff $\psi(\tau, S_\tau)$ maggiore o uguale a $V_\tau(h)$, cifra necessaria a chiudere la posizione corta sulla strategia h. Per evitare di creare opportunità d'arbitraggio, intuitivamente *il prezzo iniziale dell'opzione Americana deve essere maggiore o uguale a $V_0(h)$ per ogni $h \in \mathcal{A}_\psi^-$*.

Queste osservazioni sono formalizzate dai risultati seguenti; in particolare, come immediata conseguenza del Lemma 11.4, abbiamo la

Proposizione 11.5. *Se $h_1 \in \mathcal{A}_\psi^-$ e $h_2 \in \mathcal{A}_\psi^+$ allora vale*

$$V_0(h^1) \leq V_0(h^2).$$

In particolare per ogni $h_1, h_2 \in \mathcal{A}_\psi^- \cap \mathcal{A}_\psi^+$ vale

$$V_0(h^1) = V_0(h^2).$$

11.1 Valutazione e copertura nel modello di Black&Scholes

Il Teorema 11.7 mostra l'esistenza di $\bar{h} \in \mathcal{A}_\psi^+ \cap \mathcal{A}_\psi^-$: di conseguenza è ben posta la

Definizione 11.6. *Il prezzo d'arbitraggio dell'opzione Americana $\psi(t, S_t)$ è il valore iniziale di $\bar{h}$:*

$$V_0(\bar{h}) = \inf_{h \in \mathcal{A}_\psi^+} V_0(h) = \sup_{h \in \mathcal{A}_\psi^-} V_0(h).$$

Teorema 11.7. *Sia f la soluzione forte del problema con ostacolo (11.3). La strategia autofinanziante $h = (\alpha, \beta)$ definita da*

$$V_0(h) = f(0, S_0), \qquad \alpha_t = \partial_S f(t, S_t),$$

appartiene a $\mathcal{A}_\psi^+ \cap \mathcal{A}_\psi^-$. Di conseguenza $f(0, S_0)$ è il prezzo d'arbitraggio di $\psi(t, S_t)$. Inoltre una strategia ottimale d'esercizio è definita da

$$\tau_0 = \inf\{t \in [0, T] \mid f(t, S_t) = \psi(t, S_t)\}, \tag{11.8}$$

e vale

$$V_0(h) = E^Q\left[e^{-r\tau_0}\psi(\tau_0, S_{\tau_0})\right] = \sup_{\tau \in \mathcal{T}_T} E^Q\left[e^{-r\tau}\psi(\tau, S_\tau)\right],$$

dove

$$S_t = S_0 e^{\sigma W_t + \left(r - q - \frac{\sigma^2}{2}\right)t},$$

è la soluzione della SDE (11.1) con condizione iniziale S_0.

Dimostrazione. L'idea è di utilizzare la formula di Itô per calcolare il differenziale stocastico di $f(t, S_t)$ e separare la parte martingala dalla parte di drift del processo. Ricordiamo che, per definizione di soluzione forte (cfr. Definizione 8.14), $f \in S_{\text{loc}}^p([0, T] \times \mathbb{R}_+)$ e non è in generale di classe C^2. Di conseguenza occorre utilizzare una versione debole della formula di Itô: tuttavia poiché non abbiamo una stima globale, ma solo locale delle derivate seconde[1] di f (e quindi di $L_{\text{BS}}f$), non possiamo utilizzare direttamente il Teorema 5.79, ma dobbiamo adottare un argomento di localizzazione. Dato $R > 0$, consideriamo il tempo d'arresto

$$\tau_R = T \wedge \inf\{t \mid S_t \in]0, 1/R[\cup]R, +\infty[\}.$$

Con l'argomento standard di regolarizzazione utilizzato nella prova dei Teoremi 5.79 e 9.47, possiamo provare che, per ogni $\tau \in \mathcal{T}_T$, vale

---

[1] È possibile provare (cfr. si veda, per esempio, [107]) una stima globale del tipo

$$\|\partial_t f(t, \cdot)\|_{L^\infty(\mathbb{R}_+)} + \|\partial_{ss} f(t, \cdot)\|_{L^\infty(\mathbb{R}_+)} \leq \frac{C}{\sqrt{T - t}}$$

da utilizzare come nell'Osservazione 5.81 per provare la validità della formula di Itô per f.

11 Opzioni Americane

$$e^{-r(\tau \wedge \tau_R)} f(\tau \wedge \tau_R, S_{\tau \wedge \tau_R}) = f(0, S_0) + \int_0^{\tau \wedge \tau_R} \sigma \widetilde{S}_s \partial_S f(s, S_s) dW_s \\ + \int_0^{\tau \wedge \tau_R} e^{-rs} L_{\mathrm{BS}} f(s, S_s) ds \qquad (11.9)$$

o equivalentemente, per la (11.6),

$$e^{-r(\tau \wedge \tau_R)} f(\tau \wedge \tau_R, S_{\tau \wedge \tau_R}) = \widetilde{V}_{\tau \wedge \tau_R} + \int_0^{\tau \wedge \tau_R} e^{-rs} L_{\mathrm{BS}} f(s, S_s) ds, \qquad (11.10)$$

dove $\widetilde{V}$ è il valore scontato della strategia autofinanziante $\bar{h} = (\alpha, \beta)$ di valore iniziale $f(0, S_0)$ e definita da $\alpha_t = \partial_S f(t, S_t)$. Ci soffermiamo per notare l'analogia con la strategia di copertura e la delta di un'opzione Europea (cfr. Teorema 7.13).

Osserviamo che $\widetilde{V}$ è una martingala poiché $\bar{h} \in \mathcal{A}$ essendo $\partial_S f$ una funzione continua e limitata per la (11.5). Proviamo che, per ogni $\tau \in \mathscr{T}_T$, vale

$$\lim_{R \to \infty} \widetilde{V}_{\tau \wedge \tau_R} = \widetilde{V}_\tau. \qquad (11.11)$$

Infatti si ha

$$E\left[\left(\int_{\tau \wedge \tau_R}^{\tau} \sigma \widetilde{S}_s \partial_S f(s, S_s) dW_s\right)^2\right]$$
$$= E\left[\left(\int_0^T \sigma \widetilde{S}_t \partial_S f(t, S_t) \mathbb{1}_{\{\tau \wedge \tau_R \leq t \leq \tau\}} dW_t\right)^2\right] =$$

(per l'isometria di Itô, essendo l'integrando in $\mathbb{L}^2$)

$$= E\left[\int_0^T \left(\sigma \widetilde{S}_t \partial_S f(t, S_t) \mathbb{1}_{\{\tau \wedge \tau_R \leq t \leq \tau\}}\right)^2 dt\right] \xrightarrow[R \to \infty]{} 0$$

per il teorema della convergenza dominata, essendo $\partial_S f \in L^\infty$.

Siamo ora in grado di provare che $\bar{h} \in \mathcal{A}_\psi^+ \cap \mathcal{A}_\psi^-$. Da una parte, poiché $L_{\mathrm{BS}} f \leq 0$ q.o. e S_t ha densità positiva, per la (11.10), abbiamo

$$V_{t \wedge \tau_R} \geq f(t \wedge \tau_R, S_{t \wedge \tau_R})$$

per ogni $t \in [0, T]$ e $R > 0$. Passando al limite in R, per la (11.11) e la continuità di f, abbiamo

$$V_t \geq f(t, S_t) \geq \psi(t, S_t), \qquad t \in [0, T],$$

e questo prova che $\bar{h} \in \mathcal{A}_\psi^+$.

D'altra parte, poiché $L_{\mathrm{BS}} f(t, S_t) = 0$ q.s. su $\{\tau_0 \geq t\}$ con τ_0 definito in (11.8), ancora per la (11.10) abbiamo

11.2 Call e put Americane nel modello di Black&Scholes

$$V_{\tau_0 \wedge \tau_R} = f(\tau_0 \wedge \tau_R, S_{\tau_0 \wedge \tau_R})$$

per ogni $R > 0$. Passando al limite in R come sopra, otteniamo

$$V_{\tau_0} = f(\tau_0, S_{\tau_0}) = \psi(\tau_0, S_{\tau_0}).$$

Questo prova che $\bar{h} \in \mathcal{A}_\psi^-$ e conclude la dimostrazione. □

11.2 Call e put Americane nel modello di Black&Scholes

Dal Teorema 11.7 abbiamo la seguente espressione per i prezzi di opzioni call e put Americane nel modello di Black&Scholes, con dinamica neutrale al rischio (11.1) per il sottostante:

$$C(T, S_0, K, r, q) = \sup_{\tau \in \mathscr{T}_T} E\left[e^{-r\tau} \left(S_0 e^{\sigma W_\tau + \left(r-q-\frac{\sigma^2}{2}\right)\tau} - K \right)^+ \right],$$

$$P(T, S_0, K, r, q) = \sup_{\tau \in \mathscr{T}_T} E\left[e^{-r\tau} \left(K - S_0 e^{\sigma W_\tau + \left(r-q-\frac{\sigma^2}{2}\right)\tau} \right)^+ \right].$$

Nell'espressione precedente, $C(T, S_0, K, r, q)$ e $P(T, S_0, K, r, q)$ indicano rispettivamente i prezzi al tempo 0 di call e put Americane con scadenza T, prezzo iniziale del sottostante S_0, strike K, tasso di interesse r e tasso di rendimento del dividendo q. Per le opzioni Americane non sono note formule esplicite come nel caso Europeo e per il calcolo dei prezzi e delle strategie di copertura è generalmente necessario utilizzare dei metodi numerici.

Il risultato seguente stabilisce una relazione di simmetria fra i prezzi di call e put Americane.

Proposizione 11.8. *Vale*

$$C(T, S_0, K, r, q) = P(T, K, S_0, q, r). \tag{11.12}$$

Dimostrazione. Posto

$$Z_t = e^{\sigma W_t - \frac{\sigma^2}{2}t},$$

ricordiamo che Z è una Q-martingala con valore atteso unitario e, rispetto alla misura $\widetilde{Q}$ definita da

$$\frac{d\widetilde{Q}}{dQ} = Z_T,$$

il processo

$$\widetilde{W}_t = W_t - \sigma t$$

è un moto Browniano.

Osserviamo che vale

414   11 Opzioni Americane

$$C(T,S_0,K,r,q) = \sup_{\tau \in \mathscr{T}_T} E^Q \left[Z_\tau e^{-q\tau} \left(S_0 - K e^{-\sigma W_\tau + \left(q-r+\frac{\sigma^2}{2}\right)\tau} \right)^+ \right]$$

$$= \sup_{\tau \in \mathscr{T}_T} E^Q \left[Z_T e^{-q\tau} \left(S_0 - K e^{-\sigma W_\tau + \left(q-r+\frac{\sigma^2}{2}\right)\tau} \right)^+ \right]$$

$$= \sup_{\tau \in \mathscr{T}_T} E^{\widetilde{Q}} \left[e^{-q\tau} \left(S_0 - K e^{-\sigma \widetilde{W}_\tau + \left(q-r-\frac{\sigma^2}{2}\right)\tau} \right)^+ \right].$$

La tesi segue dal fatto che, per simmetria, $-\widetilde{W}$ è un $\widetilde{Q}$-moto Browniano. □

Studiamo ora alcune proprietà qualitative dei prezzi: in base alla Proposizione 11.8 è sufficiente considerare il caso della put Americana. Nel seguente enunciato

$$P(T,S) = \sup_{\tau \in \mathscr{T}_T} E \left[e^{-r\tau} \left(K - S e^{\sigma W_\tau + \left(r-q-\frac{\sigma^2}{2}\right)\tau} \right)^+ \right], \qquad (11.13)$$

indica il prezzo della put Americana.

Proposizione 11.9. *Valgono le seguenti proprietà:*

i) *per ogni $S \in \mathbb{R}_+$, la funzione $T \mapsto P(T,S)$ è crescente. In altri termini, tenendo fissi i parametri dell'opzione, il prezzo della put diminuisce avvicinandosi alla scadenza;*
ii) *per ogni $T \in [0,T]$, la funzione $S \mapsto P(T,S)$ è decrescente e convessa;*
iii) *per ogni $(T,S) \in [0,T[\times \mathbb{R}_+$, si ha*

$$-1 \leq \partial_S P(T,S) \leq 0.$$

Dimostrazione. La i) è ovvia. La ii) è immediata conseguenza della formula (11.13), delle proprietà della funzione di payoff e del fatto che le proprietà di monotonia e convessità sono conservate dall'operazione di inviluppo, ossia se (g_τ) è una famiglia di funzioni crescenti e convesse allora anche l'inviluppo

$$g := \sup_\tau g_\tau$$

è crescente e convesso.

Infine $\partial_S P(T,S) \leq 0$ poiché $S \mapsto P(T,S)$ è decrescente. Inoltre, posto $\psi(S) = (K-S)^+$ si ha

$$|\psi(S) - \psi(S')| \leq |S - S'|,$$

e quindi per provare la terza proprietà è sufficiente procedere come nella dimostrazione della Proposizione 9.48 e osservare che

11.2 Call e put Americane nel modello di Black&Scholes

$$\left| E\left[e^{-r\tau}\psi\left(S_0 e^{\sigma W_\tau + \left(r - q - \frac{\sigma^2}{2}\right)\tau} \right) - e^{-r\tau}\psi\left(S_0' e^{\sigma W_\tau + \left(r - q - \frac{\sigma^2}{2}\right)\tau} \right) \right] \right|$$

$$\leq |S_0 - S_0'| E\left[e^{\sigma W_\tau - \left(q + \frac{\sigma^2}{2}\right)\tau} \right] \leq$$

(essendo $q \geq 0$)

$$\leq |S_0 - S_0'| E\left[e^{\sigma W_\tau - \frac{\sigma^2}{2}\tau} \right] =$$

(poiché la martingala esponenziale ha attesa unitaria)

$$= |S_0 - S_0'|.$$

□

Nell'ultima parte di questa sezione, studiamo la relazione fra i prezzi di put Europea ed Americana introducendo il concetto di *premio per l'esercizio anticipato*. Nel seguito indichiamo con $f = f(t, S)$ la soluzione del problema con ostacolo (11.3) relativo alla funzione di payoff della put

$$\psi(t, S) = (K - S)^+.$$

Per $t \in [0, T]$, definiamo

$$S^*(t) = \inf\{ S > 0 \mid f(t, S) > \psi(t, S) \}.$$

Il numero $S^*(t)$ è detto *prezzo critico al tempo t* e corrisponde al punto in cui f "tocca" il payoff ψ.

Lemma 11.10. *Per ogni $(t, S) \in [0, T[\times \mathbb{R}_+$, vale*

$$L_{\mathrm{BS}} f(t, S) = (qS - rK) \mathbb{1}_{\{S \leq S^*(t)\}}. \tag{11.14}$$

In particolare $L_{\mathrm{BS}} f$ è una funzione limitata.

Dimostrazione. Anzitutto osserviamo che $S^*(t) < K$: infatti se fosse $S^*(t) \geq K$ allora dovrebbe valere

$$f(t, K) = \psi(t, K) = 0$$

che è assurdo (poiché $f > 0$ per la (11.4)). Allora dalla convessità di $S \mapsto f(t, S)$ (che segue dalla Proposizione 11.9-ii)) deduciamo

i) $f(t, S) = K - S$ per $S \leq S^*(t)$;
ii) $f(t, S) > \psi(t, S)$ per $S > S^*(t)$.

Dunque si ha

$$L_{\mathrm{BS}} f(t, S) = \begin{cases} (qS - rK), & \text{per } S \leq S^*(t), \\ 0, & \text{q.o. per } S > S^*(t). \end{cases}$$

□

Ora riprendiamo la formula (11.9) con $\tau = T$: poiché $L_{\text{BS}}f$ è limitato, possiamo passare al limite per $R \to +\infty$ ed ottenere

$$e^{-rT}f(T, S_T) = f(0, S_0) + \int_0^T e^{-rt} L_{\text{BS}} f(t, S_t) dt + \int_0^T \sigma \widetilde{S}_t \partial_S f(t, S_t) dW_t,$$

e in valore atteso, per la (11.14),

$$p(T, S_0) = P(T, S_0) + \int_0^T e^{-rt} E^Q \left[(qS_t - rK) \mathbb{1}_{\{S_t \leq S^*(t)\}} \right] dt, \qquad (11.15)$$

dove $p(T, S_0)$ e $P(T, S_0)$ indicano rispettivamente il prezzo al tempo 0 dell'opzione Europea ed Americana con scadenza T. La (11.15) fornisce l'espressione della differenza $P(T, S_0) - p(T, S_0)$, usualmente chiamato *premio per l'esercizio anticipato*: esso quantifica il valore della possibilità di esercitare prima della scadenza. La (11.15) è stata originalmente provata da Kim [94].

11.3 Valutazione e copertura in un mercato completo

Consideriamo un modello di mercato composto da d titoli rischiosi e da un titolo non rischioso. Indichiamo con S_t^i, $i = 1, \ldots, d$, il prezzo dell'i-esimo titolo rischioso e con B_t il prezzo del titolo non rischioso al tempo $t \in [0, T]$. Supponiamo che
$$S_t^i = e^{X_t^i}, \qquad i = 1, \ldots, d,$$
dove $X = (X^1, \ldots, X^d)$ è soluzione della SDE

$$dX_t = b(t, X_t)dt + \sigma(t, X_t)dW_t, \qquad (11.16)$$

e W è un moto Browniano d-dimensionale sullo spazio $(\Omega, \mathcal{F}, P, \mathcal{F}_t)$. Specifichiamo in seguito, nell'Ipotesi 11.11, le condizioni di regolarità sui coefficienti che assicurano l'esistenza di una soluzione forte di (11.16). Indichiamo con

$$\sigma^i = \left(\sigma^{i1}, \ldots, \sigma^{id} \right),$$

la i-esima riga della matrice σ, per $i = 1, \ldots, d$, e ricordiamo (cfr. (10.21)) che vale
$$dS_t^i = \mu_t^i S_t^i dt + S_t^i \sigma_t^i \cdot dW_t, \qquad (11.17)$$
dove
$$\sigma_t^i = \sigma^i(t, X_t), \qquad \mu_t^i = b^i(t, X_t) + \frac{|\sigma_t^i|^2}{2}.$$

Assumiamo che il prezzo del titolo non rischioso sia
$$B_t = e^{\int_0^t r_s ds}, \qquad t \in [0, T],$$

dove $r_t = r(t, X_t)$, con r funzione opportuna, e che il titolo i-esimo distribuisca in modo continuo un dividendo al tasso $q_t^i = q^i(t, X_t)$.

11.3 Valutazione e copertura in un mercato completo

Ipotesi 11.11 *Le funzioni b, σ, r e q sono limitate e localmente Hölderiane su $]0,T[\times\mathbb{R}^d$; inoltre sono funzioni globalmente Lipschitziane in x, uniformemente rispetto a t, su $]0,T[\times\mathbb{R}^d$. La matrice $(c_{ij}) := \sigma\sigma^*$ è uniformemente definita positiva: esiste una costante positiva Λ tale che*

$$\Lambda^{-1}|\xi|^2 \leq \sum_{i,j=1}^{d} c_{ij}(t,x)\xi_i\xi_j \leq \Lambda|\xi|^2, \qquad t\in]0,T[,\ x,\xi\in\mathbb{R}^d.$$

Sotto queste condizioni esiste ed è unica la misura martingala Q. Precisamente, per $t \in [0,T]$ poniamo

$$\widetilde{\mu}_t^i = \mu_t^i + q_t^i - r_t, \qquad i = 1, \ldots, d,$$

$$\theta_t = \sigma_t^{-1}\widetilde{\mu}_t,$$

$$Z_t = \exp\left(-\int_0^t \theta_s \cdot dW_s - \frac{1}{2}\int_0^t |\theta_s|^2 ds\right).$$

Per il Teorema 10.5 di Girsanov, il processo

$$W_t^\theta = W_t + \int_0^t \theta_s ds, \qquad t \in [0,T],$$

è un moto Browniano su $(\Omega, Q, \mathcal{F}, \mathcal{F}_t)$ dove

$$\frac{dQ}{dP} = Z_T,$$

e vale

$$dS_t^i = \left(r_t - q_t^i\right) S_t^i dt + S_t^i \sigma_t^i \cdot dW_t^\theta.$$

La dinamica dei prezzi scontati

$$\widetilde{S}_t^i = e^{-\int_0^t r_s ds} S_t^i$$

è data da

$$d\widetilde{S}_t^i = -q_t^i \widetilde{S}_t^i dt + \widetilde{S}_t^i \sigma_t^i \cdot dW_t^\theta. \tag{11.18}$$

Le definizioni di opzione Americana e strategia d'esercizio sono formalmente uguali al caso di Black&Scholes. Un'opzione Americana è un processo della forma

$$(\psi(t, S_t))_{t\in[0,T]}$$

dove ψ è una funzione Lipschitziana e convessa su $[0,T] \times (\mathbb{R}_+)^d$.

Indichiamo con $\mathscr{T}_T$ la famiglia dei $\mathcal{F}_t$-tempi d'arresto a valori in $[0,T]$ e diciamo che $\tau \in \mathscr{T}_T$ è una *strategia d'esercizio anticipato*. Inoltre $\tau_0 \in \mathscr{T}_T$ è una *strategia ottimale* se vale

$$E^Q\left[e^{-\int_0^{\tau_0} r_s ds}\psi(\tau_0, S_{\tau_0})\right] = \sup_{\tau\in\mathscr{T}_T} E^Q\left[e^{-\int_0^\tau r_s ds}\psi(\tau, S_\tau)\right].$$

11 Opzioni Americane

Il seguente risultato generalizza il Teorema 11.2. Nel seguente enunciato (t, S) indica il punto di $[0,T] \times (\mathbb{R}_+)^d$ e L è l'operatore parabolico associato al processo (S_t):

$$Lf = \frac{1}{2}\sum_{i,j=1}^{d} \tilde{c}_{ij} S^i S^j \partial_{S^i S^j} f + \sum_{i=1}^{d}(\tilde{r} - \tilde{q}^i) S^i \partial_{S^i} f + \partial_t f - \tilde{r}f,$$

dove, posto $\log S = (\log S^1, \ldots, \log S^d)$,

$$\tilde{c}_{ij} = c_{ij}(t, \log S), \quad \tilde{r} = r(t, \log S) \quad \text{e} \quad \tilde{q}^i = q^i(t, \log S).$$

Teorema 11.12. *Esiste ed è unica la soluzione forte $f \in C([0,T] \times (\mathbb{R}_+)^d)$ del problema con ostacolo*

$$\begin{cases} \max\{Lf, \psi - f\} = 0, & \text{in }]0,T[\times (\mathbb{R}_+)^d, \\ f(T, \cdot) = \psi(T, \cdot), & \text{in } (\mathbb{R}_+)^d, \end{cases} \quad (11.19)$$

che soddisfa le seguenti proprietà:

i) *per ogni $(t, y) \in [0, T[\times (\mathbb{R}_+)^d$, si ha*

$$f(t,y) = \sup_{\substack{\tau \in \mathcal{T}_T \\ \tau \in [t,T]}} E^Q \left[e^{-\int_t^\tau r_s^{t,y} ds} \psi(\tau, S_\tau^{t,y}) \right],$$

dove $S^{t,y}$ è il processo dei prezzi con valore iniziale $S_t = y$, e $r_s^{t,y} = r(s, \log S_s^{t,y})$;

ii) *f ammette il gradiente spaziale $\nabla f = (\partial_{S^1} f, \ldots, \partial_{S^d} f)$ in senso classico e vale*

$$\nabla f \in C(]0,T[\times (\mathbb{R}_+)^d.$$

Se ψ è limitata oppure il coefficiente r è costante[2] allora

$$\nabla f \in L^\infty(]0,T[\times (\mathbb{R}_+)^d.$$

Dimostrazione. Tramite il cambio di variabili $S = e^x$, la tesi è diretta conseguenza dei Teoremi 8.20, 9.47 e della Proposizione 9.48. □

Consideriamo una strategia $h = (\alpha_t, \beta_t)$, $\alpha \in \mathbb{L}^2_{\text{loc}}$ e $\beta \in \mathbb{L}^1_{\text{loc}}$, con valore

$$V_t(h) = \alpha_t \cdot S_t + \beta_t B_t,$$

e ricordiamo la condizione di autofinanziamento:

$$dV_t(h) = \sum_{i=1}^{d} \alpha_t^i \left(dS_t^i + q_t^i S_t^i dt \right) + \beta_t dB_t.$$

---

[2] In generale, senza le ipotesi aggiuntive sulla limitatezza di ψ oppure su r costante, procedendo come nella Proposizione 9.48 si prova che ∇f ha crescita al più lineare in S.

Posto
$$\widetilde{V}_t(h) = e^{-\int_0^t r_s ds} V_t(h),$$
vale

Proposizione 11.13. *La strategia $h = (\alpha, \beta)$ è autofinanziante se e solo se*

$$\begin{aligned}\widetilde{V}_t(h) &= V_0(h) + \sum_{i=1}^d \int_0^t \alpha_s^i d\widetilde{S}_s^i + \sum_{i=1}^d \int_0^t \alpha_s^i q_s^i \widetilde{S}_s^i ds \\ &= V_0(h) + \sum_{i=1}^d \int_0^t \alpha_s^i \widetilde{S}_s^i \sigma_s^i \cdot dW_s^\theta.\end{aligned} \quad (11.20)$$

Dimostrazione. È analoga alla Proposizione 7.3. La seconda uguaglianza in (11.20) segue dalla (11.18). □

La definizione di prezzo d'arbitraggio dell'opzione Americana è basata sugli stessi argomenti utilizzati nell'ambito del modello di Black&Scholes.

Notazione 11.14 *Ricordiamo la Definizione 10.34 e poniamo*

$$\mathcal{A}_\psi^+ = \{h \in \mathcal{A} \mid V_t(h) \geq \psi(t, S_t),\ t \in [0,T]\ q.s.\},$$
$$\mathcal{A}_\psi^- = \{h \in \mathcal{A} \mid \text{esiste } \tau_0 \in \mathscr{T}_T \text{ t.c. } \psi(\tau_0, S_{\tau_0}) \geq V_{\tau_0}(h)\ q.s.\}.$$

$\mathcal{A}_\psi^+$ e $\mathcal{A}_\psi^-$ indicano rispettivamente le famiglie delle strategie autofinanzianti che super-replicano il payoff $\psi(t, S_t)$ e delle strategie su cui assumere una posizione corta per investire nell'opzione Americana. Osserviamo che, dalla proprietà di martingala, segue

$$V_0(h^-) \leq V_0(h^+)$$

per ogni $h^- \in \mathcal{A}_\psi^-$ e $h^+ \in \mathcal{A}_\psi^+$. Inoltre per evitare di introdurre opportunità d'arbitraggio, il prezzo dell'opzione Americana $\psi(t, S_t)$ deve essere minore o uguale del valore iniziale $V_0(h)$ per ogni $h \in \mathcal{A}_\psi^+$ e maggiore o uguale del valore iniziale $V_0(h)$ per ogni $h \in \mathcal{A}_\psi^-$.

Il seguente risultato, analogo al Teorema 11.7, introduce la definizione di prezzo d'arbitraggio dell'opzione Americana mostrando che

$$\inf_{h \in \mathcal{A}_\psi^+} V_0(h) = \sup_{h \in \mathcal{A}_\psi^-} V_0(h).$$

Teorema 11.15. *Sia f la soluzione del problema con ostacolo (11.19). La strategia autofinanziante $\bar{h} = (\alpha, \beta)$ definita da*

$$V_0(\bar{h}) = f(0, S_0), \qquad \alpha_t = \nabla f(t, S_t),$$

appartiene a $\mathcal{A}_\psi^+ \cap \mathcal{A}_\psi^-$. Per definizione

$$f(0, S_0) = V_0(\bar{h}) = \inf_{h \in \mathcal{A}_\psi^+} V_0(h) = \sup_{h \in \mathcal{A}_\psi^-} V_0(h),$$

è il prezzo d'arbitraggio di $\psi(t, S_t)$. Inoltre una strategia ottimale d'esercizio è definita da

$$\tau_0 = \inf\{t \in [0, T] \mid f(t, S_t) = \psi(t, S_t)\},$$

e vale

$$V_0(\bar{h}) = E^Q \left[e^{-\int_0^{\tau_0} r_s ds} \psi(\tau_0, S_{\tau_0}) \right] = \sup_{\tau \in \mathcal{T}_T} E^Q \left[e^{-\int_0^\tau r_s ds} \psi(\tau, S_\tau) \right].$$

12
Metodi numerici

Metodo di Eulero per equazioni ordinarie – Metodo di Eulero per equazioni stocastiche – Metodo delle differenze finite per equazioni paraboliche – Metodo Monte Carlo

In questo capitolo studiamo alcuni metodi per la risoluzione numerica di equazioni differenziali deterministiche e stocastiche. L'approssimazione numerica è necessaria quando non è possibile determinare la soluzione di un'equazione in forma esplicita (ossia quasi sempre).

L'idea alla base di molti metodi numerici per equazioni differenziali è semplicemente di approssimare le derivate (gli integrali) con rapporti incrementali (con somme). Seguiremo quest'approccio in tutto il capitolo, cercando di inquadrare i metodi per diversi tipi di equazioni (ordinarie o alle derivate parziali, deterministiche o stocastiche) in un unico contesto. A grandi linee, gli ingredienti principali che utilizzeremo per mostrare che la soluzione X di un'equazione differenziale $LX = 0$ è approssimata dalla soluzione X^δ dell'equazione "discretizzata" $L^\delta X = 0$, sono tre:

- la *regolarità* della soluzione X che deriva dalle proprietà dell'equazione differenziale ed è generalmente conseguenza delle ipotesi di regolarità sui coefficienti;
- la *consistenza* della discretizzazione (o schema numerico), ossia il fatto che $L - L^\delta \xrightarrow[\delta \to 0^+]{} 0$ in senso opportuno: ciò è generalmente conseguenza dell'approssimazione mediante uno sviluppo in serie di Taylor e della regolarità della soluzione fornita nel punto precedente;
- la *stabilità* dello schema numerico, generalmente conseguenza di un principio del massimo per L^δ che fornisce una stima di una funzione (o un processo) Y in termini del dato iniziale Y_0 e di $L^\delta Y$.

12.1 Metodo di Eulero per equazioni ordinarie

Consideriamo l'equazione differenziale ordinaria

$$X'_t = \mu(t, X_t), \qquad t \in [0, T], \qquad (12.1)$$

dove

12 Metodi numerici

$$\mu : [0, T] \times \mathbb{R} \longrightarrow \mathbb{R},$$

è una funzione continua. Per semplicità e chiarezza d'esposizione ci limitiamo a considerare il caso uni-dimensionale, ma i risultati seguenti si possono estendere senza difficoltà. Assumiamo l'ipotesi di crescita lineare

$$|\mu(t, x)| \leq K(1 + |x|), \qquad x \in \mathbb{R}, \ t \in [0, T], \tag{12.2}$$

e inoltre assumiamo la Lipschitzianità in entrambe le variabili (quindi un'ipotesi un po' più forte rispetto all'ipotesi standard di Lipschitzianità in x):

$$|\mu(t, x) - \mu(s, y)| \leq K(|t - s| + |x - y|), \qquad x, y \in \mathbb{R}, \ t, s \in [0, T]. \tag{12.3}$$

Fissato $N \in \mathbb{N}$, suddividiamo l'intervallo $[0, T]$ in N intervalli $[t_{n-1}, t_n]$ di lunghezza pari a $\delta := \frac{T}{N}$, cosicché $t_n = n\delta$ per $n = 0, \ldots, N$. Chiamiamo δ il passo della discretizzazione. Approssimando la derivata in (12.1) col relativo rapporto incrementale (o equivalentemente, troncando lo sviluppo di Taylor della funzione X di punto iniziale t_n al prim'ordine), otteniamo la seguente discretizzazione della (12.1):

$$X_{t_{n+1}}^{\delta} = X_{t_n}^{\delta} + \mu(t_n, X_{t_n}^{\delta})\delta, \qquad n = 1, \ldots, N. \tag{12.4}$$

Imponendo $X_0^{\delta} = X_0$, la (12.4) definisce ricorsivamente i valori di $X_{t_n}^{\delta}$ per $n = 1, \ldots, N$ fornendo un algoritmo per la determinazione di un'approssimazione della soluzione X.

È utile considerare anche l'equivalente versione integrale della (12.1):

$$L_t X = 0, \qquad t \in [0, T], \tag{12.5}$$

dove L_t è l'operatore definito da

$$L_t X := X_t - X_0 - \int_0^t \mu(s, X_s) ds, \qquad t \in [0, T]. \tag{12.6}$$

Fissati t_n come in precedenza, l'equazione (12.5) può essere discretizzata rendendo costante l'integrando $\mu(s, X_s) \equiv \mu(t_{n-1}, X_{t_{n-1}})$ sull'intervallo $[t_{n-1}, t_n]$. Più precisamente definiamo l'operatore discretizzato L^{δ} ponendo

$$L_t^{\delta} X := X_t - X_0 - \int_0^t \sum_{n=1}^{N} \mu(t_{n-1}, X_{t_{n-1}}) \mathbb{1}_{]t_{n-1}, t_n]}(s) ds, \qquad t \in [0, T]. \tag{12.7}$$

L'equazione

$$L_t^{\delta} X^{\delta} = 0, \qquad t \in [0, T],$$

è equivalente a

$$X_t^{\delta} = X_0 - \int_0^t \sum_{n=1}^{N} \mu(t_{n-1}, X_{t_{n-1}}^{\delta}) \mathbb{1}_{]t_{n-1}, t_n]}(s) ds, \qquad t \in [0, T], \tag{12.8}$$

12.1 Metodo di Eulero per equazioni ordinarie

e definisce ricorsivamente la stessa (nei punti $t = t_n$) approssimazione X^δ della soluzione X introdotta in precedenza con la formula (12.4): più precisamente la funzione X^δ è definita interpolando linearmente i valori $X^\delta_{t_n}$, $n = 0, \ldots, N$.

Per studiare la convergenza dello schema numerico di Eulero, cominciamo col provare una stima a priori della regolarità delle soluzioni dell'equazione differenziale.

Proposizione 12.1 (Regolarità). *La soluzione X in (12.6) è tale che*

$$|X_t - X_s| \leq K_1 |t - s|, \qquad t, s \in [0, T],$$

con K_1 che dipende solo da K in (12.2), T e X_0.

Dimostrazione. Per definizione, se $s < t$, si ha

$$|X_t - X_s| = \left| \int_s^t \mu(u, X_u) du \right| \leq (t - s) \max_{u \in [0,T]} |\mu(u, X_u)|.$$

La tesi segue dall'ipotesi di crescita lineare di μ e dalla seguente stima

$$|X_t| \leq e^{Kt} (|X_0| + KT), \qquad t \in [0, T], \tag{12.9}$$

che si prova utilizzando il Lemma di Gronwall e la disuguaglianza

$$|X_t| \leq |X_0| + \int_0^t |\mu(s, X_s)| \, ds \leq$$

(per l'ipotesi di crescita lineare di μ)

$$\leq |X_0| + KT + K \int_0^t |X_s| \, ds.$$

$\square$

Verifichiamo ora la consistenza dell'operatore discretizzato L^δ con L.

Proposizione 12.2 (Consistenza). *Sia Y una funzione Lipschitziana su $[0, T]$ con costante di Lipschitz K_1. Per ogni $t \in [0, T]$ vale*

$$\left| L_t Y - L^\delta_t Y \right| \leq C \delta, \tag{12.10}$$

dove la costante C dipende solo da K, K_1 e T.

Dimostrazione. È sufficiente considerare il caso $t = t_n$. Si ha

$$\left| L_{t_n} Y - L^\delta_{t_n} Y \right| = \left| \sum_{k=1}^n \int_{t_{k-1}}^{t_k} \left(\mu(s, Y_s) - \mu(t_{k-1}, Y_{t_{k-1}}) \right) ds \right| \leq$$

(per l'ipotesi di Lipschitzianità di μ)

$$\leq K \sum_{k=1}^{n} \int_{t_{k-1}}^{t_k} \left(s - t_{k-1} + |Y_s - Y_{t_{k-1}}| \right) ds$$

$$\leq K \left(1 + K_1 \right) \sum_{k=1}^{n} \int_{t_{k-1}}^{t_k} (s - t_{k-1}) \, ds$$

$$\leq K \left(1 + K_1 \right) T \delta.$$

□

Il terzo passo è la prova di un principio del massimo per l'operatore discreto L^δ.

Proposizione 12.3 (Stabilità - Principio del massimo). *Siano X, Y funzioni continue su $[0, T]$. Allora si ha*

$$\max_{t \in [0,T]} |X_t - Y_t| \leq e^{KT} \left(|X_0 - Y_0| + \max_{t \in [0,T]} |L_t^\delta X - L_t^\delta Y| \right). \tag{12.11}$$

Dimostrazione. Poiché

$$X_t - Y_t = X_0 - Y_0 + L_t^\delta X - L_t^\delta Y$$
$$+ \int_0^t \sum_{n=1}^{N} \left(\mu(t_{n-1}, Y_{t_{n-1}}) - \mu(t_{n-1}, Y_{t_{n-1}}) \right) \mathbb{1}_{]t_{n-1}, t_n]}(s) ds$$

per l'ipotesi di Lipschitzianità di μ, si ha

$$\max_{s \in [0,t]} |X_s - Y_s| \leq |X_0 - Y_0| + \max_{s \in [0,T]} |L_s^\delta X - L_s^\delta Y| + K \int_0^t \max_{u \in [0,s]} |X_u - Y_u| \, ds.$$

La tesi segue dal Lemma di Gronwall. □

Osservazione 12.4. Il risultato precedente è chiamato principio del massimo perché nel caso in cui l'equazione differenziale sia lineare e omogenea, ossia del tipo $\mu(t, x) = a(t)x$, e $Y_t \equiv 0$, la (12.11) diventa

$$\max_{t \in [0,T]} |X_t| \leq e^{KT} \left(|X_0| + \max_{t \in [0,T]} |L_t X| \right),$$

ed esprime il fatto che il massimo della soluzione dell'equazione $L_t X = f$ si stima in termini del valore iniziale X_0 e del termine noto f. Questo tipo di risultato garantisce *la stabilità* di uno schema numerico nel senso che, per le soluzioni X^δ, Y^δ di $L^\delta X = 0$, la (12.11) diventa

$$\max_{t \in [0,T]} |X_t^\delta - Y_t^\delta| \leq e^{Kt} |X_0^\delta - Y_0^\delta|$$

e fornisce una stima della sensibilità della soluzione rispetto ad una perturbazione del dato iniziale. □

12.1 Metodo di Eulero per equazioni ordinarie

Proviamo ora che la discretizzazione di Eulero ha ordine di convergenza pari a uno.

Teorema 12.5. *Siano X e X^δ rispettivamente le soluzioni di $L_t X = 0$ e $L_t^\delta X^\delta = 0$ con uguale dato iniziale $X_0 = X_0^\delta$. Esiste una costante C che dipende solo da T, K in (12.2) e X_0 tale che*

$$\max_{t \in [0,T]} \left| X_t - X_t^\delta \right| \leq C\delta. \qquad (12.12)$$

Dimostrazione. Per il principio del massimo si ha

$$\max_{t \in [0,T]} \left| X_t - X_t^\delta \right| \leq e^{KT} \max_{t \in [0,T]} \left| L_t^\delta X - L_t^\delta X^\delta \right| = e^{KT} \max_{t \in [0,T]} \left| L_t^\delta X - L_t X \right| \leq$$

(per i risultati di consistenza, Proposizione 12.2, e regolarità, Proposizione 12.1)

$$\leq C\delta$$

dove C dipende solo da T, K e X_0. □

12.1.1 Schemi di ordine superiore

La discretizzazione di Eulero è estremamente semplice ed intuitiva, tuttavia dà risultati soddisfacenti solo se il coefficiente μ è ben approssimato da funzioni lineari. In generale è preferibile utilizzare schemi numerici di ordine superiore. Accenniamo brevemente alle idee principali. Nel seguito assumiamo che il coefficiente μ sia sufficientemente regolare e consideriamo l'equazione

$$X'_t = \mu(t, X_t), \qquad t \in [0, T].$$

Derivando l'equazione precedente e tralasciando gli argomenti della funzione μ e delle sue derivate, otteniamo

$$X'' = \mu_t + \mu_x X' = \mu_t + \mu_x \mu,$$
$$X''' = \mu_{tt} + 2\mu_{tx} X' + \mu_{xx} (X')^2 + \mu_x X'' = \ldots,$$

dove μ_t, μ_x indicano le derivate parziali della funzione $\mu = \mu(t, x)$. Sostituendo le espressioni precedenti nello sviluppo di Taylor di X, troncato all'ordine $p \in \mathbb{N}$,

$$X_{t_{n+1}} = X_{t_n} + X'_{t_n} \delta + \cdots + \frac{1}{p!} X^{(p)}_{t_n} \delta^p$$

otteniamo lo *schema di Eulero di ordine p*. Per esempio, lo schema di ordine due è

$$X^\delta_{t_{n+1}} = X^\delta_{t_n} + \mu(t_n, X^\delta_{t_n})\delta + \frac{\delta^2}{2} \left(\mu_t(t_n, X^\delta_{t_n}) + \mu_x(t_n, X^\delta_{t_n}) \mu(t_n, X^\delta_{t_n}) \right).$$

Sotto opportune ipotesi di regolarità sul coefficiente μ, è possibile dimostrare che *lo schema di Eulero di ordine p ha un ordine di convergenza pari a p*, ossia vale

$$\max_{t \in [0,T]} \left| X_t - X_t^\delta \right| \leq C\delta^p.$$

12.2 Metodo di Eulero per equazioni stocastiche

Studiamo il problema dell'approssimazione numerica di un'equazione differenziale stocastica. Rimandiamo alle monografie di Kloeden e Platen [96], Bouleau e Lépingle [23] per un'esposizione della teoria generale.

Utilizziamo le notazioni del Paragrafo 9.1 e definiamo l'operatore

$$L_t X := X_t - X_0 - \int_0^t \mu(s, X_s)ds - \int_0^t \sigma(s, X_s)dW_s, \qquad t \in [0, T], \quad (12.13)$$

dove X_0 è un'assegnata variabile aleatoria $\mathcal{F}_0$-misurabile in $L^2(\Omega, P)$ e i coefficienti

$$\mu = \mu(t, x) : [0, T] \times \mathbb{R} \longrightarrow \mathbb{R}, \qquad \sigma = \sigma(t, x) : [0, T] \times \mathbb{R} \longrightarrow \mathbb{R},$$

verificano la seguente ipotesi

$$|\mu(t, x) - \mu(s, y)|^2 + |\sigma(t, x) - \sigma(t, y)|^2 \leq K \left(|t - s| + |x - y|^2\right), \quad (12.14)$$

per $x, y \in \mathbb{R}$ e $t, s \in [0, T]$. La (12.14) è po' più forte delle ipotesi standard (cfr. Definizione 9.4) in quanto equivale alla Lipschitzianità globale nella variabile x e all'Hölderianità di esponente $1/2$ in t: in particolare la (12.14) contiene l'usuale condizione di crescita lineare. Sotto queste ipotesi il Teorema 9.11 assicura l'esistenza di una soluzione forte $X \in \mathcal{A}_c$ dell'equazione

$$L_t X = 0, \qquad t \in [0, T].$$

Ricordiamo (cfr. Notazione 9.5) che $\mathcal{A}_c$ indica lo spazio dei processi $(X_t)_{t \in [0,T]}$ continui, $\mathcal{F}_t$-adattati e tali che

$$[\![X]\!]_T = \sqrt{E\left[\sup_{0 \leq t \leq T} X_t^2\right]}$$

è finito.

Suddividiamo l'intervallo $[0, T]$ in N intervalli $[t_{n-1}, t_n]$ di lunghezza pari a $\delta := \frac{T}{N}$ e definiamo l'operatore discretizzato L^δ ottenuto rendendo costanti a tratti gli integrandi in (12.13):

$$\begin{aligned} L_t^\delta X := X_t - X_0 &- \int_0^t \sum_{n=1}^N \mu(t_{n-1}, X_{t_{n-1}}) \mathbb{1}_{]t_{n-1}, t_n]}(s)ds \\ &- \int_0^t \sum_{n=1}^N \sigma(t_{n-1}, X_{t_{n-1}}) \mathbb{1}_{]t_{n-1}, t_n]}(s)dW_s, \end{aligned} \qquad (12.15)$$

per $t \in [0, T]$. L'equazione

$$L_t^\delta X^\delta = 0, \qquad t \in [0, T], \qquad (12.16)$$

12.2 Metodo di Eulero per equazioni stocastiche

definisce il processo discretizzato X^δ: per $t = t_n$ la (12.16) è equivalente alla formula

$$X^\delta_{t_{n+1}} = X^\delta_{t_n} + \mu(t_n, X^\delta_{t_n})\delta + \sigma(t_n, X^\delta_{t_n})\left(W_{t_{n+1}} - W_{t_n}\right), \qquad (12.17)$$

che determina ricorsivamente il processo discretizzato X^δ a partire dal dato iniziale $X^\delta_0 = X_0$.

Il primo ingrediente per la dimostrazione della convergenza dello schema di Eulero è il seguente risultato di regolarità delle soluzioni dell'equazione stocastica contenuto nel Teorema 9.14:

Proposizione 12.6 (Regolarità). *La soluzione X di $L_t X = 0$ è tale che*

$$E\left[\sup_{s \in [t,t']} |X_s - X_t|^2\right] \leq K_1(t' - t), \qquad 0 \leq t < t' \leq T, \qquad (12.18)$$

dove K_1 è una costante che dipende solo da T, $E\left[X_0^2\right]$ e K in (12.14).

Il secondo passo consiste nella verifica della consistenza dell'operatore discretizzato L^δ con L: il prossimo risultato è analogo alla Proposizione 12.2.

Proposizione 12.7 (Consistenza). *Sia $Y \in \mathcal{A}_c$ tale che*

$$E\left[\sup_{s \in [t,t']} |Y_s - Y_t|^2\right] \leq K_1(t' - t), \qquad 0 \leq t < t' \leq T. \qquad (12.19)$$

Allora vale
$$[\![LY - L^\delta Y]\!]_T \leq C\sqrt{\delta}, \qquad (12.20)$$

dove la costante C dipende solo da K, K_1 e T.

Dimostrazione. Si ha

$$L_t Y - L_t^\delta Y = \int_0^t \underbrace{\sum_{n=1}^N \left(\mu(t_{n-1}, Y_{t_{n-1}}) - \mu(s, Y_s)\right) \mathbb{1}_{]t_{n-1},t_n]}(s)}_{:=Z_s^\mu} ds$$

$$+ \int_0^t \underbrace{\sum_{n=1}^N \left(\sigma(t_{n-1}, Y_{t_{n-1}}) - \sigma(s, Y_s)\right) \mathbb{1}_{]t_{n-1},t_n]}(s)}_{:=Z_s^\sigma} dW_s,$$

e quindi, per il Lemma 9.7,

$$[\![LY - L^\delta Y]\!]_T^2 \leq 2 \int_0^T \left(T [\![Z^\mu]\!]_t^2 + 4 [\![Z^\sigma]\!]_t^2\right) dt.$$

Per concludere la prova, osserviamo che

$$[\![Z^\mu]\!]_t^2 = E\left[\sup_{s\leq t}\sum_{n=1}^{N}\left(\mu(s,Y_s)-\mu(t_{n-1},Y_{t_{n-1}})\right)^2 \mathbb{1}_{]t_{n-1},t_n]}(s)\right] \leq$$

(per l'ipotesi di Lischitzianità (12.14))

$$\leq KE\left[\sup_{s\leq t}\sum_{n=1}^{N}\left(|s-t_{n-1}|+|Y_s-Y_{t_{n-1}}|^2\right)\mathbb{1}_{]t_{n-1},t_n]}(s)\right] \leq C\delta$$

in base all'ipotesi di regolarità (12.19), e una stima analoga vale per $[\![Z^\mu]\!]_t^2$. □

Il terzo ingrediente è un principio del massimo per l'operatore discreto L^δ.

Proposizione 12.8 (Stabilità - Principio del massimo). *Esiste una costante C_0 che dipende solo da K e T, tale che per ogni coppia di processi $X,Y \in \mathcal{A}_c$ vale*

$$[\![X-Y]\!]_T^2 \leq C_0\left(E\left[|X_0-Y_0|^2\right]+[\![L^\delta X-L^\delta Y]\!]_T^2\right). \tag{12.21}$$

Dimostrazione. Poiché

$$X_t - Y_t = L_t^\delta X - L_t^\delta Y + X_0 - Y_0$$
$$+ \underbrace{\int_0^t \sum_{n=1}^{N}\left(\mu(t_{n-1},X_{t_{n-1}})-\mu(t_{n-1},Y_{t_{n-1}})\right)\mathbb{1}_{]t_{n-1},t_n]}(s)\,ds}_{:=Z_s^\mu}$$
$$+ \underbrace{\int_0^t \sum_{n=1}^{N}\left(\sigma(t_{n-1},X_{t_{n-1}})-\sigma(t_{n-1},Y_{t_{n-1}})\right)\mathbb{1}_{]t_{n-1},t_n]}(s)\,dW_s}_{:=Z_s^\sigma},$$

utilizzando il Lemma 9.7 otteniamo

$$[\![X-Y]\!]_t^2 \leq 4\bigg(E\left[(X_0-Y_0)^2\right]+[\![L^\delta X-L^\delta Y]\!]_T^2$$
$$+ t\int_0^t [\![Z^\mu]\!]_s^2 ds + 4\int_0^t [\![Z^\sigma]\!]_s^2 ds\bigg).$$

D'altra parte si ha

$$[\![Z^\mu]\!]_t^2 = E\left[\sup_{s\leq t}\sum_{n=1}^{N}\left(\mu(t_{n-1},X_{t_{n-1}})-\mu(t_{n-1},Y_{t_{n-1}})\right)^2 \mathbb{1}_{]t_{n-1},t_n]}(s)\right] \leq$$

(per l'ipotesi di Lischitzianità di μ)

$$\leq KE\left[\sup_{s\leq t}\sum_{n=1}^{N}|X_{t_{n-1}}-Y_{t_{n-1}}|^{2}\mathbb{1}_{]t_{n-1},t_{n}]}(s)\right]\leq K[\![X-Y]\!]_{t}^{2},$$

e una stima analoga vale per $[\![Z^{\sigma}]\!]_{t}^{2}$. Dunque combinando le stime precedenti otteniamo

$$[\![X-Y]\!]_{t}^{2}\leq 4E\left[(X_{0}-Y_{0})^{2}\right]+4[\![L^{\delta}X-L^{\delta}Y]\!]_{T}^{2}+4K(T+4)\int_{0}^{t}[\![X-Y]\!]_{s}^{2}ds$$

e la tesi segue applicando il Lemma di Gronwall. □

Possiamo ora provare il seguente risultato che afferma che *lo schema di Eulero ha ordine di convergenza forte pari a* 1/2.

Teorema 12.9. *Esiste una costante C che dipende solo da K, T e $E\left[X_{0}^{2}\right]$, tale che*

$$[\![X-X^{\delta}]\!]_{T}\leq C\sqrt{\delta}.$$

Dimostrazione. Per il principio del massimo, Proposizione 12.8, vale

$$[\![X-X^{\delta}]\!]_{T}^{2}\leq C_{0}[\![L^{\delta}X-L^{\delta}X^{\delta}]\!]_{T}^{2}=C_{0}[\![L^{\delta}X-LX]\!]_{T}^{2}\leq C\delta$$

dove C dipende solo da T, K e $E\left[X_{0}^{2}\right]$, e l'ultima disuguaglianza segue dai risultati di consistenza e regolarità, Proposizioni 12.7 e 12.6. □

12.2.1 Schema di Milstein

Analogamente al caso deterministico è possibile introdurre schemi di ordine superiore per la discretizzazione di equazioni stocastiche. Uno dei più semplici è lo schema di Milstein in cui si considera un'approssimazione del prim'ordine del termine diffusivo rispetto alla variabile x:

$$\int_{t_{n}}^{t_{n+1}}\sigma(t,X_{t})dW_{t}\sim\int_{t_{n}}^{t_{n+1}}\left(\sigma(t_{n},X_{t_{n}})+\partial_{x}\sigma(t_{n},X_{t_{n}})(W_{t}-W_{t_{n}})\right)dW_{t}.$$

Con un semplice calcolo abbiamo

$$\int_{t_{n}}^{t_{n+1}}(W_{t}-W_{t_{n}})dW_{t}=\frac{\left(W_{t_{n+1}}-W_{t_{n}}\right)^{2}-(t_{n+1}-t_{n})}{2}.$$

Allora, posto $\delta=t_{n+1}-t_{n}$ e indicando con Z una variabile aleatoria normale standard, otteniamo la naturale estensione dello schema iterativo (12.17):

$$X_{t_{n+1}}=X_{t_{n}}+\mu(t_{n},X_{t_{n}})\delta+\sigma(t_{n},X_{t_{n}})\sqrt{\delta}Z+\partial_{x}\sigma(t_{n},X_{t_{n}})\frac{\delta(Z^{2}-1)}{2}.$$

Si prova che lo schema di Milstein ha un ordine di convergenza forte pari a 1.

A titolo di esempio, per la discretizzazione di un moto Browniano geometrico

$$dS_{t}=\mu S_{t}dt+\sigma S_{t}dW_{t},$$

abbiamo

$$S_{t_{n+1}}=S_{t_{n}}\left(1+\delta\left(\mu+\frac{\sigma^{2}}{2}(Z^{2}-1)\right)+\sigma\sqrt{\delta}Z\right).$$

12.3 Metodo delle differenze finite per equazioni paraboliche

In questo paragrafo presentiamo alcuni semplici schemi alle differenze finite per operatori differenziali parabolici in $\mathbb{R}^2$. I metodi alle differenze finite forniscono generalmente risultati superiori, in termini di precisione e velocità di calcolo del prezzo e delle greche di un'opzione, rispetto agli altri schemi numerici (binomiale e Monte Carlo) anche se l'applicabilità è limitata a problemi in dimensione bassa, sicuramente non superiore a dieci.

Fra le monografie che approfondiscono lo studio degli schemi alle differenze finite applicati a problemi finanziari, citiamo Zhu, Wu e Chern [175], Tavella e Randall [162]. Le monografie di Mitchell e Griffiths [124], Raviart e Thomas [141], Smith [155], Hall e Porsching [72] forniscono un'introduzione più generale e avanzata ai metodi alle differenze finite per le equazioni alle derivate parziali.

Consideriamo un operatore della forma $A + \partial_t$ dove

$$Au(t,x) := a(t,x)\partial_{xx}u(t,x) + b(t,x)\partial_x u(t,x) - r(t,x)u(t,x), \qquad (12.22)$$

e $(t,x) \in \mathbb{R}^2$. Supponiamo che A verifichi le ipotesi standard del Paragrafo 8.1: i coefficienti a, b e r sono funzioni Hölderiane, limitate ed esiste una costante positiva μ tale che valga

$$\mu^{-1} \leq a(t,x) \leq \mu, \qquad (t,x) \in \mathbb{R}^2.$$

Assumendo la dinamica

$$dX_t = \mu(t,X_t)dt + \sigma(t,X_t)dW_t, \qquad (12.23)$$

per il logaritmo del prezzo di un titolo rischioso S e indicando con r il tasso a breve, nella Sezione 10.4.1 abbiamo espresso il prezzo d'arbitraggio di un derivato con payoff $F(S_T)$ in termini di soluzione del problema di Cauchy

$$\begin{cases} \partial_t u(t,x) + Au(t,x) = 0, & (t,x) \in\,]0,T[\times\mathbb{R}, \\ u(T,x) = \varphi(x), & x \in \mathbb{R}, \end{cases} \qquad (12.24)$$

dove A è l'operatore differenziale in (12.22) con

$$a = \frac{\sigma^2}{2}, \qquad b = r - \frac{\sigma^2}{2},$$

e $\varphi(x) = F(e^x)$.

12.3.1 Localizzazione

Al fine di costruire uno schema di discretizzazione implementabile al computer, il primo passo consiste nel localizzare il problema (12.24) su un dominio limitato. Precisamente, fissato $R > 0$, introduciamo il problema di Cauchy-Dirichlet

12.3 Metodo delle differenze finite per equazioni paraboliche

$$\begin{cases} \partial_t u + Au = 0, & \text{su }]0,T[\times]-R,R[, \\ u(t,-R) = \varphi_{-R}(t), \ u(t,R) = \varphi_R(t), & t \in [0,T], \\ u(T,x) = \varphi(x), & |x| < R, \end{cases} \quad (12.25)$$

dove $\varphi_{\pm R}$ sono funzioni per i dati al bordo laterale da scegliere in modo opportuno: la scelta più semplice è $\varphi_{\pm R} = 0$, e altre scelte tipiche sono

$$\varphi_{\pm R}(t) = \varphi(\pm R), \quad \text{o} \quad \varphi_{\pm R}(t) = e^{-\int_t^T r(s,\pm R)ds}\varphi(\pm R), \quad t \in [0,T].$$

In alternativa alle condizioni laterali di tipo Cauchy-Dirichlet, è possibile assegnare condizioni di tipo Neumann: per esempio, nel caso di un'opzione put,

$$\partial_x u(t,-R) = \partial_x u(t,R) = 0, \quad t \in [0,T].$$

Utilizzando la rappresentazione probabilistica di Feynman-Kač dei Teoremi 9.44 e 9.45, è possibile ricavare facilmente una stima della differenza fra la soluzione u_R di (12.25) e u. Per semplicità consideriamo solo il caso $\varphi_{\pm R} = 0$: un risultato analogo si prova senza difficoltà per ogni scelta di funzioni limitate $\varphi_{\pm R}$. Vale

$$u(t,x) = E\left[e^{-\int_t^T r(s,X_s^{t,x})ds}\varphi(X_T^{t,x})\right],$$

$$u_R(t,x) = E\left[e^{-\int_t^T r(s,X_s^{t,x})ds}\varphi\left(X_T^{t,x}\right)\mathbb{1}_{\{\tau_x \geq T\}}\right],$$

dove τ_x indica il tempo di uscita del processo $X^{t,x}$, soluzione della SDE (12.23) con $\mu = b$, dall'intervallo $]-R,R[$. Allora si ha

$$|u(t,x) - u_R(t,x)| \leq E\left[e^{-\int_t^T r(s,X_s^{t,x})ds}\left|\varphi\left(X_T^{t,x}\right)\right|\mathbb{1}_{\{\tau_x < T\}}\right] \leq$$

(essendo r limitato)

$$\leq e^{\|r\|_{L^\infty}(T-t)}\|\varphi\|_{L^\infty} P\left(\sup_{t \leq s \leq T}|X_s^{t,x}| \geq R\right) \leq$$

(per la stima massimale (9.38))

$$\leq 2\|\varphi\|_{L^\infty} \exp\left(-\frac{\left(e^{-K(T-t)}R - |x| - K(T-t)\right)^2}{2k(T-t)} + \|r\|_{L^\infty}(T-t)\right), \quad (12.26)$$

dove k, K sono costanti positive che dipendono dai coefficienti dell'equazione stocastica in modo esplicito (cfr. (9.35)-(9.36)). La formula (12.26) prova la convergenza uniforme sui compatti di u_R a u per $R \to +\infty$ e fornisce una stima esplicita, anche se abbastanza rozza, dell'errore di approssimazione.

12.3.2 θ-schemi per il problema di Cauchy-Dirichlet

Fissato un passo di discretizzazione $\delta > 0$, introduciamo le seguenti differenze finite del prim'ordine:

$$D_\delta^+ v(y) = \frac{v(y+\delta) - v(y)}{\delta}, \qquad \text{"in avanti"},$$

$$D_\delta^- v(y) = \frac{v(y) - v(y-\delta)}{\delta}, \qquad \text{"all'indietro"},$$

$$D_\delta v(y) = \frac{1}{2}\left(D_\delta^+ v(y) + D_\delta^- v(y)\right) = \frac{v(y+\delta) - v(y-\delta)}{2\delta}, \qquad \text{"centrata"}.$$

Definiamo inoltre il rapporto centrato del second'ordine

$$D_\delta^2 v(y) = \frac{D_\delta^+ v(y) - D_\delta^- v(y)}{\delta} = \frac{v(y+\delta) - 2v(y) + v(y-\delta)}{\delta^2}.$$

Proviamo la consistenza delle precedenti differenze finite con le corrispondenti derivate: le differenze in avanti e all'indietro hanno un ordine di approssimazioni pari a uno, mentre le differenze centrate hanno ordine pari a due.

Lemma 12.10. *Se v è derivabile 4 volte in un intorno convesso del punto y, allora valgono le seguenti stime:*

$$\left|D_\delta^+ v(y) - v'(y)\right| \leq \delta \frac{\sup|v''|}{2}, \tag{12.27}$$

$$\left|D_\delta^- v(y) - v'(y)\right| \leq \delta \frac{\sup|v''|}{2}, \tag{12.28}$$

$$\left|D_\delta v(y) - v'(y)\right| \leq \delta^2 \frac{\sup|v'''|}{3} + \delta^3 \frac{\sup|v''''|}{12}, \tag{12.29}$$

$$\left|D_\delta^2 v(y) - v''(y)\right| \leq \delta^2 \frac{\sup|v''''|}{12}. \tag{12.30}$$

Dimostrazione. Sviluppando v in serie di Taylor di punto iniziale y, otteniamo

$$v(y+\delta) = v(y) + v'(y)\delta + \frac{1}{2}v''(\hat{y})\delta^2, \tag{12.31}$$

$$v(y-\delta) = v(y) - v'(y)\delta + \frac{1}{2}v''(\check{y})\delta^2, \tag{12.32}$$

con $\hat{y}, \check{y} \in]y-\delta, y+\delta[$. Dalla (12.31) segue direttamente la (12.27) e dalla (12.32) segue la (12.28).

Consideriamo ora gli sviluppi al quart'ordine:

$$v(y+\delta) = v(y) + v'(y)\delta + \frac{1}{2}v''(y)\delta^2 + \frac{1}{3!}v'''(y)\delta^3 + \frac{1}{4!}v''''(\hat{y})\delta^4, \tag{12.33}$$

$$v(y-\delta) = v(y) - v'(y)\delta + \frac{1}{2}v''(y)\delta^2 - \frac{1}{3!}v'''(y)\delta^3 + \frac{1}{4!}v''''(\check{y})\delta^4 \tag{12.34}$$

12.3 Metodo delle differenze finite per equazioni paraboliche

con $\hat{y}, \check{y} \in]y - \delta, y + \delta[$. Sommando (rispettivamente, sottraendo) la (12.33) e (12.34) deduciamo direttamente la (12.29) (rispettivamente, la (12.30)). □

Fissati $M, N \in \mathbb{N}$, definiamo i passi della discretizzazione spaziale e temporale
$$\delta = \frac{2R}{M+1}, \quad \tau = \frac{T}{N},$$
e costruiamo sul dominio $[0, T] \times [-R, R]$ la griglia di punti
$$G^{(\tau,\delta)} = \{(t_n, x_i) = (n\tau, -R + i\delta) \mid n = 0, \ldots, N, \ i = 0, \ldots, M+1\}. \quad (12.35)$$
Per ogni funzione $g = g(t, x)$ e per ogni $t \in [0, T]$, indichiamo con $g(t)$ il vettore di $\mathbb{R}^M$ con componenti
$$g_i(t) = g(t, x_i), \qquad i = 1, \ldots, M; \quad (12.36)$$
inoltre sulla griglia $G^{(\tau,\delta)}$ definiamo la funzione
$$g_{n,i} = g_i(t_n) = g(t_n, x_i),$$
per $n = 0, \ldots, N$ e $i = 0, \ldots, M+1$.

Utilizzando le differenze finite precedentemente introdotte, introduciamo la discretizzazione nella variabile spaziale del problema di Cauchy-Dirichlet: definiamo l'operatore lineare $A_\delta = A_\delta(t)$ che approssima A in (12.22) e agisce su $u(t)$, vettore di $\mathbb{R}^M$ definito come in (12.36), nel modo seguente

$$\begin{aligned}(A_\delta u)_i(t) :=& a_i(t)\frac{u_{i+1}(t) - 2u_i(t) + u_{i-1}(t)}{\delta^2} \\ &+ b_i(t)\frac{u_{i+1}(t) - u_{i-1}(t)}{2\delta} - r_i(t)u_i(t) \\ =& \alpha_i(t)u_{i-1}(t) - \beta_i(t)u_i(t) + \gamma_i(t)u_{i+1}(t), \qquad i = 1, \ldots, M,\end{aligned}$$

dove
$$\alpha_i(t) = \frac{a_i(t)}{\delta^2} - \frac{b_i(t)}{2\delta}, \qquad \beta_i(t) = \frac{2a_i(t)}{\delta^2} + r_i(t), \qquad \gamma_i(t) = \frac{a_i(t)}{\delta^2} + \frac{b_i(t)}{2\delta}.$$

In altri termini, incorporando le condizioni di Dirichlet nulle al bordo, l'operatore $A_\delta(t)$ è rappresentato dalla matrice tri-diagonale

$$A_\delta(t) = \begin{pmatrix} \beta_1(t) & \gamma_1(t) & 0 & 0 & \cdots & 0 \\ \alpha_2(t) & \beta_2(t) & \gamma_2(t) & 0 & \cdots & 0 \\ 0 & \alpha_3(t) & \beta_3(t) & \gamma_3(t) & \cdots & 0 \\ \vdots & \vdots & \ddots & \ddots & \ddots & \vdots \\ 0 & 0 & \cdots & \alpha_{M-1}(t) & \beta_{M-1}(t) & \gamma_{M-1}(t) \\ 0 & 0 & \cdots & 0 & \alpha_M(t) & \beta_M(t) \end{pmatrix}$$

e la versione discretizzata del problema (12.25) con dati al bordo laterale nulli è

$$\begin{cases} \frac{d}{dt}u(t) + A_\delta u(t) = 0, & t \in]0,T[, \\ u_i(T) = \varphi(x_i), & i = 1,\ldots,M. \end{cases} \quad (12.37)$$

Infine approssimiamo la derivata temporale con una differenza finita in avanti:

$$\frac{d}{dt}u_i(t_n) \sim \frac{u_{n+1,i} - u_{n,i}}{\tau}.$$

Definizione 12.11. *Fissato $\theta \in [0,1]$, il θ-schema alle differenze finite per il problema (12.25) con dati al bordo laterale nulli consiste della condizione finale*

$$u_{N,i}(t) = \varphi(x_i), \quad i = 1,\ldots,M, \quad (12.38)$$

associata alla seguente equazione da risolvere iterativamente per n decrescente da $n = N-1$ fino a $n = 0$:

$$\frac{u_{n+1,i} - u_{n,i}}{\tau} + \theta(A_\delta u)_{n,i} + (1-\theta)(A_\delta u)_{n+1,i} = 0, \quad i = 1,\ldots,M. \quad (12.39)$$

Il θ-schema alle differenze finite è detto *esplicito* se $\theta = 0$: in questo caso il calcolo di $(u_{n,i})$ a partire da $(u_{n+1,i})$ in (12.39) è immediato poiché

$$u_{n,i} = u_{n+1,i} + \tau(A_\delta u)_{n+1,i}, \quad i = 1,\ldots,M.$$

In generale, notiamo che la (12.39) equivale a

$$((I - \tau\theta A_\delta)u)_{n,i} = ((I + \tau(1-\theta)A_\delta)u)_{n+1,i}, \quad i = 1,\ldots,M;$$

dunque se $\theta > 0$, per risolvere tale equazione è necessario invertire la matrice $I - \tau\theta A_\delta$: algoritmi per la soluzione di sistemi lineari tri-diagonali si trovano, per esempio, in Press, Teukolsky, Vetterling e Flannery [139]. Per $\theta = 1$ si dice che lo schema è *totalmente implicito*, mentre per $\theta = \frac{1}{2}$ è chiamato *schema di Crank-Nicholson* [32].

È chiaro che la scelta più semplice sembra $\theta = 0$, tuttavia la maggiore complessità degli schemi impliciti è ripagata da migliori proprietà di convergenza (cfr. Osservazione 12.14).

Riportiamo anche l'espressione dell'operatore $A_\delta(t)$ in caso si assumano condizioni di Neumann nulle al bordo:

$$A_\delta(t) = \begin{pmatrix} \alpha_1(t) + \beta_1(t) & \gamma_1(t) & 0 & 0 & \cdots & 0 \\ \alpha_2(t) & \beta_2(t) & \gamma_2(t) & 0 & \cdots & 0 \\ 0 & \alpha_3(t) & \beta_3(t) & \gamma_3(t) & \cdots & 0 \\ \vdots & \vdots & \ddots & \ddots & \ddots & \vdots \\ 0 & 0 & \cdots & \alpha_{M-1}(t) & \beta_{M-1}(t) & \gamma_{M-1}(t) \\ 0 & 0 & \cdots & 0 & \alpha_M(t) & \beta_M(t) + \gamma_M(t) \end{pmatrix}.$$

12.3 Metodo delle differenze finite per equazioni paraboliche

In questo caso (12.37) è la versione discretizzata del problema

$$\begin{cases} \partial_t u + Au = 0, & \text{su }]0,T[\times]-R,R[, \\ \partial_x u(t,-R) = \partial_x u(t,R) = 0, & t \in [0,T], \\ u(T,x) = \varphi(x), & |x| < R. \end{cases}$$

A titolo esemplificativo studiamo ora lo schema esplicito ($\theta = 0$) per un'equazione a coefficienti costanti: più semplicemente, con un cambio di variabili del tipo (7.21) possiamo considerare direttamente l'equazione del calore, ossia $a = 1$ e $b = r = 0$ in (12.22). Posto

$$Lu = \partial_t u + \partial_{xx} u,$$

$$(L^{(\tau,\delta)} u)_{n,i} = \frac{u_{n+1,i} - u_{n,i}}{\tau} + \frac{u_{n+1,i+1} - u_{n+1,i} + u_{n+1,i-1}}{\delta^2},$$

il problema di Cauchy-Dirichlet

$$\begin{cases} Lu = 0, & \text{su }]0,T[\times]-R,R[, \\ u(t,-R) = \varphi_{-R}(t),\ u(t,R) = \varphi_R(t), & t \in [0,T], \\ u(T,x) = \varphi(x), & |x| < R, \end{cases} \quad (12.40)$$

è discretizzato dal sistema di equazioni

$$\begin{cases} L^{(\tau,\delta)} u = 0, & \text{su } G^{(\tau,\delta)}, \\ u_{n,0} = \varphi_{-R}(t_n),\ u_{n,M+1} = \varphi_R(t_n), & n = 0,\ldots,N, \\ u_{N,i} = \varphi(x_i), & i = 1,\ldots,M. \end{cases} \quad (12.41)$$

Il risultato seguente estende il principio del massimo debole provato nel Paragrafo 6.1.

Proposizione 12.12 (Principio del massimo discreto). *Sia g una funzione definita sulla griglia $G^{(\tau,\delta)}$ tale che*

$$\begin{cases} L^{(\tau,\delta)} g \geq 0, & su\ G^{(\tau,\delta)}, \\ g_{n,0} \leq 0,\ g_{n,M+1} \leq 0, & n = 0,\ldots,N, \\ g_{N,i} \leq 0, & i = 1,\ldots,M. \end{cases}$$

Se vale la condizione

$$\tau \leq \frac{\delta^2}{2} \quad (12.42)$$

allora $g \leq 0$ su $G^{(\tau,\delta)}$.

Dimostrazione. Osserviamo che $L^{(\tau,\delta)} g \geq 0$ su $G^{(\tau,\delta)}$ se e solo se

$$g_{n,i} \leq g_{n+1,i}\left(1 - \frac{2\tau}{\delta^2}\right) + (g_{n+1,i+1} + g_{n+1,i-1})\frac{\tau}{\delta^2}$$

per $n = 0, \ldots, N-1$ e $i = 1, \ldots, M$. Allora la tesi segue dal fatto che, per la condizione (12.42), i coefficienti al membro destro della precedente disuguaglianza sono non-negativi: di conseguenza, essendo i dati al bordo minori o uguali a zero, si ha che $g_{n+1,i} \leq 0$ implica $g_{n,i} \leq 0$. □

Il teorema seguente prova che lo schema alle differenze finite esplicito converge con velocità proporzionale a δ^2.

Teorema 12.13. *Sia u soluzione del problema (12.40) e supponiamo che $\partial_{xxxx}u$ e $\partial_{tt}u$ siano limitate. Se vale la condizione (12.42), allora esiste una costante positiva C tale che per ogni $\delta > 0$ vale*

$$\max_{G^{(\tau,\delta)}} |u - u^{(\tau,\delta)}| \leq C\delta^2,$$

dove $u^{(\tau,\delta)}$ indica la soluzione del problema discretizzato (12.41).

Dimostrazione. Preliminarmente osserviamo che, per il Lemma 12.10 combinato con la condizione (12.42), vale

$$|(L^{(\tau,\delta)}u)_{n,i}| = |(L^{(\tau,\delta)}u)_{n,i} - (Lu)_{n+1,i}| \leq C\delta^2, \qquad (12.43)$$

con $C = \frac{\|\partial_{tt}u\|_\infty}{4} + \frac{\|\partial_{xxxx}u\|_\infty}{12}$.

Poi definiamo sulla griglia $G^{(\tau,\delta)}$ le funzioni

$$w^+ = u - u^{(\tau,\delta)} - C(T-t)\delta^2, \qquad w^- = u^{(\tau,\delta)} - u - C(T-t)\delta^2,$$

e osserviamo che $w^\pm \leq 0$ sul bordo parabolico di $G^{(\tau,\delta)}$. Inoltre, essendo $L^{(\tau,\delta)}t = 1$, si ha

$$L^{(\tau,\delta)}w^+ = L^{(\tau,\delta)}(u - u^{(\tau,\delta)}) + C\delta^2 = L^{(\tau,\delta)}u + C\delta^2 \geq 0,$$

per la stima (12.43). Analogamente vale $L^{(\tau,\delta)}w^- \geq 0$ e quindi, per la Proposizione 12.12, si ha $w^\pm \leq 0$ su $G^{(\tau,\delta)}$ da cui la tesi. □

Osservazione 12.14. La (12.42) è usualmente chiamata *condizione di stabilità* ed è in generale necessaria per la convergenza di un θ-schema nel caso $0 \leq \theta < \frac{1}{2}$: se la (12.42) non è soddisfatta, l'affermazione della proposizione precedente non è più vera. Per questo motivo si dice che i θ-schemi sono *condizionatamente convergenti* per $\theta < \frac{1}{2}$. Al contrario, nel caso $\frac{1}{2} \leq \theta \leq 1$, si dice che i θ-schemi sono *incondizionatamente convergenti* perché convergono al tendere di τ, δ a zero. □

Concludiamo la sezione enunciando un risultato generale di convergenza per i θ-schemi alle differenze finite; per la dimostrazione rimandiamo, per esempio, a Raviart e Thomas [141].

Teorema 12.15. *Siano u e $u^{(\tau,\delta)}$ rispettivamente le soluzioni del problema (12.25) e del corrispondente problema discretizzato con un θ-schema. Allora*

- *se $0 \leq \theta < \frac{1}{2}$ e vale la condizione di stabilità*

$$\lim_{\tau,\delta \to 0^+} \frac{\tau}{\delta^2} = 0,$$

si ha

$$\lim_{\tau,\delta \to 0^+} u^{(\tau,\delta)} = u, \quad in \ L^2(]0,T[\times]-R,R[);$$

- *se $\frac{1}{2} \leq \theta \leq 1$ si ha*

$$\lim_{\tau,\delta \to 0^+} u^{(\tau,\delta)} = u, \quad in \ L^2(]0,T[\times]-R,R[).$$

12.3.3 Problema a frontiera libera

Gli schemi alle differenze finite si adattano facilmente al problema della valutazione di opzioni con esercizio anticipato. Essenzialmente l'idea è di approssimare un'opzione Americana con la corrispondente opzione di tipo Bermuda che ammette un numero finito di possibili date d'esercizio. Utilizzando le notazioni della sezione precedente e in particolare fissata la discretizzazione temporale

$$t_n = n\tau, \quad \tau = \frac{T}{N},$$

utilizziamo l'usuale θ-schema in (12.39) per calcolare il prezzo "Europeo" $(\widetilde{u}_{n,i})_{i=1,\ldots,M}$ al tempo t_n a partire da $(u_{n+1,i})_{i=1,\ldots,M}$ e poi applichiamo la condizione di esercizio anticipato

$$u_{n,i} = \max\{\widetilde{u}_{n,i}, \varphi(t_n, x_i)\}, \quad i = 1, \ldots, M,$$

per determinare l'approssimazione del prezzo dell'opzione Americana. In questo modo si ottiene anche un'approssimazione della frontiera libera.

Negli ultimi anni numerosi metodi numerici per opzioni Americane sono stati proposti in letteratura. Per primi Brennan e Schwartz [25] hanno utilizzato metodi analitici (ossia basati sulla risoluzione del corrispondente problema con ostacolo) per opzioni con esercizio anticipato: Jaillet, Lamberton e Lapeyre [84] e Han-Wu [73] hanno fornito una giustificazione rigorosa del metodo e Zhang [174] ha studiato la convergenza e l'estensione a modelli con salti. In Barraquand e Martineau [12], Barraquand e Pudet [13], Dempster e Hutton [41] le tecniche precedenti sono state raffinate per la valutazione di opzioni esotiche. Fra gli altri metodi proposti citiamo gli elementi finiti in Achdou e Pironneau [1], i metodi ADI in Villeneuve e Zanette [166] e i metodi basati su wavelet in Matache, Nitsche e Schwab [119]. MacMillan [117], Barone-Adesi e Whaley [11], Carr e Faguet [27], Jourdain e Martini [87, 86] forniscono formule semi-esplicite di approssimazione del prezzo di derivati Americani.

12.4 Metodo Monte Carlo

Il Monte Carlo è una semplice tecnica di approssimazione numerica del valore atteso di una variabile aleatoria X. È utilizzato in vari ambiti della finanza e in particolare nella valutazione e nel calcolo delle greche di derivati. Più in generale, il Monte Carlo permette di approssimare numericamente il valore di un integrale: ricordiamo infatti che, se Y ha distribuzione uniforme su $[0,1]$ e $X = f(Y)$, abbiamo

$$E[X] = \int_0^1 f(x)dx.$$

Il metodo Monte Carlo si basa sulla Legge forte dei grandi numeri (cfr. Sezione A.5.1): se (X_n) è una successione di variabili aleatorie i.i.d. sommabili e tali che $E[X_1] = E[X]$, allora vale

$$\lim_{n \to \infty} \frac{1}{n} \sum_{k=1}^{n} X_k = E[X] \qquad \text{q.s.}$$

Di conseguenza, se siamo in grado di generare dei valori $\bar{X}_1, \ldots, \bar{X}_n$ di X in modo indipendente, allora la media

$$\frac{1}{n} \sum_{k=1}^{n} \bar{X}_k$$

fornisce q.s. un'approssimazione di $E[X]$.

Per analizzare alcune delle caratteristiche principali di questa tecnica, consideriamo il problema dell'approssimazione numerica del seguente integrale sul cubo unitario di $\mathbb{R}^d$:

$$\int_{[0,1]^d} f(x)dx. \tag{12.44}$$

Il modo più naturale per approssimare il valore dell'integrale consiste nel considerare una discretizzazione in somme di Riemann: fissato $n \in \mathbb{N}$, costruiamo su $[0,1]^d$ una griglia di punti con coordinate del tipo $\frac{k}{n}$, $k = 0, \ldots, n$. Riscriviamo l'integrale nella forma

$$\int_{[0,1]^d} f(x)dx = \sum_{k_1=0}^{n-1} \cdots \sum_{k_d=0}^{n-1} \int_{\frac{k_1}{n}}^{\frac{k_1+1}{n}} \cdots \int_{\frac{k_d}{n}}^{\frac{k_d+1}{n}} f(x_1, \ldots, x_d)dx_1 \cdots dx_d$$

e approssimiamo il membro a destra con

$$\sum_{k_1=0}^{n-1} \cdots \sum_{k_d=0}^{n-1} \int_{\frac{k_1}{n}}^{\frac{k_1+1}{n}} \cdots \int_{\frac{k_d}{n}}^{\frac{k_d+1}{n}} f\left(\frac{k_1}{n}, \ldots, \frac{k_d}{n}\right) dx_1 \cdots dx_d \tag{12.45}$$

$$= \frac{1}{n^d} \sum_{k_1=0}^{n-1} \cdots \sum_{k_d=0}^{n-1} f\left(\frac{k_1}{n}, \ldots, \frac{k_d}{n}\right) =: S_n(f).$$

12.4 Metodo Monte Carlo

Se f è Lipschitziana, con costante di Lipschitz L, allora vale

$$\left| \int_{[0,1]^d} f(x)dx - S_n(f) \right| \leq \frac{L}{n}.$$

Inoltre, se $f \in C^q([0,1]^d)$, possiamo facilmente ottenere uno schema di ordine n^{-q}, sostituendo $f\left(\frac{k_1}{n}, \ldots, \frac{k_d}{n}\right)$ in (12.45) con il polinomio di Taylor di f di ordine q e punto iniziale $\left(\frac{k_1}{n}, \ldots, \frac{k_d}{n}\right)$.

In linea di principio, questo tipo di approssimazione offre risultati superiori al metodo Monte Carlo. Tuttavia è opportuno mettere in luce i seguenti aspetti che riguardano l'ipotesi di regolarità e la complessità computazionale:

1) la convergenza della schema dipende fortemente dalla regolarità di f. Per esempio, la funzione misurabile

$$f(x) = \mathbb{1}_{[0,1]^d \setminus \mathbb{Q}^d}, \qquad (12.46)$$

ha integrale pari a 1 e tuttavia vale $S_n(f) = 0$ per ogni $n \in \mathbb{N}$;

2) il calcolo del termine di approssimazione $S_n(f)$, necessario ad ottenere un errore dell'ordine di $\frac{1}{n}$, comporta la valutazione di f in n^d punti; dunque il numero di punti aumenta in maniera esponenziale con la dimensione del problema. Ne risulta che in pratica, solo se d è abbastanza piccolo è possibile ottenere un errore, per esempio, dell'ordine di $\frac{1}{10}$. Al contrario non c'è speranza di poter implementare efficientemente il metodo appena d diventa moderatamente grande, per esempio $d = 20$. Possiamo esprimere questo fatto anche in altri termini: a parità di numero di punti considerati, diciamo n, la qualità dell'approssimazione peggiora aumentando la dimensione d del problema: l'ordine di errore è $n^{-\frac{1}{d}}$.

Consideriamo ora l'approssimazione con il metodo Monte Carlo. Se (Y_n) è una successione di variabili aleatorie i.i.d. con distribuzione uniforme su $[0,1]^d$, vale

$$\int_{[0,1]^d} f(x)dx = E[f(Y_1)] = \lim_{n \to \infty} \frac{1}{n} \sum_{k=1}^n f(Y_k) \qquad \text{q.s.} \qquad (12.47)$$

Osserviamo che, ai fini della convergenza, è sufficiente che f sia sommabile su $[0,1]^d$ e non è richiesta alcuna ipotesi ulteriore di regolarità: per esempio, per la funzione f in (12.46) si ha $f(Y_k) = 1$ q.s. e quindi l'approssimazione è esatta q.s.

Per quanto riguarda la complessità computazionale, possiamo fornire una prima stima dell'errore del Monte Carlo che ricaviamo direttamente dalla disuguaglianza di Markov, Proposizione 2.42. Consideriamo una successione (X_n) di variabili aleatorie reali i.i.d. con $\mu := E[X_1]$ e $\sigma^2 := \text{var}(X_1)$ finiti. Poniamo inoltre

$$M_n := \frac{1}{n} \sum_{k=1}^n X_k.$$

Per la disuguaglianza di Markov, per ogni $\varepsilon > 0$ vale

$$P(|M_n - \mu| \geq \varepsilon) \leq \frac{\text{var}(M_n)}{\varepsilon^2} =$$

(per l'indipendenza)

$$= \frac{n\text{var}\left(\frac{X_1}{n}\right)}{\varepsilon^2} = \frac{\sigma^2}{n\varepsilon^2},$$

che possiamo riscrivere in modo più conveniente come segue

$$P(|M_n - \mu| \leq \varepsilon) \geq p, \qquad \text{dove } p := 1 - \frac{\sigma^2}{n\varepsilon^2}. \tag{12.48}$$

Anzitutto osserviamo che, poiché la tecnica è basata sulla generazione di numeri casuali, *il risultato e l'errore prodotti dal Monte Carlo sono variabili aleatorie*. La (12.48) fornisce una stima dell'errore in cui i parametri in gioco sono tre:

i) n, il numero di estrazioni (simulazioni);
ii) ε, il massimo errore di approssimazione;
iii) p, la probabilità minima che il valore approssimato M_n appartenga all'intervallo di confidenza $[\mu - \varepsilon, \mu + \varepsilon]$.

Secondo la (12.48), fissati $n \in \mathbb{N}$ e $p \in]0, 1[$, l'errore massimo di approssimazione del Monte Carlo con n simulazioni è, con probabilità almeno pari a p, dell'ordine di $\frac{1}{\sqrt{n}}$ e più precisamente

$$\varepsilon = \frac{\sigma}{\sqrt{n(1-p)}}. \tag{12.49}$$

Nell'esempio del calcolo dell'integrale (12.44), abbiamo $X = f(Y)$ con Y distribuita uniformemente su $[0,1]^d$ e in questo caso l'errore massimo del Monte Carlo si stima con

$$\sqrt{\frac{\text{var}(f(Y))}{n(1-p)}}.$$

In altri termini *l'errore è dell'ordine di $\frac{1}{\sqrt{n}}$ indipendentemente dalla dimensione d del problema:* per confronto, ricordiamo che l'errore dell'algoritmo deterministico precedentemente considerato era dell'ordine di $n^{-\frac{1}{d}}$.

Riassumendo, se la dimensione è bassa (per esempio, $d \leq 5$) e sono verificate opportune ipotesi di regolarità, allora non è difficile implementare algoritmi deterministici con prestazioni superiori al Monte Carlo. Tuttavia, quando la dimensione del problema cresce, gli algoritmi deterministici diventano troppo onerosi e il Monte Carlo rappresenta per ora l'unica valida alternativa.

Osserviamo anche che, per la (12.49), la deviazione standard σ è direttamente proporzionale all'errore di approssimazione. Se dal punto di vista teorico σ è il parametro cruciale per la stima dell'errore, in effetti risulta che anche computazionalmente σ influenza in modo significativo l'efficenza dell'approssimazione. Tipicamente la varianza non è una quantità nota; tuttavia è possibile utilizzare le simulazioni generate per costruire uno stimatore di σ:

$$\sigma_n^2 := \frac{1}{n-1} \sum_{k=1}^{n} (X_k - \mu_n)^2, \qquad \mu_n := \frac{1}{n} \sum_{k=1}^{n} X_k.$$

In altre parole, possiamo utilizzare le realizzazioni di X per avere contemporaneamente l'approssimazione di $E[X]$ e dell'errore commesso, in termini di intervalli di confidenza. Chiaramente σ_n è solo un'approssimazione di σ, anche se in generale è sufficientemente accurata da permettere una stima soddisfacente dell'errore.

Usualmente, per migliorare l'efficienza del Monte Carlo si utilizzano dei *metodi di riduzione della varianza*. Si tratta di tecniche, alcune delle quali elementari, che sfruttano le caratteristiche specifiche del problema in oggetto per ridurre il valore di σ_n e di conseguenza aumentare la velocità di convergenza: per una descrizione di alcune di queste tecniche rimandiamo al Capitolo 4 in [71].

Nelle sezioni seguenti affrontiamo brevemente alcune questioni relative all'utilizzo del metodo Monte Carlo. Nella Sezione 12.4.1 analizziamo il problema della simulazione di X, ossia della generazione delle realizzazioni indipendenti di X; inoltre discutiamo l'applicazione del Monte Carlo alla valutazione dei derivati. Nella Sezione 12.4.2 illustriamo alcune tecniche per il calcolo delle greche. Infine nella Sezione 12.4.3 ritorniamo sul problema dell'analisi dell'errore e della determinazione degli intervalli di confidenza utilizzando il Teorema del limite centrale.

Al lettore che voglia approfondire lo studio del metodo Monte Carlo e delle sue applicazioni in finanza, segnaliamo come testo di riferimento la monografia di Glasserman [71].

12.4.1 Simulazione

Il primo passo per approssimare $E[X]$ col metodo Monte Carlo consiste nel generare n realizzazioni indipendenti della variabile aleatoria X: questo pone alcuni problemi concreti.

Anzitutto n deve essere sufficientemente grande e quindi è improponibile che la generazione delle simulazioni sia fatta manualmente (per esempio, lanciando una moneta): piuttosto è opportuno e necessario sfruttare la potenza di calcolo di un elaboratore. Questa banale osservazione introduce il primo serio problema: un computer può produrre dei valori "casuali" solo essendo programmato ad utilizzare opportune formule matematiche e, in sostanza, utilizzando algoritmi deterministici. La realtà è che per implementare il Monte Carlo abbiamo a disposizione solo numeri "pseudo-casuali", ossia numeri che statisticamente hanno proprietà simili alle autentiche estrazioni casuali ma, all'aumentare del numero di simulazioni, rivelano di non essere generati in modo realmente indipendente. Questo si traduce in un errore aggiuntivo, e non facilmente stimabile, per il risultato approssimato. Occorre dunque tener presente che la qualità del generatore di numeri pseudo-casuali può incidere in maniera significativa sul risultato numerico.

Chiarito questo primo aspetto, per la maggior parte delle distribuzioni più importanti, e in particolare per la distribuzione normale standard, non è difficile reperire un generatore pseudo-casuale. Avendo a disposizione il generatore, la valutazione di un'opzione Europea di payoff F, è un'operazione molto semplice. Per esempio, nel caso del modello di Black&Scholes in cui il prezzo finale sottostante è[1]

$$S_T = S_0 \exp\left(\sigma W_T + \left(r - \frac{\sigma^2}{2}\right)T\right),$$

la procedura è la seguente:

(A.1) generiamo n realizzazioni normali standard indipendenti $\bar{Z}_k \sim N_{0,1}$, per $k = 1, \ldots, n$;

(A.2) consideriamo le corrispondenti realizzazioni del valore finale del sottostante

$$\bar{S}_T^{(k)} = S_0 \exp\left(\sigma\sqrt{T}\bar{Z}_k + \left(r - \frac{\sigma^2}{2}\right)T\right);$$

(A.3) calcoliamo l'approssimazione del prezzo del derivato

$$\frac{e^{-rT}}{n} \sum_{k=1}^{n} F\left(\bar{S}_T^{(k)}\right) \approx e^{-rT} E\left[F(S_T)\right].$$

Proprio per la sua facilità di applicazione ad un'ampia varietà di problemi, il Monte Carlo è uno dei metodi numerici più popolari. Vediamo ora come può essere utilizzato in combinazione con lo schema di Eulero. Consideriamo un modello a volatilità locale in cui la dinamica del sottostante nella misura martingala è data da

$$dS_t = rS_t dt + \sigma(t, S_t)dW_t.$$

In questo caso la distribuzione del prezzo finale S_T non è nota in forma esplicita. Per ottenere delle realizzazioni di S_T utilizziamo uno schema di tipo Eulero: è chiaro che in questo modo all'errore del Monte Carlo si aggiunge l'errore di discretizzazione della SDE. La procedura è la seguente:

(B.1) generiamo nm realizzazioni normali standard indipendenti $\bar{Z}_{k,i} \sim N_{0,1}$, per $k = 1, \ldots, n$ e $i = 1, \ldots, m$;

(B.2) utilizzando la formula iterativa

$$\bar{S}_{t_i}^{(k)} = \bar{S}_{t_{i-1}}^{(k)}\left(1 + r(t_i - t_{i-1})\right) + \sigma(t_{i-1}, \bar{S}_{t_{i-1}}^{(k)})\sqrt{t_i - t_{i-1}}\bar{Z}_{k,i}$$

determiniamo le corrispondenti realizzazioni del valore finale del sottostante $\bar{S}_T^{(1)}, \ldots, \bar{S}_T^{(n)}$;

---

[1] Qui σ indica, al solito, il coefficiente di volatilità.

12.4 Metodo Monte Carlo

(B.3) calcoliamo l'approssimazione del prezzo del derivato come in (A.3).

Infine consideriamo un contratto Up&Out con barriera B e payoff

$$H_T = F(S_T)\mathbb{1}_{\left\{\max_{0\leq t\leq T} S_t \leq B\right\}}.$$

Trattandosi di un'opzione path-dependent, anche in questo caso è conveniente utilizzare il metodo Eulero-Monte Carlo per simulare l'intera traiettoria del sottostante e non solo il prezzo finale. Per semplicità, consideriamo $r=0$. In questo caso i passi sono:

(C.1) come (B.1);
(C.2) utilizzando (B.2) determiniamo le realizzazioni del valore finale del sottostante $\bar{S}_T^{(k)}$ e del massimo $\bar{M}^{(k)} := \max_{i=1,\ldots,m} \bar{S}_{t_i}^{(k)}$;
(C.3) calcoliamo l'approssimazione del prezzo del derivato

$$\frac{1}{n}\sum_{k=1}^{n} F\left(\bar{S}_T^{(k)}\right) \mathbb{1}_{[0,B]}\left(\bar{M}^{(k)}\right) \approx E[H_T].$$

12.4.2 Calcolo delle greche

Con alcune accortezze, il Monte Carlo può essere utilizzato anche per il calcolo delle sensitività. Consideriamo in particolare il problema del calcolo della delta: indichiamo con $S_t(x)$ il prezzo del sottostante con valore iniziale x e con F la funzione di payoff del derivato. Nel seguito si intende che il valore atteso è calcolato rispetto ad una misura martingala.

L'approccio più semplice al calcolo della delta

$$\Delta = e^{-rT}\partial_x E\left[F(S_T(x))\right]$$

consiste nell'approssimare la derivata con un rapporto incrementale:

$$\Delta \approx e^{-rT} E\left[\frac{F(S_T(x+h)) - F(S_T(x))}{h}\right]. \qquad (12.50)$$

Il valore atteso in (12.50) si approssima col Monte Carlo avendo cura di scegliere h opportunamente e *utilizzare le stesse realizzazioni delle normali standard per simulare $S_T(x+h)$ e $S_T(x)$*. Spesso è preferibile utilizzare un rapporto incrementale centrato o di ordine superiore per ottenere un risultato più accurato. Tuttavia è importante notare che quest'approccio è efficiente solo nel caso in cui F sia sufficientemente regolare: in generale deve essere usato con molta cautela.

Accenniamo anche ad un metodo alternativo che presenteremo con maggiore generalità nel Capitolo 13. La tecnica seguente sfrutta il fatto che in Black&Scholes è disponibile l'espressione esplicita della densità del sottostante come funzione del prezzo iniziale x:

$$S_T(x) = e^Y, \qquad Y \sim N_{\log x + \left(r - \frac{\sigma^2}{2}\right)T, \sigma^2 T}.$$

Il prezzo dell'opzione è

$$H(x) := e^{-rT} E\left[F\left(S_T(x)\right)\right] = e^{-rT} \int_{\mathbb{R}} F(e^y) \Gamma(x,y) dy,$$

dove

$$\Gamma(x,y) = \frac{1}{\sqrt{2\pi\sigma^2 T}} \exp\left(-\frac{\left(y - \log x - \left(r - \frac{\sigma^2}{2}\right)T\right)^2}{2\sigma^2 T}\right).$$

Allora, sotto opportune ipotesi che giustificano lo scambio derivata-integrale, si ha

$$\Delta = \partial_x H(x) = e^{-rT} \int_{\mathbb{R}} F(e^y) \partial_x \Gamma(x,y) dy$$

$$= e^{-rT} \int_{\mathbb{R}} F(e^y) \Gamma(x,y) \frac{y - \log x - \left(r - \frac{\sigma^2}{2}\right)T}{\sigma^2 T x} dy$$

$$= \frac{e^{-rT}}{\sigma^2 T x} E\left[F(S_T(x)) \left(\log S_T(x) - \log x - \left(r - \frac{\sigma^2}{2}\right)T\right)\right]. \qquad (12.51)$$

Osserviamo che la (12.51) esprime la delta in termini di prezzo di una nuova opzione. La particolarità della formula (12.51) è che in essa *non compare la derivata di F*: infatti la derivata parziale ∂_x è stata applicata direttamente sulla densità del sottostante. Il vantaggio dal punto di vista numerico può essere considerevole soprattutto nel caso in cui F sia poco regolare: il caso tipico è quello dell'opzione digitale, in cui la derivata della funzione di payoff $F = \mathbb{1}_{[K,+\infty[}$ è (in senso distribuzionale) una delta di Dirac.

Con la stessa tecnica è anche possibile ottenere espressioni simili per le altre greche nel modello di Black&Scholes. Per modelli più generali oppure quando l'espressione esplicita della densità non è nota, si possono provare risultati analoghi utilizzando gli strumenti più sofisticati del calcolo di Malliavin per una presentazione dei quali rimandiamo al Capitolo 13.

12.4.3 Analisi dell'errore

Consideriamo una successione (X_n) di variabili aleatorie i.i.d. con media e varianza finite:

$$\mu := E[X_1], \qquad \sigma^2 := \text{var}(X_1).$$

Abbiamo visto che la Legge forte dei grandi numeri garantisce che la successione definita da

$$M_n := \frac{X_1 + \cdots + X_n}{n}$$

converge q.s. a μ. Vediamo ora che il Teorema del limite centrale fornisce la velocità di convergenza e la distribuzione dell'errore. Ricordiamo infatti che il risultato M_n dell'approssimazione con il metodo Monte Carlo è una variabile aleatoria: quindi, avendo appurato con la (12.49) che la velocità di convergenza è dell'ordine di $\frac{1}{\sqrt{n}}$, l'analisi dell'errore consiste nella stima della probabilità che M_n appartenga ad un determinato intervallo di confidenza. Il problema si può anche esprimere equivalentemente in altri termini: fissata[2] una probabilità p, determiniamo l'intervallo di confidenza a cui M_n appartiene con probabilità p.

Per il Teorema A.48 del limite centrale vale

$$\sqrt{n}\left(\frac{M_n - \mu}{\sigma}\right) \xrightarrow[n\to\infty]{} Z \sim N_{0,1},$$

e quindi, *asintoticamente* per $n \to \infty$, per ogni $x \in \mathbb{R}$ si ha

$$P\left(\sqrt{n}\left(\frac{M_n - \mu}{\sigma}\right) \leq x\right) \approx \Phi(x),$$

dove Φ indica la funzione di distribuzione normale standard in (2.19). Di conseguenza, per ogni $x > 0$, vale

$$P\left(M_n \in \left[\mu - \frac{\sigma x}{\sqrt{n}}, \mu + \frac{\sigma x}{\sqrt{n}}\right]\right) \approx p, \qquad \text{dove } p = 2\Phi(x) - 1. \qquad (12.52)$$

Dunque, fissato $p \in]0,1[$, la distanza fra il valore esatto e quello approssimato con n simulazioni è, con probabilità p, (asintoticamente) minore di

$$\frac{\sigma}{\sqrt{n}}\Phi^{-1}\left(\frac{p+1}{2}\right).$$

Per esempio, $\Phi^{-1}(\frac{p+1}{2}) \approx 1,96$ per $p = 95\%$.

Dal punto di vista teorico, è chiaro che le stime precedenti sono inconsistenti perché valgono asintoticamente, per $n \to \infty$, e non abbiamo controllo sulla velocità di convergenza. Tuttavia in pratica forniscono una stima generalmente più precisa della (12.48). Questo fatto è giustificato rigorosamente dal Teorema di Berry-Esseen di cui riportiamo l'enunciato. Questo risultato fornisce la velocità di convergenza del Teorema del limite centrale e quindi permette di ottenere delle stime rigorose per gli intervalli di confidenza. Nel prossimo enunciato assumiamo per semplicità $E[X] = 0$: ci si può sempre ricondurre in questa ipotesi sostituendo X con $X - E[X]$.

Teorema 12.16 (Berry-Esseen). *Sia (X_n) una successione di variabili aleatorie i.i.d. tali che $E[X_1] = 0$ e $\sigma^2 := \text{var}(X_1)$, $\varrho := E[|X_1|^3]$ sono finiti. Se Φ_n indica la funzione di distribuzione di $\frac{\sqrt{n}M_n}{\sigma}$ allora vale*

---

[2] Si quantifica a priori il rischio accettabile (che il risultato non appartenga all'intervallo di confidenza), per esempio 5%, e si determina il corrispondente intervallo di confidenza.

$$|\Phi_n(x) - \Phi(x)| \le \frac{\varrho\sqrt{n}}{\sigma^3}$$

per ogni $x \in \mathbb{R}$.

Per la prova rimandiamo, per esempio, a Durrett [52].

13
Introduzione al calcolo di Malliavin

Derivata stocastica – Dualità

Questo capitolo contiene una breve introduzione al calcolo di Malliavin e alle sue applicazioni in finanza, in particolare al calcolo delle greche col metodo Monte Carlo. Abbiamo visto nella Sezione 12.4.2 che il modo più semplice per calcolare le sensitività con il Monte Carlo consiste nell'approssimare le derivate con rapporti incrementali ottenuti simulando payoff corrispondenti a valori vicini del sottostante. Se la funzione di payoff F è *poco regolare* (per esempio, nel caso di un'opzione digitale con strike K e $F = \mathbb{1}_{[K,+\infty[}$) questa tecnica non è efficiente poiché il rapporto incrementale tipicamente ha una varianza molto grande. Nella Sezione 12.4.2 avevamo visto che il problema può essere superato "scaricando" la derivata sulla funzione di densità del sottostante, ammesso che quest'ultima sia sufficientemente regolare: se il sottostante è descritto da un moto Browniano geometrico, ciò è possibile perché è nota l'espressione esplicita della densità.

In un ambito molto più generale, il calcolo di Malliavin permette di ottenere formule esplicite di integrazione per parti anche nel caso in cui la densità del sottostante non sia nota e quindi fornisce uno strumento efficace per l'approssimazione numerica delle greche (si vedano, per esempio, gli esperimenti in [61] in cui si confrontano diversi metodi di approssimazione numerica delle greche).

Le applicazioni del calcolo di Malliavin in finanza sono relativamente recenti: inizialmente i risultati di Malliavin [118] riscossero notevole interesse in relazione alla prova ed estensione del Teorema di ipoellitticità di Hörmander [78] (cfr. Sezione 9.5.2). Dal punto di vista teorico, una notevole applicazione finanziaria del calcolo di Malliavin è data dalla formula di Clark-Ocone [130] che proveremo nel Paragrafo 13.2.1: essa raffina il teorema di rappresentazione delle martingale e permette di esprimere la strategia di copertura di un'opzione in termini di derivata stocastica del prezzo.

Ricordiamo anche che la teoria di Malliavin è stata recentemente utilizzata per il calcolo numerico del prezzo di opzioni Americane con metodi Monte Carlo (cfr. Fournié, Lasry, Lebuchoux, Lions e Touzi [62], Fournié, Lasry,

Lebuchoux e Lions [61], Kohatsu-Higa e Pettersson [99], Bouchard, Ekeland e Touzi [22], Bally, Caramellino e Zanette [8]).

Lo scopo del capitolo è di fornire, attraverso numerosi esempi, alcune idee di base sulle applicazioni del calcolo di Malliavin al calcolo delle greche. Per questo motivo ci limitiamo a trattare solo il caso unodimensionale, preferendo la semplicità alla generalità, inoltre alcune dimostrazioni saranno per brevità solo accennate. Per uno sviluppo organico della teoria rimandiamo alle monografie di Nualart [129], Shigekawa [149], Sanz-Solé [146] e Bell [15]. Segnaliamo anche alcune presentazioni più concise e finalizzate alle applicazioni, che sono disponibili in rete: Kohatsu-Higa e Montero [97], Friz [68], Bally [7], Oksendal [131] e Zhang [172].

13.1 Derivata stocastica

In questo paragrafo introduciamo il concetto di derivata stocastica o di Malliavin: l'idea è di definire la nozione di derivabilità nella famiglia di variabili aleatorie che siano uguali a (o approssimabili con) funzioni di incrementi indipendenti del moto Browniano. Sotto opportune ipotesi, vedremo che tale famiglia è sufficientemente ampia da contenere le soluzioni di equazioni differenziali stocastiche.

Purtroppo l'insieme delle notazioni necessarie ad introdurre il calcolo di Malliavin è un po' pesante: all'inizio non bisogna scoraggiarsi e munirsi di un po' di pazienza per acquisire le notazioni che utilizzeremo sistematicamente nel seguito. Ad una prima lettura è consigliabile non soffermarsi troppo sui dettagli.

Consideriamo un moto Browniano reale W sullo spazio di probabilità $(\Omega, \mathcal{F}, P)$ munito della filtrazione Browniana $\mathcal{F}^W = \left(\mathcal{F}^W_t\right)_{t \in [0,T]}$. Per semplicità, non essendo restrittivo, supponiamo $T = 1$ e, per $n \in \mathbb{N}$, indichiamo con

$$t^k_n := \frac{k}{2^n}, \qquad k = 0, \ldots, 2^n$$

l'elemento $k+1$-esimo della partizione diadica di ordine n dell'intervallo $[0, T]$. Indichiamo con

$$I^k_n :=]t^{k-1}_n, t^k_n], \qquad \Delta^k_n := W_{t^k_n} - W_{t^{k-1}_n},$$

rispettivamente l'intervallo k-esimo della partizione e l'incremento k-esimo del moto Browniano, per $k = 1, \ldots, 2^n$. Inoltre

$$\Delta_n := \left(\Delta^1_n, \ldots, \Delta^{2^n}_n\right)$$

è il vettore in $\mathbb{R}^{2^n}$ degli incrementi Browniani (di ordine n) e C^∞_{pol} indica la famiglia delle funzioni di classe C^∞ che, insieme con le loro derivate di ogni ordine, hanno crescita al più polinomiale.

13.1 Derivata stocastica

Definizione 13.1. *La famiglia dei funzionali semplici di ordine* $n \in \mathbb{N}$ *è definita da*
$$\mathcal{S}_n := \{\varphi(\Delta_n) \mid \varphi \in C^\infty_{\text{pol}}(\mathbb{R}^{2^n}; \mathbb{R})\}.$$

Indichiamo con
$$x_n = (x_n^1, \ldots, x_n^{2^n}) \tag{13.1}$$
il punto di $\mathbb{R}^{2^n}$. È chiaro che $W_T = \varphi(\Delta_n) \in \mathcal{S}_n$ per ogni $n \in \mathbb{N}$ con $\varphi(x_n^1, \ldots, x_n^{2^n}) = x_n^1 + \cdots + x_n^{2^n}$.

Osserviamo che vale
$$\mathcal{S}_n \subseteq \mathcal{S}_{n+1}, \quad n \in \mathbb{N},$$

e definiamo
$$\mathcal{S} := \bigcup_{n \in \mathbb{N}} \mathcal{S}_n,$$

la famiglia dei funzionali semplici. Per l'ipotesi di crescita su φ, $\mathcal{S}$ è un sottospazio di $L^p(\Omega, \mathcal{F}_T^W)$ per ogni $p \geq 1$. Inoltre $\mathcal{S}$ è denso[1] in $L^p(\Omega, \mathcal{F}_T^W)$. Introduciamo ora una notazione molto comoda, che useremo spesso:

Notazione 13.2 *Per ogni* $t \in]0, T]$, *indichiamo con* $k_n(t)$ *l'unico elemento* $k \in \{1, \ldots, 2^n\}$ *tale che* $t \in I_n^k$.

Definizione 13.3. *Per ogni* $X = \varphi(\Delta_n) \in \mathcal{S}$, *la derivata stocastica di* X *in* s *è definita da*
$$D_s X := \frac{\partial \varphi}{\partial x_n^{k_n(s)}}(\Delta_n).$$

Osservazione 13.4. La Definizione 13.3 è ben posta ossia è *indipendente da* n: è facile riconoscere che se, per $n, m \in \mathbb{N}$, vale
$$X = \varphi_n(\Delta_n) = \varphi_m(\Delta_m) \in \mathcal{S},$$
con $\varphi_n, \varphi_m \in C^\infty_{\text{pol}}$, allora per ogni $s \leq T$, si ha
$$\frac{\partial \varphi_n}{\partial x_n^{k_n(s)}}(\Delta_n) = \frac{\partial \varphi_m}{\partial x_m^{k_m(s)}}(\Delta_m).$$

□

Muniamo ora $\mathcal{S}$ della norma
$$\|X\|_{1,2} := E\left[X^2\right]^{\frac{1}{2}} + E\left[\int_0^T (D_s X)^2 ds\right]^{\frac{1}{2}}$$
$$= \|X\|_{L^2(\Omega)} + \|DX\|_{L^2([0,T]\times\Omega)}.$$

---
[1] Poiché stiamo considerando la filtrazione Browniana!

Definizione 13.5. *Lo spazio $\mathbb{D}^{1,2}$ delle variabili aleatorie derivabili secondo Malliavin è la chiusura di $\mathcal{S}$ rispetto alla norma $\|\cdot\|_{1,2}$*

In altri termini, $X \in \mathbb{D}^{1,2}$ se e solo se esiste una successione (X_n) in $\mathcal{S}$ tale che

i) $X = \lim_{n \to \infty} X_n$ in $L^2(\Omega)$;
ii) esiste $\lim_{n \to \infty} DX_n$ in $L^2([0,T] \times \Omega)$.

In tal caso sembra naturale definire la derivata di Malliavin di X come

$$DX := \lim_{n \to \infty} DX_n, \qquad L^2([0,T] \times \Omega).$$

In effetti tale definizione è *ben posta* in base al seguente

Lemma 13.6. *Sia (X_n) una successione in $\mathcal{S}$ tale che*

i) $\lim_{n \to \infty} X_n = 0$ *in $L^2(\Omega)$;*
ii) esiste $U := \lim_{n \to \infty} DX_n$ in $L^2([0,T] \times \Omega)$.

Allora $U = 0$ q.o.[2]

Osservazione 13.7. La prova del Lemma 13.6 non è ovvia poiché l'operatore di derivazione D è lineare ma *non è limitato*, ossia

$$\sup_{X \in \mathcal{S}} \frac{\|DX\|_{L^2}}{\|X\|_{L^2}} = +\infty.$$

Infatti è abbastanza facile esibire un esempio di successione (X_n) limitata in $L^2(\Omega)$ e tale che (DX_n) non è limitata in $L^2([0,T] \times \Omega)$: fissato $\bar{n} \in \mathbb{N}$, è sufficiente considerare $X_n = \varphi_n(\Delta_{\bar{n}})$ con (φ_n) che converge in $L^2(\mathbb{R}^{2^{\bar{n}}})$ ad un'opportuna funzione non regolare. □

Rimandiamo la prova del Lemma 13.6 al Paragrafo 13.2 e analizziamo ora alcuni esempi fondamentali.

13.1.1 Esempi

Esempio 13.8. Fissato t, proviamo che $W_t \in \mathbb{D}^{1,2}$ e vale[3]

$$D_s W_t = \mathbb{1}_{[0,t]}(s). \tag{13.2}$$

Infatti, ricordando la Notazione 13.2, consideriamo la successione

---

[2] In $\mathscr{B} \otimes \mathcal{F}_T^W$.
[3] La derivata stocastica è definita come limite in L^2, a meno di insiemi di misura di Lebesgue nulla: in altri termini $D_s W_t$ è equivalentemente uguale a $\mathbb{1}_{]0,t[}(s)$ oppure a $\mathbb{1}_{[0,t]}(s)$.

13.1 Derivata stocastica

$$X_n = \sum_{k=1}^{k_n(t)} \Delta_n^k, \qquad n \in \mathbb{N}.$$

Allora $X_n = W_{t_n^{k_n(t)}} \in \mathcal{S}_n$ e quindi vale

$$D_s X_n = \begin{cases} 1 & \text{se } s \le t_n^{k_n(t)}, \\ 0 & \text{se } s > t_n^{k_n(t)}, \end{cases}$$

ossia $D_s X_n = \mathbb{1}_{[0, t_n^{k_n(t)}]}$. La (13.2) è conseguenza del fatto che

i) $\lim_{n \to \infty} W_{t_n^{k_n(t)}} = W_t$ in $L^2(\Omega)$;

ii) $\lim_{n \to \infty} \mathbb{1}_{[0, t_n^{k_n(t)}]} = \mathbb{1}_{(0,t)}$ in $L^2([0,T] \times \Omega)$.

$\square$

Osservazione 13.9. Se $X \in \mathbb{D}^{1,2}$ è $\mathcal{F}_t^W$-misurabile allora

$$D_s X = 0, \qquad s > t.$$

Infatti, a meno di approssimazione, è sufficiente considerare il caso in cui $X = \varphi(\Delta_n) \in \mathcal{S}_n$ per un certo n: se X è $\mathcal{F}_t^W$-misurabile allora è indipendente[4] da Δ_n^k per $k > k_n(t)$. Pertanto, fissato $s > t$, vale

$$\frac{\partial \varphi}{\partial x_n^{k_n(s)}}(\Delta_n) = 0,$$

almeno se n è abbastanza grande, in modo che t e s appartengano ad intervalli disgiunti della partizione diadica di ordine n. $\square$

Esempio 13.10. Sia $u \in L^2(0,T)$ una funzione (deterministica) e

$$X = \int_0^t u(r) dW_r.$$

Allora $X \in \mathbb{D}^{1,2}$ e vale

$$D_s X = \begin{cases} u(s) & \text{per } s \le t, \\ 0 & \text{per } s > t. \end{cases}$$

Infatti la successione definita da

---

[4] Ricordando l'Osservazione 2.51, poiché $t \in]t_n^{k_n(t)-1}, t_n^{k_n(t)}]$, si ha:

i) se $t < t_n^{k_n(t)}$ allora X è funzione solo di $\Delta_n^1, \ldots, \Delta_n^{k_n(t)-1}$;
ii) se $t = t_n^{k_n(t)}$ allora X funzione solo di $\Delta_n^1, \ldots, \Delta_n^{k_n(t)}$.

452   13 Introduzione al calcolo di Malliavin

$$X_n = \sum_{k=1}^{k_n(t)} u(t_n^{k-1})\Delta_n^k$$

è tale che

$$D_s X_n = \varphi(t_n^{k_n(s)})$$

se $s \leq t_n^{k_n(t)}$ e $D_s X_n = 0$ per $s > t_n^{k_n(t)}$. Inoltre X_n e $D_s X_n$ approssimano rispettivamente X e $u(s)\mathbb{1}_{[0,t]}(s)$ in $L^2(\Omega)$ e $L^2([0,T] \times \Omega)$. □

13.1.2 Regola della catena

Se $X, Y \in \mathbb{D}^{1,2}$ allora il prodotto XY in generale non è di quadrato sommabile e quindi non appartiene a $\mathbb{D}^{1,2}$. Per questo motivo, a volte conviene utilizzare al posto di $\mathbb{D}^{1,2}$ il seguente spazio un po' più piccolo, ma chiuso rispetto all'operazione di prodotto:

$$\mathbb{D}^{1,\infty} = \bigcap_{p \geq 2} \mathbb{D}^{1,p}$$

dove $\mathbb{D}^{1,p}$ indica la chiusura di $\mathcal{S}$ rispetto alla norma

$$\|X\|_{1,p} = \|X\|_{L^p(\Omega)} + \|DX\|_{L^p([0,T] \times \Omega)}.$$

Osserviamo che $X \in \mathbb{D}^{1,p}$ se e solo se esiste una successione (X_n) in $\mathcal{S}$ tale che

i) $X = \lim_{n \to \infty} X_n$ in $L^p(\Omega)$;
ii) esiste $\lim_{n \to \infty} DX_n$ in $L^p([0,T] \times \Omega)$.

Se $p \leq q$, per la disuguaglianza di Hölder si ha

$$\|\cdot\|_{L^p([0,T] \times \Omega)} \leq T^{\frac{q-p}{pq}} \|\cdot\|_{L^p([0,T] \times \Omega)},$$

e quindi

$$\mathbb{D}^{1,p} \supseteq \mathbb{D}^{1,q}.$$

In particolare per ogni $X \in \mathbb{D}^{1,p}$, con $p \geq 2$, e (X_n) successione approssimante in L^p, si ha

$$\lim_{n \to \infty} DX_n = DX, \quad \text{in } L^2([0,T] \times \Omega).$$

Esempio 13.11. Utilizzando la successione approssimante dell'Esempio 13.8, è immediato verificare che $W_t \in \mathbb{D}^{1,\infty}$ per ogni t. □

Proposizione 13.12 (Regola della catena). *Sia[5] $\varphi \in C^\infty_{\text{pol}}(\mathbb{R})$. Allora si ha:*

---
[5] In realtà è sufficiente che $\varphi \in C^1$ e abbia crescita al più polinomiale assieme alla sua derivata prima.

i) se $X \in \mathbb{D}^{1,\infty}$ allora $\varphi(X) \in \mathbb{D}^{1,\infty}$ e vale

$$D\varphi(X) = \varphi'(X)DX; \qquad (13.3)$$

ii) se $X \in \mathbb{D}^{1,2}$ e φ, φ' sono limitate allora $\varphi(X) \in \mathbb{D}^{1,2}$ e vale la (13.3).

Inoltre, se $\varphi \in C^\infty_{\text{pol}}(\mathbb{R}^N)$ e $X_1, \ldots, X_N \in \mathbb{D}^{1,\infty}$ allora $\varphi(X_1, \ldots, X_N) \in \mathbb{D}^{1,\infty}$ e vale

$$D\varphi(X_1, \ldots, X_N) = \sum_{i=1}^N \partial_{x_i}\varphi(X_1, \ldots, X_N)DX_i.$$

Dimostrazione. Proviamo solo la *ii)* poiché gli altri punti si dimostrano in modo sostanzialmente analogo. Se $X \in \mathcal{S}$ e $\varphi \in C^1$ è limitata, assieme alla propria derivata prima, allora $\varphi(X) \in \mathcal{S}$ e la tesi è ovvia.

Se $X \in \mathbb{D}^{1,2}$ allora esiste una successione (X_n) in $\mathcal{S}$ convergente a X in $L^2(\Omega)$ e tale che (DX_n) converge a DX in $L^2([0,T] \times \Omega)$. Allora, per il Teorema della convergenza dominata, $\varphi(X_n)$ tende a $\varphi(X)$ in $L^2(\Omega)$. Inoltre vale $D\varphi(X_n) = \varphi'(X_n)DX_n$ e

$$\|\varphi'(X_n)DX_n - \varphi'(X)DX\|_{L^2} \leq I_1 + I_2,$$

dove

$$I_1 = \|(\varphi'(X_n) - \varphi'(X))DX\|_{L^2} \xrightarrow[n \to \infty]{} 0$$

per il Teorema della convergenza dominata e

$$I_1 = \|\varphi'(X_n)(DX - DX_n)\|_{L^2} \xrightarrow[n \to \infty]{} 0$$

poiché (DX_n) converge a DX e φ' è limitata. □

Esempio 13.13. Per la regola della catena, $(W_t)^2 \in \mathbb{D}^{1,\infty}$ e vale

$$D_s W_t^2 = 2W_t \mathbb{1}_{[0,t]}(s).$$

□

Esempio 13.14. Sia $u \in \mathbb{L}^2$, tale che $u_t \in \mathbb{D}^{1,2}$ per ogni t. Allora

$$X := \int_0^t u_r dW_r \in \mathbb{D}^{1,2}$$

e per $s \leq t$ vale

$$D_s \int_0^t u_r dW_r = u_s + \int_s^t D_s u_r dW_r.$$

Infatti, fissato t, consideriamo la successione definita da

$$X_n := \sum_{k=1}^{k_n(t)} u_{t_n^{k-1}} \Delta_n^k, \qquad n \in \mathbb{N},$$

che approssima X in $L^2(\Omega)$. Allora $X_n \in \mathbb{D}^{1,2}$ e per la regola della catena si ha

$$D_s X_n = u_{t_n^{k_n(s)-1}} + \sum_{k=1}^{k_n(t)} D_s u_{t_n^{k-1}} \Delta_n^k =$$

(poiché u è adattato e quindi, per l'Osservazione 13.9, $D_s u_{t_n^k} = 0$ se $s > t_n^k$)

$$= u_{t_n^{k_n(s)-1}} + \sum_{k=k_n(s)+1}^{k_n(t)} D_s u_{t_n^{k-1}} \Delta_n^k \xrightarrow[n\to\infty]{} u_s + \int_s^t D_s u_r dW_r$$

in $L^2([0,T] \times \Omega)$. □

Esempio 13.15. Se $u \in \mathbb{D}^{1,2}$ per ogni t, allora è facile provare che

$$D_s \int_0^t u_r dr = \int_s^t D_s u_r dr.$$

□

Esempio 13.16. Consideriamo la soluzione (X_t) della SDE

$$X_t = x + \int_0^t b(r, X_r) dr + \int_0^t \sigma(r, X_r) dW_r, \qquad (13.4)$$

con $x \in \mathbb{R}$ e i coefficienti $b, \sigma \in C_b^1$. Allora $X_t \in \mathbb{D}^{1,2}$ per ogni t e vale

$$D_s X_t = \sigma(s, X_s) + \int_s^t \partial_x b(r, X_r) D_s X_r dr + \int_s^t \partial_x \sigma(r, X_r) D_s X_r dW_r. \quad (13.5)$$

Non riportiamo nei dettagli la prova della prima affermazione. L'idea è di utilizzare un argomento di approssimazione basato sullo schema di Eulero (cfr. Paragrafo 12.2): più precisamente, la tesi segue dal fatto che (X_t) è limite della successione di processi costanti a tratti definiti da

$$X_t^n = X_{t_n^{k-1}}^n \mathbb{1}_{I_n^k}(t), \qquad t \in [0,T],$$

con $X_{t_n^k}^n$ definito ricorsivamente da

$$X_{t_n^k}^n = X_{t_n^{k-1}}^n + b(t_n^{k-1}, X_{t_n^{k-1}}^n) \frac{1}{2^n} + \sigma(t_n^{k-1}, X_{t_n^{k-1}}^n) \Delta_n^k,$$

per $k = 1, \ldots, 2^n$. Una volta provato che $X_t \in \mathbb{D}^{1,2}$, la (13.5) è immediata conseguenza degli Esempi 13.14, 13.15 e della regola della catena. □

Ora utilizziamo il classico metodo della variazione delle costanti per ricavare un'espressione esplicita per $D_s X_t$. Nelle ipotesi dell'Esempio 13.16, consideriamo il processo

$$Y_t = \partial_x X_t, \qquad (13.6)$$

soluzione della SDE

$$Y_t = 1 + \int_0^t \partial_x b(r, X_r) Y_r dr + \int_0^t \partial_x \sigma(r, X_r) Y_r dW_r. \qquad (13.7)$$

Lemma 13.17. *Sia Z soluzione della SDE*

$$Z_t = 1 + \int_0^t ((\partial_x \sigma)^2 - \partial_x b)(r, X_r) Z_r dr - \int_0^t \partial_x \sigma(r, X_r) Z_r dW_r. \qquad (13.8)$$

Allora vale $Y_t Z_t = 1$ per ogni t.

Dimostrazione. Si ha $Y_0 Z_0 = 1$ e, tralasciando gli argomenti, per la formula di Itô vale

$$\begin{aligned} d(Y_t Z_t) &= Y_t dZ_t + Z_t dY_t + d\langle Y, Z\rangle_t \\ &= Y_t Z_t \left(((\partial_x \sigma)^2 - (\partial_x b)) dt - \partial_x \sigma dW_t + \partial_x b dt + \partial_x \sigma dW_t - (\partial_x \sigma)^2 dt \right) \\ &= 0, \end{aligned}$$

e la tesi segue dall'unicità della rappresentazione di un processo di Itô, Proposizione 5.47. □

Proposizione 13.18. *Siano X, Y, Z rispettivamente le soluzioni delle SDE (13.4), (13.7) e (13.8). Allora vale*

$$D_s X_t = Y_t Z_s \sigma(s, X_s). \qquad (13.9)$$

Dimostrazione. Ricordiamo che, fissato s, il processo $D_s X_t$ verifica la SDE (13.5) su $[s, T]$ e proviamo che $A_t := Y_t Z_s \sigma(s, X_s)$ verifica la stessa equazione: la tesi seguirà dai risultati di unicità per SDE.

Per la (13.7) vale

$$Y_t = Y_s + \int_s^t \partial_x b(r, X_r) Y_r dr + \int_s^t \partial_x \sigma(r, X_r) Y_r dW_r;$$

moltiplicando per $Z_s \sigma(s, X_s)$ e utilizzando il Lemma 13.17 si ha

$$\underbrace{Y_t Z_s \sigma(s, X_s)}_{=A_t} = \underbrace{Y_s Z_s}_{=1} \sigma(s, X_s) + \int_s^t \partial_x b(r, X_r) \underbrace{Y_r Z_s \sigma(s, X_s)}_{=A_r} dr$$

$$+ \int_s^t \partial_x \sigma(r, X_r) \underbrace{Y_r Z_s \sigma(s, X_s)}_{=A_r} dW_r,$$

da cui la tesi. □

Osservazione 13.19. Il concetto di derivata stocastica e i risultati fin qui provati si estendono in ambito multi-dimensionale senza particolari difficoltà, se non la maggiore pesantezza delle notazioni. Se $W = (W^1, \ldots, W^d)$ è un moto Browniano d-dimensionale e indichiamo con D^i la derivata rispetto alla i-esima componente di W, allora si prova che, per $s \leq t$, vale

$$D_s^i W_t^j = \delta_{ij}$$

dove δ_{ij} è il simbolo di Kronecker. Più in generale, se X è una variabile aleatoria che dipende solo dagli incrementi di W^j allora $D^i X = 0$ per $i \neq j$. Inoltre, per $u \in \mathbb{L}^2$, vale

$$D^i_s \int_0^t u_r dW_r = u^i_s + \int_s^t D^i_s u_r dW_r.$$

$\square$

13.2 Dualità

In questo paragrafo introduciamo l'operatore aggiunto della derivata di Malliavin e proviamo un risultato di dualità che è alla base della formula di integrazione per parti stocastica.

Definizione 13.20. *Fissato $n \in \mathbb{N}$, la famiglia $\mathcal{P}_n$ dei processi semplici di ordine $n \in \mathbb{N}$ è composta dai processi U del tipo*

$$U_t = \sum_{k=1}^{2^n} \varphi_k(\Delta_n) \mathbb{1}_{I_n^k}(t), \qquad (13.10)$$

con $\varphi_k \in C^\infty_{\text{pol}}(\mathbb{R}^{2^n}; \mathbb{R})$ per $k = 1, \ldots, 2^n$.

Usando la Notazione 13.2, la (13.10) si riscrive più semplicemente

$$U_t = \varphi_{k_n(t)}(\Delta_n).$$

Osserviamo che
$$\mathcal{P}_n \subseteq \mathcal{P}_{n+1}, \qquad n \in \mathbb{N},$$
e definiamo
$$\mathcal{P} := \bigcup_{n \in \mathbb{N}} \mathcal{P}_n,$$

la famiglia dei funzionali semplici. È chiaro che

$$D : \mathcal{S} \longrightarrow \mathcal{P}$$

ossia $DX \in \mathcal{P}$ per $X \in \mathcal{S}$. Per l'ipotesi di crescita sulle funzioni φ_k in (13.10), $\mathcal{P}$ è un sotto-spazio di $L^p([0,T] \times \Omega)$ per ogni $p \geq 1$ e inoltre $\mathcal{P}$ è denso in $L^p([0,T] \times \Omega, \mathscr{B} \otimes \mathcal{F}^W_T)$.

Ora ricordiamo la notazione (13.1) e definiamo l'operatore aggiunto di D.

Definizione 13.21. *Dato un processo semplice $U \in \mathcal{P}$ della forma (13.10), poniamo*

$$D^* U = \sum_{k=1}^{2^n} \left(\varphi_k(\Delta_n) \Delta^k_n - \partial_{x_n^k} \varphi_k(\Delta_n) \frac{1}{2^n} \right). \qquad (13.11)$$

13.2 Dualità

D^*U è chiamato *integrale di Skorohod* [154] di U: nel seguito usiamo anche scrivere

$$D^*U = \int_0^T U_t \diamond dW_t. \tag{13.12}$$

Osserviamo che la definizione (13.11) è ben posta perché *non dipende da n*. Notiamo inoltre che, a differenza dell'integrazione stocastica secondo Itô, per l'integrale di Skorohod non richiediamo che il processo U sia adattato. Per questo D^* è anche chiamato *integrale stocastico anticipativo*.

Osservazione 13.22. Se U è adattato allora φ_k in (13.10) è $\mathcal{F}^W_{t^k_{n-1}}$-misurabile e quindi, per l'Osservazione 13.9, $\partial_{x^k_n}\varphi_k = 0$. Di conseguenza si ha

$$\int_0^T U_t \diamond dW_t = \sum_{k=1}^{2^n} \varphi_k(\Delta_n)\Delta^k_n = \int_0^T U_t dW_t.$$

In altri termini, *per un processo adattato, l'integrale di Skorohod coincide con l'integrale di Itô*. □

Un risultato centrale nel calcolo di Malliavin è il seguente

Teorema 13.23 (Relazione di dualità). *Per ogni $X \in \mathcal{S}$ e $U \in \mathcal{P}$ vale*

$$E\left[\int_0^T (D_t X) U_t dt\right] = E\left[X \int_0^T U_t \diamond dW_t\right]. \tag{13.13}$$

Osservazione 13.24. La (13.13) si scrive equivalentemente nella forma

$$\langle DX, U \rangle_{L^2([0,T]\times\Omega)} = \langle X, D^*U \rangle_{L^2(\Omega)}$$

che giustifica l'appellativo di operatore aggiunto di D per l'integrale di Skorohod.

Dimostrazione. Siano U della forma (13.10) e $X = \varphi_0(\Delta_m)$ con $\varphi \in C^\infty_{\text{pol}}(\mathbb{R}^{2^m}; \mathbb{R})$: chiaramente non è restrittivo assumere $m = n$. Poniamo $\delta = \frac{1}{2^n}$ e per ogni $j \in \{1, \ldots, 2^n\}$ e $k \in \{0, \ldots, 2^n\}$,

$$\varphi_k^{(j)}(x) = \varphi_k(\Delta^1_n, \ldots, \Delta^{j-1}_n, x, \Delta^{j+1}_n, \ldots, \Delta^{2^n}_n), \qquad x \in \mathbb{R}.$$

Allora si ha

$$E\left[\int_0^T (D_t X) U_t dt\right] = \delta E\left[\sum_{k=1}^{2^n} \partial_{x^k_n}\varphi_0(\Delta_n)\varphi_k(\Delta_n)\right] =$$

(poiché gli incrementi Browniani sono indipendenti e identicamente distribuiti, $\Delta^k_n \sim N_{0,\delta}$)

$$= \delta \sum_{k=1}^{2^n} E\left[\int_{\mathbb{R}} \left(\frac{d}{dx}\varphi_0^{(k)}(x)\right) \varphi_k^{(k)}(x) \frac{e^{-\frac{x^2}{2\delta}}}{\sqrt{2\pi\delta}} dx\right] =$$

(integrando per parti)

$$= \delta \sum_{k=1}^{2^n} E\left[\int_{\mathbb{R}} \varphi_0^{(k)}(x) \left(\frac{x}{\delta}\varphi_k^{(k)}(x) - \frac{d}{dx}\varphi_k^{(k)}(x)\right) \frac{e^{-\frac{x^2}{2\delta}}}{\sqrt{2\pi\delta}} dx\right] =$$

$$= E\left[\varphi_0(\Delta_n) \sum_{k=1}^{2^n} \left(\varphi_k(\Delta_n)\Delta_n^k - \partial_{x_n^k}\varphi_k(\Delta_n)\delta\right)\right],$$

e questo, in base alla definizione di integrale di Skorohod, conclude la prova.
□

Come conseguenza della relazione di dualità, proviamo il Lemma 13.6.

Dimostrazione (del Lemma 13.6). Sia (X_n) una successione in $\mathcal{S}$ tale che
i) $\lim_{n\to\infty} X_n = 0$ in $L^2(\Omega)$;
ii) esiste $U := \lim_{n\to\infty} DX_n$ in $L^2([0,T] \times \Omega)$.

Per provare che $U = 0$, consideriamo $V \in \mathcal{P}$: abbiamo, per *ii)*,

$$E\left[\int_0^T U_t V_t dt\right] = \lim_{n\to\infty} E\left[\int_0^T (D_t X_n) V_t dt\right] =$$

(per la relazione di dualità e poi per *i)*)

$$= \lim_{n\to\infty} E\left[X_n \int_0^T V_t \diamond dW_t\right] = 0.$$

La tesi segue dalla densità di $\mathcal{P}$ in $L^2([0,T] \times \Omega, \mathcal{B} \otimes \mathcal{F}_T^W)$.   □

Osservazione 13.25. In modo analogo proviamo che se (U^n) è una successione in $\mathcal{P}$ tale che
i) $\lim_{n\to\infty} U^n = 0$ in $L^2([0,T] \times \Omega)$,
ii) esiste $X := \lim_{n\to\infty} D^* U^n$ in $L^2(\Omega)$,

allora $X = 0$ q.s. Allora se $p \geq 2$ e U è tale che esiste una successione (U^n) in $\mathcal{P}$ per cui
i) $U = \lim_{n\to\infty} U^n$ in $L^p([0,T] \times \Omega)$,
ii) esiste $\lim_{n\to\infty} D^* U^n$ in $L^p(\Omega)$,

diciamo che U è *Skorohod-integrabile di ordine p* e la seguente definizione di integrale di Skorohod è ben posta:

$$D^*U = \int_0^T U_t \diamond dW_t := \lim_{n\to\infty} D^*U^n, \qquad \text{in } L^2(\Omega).$$

Inoltre vale la seguente relazione di dualità

$$E\left[\int_0^T (D_t X) U_t dt\right] = E\left[X \int_0^T U_t \diamond dW_t\right],$$

per ogni $X \in \mathbb{D}^{1,2}$ e U integrabile di ordine 2. $\square$

13.2.1 Formula di Clark-Ocone

Il teorema di rappresentazione delle martingale afferma che per ogni $X \in L^2(\Omega, \mathcal{F}_T^W)$ esiste $u \in \mathbb{L}^2$ tale che

$$X = E[X] + \int_0^T u_s dW_s. \tag{13.14}$$

Se X è derivabile secondo Malliavin, utilizzando l'Esempio 13.14 possiamo ricavare l'espressione di u: infatti formalmente[6] si ha

$$D_t X = u_t + \int_t^T D_t u_s dW_s$$

e quindi, considerando l'attesa condizionata, concludiamo che vale

$$E\left[D_t X \mid \mathcal{F}_t^W\right] = u_t. \tag{13.15}$$

La (13.15) è nota come formula di Clark-Ocone. Di seguito ne diamo una prova rigorosa.

Teorema 13.26 (Formula di Clark-Ocone). *Se $X \in \mathbb{D}^{1,2}$ allora vale*

$$X = E[X] + \int_0^T E\left[D_t X \mid \mathcal{F}_t^W\right] dW_t.$$

Dimostrazione. Non è restrittivo supporre $E[X] = 0$. Per ogni processo semplice e adattato $U \in \mathcal{P}$ vale, per la relazione di dualità del Teorema 13.23,

$$E[XD^*U] = E\left[\int_0^T (D_t X) U_t dt\right] =$$

(essendo U adattato)

---
[6] Assumendo che $u_t \in \mathbb{D}^{1,2}$ per ogni t.

$$= E\left[\int_0^T E\left[D_t X \mid \mathcal{F}_t^W\right] U_t dt\right].$$

D'altra parte l'integrale di Skorohod del processo adattato U coincide con l'integrale di Itô e per la (13.14) si ha

$$E[XD^*U] = E\left[\int_0^T u_t dW_t \int_0^T U_t dW_t\right] =$$

(per l'isometria di Itô)

$$= E\left[\int_0^T u_t U_t dt\right].$$

La tesi segue per densità, essendo U arbitrario. □

Osservazione 13.27. Come interessante e immediata conseguenza della formula di Clark-Ocone si ha che se $X \in \mathbb{D}^{1,2}$ e $DX = 0$, allora X è costante q.s. □

Illustriamo ora l'interpretazione finanziaria della formula di Clark-Ocone: supponiamo che $X \in L^2(\Omega, \mathcal{F}_T^W)$ sia il payoff di un'opzione Europea su un titolo S. Assumiamo che la dinamica del prezzo scontato nella misura martingala sia

$$d\widetilde{S}_t = \sigma_t \widetilde{S}_t dW_t.$$

Allora se (α, β) è una strategia replicante per l'opzione, si ha (cfr. (10.37))

$$\widetilde{X} = E\left[\widetilde{X}\right] + \int_0^T \alpha_t d\widetilde{S}_t = E\left[\widetilde{X}\right] + \int_0^T \alpha_t \sigma_t \widetilde{S}_t dW_t;$$

d'altra parte, per la formula di Clark-Ocone, vale

$$\widetilde{X} = E\left[\widetilde{X}\right] + \int_0^T E\left[D_t \widetilde{X} \mid \mathcal{F}_t^W\right] dW_t,$$

e dunque otteniamo l'espressione della strategia replicante:

$$\alpha_t = \frac{E\left[D_t \widetilde{X} \mid \mathcal{F}_t^W\right]}{\sigma_t \widetilde{S}_t}, \qquad t \in [0, T].$$

13.2.2 Integrazione per parti e calcolo delle greche

In questa sezione proviamo una formula di integrazione per parti stocastica e, attraverso alcuni esempi notevoli, ne illustriamo l'applicazione al calcolo delle greche di opzioni mediante il metodo Monte Carlo. Come abbiamo già anticipato nell'introduzione, le tecniche basate sul calcolo di Malliavin risultano efficaci anche nel caso in cui la funzione di payoff F sia *poco regolare*, ossia proprio dove l'applicazione diretta del metodo Monte Carlo fornisce scarsi risultati anche se il sottostante è un semplice moto Browniano geometrico.

L'integrazione per parti stocastica permette di rimuovere la derivata sulla funzione di payoff migliorando l'approssimazione numerica: più precisamente, supponiamo di voler determinare $\partial_\alpha E[F(S_T)Y]$ dove S_T indica il prezzo finale del sottostante che dipende da un parametro α (per esempio, α è S_0 nel caso della delta, α è la volatilità nel caso della vega) e Y è una certa variabile aleatoria (per esempio, un fattore di sconto). L'idea è di cercare di esprimere $\partial_\alpha F(S_T)Y$ nella forma

$$\int_0^T D_s F(S_T) Y U_s ds,$$

per un certo processo U adattato e integrabile. Utilizzando la relazione di dualità formalmente otteniamo

$$\partial_\alpha E[F(S_T)Y] = E[F(S_T) D^*(YU)],$$

che, come vedremo con gli esempi seguenti, può essere utilizzata per ottenere una buona approssimazione numerica.

In questa sezione intendiamo mostrare l'applicabilità di una tecnica piuttosto che approfondire gli aspetti matematici, pertanto la presentazione sarà piuttosto informale, a partire dal prossimo enunciato.

Teorema 13.28 (Integrazione per parti stocastica). *Siano $F \in C_b^1$ e $X \in \mathbb{D}^{1,2}$. Allora vale la seguente formula di integrazione per parti*

$$E[F'(X)Y] = E\left[F(X) \int_0^T \frac{u_t Y}{\int_0^T u_s D_s X ds} \diamond dW_t\right], \qquad (13.16)$$

per ogni variabile aleatoria Y e per ogni processo stocastico u per cui la (13.16) sia ben definita.

Dimostrazione. Per la regola della catena vale

$$D_t F(X) = F'(X) D_t X;$$

moltiplicando per $u_t Y$ e integrando fra 0 e T otteniamo

$$\int_0^T u_t Y D_t F(X) dt = F'(X) Y \int_0^T u_t D_t X dt,$$

da cui, a patto che

$$\frac{1}{\int_0^T u_t D_t X dt}$$

abbia buone proprietà di integrabilità, si ha

$$F'(X)Y = \int_0^T D_t F(X) \frac{u_t Y}{\int_0^T u_s D_s X ds} dt,$$

e, in valore atteso,

$$E[F'(X)Y] = E\left[\int_0^T D_t F(X) \frac{u_t Y}{\int_0^T u_s D_s X ds} dt\right] =$$

(per la relazione di dualità)

$$= E\left[F(X) \int_0^T \frac{u_t Y}{\int_0^T u_s D_s X ds} \diamond dW_t\right].$$

□

Osservazione 13.29. Le ipotesi di regolarità sulla funzione F possono essere molto indebolite: utilizzando un procedimento standard di regolarizzazione, è possibile provare la validità della formula di integrazione per parti per funzioni derivabili debolmente o in senso distribuzionale.

Il processo u nella (13.16) spesso può essere scelto in modo opportuno per semplificare l'espressione dell'integrale nel membro a destra (cfr. Esempi 13.36 e 13.37).

Nel caso in cui $u = 1$ e $Y = \partial_\alpha X$, la (13.16) diventa

$$E[\partial_\alpha F(X)] = E\left[F(X) \int_0^T \frac{\partial_\alpha X}{\int_0^T D_s X ds} \diamond dW_t\right]. \qquad (13.17)$$

□

Nei seguenti Esempi 13.30, 13.33 e 13.34, consideriamo la dinamica di Black&Scholes nella misura martingala per il sottostante di un'opzione e applichiamo la formula di integrazione per parti con $X = S_T$ dove

$$S_T = x \exp\left(\sigma W_T + \left(r - \frac{\sigma^2}{2}\right)T\right). \qquad (13.18)$$

Esempio 13.30 (Delta). Osserviamo che $D_s S_T = \sigma S_T$ e $\partial_x S_T = \frac{S_T}{x}$. Allora per la (13.17) abbiamo la seguente espressione per la delta di Black&Scholes

$$\Delta = e^{-rT} \partial_x E[F(S_T)] \qquad (13.19)$$

$$= e^{-rT} E\left[F(S_T) \int_0^T \frac{\partial_x S_T}{\int_0^T D_s S_T ds} \diamond dW_t\right]$$

$$= e^{-rT} E\left[F(S_T) \int_0^T \frac{1}{\sigma T x} dW_t\right]$$

$$= \frac{e^{-rT}}{\sigma T x} E[F(S_T) W_T]. \qquad (13.20)$$

Risulta abbastanza evidente che, per esempio nel caso $F(S) = \mathbb{1}_{[1,+\infty[}(S)$, è molto più efficiente la simulazione Monte Carlo di (13.20) rispetto a (13.19). □

Sappiamo che in generale non è lecito "portare fuori" una variabile aleatoria da un integrale di Itô (cfr. Sezione 5.3.2): vediamo ora in quali termini ciò sia possibile nel caso dell'integrale stocastico anticipativo.

Proposizione 13.31. *Siano* $X \in \mathbb{D}^{1,2}$ *e* U *un processo Skorohod-integrabile di ordine 2. Allora vale*

$$\int_0^T XU_t \diamond dW_t = X \int_0^T U_t \diamond dW_t - \int_0^T (D_t X) U_t dt. \qquad (13.21)$$

Dimostrazione. Per ogni $Y \in \mathcal{S}$, per la relazione di dualità, vale

$$E[YD^*(XU)] = E\left[\int_0^T (D_t Y) X U_t dt\right] =$$

(per la regola della catena)

$$= E\left[\int_0^T (D_t(YX) - YD_t X) U_t dt\right] =$$

(per dualità)

$$= E\left[Y\left(XD^*U - \int_0^T D_t X U_t dt\right)\right],$$

e la tesi segue per densità. □

La formula (13.21) risulta cruciale nel calcolo dell'integrale di Skorohod. Il caso tipico è quello in cui U sia adattato: allora la (13.21) diventa

$$\int_0^T XU_t \diamond dW_t = X \int_0^T U_t dW_t - \int_0^T (D_t X) U_t dt,$$

e dunque è possibile esprimere l'integrale di Skorohod come somma di un usuale integrale di Itô con un integrale di Lebesgue.

Esempio 13.32. Come diretta applicazione della (13.21) si ha

$$\int_0^T W_T \diamond dW_t = W_T^2 - T.$$

□

464   13 Introduzione al calcolo di Malliavin

Esempio 13.33 (Vega). Calcoliamo la vega di un'opzione nel modello di Black&Scholes: osserviamo che vale

$$\partial_\sigma S_T = (W_T - 2\sigma T)S_T, \qquad D_s S_T \sigma S_T.$$

Allora
$$\mathcal{V} = e^{-rT} \partial_\sigma E\left[F(S_T)\right] =$$

(per la formula di integrazione per parti (13.17))

$$= e^{-rT} E\left[F(S_T) \int_0^T \frac{W_T - \sigma T}{\sigma T} \diamond dW_t\right] =$$

(per la (13.21))

$$= e^{-rT} E\left[F(S_T) \left(\frac{W_T - \sigma T}{\sigma T} W_T - \frac{1}{\sigma}\right)\right].$$

$\square$

Esempio 13.34 (Gamma). Calcoliamo la gamma di un'opzione nel modello di Black&Scholes:
$$\Gamma = e^{-rT} \partial_{xx} E\left[F(S_T)\right] =$$

(per l'Esempio 13.30)

$$= \frac{e^{-rT}}{\sigma T} E\left[\partial_x \left(\frac{F(S_T)}{x}\right) W_T\right] = -\frac{e^{-rT}}{\sigma T x^2} E\left[F(S_T) W_T\right] + \frac{e^{-rT}}{\sigma T x} J,$$

dove
$$J = E\left[\partial_x F(S_T) W_T\right] = E\left[F'(S_T) \partial_x S_T W_T\right] =$$

(applicando la (13.16) con $u = 1$ e $Y = (\partial_x S_T) W_T = \frac{S_T W_T}{x}$)

$$= E\left[F(S_T) \int_0^T \frac{W_T}{\sigma T x} \diamond dW_T\right] =$$

(per la (13.21))

$$= \frac{1}{\sigma T x} E\left[F(S_T)(W_T^2 - T)\right].$$

In definitiva si ha

$$\Gamma = \frac{e^{-rT}}{\sigma T x^2} E\left[F(S_T) \left(\frac{W_T^2 - T}{\sigma T} - W_T\right)\right].$$

$\square$

13.2.3 Altri esempi

Esempio 13.35. Forniamo l'espressione della delta per un'opzione Asiatica aritmetica con dinamica di Black&Scholes (13.18) per il sottostante. Indichiamo con
$$X = \frac{1}{T} \int_0^T S_t dt$$
la media e osserviamo che vale $\partial_x X = \frac{X}{x}$ e
$$\int_0^T D_s X ds = \int_0^T \int_0^T D_s S_t dt ds = \sigma \int_0^T \int_0^t S_t ds dt = \sigma \int_0^T t S_t dt. \quad (13.22)$$
Allora si ha
$$\Delta = e^{-rT} \partial_x E[F(X)] = \frac{e^{-rT}}{x} E[F'(X)X] =$$
(per la (13.17) e la (13.22))
$$= \frac{e^{-rT}}{\sigma x} E\left[F(X) \int_0^T \frac{\int_0^T S_s ds}{\int_0^T sS_s ds} \diamond dW_t\right].$$

Ora si può usare la formula (13.21) per calcolare l'integrale anticipativo: dopo un po' di conti (cfr., per esempio, [98]) si ottiene la seguente formula:
$$\Delta = \frac{e^{-rT}}{x} E\left[F(X) \left(\frac{1}{I_1}\left(\frac{W_T}{\sigma} + \frac{I_2}{I_1}\right) - 1\right)\right],$$
dove
$$I_j = \frac{\int_0^T t^j S_t dt}{\int_0^T S_t dt}, \qquad j = 1, 2.$$
□

Esempio 13.36 (Formula di Bismut-Elworthy). Estendiamo l'Esercizio 13.30 al caso di un modello a volatilità locale
$$S_t = x + \int_0^t b(s, S_s) ds + \int_0^t \sigma(s, S_s) dW_s.$$
Sotto opportune ipotesi sui coefficienti dimostriamo la seguente formula di Bismut-Elworthy:
$$E[\partial_x F(S_T) G] = \frac{1}{T} E\left[F(S_T) \left(G \int_0^T \frac{\partial_x S_t}{\sigma(t, S_t)} dW_t - \int_0^T D_t G \frac{\partial_x S_t}{\sigma(t, S_t)} dt\right)\right], \quad (13.23)$$
per ogni $G \in \mathbb{D}^{1,\infty}$.

Ricordiamo che per la Proposizione 13.18, vale

$$D_s S_T = Y_T Z_s \sigma(s, S_s), \qquad (13.24)$$

essendo

$$Y_t := \partial_x S_t =: Z_t^{-1}.$$

Applichiamo la (13.16) con la scelta

$$X = S_T, \qquad Y = G Y_T, \qquad u_t = \frac{Y_t}{\sigma(t, S_t)},$$

per ottenere

$$E[\partial_x F(S_T) G] = E[F'(S_T) Y_T G]$$

$$= E\left[F(S_T) \int_0^T \frac{G Y_T Y_t}{\sigma(t, S_t)} \frac{1}{\int_0^T D_s S_T \frac{Y_s}{\sigma(s, S_s)} ds} \diamond dW_t\right]$$

(per la (13.24))

$$= E\left[F(S_T) \int_0^T \frac{G Y_t}{\sigma(t, S_t)} \diamond dW_t\right]$$

e la (13.23) segue dalla Proposizione 13.31, essendo $\frac{Y_t}{\sigma(t,S_t)}$ adattato. □

Esempio 13.37. In questo esempio, tratto da [7], consideriamo il modello di Heston

$$\begin{cases} dS_t = \sqrt{\nu_t} S_t dB_t^1, \\ d\nu_t = k(\bar{\nu} - \nu_t) dt + \eta \sqrt{\nu_t} dB_t^2, \end{cases}$$

dove (B^1, B^2) è un moto Browniano correlato

$$B_t^1 = \sqrt{1 - \varrho^2} W_t^1 + \varrho W_t^2, \qquad B_t^2 = W_t^2,$$

con W moto Browniano standard 2-dimensionale e $\varrho \in\,]-1, 1[$. Siamo interessati a calcolare la sensitività del prezzo di un'opzione con payoff F rispetto al parametro di correlazione ϱ.

Preliminarmente osserviamo che

$$S_T = S_0 \exp\left(\sqrt{1 - \varrho^2} \int_0^T \sqrt{\nu_t} dW_t^1 + \varrho \int_0^T \sqrt{\nu_t} dW_t^2 - \frac{1}{2} \int_0^T \nu_t dt\right),$$

e quindi

$$\partial_\varrho S_T = S_T G, \qquad G := -\frac{\varrho}{\sqrt{1 - \varrho^2}} \int_0^T \sqrt{\nu_t} dW_t^1 + \int_0^T \sqrt{\nu_t} dW_t^2. \qquad (13.25)$$

Inoltre, se indichiamo con D^1 la derivata di Malliavin relativa al moto Browniano W^1, per l'Osservazione 13.19 abbiamo $D_s^1 \nu_t = 0$ e

$$D_s^1 S_T = S_T\sqrt{1-\varrho^2}\sqrt{\nu_s}. \qquad (13.26)$$

Allora vale
$$\partial_\varrho E\left[F(S_T)\right] = E\left[F'(S_T)\partial_\varrho S_T\right] =$$

(integrando per parti e scegliendo $X = S_T$, $Y = \partial_\varrho S_T$ e[7] $u_t = \frac{1}{\sqrt{\nu_t}}$ nella (13.16))

$$= E\left[F(S_T)\int_0^T \frac{\partial_\varrho S_T}{\sqrt{\nu_t}\int_0^T \frac{D_s^1 S_T}{\sqrt{\nu_s}}ds}\diamond dW_t^1\right] =$$

(per la (13.25) e la (13.26))

$$= \frac{1}{T\sqrt{1-\varrho^2}}E\left[F(S_T)\int_0^T \frac{G}{\sqrt{\nu_t}}\diamond dW_t^1\right] =$$

(per la Proposizione 13.31 ed essendo ν adattato)

$$= \frac{1}{T\sqrt{1-\varrho^2}}E\left[F(S_T)\left(G\int_0^T \frac{1}{\sqrt{\nu_t}}dW_t^1 - \int_0^T \frac{D_t^1 G}{\sqrt{\nu_t}}dt\right)\right] =$$

(poiché $D_t^1 G = -\varrho\sqrt{\frac{\nu_t}{1-\varrho^2}}$)

$$= \frac{1}{T\sqrt{1-\varrho^2}}E\left[F(S_T)\left(G\int_0^T \frac{1}{\sqrt{\nu_t}}dW_t^1 + \frac{\varrho T}{\sqrt{1-\varrho^2}}\right)\right].$$

□

---

[7] Questa scelta è suggerita dalla (13.26).

Appendice

Teoremi di Dynkin – Topologie e σ-algebre – Generalizzazioni del concetto di derivata – Trasformata di Fourier – Convergenza di variabili aleatorie – Separazione di convessi

A.1 Teoremi di Dynkin

I Teoremi di Dynkin sono risultati a prima vista abbastanza tecnici e poco interessanti che tuttavia risultano utili (o addirittura essenziali) in molti ambiti. Tipicamente permettono di dimostrare la validità di una certa proprietà per una ampia famiglia di insiemi (o funzioni) misurabili, a patto di verificare tale proprietà solo per gli elementi di una particolare sottofamiglia: per esempio, gli intervalli aperti nel caso dei Borelliani oppure le funzioni caratteristiche di intervalli invece delle funzioni misurabili. Per la presentazione dei Teoremi di Dynkin seguiamo l'appendice del libro [169] di Williams. Nel seguito, al solito Ω indica un insieme non vuoto.

Definizione A.1. *Una famiglia $\mathcal{M}$ di sottoinsiemi di Ω si dice monotona se*

i) $\Omega \in \mathcal{M}$;
ii) se A e $B \in \mathcal{M}$ con $A \subseteq B$ allora $B \setminus A \in \mathcal{M}$;
iii) data una successione crescente[1] $(A_n)_{n \in \mathbb{N}}$ di elementi di $\mathcal{M}$ si ha che $\bigcup_{n=1}^{\infty} A_n \in \mathcal{M}$.

Definizione A.2. *Un famiglia $\mathcal{A}$ di sottoinsiemi di Ω si dice stabile rispetto all'intersezione ($\cap$–stabile) se per ogni A e $B \in \mathcal{A}$ si ha $A \cap B \in \mathcal{A}$.*

È immediato verificare che ogni σ-algebra è una famiglia monotona e $\cap$-stabile. Viceversa si ha

Lemma A.3. *Ogni famiglia $\mathcal{M}$ monotona e $\cap$–stabile è una σ-algebra.*

Dimostrazione. Chiaramente se $\mathcal{M}$ è monotona allora verifica le prime due condizioni della definizione di σ-algebra. Rimane da provare che l'unione numerabile di elementi di $\mathcal{M}$ appartiene a $\mathcal{M}$. Osserviamo prima che se A e B

---
[1] Ossia tale che $A_n \subseteq A_{n+1}$, per ogni $n \in \mathbb{N}$.

appartengono a $\mathcal{M}$, allora la loro unione appartiene ancora a $\mathcal{M}$: infatti è sufficiente notare che
$$A \cup B = (A^c \cap B^c)^c.$$
Ora, se (A_n) è una successione di elementi di $\mathcal{M}$, poniamo
$$B_n = \bigcup_{k=1}^{n} A_k.$$
Per quanto visto sopra, si ha che (B_n) è una successione crescente di elementi di $\mathcal{M}$. Dunque, per la terza condizione della definizione di famiglia monotona, si ha
$$\bigcup_{n=1}^{+\infty} A_n = \bigcup_{n=1}^{+\infty} B_n \in \mathcal{M}.$$

□

Teorema A.4 (Primo teorema di Dynkin). *Indichiamo con $\mathcal{M}(\mathcal{A})$ la famiglia monotona generata[2] da $\mathcal{A}$, famiglia di sottoinsiemi di Ω. Se $\mathcal{A}$ è $\cap$–stabile, allora*
$$\sigma(\mathcal{A}) = \mathcal{M}(\mathcal{A}). \tag{A.1}$$

Dimostrazione. Per il lemma precedente, basta dimostrare che $\mathcal{M}(\mathcal{A})$, che per comodità indicheremo solo con $\mathcal{M}$, è $\cap$-stabile. Ne verrà che $\mathcal{M}$ è una σ-algebra e quindi $\sigma(\mathcal{A}) \subseteq \mathcal{M}$. D'altra parte, essendo ogni σ-algebra una famiglia monotona, abbiamo che $\mathcal{M} \subseteq \sigma(\mathcal{A})$ da cui la (A.1).
Poniamo
$$\mathcal{M}_1 = \{A \in \mathcal{M} \mid A \cap I \in \mathcal{M}, \forall I \in \mathcal{A}\}.$$
Chiaramente $\mathcal{A} \subseteq \mathcal{M}_1$. Proviamo che $\mathcal{M}_1$ è una famiglia monotona. Ne verrà $\mathcal{M} \subseteq \mathcal{M}_1$. Abbiamo che $\Omega \in \mathcal{M}_1$. Siano A e $B \in \mathcal{M}_1$, con $A \subseteq B$. Allora
$$(B \setminus A) \cap I = (B \cap I) \setminus (A \cap I) \in \mathcal{M}$$
per ogni $I \in \mathcal{A}$ e quindi $B \setminus A \in \mathcal{M}_1$. Infine, sia (A_n) una successione crescente in $\mathcal{M}_1$ e indichiamo con A l'unione degli A_n. Allora, per ogni $I \in \mathcal{A}$, si ha
$$A \cap I = \bigcup_{n \geq 1} (A_n \cap I) \in \mathcal{M}.$$
Dunque $\mathcal{M}_1$ è una famiglia monotona. Poniamo ora
$$\mathcal{M}_2 = \{A \in \mathcal{M} \mid A \cap B \in \mathcal{M}, \forall B \in \mathcal{M}\}.$$
Per quanto dimostrato sopra, si ha che $\mathcal{A} \subseteq \mathcal{M}_2$. Inoltre, col procedimento precedente, si prova che $\mathcal{M}_2$ è una famiglia monotona. Allora $\mathcal{M} \subseteq \mathcal{M}_2$ e quindi $\mathcal{M}$ è $\cap$-stabile. □

---
[2] $\mathcal{M}(\mathcal{A})$ è la più piccola famiglia monotona che contiene $\mathcal{A}$.

Come applicazione, dimostriamo la Proposizione 2.4 di cui riportiamo l'enunciato:

Proposizione A.5. *Sia $\mathcal{A}$ una famiglia $\cap-$stabile di sottoinsiemi di Ω. Siano P,Q misure finite definite su $\sigma(\mathcal{A})$ tali che $P(\Omega) = Q(\Omega)$ e*

$$P(E) = Q(E), \qquad \forall E \in \mathcal{A}.$$

Allora $P = Q$.

Dimostrazione. Poniamo

$$\mathcal{M} = \{E \in \sigma(\mathcal{A}) \mid P(E) = Q(E)\},$$

e osserviamo che $\mathcal{M}$ è una famiglia monotona. Infatti $\Omega \in \mathcal{M}$ per ipotesi, e dati $E, F \in \mathcal{M}$ con $E \subseteq F$ allora

$$P(F \setminus E) = P(F) - P(E) = Q(F) - Q(E) = Q(F \setminus E).$$

Infine, se (E_n) è una successione crescente in $\mathcal{M}$ e E indica l'unione degli E_n, allora

$$P(E) = \lim_{n \to \infty} P(E_n) = \lim_{n \to \infty} Q(E_n) = Q(E),$$

e quindi $E \in \mathcal{M}$.

Poiché $\mathcal{M}$ è una famiglia monotona contenente $\mathcal{A}$ e contenuta (per costruzione) in $\sigma(\mathcal{A})$, dal Teorema A.4 si deduce immediatamente che $\mathcal{M} = \sigma(\mathcal{A})$. □

Presentiamo ora una risultato che raffina il metodo standard utilizzato dimostrazione del Teorema 2.28.

Definizione A.6 (Famiglia monotona di funzioni). *Sia $\mathcal{H}$ una famiglia di funzioni limitate su Ω a valori reali. Si dice che $\mathcal{H}$ è una famiglia monotona di funzioni se*

i) $\mathcal{H}$ è uno spazio vettoriale (reale);
ii) $\mathcal{H}$ contiene la funzione costante uguale a 1;
iii) se (f_n) è una successione crescente di funzioni non negative in $\mathcal{H}$, avente limite puntuale la funzione limitata f, allora $f \in \mathcal{H}$.

Teorema A.7 (Secondo teorema di Dynkin). *Sia $\mathcal{H}$ una famiglia monotona di funzioni. Se $\mathcal{H}$ contiene le funzioni caratteristiche degli elementi di una famiglia $\cap -$ stabile $\mathcal{A}$, allora contiene anche ogni funzione limitata e misurabile rispetto a $\sigma(\mathcal{A})$.*

Dimostrazione. Iniziamo provando che $\mathbb{1}_A \in \mathcal{H}$ per ogni $A \in \sigma(\mathcal{A})$. Poniamo

$$\mathcal{M} = \{A \in \sigma(\mathcal{A}) \mid \mathbb{1}_A \in \mathcal{H}\}.$$

Allora $\mathcal{A} \subseteq \mathcal{M}$ per ipotesi ed è facile verificare che $\mathcal{M}$ è una famiglia monotona. Per il Teorema A.4 si ha

$$\mathcal{M} = \sigma(\mathcal{A}),$$

e quindi le funzioni caratteristiche di insiemi misurabili rispetto a $\sigma(\mathcal{A})$ appartengono a $\mathcal{H}$.

La prova si conclude ora facilmente utilizzando i risultati standard di approssimazione puntuale di funzioni misurabili: in particolare è noto che se f è una funzione $\sigma(\mathcal{A})$-misurabile, non-negativa e limitata esiste una successione crescente (φ_n) di funzioni non negative, semplici e $\sigma(\mathcal{A})$-misurabili (e quindi in $\mathcal{H}$) che converge a f. Dunque per la iii) della Definizione A.6 si ha che $f \in \mathcal{H}$. Infine nel caso f, $\sigma(\mathcal{A})$-misurabile e limitata, assuma valori positivi e negativi è sufficiente rappresentarla come somma della sua parte positiva e negativa. □

Proposizione A.8. *Siano X, Y v.a. su $(\Omega, \mathcal{F})$. Allora X è $\sigma(Y)$-misurabile se e solo se esiste una funzione $\mathscr{B}$-misurabile f tale che $X = f(Y)$.*

Dimostrazione. È sufficiente considerare il caso in cui X è limitata, altrimenti si può comporre X con una funzione misurabile e limitata (per esempio, l'arcotangente). Inoltre è sufficiente provare che se X è $\sigma(Y)$-misurabile allora $X = f(Y)$ con $f \in \mathscr{B}_b$, poiché il viceversa è ovvio.

Utilizziamo il secondo teorema di Dynkin e poniamo

$$\mathcal{H} = \{f(Y) \mid f \in \mathscr{B}_b\}.$$

Allora $\mathcal{H}$ è una famiglia monotona di funzioni, infatti è chiaro che $\mathcal{H}$ è uno spazio vettoriale che contiene le funzioni costanti. Inoltre se $(f_n(Y))_{n \in \mathbb{N}}$ è una successione in $\mathcal{H}$ monotona crescente di funzioni non-negative e tali che

$$f_n(Y) \leq C$$

per una certa costante C, allora posto $f = \sup_{n \in \mathbb{N}} f_n \in \mathscr{B}_b$ si ha

$$f_n \uparrow f(Y) \qquad \text{per } n \to \infty.$$

Per concludere, mostriamo che $\mathcal{H}$ contiene le funzioni caratteristiche di elementi di $\sigma(Y)$. Se $F \in \sigma(Y) = Y^{-1}(\mathscr{B})$ allora esiste $H \in \mathscr{B}$ tale che $F = Y^{-1}(H)$ e quindi vale

$$\mathbb{1}_F = \mathbb{1}_H(Y)$$

da cui deduciamo che $\mathbb{1}_F \in \mathcal{H}$ per ogni $F \in \sigma(Y)$. □

A.2 Topologie e σ-algebre

In questo paragrafo richiamiamo alcuni risultati essenziali sugli spazi topologici, trattando in particolare il caso degli spazi a base numerabile e, come esempio significativo, lo spazio delle funzioni continue su un intervallo compatto.

Definizione A.9. *Sia Ω un insieme non vuoto. Una topologia su Ω è una famiglia $\mathscr{T}$ di sottoinsiemi di Ω con le seguenti proprietà:*

i) $\emptyset, \Omega \in \mathscr{T}$;
ii) $\mathscr{T}$ *è chiusa*[3] *rispetto all'operazione di unione (non necessariamente numerabile);*
iii) $\mathscr{T}$ *è chiusa rispetto all'operazione di intersezione di un numero finito di elementi.*

Diciamo che la coppia $(\Omega, \mathscr{T})$ è uno spazio topologico: gli elementi di $\mathscr{T}$ sono detti aperti.

Data una famiglia $\mathscr{M}$ di sottoinsiemi di Ω, l'intersezione di tutte le topologie che contengono $\mathscr{M}$ è una topologia, detta *topologia generata da $\mathscr{M}$* e indicata con $\mathscr{T}(\mathscr{M})$.

Esempio A.10. Sia (Ω, d) uno spazio metrico: ricordiamo che la funzione

$$d : \Omega \times \Omega \longrightarrow [0, +\infty[$$

è una metrica (o distanza) se verifica le seguenti proprietà per ogni $x, y, z \in \Omega$:

i) $d(x, y) \geq 0$ e $d(x, y) = 0$ se e solo se $x = y$;
ii) $d(x, y) = d(y, x)$;
iii) $d(x, y) \leq d(x, z) + d(z, y)$.

Se $\mathscr{M}$ è la famiglia dei dischi aperti

$$\mathscr{M} = \{D(x, r) \mid x \in \Omega, \ r > 0\},$$

dove

$$D(x, r) = \{y \in \Omega \mid d(x, y) < r\},$$

allora

$$\mathscr{T}_d := \mathscr{T}(\mathscr{M})$$

è detta *topologia generata dalla distanza d*.

Due esempi sono particolarmente significativi:

1) se $\Omega = \mathbb{R}^N$ e $d(x, y) = |x - y|$ è la distanza Euclidea, allora $\mathscr{T}_d$ è la topologia Euclidea;

---
[3] L'unione di elementi di $\mathscr{T}$ appartiene a $\mathscr{T}$.

2) se
$$\Omega = C([a,b]; \mathbb{R}^N) = \{\omega : [a,b] \longrightarrow \mathbb{R}^N \mid \omega \text{ continua}\},$$
la topologia uniforme su Ω è la topologia generata dalla distanza uniforme[4]
$$d(\omega_1, \omega_2) = \max_{t \in [a,b]} |\omega_1(t) - \omega_2(t)|.$$
Nella Figura A.10 è rappresentato il disco nella metrica d:
$$D(\omega_0, r) = \{\omega \in \Omega \mid |\omega(t) - \omega_0(t)| < r, \ \forall t \in [a,b]\}. $$
□

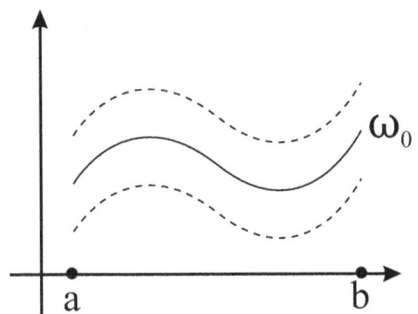

Fig. A.1. Disco nella metrica uniforme di $C([a,b])$

In base alla definizione, mentre una σ-algebra è chiusa rispetto all'operazione di unione al più *numerabile*, una topologia è chiusa rispetto alle unioni qualsiasi. Dunque è comprensibile che rivestano un ruolo particolarmente importante gli spazi topologici in cui le unioni di aperti si possano esprimere come unioni al più numerabili di aperti.

Definizione A.11. *Diciamo che $(\Omega, \mathscr{T})$ ha base numerabile se esiste una famiglia numerabile $\mathcal{A}$ tale che $\mathscr{T} = \mathscr{T}(\mathcal{A})$.*

Teorema A.12. *Se $(\Omega, \mathscr{T})$ ha base numerabile allora da ogni ricoprimento aperto di Ω si può estrarre un sotto-ricoprimento aperto finito o numerabile.*

Dimostrazione. Sia $\{U_i\}$ un ricoprimento aperto di Ω ossia una famiglia di aperti la cui unione è Ω e sia $\mathcal{A} = \{A_n\}_{n \in \mathbb{N}}$ una base numerabile per $\mathscr{T}$. Allora

---
[4] Ricordiamo che una successione (ω_n) *converge uniformemente* a ω se
$$\lim_{n \to \infty} d(\omega_n, \omega) = 0.$$

ogni $\omega \in \Omega$ appartiene ad un aperto U_i del ricoprimento ed esiste $A_n(\omega) \in \mathcal{A}$ tale che $\omega \in A_n(\omega) \subseteq U_i$. La famiglia $\{A_n(\omega)\}_{\omega \in \Omega}$ è finita o numerabile, dunque scegliendo per ogni $A_n(\omega)$ un aperto U_i che lo contiene otteniamo un sotto-ricoprimento finito o numerabile. □

Nel caso in cui (Ω, d) sia uno spazio metrico, è particolarmente semplice verificare l'esistenza di una base numerabile per $\mathcal{T}_d$. Anzitutto, diciamo che un sotto-insieme A è *denso in Ω* se per ogni $x \in \Omega$ e $n \in \mathbb{N}$ esiste $y_n \in A$ tale che $d(x, y_n) \leq \frac{1}{n}$, ossia
$$x = \lim_{n \to \infty} y_n.$$
Diciamo che (Ω, d) è *separabile* se esiste un sottoinsieme A numerabile e denso in Ω. In tal caso
$$\mathcal{A} = \{D(x, 1/n) \mid x \in A, \ n \in \mathbb{N}\} \tag{A.2}$$
costituisce una base numerabile per $\mathcal{T}_d$ e vale il seguente

Teorema A.13. *Uno spazio metrico ha base numerabile se e solo se è separabile.*

Esempio A.14. Lo spazio $C([a, b]; \mathbb{R}^N)$ è separabile poiché i polinomi a coefficienti razionali formano un insieme numerabile e denso (per il Teorema di Wierstrass[5]). Indichiamo con $\mathscr{B}$ la σ-algebra dei Borelliani ossia la σ-algebra generata dalla topologia uniforme. Allora, poiché la topologia uniforme ha una base numerabile, si ha:
$$\mathscr{B} = \sigma \left(\{D(\omega, 1/n) \mid \omega \text{ polinomio razionale}, n \in \mathbb{N}\} \right).$$

□

A.3 Generalizzazioni del concetto di derivata

In questo paragrafo richiamiamo brevemente i concetti di derivata debole e di distribuzione. Queste estensioni del concetto di derivata e di funzione intervengono naturalmente nella teoria dell'arbitraggio. Per esempio, il problema della copertura di un'opzione richiede lo studio delle derivate della funzione di valutazione: anche nel caso più semplice di un'opzione call Europea con strike K, il payoff $(x - K)^+$ è una funzione continua ma non derivabile in senso classico nel punto $x = K$. Per approfondimenti sul materiale di questo paragrafo rimandiamo, per esempio, a Brezis [26], Folland [58] e Adams [2].

---

[5] Si veda, per esempio, il Cap. 1 in Lanconelli [110].

A.3.1 Derivata debole in $\mathbb{R}$

Fissato un intervallo aperto $I =]a, b[\subseteq \mathbb{R}$, non necessariamente limitato, indichiamo con $L^1_{\text{loc}} = L^1_{\text{loc}}(I)$ lo spazio delle funzioni u localmente sommabili su I ossia tali che esiste

$$\int_H |u(x)| dx < \infty$$

per ogni compatto $H \subseteq I$. Lo spazio $C_0^\infty(I)$ delle funzioni su I a supporto[6] compatto e con derivata continua di ogni ordine, è usualmente chiamato spazio delle funzioni test.

Si dice che $u \in L^1_{\text{loc}}(I)$ è derivabile debolmente se esiste una funzione $h \in L^1_{\text{loc}}(I)$, detta derivata debole di u, per cui valga la formula di integrazione per parti per ogni funzione test o più precisamente

$$\int_a^b u(x)\varphi'(x)dx = -\int_a^b h(x)\varphi(x)dx, \qquad \forall \varphi \in C_0^\infty(]a,b[). \qquad (A.3)$$

Lemma A.15. *Se $u \in L^1_{\text{loc}}(I)$ e*

$$\int_I u\varphi = 0, \qquad \forall \varphi \in C_0^\infty(I),$$

allora $u = 0$ quasi ovunque.

In base al lemma precedente, h è individuata dalla (A.3) a meno di un insieme di misura di Lebesgue nulla: pertanto, identificando le funzioni uguali q.o., scriviamo[7] $h = Du$ per indicare che h è la funzione in L^1_{loc} che verifica la (A.3). Si noti che la definizione di derivata classica è data punto per punto, mentre la nozione di derivata debole è "globale".

Esempio A.16. Consideriamo

$$u(x) = (x - K)^+, \qquad x \in \mathbb{R}. \qquad (A.4)$$

Si ha

$$\int_\mathbb{R} u(x)\varphi'(x)dx = \int_K^{+\infty} (x-K)\varphi'(x)dx =$$

(usando la formula di integrazione per parti "classica")

$$= \left[(x-K)\varphi(x)\right]_{x=K}^{+\infty} - \int_K^{+\infty} \varphi(x)dx =$$

(poiché φ ha supporto compatto)

---

[6] Il supporto di una funzione continua u è la chiusura dell'insieme $\{x \mid u(x) \neq 0\}$ e si indica col simbolo $\text{supp}(u)$.
[7] Indichiamo con Du la derivata debole per distinguerla dalla derivata classica u'.

$$= \int_K^{+\infty} \varphi(x)dx.$$

Per definizione $h \in L^1_{\text{loc}}$ è derivata debole di u se

$$\int_{\mathbb{R}}^{+\infty} h\varphi = \int_K^{+\infty} \varphi, \qquad \forall \varphi \in C_0^{\infty}(\mathbb{R});$$

in particolare la funzione

$$h(x) = \begin{cases} 1 & x \geq K, \\ 0 & x < K, \end{cases} \qquad (A.5)$$

è la derivata debole di u. □

Notazione A.17 *Indichiamo con $W^{1,1}_{\text{loc}}(I)$ lo spazio delle funzioni derivabili debolmente su I. Dati $k \in \mathbb{N}$ e $p \in [1, +\infty]$, indichiamo con $W^{k,p}(I)$ lo spazio delle funzioni sommabili di ordine p su I, $u \in L^p(I)$, che posseggono le derivate deboli fino all'ordine k in $L^p(I)$. Gli spazi $W^{k,p}$ sono chiamati spazi di Sobolev.*

Come conseguenza della classica formula di integrazione per parti, se una funzione è derivabile con continuità in senso classico allora lo è anche in senso debole e le due nozioni di derivata coincidono: precisamente, $C^1 \subset W^{1,1}_{\text{loc}}$ e $u' = Du$ per ogni $u \in C^1$.

Una classe significativa di funzioni debolmente derivabili è quella delle funzioni localmente Lipschitziane: ricordiamo che u è localmente Lipschitziana su I, e si scrive $u \in \text{Lip}_{\text{loc}}(I)$, se per ogni sottoinsieme compatto H di I, esiste una costante l_H tale che

$$|u(x) - u(y)| \leq l_H |x - y|, \qquad x, y \in H. \qquad (A.6)$$

Se la stima (A.6) vale con una costante l indipendente da H allora si dice che u è globalmente Lipschitziana su I, o semplicemente Lipschitziana, e si scrive $u \in \text{Lip}(I)$. Per esempio, la funzione $u(x) = (x - K)^+$ è Lipschitziana su $\mathbb{R}$ con costante $l = 1$. Per il teorema del valor medio, ogni funzione C^1 con derivata limitata è Lipschitziana.

Proposizione A.18. *Se $u \in \text{Lip}_{\text{loc}}$ allora u è derivabile in senso classico quasi ovunque. Inoltre $u \in W^{1,1}_{\text{loc}}$ e $u' = Du$.*

Dimostrazione. La prima parte della tesi è un risultato classico: si veda, per esempio, il Cap. VI in Fomin-Kolmogorov [102]. La seconda parte è una semplice conseguenza del Teorema della convergenza dominata: infatti, per ogni funzione test φ, si ha

$$\int u(x)\varphi'(x)dx = \lim_{\delta \to 0} \int u(x) \frac{\varphi(x+\delta) - \varphi(x)}{\delta} dx$$

$$= \lim_{\delta \to 0} \int \frac{u(x-\delta) - u(x)}{\delta} \varphi(x) dx =$$

(per il Teorema della convergenza dominata, sfruttando il fatto che u è derivabile quasi ovunque e che, per la (A.6), il rapporto incrementale è localmente limitato)
$$= -\int u'(x)\varphi(x)dx.$$
□

Mostriamo ora che alcuni risultati classici del calcolo differenziale si estendono al caso della derivazione in senso debole. La seguente proposizione generalizza il teorema fondamentale del calcolo integrale.

Proposizione A.19. *Siano $h \in L^1_{\text{loc}}(I)$ e $x_0 \in I$. Posto*[8]
$$u(x) = \int_{x_0}^{x} h(y)dy, \qquad y \in I,$$
si ha $u \in W^{1,1}_{\text{loc}}(I)$ e $h = Du$. Inoltre u è una funzione continua su I.

La seguente proposizione afferma essenzialmente che una funzione u in $W^{1,1}_{\text{loc}}$ è una "primitiva" della propria derivata debole. In particolare u è uguale quasi ovunque ad una funzione continua[9].

Proposizione A.20. *Ogni $u \in W^{1,1}_{\text{loc}}(I)$ è uguale quasi ovunque ad una funzione continua: se $u \in W^{1,1}_{\text{loc}} \cap C(I)$ vale*
$$u(x) = u(x_0) + \int_{x_0}^{x} Du(y)dy, \qquad x, x_0 \in I.$$
In particolare se $Du = 0$ allora u è costante.

In base al risultato precedente, in analisi funzionale è usuale identificare ogni elemento di $W^{1,1}_{\text{loc}}$ con il proprio rappresentante continuo. Mostriamo ora un'estensione della formula di integrazione per parti e della derivata di funzione composta.

Proposizione A.21. *Per ogni $u, v \in W^{1,1}_{\text{loc}} \cap C(I)$ si ha $uv \in W^{1,1}_{\text{loc}}(I)$ e*
$$\int_{x_0}^{x} uDv = u(x)v(x) - u(x_0)v(x_0) - \int_{x_0}^{x} vDu, \qquad x, x_0 \in I.$$
Inoltre, se $f \in C^1(\mathbb{R})$ allora $f(u) \in W^{1,1}_{\text{loc}}(I)$ e $Df(u) = F'(u)Du$.

---

[8] Per convenzione assumiamo
$$\int_{x_0}^{x} h(y)dy = -\int_{x}^{x_0} h(y)dy,$$
per $x < x_0$.

[9] Ricordiamo che se u è continua quasi ovunque allora non è detto che sia uguale quasi ovunque ad una funzione continua: si pensi alla derivata debole della funzione $(x - K)^+$. Inoltre se u è uguale quasi ovunque ad una funzione continua non è detto che u sia continua quasi ovunque: si pensi alla funzione di Dirichlet, uguale a 0 su $\mathbb{Q}$ e a 1 su $\mathbb{R} \setminus \mathbb{Q}$.

A.3.2 Spazi di Sobolev e teoremi di immersione

Siano O un aperto di $\mathbb{R}^N$ e $1 \leq p \leq \infty$.

Definizione A.22. *Lo spazio di Sobolev $W^{1,p}(O)$ è lo spazio delle funzioni $u \in L^p(O)$ per cui esistono $h_1, \ldots, h_N \in L^p(O)$ tali che*

$$\int_O u \partial_{x_i} \varphi = -\int_O h_i \varphi, \qquad \forall \varphi \in C_0^\infty(O), \ i = 1, \ldots, N.$$

Le funzioni $h_1, \ldots, h_N$ sono univocamente determinate q.o., in base al Lemma A.15: poniamo $D_i u := h_i$ per $i = 1, \ldots, N$ e diciamo che $Du = (h_1, \ldots, h_N)$ è il gradiente di u.

Lo spazio $W^{1,p}(O)$, munito della norma

$$\|u\|_{W^{1,p}} := \|u\|_{L^p} + \|Du\|_{L^p},$$

è uno spazio di Banach. Se $u \in C^1 \cap L^p$ e $\partial_{x_i} u \in L^p$ per ogni $i = 1, \ldots, N$ allora $u \in W^{1,p}$ e $\partial_{x_i} u = D_i u$. Gli spazi di Sobolev di ordine superiore si possono definire per ricorrenza:

Definizione A.23. *Dato $k \in \mathbb{N}$, $k \geq 2$, poniamo*

$$W^{k,p}(O) = \{u \in W^{k-1,p}(O) \mid Du \in W^{k-1,p}(O)\}.$$

Per esprimere lo spazio $W^{k,p}$ in termini più espliciti, introduciamo la seguente

Notazione A.24 *Dato un multi-indice $\alpha = (\alpha_1, \ldots, \alpha_N) \in \mathbb{N}_0^N$, poniamo*

$$\partial_x^\alpha = \partial_{x_1}^{\alpha_1} \ldots \partial_{x_N}^{\alpha_N}$$

e diciamo che il numero

$$|\alpha| = \sum_{i=1}^N \alpha_i$$

è l'ordine di α.

Allora $u \in W^{k,p}(O)$ se e solo se per ogni multi-indice α, con $|\alpha| \leq k$, esiste una funzione $h_\alpha \in L^p(O)$ tale che

$$\int_O u \partial_x^\alpha \varphi = (-1)^{|\alpha|} \int_O h_\alpha \varphi, \qquad \forall \varphi \in C_0^\infty(O);$$

in tal caso scriviamo $h_\alpha = D^\alpha u$. Lo spazio $W^{k,p}$ munito della norma

$$\|u\|_{W^{k,p}} := \sum_{0 \leq |\alpha| \leq k} \|D^\alpha u\|_{L^p},$$

è uno spazio di Banach. Enunciamo ora il fondamentale

Teorema A.25 (di immersione di Sobolev-Morrey). *Esiste una costante C, che dipende solo da p e N, tale che per ogni $u \in W^{1,p}(\mathbb{R}^N)$ si ha:*

i) *se $1 \le p < N$, posto $p^* = \frac{pN}{N-p}$, si ha*

$$\|u\|_{L^q(\mathbb{R}^N)} \le C\|u\|_{W^{1,p}(\mathbb{R}^N)}, \qquad \forall q \in [p, p^*];$$

ii) *se $p > N$ allora $u \in L^\infty(\mathbb{R}^N)$ e vale*

$$|u(x) - u(y)| \le C\|Du\|_{L^p(\mathbb{R}^N)}|x-y|^\delta \qquad \text{per quasi ogni } x, y \in \mathbb{R}^N,$$

con $\delta = 1 - \frac{N}{p}$.
Inoltre se $p = N$ allora

$$\|u\|_{L^q(\mathbb{R}^N)} \le c_q \|u\|_{W^{1,N}(\mathbb{R}^N)}, \qquad \forall q \in [p, \infty[,$$

con c_q costante che dipende solo da p, q, N e tende a $+\infty$ per $q \to \infty$.

A.3.3 Distribuzioni

Consideriamo il seguente esempio, introduttivo al concetto di distribuzione o funzione generalizzata.

Esempio A.26. Mostriamo che u in (A.4) non ha derivata seconda in senso debole. Infatti se esistesse $g = Dh$ per h in (A.5) allora varrebbe

$$\int_\mathbb{R} g\varphi = -\int_\mathbb{R} h\varphi' = -\int_K^{+\infty} \varphi' = \varphi(K), \qquad \forall \varphi \in C_0^\infty(\mathbb{R}). \qquad (A.7)$$

In particolare si avrebbe

$$\int_\mathbb{R} g\varphi = 0, \qquad \forall \varphi \in C_0^\infty(\mathbb{R} \setminus \{K\}),$$

da cui, in base al Lemma A.15, $g = 0$ quasi ovunque, in contraddizione con la (A.7). □

La teoria delle distribuzioni nasce per ovviare al fatto che la derivata, anche debole, di una funzione non sempre esiste se intesa come funzione nel senso classico del termine. L'idea è quindi di estendere il concetto di funzione interpretando ogni $u \in L^1_{\text{loc}}$ come un funzionale[10] che associa a $\varphi \in C_0^\infty$ l'integrale di $u\varphi$, piuttosto che, al solito, come una legge che associa $u(x)$ al numero x. Per semplicità, in questa sezione consideriamo solo il caso uno-dimensionale: la trattazione seguente si estende senza difficoltà in $\mathbb{R}^N$.

---

[10] Generalmente si usa il termine "funzione" per indicare un'applicazione fra insiemi numerici (per esempio, una funzione da $\mathbb{R}^N$ a $\mathbb{R}$), mentre si usa il termine "funzionale" per indicare un'applicazione fra spazi di funzioni.

A.3 Generalizzazioni del concetto di derivata

In base al Lemma A.15, u è determinata quasi ovunque dagli integrali $\int u\varphi$, al variare di $\varphi \in C_0^\infty$. Inoltre se u è derivabile (in senso debole) infinite volte, allora si ha

$$\int D^{(k)}u\varphi = (-1^k)\int u\varphi^{(k)}, \qquad \forall \varphi \in C_0^\infty, \ k \in \mathbb{N}. \tag{A.8}$$

D'altra parte, indipendentemente dal fatto che u sia derivabile, il membro a destra della (A.8) definisce un funzionale lineare su C_0^∞ a cui può essere dato il significato di "derivata k-esima di u". Queste considerazioni sono precisate dalla seguente

Definizione A.27. *Una distribuzione Λ su un intervallo aperto e non vuoto I è un funzionale*

$$\Lambda : C_0^\infty(I) \longrightarrow \mathbb{R}$$

lineare e tale che, per ogni compatto $H \subset I$, esistono una costante positiva M e $m \in \mathbb{N}$ tali che

$$|\Lambda(\varphi)| \leq M\|\varphi\|_m, \tag{A.9}$$

per ogni $\varphi \in C_0^\infty(I)$ tale che $\mathrm{supp}(\varphi) \subseteq H$, dove

$$\|\varphi\|_m := \sum_{k=0}^m \max_H |\varphi^{(k)}|. \tag{A.10}$$

Lo spazio delle distribuzioni su I è indicato con $\mathcal{D}'(I)$ e usualmente si usa la notazione

$$\langle \Lambda, \varphi \rangle := \Lambda(\varphi).$$

Osservazione A.28. La (A.9) esprime la proprietà di continuità di Λ rispetto ad un'opportuna topologia su $C_0^\infty(I)$: rimandiamo a Rudin [144], Parte II Cap.6 per i dettagli. Qui osserviamo che se (φ_n) è una successione in $C_0^\infty(I)$ col $\mathrm{supp}(\varphi_n)$ incluso in un compatto H per ogni $n \in \mathbb{N}$, allora per la (A.9)

$$\lim_{n\to\infty}\|\varphi_n - \varphi\|_m = 0$$

implica che

$$\lim_{n\to\infty}\langle \Lambda, \varphi_n \rangle = \langle \Lambda, \varphi \rangle.$$

□

Ogni funzione localmente sommabile definisce in modo naturale una distribuzione: infatti, data $u \in L^1_{\mathrm{loc}}(I)$, poniamo

$$\langle \Lambda_u, \varphi \rangle = \int_I u(x)\varphi(x)dx, \qquad \varphi \in C_0^\infty(I).$$

Ovviamente Λ_u è un funzionale lineare e per ogni H compatto di I, si ha

$$|\langle \Lambda_u, \varphi \rangle| \leq \|\varphi\|_0 \int_H |u(x)| dx, \qquad \varphi \in C_0^\infty(H).$$

Per questo motivo, è usuale identificare u con Λ_u e scrivere $L_{\text{loc}}^1 \subset \mathcal{D}'$.

Analogamente, se μ è una misura di probabilità su $(\mathbb{R}, \mathscr{B})$, allora, posto

$$\langle \Lambda_\mu, \varphi \rangle = \int_\mathbb{R} u(x) \mu(dx), \qquad \varphi \in C_0^\infty(\mathbb{R}),$$

si ha che Λ_μ è un funzionale lineare e

$$|\langle \Lambda_\mu, \varphi \rangle| \leq \|\varphi\|_0 \mu(H), \qquad \varphi \in C_0^\infty(H).$$

In altri termini Λ_μ è una distribuzione che viene solitamente identificata con μ. A questo punto osserviamo che la Definizione A.27 ben si raccorda con la Definizione 2.7 e generalizza la nozione di distribuzione data nel Capitolo 2.

Più in generale, è chiaro che ogni misura su $(\mathbb{R}, \mathscr{B})$, tale che $\mu(H) < \infty$ per ogni compatto H di $\mathbb{R}$, è una distribuzione.

Definizione A.29. *Se $\Lambda \in \mathcal{D}'(I)$ e $k \in \mathbb{N}$, la derivata di ordine k di Λ è definita da*

$$\langle D^{(k)} \Lambda, \varphi \rangle := (-1)^k \langle \Lambda, \varphi^{(k)} \rangle, \qquad \varphi \in C_0^\infty(I).$$

Notiamo che $D^{(k)} \Lambda \in \mathcal{D}'(I)$, infatti $D^{(k)} \Lambda$ è un funzionale lineare e, fissato un compatto H, per ogni $\varphi \in C_0^\infty(H)$, si ha

$$|\langle D^{(k)} \Lambda, \varphi \rangle| = |\langle \Lambda, \varphi^{(k)} \rangle| \leq$$

(poiché $\text{supp}(\varphi^{(k)}) \subseteq \text{supp}(\varphi)$)

$$\leq M \|\varphi^{(k)}\|_m \leq M \|\varphi\|_{m+k}.$$

Dunque una distribuzione possiede le derivate di ogni ordine che sono esse stesse distribuzioni e in generale non sono funzioni in senso classico.

Riprendendo l'Esempio A.26, la funzione $x \mapsto (x - K)^+$ ha derivata prima debole ma non ha derivata seconda. Tuttavia, in base alla (A.7), la derivata seconda distribuzionale è definita da

$$\int_\mathbb{R} \varphi(x) D^{(2)} (x - K)^+ dx = \varphi(K) = \delta_K(\varphi), \qquad \varphi \in C_0^\infty(\mathbb{R}).$$

In altri termini $D^{(2)}(x - K)^+$ coincide con la Delta di Dirac centrata in K che è il tipico esempio di distribuzione che non è una funzione in senso classico.

Introduciamo ora la nozione di traslazione e di convoluzione nell'ambito delle distribuzioni. Se φ è una funzione definita su $\mathbb{R}$ e $x \in \mathbb{R}$, poniamo

$$T_x \varphi(y) = \varphi(y - x), \qquad \check{\varphi}(y) = \varphi(-y), \qquad y \in \mathbb{R}. \qquad (A.11)$$

Notiamo che vale

$$\int_{\mathbb{R}} \psi T_x \varphi = \int_{\mathbb{R}} \psi(y)\varphi(y-x)dy = \int_{\mathbb{R}} \psi(y+x)\varphi(y)dy = \int_{\mathbb{R}} (T_{-x}\psi)\,\varphi. \quad (A.12)$$

Inoltre
$$(T_x \check{\varphi})(y) = \check{\varphi}(y-x) = \varphi(x-y),$$
e quindi
$$(\psi * \varphi)(x) = \int_{\mathbb{R}} \psi(y)\,(T_x\check{\varphi})(y)dy. \quad (A.13)$$

Per analogia diamo la seguente

Definizione A.30. *Sia $\Lambda \in \mathcal{D}'(\mathbb{R})$. La traslazione $T_x\Lambda$ è la distribuzione in $\mathcal{D}'(\mathbb{R})$ definita da*
$$\langle T_x\Lambda, \varphi \rangle = \langle \Lambda, T_{-x}\varphi \rangle, \qquad \varphi \in C_0^\infty(\mathbb{R}). \quad (A.14)$$
La convoluzione di Λ con $\varphi \in C_0^\infty(\mathbb{R})$ è la funzione definita da
$$(\Lambda * \varphi)(x) = \langle \Lambda, T_{-x}\check{\varphi} \rangle, \qquad x \in \mathbb{R}. \quad (A.15)$$

Sottolineiamo il fatto che la convoluzione in (A.15) è *una funzione*. Inoltre se Λ è una funzione localmente sommabile, le definizioni (A.14) e (A.15) si accordano rispettivamente con le (A.12) e (A.13).

Teorema A.31. *Se $\Lambda \in \mathcal{D}'(\mathbb{R})$ e $\varphi, \psi \in C_0^\infty(\mathbb{R})$ allora*

i) $\Lambda * \varphi \in C^\infty(\mathbb{R})$ e per ogni $k \in \mathbb{N}$ vale
$$(\Lambda * \varphi)^{(k)} = (D^{(k)}\Lambda) * \varphi = \Lambda * (\varphi^{(k)}); \quad (A.16)$$

ii) se Λ ha supporto[11] compatto allora $\Lambda * \varphi \in C_0^\infty(\mathbb{R})$;
iii) $(\Lambda * \varphi) * \psi = \Lambda * (\varphi * \psi)$.

Alla dimostrazione premettiamo il seguente

Lemma A.32. *Per ogni $\Lambda \in \mathcal{D}'(\mathbb{R})$ e $\varphi \in C_0^\infty(\mathbb{R})$ vale*
$$T_x(\Lambda * \varphi) = (T_x\Lambda) * \varphi = \Lambda * (T_x\varphi), \qquad x \in \mathbb{R}. \quad (A.17)$$

Dimostrazione. La tesi è provata dalle seguenti uguaglianze:
$$T_x(\Lambda * \varphi)(y) = (\Lambda * \varphi)(y-x) = \langle \Lambda, T_{y-x}\check{\varphi} \rangle,$$
$$((T_x\Lambda) * \varphi)(y) = \langle T_x\Lambda, T_y\check{\varphi} \rangle = \langle \Lambda, T_{-x}T_y\check{\varphi} \rangle = \langle \Lambda, T_{y-x}\check{\varphi} \rangle,$$
$$(\Lambda * (T_x\varphi))(y) = \langle \Lambda, T_y(T_x\varphi)\check{\,} \rangle = \langle \Lambda, T_yT_{-x}\check{\varphi} \rangle = \langle \Lambda, T_{y-x}\check{\varphi} \rangle.$$

□

---

[11] Ricordiamo la definizione di supporto di una distribuzione: si dice che $\Lambda \in \mathcal{D}'(I)$ si annulla in un aperto O di I se $\langle \Lambda, \varphi \rangle = 0$ per ogni $\varphi \in C_0^\infty(O)$. Se W indica l'unione di tutti gli aperti in cui si annulla Λ, allora per definizione
$$\mathrm{supp}(\Lambda) = I \setminus W.$$

Dimostrazione (del Teorema A.31).
i) Poniamo
$$\delta_h = \frac{T_0 - T_h}{h}, \qquad h \neq 0.$$
Per ogni $\varphi \in C_0^\infty(\mathbb{R})$ e $m \in \mathbb{N}$, si ha
$$\lim_{h \to 0} \|\delta_h \varphi - \varphi'\|_m = 0,$$
con $\|\cdot\|_m$ definita in (A.10); quindi vale anche
$$\lim_{h \to 0} \|T_x\left((\delta_h \varphi)^{\vee}\right) - T_x\left((\varphi')^{\vee}\right)\|_m = 0.$$
Ora si ha
$$\delta_h \left(\Lambda * \varphi\right)(x) =$$
(per il Lemma A.32)
$$= \left(\Lambda * (\delta_h \varphi)\right)(x) =$$
(per definizione di convoluzione)
$$= \langle \Lambda, T_x((\delta_h \varphi)^{\vee})\rangle(x).$$
Passando al limite per h che tende a zero e ricordando l'Osservazione A.28, otteniamo
$$\frac{d}{dx}(\Lambda * \varphi)(x) = (\Lambda * \varphi')(x).$$
D'altra parte, applicando Λ ad ambo i membri della seguente identità
$$T_x\left((\varphi')^{\vee}\right) = -\left(T_x \check{\varphi}\right)',$$
otteniamo
$$(\Lambda * \varphi')(x) = -\langle \Lambda, (T_x \check{\varphi})'\rangle =$$
(per definizione di derivata di Λ)
$$= (D\Lambda * \varphi)(x).$$
Un procedimento induttivo conclude la prova del primo punto.

ii) Poniamo
$$K = \mathrm{supp}(\Lambda), \qquad H = \mathrm{supp}(\varphi)$$
e osserviamo che
$$\mathrm{supp}(T_x \check{\varphi}) = x - H.$$
Allora basta osservare che, per definizione,
$$(\Lambda * \varphi)(x) = \langle \Lambda, T_{-x}\check{\varphi}\rangle = 0$$
se $K \cap (x - H) = \emptyset$, ossia se
$$x \notin \left(\mathrm{supp}(\Lambda) + \mathrm{supp}(\varphi)\right). \tag{A.18}$$

iii) nel caso in cui $\Lambda = \Lambda_u$ con $u \in L^1_{\mathrm{loc}}$, la tesi è immediata conseguenza del Teorema di Fubini. Per il caso generale rimandiamo a Rudin [144], Teorema 6.30. □

A.3.4 Mollificatori

Ogni distribuzione può essere approssimata con funzioni di classe C^∞ per mezzo dei cosiddetti *mollificatori*. Poniamo

$$\varrho(x) = \begin{cases} c\exp\left(-\frac{1}{1-x^2}\right) & \text{se } |x| < 1, \\ 0 & \text{se } |x| \geq 1, \end{cases}$$

dove c è una costante scelta in modo tale che

$$\int_\mathbb{R} \varrho(x)dx = 1,$$

e definiamo

$$\varrho_n(x) = n\varrho(nx), \qquad n \in \mathbb{N}.$$

La successione (ϱ_n) ha le seguenti proprietà tipiche delle cosiddette *approssimazioni dell'identità* e sulle quali si basano i risultati seguenti: per ogni $n \in \mathbb{N}$ vale

i) $\varrho_n \in C_0^\infty(\mathbb{R})$;
ii) $\varrho_n(x) = 0$ per $|x| \geq \frac{1}{n}$;
iii) $\int_\mathbb{R} \varrho_n(x)dx = 1$.

Le funzioni ϱ_n sono chiamate mollificatori di Friedrics [66]: se $\Lambda \in \mathcal{D}'(\mathbb{R})$, la convoluzione

$$\Lambda_n(x) := (\Lambda * \varrho_n)(x), \qquad x \in \mathbb{R},$$

è chiamata *regolarizzazione o mollificazione di Λ*. Il seguente teorema riassume le proprietà principali delle mollificazioni: nell'enunciato Λ_n, u_n indicano rispettivamente le regolarizzazioni di Λ e u.

Teorema A.33. *Se $\Lambda \in \mathcal{D}'(\mathbb{R})$ allora*

i) $\Lambda_n \in C^\infty(\mathbb{R})$;
ii) vale

$$\operatorname{supp}(\Lambda_n) \subseteq \{x \mid \operatorname{dist}(x, \operatorname{supp}(\Lambda)) \leq 1/n\}, \tag{A.19}$$

e in particolare se Λ ha supporto compatto allora $\Lambda_n \in C_0^\infty(\mathbb{R})$;
iii) se $u \in C$ allora $\|u_n\|_\infty \leq \|u\|_\infty$ e (u_n) converge uniformemente sui compatti a u;
iv) se $u \in L^p$, con $1 \leq p < \infty$, allora $\|u_n\|_p \leq \|u\|_p$ e (u_n) converge in norma L^p a u;
v) per ogni $n, k \in \mathbb{N}$ vale

$$\Lambda_n^{(k)} = \left(D^k \Lambda\right)_n \tag{A.20}$$

e di conseguenza si ha:
v-a) se $u \in C^k$ allora $u_n^{(k)}$ converge a $u^{(k)}$ uniformemente sui compatti;
v-b) se $u \in W^{k,p}$ allora $D^k u_n$ converge in norma L^p a $D^k u$;

vi) Λ_n converge a Λ nel senso delle distribuzioni, ossia

$$\lim_{n\to\infty} \langle \Lambda_n, \varphi \rangle = \langle \Lambda, \varphi \rangle,$$

per ogni $\varphi \in C_0^\infty$.

Dimostrazione. Le proprietà i) e ii) seguono direttamente dal Teorema A.31: in particolare la (A.19) segue dalla (A.18).

iii) Sia $u \in C$ con $\|u\|_\infty$ finita: si ha

$$|u_n(x)| \leq \int_\mathbb{R} \varrho_n(x-y)|u(y)|dy \leq \|u\|_\infty \int_\mathbb{R} \varrho_n(x-y)dy = \|u\|_\infty.$$

Inoltre, per x appartenente ad un compatto, si ha

$$|u_n(x) - u(x)| \leq \int_\mathbb{R} \varrho_n(x-y)|u(y) - u(x)|dy$$
$$\leq \max_{|x-y|\leq 1/n} |u(y) - u(x)| \int_\mathbb{R} \varrho_n(x-y)dy$$
$$= \max_{|x-y|\leq 1/n} |u(y) - u(x)|,$$

da cui la tesi.

iv) Se $u \in L^p$ vale

$$|u_n(x)| \leq \int_\mathbb{R} \varrho_n(x-y)|u(y)|dy \leq$$

(per la disuguaglianza di Hölder, con p, q esponenti coniugati)

$$\leq \left(\int_\mathbb{R} \varrho_n(x-y)dy\right)^{\frac{1}{q}} \left(\int_\mathbb{R} \varrho_n(x-y)|u(y)|^p dy\right)^{\frac{1}{p}}$$
$$= \left(\int_\mathbb{R} \varrho_n(x-y)|u(y)|^p dy\right)^{\frac{1}{p}},$$

da cui segue che

$$\|u_n\|_p^p \leq \int_\mathbb{R} \int_\mathbb{R} \varrho_n(x-y)|u(y)|^p dy dx = \int_\mathbb{R} |u(y)|^p dy.$$

Con passaggi analoghi si prova che

$$\|u_n - u\|_p^p \leq \int_\mathbb{R} \left(\int_\mathbb{R} \varrho_n(x-y)|u(y) - u(x)|dy\right)^p dx \leq$$

(per la disuguaglianza di Hölder)

$$\leq \int_{\mathbb{R}} \int_{\mathbb{R}} \varrho_n(x-y)|u(y)-u(x)|^p dy dx = \int_{\mathbb{R}} \varrho_n(z) \int_{\mathbb{R}} |u(x-z)-u(x)|^p dz dx,$$

e la tesi segue dal teorema della convergenza dominata di Lebesgue e dalla continuità in media L^p, ossia dal fatto[12] che

$$\lim_{z \to 0} \int_{\mathbb{R}} |u(x-z)-u(x)|^p dz = 0;$$

v) la (A.20) segue dalla (A.16);

vi) si ha
$$\langle \Lambda, \check{\varphi} \rangle = (\Lambda * \varphi)(0) =$$

(per il punto v)-a)
$$= \lim_{n \to \infty} (\Lambda * (\varrho_n * \varphi))(0) =$$

(per il Teorema A.31-iii))
$$= \lim_{n \to \infty} ((\Lambda * \varrho_n) * \varphi)(0) = \lim_{n \to \infty} \langle \Lambda_n, \check{\varphi} \rangle.$$

□

A.4 Trasformata di Fourier

La trasformata di Fourier di una funzione $f \in L^1(\mathbb{R}^N)$ è definita nel modo seguente:

$$\hat{f} : \mathbb{R}^N \longrightarrow \mathbb{C}, \qquad \hat{f}(\xi) := \int_{\mathbb{R}^N} e^{i\langle \xi, x \rangle} f(x) dx, \qquad \xi \in \mathbb{R}^N. \qquad (A.21)$$

Talvolta useremo anche la notazione $\mathcal{F}(f) = \hat{f}$. Analogamente, data una misura finita μ su $\mathbb{R}^N$, si definisce la trasformata di Fourier di μ nel modo seguente:

$$\hat{\mu} : \mathbb{R}^N \longrightarrow \mathbb{C}, \qquad \hat{\mu}(\xi) := \int_{\mathbb{R}^N} e^{i\langle \xi, x \rangle} \mu(dx), \qquad \xi \in \mathbb{R}^N. \qquad (A.22)$$

Come conseguenza della definizione si ha che $\hat{f}$ è una funzione limitata, continua e che tende a zero all'infinito. Vale infatti la seguente proposizione.

Proposizione A.34. *Se $f \in L^1(\mathbb{R}^N)$ e μ è una misura finita allora*

i) $|\hat{f}(\xi)| \leq \|f\|_{L^1(\mathbb{R}^N)}$ *e* $|\hat{\mu}(\xi)| \leq 1$;
ii) $\hat{f}, \hat{\mu} \in C(\mathbb{R}^N)$;

---
[12] La continuità in media si prova senza difficoltà utilizzando la densità delle funzioni test in L^p: per i dettagli rimandiamo, per esempio, Brezis [26].

488   Appendice

iii) $\lim_{|\xi|\to+\infty} \hat{f}(\xi) = \lim_{|\xi|\to+\infty} \hat{\mu}(\xi) = 0.$

Osservazione A.35. Si noti che in generale la trasformata di Fourier di una funzione sommabile (o di una misura finita) **non** è sommabile. Per esempio si provi a calcolare la trasformata di Fourier della funzione indicatrice dell'intervallo $[-1, 1]$. □

Ricordiamo che l'operazione di convoluzione di due funzioni $f, g \in L^1(\mathbb{R}^N)$ è definita da
$$(f * g)(x) = \int_{\mathbb{R}^N} f(x-y)g(y)dy, \qquad x \in \mathbb{R}^N, \tag{A.23}$$
e vale $f * g \in L^1(\mathbb{R}^N)$. Infatti
$$\|f * g\|_{L^1(\mathbb{R}^N)} \le \int_{\mathbb{R}^N}\int_{\mathbb{R}^N} |f(x-y)g(y)|dydx =$$
(scambiando l'ordine di integrazione)
$$= \int_{\mathbb{R}^N}\int_{\mathbb{R}^N} |f(x-y)g(y)|dxdy = \|f\|_{L^1(\mathbb{R}^N)}\|g\|_{L^1(\mathbb{R}^N)}.$$

Il seguente teorema riassume alcune notevoli proprietà della trasformata di Fourier.

Teorema A.36. *Siano $f, g \in L^1(\mathbb{R}^N)$. Allora si ha:*

i) $\mathcal{F}(f * g) = \mathcal{F}(f)\mathcal{F}(g);$
ii) se esiste $\partial_{x_k} f \in L^1(\mathbb{R}^N)$, allora
$$\mathcal{F}(\partial_{x_k} f)(\xi) = -i\xi_k \mathcal{F}(f)(\xi); \tag{A.24}$$
iii) se $x_k f \in L^1(\mathbb{R}^N)$ allora esiste $\partial_{\xi_k} \hat{f}$ e vale
$$\partial_{\xi_k} \hat{f}(\xi) = \mathcal{F}(ix_k f)(\xi). \tag{A.25}$$

Dimostrazione. i) Si ha
$$\hat{f}(\xi)\hat{g}(\xi) = \int e^{i\langle\xi,w\rangle} f(w)dw \int e^{i\langle\xi,y\rangle} g(y)dy = \iint e^{i\langle\xi,w+y\rangle} f(w)g(y)dwdy =$$
(col cambio di variabile $x = y + w$)
$$= \int e^{i\langle\xi,x\rangle} \int f(x-y)g(y)dy\, dx.$$

ii) Per semplicità proviamo la (A.24) solo nel caso $N = 1$:
$$\mathcal{F}(f')(\xi) = \int e^{ix\xi} f'(x)dx =$$

(integrando per parti[13])

$$= -\int \frac{d}{dx} e^{ix\xi} f(x) dx = -i\xi \mathcal{F}(f)(\xi).$$

iii) Ancora nel caso $N = 1$, consideriamo il rapporto incrementale

$$R(\xi, \delta) = \frac{\hat{f}(\xi + \delta) - \hat{f}(\xi)}{\delta}, \qquad \delta \in \mathbb{R} \setminus \{0\}.$$

Dobbiamo provare che

$$\lim_{\delta \to 0} R(\xi, \delta) = \mathcal{F}(ixf)(\xi).$$

Osserviamo che

$$R(\xi, \delta) = \int e^{ix\xi} \frac{e^{ix\delta} - 1}{\delta} f(x) dx$$

e che, per il Teorema del valor medio, si ha

$$\left| \frac{e^{ix\delta} - 1}{\delta} f(x) \right| \leq |xf(x)| \in L^1(\mathbb{R})$$

per ipotesi. Possiamo allora applicare il Teorema della convergenza dominata, ed essendo

$$\lim_{\delta \to 0} \frac{e^{ix\delta} - 1}{\delta} = ix,$$

otteniamo

$$\lim_{\delta \to 0} R(\xi, \delta) = \int e^{ix\xi} ix f(x) dx$$

da cui la tesi. □

Riportiamo infine, senza prova, un risultato sull'inversione della trasformata di Fourier.

Teorema A.37. *Siano* $f \in L^1(\mathbb{R}^N)$ *e* μ *una misura finita. Se* $\hat{f} \in L^1(\mathbb{R}^N)$ *allora*

$$f(x) = \frac{1}{(2\pi)^N} \int_{\mathbb{R}^N} e^{-i\langle x, \xi \rangle} \hat{f}(\xi) d\xi.$$

Analogamente se $\hat{\mu} \in L^1(\mathbb{R}^N)$ *allora* μ *ha densità* $g \in C(\mathbb{R}^N)$ *e vale*

$$g(x) = \frac{1}{(2\pi)^N} \int_{\mathbb{R}^N} e^{-i\langle x, \xi \rangle} \hat{\mu}(\xi) d\xi. \qquad (A.26)$$

---

[13] Questo passaggio si può formalizzare approssimando f con funzioni C_0^∞.

A.5 Convergenza di variabili aleatorie

In questo paragrafo richiamiamo le principali nozioni di convergenza di variabili aleatorie. Consideriamo una successione $(X_n)_{n\in\mathbb{N}}$ di variabili aleatorie reali su uno spazio di probabilità $(\Omega, \mathcal{F}, P)$:

i) (X_n) converge *quasi sicuramente* a X se vale
$$P\left(\lim_{n\to\infty} X_n = X\right) = 1,$$
ossia se l'evento
$$\{\omega \mid \lim_{n\to\infty} X_n(\omega) = X(\omega)\}$$
ha probabilità uno. In tal caso scriviamo
$$X_n \xrightarrow{q.s.} X.$$

ii) (X_n) converge *in probabilità* a X se per ogni $\varepsilon > 0$ vale
$$\lim_{n\to\infty} P(|X_n - X| > \varepsilon) = 0;$$
in tal caso scriviamo
$$X_n \xrightarrow{P} X.$$

iii) (X_n) converge *in L^p* a X se vale
$$\lim_{n\to\infty} E[|X_n - X|^p] = 0.$$
In tal caso scriviamo
$$X_n \xrightarrow{L^p} X.$$

Il seguente risultato riassume le relazioni fra i diversi tipi di convergenza.

Teorema A.38. *Valgono le seguenti implicazioni:*

i) se $X_n \xrightarrow{q.s.} X$ allora $X_n \xrightarrow{P} X$;
ii) se $X_n \xrightarrow{L^p} X$ allora $X_n \xrightarrow{P} X$;
iii) se $X_n \xrightarrow{P} X$ allora esiste una sotto-successione (X_{k_n}) tale che $X_{k_n} \xrightarrow{q.s.} X$.

In generale non sussistono altre implicazioni.

Consideriamo ora una successione (X_n) di variabili aleatorie, non necessariamente definite sullo stesso spazio di probabilità, e indichiamo con μ_{X_n} la distribuzione di X_n per ogni $n \in \mathbb{N}$. Ricordiamo che una successione di distribuzioni (μ_n) è, per definizione, convergente debolmente alla distribuzione μ se vale
$$\lim_{n\to\infty} \int_{\mathbb{R}} \varphi\, d\mu_n = \int_{\mathbb{R}} \varphi\, d\mu, \qquad \forall \varphi \in C_b(\mathbb{R}),$$
dove $C_b(\mathbb{R})$ indica la famiglia delle funzioni continue e limitate.

A.5 Convergenza di variabili aleatorie

Definizione A.39. *Una successione di v.a. (X_n) converge in distribuzione (o in legge) a una v.a. X se la corrispondente successione delle distribuzioni (μ_n) converge debolmente a μ_X. In tal caso scriviamo*

$$X_n \xrightarrow{d} X.$$

Osservazione A.40. La convergenza in distribuzione di variabili aleatorie è definita solo in termini della convergenza delle rispettive distribuzioni e di conseguenza non è necessario che le v.a. siano definite sullo stesso spazio di probabilità. Se indichiamo con $(\Omega_n, P_n, \mathcal{F}_n)$ lo spazio di probabilità su cui è definita la v.a. X_n e con $(\Omega, P, \mathcal{F})$ lo spazio di probabilità su cui è definita X, allora è chiaro che $X_n \xrightarrow{d} X$ se e solo se

$$\lim_{n \to \infty} E^{P_n}[\varphi(X_n)] = E^P[\varphi(X)], \qquad \forall \varphi \in C_b(\mathbb{R}), \qquad (A.27)$$

dove E^{P_n} e E^P indicano i valori attesi nelle rispettive misure. □

La seguente proposizione afferma che, fra i vari tipi di convergenza, quella in distribuzione è la più debole.

Proposizione A.41. *Se $X_n \xrightarrow{P} X$ allora $X_n \xrightarrow{d} X$.*

Esercizio A.42. Sia (X_n) una successione di v.a. sullo spazio $(\Omega, \mathcal{F}, P)$ tale che $X_n \xrightarrow{d} X$ con X costante. Provare che allora $X_n \xrightarrow{P} X$.

Dimostrazione (Risoluzione). Per assurdo, supponiamo che (X_n) non converga a X in probabilità: allora, dato $\varepsilon > 0$, esistono $\delta > 0$ e una sotto-successione (X_{k_n}) tali che
$$P(|X_{k_n} - X| > \varepsilon) \geq \delta, \qquad \forall n \in \mathbb{N}.$$
Per ipotesi, per ogni $\varphi \in C_b$, si ha
$$\lim_{n \to \infty} E[\varphi(X_n)] = \varphi(X).$$
In particolare, consideriamo $\varphi \in C_b$, positiva e monotona crescente: allora per n abbastanza grande, si ha
$$\varphi(X) + 1 \geq E[\varphi(X_{k_n})] \geq \int_{\{|X_{k_n}-X|>\varepsilon\}} \varphi(X_{k_n}) dP$$
$$\geq \varphi(X-\varepsilon) P(|X_{k_n} - X| > \varepsilon) \geq \delta \varphi(X-\varepsilon),$$
e questo è assurdo data l'arbitrarietà di φ. □

A.5.1 Funzione caratteristica e convergenza

Ricordiamo la Definizione 2.82 di funzione caratteristica di una variabile aleatoria X:
$$\varphi_X(\xi) = E\left[e^{i\langle \xi, X\rangle}\right], \qquad \xi \in \mathbb{R}^N.$$

Enunciamo, senza dimostrazione[14], il seguente importante risultato che afferma l'equivalenza della convergenza in distribuzione di una successione di v.a. e della convergenza puntuale delle relative funzioni caratteristiche.

Teorema A.43 (di Lévy). *Siano* (X_n) *e* (φ_{X_n}) *rispettivamente una successione di v.a. in* $\mathbb{R}^N$ *e la corrispondente successione delle funzioni caratteristiche. Allora:*

i) se $X_n \xrightarrow{d} X$ *dove* X *è una certa v.a., allora*

$$\lim_{n\to\infty} \varphi_{X_n}(\xi) = \varphi_X(\xi), \qquad \forall \xi \in \mathbb{R}^N;$$

ii) se $\lim_{n\to\infty} \varphi_{X_n}(\xi)$ *esiste per ogni* $\xi \in \mathbb{R}^N$ *e la funzione* φ *definita da*

$$\varphi(\xi) = \lim_{n\to\infty} \varphi_{X_n}(\xi), \qquad \xi \in \mathbb{R}^N,$$

è continua nell'origine, allora φ *è la funzione caratteristica di una v.a.* X *e si ha* $X_n \xrightarrow{d} X$.

Come applicazione del teorema precedente proviamo alcuni ben noti risultati. Premettiamo il seguente:

Lemma A.44. *Sia* X *una v.a. reale in* $L^p(\Omega, P)$ *ossia tale che* $E[|X|^p] < \infty$ *per un* $p \in \mathbb{N}$. *Allora vale il seguente sviluppo asintotico*

$$\varphi_X(\xi) = \sum_{k=0}^{p} \frac{(i\xi)^k}{k!} E[X^k] + o(\xi^p), \qquad \text{per } \xi \to 0. \qquad (A.28)$$

Per la definizione del simbolo $o(\cdot)$, *si veda la nota a pag.111.*

Dimostrazione. Sviluppando in serie di Taylor di punto iniziale $\xi = 0$ con resto di Lagrange, si ha

$$e^{i\xi X} = \sum_{k=0}^{p-1} \frac{(i\xi)^k}{k!} X^k + \frac{(i\xi X)^p}{p!} e^{i\theta \xi X} =$$

(dove θ è una v.a. tale che $|\theta| \leq 1$)

$$= \sum_{k=0}^{p-1} \frac{(i\xi)^k}{k!} X^k + \frac{(i\xi)^p}{p!}(X^p + W_p(\xi)),$$

posto $W_p(\xi) = X^p(e^{i\theta \xi X} - 1)$. Calcolando il valore atteso si ottiene

$$\varphi_X(\xi) - \sum_{k=0}^{p} \frac{(i\xi)^k}{k!} E[X^k] = \frac{(i\xi)^p}{p!} E[W_p] = o(\xi^p) \qquad \text{per } \xi \to 0,$$

---
[14] Si veda, per esempio, Shiryaev [151], Cap.III-3, oppure Williams [169], Cap. 18.

poiché
$$\lim_{\xi \to 0} E\left[W_p(\xi)\right] = 0. \qquad (A.29)$$

La (A.29) è conseguenza del Teorema della convergenza dominata di Lebesgue: infatti $W_p(\xi) = X^p(e^{i\theta\xi X} - 1) \to 0$ per $\xi \to 0$ e

$$|W_p(\xi)| \leq 2|X|^p \in L^1(\Omega, P)$$

per ipotesi. □

Teorema A.45 (Legge dei grandi numeri). *Sia (X_n) una successione di variabili aleatorie i.i.d. con $E[|X_1|] < \infty$. Posto $\mu = E[X_1]$ e*

$$M_n = \frac{X_1 + \cdots + X_n}{n},$$

si ha

$$M_n \xrightarrow{P} \mu.$$

Dimostrazione. Utilizziamo il Teorema di Lévy e consideriamo, la successione delle funzioni caratteristiche

$$\varphi_{M_n}(\eta) = E\left[e^{i\eta M_n}\right] =$$

(poiché le v.a. X_n sono i.i.d.)

$$= \left(E\left[e^{i\frac{\eta X_1}{n}}\right]\right)^n =$$

(per il Lemma A.44, applicato con $p = 1$ e $\xi = \frac{\eta}{n}$)

$$= \left(1 + \frac{i\eta\mu}{n} + o\left(\frac{1}{n}\right)\right)^n \longrightarrow e^{i\eta\mu},$$

per $n \to \infty$. Poiché $\eta \mapsto e^{i\eta\mu}$ è la trasformata di Fourier della Delta di Dirac δ_μ concentrata in μ, il Teorema di Lévy implica che $M_n \xrightarrow{d} \mu$. La tesi è conseguenza dell'Esercizio A.42. □

Osservazione A.46. Nell'ipotesi ulteriore che X_1 abbia matrice di covarianza finita, è possibile dare una prova diretta ed elementare della legge dei grandi numeri basata sulla disuguaglianza di Markov, Proposizione 2.42. Consideriamo per semplicità solo il caso uno-dimensionale e poniamo $\sigma^2 := \text{var}(X_1)$: vale

$$P(|M_n - \mu| \geq \varepsilon) \leq \frac{\text{var}(M_n)}{\varepsilon^2} =$$

(poiché le variabili aleatorie sono i.i.d.)

$$= \frac{n \text{var}\left(\frac{X_1}{n}\right)}{\varepsilon^2} = \frac{\sigma^2}{n\varepsilon^2}. \qquad (A.30)$$

La (A.30) fornisce anche una stima esplicita della velocità di convergenza: infatti si riscrive equivalentemente nella forma

$$P(|M_n - \mu| \leq \varepsilon) \geq 1 - \frac{\sigma^2}{n\varepsilon^2}.$$

Allora, fissata una probabilità $p \in]0,1[$, vale

$$P\left(|M_n - \mu| \leq \frac{\sigma}{\sqrt{n(1-p)}}\right) \geq p.$$

In altri termini, per ogni n, la differenza fra M_n e μ è, con probabilità maggiore di p, minore di $\frac{C}{\sqrt{n}}$ con $C = \frac{\sigma}{\sqrt{1-p}}$. □

Osservazione A.47. Ricordiamo la *Legge forte dei grandi numeri* che afferma che, nelle ipotesi del teorema precedente, la successione converge in senso più forte:

$$\lim_{n \to \infty} M_n = \mu$$

quasi sicuramente e in media $L^1(\Omega, P)$. □

Abbiamo visto che, se X_1 ha varianza finita, allora $M_n - \mu$ tende a zero per $n \to \infty$ con velocità dell'ordine di $\frac{1}{\sqrt{n}}$. È lecito chiedersi se esiste e quanto valga il limite

$$\lim_{n \to \infty} \sqrt{n}(M_n - \mu).$$

A questo risponde il seguente

Teorema A.48 (del limite centrale). *Sia (X_n) una successione di v.a. reali i.i.d. con $\sigma^2 = var(X_1) < \infty$. Posto al solito*

$$M_n = \frac{X_1 + \cdots + X_n}{n}, \qquad \mu = E[X_1],$$

consideriamo la successione definita da

$$G_n = \sqrt{n}\left(\frac{M_n - \mu}{\sigma}\right), \qquad n \in \mathbb{N}.$$

Allora

$$G_n \xrightarrow{d} Z, \qquad con\ Z \sim N_{0,1}.$$

In particolare, per ogni $x \in \mathbb{R}$, si ha

$$\lim_{n \to \infty} P(G_n \leq x) = \Phi(x),$$

dove Φ è la funzione di distribuzione normale standard in (2.19).

Dimostrazione. Volendo utilizzare il Teorema di Lévy, studiamo la convergenza della successione delle funzioni caratteristiche:

$$\varphi_{G_n}(\eta) = E\left[e^{i\eta G_n}\right] =$$

(poiché le v.a. G_n sono i.i.d.)

$$= \left(E\left[e^{i\eta \frac{X_1-\mu}{\sigma\sqrt{n}}}\right]\right)^n =$$

(applicando il Lemma A.44 con $\xi = \frac{\eta}{\sqrt{n}}$ e $p = 2$)

$$= \left(1 - \frac{\eta^2}{2n} + o\left(\frac{1}{n}\right)\right) \longrightarrow e^{-\frac{\eta^2}{2}}, \qquad \text{per } n \to \infty,$$

per ogni $\eta \in \mathbb{R}$. Poiché $e^{-\frac{\eta^2}{2}}$ è la funzione caratteristica di una v.a. normale standard, la tesi segue dal Teorema A.43. □

Osservazione A.49. La versione N-dimensionale del teorema precedente afferma che se (X_n) è una successione di v.a. in $\mathbb{R}^N$ i.i.d. con matrice di covarianza $\mathcal{C}$ finita, allora

$$\sqrt{n}(M_n - \mu) \xrightarrow{d} Z$$

con Z v.a. multi-normale, $Z \sim N_{0,\mathcal{C}}$. □

A.5.2 Uniforme integrabilità

Introduciamo il concetto di famiglia uniformemente integrabile di variabili aleatorie. Tale nozione permette di caratterizzare la convergenza in L^1 ed è uno strumento naturale per lo studio della convergenza di successioni di martingale.

Definizione A.50. *Una famiglia $\mathcal{X}$ di variabili aleatori sommabili su uno spazio $(\Omega, \mathcal{F}, P)$ si dice uniformemente integrabile se vale*

$$\lim_{R \to +\infty} \sup_{X \in \mathcal{X}} \int_{\{|X| \geq R\}} |X| dP = 0.$$

Una famiglia costituita da una sola v.a. $X \in L^1(\Omega, P)$ è uniformemente integrabile, poiché

$$\int_{\{|X| \geq R\}} |X| dP \geq RP(|X| \geq R)$$

da cui

$$P(|X| \geq R) \leq \frac{\|X\|_1}{R} \xrightarrow[R \to +\infty]{} 0,$$

e, per il Teorema della convergenza dominata,

$$\int_{\{|X|\geq R\}} |X|dP \xrightarrow[R\to+\infty]{} 0.$$

Analogamente è uniformemente integrabile ogni famiglia $\mathcal{X}$ di v.a. per cui esiste $Z \in L^1(\Omega, P)$ tale che $|X| \leq Z$ per ogni $X \in \mathcal{X}$.

Il seguente notevole risultato estende il Teorema della convergenza dominata di Lebesgue.

Teorema A.51. *Sia (X_n) una successione di v.a. in $L^1(\Omega, P)$, convergente puntualmente q.s. alla v.a. X. Allora (X_n) converge in norma L^1 a X se e solo se è uniformemente integrabile.*

Per la dimostrazione del Teorema A.51 e della proposizione seguente si veda, per esempio, [150].

Proposizione A.52. *Una famiglia di v.a. sommabili $\mathcal{X}$ è uniformemente integrabile se e solo se esiste una funzione crescente, convessa e positiva*

$$g : \mathbb{R}_+ \longrightarrow \mathbb{R}$$

tale che

$$\lim_{x\to\infty} \frac{g(x)}{x} = +\infty, \quad e \quad \sup_{X\in\mathcal{X}} E\left[g(|X|)\right] < \infty.$$

Osserviamo che dalla Proposizione A.52 segue in particolare che ogni famiglia limitata[15] in L^p, per un $p > 1$, è uniformemente integrabile. D'altra parte è facile costruire una successione di v.a. con norma L^1 pari a uno, che non converge in L^1.

Il seguente risultato ha importanti applicazioni alla teoria delle martingale.

Corollario A.53. *Sia $X \in L^1(\Omega, P)$. Allora la famiglia costituita da $E[X \mid \mathcal{G}]$, al variare delle sotto-σ-algebre $\mathcal{G}$ di $\mathcal{F}$, è uniformemente integrabile.*

Dimostrazione. La v.a. X costituisce una famiglia uniformemente integrabile e quindi esiste una funzione g che gode delle proprietà enunciate nella Proposizione A.52. Allora, per la disuguaglianza di Jensen, si ha

$$E\left[g(|E[X \mid \mathcal{G}]|)\right] \leq E\left[E\left[g(|X|) \mid \mathcal{G}\right]\right] = E\left[g(|X|)\right] < \infty,$$

e la tesi segue dalla Proposizione A.52. □

---

[15] Tale che
$$\sup_{X\in\mathcal{X}} E\left[|X|^p\right] < \infty.$$

A.6 Separazione di convessi

In questa sezione proviamo un semplice risultato di separazione dei convessi in dimensione finita che si utilizza nella prova dei teoremi fondamentali della valutazione.

Teorema A.54. *Sia $\mathscr{C}$ un sottoinsieme di $\mathbb{R}^N$ convesso, chiuso e non contenente l'origine. Allora esiste $\xi \in \mathscr{C}$ tale che*
$$|\xi|^2 \leq \langle x, \xi \rangle, \qquad \forall x \in \mathscr{C}.$$

Dimostrazione. Poiché $\mathscr{C}$ è chiuso, esiste $\xi \in \mathscr{C}$ che realizza la distanza di $\mathscr{C}$ dall'origine, ossia vale
$$|\xi| \leq |x|, \qquad \forall x \in \mathscr{C}.$$
Poiché $\mathscr{C}$ è convesso, abbiamo
$$\xi + t(x - \xi) \in \mathscr{C}, \qquad \forall t \in [0, 1],$$
e quindi
$$|\xi|^2 \leq |\xi + t(x-\xi)|^2 = |\xi|^2 + 2t\langle \xi, x-\xi\rangle + t^2|x-\xi|^2.$$
Semplificando, per $t > 0$ otteniamo
$$0 \leq 2\langle \xi, x-\xi\rangle + t|x-\xi|^2,$$
e a limite, per $t \to 0^+$, abbiamo la tesi. □

Corollario A.55. *Sia $\mathscr{K}$ un sottoinsieme di $\mathbb{R}^N$ convesso e compatto. Sia $\mathscr{V}$ un sotto-spazio vettoriale di $\mathbb{R}^N$ tale che $\mathscr{V} \cap \mathscr{K} = \emptyset$. Allora esiste $\xi \in \mathbb{R}^N$ tale che*
$$\langle \xi, x\rangle = 0 \quad \forall x \in \mathscr{V}, \qquad e \qquad \langle \xi, x\rangle > 0 \quad \forall x \in \mathscr{K}.$$

Dimostrazione. L'insieme
$$\mathscr{K} - \mathscr{V} = \{x - y \mid x \in \mathscr{K}, y \in \mathscr{V}\}$$
è convesso, chiuso[16] e non contiene l'origine. Allora per il Teorema A.54 esiste $\xi \in \mathbb{R}^N \setminus \{0\}$ tale che
$$|\xi|^2 \leq \langle x-y, \xi\rangle, \qquad x \in \mathscr{K}, y \in \mathscr{V}.$$
Poiché V è uno spazio vettoriale, ne segue
$$|\xi|^2 \leq \langle x, \xi\rangle - t\langle y, \xi\rangle$$
per ogni $x \in \mathscr{K}$, $y \in \mathscr{V}$ e $t \in \mathbb{R}$. Ciò è possibile solo se $\langle y, \xi\rangle = 0$ per ogni $y \in \mathscr{V}$ e questo conclude la prova. □

---

[16] Per provare che $\mathscr{K} - \mathscr{V}$ è chiuso si utilizza l'ipotesi che $\mathscr{K}$ è compatto: lasciamo per esercizio i dettagli della prova.

Bibliografia

[1] Yves Achdou and Olivier Pironneau. *Computational Methods for Option Pricing*. Society for Industrial and Applied Mathematics, 2005.

[2] Robert A. Adams. *Sobolev spaces*. Academic Press [A subsidiary of Harcourt Brace Jovanovich, Publishers], New York-London, 1975. Pure and Applied Mathematics, Vol. 65.

[3] Jean-Pascal Ansel and Christophe Stricker. Lois de martingale, densités et décomposition de Föllmer-Schweizer. *Ann. Inst. H. Poincaré Probab. Statist.*, 28(3):375–392, 1992.

[4] D. G. Aronson. Bounds for the fundamental solution of a parabolic equation. *Bull. Amer. Math. Soc.*, 73:890–896, 1967.

[5] Marco Avellaneda and Peter Laurence. *Quantitative modeling of derivative securities*. Chapman & Hall/CRC, Boca Raton, FL, 2000. From theory to practice.

[6] L. Bachelier. Théorie de la spéculation. *Ann. Sci. École Norm. Sup. (3)*, 17:21–86, 1900.

[7] Vlad Bally. An elementary introduction to Malliavin calculus. http://www.inria.fr/rrrt/rr-4718.html, 2007.

[8] Vlad Bally, Lucia Caramellino, and Antonino Zanette. Pricing and hedging American options by Monte Carlo methods using a Malliavin calculus approach. *Monte Carlo Methods Appl.*, 11(2):97–133, 2005.

[9] G. Barles. Convergence of numerical schemes for degenerate parabolic equations arising in finance theory. In *Numerical methods in finance*, pages 1–21. Cambridge Univ. Press, Cambridge, 1997.

[10] M. T. Barlow. One-dimensional stochastic differential equations with no strong solution. *J. London Math. Soc. (2)*, 26(2):335–347, 1982.

[11] G. Barone-Adesi and R. Whaley. Efficient analytic approximation of American option values. *J. of Finance*, 42:301–320, 1987.

[12] J. Barraquand and D. Martineau. Numerical valuation of high dimensional multivariate American securities. *J. of Financial and Quantitative Analysis*, 30:383–405, 1995.

[13] J. Barraquand and T. Pudet. Pricing of American path-dependent contingent claims. *Math. Finance*, 6(1):17–51, 1996.
[14] E. Barucci, S. Polidoro, and V. Vespri. Some results on partial differential equations and Asian options. *Math. Models Methods Appl. Sci.*, 11(3):475–497, 2001.
[15] Denis R. Bell. *The Malliavin calculus*. Dover Publications Inc., Mineola, NY, 2006. Reprint of the 1987 edition.
[16] A. Bensoussan. On the theory of option pricing. *Acta Appl. Math.*, 2(2):139–158, 1984.
[17] Alain Bensoussan and Jacques-Louis Lions. *Applications of variational inequalities in stochastic control*, volume 12 of *Studies in Mathematics and its Applications*. North-Holland Publishing Co., Amsterdam, 1982. Translated from the French.
[18] Fred Espen Benth. *Option theory with stochastic analysis*. Universitext. Springer-Verlag, Berlin, 2004. An introduction to mathematical finance, Revised edition of the 2001 Norwegian original.
[19] S. Biagini, M. Frittelli, and G. Scandolo. *Duality in Mathematical Finance*. Springer, Berlin, 2008.
[20] T. Bjork. *Arbitrage theory in continuous time*. Second edition. Oxford University Press, Oxford, 2004.
[21] F. Black and M. Scholes. The pricing of options and corporate liabilities. *J. Political Economy*, 81:637–654, 1973.
[22] Bruno Bouchard, Ivar Ekeland, and Nizar Touzi. On the Malliavin approach to Monte Carlo approximation of conditional expectations. *Finance Stoch.*, 8(1):45–71, 2004.
[23] Nicolas Bouleau and Dominique Lépingle. *Numerical methods for stochastic processes*. Wiley Series in Probability and Mathematical Statistics: Applied Probability and Statistics. John Wiley & Sons Inc., New York, 1994. , A Wiley-Interscience Publication.
[24] D. T. Breeden and R. H. Litzenberger. Prices of state-contingent claims implicit in option prices. *J. Business*, 51(4):621–651, 1978.
[25] M. J. Brennan and E. S. Schwartz. The valuation of the American put option. *J. of Finance*, 32:449–462, 1977.
[26] Haïm Brezis. *Analisi funzionale*. Liguori Editore, Napoli, 1983. Teoria e applicazioni.
[27] P. Carr and D. Faguet. Valuing finite lived options as perpetual. *Morgan Stanley working paper*, 1996.
[28] Kai Lai Chung. *A course in probability theory*. Academic Press Inc., San Diego, CA, third edition, 2001.
[29] Rama Cont. Model uncertainty and its impact on the pricing of derivative instruments. *Math. Finance*, 16(3):519–547, 2006.
[30] F. Corielli and A. Pascucci. Parametrix approximation for option prices. *preprint, disponibile su http://www.dm.unibo.it/~pascucci/*, 2007.
[31] J. Cox, S. Ross, and M. Rubinstein. Option pricing: a simplified approach. *J. Financial Econ.*, 7(229–264), 1979.

[32] J. Crank and P. Nicolson. A practical method for numerical evaluation of solutions of partial differential equations of the heat-conduction type. *Proc. Cambridge Philos. Soc.*, 43:50–67, 1947.
[33] Rose-Anne Dana and Monique Jeanblanc. *Financial markets in continuous time.* Springer Finance. Springer-Verlag, Berlin, 2003. Translated from the 1998 French original by Anna Kennedy.
[34] F. Delbaen and W. Schachermayer. The fundamental theorem of asset pricing for unbounded stochastic processes. *Math. Ann.*, 312(2):215–250, 1998.
[35] Freddy Delbaen. Representing martingale measures when asset prices are continuous and bounded. *Math. Finance*, 2(2):107–130, 1992.
[36] Freddy Delbaen and Walter Schachermayer. A general version of the fundamental theorem of asset pricing. *Math. Ann.*, 300(3):463–520, 1994.
[37] Freddy Delbaen and Walter Schachermayer. The existence of absolutely continuous local martingale measures. *Ann. Appl. Probab.*, 5(4):926–945, 1995.
[38] Freddy Delbaen and Walter Schachermayer. The no-arbitrage property under a change of numéraire. *Stochastics Stochastics Rep.*, 53(3-4):213–226, 1995.
[39] Freddy Delbaen and Walter Schachermayer. Non-arbitrage and the fundamental theorem of asset pricing: summary of main results. In *Introduction to mathematical finance (San Diego, CA, 1997)*, volume 57 of *Proc. Sympos. Appl. Math.*, pages 49–58. Amer. Math. Soc., Providence, RI, 1999.
[40] Freddy Delbaen and Walter Schachermayer. *The mathematics of arbitrage.* Springer Finance. Springer-Verlag, Berlin, 2006.
[41] M. A. H. Dempster and J. P. Hutton. Pricing American stock options by linear programming. *Math. Finance*, 9(3):229–254, 1999.
[42] Marco Di Francesco and Andrea Pascucci. On a class of degenerate parabolic equations of Kolmogorov type. *AMRX Appl. Math. Res. Express*, 3:77–116, 2005.
[43] Marco Di Francesco, Andrea Pascucci, and Sergio Polidoro. The obstacle problem for a class of hypoelliptic ultraparabolic equations. *apparirà su Proc. R. Soc. Lond. A*, 2007.
[44] Emmanuele DiBenedetto. *Partial differential equations.* Birkhäuser Boston Inc., Boston, MA, 1995.
[45] Wolfgang Doeblin. Sur l'équation de Kolmogoroff. *C. R. Acad. Sci. Paris*, 210:365–367, 1940.
[46] Wolfgang Doeblin. Sur l'équation de Kolmogoroff. *C. R. Acad. Sci. Paris Sér. I Math.*, 331(Special Issue):1059–1128, 2000. Avec notes de lecture du pli cacheté par Bernard Bru. [With notes on reading the sealed folder by Bernard Bru], Sur l'équation de Kolmogoroff, par W. Doeblin.

[47] Michael U. Dothan. *Prices in financial markets*. The Clarendon Press Oxford University Press, New York, 1990.
[48] Darrell Duffie. *Dynamic asset pricing theory. 3rd ed.* Princeton, NJ: Princeton University Press. xix, 465 p., 2001.
[49] B. Dumas, J. Fleming, and R. E. Whaley. Implied volatility functions: empirical tests. *J. Finance*, 53:2059–2106, 1998.
[50] Bruno Dupire. Pricing and hedging with smiles. In *Mathematics of derivative securities (Cambridge, 1995)*, volume 15 of *Publ. Newton Inst.*, pages 103–111. Cambridge Univ. Press, Cambridge, 1997.
[51] R. Durrett. *Brownian motion and martingales in analysis*. Ed. Wadsworth Advance Book & Softer, 1984.
[52] Richard Durrett. *Probability: theory and examples*. Duxbury Press, Belmont, CA, second edition, 1996.
[53] A. Einstein. On the movement of small particles suspended in a stationary liquid demanded by molecular kinetic theory of heat. *Ann. Phys.*, 17, 1905.
[54] Robert J. Elliott and P. Ekkehard Kopp. *Mathematics of financial markets*. Springer Finance. Springer-Verlag, New York, second edition, 2005.
[55] T. W. Epps. *Pricing derivative securities*. World Scientific, Singapore, 2000.
[56] L. C. Evans. *Partial differential equations*. Graduate studies in Mathematics, Volume 19, American Mathematical Society, 1997.
[57] Wendell H. Fleming and H. Mete Soner. *Controlled Markov processes and viscosity solutions*, volume 25 of *Stochastic Modelling and Applied Probability*. Springer, New York, second edition, 2006.
[58] Gerald B. Folland. *Real analysis*. Pure and Applied Mathematics (New York). John Wiley & Sons Inc., New York, second edition, 1999. Modern techniques and their applications, A Wiley-Interscience Publication.
[59] Hans Föllmer and Alexander Schied. *Stochastic Finance. An Introduction in Discrete Time*. Gruyter Studies in Mathematics 27, Walter de Gruyter, Berlin, New York, second edition, 2002.
[60] Paolo Foschi and Andrea Pascucci. Path dependent volatility. *apparirà in Decis. Econ. Finance*, 2007.
[61] Eric Fournié, Jean-Michel Lasry, Jérôme Lebuchoux, and Pierre-Louis Lions. Applications of Malliavin calculus to Monte-Carlo methods in finance. II. *Finance Stoch.*, 5(2):201–236, 2001.
[62] Eric Fournié, Jean-Michel Lasry, Jérôme Lebuchoux, Pierre-Louis Lions, and Nizar Touzi. Applications of Malliavin calculus to Monte Carlo methods in finance. *Finance Stoch.*, 3(4):391–412, 1999.
[63] Avner Friedman. *Partial differential equations of parabolic type*. Prentice-Hall Inc., Englewood Cliffs, N.J., 1964.
[64] Avner Friedman. Parabolic variational inequalities in one space dimension and smoothness of the free boundary. *J. Functional Analysis*, 18:151–176, 1975.

[65] Avner Friedman. *Variational principles and free-boundary problems.* Robert E. Krieger Publishing Co. Inc., Malabar, FL, second edition, 1988.
[66] K. O. Friedrics. The identity of weak and strong extensions of differential operators. *Trans. AMS*, 55:132–151, 1944.
[67] Marco Frittelli and Peter Lakner. Almost sure characterization of martingales. *Stochastics Stochastics Rep.*, 49(3-4):181–190, 1994.
[68] Peter K. Friz. An introduction to Malliavin Calculus. *http://www.statslab.cam.ac.uk/~peter*, 2005.
[69] Dariusz Gatarek and Andrzej Święch. Optimal stopping in Hilbert spaces and pricing of American options. *Math. Methods Oper. Res.*, 50(1):135–147, 1999.
[70] David Gilbarg and Neil S. Trudinger. *Elliptic partial differential equations of second order.* Classics in Mathematics. Springer-Verlag, Berlin, 2001. Reprint of the 1998 edition.
[71] Paul Glasserman. *Monte Carlo methods in financial engineering*, volume 53 of *Applications of Mathematics (New York)*. Springer-Verlag, New York, 2004. Stochastic Modelling and Applied Probability.
[72] Charles A. Hall and Thomas A. Porsching. *Numerical analysis of partial differential equations.* Prentice Hall Inc., Englewood Cliffs, NJ, 1990.
[73] Houde Han and Xiaonan Wu. A fast numerical method for the Black-Scholes equation of American options. *SIAM J. Numer. Anal.*, 41(6):2081–2095 (electronic), 2003.
[74] J. Michael Harrison and David M. Kreps. Martingales and arbitrage in multiperiod securities markets. *J. Econom. Theory*, 20(3):381–408, 1979.
[75] J. Michael Harrison and Stanley R. Pliska. Martingales and stochastic integrals in the theory of continuous trading. *Stochastic Process. Appl.*, 11(3):215–260, 1981.
[76] S. L. Heston. A closed-form solution for options with stochastic volatility with applications to bond and currency options. *Rev. Finan. Stud.*, 6:327–343, 1993.
[77] David G. Hobson and L. C. G. Rogers. Complete models with stochastic volatility. *Math. Finance*, 8(1):27–48, 1998.
[78] L. Hörmander. Hypoelliptic second order differential equations. *Acta Math.*, 119:147–171, 1967.
[79] Chi-fu Huang and Robert H. Litzenberger. *Foundations for financial economics.* North-Holland Publishing Co., New York, 1988.
[80] Nobuyuki Ikeda and Shinzo Watanabe. *Stochastic differential equations and diffusion processes*, volume 24 of *North-Holland Mathematical Library*. North-Holland Publishing Co., Amsterdam, second edition, 1989.
[81] J. E. Ingersoll. *Theory of Financial Decision Making.* Blackwell, Oxford, 1987.

[82] Kiyosi Itô. On stochastic processes. I. (Infinitely divisible laws of probability). *Jap. J. Math.*, 18:261–301, 1942.

[83] Kiyosi Itô. Stochastic integral. *Proc. Imp. Acad. Tokyo*, 20:519–524, 1944.

[84] Patrick Jaillet, Damien Lamberton, and Bernard Lapeyre. Variational inequalities and the pricing of American options. *Acta Appl. Math.*, 21(3):263–289, 1990.

[85] Lishang Jiang and Min Dai. Convergence of binomial tree methods for European/American path-dependent options. *SIAM J. Numer. Anal.*, 42(3):1094–1109 (electronic), 2004.

[86] B. Jourdain and C. Martini. Approximation of American put prices by European prices via an embedding method. *Ann. Appl. Probab.*, 12(1):196–223, 2002.

[87] B. Jourdain and Claude Martini. American prices embedded in European prices. *Ann. Inst. H. Poincaré Anal. Non Linéaire*, 18(1):1–17, 2001.

[88] Ioannis Karatzas. On the pricing of American options. *Appl. Math. Optim.*, 17(1):37–60, 1988.

[89] Ioannis Karatzas. Optimization problems in the theory of continuous trading. *SIAM J. Control Optim.*, 27(6):1221–1259, 1989.

[90] Ioannis Karatzas. *Lectures on the mathematics of finance*, volume 8 of *CRM Monograph Series*. American Mathematical Society, Providence, RI, 1997.

[91] Ioannis Karatzas and Steven E. Shreve. *Brownian motion and stochastic calculus*, volume 113 of *Graduate Texts in Mathematics*. Springer-Verlag, New York, second edition, 1991.

[92] Ioannis Karatzas and Steven E. Shreve. *Methods of mathematical finance*, volume 39 of *Applications of Mathematics (New York)*. Springer-Verlag, New York, 1998.

[93] Masasumi Kato. On positive solutions of the heat equation. *Nagoya Math. J.*, 30:203–207, 1967.

[94] I. J. Kim. The analytic valuation of American options. *Rev. Financial Studies*, 3:547–572, 1990.

[95] David Kinderlehrer and Guido Stampacchia. *An introduction to variational inequalities and their applications*, volume 31 of *Classics in Applied Mathematics*. Society for Industrial and Applied Mathematics (SIAM), Philadelphia, PA, 2000. Reprint of the 1980 original.

[96] Peter E. Kloeden and Eckhard Platen. *Numerical solution of stochastic differential equations*, volume 23 of *Applications of Mathematics (New York)*. Springer-Verlag, Berlin, 1992.

[97] Arturo Kohatsu-Higa and Miquel Montero. Malliavin calculus in finance. In *Handbook of computational and numerical methods in finance*, pages 111–174 http://elis.sigmath.es.osaka--u.ac.jp/~kohatsu/. Birkhäuser Boston, Boston, MA, 2004.

[98] Arturo Kohatsu-Higa and Miquel Montero. Malliavin calculus in finance. In *Handbook of computational and numerical methods in finance*, pages 111–174. Birkhäuser Boston, Boston, MA, 2004.

[99] Arturo Kohatsu-Higa and Roger Pettersson. Variance reduction methods for simulation of densities on Wiener space. *SIAM J. Numer. Anal.*, 40(2):431–450 (electronic), 2002.

[100] A. N. Kolmogorov. *Selected works. Vol. II*, volume 26 of *Mathematics and its Applications (Soviet Series)*. Kluwer Academic Publishers Group, Dordrecht, 1992. Probability theory and mathematical statistics, With a preface by P. S. Aleksandrov, Translated from the Russian by G. Lindquist, Translation edited by A. N. Shiryayev [A. N. Shiryaev].

[101] A. N. Kolmogorov. *Selected works of A. N. Kolmogorov. Vol. III*. Kluwer Academic Publishers Group, Dordrecht, 1993. Edited by A. N. Shiryayev.

[102] Kolmogorov, A. N. and Fomin, S. V. *Elementi di teoria delle funzioni e di analisi funzionale*. Ed. Mir, Mosca, 1980. IV edizione.

[103] Hiroshi Kunita and Shinzo Watanabe. On square integrable martingales. *Nagoya Math. J.*, 30:209–245, 1967.

[104] Harold J. Kushner. *Probability methods for approximations in stochastic control and for elliptic equations*. Academic Press [Harcourt Brace Jovanovich Publishers], New York, 1977. Mathematics in Science and Engineering, Vol. 129.

[105] O.A. Ladyzhenskaya and N.N. Ural'tseva. *Linear and quasi-linear equations of parabolic type*. Transl. Math. Monographs 23, American Mathematical Society, Providence, RI, 1968.

[106] Peter Lakner. Martingale measures for a class of right-continuous processes. *Math. Finance*, 3(1):43–53, 1993.

[107] Damien Lamberton. *American options* . in Statistics in finance, Hand, David J. (ed.) and Jacka, Saul D. (ed.) Arnold Applications of Statistics Series. London: Arnold. x, 340 p., 1998.

[108] Damien Lamberton and Bernard Lapeyre. *Introduction to stochastic calculus applied to finance*. Chapman & Hall, London, 1996. Translated from the 1991 French original by Nicolas Rabeau and Francois Mantion.

[109] Damien Lamberton and Gilles Pagès. Sur l'approximation des réduites. *Ann. Inst. H. Poincaré Probab. Statist.*, 26(2):331–355, 1990.

[110] E. Lanconelli. *Lezioni di Analisi Matematica 2*. Pitagora Editrice Bologna, 1995.

[111] E. Lanconelli. *Lezioni di Analisi Matematica 2, Seconda Parte*. Pitagora Editrice Bologna, 1997.

[112] E. Lanconelli and S. Polidoro. On a class of hypoelliptic evolution operators. *Rend. Sem. Mat. Univ. Politec. Torino*, 52(1):29–63, 1994.

[113] Paul Langevin. Sur la théorie du mouvement brownien. *C.R. Acad. Sci. Paris*, 146:530–532, 1908.

[114] E. E. Levi. Sulle equazioni lineari totalmente ellittiche alle derivate parziali. *Rend. Circ. Mat. Palermo*, 24:275–317, 1907.

[115] G.M. Lieberman. *Second order parabolic differential equations*. World Scientific, Singapore, 1996.

[116] Alexander Lipton. *Mathematical methods for foreign exchange*. World Scientific Publishing Co. Inc., River Edge, NJ, 2001. A financial engineer's approach.

[117] L. MacMillan. Analytic approximation for the American put price. *Adv. in Futures and Options Research*, 1:119–139, 1986.

[118] Paul Malliavin. Stochastic calculus of variation and hypoelliptic operators. Proc. int. Symp. on stochastic differential equations, Kyoto 1976, 195-263 (1978)., 1978.

[119] A.-M. Matache, P.-A. Nitsche, and C. Schwab. Wavelet Galerkin pricing of American options on Lévy driven assets. *Quant. Finance*, 5(4):403–424, 2005.

[120] Robert C. Merton. Theory of rational option pricing. *Bell J. Econom. and Management Sci.*, 4:141–183, 1973.

[121] Robert C. Merton. *Continuous-time finance*. Cambridge, MA: Blackwell. xix, 732 p. , 1999.

[122] P. A. Meyer. *Probability and Potentials*. Blaisdell Publishing Company, Waltham, Mass, 1966.

[123] P. A. Meyer. Un cours sur les intégrales stochastiques. In *Séminaire de Probabilités, X (Seconde partie: Théorie des intégrales stochastiques, Univ. Strasbourg, Strasbourg, année universitaire 1974/1975)*, pages 245–400. Lecture Notes in Math., Vol. 511. Springer, Berlin, 1976.

[124] Andrew Ronald Mitchell and D. F. Griffiths. *The finite difference method in partial differential equations*. John Wiley & Sons Ltd., Chichester, 1980. A Wiley-Interscience Publication.

[125] Marek Musiela and Marek Rutkowski. *Martingale methods in financial modelling*, volume 36 of *Stochastic Modelling and Applied Probability*. Springer-Verlag, Berlin, second edition, 2005.

[126] J. C. Nash. *Compact numerical methods for computers*. Adam Hilger Ltd., Bristol, second edition, 1990. Linear algebra and function minimisation.

[127] Salih N. Neftci. *Introduction to the mathematics of financial derivatives*. 2nd ed. Orlando, FL: Academic Press. xxvii, 527 p. , 2000.

[128] A. A. Novikov. A certain identity for stochastic integrals. *Teor. Verojatnost. i Primenen.*, 17:761–765, 1972.

[129] David Nualart. *The Malliavin calculus and related topics*. Probability and its Applications (New York). Springer-Verlag, Berlin, second edition, 2006.

[130] Daniel Ocone. Malliavin's calculus and stochastic integral representations of functionals of diffusion processes. *Stochastics*, 12:161–185, 1984.

[131] Bernt Oksendal. An introduction to Malliavin Calculus with applications to Economics. *http://www.nhh.no/for/dp/1996/wp0396.pdf*, 1997.

[132] Bernt Oksendal and Kristin Reikvam. Viscosity solutions of optimal stopping problems. *Stochastics Stochastics Rep.*, 62(3-4):285–301, 1998.
[133] O. A. Oleĭnik and E. V. Radkevič. *Second order equations with nonnegative characteristic form.* Plenum Press, New York, 1973.
[134] R. E. A. C. Paley, N. Wiener, and A. Zygmund. Notes on random functions. *Math. Z.*, 37(1):647–668, 1933.
[135] Andrea Pascucci. Free boundary and optimal stopping problems for American Asian options. *apparirà su Finance and Stochastics*, 2007.
[136] S. Polidoro. On a class of ultraparabolic operators of Kolmogorov-Fokker-Planck type. *Matematiche (Catania)*, 49(1):53–105, 1994.
[137] S. Polidoro. Uniqueness and representation theorems for solutions of Kolmogorov-Fokker-Planck equations. *Rend. Mat. Appl. (7)*, 15(4):535–560, 1995.
[138] S. Polidoro. A global lower bound for the fundamental solution of Kolmogorov-Fokker-Planck equations. *Arch. Rational Mech. Anal.*, 137(4):321–340, 1997.
[139] William H. Press, Saul A. Teukolsky, William T. Vetterling, and Brian P. Flannery. *Numerical recipes in C++.* Cambridge University Press, Cambridge, 2002. The art of scientific computing, Second edition, updated for C++.
[140] Philip E. Protter. *Stochastic integration and differential equations*, volume 21 of *Applications of Mathematics (New York)*. Springer-Verlag, Berlin, second edition, 2004. Stochastic Modelling and Applied Probability.
[141] P.-A. Raviart and J.-M. Thomas. *Introduction à l'analyse numérique des équations aux dérivées partielles.* Collection Mathématiques Appliquées pour la Maîtrise. [Collection of Applied Mathematics for the Master's Degree]. Masson, Paris, 1983.
[142] Daniel Revuz and Marc Yor. *Continuous martingales and Brownian motion*, volume 293 of *Grundlehren der Mathematischen Wissenschaften [Fundamental Principles of Mathematical Sciences].* Springer-Verlag, Berlin, third edition, 1999.
[143] L.C.G. Rogers and Z. Shi. The value of an Asian option. *J. Appl. Probab.*, 32(4):1077–1088, 1995.
[144] Walter Rudin. *Functional analysis.* International Series in Pure and Applied Mathematics. McGraw-Hill Inc., New York, second edition, 1991.
[145] P.A. Samuelson. Rational theory of warrant prices. *Indust. Manag. Rev.*, 6:13–31, 1965.
[146] Marta Sanz-Solé. *Malliavin calculus.* Fundamental Sciences. EPFL Press, Lausanne, 2005. With applications to stochastic partial differential equations.
[147] Antoine Savine. A theory of volatility. In *Recent developments in mathematical finance (Shanghai, 2001)*, pages 151–167. World Sci. Publishing, River Edge, NJ, 2002.

[148] Martin Schweizer. Martingale densities for general asset prices. *J. Math. Econom.*, 21(4):363–378, 1992.
[149] Ichiro Shigekawa. *Stochastic analysis*, volume 224 of *Translations of Mathematical Monographs*. American Mathematical Society, Providence, RI, 2004. Translated from the 1998 Japanese original by the author, Iwanami Series in Modern Mathematics.
[150] A. N. Shiryaev. *Probability*, volume 95 of *Graduate Texts in Mathematics*. Springer-Verlag, New York, second edition, 1996. Translated from the first (1980) Russian edition by R. P. Boas.
[151] A.N. Shiryaev. *Probability*, volume 95 of *Graduate Texts in Mathematics*. Springer-Verlag, New York, second edition, 1989.
[152] Steven E. Shreve. *Stochastic calculus for finance. I.* Springer Finance. Springer-Verlag, New York, 2004. The binomial asset pricing model.
[153] Steven E. Shreve. *Stochastic calculus for finance. II.* Springer Finance. Springer-Verlag, New York, 2004. Continuous-time models.
[154] A. V. Skorohod. On a generalization of the stochastic integral. *Teor. Verojatnost. i Primenen.*, 20(2):223–238, 1975.
[155] G. D. Smith. *Numerical solution of partial differential equations*. Oxford Applied Mathematics and Computing Science Series. The Clarendon Press Oxford University Press, New York, third edition, 1985. Finite difference methods.
[156] J. Michael Steele. *Stochastic calculus and financial applications*, volume 45 of *Applications of Mathematics (New York)*. Springer-Verlag, New York, 2001.
[157] Christophe Stricker. Arbitrage et lois de martingale. *Ann. Inst. H. Poincaré Probab. Statist.*, 26(3):451–460, 1990.
[158] Daniel W. Stroock and S. R. S. Varadhan. Diffusion processes with continuous coefficients. I. *Comm. Pure Appl. Math.*, 22:345–400, 1969.
[159] Daniel W. Stroock and S. R. S. Varadhan. Diffusion processes with continuous coefficients. II. *Comm. Pure Appl. Math.*, 22:479–530, 1969.
[160] Daniel W. Stroock and S. R. Srinivasa Varadhan. *Multidimensional diffusion processes*, volume 233 of *Grundlehren der Mathematischen Wissenschaften [Fundamental Principles of Mathematical Sciences]*. Springer-Verlag, Berlin, 1979.
[161] Hiroshi Tanaka. Note on continuous additive functionals of the 1-dimensional Brownian path. *Z. Wahrscheinlichkeitstheorie und Verw. Gebiete*, 1:251–257, 1962/1963.
[162] Domingo Tavella and Curt Randall. *Pricing Financial Instruments: The Finite Difference Method*. John Wiley & Sons, 2000.
[163] A. Tychonov. Théorèmes d'unicité pour l'equation de la chaleur. *Math. Sbornik*, 42:199–216, 1935.
[164] G. E. Uhlenbeck and L. S. Ornstein. On the theory of the Brownian motion. *Physical Review*, 36:823–841, 1930.
[165] S.R.Srinivasa Varadhan. PDE in finance. http://math.nyu.edu/faculty/varadhan/, 2004.

[166] Stephane Villeneuve and Antonino Zanette. Parabolic ADI methods for pricing American options on two stocks. *Math. Oper. Res.*, 27(1):121–149, 2002.

[167] Albert T. Wang. Generalized Ito's formula and additive functionals of Brownian motion. *Z. Wahrscheinlichkeitstheorie und Verw. Gebiete*, 41(2):153–159, 1977/78.

[168] D. V. Widder. Positive temperatures on a semi-infinite rod. *Trans. Amer. Math. Soc.*, 75:510–525, 1953.

[169] David Williams. *Probability with martingales*. Cambridge Mathematical Textbooks. Cambridge University Press, Cambridge, 1991.

[170] Paul Wilmott, Sam Howison, and Jeff Dewynne. *The mathematics of financial derivatives*. Cambridge University Press, Cambridge, 1995. A student introduction.

[171] Jerzy Zabczyk. *Mathematical control theory: an introduction*. Systems & Control: Foundations & Applications. Birkhäuser Boston Inc., Boston, MA, 1992.

[172] Han Zhang. The Malliavin Calculus. *http://web.maths.unsw.edu.au/~mathsoc/han_zhang_thesis.pdf*, 2004.

[173] Peter G. Zhang. *Exotic Options*. World Scientific, second edition, 2001.

[174] Xiao Lan Zhang. Numerical analysis of American option pricing in a jump-diffusion model. *Math. Oper. Res.*, 22(3):668–690, 1997.

[175] You-lan Zhu, Xiaonan Wu, and I-Liang Chern. *Derivative securities and difference methods*. Springer Finance. Springer-Verlag, New York, 2004.

[176] A. K. Zvonkin. A transformation of the phase space of a diffusion process that will remove the drift. *Mat. Sb. (N.S.)*, 93(135):129–149, 152, 1974.

Indice analitico

$(\mathcal{F}_t)$, 148
$BV([a,b])$, 162
$C[0,T]$, 150
$C^{1,2}$, 39
C_0^∞, 476
C_P^α, 298
$E[X \mid \mathcal{G}]$, 55
E^P, 54
L^p, 24
N_{μ,σ^2}, 19
$P(\cdot \mid B)$, 33
$P \sim Q$, 53
P^X, 21
$V_t^{(2)}(\cdot,\varsigma)$, 168
$V_{[a,b]}(\cdot,\varsigma)$, 162
$W^{k,p}$, 477
X^+, 23
$\mathcal{A}_c$, 317
$\mathscr{B}$, 16
$\mathscr{B}(C[0,T])$, 151
$\mathcal{F}(f)$, 487
$\mathcal{F}^X$, 63, 177
$\mathcal{F}_t^X$, 177
$\mathcal{F}_\tau$, 183
$\Gamma(t,x)$, 19, 40
$\mathbb{L}^p$, 194
$\mathbb{L}_{\mathrm{loc}}^2$, 208
Lip, 477
$\mathrm{Lip}_{\mathrm{loc}}$, 477
L_{loc}^1, 476
$\mathbb{L}_{\mathrm{loc}}^p$, 215
$\mathscr{M}_{c,\mathrm{loc}}$, XIV, 210
$\mathscr{M}_c^2$, 175
$\mathcal{N}$, 17

$\mathcal{P}_{[a,b]}$, 165
Φ^X, 21
$\mathbb{R}_+$, 17
$\mathcal{S}_T$, 249
$*$, 488
$\cap$–stabile, 469
χ^2, 29
δ_{ij}, 233
$\frac{dQ}{dP}$, 53
$\langle X,Y\rangle_t$, 187, 214
$\langle X\rangle_t$, 186, 213
$\ll$, 53
$\mathbb{D}^{1,\infty}$, 452
$\mathbb{D}^{1,p}$, 452
$\mathcal{D}'$, 481
$\mathcal{Q}$, 384
$\mathbb{1}_A$, 18
$\otimes$, 36
σ-algebra, 15
  di un tempo d'arresto, 183
  generata, 15
    da una v.a., 31
  prodotto, 36
$\sigma(X)$, 31
$\sim$, 21, 53
$\mathrm{Cov}(X)$, 25
$\mathrm{cov}(\cdot,\cdot)$, 25, 49
$\mathrm{var}(\cdot)$, 25
θ-schema, 434
$\vee$, 181
$\wedge$, 66, 181
$f = o(g)$, 111
$m\mathscr{B}$, 20

Indice analitico

Approssimazione dell'identità, 485
Approssimazioni successive, 323
Arbitraggio, 5, 79, 273
Asiatica, 292
Assoluta continuità, 53
Attesa
    condizionata a una σ-algebra , 55
    condizionata ad un evento, 54
    della distribuzione
        chi-quadro, 29
        di Dirac , 27
        esponenziale, 27
        log-normale, 29
        normale, 27
        uniforme, 26

Base numerabile, 474
Bayes, 61
Berry-Esseen, 445
Binomiale, 91
Bismut-Elworthy, 465
Bond, 4
Bordo parabolico, 252
Borel-Cantelli, 377
Borelliani, 16
Burkholder, 214

Calcolo di Malliavin, 447
Calibrazione, 402
    del modello binomiale, 109
Campo vettoriale, 362
Capitalizzazione
    composta, 5
    semplice, 4
Caratterizzazione di Lévy del moto Browniano, 237
Clark-Ocone, 459
Co-variazione quadratica, 171, 187
Coefficiente
    di diffusione, 216, 315
    di drift, 216, 315
Commutatore, 362
Complementare, 15
Condizione
    di Hörmander, 363
    di Kalman, 360
    di Novikov, 372
    di stabilità, 436

Condizioni al bordo
    di Cauchy-Dirichlet, 431
    di Neumann, 431
Convergenza
    in L^p, 490
    in distribuzione, 491
    in legge, 491
    in probabilità, 490
    puntuale, 490
    uniforme, 474
Convoluzione, 488
Copertura del rischio, 3
Covarianza, 25
Crank-Nicholson, 434
Curva rettificabile, 163

Dato iniziale in L^1_{loc}, 45
Davis, 214
Decomposizione di Doob, 64
Delta, 99, 462
    di Asiatica, 465
    di Dirac, 18
    hedging, 276
Densità
    di transizione, 157
    di una distribuzione, 17
    Gaussiana, 19
    log-normale, 226
Deriva, 216
Derivata
    debole, 476
    di Malliavin, 450
    di Radon-Nikodym, 53
    distribuzionale, 480
Derivato, 1
    Americano, 128
    Europeo, 83
    path-dependent, 83
    path-independent, 83
    replicabile, 83, 270
Differenze finite, 430
Diffusione, 216, 315
Distanza, 473
Distribuzione, 17, 480
    chi-quadro, 29
    congiunta, 36
    di Cauchy, 19
    di Dirac, 18
    di una somma di v.a., 38

di una v.a., 21
esponenziale, 18
finito-dimensionale, 153
log-normale, 29, 225
marginale, 36
multi-normale, 49, 51
normale, 19
normale standard, 28
uniforme, 18
Distribuzioni finito-dimensionali, 158
Disuguaglianza
di Burkholder-Davis-Gundy, 214
di Doob, 70, 173
di Gronwall, 318
di Hölder, 71
di Jensen, 57
di Markov, 30
esponenziale, 334
massimale, 333
massimale di Doob, 70
Dividendi, 272, 416
Doeblin, 218
Drift, 216, 315
Dualità, 456

Equazione
del calore, 39
di Black&Scholes, 119, 267
di Kolmogorov, 296
di Volterra, 316
differenziale stocastica, 315
Esempio di Tanaka, 326
Estensione di uno spazio di probabilità, 329
Eulero-Monte Carlo, 442
Evento, 17
certo, 17
trascurabile, 17

Famiglia
∩−stabile, 469
monotona, 469
monotona di funzioni, 471
stabile rispetto all'intersezione, 469
Filtrazione, 62, 148, 177
Browniana, 178
continua a destra, 177
naturale, 62, 148
standard, 177

standard per un processo stocastico, 177
Formula
di Itô -Doeblin, 218
di Bayes, 61
di Bismut-Elworthy, 465
di Black&Scholes, 246, 272
con dividendi, 272
con parametri variabili, 273
opzione Call, 118
opzione Put, 117
di Clark-Ocone, 459
di Feynman-Kač, 349
di Itô, 222, 230, 234
deterministica, 167
di Put-Call parity, 6
di Tanaka, 242
Funzionale, 480
semplice, 449
Funzione
a variazione limitata, 162
caratteristica, 49
continua a destra, 165
di distribuzione normale standard, 28
di distribuzione, 21
di volatilità implicita, 398
generalizzata, 480
Hölderiana in senso parabolico, 298
indicatrice, 18
integrabile, 23
Lipschitziana, 162, 477
Skorohod-integrabile, 459
sommabile, 23
localmente, 476
test, 476

Gamma, 464
Girsanov, 370
Greche, 280
Gronwall, 318
Guadagno, 78
normalizzato, 78
Gundy, 214

Hölder, 71
Heston, 385, 466

i.i.d., 92
Identità di Green, 261

514 Indice analitico

Indipendenza, 33
Integrale, 22
    di Itô, 198
    di Riemann-Stieltjes, 165
    di Skorohod, 457
    stocastico, 198
        anticipativo, 457
Integrazione per parti stocastica, 461
Inviluppo di Snell, 132
Ipotesi
    standard per SDE, 317
    usuali, 177
Isometria di Itô, 195, 201, 229

Jensen, 57

Kalman, 360
Kolmogorov, 362, 364
Kronecker, 233

Legge
    dei grandi numeri, 493
    di un processo stocastico, 152
    forte dei grandi numeri, 438, 494
Lemma
    di Borel-Cantelli, 377
    di Gronwall, 318
Localizzazione, 430

Malliavin, 447
Markov, 30
Martingala, 171
    discreta, 63
    esponenziale, 223, 235, 367
    locale, 210
    stime massimali per, 332
Matrice
    di correlazione, 238
    di covarianza, 25
    ortogonale, 238
Mean reversion, 385
Mercato, 75
    completo, 86
    discreto, 75
    incompleto, 11
    libero da arbitraggi, 6, 79
    normalizzato, 76
Metodo
    della parametrice, 300

    della variazione delle costanti, 454
    Eulero-Monte Carlo, 442
    Monte Carlo, 438
    standard, 26
Metrica, 473
    Euclidea, 473
    uniforme, 474
mg, 171
Milstein, 429
Misura, 16
    σ-finita, 37
    armonica, 344
    assolutamente continua, 53
    di Lebesgue, 18
    di probabilità, 16
    martingala, 80, 97, 379
    neutrale al rischio, 97
    prodotto, 36
Misure
    equivalenti, 53
Modificazione, 153
Mollificatore, 485
Moneyness, 397
Monte Carlo, 438, 447
Morrey, 480
Moto Browniano
    d-dimensionale, 227
    canonico, 152
    correlato, 231, 232, 236, 238
    geometrico, 224
    reale, 149
    standard, 178

Neumann, 431
Novikov, 372
Nucleo di Poisson, 344
Numeraire, 76
Numero
    casuale, 20
    pseudo-casuale, 441

Operatore
    aggiunto, 47, 303
    caratteristico, 328
    del calore, 39
    di Black&Scholes, 120
    di Kolmogorov, 362, 364
    di Laplace, 39
    retrogrado, 48

Optional sampling, 68
Opzione, 1
  Americana, 1, 128
  Asiatica, 292
    con media aritmetica, 107, 292
    con media geometrica, 107, 292
    con strike fisso, 292
    con strike variabile, 292
  Call, 1, 102
  con barriera, 108
  Europea, 1, 83
  lookback
    con strike fisso, 107
    con strike variabile, 107
  plain vanilla, 2
  Put, 1
  replicabile, 83

p.s., 62
Parametro di finezza, 160
Partizione, 160
  diadica, 448
Payoff, 1, 83
  di un derivato Americano, 129
PDE, XIII
  di Kolmogorov, 296
Penalizzazione, 308
Ponte Browniano, 365
Portafoglio, 76, 264
  autofinanziante, 76, 264
  di arbitraggio, 79, 273
  Markoviano, 266
  predicibile, 77
  replicante, 83, 270
  valore di, 264
Premio esercizio anticipato, 415
Prezzo
  d'arbitraggio, 9, 85, 390
  d'esercizio, 1
  di Black&Scholes, 117, 118
  di mercato del rischio, 279, 380
  neutrale al rischio, 8, 85, 127
Principio
  del massimo debole, 252
  del massimo discreto, 435
  di non arbitraggio, 274, 389
Probabilità
  condizionata a un evento, 33
  del mondo reale, 92

neutrale al rischio, 8
oggettiva, 92
Problema
  a frontiera libera, 141
  con ostacolo, 304
  delle martingale, 327
  di Cauchy, 39
    non omogeneo, 46
  di Cauchy-Dirichlet, 252
  inverso, 402
  retrogrado, 48
Processi
  indistinguibili, 153
  modificazioni, 153
Processo
  L^2-continuo, 203
  a variazione limitata, 185
  adattato, 62, 149
  arrestato, 66
  co-variazione quadratica, 187, 213, 214
  continuo, 148
  crescente, 185
  densità, 380
  di Itô, 216, 231
  di Markov, 94
  predicibile, 64
  progressivamente misurabile, 155
  semplice, 194
  sommabile, 62, 147
  stocastico, 62, 147
  variazione quadratica, 186, 213
Proprietà
  di Markov, 93, 155
  di riproduzione, 257
Put-Call parity, 6, 392
  per opzioni Americane, 136

Rappresentazione di martingale, 459
Realizzazione canonica, 152
Regola della catena, 452
Regolarizzazione, 485
Relazione di dualità, 457
Rendimento atteso, 150
Replicazione, 4, 83
Riduzione della varianza, 441
Ritorno alla media, 385

Scadenza, 1
SDE, XIII, 315
Simbolo di Kronecker, 233
Skorohod, 457
Sobolev, 480
Soluzione
    classica del problema di Cauchy, 39
    debole di una SDE, 315, 326
    fondamentale, 39, 250
    forte di una SDE, 315
Sotto-insieme denso, 475
Sottostante, 1
Spazio
    campione, 17
    di probabilità, 17
    di Sobolev, 477, 479
    metrico, 473
        separabile, 475
    topologico, 473
Speculazione, 3
Stabile rispetto all'intersezione, 469
Stima a priori, 306
Stime
    interne di Schauder, 306
    interne in S^p, 306
    massimali, 332
Stopping time, 66, 180
Straddle, 3, 391
Strategia, 76, 264
    ammissibile, 80, 389
    d'esercizio di un derivato Americano, 129
    replicante, 9, 389
    stop-loss, 247
    super-replicante, 13
Strike, 1
Sub-martingala, 171
    discreta, 63
Successione regolarizzante, 485
Super-martingala, 171
    discreta, 63
Supporto, 476
    di una distribuzione, 483

Tasso
    a breve, 263
    di rendimento atteso, 110, 225
    localmente privo di rischio, 263

Tempo
    d'arresto, 66, 180
    d'esercizio di un derivato Americano, 129
    di entrata, 181
    di occupazione, 243
    locale
        Browniano, 244
        di un processo di Itô, 246
Teorema
    del limite centrale, 445, 494, 495
    di Berry-Esseen, 445
    di decomposizione di Doob, 64
    di Doob
        di optional sampling, 68, 183
    di Doob-Meyer, 186
    di Dynkin, I, 470
    di Dynkin, II, 471
    di Fubini e Tonelli, 36
    di Girsanov, 370
    di Itô, 222
    di Lévy, 237, 492
    di Radon-Nikodym, 53
    di Sobolev-Morrey, 305, 480
    di Wierstrass, 475
Titolo localmente non rischioso, 4
Topologia, 473
    Euclidea, 473
    generata, 473
    uniforme, 474
Trasformata
    di Fourier, 487
    di una martingala, 65
Trinomiale, 122

v.a., 20
    semplice, 22
Valore
    atteso, 24
    scontato, 5
Variabile aleatoria, 20
Varianza, 25
    della distribuzione
        chi-quadro, 29
        di Dirac, 27
        esponenziale, 27
        log-normale, 29
        normale, 27
        uniforme, 26

riduzione della, 441
Variazione
   delle costanti, 454
   prima, 162
   quadratica, 168
      processo, 186

Vega, 464
Volatilità, 110, 150, 225
   implicita, 285, 398
   locale, 401
   path dependent, 403
   storica, 398

Collana Unitext - La Matematica per il 3+2

a cura di

F. Brezzi (Editor-in-Chief)
P. Biscari
C. Ciliberto
A. Quarteroni
G. Rinaldi
W.J. Runggaldier

Volumi pubblicati

A. Bernasconi, B. Codenotti
Introduzione alla complessità computazionale
1998, X+260 pp. ISBN 88-470-0020-3

A. Bernasconi, B. Codenotti, G. Resta
Metodi matematici in complessità computazionale
1999, X+364 pp, ISBN 88-470-0060-2

E. Salinelli, F. Tomarelli
Modelli dinamici discreti
2002, XII+354 pp, ISBN 88-470-0187-0

S. Bosch
Algebra
2003, VIII+380 pp, ISBN 88-470-0221-4

S. Graffi, M. Degli Esposti
Fisica matematica discreta
2003, X+248 pp, ISBN 88-470-0212-5

S. Margarita, E. Salinelli
MultiMath - Matematica Multimediale per l'Università
2004, XX+270 pp, ISBN 88-470-0228-1

A. Quarteroni, R. Sacco, F. Saleri
Matematica numerica (2a Ed.)
2000, XIV+448 pp, ISBN 88-470-0077-7
2002, 2004 ristampa riveduta e corretta
(1a edizione 1998, ISBN 88-470-0010-6)

A partire dal 2004, i volumi della serie sono contrassegnati da un numero di identificazione. I volumi indicati in grigio si riferiscono a edizioni non più in commercio

13. A. Quarteroni, F. Saleri
    Introduzione al Calcolo Scientifico (2a Ed.)
    2004, X+262 pp, ISBN 88-470-0256-7
    (1a edizione 2002, ISBN 88-470-0149-8)

14. S. Salsa
    Equazioni a derivate parziali – Metodi, modelli e applicazioni
    2004, XII+426 pp, ISBN 88-470-0259-1

15. G. Riccardi
    Calcolo differenziale ed integrale
    2004, XII+314 pp, ISBN 88-470-0285-0

16. M. Impedovo
    Matematica generale con il calcolatore
    2005, X+526 pp, ISBN 88-470-0258-3

17. L. Formaggia, F. Saleri, A. Veneziani
    Applicazioni ed esercizi di modellistica numerica
    per problemi differenziali
    2005, VIII+396 pp, ISBN 88-470-0257-5

18. S. Salsa, G. Verzini
    Equazioni a derivate parziali - Complementi ed esercizi
    2005, VIII+406 pp, ISBN 88-470-0260-5
    2007, ristampa con modifiche

19. C. Canuto, A. Tabacco
    Analisi Matematica I (2a Ed.)
    2005, XII+448 pp, ISBN 88-470-0337-7
    (1a edizione, 2003, XII+376 pp, ISBN 88-470-0220-6)

20. F. Biagini, M. Campanino
    Elementi di Probabilità e Statistica
    2006, XII+236 pp, ISBN 88-470-0330-X

21. S. Leonesi, C. Toffalori
    Numeri e Crittografia
    2006, VIII+178 pp, ISBN 88-470-0331-8

22. A. Quarteroni, F. Saleri
    Introduzione al Calcolo Scientifico (3a Ed.)
    2006, X+306 pp, ISBN 88-470-0480-2

23. S. Leonesi, C. Toffalori
    Un invito all'Algebra
    2006, XVII+432 pp, ISBN 88-470-0313-X

24. W.M. Baldoni, C. Ciliberto, G.M. Piacentini Cattaneo
    Aritmetica, Crittografia e Codici
    2006, XVI+518 pp, ISBN 88-470-0455-1

25. A. Quarteroni
    Modellistica numerica per problemi differenziali (3a Ed.)
    2006, XIV+452 pp, ISBN 88-470-0493-4
    (1a edizione 2000, ISBN 88-470-0108-0)
    (2a edizione 2003, ISBN 88-470-0203-6)

26. M. Abate, F. Tovena
    Curve e superfici
    2006, XIV+394 pp, ISBN 88-470-0535-3

27. L. Giuzzi
    Codici correttori
    2006, XVI+402 pp, ISBN 88-470-0539-6

28. L. Robbiano
    Algebra lineare
    2007, XVI+210 pp, ISBN 88-470-0446-2

29. E. Rosazza Gianin, C. Sgarra
    Esercizi di finanza matematica
    2007, X+184 pp, ISBN 978-88-470-0610-2

30. A. Machì
    Gruppi – Una introduzione a idee e metodi della Teoria dei Gruppi
    2007, XII+349 pp, ISBN 978-88-470-0622-5

31. Y. Biollay, A. Chaabouni, J. Stubbe
    Matematica si parte! A cura di A. Quarteroni
    2007, XII+196 pp, ISBN 978-88-470-0675-1

32. M. Manetti
    Topologia
    2008, XII+298 pp, ISBN 978-88-470-0756-7

33. A. Pascucci
    Calcolo stocastico per la finanza
    2008, XVI+518 pp, ISBN 978-88-470-0600-3

The manufacturer's authorised representative in the EU is Springer Nature Customer Service Centre GmbH, Europaplatz 3, 69115 Heidelberg, Germany. If you have any concerns regarding our products, please contact ProductSafety@springernature.com

Printed and bound by CPI Group (UK) Ltd, Croydon, CR0 4YY

23/03/2026

02076741-0003